U0250850

青藏高原地-气耦合系统变化
及其全球气候效应

专辑Ⅲ

青藏高原
气候系统模式与数据同化及再分析

徐祥德 师春香 包 庆 王 斌 杨宗良 李 建 何 编 等著

内 容 简 介

本书在简单回顾早期研究进展的基础上，着重介绍国家自然科学基金委员会重大研究计划“青藏高原地-气耦合系统变化及其全球气候效应”开展以来有关气候系统模式、再分析资料和数据同化关键技术的研究成果，内容涉及青藏高原地-气耦合气候系统模式发展、青藏高原数值模式参数化研究、青藏高原数值模式评估与应用、青藏高原资料同化方法研究，以及青藏高原再分析数据集的研制及数据共享平台的建设等。本书内容深入浅出，理论联系实际，可供气象业务工作者、高等院校师生和大气科学研究人员参考。

图书在版编目（CIP）数据

青藏高原气候系统模式与数据同化及再分析 / 徐祥德等著. -- 北京 : 气象出版社, 2023.8
（青藏高原地-气耦合系统变化及其全球气候效应）
ISBN 978-7-5029-7903-4

Ⅰ. ①青… Ⅱ. ①徐… Ⅲ. ①青藏高原－区域气候模式－数据处理－研究 Ⅳ. ①P468.27

中国国家版本馆CIP数据核字(2023)第034851号

审图号：GS 京(2023)0037 号

青藏高原气候系统模式与数据同化及再分析
Qingzang Gaoyuan Qihou Xitong Moshi yu Shuju Tonghua ji Zaifenxi

出版发行：气象出版社
地　　址：北京市海淀区中关村南大街 46 号　　邮政编码：100081
电　　话：010-68407112(总编室)　010-68408042(发行部)
网　　址：http://www.qxcbs.com　　E-mail：qxcbs@cma.gov.cn
责任编辑：黄红丽　　终　　审：张　斌
责任校对：张硕杰　　责任技编：赵相宁
封面设计：博雅锦
印　　刷：北京地大彩印有限公司
开　　本：787 mm×1092 mm　1/16　　印　　张：24
字　　数：538 千字
版　　次：2023 年 8 月第 1 版　　印　　次：2023 年 8 月第 1 次印刷
定　　价：260.00 元

序

青藏高原位于副热带，覆盖面积约占中国陆地领土的四分之一，矗立在欧亚大陆东部。青藏高原是全球最高的高原，平均海拔超过 4000 m，耸入大气对流层中部。青藏高原群山起伏、山谷纵横交错，具有显著的多尺度特征。全球海拔超过 7000 m 的 96 座高山中就有 94 座围绕青藏高原分布。青藏高原边缘海拔变化剧烈，特别是南部边缘高度落差大，光照强烈。

青藏高原下垫面极为复杂，存在森林、草甸、荒漠、湖泊、积雪、冰川和冻土等，被誉为地球中低纬度高海拔“永久冻土和山地冰川王国”。高原上地表空气密度只有海平面上的 60%，上空大气特别是边界层中各种辐射过程变异万千，不同下垫面地表反照率时空变化及其辐射效应呈强非均匀性；相应的大气物理过程与能量交换和水分收支极为复杂。青藏高原为世界上最大的总辐射量地区，远大于北半球热带和副热带沙漠地区所测到的太阳总辐射量的最高值，春夏季节地表对大气施加强烈的感热加热。青藏高原边界层内可以产生一系列有组织的强湍流大涡旋，其上空的对流活动频繁，夏季在高原南部和东部形成强大的凝结潜热源。对流层中的低频大尺度罗斯贝波和高频重力波的向上传播改变平流层大气环流状态；同时，平流层环流异常信号也能够下传到对流层。发生在对流层-平流层之间的物质交换和输送过程改变平流层大气成分含量和空间分布，通过大气化学、微物理、辐射等过程对臭氧层和区域与全球气候产生重要影响。揭示高原区域特有的陆面-大气的能量、水分及物质交换过程和边界层-对流层-平流层物理交换过程的特征及其对亚洲季风和全球气候的影响具有重要的科学意义。

青藏高原影响气候的理论研究也具有国家经济社会可持续发展的重大战略需求。青藏高原作为一个陆地上的“亚洲水塔”，是长江、黄河、印度河、澜沧江-湄公河和恒河等亚洲大江大河的发源地，对我国与东亚、南亚水资源与生态安全保障具有重要战略地位。亚洲季风区抚育着全球 60%以上的人口，蕴藏着丰富的文化，演绎着悠久的历史。近几十年来，亚洲季风区的社会发展迅速，引领全球的经济发展，亚洲社会的可持续发展意义重大，这种可持续发展与气候关系密切。受全球气候变化的影响，近年来我国极端天气气候事件频发，各类灾害呈突发性、异常性及持续性特征。全国气象灾害造成的直接经济损失亦呈上升趋势，暴雨、干旱、洪涝使得我国粮食与水安全处于严重威胁之中，制约着经济社会的可持续发展。研究表明，青藏高原热力和动力作用的异常对我国乃至全球天气气候的异常有重要影响，被称为是全球气候变化的“驱动机”与“放大器”，是全球与区域重大天气气候灾害发生前兆性“强信号”的关键区与气候高影响敏感区，对亚洲旱涝的形成有推波助澜的作用。深入开展青藏高原物理过程及其气候影响的观测、理论和模拟研究，有助于提高气候预测水平，可为社会的可持续发展提供重要保障，具有重大的社会需求。

为了揭示青藏高原在天气气候形成和变异中的重要作用，几十年来大气科学界相继开展了多次大规模青藏高原综合性大气科学试验。1979年世界气象组织（WMO）开展的“全球大气研究计划（GARP）第一期全球试验”（FGGE）是第一次大规模的全球观测研究计划。与FGGE同步，在国家科委、计委的支持下，中国科学院与中央气象局合作开展了第一次青藏高原气象科学试验“1979年5—8月青藏高原气象科学试验计划”（QXPMEX-1979）。1993—1999年进行的“中日亚洲季风机制合作研究计划”对亚洲季风的形成机制、亚洲季风与青藏高原的相互作用关系等开展合作研究。在此期间，世界气象组织和国际科学联盟理事会（ICSU）开启了“全球能量与水交换”（Global Energy and Water Exchanges，GEWEX）大型科学试验，GEWEX亚洲季风试验（GAME）成为重大科学试验之一。其中中日合作的“全球能量水交换/亚洲季风青藏高原试验（GAME/Tibet，1996—2000）”共同研究青藏高原地表与大气之间能量交换及青藏高原对亚洲季风区多尺度能量水交换过程的影响。1998年中国气象局与中国科学院共同主持实施的“第二次青藏高原大气科学试验（TIPEX）”成为GAME/Tibet的核心。2006—2009年期间，中日科学家联合实施日本国际协力机构（JICA）项目“青藏高原及周边新一代综合气象观测计划”。我国科学家与美国、日本科学家共同发起的“亚洲季风年”（AMY，2008—2012）等国际合作计划，进一步研究青藏高原的能量和水分交换过程及其天气气候影响。2013—2021年中国气象局开展了“第三次青藏高原大气科学试验”，对高原陆面-边界层-对流层-平流层进行了综合观测及应用研究。这些试验计划获得的研究成果表明，青藏高原地区的能量和水交换过程是亚洲季风及全球能量、水交换的一个重要部分，是当代国内外科学家关注的前沿性科学难题。

尽管青藏高原研究已经取得了许多前沿性的、具有重要价值的研究成果，但是在此前历次青藏高原大气科学试验中，技术装备与探测手段、试验时段以及常规观测站网均存在很大局限性；综合观测系统优化设计尚未充分发挥卫星遥感与高空、地面的观测综合优势；所获取的观测资料多源信息的融合、提取与同化技术能力有限，导致科学试验的数据再分析技术及其综合应用效果与国际水平相比差距较大。青藏高原复杂大地形区域再分析资料匮乏，亦制约了高原影响的理论研究与数值模式物理过程参数化技术的发展，导致模式在青藏高原邻近区域对边界层与云降水过程的模拟与实况存在较大偏差。

“十二五”期间，中国气象局实施加强西部观测站网的综合观测计划，以提升高原区域常规观测网技术，增强卫星遥感和各类先进的特种探测系统，为把陆面过程以及边界层的重点观测目标拓展到对流层-平流层范围提供了契机。多年来的模式发展和理论研究也为拓展卫星遥感、高空和地面观测等多源信息再分析新技术与数值预报模式物理参数化奠定了基础。为了应对经济社会可持续发展的挑战，推动青藏高原影响天气和气候变化的前沿领域理论研究，国家自然科学基金委员会于 2014 年 1 月启动了为期 10 年的重大研究计划“青藏高原地-气耦合系统变化及其全球气候效应”。该重大研究计划的科学目标是：充分利用新建的高原及周边气象科研-业务综合探测系统，认识青藏高原地-气耦合过程、青藏高原云降水及水交换过程以及对流层-平流层相互作用过程；建立青藏高原资料库和同化系统；完善青藏高原区域和全球气候系统数值模式；揭示青藏高原影响区域与全球能量和水分交换的机制。其总体目标是：通过 10 年重大研究计划的实施，揭示青藏高原对全球气候及其变化的影响；培养一批优秀的领军人才；把我国青藏高原大气科学研究进一步推向世界舞台，处于国际领先地位；为经济社会的可持续发展做出贡献。该重大研究计划的三个核心科学问题和研究内容如下。

（1）青藏高原地-气耦合系统变化：包括青藏高原复杂多尺度地形对大气动力学过程的影响；青藏高原地表过程与地-气相互作用；青藏高原云降水物理及大气水交换；以及青藏高原对流层-平流层大气相互作用。

（2）青藏高原-全球季风-海-气相互作用对气候变化的影响：包括高原大气动力过程影响季风与气候异常的机制；海-气相互作用对高原地-气耦合作用的影响；青藏高原能量和水分交换的联系及其影响；青藏高原对亚洲季风-沙漠共生现象的影响；以及高原对全球气候变化的影响和响应。

（3）气候系统模式、再分析资料和数据同化关键技术难题：包括青藏高原观测网站点科学布局问题；观测网站点密度、观测内容和观测手段问题；再分析数据可靠性问题；以及模式中青藏高原关键大气过程描述问题。

截至目前，重大研究计划已资助项目 91 项，其中管理项目 2 项、重点项目 33 项、培育项目 45 项、集成项目 9 项、战略研究项目 2 项，比例分别为 2%、36%、50%、10%和 2%。通过项目实施，已经在如下几方面取得了一系列重要进展。

（1）以高原地-气耦合系统为主线，首次实现了在“世界屋脊”上近地层-边界层-对流层-平流层等多层次大气物理耦合过程的综合研究，深化了高原地区对流层-平流层物质交换的认识；实现了高原上地-气交换观测由点到面的突破，构建了覆盖青藏高原的有关地-气物质和能量交换的时空分布场；推动高原云观测系统的建设并定量揭示了高原云的宏观和微观参数特征、闪电活动与降水频次分布特征；开展上对流层-下平流层大气成分国际协同观测，并首次提供了亚洲对流层顶气溶胶层存在的原位观测证据；揭示了亚洲南部排放的大气污染物经特定通道进入平流层及其对北半球平流层气溶胶收支的显著贡献。

（2）在高原天气气候动力学理论方面，从能量交换、水分交换和位涡守恒理论的不同角度确定了高原的加热作用在亚洲夏季风环流形成中的主导作用和对全球气候的影响；明晰了青藏-伊朗高原热源对区域、全球气候协同影响的物理过程；提出了海洋与高原协同影响东亚季风及气候变化的概念模型；明确了高原土壤湿度、融冻和融雪异常等引起的地表非绝热加热效应异常与东亚夏季风的关系及机理；建立了高原低涡系统激发下游暴雨的分析与预报新思路；揭示了青藏高原动力热力强迫对非洲与美洲气候、大西洋与太平洋中纬度海-气相互作用及印度洋环流和温度、太平洋赤道辐合带、大西洋经圈翻转流（AMOC）形成的影响。

（3）从地球气候系统海-陆-气相互作用的视角出发，显著推进了高原天气气候效应的科学认知。建立了融合高原特色物理过程的高分辨率数值模式，推动了青藏高原地区天-空-地多源观测信息融合、同化及再分析新技术发展；研发了适合高原的高分辨率气候模式和若干具有高原特色的物理过程参数化方案，改进了高原地区陆面过程参数化方案和云过程关键参数化方案；建成了针对高原和周边地区的短期气候预测系统；发展了耦合公共陆面模式（CLM）和数据同化研究平台（DART）的全球陆面多源数据的同化系统，创新性地建成了国内唯一的、实时业务运行的、覆盖青藏高原及周边区域的高时效（1 h）、高分辨率（6.25 km 和 1 km）和高质量的陆面数据同化业务系统，提供近地面温、湿、压、风、降水、辐射、地表温度、土壤湿度、土壤温度等格点产品，填补了国内空白；还建成了长达 22 年的相应的历史数据系列（温、压、湿、风数据达 41 年），并提供公开服务。

该重大研究计划有力地推动了大气科学与其他学科的交叉融合，将高原大气科学推向了跨学科的交叉和应用研究。其中很多成果达到了国际先进水平，提升了我国大气科学的原始创新能力和国际影响力，并培养了一批中青年学科带头人。

为了进一步推动学术交流，促进青藏高原相关科学研究发展，我们根据该重大研究计划的三个研究内容，组织承担该项目的相关科学家撰写了下列三部专辑。

专辑Ⅰ：青藏高原地-气系统复杂耦合过程。作者：周秀骥、赵平、马耀明、阳坤、范广洲和卞建春等。内容包括青藏高原多圈层复杂地表地-气相互作用规律研究；青藏高原地表水量平衡的分析与模拟；青藏高原边界层结构特征及形成机制；青藏高原云降水物理过程特征与大气水分交换以及青藏高原对流层-平流层大气成分交换过程及其影响。

专辑Ⅱ：青藏高原对季风和全球气候的影响。作者：吴国雄、刘屹岷、黄建平、段安民、李跃清和杨海军等。内容包括大地形的动力和热力作用对大气环流和气候的影响；青藏高原气候变化及其对水资源和生态环境的影响；青藏高原气溶胶对天气气候的影响；青藏高原对灾害天气的影响；青藏高原对海洋环流的影响及其气候效应以及青藏高原对区域和全球气候的影响。

专辑Ⅲ：青藏高原气候系统模式与数据同化及再分析。作者：徐祥德、师春香、包庆、王斌、杨宗良、李建和何编等。内容包括青藏高原地-气耦合气候系统模式发展；青藏高原数值模式参数化研究；青藏高原数值模式评估与应用；青藏高原资料同化方法研究以及青藏高原再分析数据集与共享平台。

上述各个专辑的作者都是该重大研究计划的重点项目或集成项目的首席科学家。专辑在简要回顾相关领域研究成果的基础上，着重介绍重大项目开展以来的研究进展和取得的成果；并提出了青藏高原研究中有待深入研究的问题，展望学科未来的发展方向。希望专辑的发表有助于进一步推动相关的学术交流，促进青藏高原天气气候影响的研究。

专辑的出版得到国家自然科学基金委员会重大研究计划“青藏高原地-气耦合系统变化及其全球气候效应”综合集成项目“青藏高原多圈层相互作用及其气候影响”（项目号 91937302）和战略研究计划（项目号 92037000、91937000）的支持。

周秀骥　吴国雄　徐祥德

2022 年 4 月 20 日

前言

大气运动是热力驱动的。虽然驱动大气运动的最终能源是太阳辐射，然而驱动大气运动的直接能源约三分之二来自地球表面。对大气的加热包括扩散感热加热、相变潜热加热和辐射加热。不同地区加热的差异形成大气压力的差异，从而驱动大气运动。起伏不平的地形除了机械作用，更重要的是通过加剧地区的加热差异，从而改变大气运动的状况。高耸的山脉白天接收更强烈的太阳辐射，向大气释放更多的感热加热，增强了大气的上升运动，形成更强烈的降水和潜热加热，从而更显著地改变了大气的运动。大地形上空的大气夏季受热上升、冬季冷却下沉，调控了大气环流的季节转化。全球山地面积占陆地总面积的约三分之二，可见大地形对大气运动具有重要的影响。

青藏高原是世界海拔最高的高原，对大气环流和天气气候影响的独特性和重要性毋庸置疑。自从 20 世纪 50 年代叶笃正先生开拓青藏高原气象学以来，气象学者对青藏高原的特征及其天气气候影响开展了大量的研究，取得了重要的进展。尤其在 20 世纪 80 年代以后，随着地基观测和空基探测技术的不断改善、计算科学技术的飞跃发展，以及理论研究的逐渐完善，人们对青藏高原的天气气候影响的认识更加深入。然而经济社会的快速发展对气象科学提出了更高的要求。为了更好地服务于经济社会的可持续发展，国家自然科学基金委员会于 2014 年批准了为期 10 年的重大研究计划“青藏高原地-气耦合系统变化及其全球气候效应”，围绕青藏高原地-气耦合系统变化，青藏高原-全球季风-海-气相互作用对气候变化的影响，以及气候系统模式、再分析资料和数据同化关键技术难题三个核心科学问题，在原有的研究基础上侧重开展综合性和协调性的研究。

本专辑在回顾早期研究进展的基础上，着重介绍上述重大科学研究计划开展以来有关气候系统模式、再分析资料和数据同化关键技术的研究成果。

第 1 章为青藏高原地-气耦合气候系统模式发展。在高分辨率大气环流模式发展方面，介绍了大气环流模式非规则网格下动力框架的发展和分辨率的提升、大气模式关键物理过程发展以及新一代气候模式发展的最近进展。在高分辨率区域模式发展方面，介绍了青藏高原地-气耦合过程对中小尺度对流系统影响的数值模拟进展。在青藏高原陆面模式系统发展方面，介绍了青藏高原陆面过程模拟中物理参数不确定性与青藏高原湖泊群湖-气相互作用及区域气候效应。在地-气耦合气候系统模式应用方面，介绍了国际大气模式比较计划、耦合模式比较计划，通过政府间气候变化专门委员会(IPCC)第6次评估报告中青藏高原试验阐明了高原如何调节亚洲季风；青藏高原陆表温度对次季节-季节预测的影响研究计划；高分辨率模式比较计划，以全球25 km的气候系统模式FGOALS-f3为例，阐明了高分辨率下模式准确再现青藏高原及其周边地区小时级极端降水的性能。

第2章为青藏高原数值模式参数化研究。介绍了显式对流降水、宏观云、云微物理和云辐射等方案的发展，其中显式对流降水方案显著提高了模式模拟高原极端降水、季风降水日循环的模拟性能。介绍了三维地形辐射方案以及耦合到新一代气候系统模型——中国科学院全球海洋-大气-陆地系统模式(CAS FGOALS-f2)的陆面分量中，以研究空间分布和地表太阳变化对青藏高原陆地表面过程通量的可能影响。在青藏高原陆面模式发展方面，提出了非局地混合理论的青藏高原湖泊模型，着重量化湖泊过程在高原地-气系统中的作用及对下游地区气候的影响。介绍了基于高原野外观测的高寒草地根系生物量数据集与高寒草地含根土壤参数化方案。

第3章为青藏高原数值模式评估与应用。提出了降水评估新方法，系统评估了不同模式对青藏高原及其周边区域降水的模拟能力。从小时降水量、频率、强度以及降水的日变化等方面对第六次国际耦合模式比较计划(CMIP6)进行评估，结果表明，模式对青藏高原地区降水的空间分布及其精细化特征的模拟仍存在较大偏差，特别是高原边缘陡峭地形区的模拟偏差尤为突出；提升分辨率可以在一定程度上改进模拟能力。基于对流分辨模式（CPM）的评估显示，CPM明显降低了高原地区降水的正偏差，这与CPM可以更真实再现高原降水与大尺度环流的关系有关。此外，本章还评估了CMIP6模式对高原及周边季风区大气顶辐射收支及云辐射效应的模拟偏差，并讨论了与青藏高原下垫面物理状态相关联的陆面模式不确定性问题。

第4章为青藏高原资料同化方法研究。由于青藏高原区域地形复杂、观测资料匮乏、再分析资料质量差等，因此，青藏高原地区的资料同化研究尤为重要。介绍了基于自主降维投影四维变分(DRP-4DVar)同化方法和自主气候系统模式FGOALS-g2研制的全球弱耦合数据同化系统，具备分别耦合同化全球海洋、大气和陆面再分析资料的能力，也具备在全球耦合框架下耦合同化青藏高原观测资料的能力。介绍了多源陆面数据同化系统构建、陆面数据同化不确定性溯源、土壤湿度同化与积雪同化等同化技术，以及陆面同化对改进季节性气候预测的影响。介绍了青藏高原大气资料同化中，多种卫星资料误差订正方法及适用于高原大地形地区的卫星资料同化方法，以及集合预报与变分同化结合的集合变分混合同化可改进资料稀疏和地形复杂区域的资料同化质量。

第 5 章为青藏高原再分析数据集与共享平台。青藏高原区域观测资料匮乏、已有再分析资料质量较差，时空分辨率低，迫切需要研制时空分辨率高、质量可靠的青藏高原区域再分析资料，为相关的基础研究提供数据支撑。本章介绍了中国气象局陆面数据同化系统（CLDAS）及其相关技术方法，以及基于 CLDAS 研制的青藏高原及周边区域长序列陆面再分析数据集。介绍了青藏高原科学试验关键区物理协调大气分析模型与数据集的构建。介绍了青藏高原地-空多源降水和总储水量反演技术与数据集研制，青藏高原积雪、地-气感热和潜热通量卫星反演技术与数据集。介绍了青藏高原地-气系统多源信息综合数据共享平台，支持多源数据整合、数据管理、共享服务所需的多源气象数据标准和规范体系等。

本书成书过程中，徐祥德作为研究计划的负责人，负责图书的总体把关和设计，把握学术大方向，协调各个专辑之间的内容；师春香负责图书的具体联络、组织校对修改、进度推进执行等工作。为便于读者在今后工作中与各位专家联系，这里将本书各章节的作者列表如下。

前　言：徐祥德、师春香

第 1 章：包庆、何编、金继明、徐忠峰、孙国栋、亓欣等

第 2 章：何编、包庆、陆春松、王晓聪、金继明、张宇、吴小飞、陈丹丹等

第 3 章：李建、陈昊明、张果、李剑东、高文华、李妮娜、李普曦、赵寅等

第 4 章：王斌、杨宗良、邹晓蕾、陈静、师春香、赵龙、孙帅、秦正坤等

第 5 章：师春香、熊安元、王东海、洪阳、王开存、张永宏、韩帅、庞紫豪、孙帅、刘建国、沈润平、马自强、冯爱霞等

后　记：师春香、徐祥德

另外，在本书撰写过程中，得到黄红丽编审及参加国家自然科学基金委员会重大研究计划许多专家学者的支持和帮助，在此表示衷心的感谢。

本书涉及多种学科、大量文献和资料，难免出现错误与疏漏，诚请读者赐教。

徐祥德　师春香

2022 年 8 月

目录

第1章
青藏高原地-气耦合气候系统模式发展

青藏高原冰川纵横、群山层叠起伏、湖泊星罗棋布、高寒植被物种丰富，呈现出多圈层特征。能够准确再现多圈层复杂过程的气候系统模式已成为青藏高原天气气候效应研究中的不可或缺的重要工具。本章介绍了青藏高原地-气耦合气候系统模式的发展。在高分辨率大气环流模式发展方面，介绍了大气环流模式非规则网格下动力框架的发展和分辨率的提升、大气模式关键物理过程发展以及新一代气候模式发展。在高分辨率区域模式发展方面，介绍了青藏高原地-气耦合过程对中小尺度对流系统影响的数值模拟进展。在青藏高原陆面模式系统发展方面，介绍了青藏高原陆面过程模拟中物理参数不确定性与青藏高原湖泊群湖-气相互作用及区域气候效应。在地-气耦合气候系统模式应用方面，介绍了国际大气模式比较计划、耦合模式比较计划，通过政府间气候变化专门委员会(IPCC)第6次评估报告中青藏高原试验阐明了高原如何调节亚洲季风；青藏高原陆表温度对次季节-季节预测的影响研究计划；高分辨率模式比较计划，以全球25 km的气候系统模式FGOALS-f3为例，阐明了高分辨率下模式准确再现青藏高原及其周边地区小时级极端降水的性能。

1.1 高分辨率大气环流模式发展

气候系统模式已经成为模拟过去、预测未来和开展数值试验研究的不可或缺的重要工具，气候系统模式同时被广泛应用于青藏高原的影响和归因等研究领域中(Liang et al., 2005; Wang et al., 2008; Bao et al., 2010; Su et al., 2016)。数值试验的科学性和准确度与气候系统模式在青藏高原区域的性能密切相关。准确再现青藏高原的天气和气候特征已经成为气候系统模式发展领域一个孜孜以求的重要目标。

青藏高原和亚洲季风区的大陆高海拔地区群山起伏、山谷纵横交叉，地表亦呈极为复杂的多圈层特征，相应的地-气相互作用和大气内部物理过程也极其复杂。随着青藏高原观测资料的丰富和天气气候数值模式的发展，人们对青藏高原天气气候效应的认识也越来越深入。早期用于数值试验的气候系统模式水平分辨率普遍较低，多集中在200 km左右，严重制约青藏高原数值模拟工作的顺利开展。Boos等(2010)在*Nature*(《自然》期刊)上发表文章(以下简称BK10)，提出喜马拉雅山阻挡暖湿空气、激发局地对流并驱动经向南亚季风环流。由于他们模式分辨率的限制，BK10 的试验设计无法孤立出喜马拉雅山的地形，其模拟结果包括了青藏高原南侧大部分的地形加热作用。由此在国际上引发了高原地形如何影响亚洲季风的争论，青藏高原陡峭地形的动力和热力作用得到人们的关注，推动了青藏高原动力学的进一步深入发展。在 *Science*(《科学》期刊)上的一篇新闻报道(Qiu，2013)中，很多专家指出，BK10 的敏感性试验是采用粗分辨率模式，不能精确描绘温度和湿度分布细节，因此，不能分离喜马拉雅山和青藏高原的影响。如图 1.1 所示，200 km 水平分辨率无法分辨喜马拉雅山脉，而25 km 分辨率中高原南侧的陡峭地形清晰可见。Boos 等(2010)也承认，较低分辨率的气候模式是获得正确结论的大的障碍。目前对于理解青藏高原影响季风的关键之处在于准确地模拟出高原的特殊地形和相应的地-气相互作用过程。因此，开展高分辨率地-气耦合气候系统模式的研制，提高青藏高原区域和亚洲季风模拟与预测性能，有助于解决国际热点科学争论，具有重要的科学价值和实际意义。

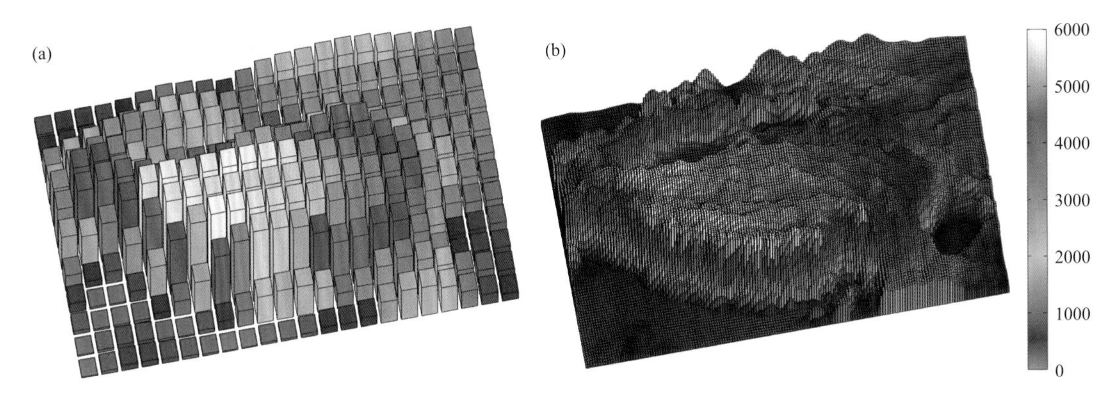

图 1.1　气候模式中青藏高原地区地形分布(高度单位：m)
(a)200 km 分辨率；(b)25 km 分辨率。200 km 分辨率是不能分辨喜马拉雅山脉的

提高模式分辨率是大气环流模式发展的重要方向之一。提高分辨率一方面可以减少云参数化、积云对流参数化、重力波参数化和陆面过程参数化等次网格参数化过程的不确定性；另一方面，可以增加数值模式模拟和预测过程中地形强迫和海陆分布的准确性。研发高分辨率气候系统模式，完善适合青藏高原的物理过程参数化方案，对于探索提高模式在青藏高原模拟性能的方法具有重要的意义。高分辨率气候系统模式研发为数值模拟领域，尤其是气候数值模拟领域的重要研究方向，是衡量一个国家在数值模拟领域是否有自主创新能力的主要标志之一(王斌等，2008)。本节简要回顾大气环流模式在分辨率和关键物理过程研发的进展，以中国科学院大气物理研究所(简称大气所)大气环流模式 FAMIL2 和耦合版本 FGOALS-f2/3 为例，阐述分辨率的提升和物理过程的改进对模式性能的影响，分析重点关注区域为青藏高原及周边地区。

1.1.1　大气环流模式分辨率和动力框架发展

高分辨率气候系统模式不仅能准确描述复杂下垫面地-气特征，其在云、降水、极端天气气候事件等方面的模拟和预测能力也较低分辨率模式有明显优势。国内外无论是业务中心还是科研单位都是以发展高分辨率气候系统模式为重要的研究方向。欧美、日本、中国等业务单位的气候模式的水平分辨率在30～130 km。我国国家气候中心第2代月动力延伸预测模式系统采用T106谱模式，分辨率相当于110 km（丁一汇 等，2002；吴统文 等，2013），第3代气候模式预测业务系统BCC-CPSv3，大气模式是BCC_AGCM3.0，水平分辨率为T266，分辨率相当于45 km，垂直方向为56层，大气层顶为0.1 hPa，2020年开始准业务化运行。欧洲中期天气预报中心（ECMWF）气候预测系统模式的水平分辨率已提升到全球36 km。参与第六次国际耦合模式比较计划（CMIP6）高分辨率模式比较计划（HighResMIP）的模式能够代表成熟的高分辨率气候系统模式研发水平，HighResMIP大气模式分辨率为25～60 km，中国有两个模式参加HighResMIP，分别为中国气象局国家气候中心气候系统模式BCC_CSM和中国科学院大气物理研究所大气科学和地球流体力学数值模拟国家重点实验室（LASG）的气候系统模式FGOALS-f3-H，其中FGOALS-f3-H大气模式分辨率为C384，约为25 km（Haarsma et al.，2016；Bao et al.，2020b）。

高分辨率模式要求采用全新的动力学框架和网格技术，美国普林斯顿大学地球流体动力实验室（GFDL）模式采用球立方体有限体积非静力平衡动力框架，可使用非均匀网格和局地加密网格技术（Harris et al.，2016；Zhou et al.，2019）。美国国家大气研究中心通用地球系统模式（NCAR CESM）通用大气分量模式（CAM）采用谱元和有限体积方法将分辨率提到25 km，高分辨率改进了南亚夏季风的模拟（Small et al.，2014；Li et al.，2015）。英国哈得来中心全球环境模式（HadGEM）更换了动力框架，实现天气和气候一体化的超高分辨率积分（Martin et al.，2011）。日本非静力二十面体全球云分辨率大气模式（NICAM），开展了3.5 km超高分辨率的积分，对热带地区中尺度对流系统有很好的模拟能力（Roh et al.，2017）。日本气象研究所基于谱模式框架建立全球20 km的高分辨率大气环流模式，并用于青藏高原地形高度影响亚洲季风的数值模拟研究（Kitoh et al.，2009）。

近年来，我国在动力框架发展和应用方面也取得了突飞猛进的进展。中国气象局采用非结构化的球面质心泰森多边形（Voronoi）网格建立了全球非结构可变网格大气模式系统（GRIST-A；Zhang et al.，2019），网格以六边形为主，具备平滑过渡加密特定区域的能力。邹晓蕾（2021）给出了跨尺度大气预报模式（MPAS-A）可变分辨率网格分布示例（图1.2），该示例网格平滑过渡加密特定区域为泛青藏高原地区。网格分辨率从最高的25 km分辨率（在88°E，30°N附近）逐步降低到远离青藏高原地区的92 km的最粗分辨率，并指出MPAS-A代表了过去几十年来数值天气预报重要进展之一。

2010年，中国科学院大气物理研究所LASG大气模式团队与美国GFDL实验室Shian-Jiann Lin研究员团队合作，逐步将球立方有限体积（FV3）动力框架引入大气所气候系统模式。FV3动力框架为非结构化网格，在计算效率、计算精度、局地加密和可扩展性等方面性能突出，被美国国家环境预报中心（NCEP）选为新一代天气预报系统的动力框架（https://www.weather.gov/sti/stimodeling_nggps）。FV3支持全球聚焦变网格设置，如图1.3所示，

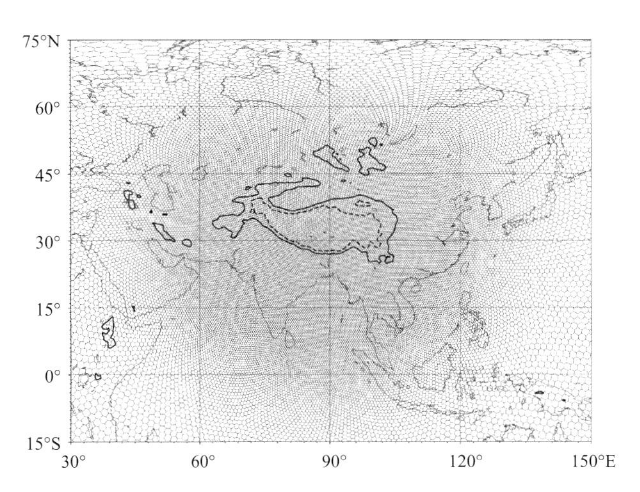

图 1.2　跨尺度大气预报模式(MPAS-A)可变分辨率网格单元分布((88°E,30°N)附近分辨率最高,为 25 km;最粗分辨率为 92 km,位于远离青藏高原地区;图中还显示了 2000 m(实线)和 4000 m(虚线)处的地形高度)(引自邹晓蕾,2021,图 5)

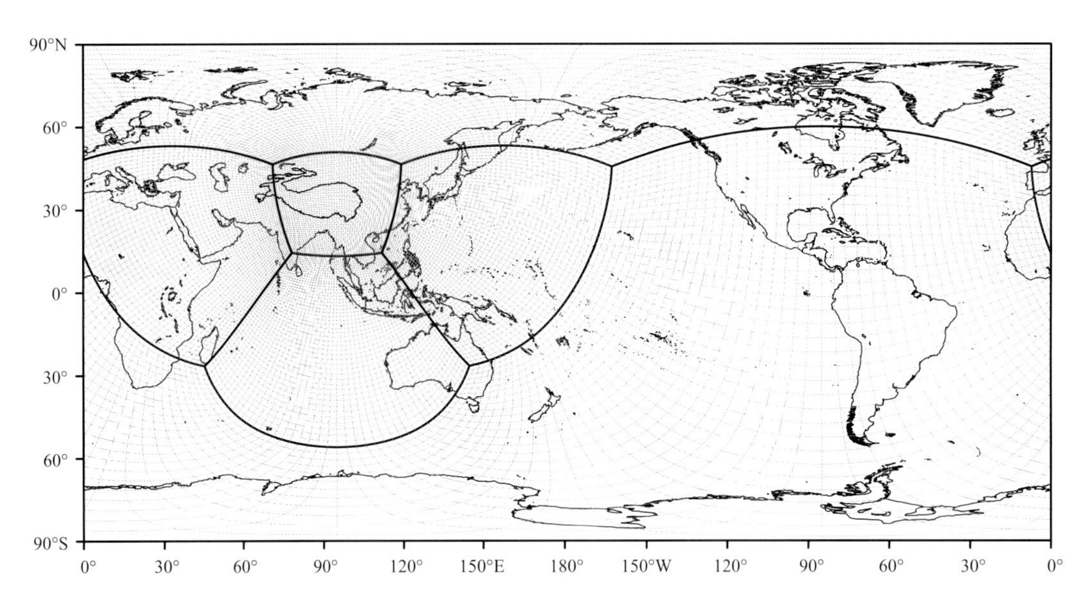

图 1.3　球立方有限体积(FV3)动力框架全球聚焦(可变分辨率)网格单元示意图(刘安岭绘制)。球立方有限体积网格分辨率 C384,拉伸率 2.5,聚焦区分辨率 10 km, 聚焦对面区分辨率 62.5 km,拉伸区的分辨率从 10 km 逐渐过渡到 62.5 km,聚焦中心(95°E,32°N),示意图采用 8 格距间隔绘制,避免原始网格线过度密集的问题

变网格 FV3 在聚焦区可平滑过渡到更高分辨率,实现特定区域的加密功能。2010 年开始,LASG 模式引入 FV3 动力框架,首先接入 FV3 动力框架中的半拉格朗日通量形式平流方案(Flux-Form Semi-Lagrangian transport scheme,FFSL)。通过一系列理想试验和干框架试验,测试了 FFSL 平流方案的保形和正定特性。与传统谱分量合成相比,FFSL 方案克服了

“负水汽问题”，降水频次得到改善(Wang et al.，2013)。Zhou 等(2012)在国家超级计算天津中心的“天河一号”超级计算机上，成功进行了全球 12.5 km 和 6 km 分辨率第一代大气环流模式 FAMIL 万核计算规模的性能测试。结果表明，FAMIL 具有优越的并行计算性能和并行输入输出 I/O 性能。从空间和时间不同尺度上，Zhou 等(2015)系统评估了引入球立方有限体积(FV3)动力框架建立的新一代大气环流模式 FAMIL 对能量交换和水分平衡的模拟性能，结果表明，采用 FV3 动力框架的新一代模式能够合理再现全球能量交换和水分收支平衡。Li 等(2017)在国家超级计算广州中心的“天河二号”超级计算机上，基于耦合器开展第二代大气环流模式 FAMIL2 测试，指出耦合系统模式在中央处理器(CPU)使用率、CPU 节点间信息传输等待时间、代码向量化、Gflops(每秒 10 亿次的浮点运算数)平均值、Gflops 峰值五个方面表现优异，耦合系统具有良好的可扩展性。

1.1.2 大气模式关键物理过程发展

关键物理过程参数化方案的改进和完善是提高大气环流模式模拟性能的另一重要途径。在青藏高原地表亦呈极为复杂的多圈层特征，当前的数值模式在青藏高原地区存在较大模拟偏差，参加第五次国际耦合模式比较计划(CMIP5)的全球气候系统模式，青藏高原地区冬夏都偏冷 5 ℃以上(Chen et al.，2017)，降水在高原南侧斜坡明显偏多，误差超过 100%，CMIP5 在高原上呈现的冷偏差和湿偏差在 CMIP6 中依然存在。发展适合青藏高原地-气耦合系统的物理过程参数化方案，将促进模式在青藏高原地区模拟性能的提升。高分辨率模式可以减少次网格参数化过程、云、降水和地形激发重力波影响等物理过程的不确定性，能够提高模拟和预测技巧(Haarsma et al.，2016)；并且能够真实反映复杂下垫面类型的物理特性，减少青藏高原和亚洲季风区的模拟误差(Li et al.，2015)。积云对流过程一直被认为是影响大气环流模式性能的一个重要瓶颈，青藏高原上的积云对流的特点与低海拔的季风区对流有显著差异，高原对流云底较高，对流云厚度偏薄，水汽含量少，对流有效位能小，但云内垂直运动剧烈(傅云飞 等，2007)。在过去的 20 a 中，积云对流引起了足够的重视，但进展依然缓慢。美国 GFDL AM4 气候模式中提出高分辨率模式匹配的双云团单体参数化(Zhao et al.，2015)；美国 NCAR 模式采用超级参数化方法解决积云对流模拟误差问题(Benedict et al.，2011)；英国 HadGEM 模式研发次网格云微物理过程参数化(MacLachlan et al.，2015)；日本 NICAM 模式采用完全显式云方案降低对流过程的不确定性，提高了青藏高原和亚洲季风区的模拟性能(Kodama et al.，2015)。Palmer(2014)指出，高分辨率是气候系统模式的发展方向。在高分辨率下，一方面传统对流参数化方案的一些基本假设不再成立，次网格对流的效应不能再看成是对流集合平均的结果；另一方面，高分辨率模拟需巨大计算资源，依靠在积云对流方案中的调参数方法是行不通的。

国内模式发展工作中，国家气候中心模式引入了 Zhang 等(2005)质量通量型积云对流参数化方案，并在此基础上提出了改进对流参数化方案(Wu et al.，2012)。中国科学院大气物理研究所在大气环流模式 FAMIL 中研发了显式对流降水(RCP)方案，实现积云对流降水显式化，将传统的积云对流降水用云微物理方程改写，然后分别计算它们的云微物理属性，减少传统积云对流参数化方案中由于对流效果的平均化和强烈依靠对流参数准确性带来的误差(He et al.，2019；Bao et al.，2020a)。采用显式对流降水(RCP)方案后，计算效率高，速度快，高分辨率大气模式 FAMIL2 和全耦合模式 CAS FGOALS-f2-L 一定程度缓解了青藏高原南坡虚假降水问题，模拟青藏高原地区日降水的概率密度分布与高分辨率卫星资料一致(图 1.4)。

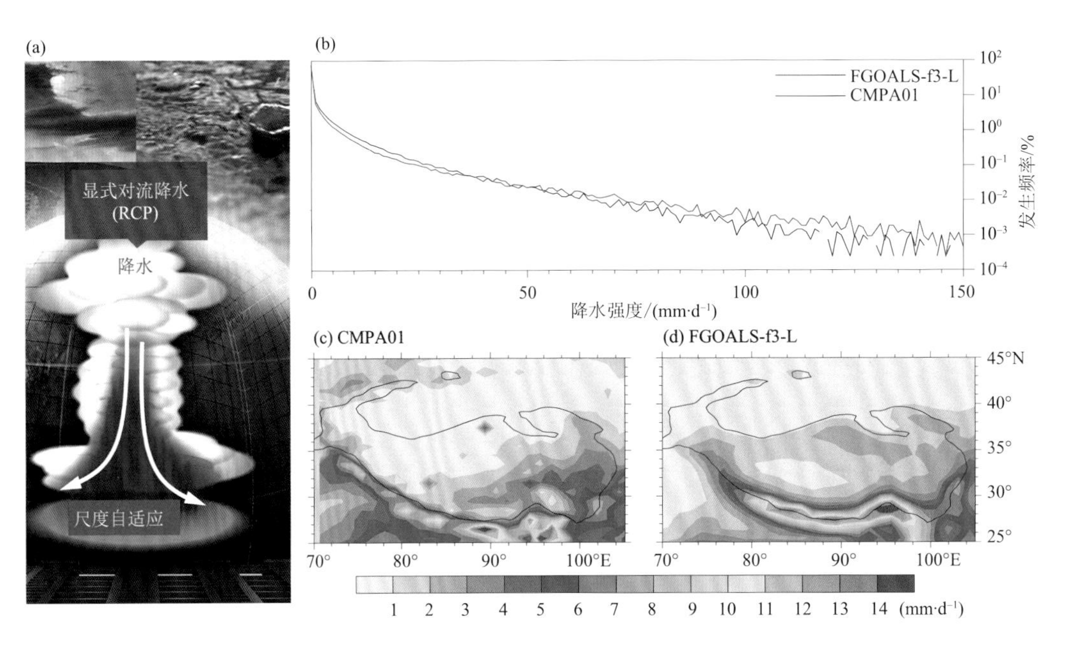

图 1.4　显式对流降水 RCP 方案示意图以及青藏高原地区日降水的概率密度分布的模拟和观测。(a)显式对流方案示意图；(b)青藏高原地区日降水的概率密度分布的模拟(FGOALS-f3-L)和观测(CMPA01)；青藏高原地区夏季降水平均分布的观测(c)和模拟(d)(引自 Bao et al.，2020a，图 1)

1.1.3　新一代气候系统模式基本性能

气候系统模式 CAS FGOALS-f2/3 是由中国科学院大气物理研究所大气科学和地球流体力学数值模拟国家重点实验室(LASG)研发的新一代海-陆-气-冰相耦合的气候系统模式，其大气分量为有限体积大气环流模式 FAMIL2(Zhou et al.，2015；He et al.，2019；Bao et al.，2020b；Li et al.，2021)，海洋分量为 LICOM3(Liu et al.，2012，2020；Li et al.，2017；Guo et al.，2020)，海冰分量为海冰模式 CICE4.0(Hunke，2010)，陆面分量为公共陆面模式 CLM4.0(Lawrence et al.，2011)，几个分量经由耦合器 CPL7(http://www.cesm.ucar.edu/models/cesm1.0/cpl7/)实现耦合。在第六次国际耦合模式比较计划(CMIP6)，CAS FGOALS-f3 大气分量 FAMIL2 的标准分辨率为 100 km，模式版本为 CAS FGOALS-f3-L，高分辨率为 25 km，模式版本为 CAS FGOALS-f3-H(Bao et al.，2020b)。与 CAS FGOALS-f3

相比，该模式系列另一版本CAS FGOALS-f2海洋分量为POP2海洋模式，其他分量与CAS FGOALS-f3模式一致。气候系统模式CAS FGOALS-f2版本主要应用于次季节、季节、年际和年代际等时间尺度的气候预测领域，而气候系统模式CAS FGOALS-f3-L和FGOALS-f3-H两个版本参与CMIP6中的多个子比较计划(Bao et al.，2020b；Guo et al.，2020；He et al.，2020a，2020b)。

(1)模式对青藏高原和下游地区极端小时降水的模拟性能

格点化观测降水产品评估结果表明：青藏高原上降水频率随小时降水强度的增加而降低。全球降水观测任务卫星反演降水产品(GPM)略高于站点和卫星融合产品CMPA01。空间分布上，高原南坡(及其南部地区)及高原东部为小时极端降水强度高值区，从高原的南部斜坡到高原北部(纬度高于35°N)呈下降趋势。模式模拟的研究结果表明：FGOALS-f3-L对小时弱降水的发生频率具有一定的刻画性能，但低估了模式中的小时最大降水强度以及极端降水发生的频率。尽管低分辨率FGOALS-f3-L能够部分模拟出极端降水强度空间分布特征，但相较于GPM明显偏弱。随着分辨率的提升，高分辨率FGOALS-f3-H对小时极端降水的模拟性能有了较为明显的改进。模拟出的最大小时降水强度有所提升，模拟出的小时极端降水发生的频率也与观测更为接近(图1.5)。FGOALS-f3-H模拟的小时极端降水强度的空间分布也与观测结果更为一致。进一步评估指出，低分辨率模式对小时极端降水的模拟偏差及分辨率提升带来的模拟增值，在CMIP6 HighResMIP的其他模式里也有较为明显的体现。

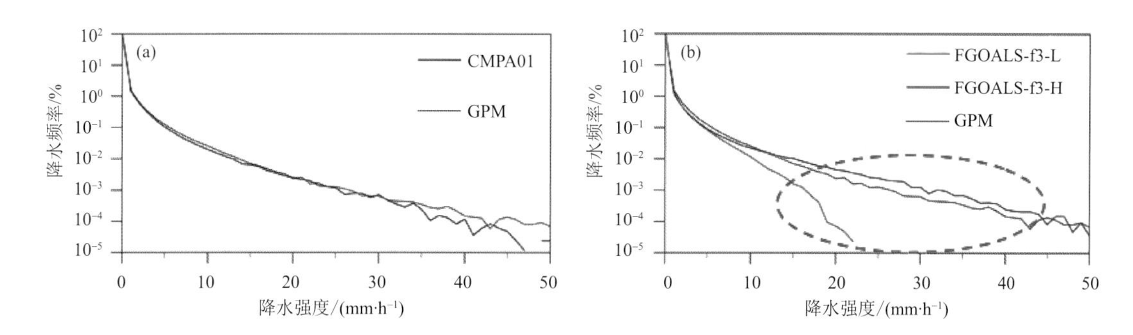

图1.5　青藏高原及周边地区小时级降水强度-频率分布，GPM为卫星观测，CMPA01为站点和卫星融合产品，FGOALS-f3-L和FGOALS-f3-H分别对应100 km和25 km分辨率模式结果
(a)观测；(b)FGOALS-f3模拟

(2)中国东部极端降水的观测/再分析和模式数据的可靠性分析

由极端降水引发的灾害占中国自然灾害的70%，准确地模拟和预估极端降水事件对于防灾减灾至关重要。目前再分析资料和全球气候模式对于历史极端降水的模拟仍是一个充满挑战性的问题。He等(2019)通过使用数种格点化观测数据集，评估了再分析数据、第五次国际耦合模式比较计划(CMIP5)模式和新一代高分辨率全球气候模式CAS FGOALS-f2对于青藏高原下游中国东部极端降水的再现情况。评估工作以552个观测站点的数据作为比较标准，从日降水强度和降水频次的概率密度函数以及极端降水天数的空间分布两方面进行分析。结

果发现：TRMM 卫星观测资料对极端降水的再现与站点观测的结果十分一致，而三种格点化观测数据（CN05.1、APHRODITE、PERSIANN-CDR）、四种再分析资料（CFSR、ERA-Interim、JRA-55、MERRA）和大多数 CMIP5 模式均不能抓住 150 mm·d^{-1}以上的极端降水，并且均低估了极端降水的频次（图 1.6a 和图 1.6b）。在观测的极端降水天数的空间分布中，中国东部夏季存在两个降水大值中心，分别是长江中下游地区和华南沿海地区。格点化观测数据和 JRA-55 再分析资料可以同时抓住这两个大值中心，而 ERA-Interim、MERRA、CFSR 和所有 CMIP5 模式均不能同时抓住这两个大值中心。在 CMIP5 模式中，极端降水量占总降水量百分比低估 25%～75%（图 1.6c）。另外发现，高分辨率气候模式比低分辨率气候模式对极端降水的模拟效果更好，此外参数化方案的选择对于极端降水的模拟影响较大。在新一代高分辨率全球气候模式 CAS FGOALS-f2 中（图 1.6d），由于其高分辨率以及对水汽和垂直加热率的模拟更为真实，极大地提高了对中国东部极端降水的模拟技巧。

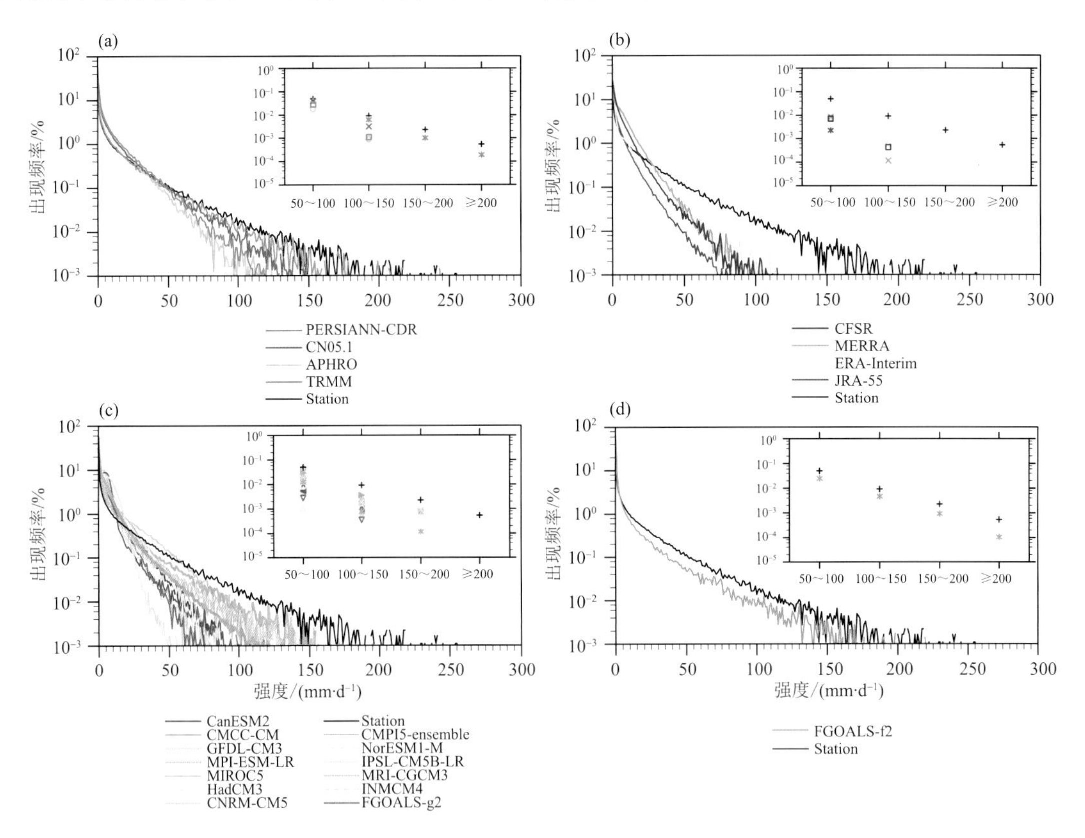

图 1.6 青藏高原下游地区夏季(JJA)降水频率-强度分布特征：观测(a)、再分析(b)、CMIP5 模式(c)和 FGOALS-f2 模式(d)(引自 He et al.，2019，图 2)

（3）全球 25 km 高分辨率气候模式 CAS FGOALS-f3-H 性能

天气尺度现象和高频变率的模拟仍然是气候系统模式的挑战之一。通过对比分析全球 25 km 高分辨率气候系统模式版本 FGOALS-f3-H 和 100 km 中等分辨率气候系统模式版本 FGOALS-f3-L 试验，结果表明，水平分辨率的提高能够显著改进模式在热带气旋（TC）、日变化和极端降水的模拟性能(Bao et al., 2020b)。

在北太平洋西部,这是全球 TC 最活跃的地区,TC 平均生命周期为 8 d。TC 的平均生命周期在太平洋南部和东部为 7 d,相比之下,印度洋北部地区 TC 生命周期只有 4.3 d。如图 1.7 所示,采用客观方法,Bao 等(2020b)利用高分辨率和低分辨率模式探测出 TC 的模拟平均周期。高分辨率模式有令人鼓舞的改进:在全球范围内,TC 的平均生命周期从 FGOALS-f3-L 的 4.9 d 增加到 FGOALS-f3-H 的 6.6 d,增加了 35%。西北太平洋和北大西洋的 TC 平均生命周期分别增加 21%和 39%,持续时间分别从 6.2~7.5 d 增加到 4.9~6.8 d。在北印度洋,TC 的模拟时间增加 14%,从 3.5 d 增加到 4.0 d。

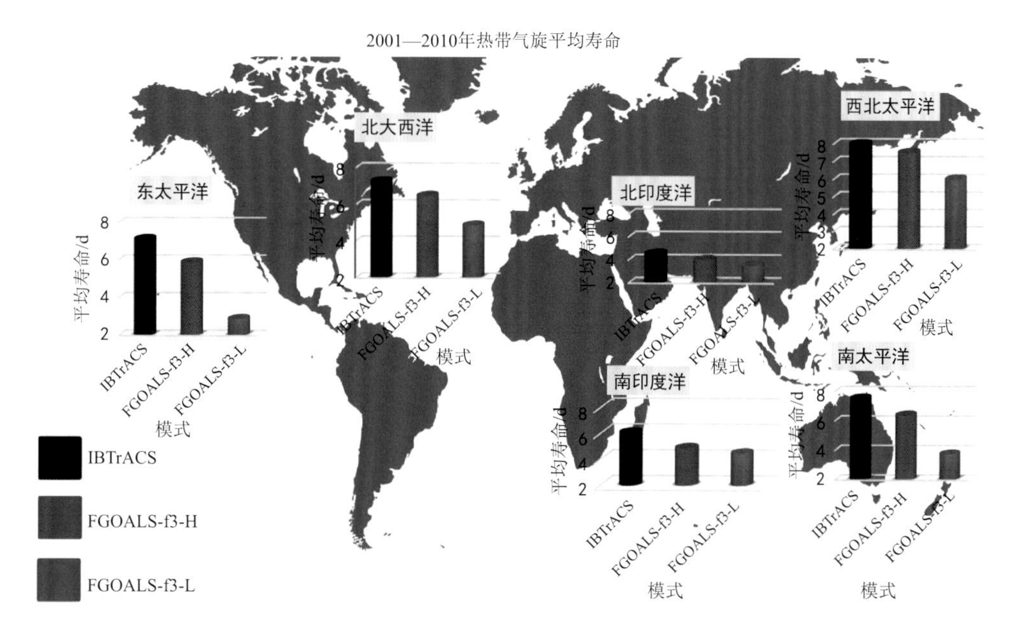

图 1.7 全球 100 km 低分辨率气候系统模式 FGOALS-f3-L 及全球 25 km 高分辨率气候系统模式 FGOALS-f3-H 模拟的热带气旋生命周期(引自 Bao et al., 2020b, 图 1)

与小时降水量相关的降水日变化是气候模式中另一个具有明显区域特征的现象。利用 FGOALS-f3-H 和 FGOALS-f3-L 的小时输出结果,本节对模式在热带和中纬度地区(40°S~40°N)模拟的日变化情况进行分析。在大多数陆地区域,FGOALS-f3-H 和 FGOALS-f3-L 模式都显示出夜间降水高峰,这与卫星反演数据资料产品 GPM 的结果一致(图 1.8)。早期的研究指出,大多数模式在降水日循环上倾向于过早地发生降雨,降水峰值出现在中午前后(Dai, 2006)。在热带洋面上,FGOALS-f3-H 和 FGOALS-f3-L 的日降水峰值阶段均在清晨,大约在日出前后,这也与卫星资料 GPM 的观测结果相似。因此,FGOALS-f3-H 和 FGOALS-f3-L 都较为准确地模拟小时降水的峰值时间。在小时级降水振幅方面,高分辨率 FGOALS-f3-H 模式在陆地和海洋上的小时降水均有显著改善。每小时平均降水的幅值为 3.5 mm·h^{-1},这与 GPM 观测结果一致。这些结果表明,更高的分辨率导致更多的降水被解析为网格尺度降水,提高模式的水平分辨率可以改善对小时降水的模拟。

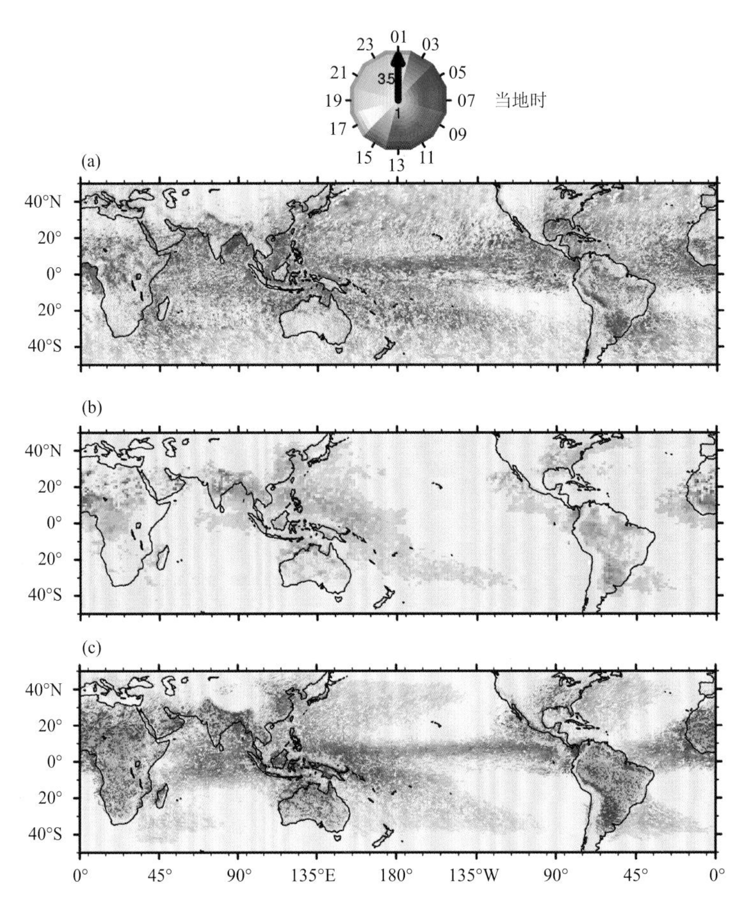

图 1.8　GPM 观测以及全球 100 km 低分辨率气候系统模式 FGOALS-f3-L 和全球 25 km 高分辨率气候系统模式 FGOALS-f3-H 模拟的全球降水日变化主要特征(引自 Bao et al.，2020b，图 2)
(a)GPM；(b)FGOALS-f3-L；(c)FGOALS-f3-H

在北半球夏季，与亚洲夏季风(Asian summer monsoon，ASM)相关的降水日变化表现出独特的区域特征，这是因为较强的海-气相互作用以及复杂的地形热力和动力强迫在多个时间尺度上调节着季风环流(Yu et al.，2007)。长江中下游 GPM 产品的北半球夏季降水日循环(图 1.9a)呈现早高峰，这与赤道洋区有一些相似之处。而中国西南地区(青藏高原下游)降水的日循环表现为夜间高峰阶段，与大多数大陆中纬度地区相似。高分辨率模式版本 FGOALS-f3-H(图 1.9c)成功模拟出降水日变化的两个峰值时间：早高峰和晚高峰；而低分辨率模式版本 FGOALS-f3-L(图 1.9b)主要显示了这两个区域降水峰值在傍晚前后的高峰。对比 GPM 卫星观测，高分辨率模式版本 FGOALS-f3-H 对北方夏季逐时降水的强度模拟比低分辨率模式版本 FGOALS-f3-L 更精确。这表明，在亚洲夏季风发生的区域范围内，高分辨率模式 FGOALS-f3-H 能够准确再现亚洲夏季风的降水日变化峰值时间(图 1.9)。

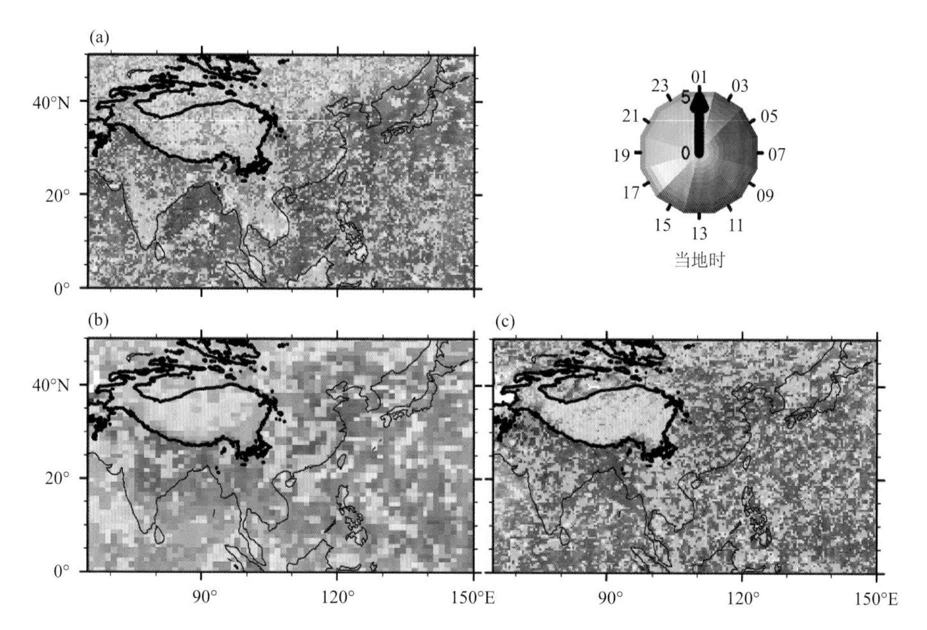

图 1.9　GPM 观测以及全球 100 km 低分辨率气候系统模式 FGOALS-f3-L 和全球 25 km 高分辨率气候系统模式 FGOALS-f3-H 模拟的亚洲夏季风的降水日变化峰值时间(引自 Bao et al.，2020b,图 3)
(a)GPM;(b)FGOALS-f3-L;(c)FGOALS-f3-H

1.2　高分辨率区域模式发展

作为世界的第三极，青藏高原地区的地-气相互作用可能会显著影响局地乃至亚洲区域的天气、气候和环境变化。然而，高原地区观测资料缺乏，对地-气相互作用过程和机理的认识仍比较有限。高分率区域模式为深入探究高原地区的地-气相互作用提供了有力支撑。本节将从青藏高原地-气耦合过程对中小尺度对流系统影响的数值模拟进展和高分辨率数值模拟研究，对高分辨率区域模式的发展与应用进行介绍。

1.2.1　青藏高原地-气耦合过程对中小尺度对流系统影响的数值模拟进展

地-气相互作用是国际上的热点研究领域(Santanello et al.，2018)。以往的地-气耦合研究大体可分为观测资料分析和数值模拟两类。基于观测的地-气耦合关系研究，通常采用回归或相关分析等方法，研究土壤湿度与降水之间的耦合关系。但是，由于降水低频信号存在很强的自相关性，往往会影响这类研究结论的可信度(Zhou et al.，2021)。为了将地-气耦合的影响显式地分离出来，Koster 等(2004，2006)利用大气环流模式设计了地-气耦合数值试验，研究了全球不同地区的地-气耦合强度。其研究表明,全球半干旱区是地-气耦合最强的地区。类似地,Seneviratne 等(2006)利用区域气候模式的地-气耦合试验,研究了欧洲地区地-气耦合对气温变率的影响。其结果表明,在未来气候变暖背景下,欧洲地区土壤湿度下降,地-气耦合强度增强,从而导致欧洲气温变率显著增强。Zhang 等(2011)则利用地-气耦合模拟试验,研究了地-气相互作用对东亚气候变率的影响。最近的研究表明:地-气反馈会显著减弱干旱区的水分下降趋势(Zhou et al., 2021)。

以往地-气耦合研究大多采用粗分辨率模式(Koster et al., 2004, 2006; Seneviratne et al., 2006; Zhang et al., 2011)。有研究表明,分辨率在 7 km 以上的粗分辨率模式不能正确模拟观测的土壤湿度与降水之间的反馈关系。比如:高时空分辨率的观测资料研究发现,在全球大部分地区,午后降雨往往出现在土壤湿度小的地区,降水与土壤湿度之间表现为负反馈关系(Taylor et al., 2012; Klein et al., 2020)。相反,在粗分辨率模式中,二者关系则主要表现为正反馈,即降水更容易出现在土壤较湿的地区。有研究认为,这与模式空间分辨率和降水参数化方案有关,导致粗分辨率模式不能正确模拟土壤湿度与降水之间的反馈关系(Taylor et al., 2013)。与粗分辨率(25 km)模拟相比,高分辨率(2.2 km)模拟则可以合理再现观测中的土壤湿度与降水之间的负反馈关系(Hohenegger et al., 2009)。另一方面,粗分辨率模式对降水的模拟仍存在较大缺陷。比如:Chao(2012)的研究指出,粗分辨率模式在地形陡峭或起伏很大的山区往往模拟出过多的降水,这主要是由于参数化方案没有很好考虑次网格地形所产生的向上的热量和水汽传输所致,导致热量和水汽在边界层内集聚,最终形成降水的时间偏晚、强度偏强。高分辨率模式可以很大程度上避免这个问题。Sato 等(2008)研究了中尺度模式分辨率对高原对流降水日变化的影响。结果表明,当模式分辨率高于 7 km 时,对流降水的日变化特征和观测比较一致,降水强度也更接近观测;而当模式分辨率较粗时(28 km),模拟降水峰值出现的时间偏晚,降水强度偏大。Sato 等(2008)认为,粗分辨率模式无法描述高原地区小尺度的不稳定层结特征,导致对流云出现时间偏晚,地表吸收过多的太阳辐射,从而增加了地表的热量并导致强降水的出现。在高分辨率模拟中,这些问题可以得到明显改善。

目前,关于土壤湿度与降水之间耦合关系的观测和模拟研究主要集中在欧洲、北美和非洲等地区。青藏高原地区的土壤湿度与降水之间相互作用研究仍较薄弱。高原上的中小尺度对流系统与平原地区差异鲜明,这些中小尺度对流系统与陆面耦合关系尚不清楚。青藏高原上的观测资料较平原地区匮乏,卫星观测数据缺乏地基观测资料的矫正,仍存在较大偏差(Chen et al., 2013)。此外,高原下垫面特征复杂,很难从观测数据中分离出地-气相互作用(Taylor et al., 2012),仅利用观测资料研究高原土壤湿度与中小尺度对流降水的相互作用存在较大挑战。因此,基于高分辨率区域数值模式研究青藏高原地-气耦合过程对中小尺度对流系统的影响十分必要。

(1)青藏高原地区中小尺度对流系统的研究进展

夏季,青藏高原地区中小尺度对流系统多发,每日约有 300 个强大的积雨云系统(Flohn, 1968)。高原上积雨云出现的概率是中国其他地区整体平均的 2.5 倍(Xu et al., 2002)。这些中小尺度对流系统(空间尺度在 101～102 km，时间尺度为 100～101 h)不断地向高原大气输送热量和水汽，是维持高原大气高温高湿的主要机制(Bergman et al.，2013)，同时也对高原平均环流场的维持起到重要作用(杨伟愚 等，1992)。显然，中小尺度对流系统是联系高低层大气的重要媒介，它的变化可能直接影响高原的加热效率，并对局地、东亚乃至全球的气候变化产生显著影响(叶笃正 等，1957；Ye et al.，1998；Liu et al.，2012；Duan et al.，2013)。

高原上对流活动比周边地区活跃，降水凝结潜热在垂直方向上呈现单峰结构，极大值出现在 6～7 km 高度，而非高原地区潜热往往表现为双峰结构，比如中国中东部大陆地区潜热极大值出现在 3～4 km 和 8～9 km 高度(傅云飞 等，2008)。与平原地区相比，高原上云的厚度更为浅薄(胡亮 等，2010)。高原降水表现出极为明显的日变化特征，降水量最大值通常出现在傍晚前后，这主要与高原地区加热的强烈日变化有关(Li et al.，2008)。卫星观测的高原降水日变化基本特征与雷达观测的结论一致(Liu et al.，2002；刘黎平 等，2015)。利用高分辨率(5 km×5 km) TRMM 卫星数据分析发现：在高原地形多起伏地区，降水在午后达到最强；在山谷和湖泊地区，最大降水出现在夜晚，清晨出现降水的第二个峰值(Singh et al.，2009)。与印度地区相比，高原降水的移动性较弱。可见，高原上降水的凝结潜热廓线、降水的日变化特征、发生频率和强度都与非高原地区降水有明显差异。

青藏高原的地-气相互作用是影响中小尺度对流变化的重要因子之一。按照降水量划分，青藏高原属于半干旱区。半干旱区通常是地-气相互作用最为强烈的地区(Koster et al.，2004)。土壤湿度是地-气耦合过程中最关键的变量。土壤湿度异常可以对高原能量和水分收支产生显著影响(Qian et al.，2003；Chow et al.，2008)，进而改变高原地表加热的空间不均匀性。地表加热的空间差异，有利于高原上的大尺度辐合带的形成(Sugimoto et al.，2010)，大尺度辐合带的存在为中小尺度对流的形成提供了有利条件。这样土壤湿度异常可以通过改变大尺度切变线而影响中小尺度对流系统的生成。另一方面，中小尺度对流的发展会进一步改变土壤湿度的空间不均一性，而土壤湿度在空间上的迅速变化，往往有利于中小尺度对流系统的发展。可见，高原中小尺度对流和土壤湿度之间可能存在显著的耦合关系。然而，如前所述，目前这方面的科学认识尚十分有限。

基于上述原因及高原地-气相互作用的重要性，中国科学院大气物理研究所徐忠峰研究员的研究团队采用高分辨率(3 km)数值模拟的方法，结合高原观测和同化数据(Shi et al.，2011)，就青藏高原地区的地-气相互作用对中小尺度对流系统的影响及其机理展开了深入研究。

(2)高分辨率天气研究和预报模式 WRF 的不同参数化方案在青藏高原地区模拟性能评估

为了检验高分辨率模式在青藏高原地区的模拟能力，遴选最优的参数化方案组合，研究团队首先利用 WRF3.8.1 模式开展了水平分辨率 3 km 的高分辨率模拟。关闭数值模式中的积云对流参数化方案，显式模拟对流过程。模拟时段为 2015 年 5 月 21 日—8 月 31 日。侧边界场采用欧洲中心再分析数据集(ERA-interim)再分析数据,模拟区域覆盖青藏高原中部地区(29.5°～34.5°N, 83.5°～92.5°E)。共开展了11个模拟试验(表1.1)。每个试验与参考试验(MP8)相减,可以分析某一个参数化方案对模拟结果的影响。最后一个模式试验采用15 km分辨率,该试验与3 km模拟对比,考察分辨率对模拟结果的影响。所有试验的模拟结果与观测数据比较,可以评估不同参数化方案组合在高原地区的模拟能力。

研究所用的主要观测数据包括:青藏高原地区台站观测气温、降水数据,气象信息中心0.1°分辨率的融合降水数据(Shen et al., 2010),GPM卫星反演的降水(Hou et al., 2014;Ma et al., 2016)。那曲地区观测站点土壤湿度数据(Yang et al., 2013)。9 km分辨率的SMAP卫星的level4产品(包括表层土壤湿度、感热通量、潜热通量),中国气象局陆面数据同化系统实时产品数据集(CLDAS)土壤湿度等。

表1.1 不同参数化方案配置的WRF试验(引自Lv et al., 2020)

试验代码	分辨率	陆面方案	微物理过程方案	边界层方案	辐射方案
LSM2	3 km	Noah	New Thompson	YSU	RRTMG
LSM3	3 km	RUC	New Thompson	YSU	RRTMG
MP2	3 km	Noah_MP	Lin scheme	YSU	RRTMG
MP6	3 km	Noah_MP	Single-Moment 6-class	YSU	RRTMG
MP8	3 km	Noah_MP	New Thompson	YSU	RRTMG
PBL5	3 km	Noah_MP	New Thompson	Mellor-Yamada	RRTMG
PBL9	3 km	Noah_MP	New Thompson	UW scheme	RRTMG
PBL11	3 km	Noah_MP	New Thompson	Shin-Hong scheme	RRTMG
RA3	3 km	Noah_MP	New Thompson	YSU	CAM
RA99	3 km	Noah_MP	New Thompson	YSU	GFDL
MP6_15 km	15 km	Noah_MP	Single-Moment 6-class	YSU	RRTMG

为了评估模式对高原降水日变化特征的模拟能力,研究团队对台站降水和卫星反演的降水数据(GPM、TRMM)进行了分析。结果表明,GPM卫星反演的高原降水表现出十分显著的日变化特征,日最大降水量常常出现在下午到傍晚,这与台站降水的日变化特征较为一致。WRF的不同参数化方案模拟的日降水特征则存在很大差异。从四类参数化方案(微物理、陆面、边界层、辐射)模拟结果的对比来看,微物理过程对降水日变化的影响最大,其中Lin方案和Single-Moment 6-class模拟的降水日变化特征与观测最为接近,大部分地区降水出现在午后—深夜(MP2、MP6试验)。但New Thompson方案模拟的降水最大值出现时间较晚,一般出现在深夜(图1.10)。上述结果表明,选择Lin或Single-Moment 6-class微物理过程方案,WRF能够合理模拟高原夏季降水的日变化特征。与3 km的WRF模拟相比,15 km的WRF模拟明显高估了所有强度降水事件发生的频次,最大降水出现的时间偏晚(Lv et al., 2020)。

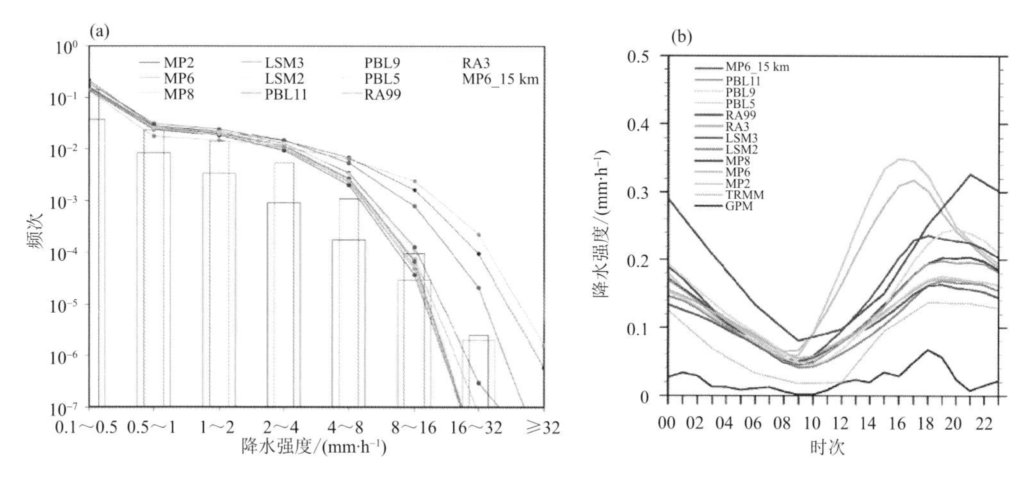

图 1.10 (a)青藏高原中部地区不同强度降水的频次分布,其中红色和黑色矩形分别代表 GPM 和 TRMM 降水;(b) 高原中部地区降水的日变化特征

与那曲地区观测的土壤湿度比较,SMAP 显著低估了土壤湿度,而 WRF 模拟则普遍高估了土壤湿度(图 1.11)。不过模式对土壤湿度的逐日变化特征模拟较好。模拟与观测之间的相关系数在 0.7~0.8 之间。对于土壤湿度模拟来说,陆面过程方案在四类参数化方案中扮演着最重要的作用。Noah 陆面模式的模拟能力相对较好。总体来说,尽管 WRF 模式对降水和土壤湿度的模拟仍存在显著的系统偏差,但基本可以合理模拟降水的日变化特征,不同强度降水事件发生的频率及降水事件持续的时间等特征。WRF 模式模拟的土壤湿度的空间分布特征和时间变化特征也较为合理。此外,相对于 15 km 分辨率的模拟来说,3 km 分辨率的模拟,在降水日变化特征、降水强度和频数模拟方面具有明显优势(Lv et al., 2020)。

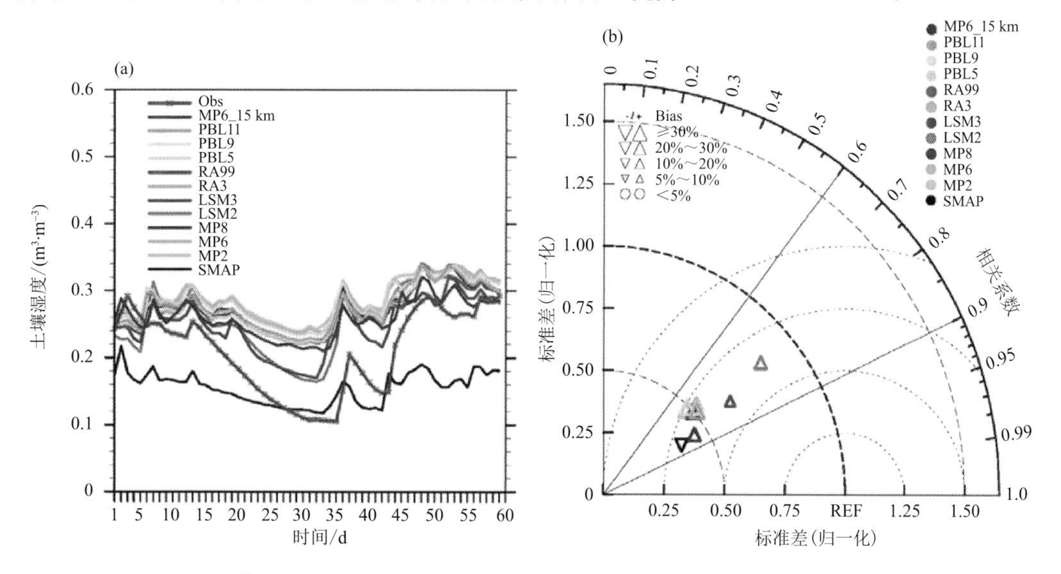

图 1.11 (a)那曲地区土壤湿度的逐日变化;(b)Taylor 图评估模式对土壤湿度日际变化的模拟能力,以那曲站的观测土壤湿度作为参考数据,REF 为参考值

1.2.2 青藏高原地-气耦合过程对中小尺度对流系统影响的高分辨率数值模拟研究

(1)青藏高原中部地区地-气耦合强度的高分辨率数值模拟研究

经过前期对多个参数化方案的对比评估，研究团队确定了如下方案继续进行青藏高原中部地区地-气耦合强度的探索：陆面方案采用 Noah_MP，微物理过程方案采用 Single-Moment 6-class，边界层方案采用 YSU，辐射方案采用 RRTMG。基于上述 WRF 模式配置，开展了两组集合试验。试验方案类似于全球地-气耦合试验(GLACE)(Koster et al.，2006)。第一组地-气耦合试验(记为“W 试验”)包含 16 个集合成员，除了初始场外，每个集合成员保持相同的模式配置。W 试验在积分过程中，每 3 min 保存一次土壤湿度。第二组为地-气未耦合试验(记为“R 试验”)，同样包括 16 个集合成员。所有 R 试验中，每隔 3 min 将模式模拟的土壤湿度替换为 W 试验保存的土壤湿度，其余配置与 W 试验一致。由于 R 试验中土壤湿度是给定的，不受模式中降水、气温等变化的影响，这样就去除了土壤湿度与大气之间的耦合作用。

参照 Koster 等 (2006)的工作中对诊断量 Ω_P的定义，每个模式格点可以计算：

$$\Omega_P = \frac{16\,\sigma_{\hat{P}}^2 - \sigma_P^2}{15\,\sigma_P^2} \tag{1.1}$$

式中，σ 代表时间标准差，P 代表降水量，$\hat{P}$ 代表 16 个集合成员平均的降水量，σ_P^2 代表利用 16 个集合成员计算的降水方差。

Ω_P 反映了 16 个集合试验中逐日降水时间变化特征的接近程度。集合成员之间降水时间变化特征越一致，Ω_P 的数值越大。分别计算未耦合试验和耦合试验中的 Ω_P，二者之差(Ω(R)－Ω(W))即代表地-气耦合强度。当该数值大于 0 时，说明与耦合试验相比，未耦合试验中不同集合成员的降水时间变化特征更加一致，即土壤湿度对降水的时间变化特征有明显影响。上式中的降水也可以换成蒸发、温度等变量，这时 Ω 就分别代表土壤湿度与蒸发、温度等的耦合强度。这里的地-气耦合强度实际上描述的是土壤湿度对降水、蒸发等变量的影响程度。

研究采用自助法(bootstrap)方法，检验地-气耦合强度的显著性。首先，假设 Ω(R)与 Ω(W)之间不存在差异，即 DΩ＝Ω_P(R)－Ω_P(W)＝0。从 16 个地-气耦合和 16 个未耦合试验中分别进行有放回的再抽样，利用抽样结果计算 DΩ。重复上述过程 2000 次，得到 DΩ 的概率密度分布及 95％置信区间。如果 95％置信区间不包括 0，则拒绝原假设，说明 Ω(R)与 Ω(W)存在显著差异，即存在显著的地-气耦合作用。反之，如果 95％置信区间包括 0，则表明不存在显著地-气耦合。

基于两组集合模拟试验结果的分析发现，在绝大多数地区 Ω(R)－Ω(W)都为正值，并且 Ω(R)与 Ω(W)的差异显著。这表明青藏高原土壤湿度显著影响高原地区蒸发、温度、边界层高度和降水的变化。其中，土壤湿度对蒸发、温度和边界层高度的影响明显强于对降水的影响(图 1.12)。

从地-气耦合强度与地形标准差的散点图(图 1.13)可以看出，在地形较平坦的地区，土壤湿度对蒸发的影响更大；相反，在地形起伏较大的地区，土壤湿度对蒸发的影响减弱。土壤湿

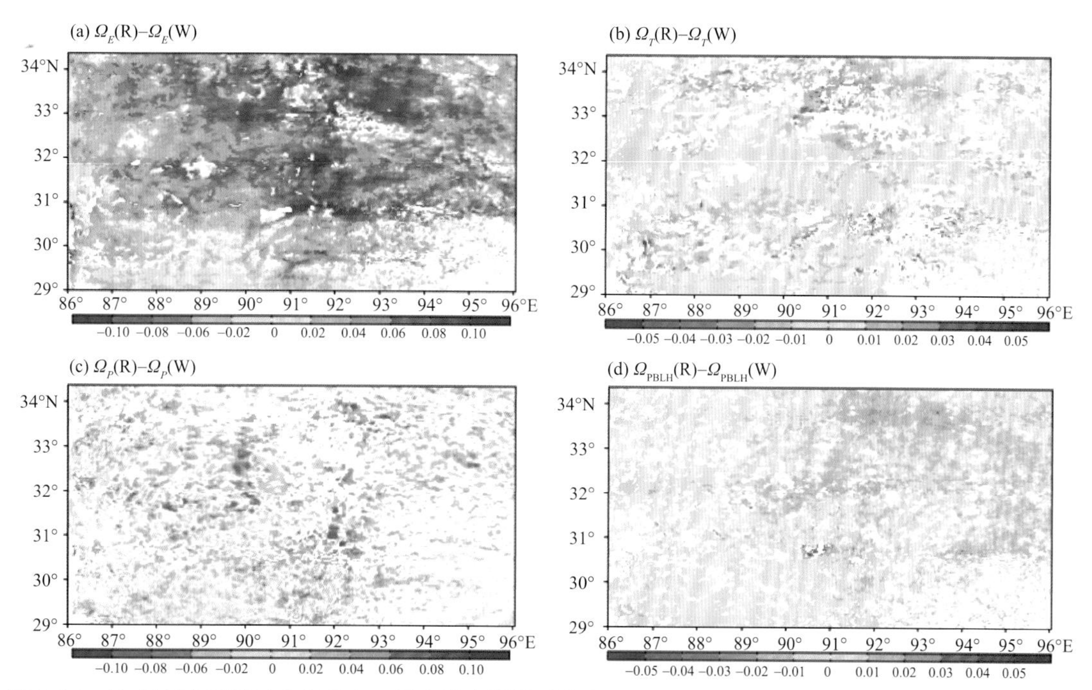

图 1.12　地-气耦合强度的空间分布。图中彩色阴影区代表 Ω(R)和 Ω(W)的差异通过置信度为 95%的显著性检验。正值阴影区域代表存在显著的地-气耦合作用。E:蒸发;T:地表温度;P:降水;PBLH:边界层高度

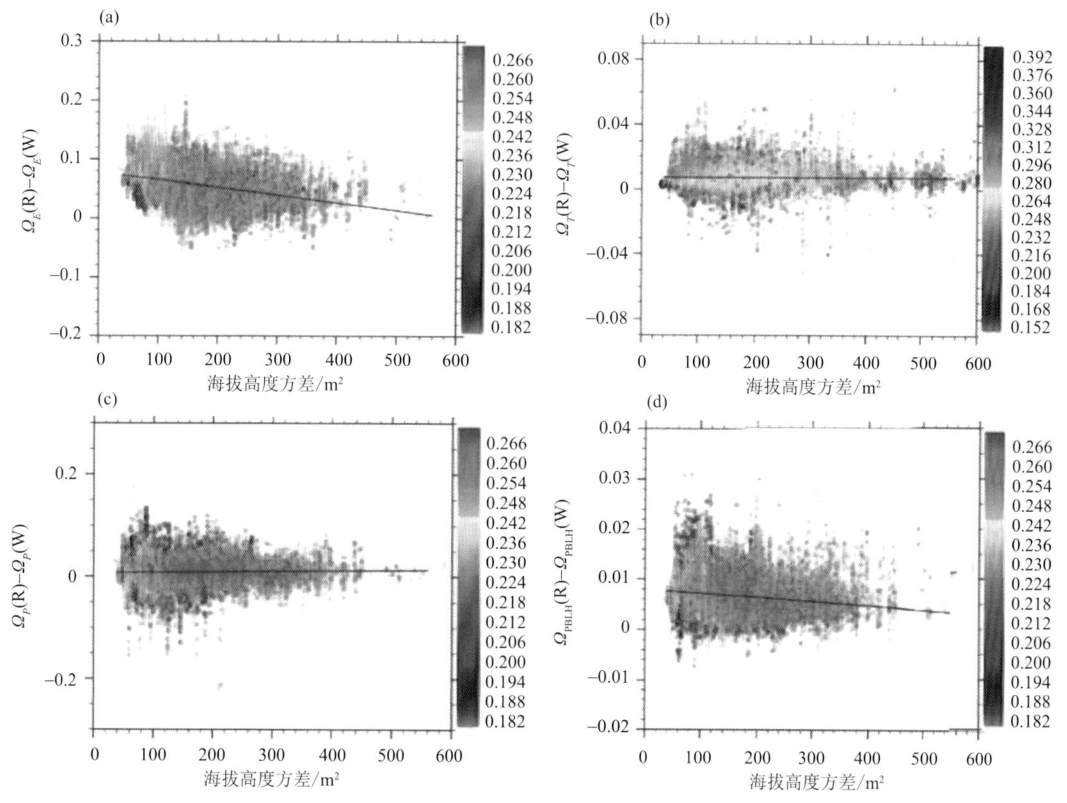

图 1.13　地-气耦合强度与地形起伏程度的关系。颜色表征土壤湿度,
E:蒸发;T:地表温度;P:降水;PBLH:边界层高度

度对边界层高度的影响也表现出类似的特征，即地形平坦地区土壤湿度对边界层高度的影响更大。然而，土壤湿度对气温和降水的影响程度与地形起伏程度没有明显关系。这一结果表明，在地形平坦的地区，土壤湿度异常是影响地-气耦合的重要因子。但是，在地形起伏较大的地区，土壤湿度之外的因子（例如地形、下垫面类型）对局地天气的影响可能更重要。研究结果启示我们在青藏高原地区尤其是地形相对平坦地区，加强土壤湿度观测并提高数值模式中土壤湿度初值的准确性，预计可在一定程度上提高对气温、降水和边界层高度的数值预报能力。

（2）青藏高原地-气耦合过程对中小尺度对流系统的影响

在对青藏高原中部地区地-气耦合强度进行考察的基础上，研究团队利用区域数值模式进一步探究了土壤湿度对不同大气变量的影响程度。首先，计算 W 试验和 R 试验的地-气耦合强度差异，并采用自助法检验其显著性。然后，计算存在显著地-气耦合的区域占模拟区域总面积的比例（图 1.14）。从图中可以看出，土壤湿度对近地层变量的影响程度从大到小依次为：2 m 相对湿度、潜热、感热、高云量、边界层高度、地表温度、10 m 风速、抬升凝结高度、自由对流高度、中云量、最大雷达反射率、对流抑制能量、对流有效位能和降水。从对对流层变量的影响来看，土壤湿度对大气温度和湿度的影响最显著，其次是风场，对对流活动和降水的影响程度最弱。土壤湿度对对流层变量的影响在低层最强，随着高度的升高，土壤湿度的影响逐渐减弱。

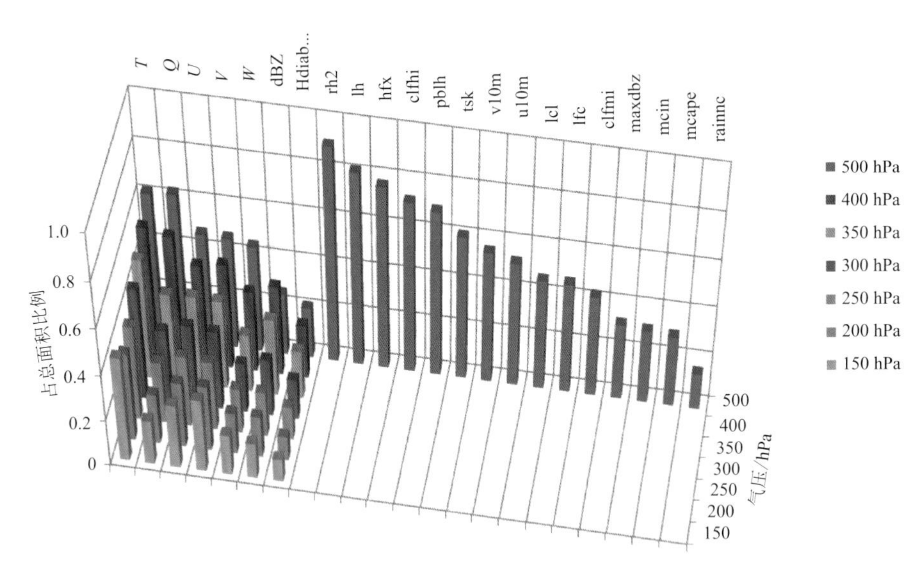

图 1.14　存在显著地-气耦合作用区域的面积占模拟区域总面积的比例。
显著的地-气耦合定义为土壤湿度对某一变量存在显著影响
（T：气温；Q：比湿；u：纬向风；v：经向风；w：垂直速度；dBZ：等效雷达反射率；Hdiab⋯：绝热加热率；rh2：2 m 相对湿度；lh：潜热；hfx：感热；clfhi：高云量；pblh：边界层高度；tsk：地表温度；v10m：10 m 经向风；u10m：10 m 纬向风；lcl：抬升凝结高度；lfc：自由对流高度；clfmi：中云量；maxdbz：最大雷达反射率；mcin：对流抑制能量；mcape：对流有效位能；rainnc：降水）

与地-气未耦合试验相比，在考虑了地-气耦合作用的 16 个集合试验中，大部分地区的午后400 hPa平均上升运动显著增强(图1.15)。这表明地-气耦合作用有助于高原对流活动的增强。青藏高原的土壤湿度显著影响地-气能量水分交换及高原大气状态,这种影响随着高度的增加而逐渐减弱。高原地-气耦合作用导致午后对流活动显著增强。上述结果表明:深入认识高原地-气耦合作用,有助于提高高原地区乃至我国东部地区的天气预报水平。

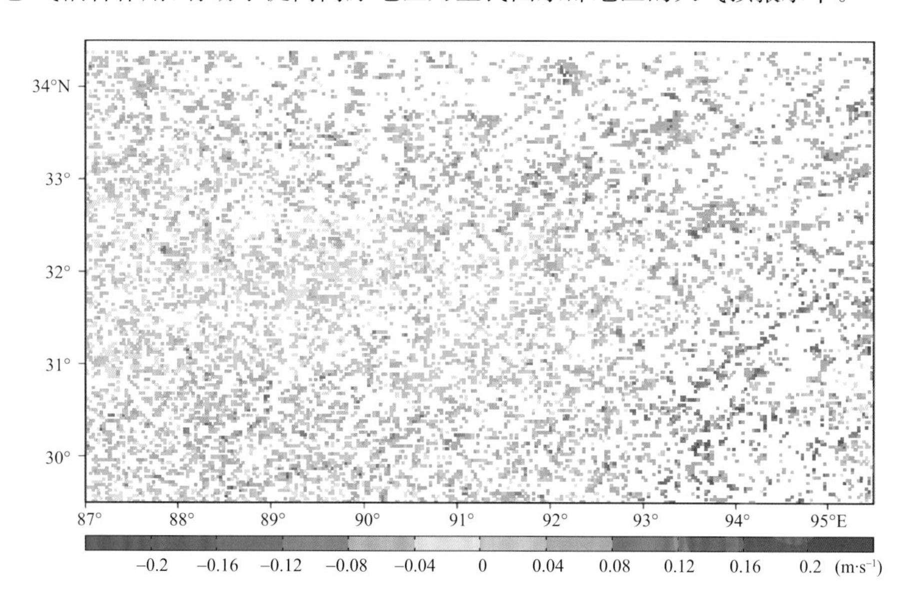

图1.15 午后400 hPa垂直速度差异(W—R:地-气耦合减去地-气未耦合试验)。阴影区表示400 hPa上升运动的差异达到0.05显著性水平

1.3 青藏高原陆面模式系统发展

1.3.1 青藏高原陆面过程模拟中物理参数的不确定性

青藏高原地区陆面过程的数值模拟和预报存在较大的不确定性。在青藏高原地区,导致陆面过程模拟和预报不确定性的众多物理参数中,应该优先减少哪些物理参数的不确定性?我们利用一个基于条件非线性最优参数扰动(CNOP-P)的识别敏感物理参数组合的新方法和通用陆面模式(Common Land Model,CoLM),探索了由模式物理参数误差导致的土壤湿度、土壤温度、潜热通量和感热通量的模拟误差的最大程度。发现了其物理参数导致的陆面过程(土壤湿度、感热通量、潜热通量和土壤温度)模拟的最大不确定性程度随地点的变化而变化。识别出导致青藏高原地区陆面过程(土壤湿度、感热通量、潜热通量和土壤温度)模拟和预报不确定性的相对敏感和重要的物理参数组合。揭示了导致陆面过程模拟和预报不确定性的相对敏感和重要的物理参数组合是区域依赖的。上述数值结果为提高青藏高原地区陆面过程的数

值模拟能力和预报技巧奠定了基础，并且为在青藏高原地区进行哪些物理过程和物理参数的观测提供了依据。

(1)青藏高原地区陆面过程模拟的不确定性

青藏高原地区陆面过程的数值模拟存在较大的不确定性。数值模式中物理参数的不确定性是引起陆面过程模拟不确定性的重要来源之一。那么，在青藏高原地区，数值模式中物理参数对陆面过程模拟不确定性的程度如何？为了探讨上述问题，本节利用条件非线性最优参数扰动(CNOP-P)方法探讨了在青藏高原地区五个观测站点由模式物理参数导致的陆面过程(土壤湿度、感热通量、潜热通量和土壤温度)模拟的最大不确定性程度。在这里，我们使用的模式是通用陆面模式，考察的模式物理参数一共有 28 个，如表 1.2 所示。选取的青藏高原地区五个观测站点信息如表 1.3 所示。

表 1.2 模式物理参数列表 (引自 Peng et al. ,2020)

参数 ID	参数名称	物理含义
P01	porsl(up)	土壤孔隙度(上层土壤)
P02	porsl(low)	土壤孔隙度(下层土壤)
P03	phi0(up)	最小土壤毛细势(上层土壤)
P04	phi0(low)	最小土壤毛细势(下层土壤)
P05	bsw(up)	描述上层土壤水分功率曲线的经验参数 b(Clapp-Hornberger “b”)
P06	bsw(low)	描述下层土壤水分功率曲线的经验参数 b(Clapp-Hornberger “b”)
P07	hksati(up)	饱和导水率(上层土壤)
P08	hksati(low)	饱和导水率(下层土壤)
P09	sqrtdi	植被叶片尺寸的逆平方根
P10	slti	植被低温抑制斜率
P11	shti	植被高温抑制斜率
P12	trda	叶面气孔导度——光合模型温度系数
P13	trdm	叶面气孔导度——光合模型温度系数
P14	trop	叶面气孔导度——光合模型温度系数
P15	extkn	叶片氮分配系数
P16	zlnd	土壤表面粗糙度
P17	zsno	积雪表面粗糙度
P18	csoilc	冠层下土壤表面拖曳系数
P19	dewmx	最大叶面积水量
P20	wtfact	浅地下水位区域面积比例
P21	capr	表层土壤温度可调参数
P22	cnfac	克兰克尼科尔森(Crank Nicholson)因子
P23	ssi	积雪的最大束缚水含量
P24	wimp	孔隙度的下确界
P25	pondmx	土壤表面最大积水深度
P26	smpmax	植被凋萎水势上确界
P27	smpmin	植被凋萎水势下确界
P28	trsmx0	植被最大蒸散量

表 1.3　青藏高原地区五个观测站点(引自 Peng et al., 2020)

站点	位置	模拟日期
安多	(91.625°E, 32.241°N)	1998-06-16—1998-06-22
MS3478	(91.715°E, 31.926°N)	1998-09-01—1998-09-16
MS3637	(91.657°E, 31.017°N)	1998-08-01—1998-08-31
改则	(84.050°E, 32.300°N)	1998-05-01—1998-05-31
狮泉河	(80.080°E, 32.500°N)	1998-07-01—1998-07-31

利用 CNOP-P 方法,本节分别研究了五个站点由数值模式中物理参数导致的青藏高原地区土壤湿度、感热通量、潜热通量和土壤温度模拟的最大不确定性程度(图 1.16)。可以看到,对通用陆面模式来说,其物理参数导致的土壤湿度模拟的最大不确定性程度随地点的变化而变化,大体上在 0.33～0.64 $m^3 \cdot m^{-3}$之间变化。MS3478 站土壤湿度模拟不确定性程度最大(0.64 $m^3 \cdot m^{-3}$),而狮泉河站土壤湿度模拟不确定性程度最小(0.33 $m^3 \cdot m^{-3}$)。安多站和 MS3637 站土壤湿度模拟不确定性程度也都大于 0.6 $m^3 \cdot m^{-3}$。对于感热通量而言,不确定

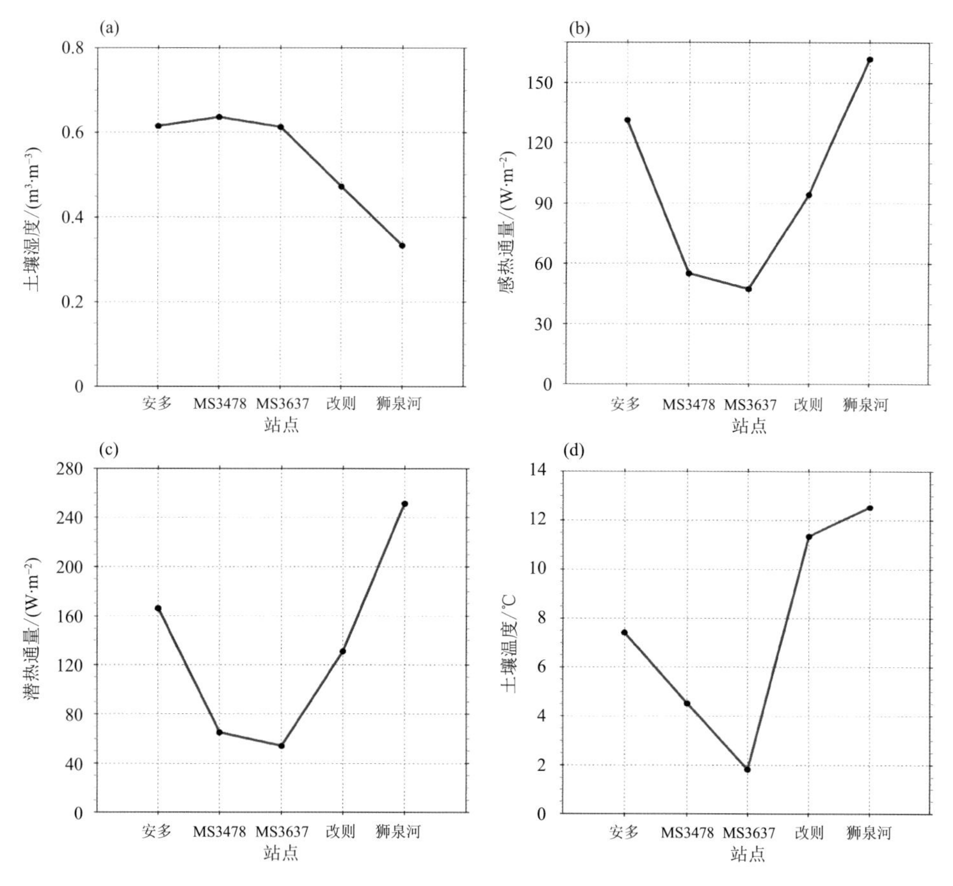

图 1.16　青藏高原地区陆面过程模拟的不确定性(引自 Peng et al., 2020)
(a)土壤湿度;(b)感热通量;(c)潜热通量;(d)土壤温度

性程度超过 100 W·m^{-2}的是安多站和狮泉河站，分别是 131.2 和 161.8 W·m^{-2}。其余三个站的感热通量的不确定性程度较小。安多站、改则站和狮泉河站的潜热通量模拟不确定性的程度分别为 166.1、130.9 和 251.5 W·m^{-2}。MS3478 站和 MS3637 站潜热通量模拟不确定性的程度只分别为 64.9 和 54.0 W·m^{-2}。五个站点土壤温度模拟的不确定性程度与潜热通量类似。以上结果说明，五个观测站点中，安多站、改则站和狮泉河站陆面过程模拟的不确定性程度相比而言较大。我们更应该关注这几个站点陆面过程模拟的不确定性。

(2)青藏高原陆面过程敏感的物理参数组合分析

青藏高原地区陆面过程的数值模拟和预报存在较大的不确定性。数值模式中物理参数的不确定性是导致陆面过程模拟和预报不确定性的重要来源之一。那么，在青藏高原地区，导致陆面过程模拟和预报不确定性的众多物理参数中，应该优先减少哪些物理参数的不确定性？为了探讨上述问题，本节建立一个基于条件非线性最优参数扰动(CNOP-P)的识别敏感物理参数组合的新方法和通用陆面模式，识别出导致青藏高原地区陆面过程(土壤湿度、感热通量、潜热通量和土壤温度)模拟和预报不确定性的相对敏感和重要的物理参数组合。

为了进行参数敏感性的比较，本节不仅利用基于 CNOP-P 的识别敏感物理参数组合的新方法识别了青藏高原陆面过程(土壤湿度、感热通量、潜热通量和土壤温度)物理参数组合的敏感性(表 1.4)，而且也利用传统的一次测试一个(one-at-a-time，OAT)方法和 CNOP-P 方法对所考察的物理参数进行了单参数敏感性分析(表 1.5)。总体而言，导致陆面过程模拟和预报不确定性的相对敏感和重要的物理参数组合是区域依赖的。下面将从四个变量说明参数的敏感性。①土壤湿度：用新方法识别的相对敏感的参数组合分别是土壤孔隙度(P01 和 P02)、最小土壤毛细势(P03 和 P04)和 Clapp-Hornberger “*b*”参数(P05)。然而用传统方法识别的敏感的参数排序依次是土壤孔隙度(P01 和 P02)、饱和导水率(P07 和 P08)和 Clapp-Hornberger “*b*”参数(P05)。由于研究的五个站点都位于干旱半干旱区域，土壤湿度较小，即使在雨季土壤湿度很难达到饱和，因此，在考虑参数组合的敏感性时，土壤湿度对于饱和导水率的敏感性较弱；然而土壤湿度对于土壤质地的属性敏感性较强(例如最小土壤毛细势)。②感热通量和潜热通量：用新方法识别的敏感的参数组合不仅包含土壤的参数，而且包含植被的参数，这说明在干旱半干旱区域，尽管植被分布较少，但是植被参数对于感热通量和潜热通量有重要的影响，但是对于传统方法而言，识别敏感的参数并不包含植被参数。③土壤温度：用新方法识别的敏感的参数组合对于不同的站点是不一致的。这些相对敏感和重要的物理参数主要是土壤参数。

利用基于 CNOP-P 的识别敏感物理参数组合的新方法识别了青藏高原地区五个站点土壤湿度、感热通量、潜热通量和土壤温度相对敏感和重要的物理参数组合。发现相对敏感的物理参数组合是区域依赖的，而且新方法识别的相对敏感和重要的物理参数组合与传统方法识别的敏感参数排序靠前的组合是不一致的，经过分析认为新方法识别的相对敏感和重要的物理参数组合更具有物理意义。

表 1.4 利用新方法识别的相对敏感和重要的物理参数组合(引自 Peng et al. ,2020)

变量	站点	参数组合
土壤湿度	安多	P01, P02, P03, P05
	MS3478	P01, P02, P03, P04
	MS3637	P01, P02, P03, P04
	改则	P01, P02, P03, P05
	狮泉河	P01, P02, P04, P05
感热通量	安多	P05, P06, P07, P14
	MS3478	P01, P02, P03, P05
	MS3637	P08, P14, P18, P19
	改则	P06, P07, P08, P09
	狮泉河	P03, P06, P07, P08
潜热通量	安多	P02, P03, P08, P14
	MS3478	P01, P02, P05, P07
	MS3637	P01, P08, P14, P19
	改则	P01, P02, P04, P07
	狮泉河	P03, P06, P07, P08
土壤温度	安多	P02, P05, P07, P18
	MS3478	P01, P05, P07, P08
	MS3637	P01, P02, P08, P18
	改则	P05, P06, P07, P08
	狮泉河	P01, P05, P06, P07

表 1.5 利用 OAT 方法和 CNOP-P 方法识别的单参数敏感性(引自 Peng et al. , 2020)

变量	站点	方法	参数敏感性排序(从左到右,敏感性依次增加)
土壤湿度	安多	OAT	P02, P05, P01, P03, P07, P08, P06, P19
		CNOP-P	P02, P05, P01, P03, P07, P06, P08, P19
	MS3478	OAT	P02, P05, P01, P07, P03, P06, P04, P14
		CNOP-P	P02, P05, P01, P06, P07, P03, P04, P14
	MS3637	OAT	P01, P05, P08, P04, P02, P03, P06, P14
		CNOP-P	P01, P05, P08, P04, P02, P03, P06, P14
	改则	OAT	P02, P05, P01, P07, P03, P06, P08, P04
		CNOP-P	P02, P05, P01, P07, P06, P08, P03, P04
	狮泉河	OAT	P05, P01, P07, P02, P03, P06, P08, P04
		CNOP-P	P01, P07, P02, P05, P06, P03, P08, P04
感热通量	安多	OAT	P02, P07, P05, P01, P14, P03, P06, P08
		CNOP-P	P02, P07, P05, P01, P14, P03, P06, P08
	MS3478	OAT	P01, P02, P05, P07, P14, P03, P06, P04
		CNOP-P	P01, P02, P05, P07, P06, P14, P03, P04

续表

变量	站点	方法	参数敏感性排序(从左到右,敏感性依次增加)
感热通量	MS3637	OAT	P14, P08, P02, P19, P03, P09, P15, P05
		CNOP-P	P14, P08, P02, P19, P09, P15, P05, P18
	改则	OAT	P02, P07, P01, P05, P09, P06, P14, P04
		CNOP-P	P02, P07, P01, P06, P09, P08, P14, P05
	狮泉河	OAT	P02, P07, P01, P05, P03, P06, P16, P04
		CNOP-P	P02, P07, P01, P06, P05, P03, P16, P08
潜热通量	安多	OAT	P02, P07, P05, P01, P14, P03, P06, P08
		CNOP-P	P02, P07, P05, P01, P14, P03, P06, P08
	MS3478	OAT	P02, P07, P01, P05, P03, P06, P14, P04
		CNOP-P	P02, P07, P01, P05, P06, P03, P14, P04
	MS3637	OAT	P14, P08, P02, P19, P03, P05, P01, P15
		CNOP-P	P14, P08, P02, P19, P03, P05, P01, P15
	改则	OAT	P02, P07, P01, P05, P06, P14, P04, P08
		CNOP-P	P07, P02, P06, P05, P01, P08, P14, P04
	狮泉河	OAT	P02, P07, P01, P03, P06, P05, P04, P08
		CNOP-P	P02, P07, P06, P03, P01, P05, P08, P04
土壤温度	安多	OAT	P02, P07, P01, P05, P18, P03, P09, P14
		CNOP-P	P07, P01, P05, P18, P03, P02, P14, P19
	MS3478	OAT	P07, P02, P03, P05, P06, P01, P04, P19
		CNOP-P	P07, P02, P03, P06, P05, P01, P04, P08
	MS3637	OAT	P18, P08, P03, P02, P01, P07, P04, P05
		CNOP-P	P18, P08, P03, P02, P01, P05, P04, P06
	改则	OAT	P02, P07, P05, P01, P03, P18, P09, P06
		CNOP-P	P02, P07, P05, P01, P06, P08, P18, P09
	狮泉河	OAT	P02, P07, P05, P01, P16, P06, P03, P04
		CNOP-P	P02, P07, P05, P16, P06, P01, P03, P04

1.3.2 青藏高原湖泊群湖-气相互作用过程及区域气候效应

(1)湖泊模型混合方案的发展现状

湖泊作为典型的陆地水体,具有热容量大、水汽蒸发强、表面平坦等独特的下垫面特征。湖泊的热力过程能够触发局地降水、降低温度变化幅度、增加风速与湿度(Bonan, 1995),深刻影响着区域天气、水文循环和陆地生态系统(Rouse et al., 2008)。发展耦合湖泊过程的高分辨率区域模式对精确模拟、深入理解湖泊与大气相互作用至关重要。

被誉为"亚洲水塔"的青藏高原分布着大量的内陆湖泊(Ma et al., 2011),是高原气候变化的“指示器”(Gou et al.，2017；Zhao et al.，2020)。高原上大于 1 km^2 的湖泊有 1000 多个，大于 50 km^2 的有 160 多个，总面积约为 4.7 万 km^2(Zhang et al.，2014)，是地球上海拔最高、数量最多、面积最大的高原内陆湖区。由于高原湖泊区域受人类活动干扰较少，且湖泊多为内陆封闭性湖泊，因此，青藏高原是研究水文与能量交换对气候与环境响应的理想区域。已有研究指出，青藏高原的湖泊热力过程可直接作用于对流层中层，在不同时空尺度上调制陆面与大气间的水热交换通量，从而对局部和更大尺度的天气气候产生影响 (Zhu et al.，2020)。针对具有复杂下垫面和大量湖泊的青藏高原地区，建立参数优化、湖水混合和湖冰变化机理合理的湖泊模型，发展耦合青藏高原湖泊过程的高分辨率区域模式，有助于进一步理解青藏高原湖泊表面水热通量变化特征及其对高原地-气系统和下游地区天气气候影响的物理机制，为高原及周边地区气候生态和环境可持续发展提供科学依据。

过去 30 a，科学家们基于物理过程发展了不同复杂程度的湖泊模型，其中应用比较广泛的是“一维湖泊模型”，即假设湖泊在水平方向状态均一，只考虑湖泊水体在垂直方向的水热传输。众多研究结果表明，这种假设对于湖泊模型的模拟效率及其在气候模式中的耦合是可行且有效的。现有的湖泊模型可以归纳为以下三种类型。

第一，基于相似理论发展起来的相对简单的两层模型——淡水湖泊模型(Fresh-water Lake Model，FLake；Mironov et al.，2010)。该模型假设从湖表层到湖底或者到某个深度为一个整体，温度趋于一致。模型中使用拟合的相似曲线，基于一定的经验性，湖深一般设置为 40～60 m 来代替真实的湖深。这类模型的优点是计算量少，基本可以合理地模拟出不同类型湖泊的湖表温度和结冰过程。但缺点同样明显，由于该模式只有两层结构，很难准确地模拟出深湖的湖底温度，对湖泊的季节性层结结构也不能合理再现。

第二，对湖泊水体扩散系数进行参数化的热扩散模型(Hostetler et al.，1990，1993；Fang et al.，1996)。目前比较常用的 CLM(Community Land Model)陆面模型中的湖泊模块 CLM-LISSS(Oleson et al.，2013)也是基于热扩散理论经过改进后得到的。这类模型对较浅湖泊的模拟效果较好，但是对于深湖的模拟则不理想。由于模型对湖水的混合过程未能合理参数化，因此，该类模型对湖表温度的模拟存在冬季温度过低和春季升温太快的特点(Martynov et al.，2010)。

第三，较复杂的湍流模型。如通过求解湍流动能和耗散速率输运方程来求解的拉格朗日模型 DYRESM(Yeates et al.，2003)。这类模型具有较强的物理性，对计算机、输入数据和验证数据的要求较高。由于考虑了更多的因素(如湖面波动等)，这类模型可以更好地刻画出湖泊的季节水温廓线特征 (Perroud et al.，2009)，但往往对于浅湖混合情况的模拟过强。相较前两类模型而言，湍流模型所需要的计算量非常大，还需要读入额外的与湖泊相关的数据，因此该类模式的应用目前一般只限于离线运行，不易被耦合到区域气候模式中。

基于典型湖泊水域，许多研究对比分析了不同模型对湖泊热力过程的模拟效果。例如，Perroud 等(2009)针对欧洲西部最大的湖泊水体日内瓦湖，利用该湖观测与数值模拟结果对比了四个不同的一维湖泊模型，表明第三类较复杂的湖泊模型能够更好地模拟水温廓线及季节温跃层的变化。Martynov 等(2010)将第一类模型 FLake 和第二类模型 Hostetler 应用到北美典型湖泊上发现，两类模型对浅湖的温度廓线模拟较好，而对深湖水温和冰期模拟存在较大偏差。研究将偏差归因于模型驱动数据的准确性以及模型中缺少对湖泊过程较复杂的描述，如水平热量的输送等。Stepanenko 等(2010)进一步开展了“一维湖泊模型比较计划”，从对美国斯帕克林湖泊的模拟来看，这三类模型的模拟结果与观测均相近，但是在垂直混合的模拟上仍需要进一步改进提高。Thiery 等(2014)选取非洲大湖区的基伍湖开展对湖泊模型的对比分析，发现这三类模型都可以较好地表现湖泊的水温量级和变化趋势。其中第一类湖泊模型 FLake 计算效率最高，但模拟结果对驱动数据和模型设置方面非常敏感；第二类湖泊模型参数化过程较容易被校正和调整，且是目前容易被耦合到气候模型里的模型；第三类模型由于考虑了更复杂的湍流扩散过程，可以更好地再现湖泊的分层状况。

由于湖水混合过程对湖泊水体内部热传递和温度的分布有着显著影响，对于湖水温度的模拟非常重要。然而目前大部分湖泊模型无法合理准确地模拟湖水的混合过程，从而导致湖泊表面温度和垂直温度廓线的模拟存在较大偏差。为了提高对湖表温度及温度廓线的模拟，通常在湖泊模型中通过人为地增大扩散系数来增强混合，但这种人为调整无法有效合理地模拟湖泊热过程。因此，发展一个基于物理机制的湖水混合方案，是合理表现湖水混合过程并准确再现湖泊温度廓线的关键所在。考虑到海洋模型的研发起步早、方案较为成熟，因而对湖泊模型的发展具有重要借鉴意义。

海洋模型中的混合过程扩散系数参数化方案历经长时间发展，目前应用广泛的 K 廓线方案(KPP, Large et al., 1994)，被验证为一种有效的方案，能够表现出水体混合状态，对海洋温度的模拟起到了重要作用(Shchepetkin et al., 2005; Wang et al., 2013; Van Roekel et al., 2018)。西北农林科技大学金继明教授的研究团队通过将海洋模型中的垂直混合 K 廓线方案耦合到 CLM 湖泊模型中，将水体边界层上及边界层下的混合情况区分开来，在边界层内考虑了边界层热力与动力强迫、边界层深度，在边界层下考虑了剪切不稳定及内波等因素。改进后的湖泊模型考虑了水体内边界层的发展，能够更加真实地反映湖泊水体垂直混合过程，进而提高了对湖表温度及湖温廓线的模拟效果。

(2)利用湖-气耦合模式模拟高原湖泊对局地及区域气候的影响

由于青藏高原的高海拔以及复杂的地形，高原上的湖泊对局地及区域气候的影响仍未得知。本研究利用包含一维湖泊模式的区域气候模式 WRF，对 2000—2010 年高原气候进行高分辨模拟试验，之后将湖泊区域用邻近点土地利用类型代替进行填湖试验，通过对比两组试验来考察高原湖泊过程对局地及区域气候的影响(图 1.17)。结果发现，模式可以较好地模拟出高原湖泊的湖表温度，但在冬季偏低许多，可能由于模式中对湖水混合方案以及湖冰过程描述的不足造成。通过对比两组试验在春、夏、秋三个季节结果发现，高原湖泊改变了表面能量收支，加强了湖面风速以及蒸发，并且在春季起冷却作用，秋季起增温作用。同时，湖泊的存在会引起局地降水在春季减少，秋季增多。而在夏季，不同湖泊会引起局地降水不同的变化；并且湖泊的水热过程进一步改变了区域大气环流，并引起非湖泊区域降水的变化。

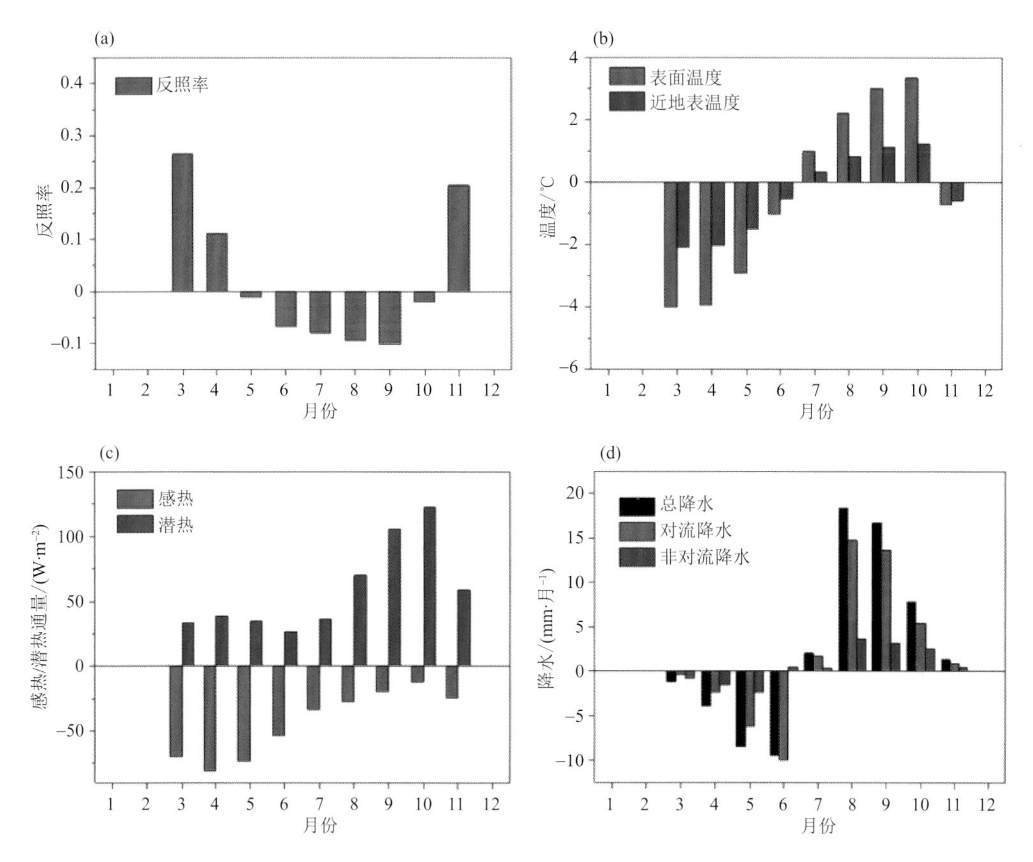

图1.17 由湖-气耦合模式模拟得到的2000—2010年青藏高原湖泊引起的湖泊区域反照率(a)、表面温度和近地表温度(b)、感热和潜热通量(c),以及总降水量、对流性降水和非对流性降水(d)的季节性变化

通过在耦合的区域气候模型里设置青藏高原有湖无湖的敏感性试验来研究青藏高原湖泊对下游地区的气候影响,发现青藏高原上任何扰动都对下游气候有非常大的影响(图略),分析指出这种现象主要是由大气的非线性作用产生,并不能区分出青藏高原的湖泊真正影响,无法从物理上清楚地解释受湖泊影响大气环流的演变过程。因此,本书主要集中研究青藏高原湖泊对其上空大气过程的影响。

1.4 地-气耦合气候系统模式应用

1.4.1 CMIP6全球季风比较计划青藏高原试验

大气模式、气候系统乃至地球系统模式的发展,自20世纪90年代初,世界气候研究计划(WCRP)陆续发起了国际大气模式比较计划(AMIP)、耦合模式比较计划(CMIP),大致每5 a

一个阶段，目前已发展到第六阶段（CMIP6）。针对人类社会面临的可持续发展问题，自 2012 年起 WCRP 陆续提出当前气候研究面临的七个重大挑战，分别为冰冻圈的融化及其全球影响，云、环流和气候敏感度，气候系统的碳反馈，天气和气候极端事件，粮食生产用水，区域海平面上升及其对沿海地区的影响，以及近期气候预测这七大关系到人类未来生存和发展的重大气候变化问题。在此背景下，中国、英国和美国学者联手发起组织了全球季风模式比较计划（GMMIP），并迅速得到全球各大气候模式研发中心的积极响应，成为第六次国际耦合模式比较计划（CMIP6）的重要组成部分（周天军 等，2019）。目前共有 21 个国际模式研发机构承诺参与该计划。

全球高地对全球季风有很大影响。众多研究表明，高地，特别是亚洲大陆上的青藏高原，对周围大气起到动力和热力作用，从而导致全球季风系统和水文循环的变化（Queney，1948；Kitoh，1997；Liu et al.，2007；Okajima et al.，2007；Wu et al.，2007；Zhou et al.，2009）。自叶笃正等（1957）发现青藏高原是一个热源以来，从数值模拟角度来理解青藏高原如何影响季风形成的研究不断深入。很多学者利用不同复杂程度的模式开展有无高原地形试验（Kitoh，1997；Liang et al.，2005；Okajima et al.，2007；Koseki et al.，2008），证明了青藏高原的存在加强了亚洲大陆与印度洋之间的海陆热力差异，使得亚洲季风降水在青藏高原南侧、孟加拉湾，以及印度大陆西侧形成三个强降水中心。BK10 仅保留喜马拉雅山脉，基本模拟出了与真实地形情境接近的南亚夏季风环流分布特征。Wu 等（2012）强调了青藏高原复杂地形的加热作用仍是影响季风变化的主导因素。He（2017）利用大气环流模式（AGCM）研究了喜马拉雅山抬升加热的物理机制，发现喜马拉雅山的抬升使得对流抬升凝结高度变小，低层的水汽进入到自由对流高度，形成斜坡的湿对流降水，驱动夏季风的经向环流。王子谦等（2016）利用高分辨率区域模式进一步证实了青藏高原的斜坡加热作用是南亚夏季风环流形成的主导因子。不过，他们也指出，即使去除青藏高原斜坡的感热加热，在高原南侧仍旧存在微弱的降水活动，与前人的试验结果有一定差别，表明了高原的斜坡加热作用对环流影响的物理过程仍需要深入探讨。然而，目前大部分气候系统模式对青藏高原和东亚地区模拟结果差异较大，关于青藏高原如何调节亚洲季风系统仍存在争议（Boos et al.，2010，2013；Wu et al.，2012，2015；He et al.，2015），对青藏高原气候影响的不同理解源于缺乏观测数据集和气候模型模拟能力的限制。在青藏高原地形如何影响亚洲季风的争论中，青藏高原陡峭地形的动力和热力作用得到人们的关注。为了上述科学目标，第六次国际耦合模式比较计划（CMIP6）全球季风模式比较计划（GMMIP）中还特别设置了地形动力和热力试验（Zhou et al.，2016），考察不同模式对有无高原地形，以及有无高原加热两种敏感性试验模拟的亚洲季风是否有显著差别，希望能够利用多模式的结果来分析和解决青藏高原气候模拟中的问题，进而更准确地模拟亚洲季风和理解相关物理过程。本研究在发展新一代高分辨率地-气耦合气候系统模式的基础上，加强对青藏高原地-气通量交换的模拟研究，通过完成 CMIP6 相关数值试验，分析不同分辨率情况下，青藏高原斜坡和平台的加热效应，对青藏高原影响东亚季风的机理给出更深入的理解。

CAS FGOALS-f3 是中国科学院大气物理研究所大气科学和地球流体力学国家重点实验

室(LASG)自主研发的最新一代全球气候模式,持续参加了国际耦合比较计划。为了评估模式对全球季风模拟的影响和青藏高原强迫作用影响亚洲季风的机理研究,我们利用FGOALS-f3-L模式完成了第六次国际耦合模式比较计划(CMIP6)中的全球季风模式比较计划(GMMIP)中三个试验设计中的Tier1和Tier3试验,用以研究青藏-伊朗高原夏季热力强迫对印度洋海-气相互作用的影响。Tier1是使用单独大气环流模式,将标准的AMIP试验(即利用观测历史海温驱动大气模式)向前扩展到1870年,涵盖了工业革命以后人类活动影响的主要历史时期,称为amip-hist。Tier1具有3个集合成员,试验积分时间为1870—2014年。Tier-3试验为地形扰动试验,使用单独的大气环流模式开展类似AMIP的敏感性试验,模拟时间段为1979—2014年,与CMIP6的AMIP试验一致。通过比较敏感性试验和AMIP试验,可以研究青藏-伊朗高原(简称青藏高原,TIP)大地形的动力和热力强迫对亚洲季风形成的重要作用。Tier3包括五个试验,分别考虑无青藏高原地形(amip-TIP)、无青藏高原感热加热(amip-TIP-nosh),以及无东非山脉和阿拉伯半岛山脉(amip-hld-Afr)、无马德雷山脉(amip-hld-NAmer)和无安第斯山脉(amip-hld-SAmer)试验。

通过设计一系列敏感性数值试验,本研究考察了青藏高原热力强迫对印度洋海-气相互作用过程的影响,进一步讨论了高原的热力效应对亚洲夏季风影响的间接作用。所有试验输出结果已在中国科学院大气物理研究所服务器上对外发布,并取得了4个数据号。通过比较单独大气试验和海-气耦合试验中高原热力强迫对印度洋海-气相互作用过程影响的异同,我们发现青藏-伊朗高原的热力强迫可以导致北阿拉伯海、北孟加拉湾以及印度尼西亚西海岸附近海温降低,同时使得热带印度洋海温升高。这个分布型与印度洋偶极子的分布非常相似。导致印度洋海温降低的重要原因是地表净短波的减少,以及海洋混合层冷海水的水平输送和印度尼西亚海岸附近的上翻流。而热带印度洋海温升高的主要原因是海表的潜热通量减少,南半球印度洋海温升高的原因则是地表净辐射的增强。此外,结果还表明了高原热力强迫造成的海-气相互作用异常是要抵消地形的直接强迫作用。在对流层低层,高原热力作用的间接效应造成高原附近反气旋环流式异常,热带印度洋海温偏暖而北印度洋海温偏低的异常分布,同时伴随经向环流的偶极型分布。降水方面初步评估表明有无青藏高原地形和感热的试验基本合理(图1.18),和已有的试验结果相比大体一致,表现为伴随青藏高原周围的气旋环流,南亚和北印度洋的降水异常增加和热带印度洋的降水异常减少。同时,与前人模式结果相似的环流空间分布表明,青藏高原的加热作用导致低层气旋环流异常的结论对不同的气候模式都是适用的。但是在季风环流和降水的细节方面,文中的模拟结果与其他模式略有差别,如文中的模式结果中西太平洋上的降水异常增加延伸至中太平洋(图1.18a),但在前人的模式结果中仅限于北太平洋西部(Wu et al., 2012)。这可能是模式物理过程不同所导致的。

1.4.2 LS4P青藏高原试验

在地球系统模式中,极端事件的模拟准确性及其次季节预测技巧均敏感于陆地要素初始

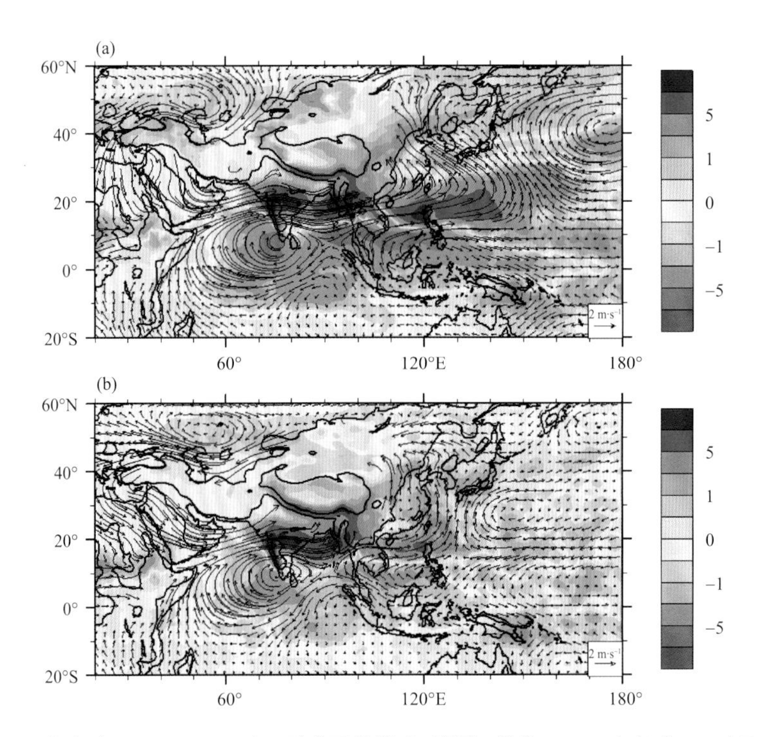

图 1.18　气候态(1979—2014 年)夏季平均降水(阴影,单位:mm・d^{-1})和 850 hPa 风场(矢量,单位:m・s^{-1})异常场

(a)参考试验减去无 TIP 感热加热试验;(b)参考试验减去无 TIP 地形试验

状态和地-气耦合表达(Mahanama et al., 2008; Fu et al., 2009; Koster et al., 2010; Orsolini et al., 2016)。输入更准确的陆面初始化信息、优化模式地-气耦合的表达,有助于提高次季节尺度的预测能力(Yamada et al., 2019)。

为加深对次季节-季节预测可预测源的认识与理解,全球能量与水交换(the Global Energy and Water Exchanges, GEWEX)下设的大气系统研究小组(Atmospheric System Studies Panel, GASS)于 2018 年正式启动了陆表温度及雪盖初始化对次季节-季节预测的影响研究计划(Impact of initialized Land Surface temperature and Snowpack on Sub-seasonal to Seasonal Prediction),简称为"LS4P 计划"(https://ls4p.geog.ucla.edu/)。该计划由美国加州大学洛杉矶分校的薛永康教授领衔,全球四十余家高校、研究机构参与其中,下设全球模式(表 1.6)、区域模式和数据支持三个研究小组。本节将对 LS4P 计划的研究背景、研究内容、FGOALS-f2 模式的参与情况等进行介绍。

(1)LS4P 计划的科学背景

目前,大多数地-气相互作用的研究聚焦在局地效应上,而典型地区的地-气相互作用对其周边或下游地区的可能影响研究仍不充分。Xue 等(2012, 2016, 2018) 的一系列前期工作表明,无论是美国的西部山区,还是东亚的青藏高原,这些地区春季的陆地表层/次表层温度异常与其下游地区夏季的降水异常具有显著的相关关系。例如,青藏高原 5 月陆面的异常偏冷与 6 月长江中下游地区"南旱北涝"的降水异常分布关系密切(Xue et al., 2018)。基于全球气候模式和区域数值模式的个例试验同样可以证实上述关系的存在。因此，在次季节尺度上准确辨识陆地变量(温度、积雪等)的异常信号对下游及其他地区的影响，有利于针对性地优化模式配置，进而提高次季节预测水平。

LS4P计划(表1.6)总体目标是评估全球和区域模式对典型陆地下垫面的模拟能力，比较研究典型下垫面地表温度及雪盖变化对区域和全球天气、气候的影响与反馈。LS4P计划主要聚焦两个科学问题：一是气候模式中，陆地表层/次表层温度和雪盖初始化对次季节-季节预测有何影响？二是陆面过程和海温在次季节-季节预测中的相对作用如何体现？二者如何协同提高次季节尺度的可预报性？根据前期工作基础和多次组织研讨，LS4P计划决定分为不同的阶段推进实施，每个阶段侧重于不同的高山地区。第一阶段的工作是围绕欧亚大陆的青藏高原，利用多个地球系统模式、区域气候模式探究青藏高原的春季陆地表层/次表层土壤温度异常对下游乃至全球夏季降水的影响(Xue et al.，2021)。工作主要包括四项任务，每个参与的模式需完成针对特定个例的数值模拟试验(以下简称"LS4P青藏高原试验")，以期检验不同模式在次季节尺度上，前期青藏高原冷异常对不同地区降水异常的影响。

表1.6　参与LS4P计划的地球系统模式及其所属机构

模式	所属机构名称
ACCESS-s1/s2	澳大利亚气象局
AFES ver 4.1	日本 北海道大学
BCC-CSM	中国气象局 国家气候中心
BESM	巴西 国家空间研究所
BNU-ESM	中国 北京师范大学
CAS-ESM	中国科学院大气物理研究所
CAS-FGOALS-f2	中国科学院大气物理研究所和北京师范大学
CESM2	美国 亚利桑那大学
CFS/SSiB2	美国 加州大学洛杉矶分校
CIESM	中国 清华大学
CMCC-SPS3	意大利 欧洲-地中海气候变化中心
KIM	韩国 大气预测系统研究所
E3SM	美国 劳伦斯利弗莫尔国家实验室
CNRM-CM6-1	法国 国家气象研究中心
IITM CFS	印度 地球科学部热带气象研究所
ECMWF-IFS	英国 欧洲中期天气预报中心
GEFSv12	美国 国家环境预报中心/国家海洋大气局/环境模拟中心
GEM-NEMO	加拿大 环境及气候变化部
GRAPES_GFS	中国气象局
NASA_GEOS5	美国国家航空与航天局 戈达德太空飞行中心
JMA/MRI-CPS-2	日本气象厅气象研究所

(2) LS4P青藏高原试验简介

为评估气候模式中大尺度青藏高原春季陆地表面/次表面温度的初始化对次季节预测的影响，辨识陆面温度与大气的相互作用过程，以及高原温度与海表面温度的相对作用，参与LS4P计划的各模式需按要求完成四组模拟试验。2003年5月和6月被指定为主要模拟时段。所选个例的观测概况介绍如下。

2003 年初夏，中国东部长江流域以南地区（24°～30°N，112°～121°E）发生了严重的干旱，降水异常可达－1.5 mm·d^{-1}。旱灾导致了作物减产 1 亿 kg 和约 58 亿元人民币的经济损失（Zhang et al.，2015）。而在长江以北地区（30°～36°N，112°～121°E），降水量则异常偏多（＋1.32 mm·d^{-1}）。同时，中国国家气象台站的观测数据显示，青藏高原经历了一个寒冷的春天，海拔 4000 m 以上区域的大气距地面 2 m 高度温度在 5 月的平均异常值约为－1.4 ℃。最大协方差分析结果进一步发现，青藏高原 5 月的大气距地面 2 m 高度温度异常与长江以南（北）地区的 6 月降水异常有正（负）相关关系。例如，当 5 月青藏高原表现出明显的冷异常信号时，在随后的 6 月，长江中下游流域的降水异常呈现明显的"南旱北涝"的空间分布。初步的模拟研究揭示了青藏高原 5 月陆地表面温度异常与长江中下游地区 6 月干旱/洪水之间的因果关系（Xue et al.，2018）。

在此基础上，LS4P 青藏高原试验计划使用多种地球系统模式进一步检验和确认这种因果关系，并评估其不确定性。同时比较大气距地面 2 m 高度温度、陆地表面温度、次表层土壤温度与海表面温度的相对影响。现将各组试验的实施要求简要介绍如下。

①任务一：参照试验

模式按照自身的默认配置进行多集合成员的个例模拟。参照试验的主要目的是评估各模式对 2003 年 5 月大气距地面 2 m 高度温度和 6 月降水的再现能力。模拟时段从 2003 年 4 月末开始，直至 6 月 30 日停止。鉴于不同模式的起转过程（spin-up），即从开始积分到能量收支平衡所需的时间各不相同，模式开始积分日期可早于 5 月 1 日，具体开始时间不做具体要求。各模式可自行决定使用观测的 2003 年 5—6 月海表面温度和海冰数据作为海面边界强迫（类似于 AMIP 试验），或仅在模式积分开始时提供海洋初始场（该类模式通常可以进行海、陆、气全耦合积分运算，类似于 CMIP 试验）。为保证试验结果的稳定，要求各地球系统模式的集合成员数量不少于 6 个。

②任务二：模式气候态评估

由于不同模式存在着各自的系统误差，因此，评估多模式集合的原始场温度和降水可能存在较大偏差。而计算温度或降水的异常场，需要模式减去各自的气候态平均场。大多数参与 LS4P 计划的地球系统模式依托于世界各大气候模式研究机构，因此，各模式均有各自气候态平均的模拟试验数据。LS4P 计划要求提供基于 1981—2010 年左右的气候标准期的气候态数据，以便计算各模式结果的异常场。同时，考虑气候平均场的一个关键前提是，受到模式发展程度的限制，对高海拔的青藏高原地区和东亚降水模拟中存在着系统性偏差。因此，当可以去掉模式自己的系统偏差后，不同模式对于异常场的预测就具有了可比性。通过比较气候态的偏差，还可以进一步确认参照试验中的模拟偏差是否主要是系统偏差导致的。

③任务三：敏感性试验

该任务是整个计划最关键的试验，目的是通过人为引入地表和土壤温度异常，使模式更好地重现观测中高原 5 月的大气距地面 2 m 高度温度异常，进而定量检验该异常对下游降水异常的影响程度。值得注意的是，前期的初步测试表明，仅改变表层土壤温度的异常，大气距地面 2 m 高度温度的异常响应无法持续维持，因此，在修改土壤温度异常时，应同时对次表层或更深层土壤的温度施加异常强迫。已有观测分析指出，表层土壤温度和次表层土壤温度具有较高的相关性，且次表层土壤温度的记忆性是陆地表面土壤温度异常信号维持的主要因素之一（Hu et al.，2004；Liu et al.，2020）。

由于不同模式在参照试验的模拟中有着不同的模拟偏差，因而在本敏感性试验中，人为引入地表和土壤温度异常时需要注意去除模式偏差的影响。此外，考虑到大部分模式对给定的异常信号具有较快的衰减速度，因此，在给定初始异常时，通常需要将异常信号的强度进行加倍处理。为简便起见，在引入温度异常时，大部分模式对陆地表面和次表面土壤温度、深层土壤温度设置了同样的倍数。实际上，如能获得更多的深层土壤测量数据，便可以对底层土壤进行更合理的初始化。

当敏感性试验能够更合理地再现 5 月青藏高原的大气距地面 2 m 高度温度异常时，参照试验与敏感性试验的结果之差便可反映出 6 月降水异常对前期高原偏冷信号的响应情况。

④任务四：海温异常影响试验

除了高原的异常冷暖信号可对下游降水造成影响外，来自海洋的温度异常的作用也不可忽视。该任务的主要目的是测试海表面温度异常对 2003 年 6 月降水异常的影响。针对不同的模式耦合类型，可采用不同的海温强迫控制方式。例如，AMIP 类型的模式在参照试验和敏感性试验中，均使用 2003 年 5—6 月观测的海表面温度作为边界强迫，而在本试验中，边界条件可使用气候态平均的海表面温度场；CMIP 类型的模式，则可将初始场的海温替换为气候态平均的海表面温度场。除海表面温度场的设置不同外，其他模式配置均应与参照试验保持一致。与敏感性试验的评估方法类似，参照试验与海温异常影响试验的结果之差可以体现出全球海洋的海表面温度异常状态对降水的影响。

LS4P 青藏高原试验四项任务的总结对比可参见表 1.7。

表 1.7　LS4P 青藏高原试验要求对比（引自 Xue et al.，2021）

任务	陆地表层/次表层初始化	模拟时长(段)	简要描述
任务 1	否	两个月(2003 年 4 月底至 6 月 30 日)	任务 1 要求地球系统模式从 2003 年 4 月底开始积分，试验采用默认配置
任务 2	否	1981—2010 年(气候态)	任务 2 要求提供地球系统模式的气候态数据
任务 3	是	两个月(2003 年 4 月底至 6 月 30 日)	任务 3 运行要求同任务 1，但在模拟起始时对高原施加一定影响
任务 4	否	两个月(2003 年 4 月底至 6 月 30 日)	任务 4 运行要求同任务 1，但运行时需将 2003 年的海表面温度替换为气候态上的海表面温度

目前，已有 13 个地球系统模式完成了 LS4P 青藏高原试验规定的试验任务，各个模式的结果数据经规范化处理后储存于国家青藏高原科学数据中心平台（https://data.tpdc.ac.cn/

en/)。Xue 等(2022)对多模式的集合分析结果表明,青藏高原春季的陆地表面温度异常对夏季降水的次季节影响或不仅仅局限于长江中下游地区,东北亚、中非、南美、北美西部和南部等地区 6 月夏季降水异常均表现出对青藏高原 5 月异常偏冷信号的显著响应(图 1.19)。此外,分析还发现,参与 LS4P 青藏高原试验的地球系统模式无法长时间维持观测中的冷异常信号,即模式中异常冷信号的衰减过程较观测过快,主要考虑两点原因。一方面,陆面模块中过浅的土壤厚度及简化的参数化方案影响了土壤对异常信号的记忆性;另一方面,用于驱动模式运行的再分析数据与实际观测的偏差,也会导致模式初始状态的不准确,进而影响异常信号的维持。

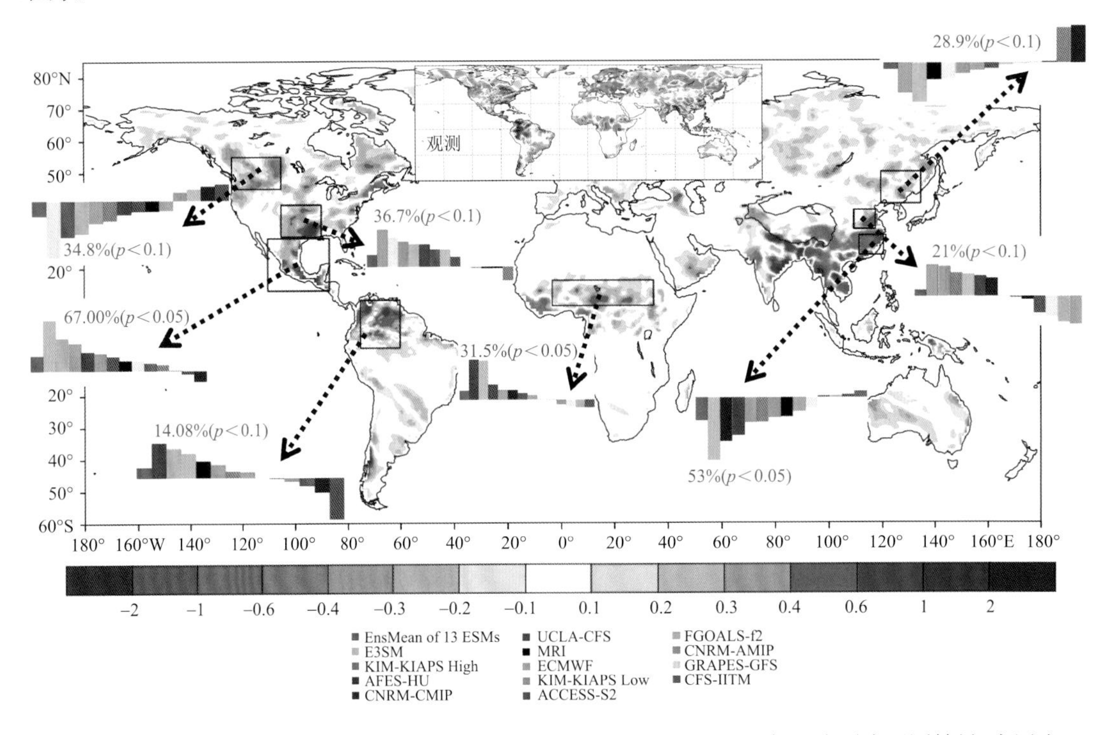

图 1.19 观测与模式模拟的 2003 年 6 月降水异常分布(单位:mm · d^{-1})。小图为观测结果,大图为 2003 年 5 月青藏高原冷异常引起次月全球降水异常响应的多模式集合平均结果。黑色框表示热点区域,柱状图表示各模式降水异常的区域平均结果,百分数为模式模拟结果与观测结果的偏差百分比,括号内为显著性 p 值。图源 LS4P 工作组(引自 Xue et al., 2022)

(3)FGOALS-f2 模式参与 LS4P 计划情况介绍

中国科学院大气物理研究所的 FGOALS-f2 模式作为全球模式组的参与成员之一,自 LS4P 计划启动起全程参与了各项任务,为多模式比较研究提供了重要支持,试验数据有力地支撑了 LS4P 数据库建设。在 LS4P 青藏高原试验中,FGOALS-f2 模式的试验设置如表 1.8 所示。

依据试验要求,参照试验、敏感性试验和海温异常影响试验的模拟时段为 2003 年 4 月 20 日—6 月 30 日,其中 4 月 20—30 日作为模式调整适应的 spin-up 阶段。模式采用时间滞后法(Branković et al., 1990)产生不同的 8 组集合成员(起始积分时间为 4 月 20 日和 21 日的 00:00、06:00、12:00、18:00 UTC),对输出结果求集合平均后进行分析。

表 1.8　FGOALS-f2 模式试验设置

模式名称	机构名称	分辨率	对流参数化方案	边界层方案	陆面模式	气溶胶、沙尘
CAS-FGOALS-f2	中国科学院大气物理研究所、北京师范大学	100 km	显式对流降水(RCP)方案	华盛顿大学湍流混合方案（UWMT）	公共陆面模式(CLM4)	预设方案

参照试验使用 FGOALS-f2 模式默认配置，而在敏感性试验中，为了更好地再现观测中的高原冷异常，我们通过在 5 月 1 日和 2 日每天的 00:00 UTC，减小青藏高原地区的土壤温度值，实现冷异常信号的输入。与初始时一次性给定冷异常信号不同，此处敏感性试验两次人为施加了冷异常信号，使得该异常信号在 5 月的持续性较好。

FGOALS-f2 模式的数值试验结果如图 1.20 所示。在敏感性试验中，FGOALS-f2 基本再现了青藏高原 5 月大气距地面 2 m 高度温度的冷异常特征。同时，能够较好地再现 6 月长江中下游地区“南旱北涝”的空间型。尽管黄淮流域的降水正异常分布范围和异常强度均偏小，但仍可以印证观测中发现的高原前期偏暖和下游降水异常的对应关系。此外，针对全球的降

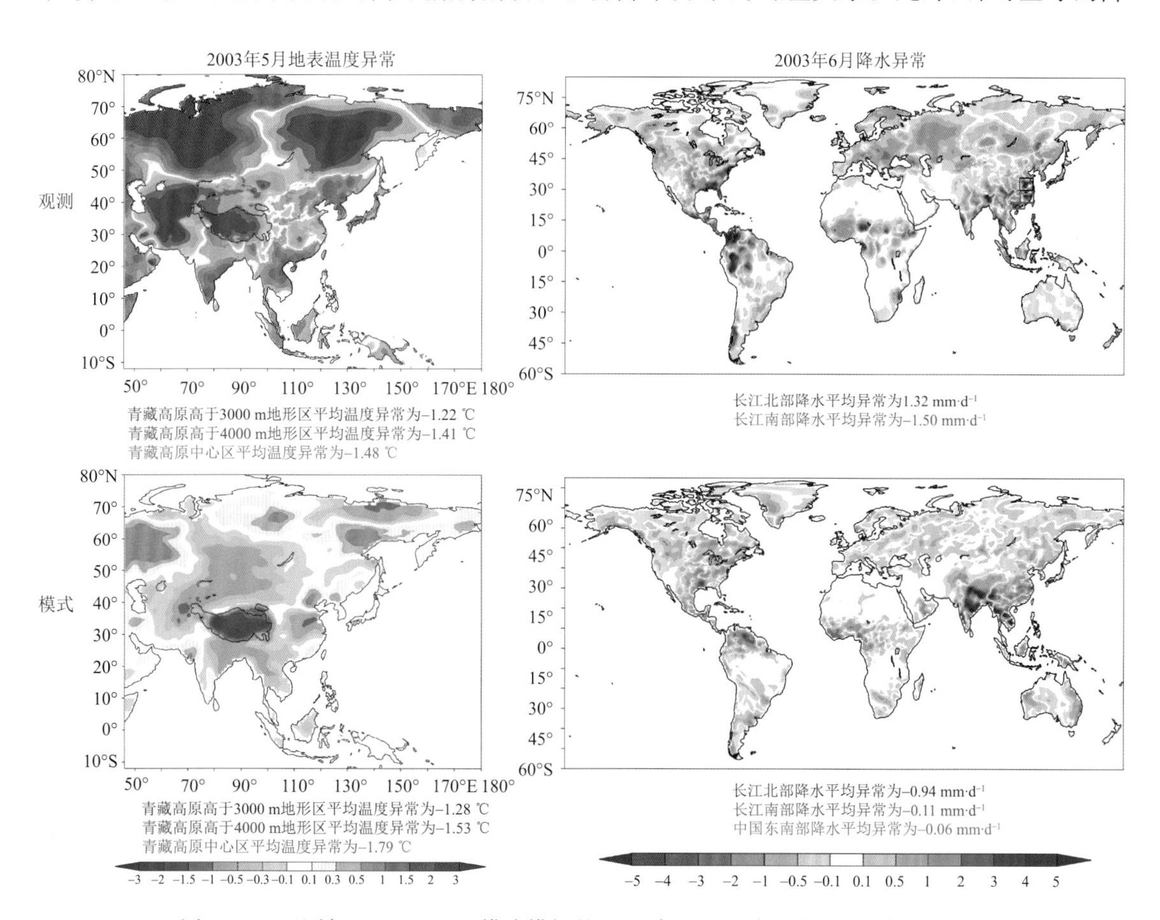

图 1.20　观测与 FGOALS-f2 模式模拟的 2003 年 5 月地表温度异常(单位：℃)和 2003 年 6 月降水异常分布(单位：mm・d^{-1})

水响应，模式结果在东北亚、北美西部的偏旱预报以及北美南部和南美的偏涝预报与观测结果表现一致，表明 FGOALS-f2 具备较理想的次季节预测性能。

1.4.3 HighResMIP 高分辨率模式比较计划中青藏高原极端降水的模拟

(1)HighResMIP 的科学背景

气候系统模式对当前气候现象的模拟能力是古气候模拟、气候预测和预估试验可信度的基石。自 1995 年起，世界气候研究计划(WCRP)发起了一项关注气候系统模式研发及交流的国际耦合模式比较计划(CMIP)，目前该计划已经发展到第六阶段(CMIP6)(Veronika et al.，2016)。该计划一方面通过评估和改进气候系统模式的模拟性能来促进气候系统模式的不断发展；另一方面也为全世界在全球变化背景下预估未来气候与环境的变化提供可靠的科学依据。

提高分辨率一直是气候系统模式研发的最前沿方向，高性能超级计算机集群则是开展全球高分辨率数值模拟试验最主要的试验平台。近些年来，得益于高性能计算机的迅猛发展，国内外的模式研发机构也相继开展全球高分辨率(水平方向≤0.5°)数值模拟试验。已有的一些研究结果表明，相较于低分辨率模式，更高分辨率的气候模式对多种天气和气候现象均表现出一定的模拟“增值”，这些“增值”不仅体现在对大尺度现象(如：厄尔尼诺-南方涛动(ENSO，Shaffrey et al.，2009)、热带降水辐合带(ITCZ，Doi et al.，2012)、全球水交换等(Demory et al.，2014))气候态的模拟性能的改进，也表现在对一些具有重要影响的中小尺度现象(如：气旋(Murakami et al.，2015)、极地低压(Zappa et al.，2014))和极端事件(如：极端降水(Mahajan et al.，2015))的模拟性能的改善。

当然，取得进展的同时也存在着许多不足。由于开展高分辨率气候模拟试验需要花费巨大的计算和存储资源，该类试验的积分时间通常较短，对于一些具备多年代际尺度变化特征的大气、海洋现象，如：大西洋多年代际振荡(AMO)、太平洋年代际振荡(PDO)、ENSO 等，尚无法详尽研究；上述由分辨率提高带来的模式性能改进，也通常是单个模式的试验结果，不同模式的试验设计也存在许多差别。基于此，CMIP6 高分辨率模式比较计划(HighResMIP)被首次发起(Haarsma et al.，2016)，旨在通过设计相同要求的高分辨率气候模拟试验，开展详细的模式评估工作(包括水平分辨率的提高对模式动力和物理过程的具体影响)，以确定模式水平分辨率的提高带来的模拟性能改进，并借助多模式集合的方法降低模拟的不确定性。

(2)HighResMIP 简介

HighResMIP 分为 3 个层级试验，各层级试验要求至少进行标准分辨率和高分辨率两组试验，试验中仅考虑水平分辨率变化，垂直分辨率保持不变，高分辨率试验的大气模式水平分辨率要≤50 km。为更清楚地体现水平分辨率对模拟结果的影响，HighResMIP 工作组建议模式的调试过程仅在标准分辨率下进行，高分辨率试验与标准分辨率试验所用模式及配置设置应尽可能保持一致。HighResMIP 关注模式的模拟性能、偏差、偏差原因及其影响，而非气候敏感度。气溶胶组分、地表特性等量也进一步简化以便于模式之间的集合和比较。

图1.21给出HighResMIP的3个层级试验的积分时长和各自使用的强迫场年份。第一层级(Tier-1)试验是历史强迫的大气模式比较计划(AMIP),也是HighResMIP的核心试验,其积分时长为65 a,时段是1950—2014年。该层级试验中外强迫条件(如:太阳活动、气溶胶、臭氧等)与CMIP6的历史气候模拟试验(Historical)相同。边界条件设定如下:土地利用/土地覆盖保持不变(大体与2000年前后一致),地表的叶面积指数(LAI)为其具有季节变化特征的气候态值。第二层级(Tier-2)试验为百年耦合试验,时段为1950—2050年,为了在试验前尽可能达到海-气准平衡态,HighResMIP工作组建议先进行约50 a的模式spin-up,之后以热启动(restart)的方式完成该段试验。试验启动后又分为两个分支:第1个分支试验固定使用1950年的外强迫条件积分百年。第2个分支试验则是在1950—2014年时段使用与Tier-1相同的外强迫条件和边界条件;而在2015—2050年时段,边界条件与Tier-1一致,外强迫条件中温室气体和气溶胶浓度使用CMIP6的共享社会经济路径(SSP)中的最高(high-end)排放情景。第三层级(Tier-3)试验则是对Tier-1的延伸,积分时段为2015—2050年(可进一步延伸到2100年),仍然使用单独大气模式进行气候预估试验,外强迫条件与Tier-2中的第2个分支试验(2015—2050年时段)相同。边界条件中:土地利用/土地覆盖依旧固定,LAI为具有月或其他变化(如季节)特征的气候态值。

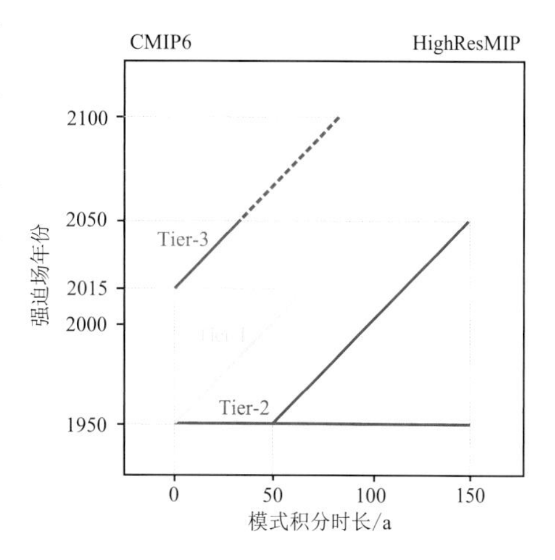

图1.21 HighResMIP各阶段试验示意图
(引自Haarsma et al.,2016)

参加HighResMIP的入门条件是必须要完成Tier-1(实际上,大部分模式仅完成Tier-1)。表1.9给出了注册该计划的模式基本信息。

表1.9 注册CMIP6 HighResMIP的模式

模式名称	机构/国家(地区)	模式名称	机构/国家(地区)	模式名称	机构/国家(地区)
AWI-CM	AWI/德国	CNRM-CM6	CNRM-CERFACS/法国	IPSL-CM6A	IPSL/法国
BCC-CSM2	BCC/中国	EC-Earth3	EC-Earth-Consortium/欧盟	MPI-ESM1	MPI/德国
CAS-ESM	CAS/中国	EC-Earth3P	EC-Earth-Consortium/欧盟	MRI-AGCM3	MRI/日本
FGOALS-f3	CAS/中国	ECMWF-IFS	ECMWF/欧洲中心	NICAM16	AORI-UT-JAMSTEC-RIKEN/日本
CESM2-SE	NCAR/美国	GFDL-CM4	GFDL/美国	NorESM2	NCC/挪威
CIESM	THU/中国	HadGEM3-GC31	MOHC/英国		
CMCC-CM2	CMCC/意大利	GFDL-HiRAM *	RCEC-AS/中国台湾		

注:此表来源为https://rawgit.com/WCRP-CMIP/CMIP6_CVs/master/src/CMIP6_source_id.html。*中国台湾"中央研究院"环境变迁研究中心使用美国国家海洋大气局(NOAA)GFDL实验室研发的HiRAM模式参与HighResMIP。

(3)FGOALS-f3模式参与HighResMIP情况介绍

中国科学院大气物理研究所的FGOALS-f3模式作为HighResMIP的参与成员之一，自HighResMIP启动起全程参与了各项任务，为多模式比较研究提供了重要支持，试验数据有力地支撑了HighResMIP数据库建设。在HighResMIP中，FGOALS-f3模式的试验设置如表1.10所示。FGOALS-f3模式的运行方式与HighResMIP要求的相同，并已于2020年底向HighResMIP提交了Tier-1和Tier-3试验数据。

表1.10　FGOALS-f3模式试验设置

模式名	试验名	分辨率
FGOALS-f3	FGOALS-f3-L	1°×1°
	FGOALS-f3-H	0.25°×0.25°

(4)水平分辨率对青藏高原小时降水的模拟影响

青藏高原又被称为“亚洲水塔”，降水是其水资源的重要补充途径。然而，高原及周边地区自然环境极其脆弱，降水尤其是极端降水极易诱发山洪、泥石流等自然灾害。在全球变暖的背景下，高原及其周边极端降水的频率和强度都有所改变，对青藏高原极端降水的模拟和预测研究具有十分重要的科学价值和社会意义。以往针对高原降水的关注点主要集中在日降水及其长期变化趋势上，对于更易诱发自然灾害的短时强降水的特征方面尚缺乏对应的研究。

因此，本小节采用GPM高时空分辨率格点化降水产品，评估分析了FGOALS-f2/3模式对青藏高原小时降水和极端降水的模拟性能，并进一步探究了模式水平分辨率对模拟结果的影响。

①小时平均降水

在自然界中，即使是两块区域具有相同的平均降水量(或降水总量)，它们的小时降水特征仍可能有所不同(李建 等，2013)。例如：对于相同的降水总量，山地地区可能是多以短时间强降水为主(降水频率低，但多为小时极端降水)，而平原地区则可能是以长时间弱降水(降水频率高，但小时极端降水少发)为主。这两者的差别可以通过判断其平均降水频率和平均降水强度得以区分。

图1.22给出了FGOALS-f2模式模拟的高原及其周边地区夏季小时平均降水量(单位已由$mm \cdot h^{-1}$转化成$mm \cdot d^{-1}$)空间分布。由图可以看出：FGOALS-f2-L(约100 km)能够大体再现高原上由东南向西北递减的降水量分布特征，高原南坡为降水量的大值带。但相较于观测(GPM)，FGOALS-f2-L模拟的降水量大值带可以推进到更北的纬度，即：GPM中，降水大值带大体沿着2000 m海拔高度等值线及其南侧，而CAS FGOALS-f2-L中的雨带位置则略偏北。相较于FGOALS-f2-L，FGOALS-f2-H(约25 km)模拟的降水量空间分布与其大体相似，但在高原南坡的降水量略微有所增加，空间平均的降水量由2.58 $mm \cdot d^{-1}$增加到2.64 $mm \cdot d^{-1}$。FGOALS-f2-H雨带的位置也更为接近GPM，FGOALS-f2-L中模拟雨带位置“偏北”的偏差在一定程度上有所改善。FGOALS-f2-L模拟雨带位置“偏北”的原因可能在于：相较于FGOALS-f2-H，FGOALS-f2-L中模式地形更为平滑，地形对朝向高原的水汽输送阻挡作用较

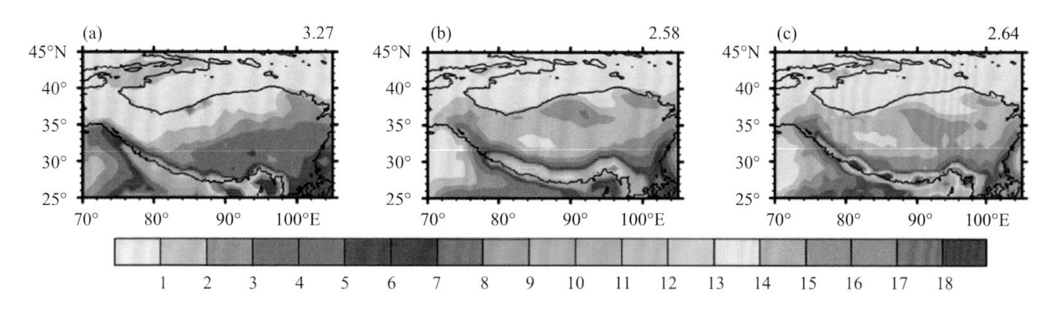

图 1.22　GPM 及 FGOALS-f2 模式模拟的高原及其周边地区夏季小时平均降水量空间分布(单位:mm・d^{-1})。右上角数值代表空间平均的降水量
(a)GPM;(b)FGOALS-f2-L;(c)FGOALS-f2-H

弱,因而使得更多的水汽可以输送到高原主体上去,使得降水雨带位置有所偏北。而 FGOALS-f2-H 模式对地形及其梯度的刻画更为准确,因而对降水雨带的位置模拟性能有所提升。

图 1.23 给出了 FGOALS-f2 模式模拟的高原及其周边地区夏季逐小时平均降水频率的空间分布。由图可以看出:FGOALS-f2-L(约 100 km)小时平均降水频率大值区主要集中在高原主体上,而在高原南坡上尤为明显,其小时平均降水频率可达到 40%以上,显著高于 GPM 给出的平均降水频率。FGOALS-f2-H(约 25 km)模拟的小时平均降水频率空间分布与 FGOALS-f2-L 大体类似,但量值有所降低,区域平均降水频率由 13.20%降低至 8.72%。相对而言,FGOALS-f2-H 对于小时平均降水频率的模拟优于 FGOALS-f2-L,其在高原及其周边地区的模拟偏差得到一定程度的改善。

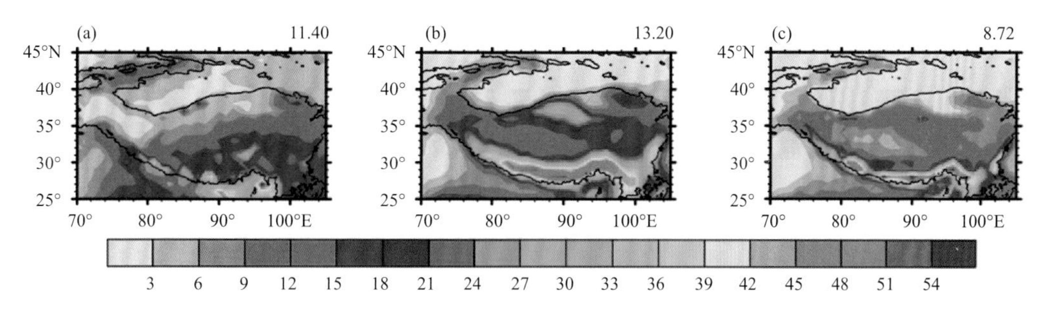

图 1.23　GPM 及 FGOALS-f2 模式模拟的高原及其周边地区夏季小时平均降水频率空间分布(%)。右上角数值代表区域平均降水频率
(a)GPM;(b)FGOALS-f2-L;(c)FGOALS-f2-H

图 1.24 给出了 FGOALS-f2 模式模拟的高原及其周边地区夏季小时平均降水强度空间分布。由图可以看出:FGOALS-f2-L(约 100 km)能够大体再现高原上由东南向西北递减的小时降水强度分布特征,高原南坡为降水强度的大值带。但相较于 GPM,FGOALS-f2-L 模拟的降水强度总体偏弱,其区域平均的降水强度为 0.67 mm・h^{-1},相当于 GPM 平均降水强度的 72%。相较于 FGOALS-f2-L,FGOALS-f2-H(约 25 km)模拟的降水强度空间分布与其大体相似,但降水强度明显增强,尤其是在高原南坡及其以南地区。FGOALS-f2-H 在高原东侧的降水大值中心也与 GPM 较为接近。这表明:FGOALS-f2 模式水平分辨率提高后能够对高

原平均降水强度带来模拟增值。

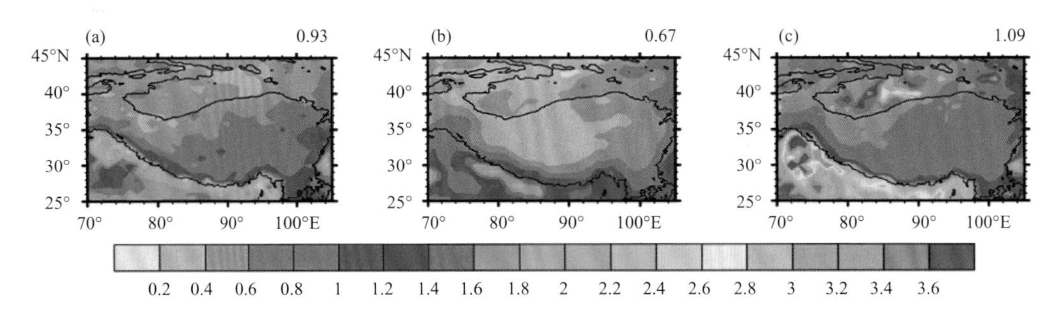

图 1.24 GPM 及 FGOALS-f2 模式模拟的高原及其周边地区夏季小时平均降水强度空间分布(单位:mm・h^{-1})。右上角数值代表空间平均降水强度
(a)GPM;(b)FGOALS-f2-L;(c)FGOALS-f2-H

②小时极端降水

图 1.25 给出了 FGOALS-f2 模式模拟的青藏高原及其周边地区夏季逐小时降水强度-频率分布曲线。由图可以看出:FGOALS-f2 对小时弱降水强度的发生的频率具有一定的刻画性能,但却低估了模式中能够模拟出的极端降水最大强度以及极端降水发生的频率。而水平分辨率提高后能够带来一定的模拟增值,但高分辨率模式可能高估了小时极端降水发生的频率。例如:与 GPM 资料相比,FGOALS-f2-L 对 10 mm・h^{-1}以下强度降水的发生频率具有较好的刻画性能,但却低估了 10 mm・h^{-1}以上强度降水的发生频率,且其无法再现超过 23 mm・h^{1}以上强度的极端降水。随着模式分辨率的提升,FGOALS-f2-H 对小时极端降水强度-频率分布的刻画能力明显优于 FGOALS-f2-L。FGOALS-f2-H 对 20 mm・h^{-1}以下强度降水的发生频率具有较好的刻画性能,其能够再现的最大极端降水强度超过了 60 mm・h^{-1},与 GPM 给出的结果较为一致。但相较于 GPM,FGOALS-f2-H 明显高估了 20～50 mm・h^{-1}之间降水强度的降水发生频率,低估了 50 mm・h^{-1}以上降水强度的降水发生频率。在 FGOALS-f2-H 中,小时极端降水(25～50 mm・h^{-1})的发生频率在 2.4×10^{-3}～7.7×10^{-5}之间,累计降水频率相当于 GPM 的 2 倍;小时异常极端降水(>50 mm・h^{-1})的发生频率接近 8.6×10^{-5}(或更低),累计降水频率相当于 GPM 的 67%。

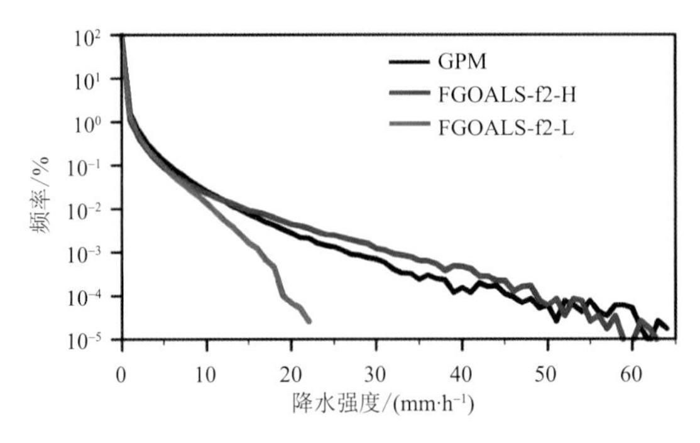

图 1.25 GPM 及 FGOALS-f2 模式模拟的高原及周边地区夏季逐小时降水强度-频率分布曲线。图中红线显示标准分辨率(≥1°)的模拟结果,蓝线表示约 0.25°的模拟结果

③降水日变率

图1.26给出了GPM及FGOALS-f2模式模拟的夏季小时平均最大降水强度的峰值时间(当地时，local solar time，LST)。以往研究表明，东亚地区降水日变化具有明显的区域特征(Liu et al.，2009；Li et al.，2018)。该图结果表明，GPM在青藏高原南坡和青藏高原以东主要表现为夜间达峰值，在青藏高原西南部则主要表现为午后达峰值。FGOALS-f2-L中高原南坡主要表现为夜间—凌晨达高峰，高原西南部主要表现为傍晚达高峰，这比GPM中的峰值时间偏晚。随着模式分辨率的提升，FGOALS-f2-H能很好地再现GPM中夜间和午后高峰，但在西南部表现为傍晚达高峰。FGOALS-f2-H模拟的峰值时间对应的小时平均最大降水强度也比FGOALS-f2-L强，且与观测更为接近。这意味着分辨率的提升使得模式的模拟性能得到了一定程度的改善。

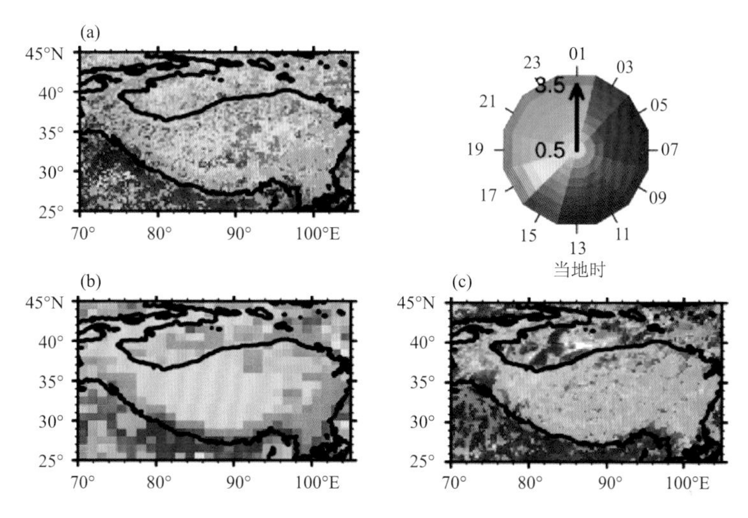

图1.26　GPM及FGOALS-f2模式模拟的夏季小时平均最大降水强度的峰值时间。颜色代表一天24 h，而颜色深度代表降水强度。为突出对极端降水的模拟，图中仅显示大于0.5 mm·h^{-1}的值
(a)GPM；(b)FGOALS-f2-L；(c)FGOALS-f2-H

1.5　本章小结

青藏高原冰川纵横、群山层叠起伏、湖泊星罗棋布、高寒植被物种丰富，呈现出多圈层特征。能够准确再现多圈层复杂过程的气候系统模式已成为青藏高原天气气候效应研究中的不可或缺的重要工具。本章系统介绍了青藏高原地-气耦合的气候系统模式发展、区域气候模式发展和模式中物理过程参数化方案发展的最近进展。大气环流模式发展包括非规则网格下动力框架的发展和分辨率的提升；在模式物理过程发展方面，详细介绍了显式对流降水、宏观云、云微物理和云辐射等方案的发展，其中显式对流降水方案显著提高了模式模拟高原极端降水、

季风降水日循环和台风的性能。在区域模式发展方面，通过模式分辨率和参数化的研发和试验，探讨了青藏高原地-气耦合过程对中小尺度对流系统的影响。在青藏高原陆面模式发展方面，提出了非局地混合理论的青藏高原湖泊模型，基于高原野外观测的高寒草地根系生物量数据集完善了高寒草地含根土壤参数化方案，利用条件非线性最优参数扰动方法揭示了青藏高原陆面过程模拟中物理参数不确定性。基于改进和数值模式系统，通过湖-气耦合模式试验，厘清了高原湖泊对局地及区域气候的影响；通过IPCC第6次评估报告中青藏高原试验阐明了高原如何调节亚洲季风；通过完成国际LS4P计划，理解了陆地表层、次表层温度和雪盖初始化对“次季节-季节预测”的影响，发现了陆面过程和海温在“次季节-季节预测”中的相对作用，二者如何协同提高次季节尺度的可预报性；在高分辨率模式比较计划中，以全球25 km的气候系统模式FGOALS-f3-H为例，阐明了25 km分辨率的模式能够准确再现青藏高原及其周边地区小时级极端降水的分布特征。

参考文献

丁一汇，刘一鸣，宋永加，等，2002. 我国短期气候动力预测模式系统的研究及试验[J]. 气候与环境研究，7(2):236-246.

傅云飞，李宏图，自勇，2007. TRMM卫星探测青藏高原谷地的降水云结构个例分析[J]. 高原气象，26(1):98-106.

傅云飞，刘奇，自勇，等，2008. 基于TRMM卫星探测的夏季青藏高原降水和潜热分析[J]. 高原山地气象研究，28(1):8-18.

胡亮，杨松，李耀东，2010. 青藏高原及其下游地区降水厚度季、日变化的气候特征分析[J]. 大气科学，34(2):387-398.

李建，宇如聪，孙溦，2013. 中国大陆地区小时极端降水阈值的计算与分析[J]. 暴雨灾害，32(1):11-16.

刘黎平，郑佳锋，阮征，等，2015. 2014年青藏高原云和降水多种雷达综合观测试验及云特征初步分析结果[J]. 气象学报，73(4):635-647.

王斌，周天军，俞永强，2008. 地球系统模式发展展望[J]. 气象学报，66(6):857-869.

王子谦，段安民，李茂善，等，2016. 基于WRF模式的青藏高原斜坡和平台加热影响亚洲夏季风的模拟研究[J]. 地球物理学报，59(9):3175-3187.

吴统文，宋连春，刘向文，等，2013. 国家气候中心短期气候预测模式系统业务化进展[J]. 应用气象学报，24(5):533-543.

杨伟愚，叶笃正，吴国雄，1992. 夏季青藏高原热力场和环流场的诊断分析[J]. 大气科学，16(4):409-426.

叶笃正，罗四维，朱抱真，1957. 西藏高原及其附近的流场结构和对流层大气的热量平衡[J]. 气象学报，28(2):108-121.

周天军，陈晓龙，何编，等，2019. 全球季风模式比较计划(GMMIP)概述[J]. 气候变化研究进展，15(5):493-497.

邹晓蕾，2021. MPAS动力框架和伴随模式简介以及未来扩展和应用[J]. 气象科技进展，11(3):35-39.

BAO Q, YANG J, LIU Y M, et al, 2010. Roles of anomalous Tibetan Plateau warming on the severe 2008 winter storm in central-southern China[J]. Mon Wea Rev, 138(6):2375-2384.

BAO Q, LI J, 2020a. Progress in climate modeling of precipitation over the Tibetan Plateau[J]. Natl Sci Rev,

7(3):486-487.

BAO Q, LIU Y M, WU G X, et al, 2020b. CAS FGOALS-f3-H and CAS FGOALS-f3-L outputs for the high-resolution model intercomparison project simulation of CMIP6[J]. Atmos Oceanic Sci Lett, 13(6):576-581.

BENEDICT J J, RANDALL D A, 2011. Impacts of idealized air-sea coupling on Madden-Julian Oscillation structure in the superparameterized CAM[J]. J Atmos Sci, 68(9):1990-2008.

BERGMAN J W, FIERLI F, JENSEN E J, et al, 2013. Boundary layer sources for the Asian anticyclone: Regional contributions to a vertical conduit[J]. J Geophys Res: Atmos, 118(6):2560-2575.

BONAN G B, 1995. Sensitivity of a GCM simulation to inclusion of inland water surfaces[J]. J Climate, 8(11): 2691-2704.

BOOS W R, KUANG Z M, 2010. Dominant control of the South Asian monsoon by orographic insulation versus plateau heating[J]. Nature, 463(7278):218-222.

BOOS W R, KUANG Z M, 2013. Sensitivity of the South Asian monsoon to elevated and non-elevated heating [J]. Sci Rep, 3:1192.

BRANKOVIĆ Č, PALMER T N, MOLTENI F, et al, 1990. Extended-range predictions with ECMWF models: Time-lagged ensemble forecasting[J]. Q J Roy Meteor Soc, 116(494):867-912.

CHAO W, 2012. Correction of excessive precipitation over steep and high mountains in a GCM[J]. J Atmos Sci, 69(5):1547-1561.

CHEN X, LIU Y M, WU G X, et al, 2017. Understanding the surface temperature cold bias in CMIP5 AGCMs over the Tibetan Plateau[J]. Adv Atmos Sci, 34(12):1447-1460.

CHEN Y Y, YANG K, QIN J, et al, 2013. Evaluation of AMSR-E retrievals and GLDAS simulations against observations of a soil moisture network on the central Tibetan Plateau[J]. J Geophys Res: Atmos, 118 (10):4466-4475.

CHOW K C, CHAN J C L, SHI X L, et al, 2008. Time-lagged effects of spring Tibetan Plateau soil moisture on the monsoon over China in early summer[J]. Int J Climatol, 28(1):55-67.

DAI A, 2006. Precipitation characteristics in eighteen coupled climate models[J]. J Climate, 19(18): 4605-4630.

DEMORY M E, VIDALE P L, ROBERTS M J, et al, 2014. The role of horizontal resolution in simulating drivers of the global hydrological cycle[J]. Clim Dynam, 42 (7-8):2201-2225.

DOI T, VECCHI G A, ROSATI A J, et al, 2012. Biases in the Atlantic ITCZ in seasonal-interannual variations for a coarse- and a high-resolution coupled climate model[J]. J Climate, 25(16):5494-5511.

DUAN A M, WANG M R, LEI Y H, et al, 2013. Trends in summer rainfall over China associated with the Tibetan Plateau sensible heat source during 1980—2008[J]. J Climate, 26(1):261-275.

FANG X, STEFAN H G, 1996. Long-term lake water temperature and ice cover simulations/measurements [J]. Cold Reg Sci Technol, 24(3): 289-304.

FLOHN H, 1968. Contributions to a meteorology of the Tibetan Highland[D]. Fort Collins, CO, USA: Colorado State University.

FU X H, WANG B, BAO Q, et al, 2009. Impacts of initial conditions on monsoon intraseasonal forecasting [J]. Geophys Res Lett, 36:L08801.

GOU P, YE Q H, CHE T, et al, 2017. Lake ice phenology of Nam Co, central Tibetan Plateau, China, derived from multiple MODIS data products[J]. J Great Lakes Res, 43(6): 989-998.

GUO Y Y, YU Y Q, LIN P F, et al, 2020. Overview of the CMIP6 historical experiment datasets with the climate system model CAS FGOALS-f3-L[J]. Adv Atmos Sci, 37(10):1057-1066.

HAARSMA R J, ROBERTS M J, VIDALE P L, et al, 2016. High resolution model intercomparison project (HighResMIP v1. 0) for CMIP6[J]. Geosci Model Dev, 9(11):4185-4208.

HARRIS L M, LIN S J, TU C Y, 2016. High resolution climate simulations using GFDL HiRAM with a stretched global grid[J]. J Climate, 29(11):4293-4314.

HE B, 2017. Influences of elevated heating effect by the Himalaya on the changes in Asian summer monsoon [J]. Theor Appl Climatol, 128:905-917.

HE B, WU G X, LIU Y M, et al, 2015. Astronomical and hydrological perspective of mountain impacts on the Asian summer monsoon[J]. Sci Rep, 5:17586.

HE B, LIU Y M, WU G X, et al, 2020a. CAS FGOALS-f3-L model datasets for CMIP6 GMMIP Tier-1 and Tier-3 experiments[J]. Adv Atmos Sci, 37(1):18-28.

HE B, YU Y Q, BAO Q, et al, 2020b. CAS FGOALS-f3-L model dataset descriptions for CMIP6 DECK experiments[J]. Atmos Oceanic Sci Lett, 13(6):582-588.

HE S, YANG J, BAO Q, et al, 2019. Fidelity of the observational/reanalysis datasets and global climate models in representation of extreme precipitation in east China[J]. J Climate, 32(1):195-212.

HOHENEGGER C, BROCKHAUS P, 2009. The soil moisture-precipitation feedback in simulations with explicit and parameterized convection[J]. J Climate, 22(19):5003-5020.

HOSTETLER S W, BARTLEIN P J, 1990. Simulation of lake evaporation with application to modeling lake level variations of Harney-Malheur lake, Oregon[J]. Water Resour Res, 26(10): 2603-2612.

HOSTETLER S W, BATES G T, GIORGI F, 1993. Interactive coupling of a lake thermal-model with a regional climate model[J]. J Geophys Res: Atmos, 98(D3):5045-5057.

HOU A Y, KAKAR R K, NEECK S, et al, 2014. The global precipitation measurement mission[J]. B Am Meteorol Soc, 95(5):701-722.

HU Q, FENG S, 2004. A role of the soil enthalpy in land memory[J]. J Climate, 17(18):3633-3643.

HUNKE E C, 2010. Thickness sensitivities in the CICE sea ice model[J]. Ocean Modelling, 34(3-4): 137-149.

KITOH A, 1997. Mountain uplift and surface temperature changes[J]. Geophys Res Lett, 24(2):185-188.

KITOH A, MUKANO T, 2009. Changes in daily and monthly surface air temperature variability by multi-model global warming experiments[J]. J Meteorol Soc Jpn, 87(3):513-524.

KLEIN C, TAYLOR C M, 2020. Dry soils can intensify mesoscale convective systems[J]. P Natl Acad Sci USA, 117(35): 21132-21137.

KODAMA C, YAMADA Y, NODA A T, et al, 2015. A 20-year climatology of a NICAM AMIP-type simulation[J]. J Meteorol Soc Jpn, 93(4):393-424.

KOSEKI S, WATANABE M, KIMOTO M, 2008. Role of the midlatitude air-sea interaction in orographically forced climate[J]. J Meteorol Soc Jpn, 86(2):335-351.

KOSTER R D, DIRMEYER P A, GUO Z C, et al, 2004. Regions of strong coupling between soil moisture and precipitation[J]. Science, 305(5687):1138-1140.

KOSTER R D, GUO Z C, DIRMEYER P A, et al, 2006. GLACE: The global land-atmosphere coupling experiment. Part I: Overview[J]. J Hydrometeorol, 7(4): 590-610.

KOSTER R D, MAHANAMA S P P, YAMADA T J, et al, 2010. Contribution of land surface initialization to subseasonal forecast skill: First results from a multi-model experiment [J]. Geophys Res Lett, 37(2):L02402.

LARGE W G, MCWILLIAMS J C, DONEY S C, et al, 1994. Oceanic vertical mixing: A review and a model with a nonlocal boundary layer parameterization[J]. Rev Geophys, 32(4):363-403.

LAWRENCE D M, OLESON K W, FLANNER M G, et al, 2011. Parameterization improvements and functional and structural advances in Version 4 of the Community Land Model[J]. J Adv Model Earth Sy, 3(1): 27.

LI J, YU R C, YUAN W H, et al, 2015. Precipitation over East Asia simulated by NCAR CAM5 at different horizontal resolutions[J]. J Adv Model Earth Sy, 7(2):774-790.

LI J X, BAO Q, LIU Y M, et al, 2017. Evaluation of the computational performance of the finite-volume atmospheric model of the IAP/LASG (FAMIL) on a high-performance computer[J]. Atmos Oceanic Sci Lett, 10(4):329-336.

LI J X, BAO Q, LIU Y M, et al, 2021. Dynamical seasonal prediction of tropical cyclone activity using the FGOALS-f2 ensemble prediction system[J]. Wea Forecast, 36(5):1759-1778.

LI P X, FURTADO K, ZHOU T J, et al, 2018. The diurnal cycle of East Asian summer monsoon precipitation simulated by the Met Office Unified Model at convection-permitting scales[J]. Clim Dynam, 55(1-2): 131-151.

LI Y D, WANG Y, SONG Y, et al, 2008. Characteristics of summer convective systems initiated over the Tibetan Plateau. Part I: Origin, track, development, and precipitation[J]. J Appl Meteorol Climatol, 47 (10):2679-2695.

LIANG X Y, LIU Y M, WU G X, 2005. The role of land-sea distribution in the formation of the Asian summer monsoon[J]. Geophys Res Lett, 32(3):L03708.

LIU H, LIN P, YU Y, et al, 2012. The baseline evaluation of LASG/IAP climate system ocean model (LICOM) version 2[J]. Acta Meteorol Sin, 26(3):318-329.

LIU L P, FENG J M, CHU R Z, et al, 2002. The diurnal variation of precipitation in monsoon season in the Tibetan Plateau[J]. Adv Atmos Sci, 19(2):365-378.

LIU X, BAI A, LIU C, 2009. Diurnal variations of summertime precipitation over the Tibetan Plateau in relation to orographically-induced regional circulations[J]. Environ Res Lett, 4(4):940-941.

LIU Y, XUE Y K, LI Q, et al, 2020. Investigation of the variability of near-surface temperature anomaly and its causes over the Tibetan Plateau[J]. J Geophys Res: Atmos, 125(19):1-17.

LIU Y M, HOSKINS B, BLACKBURN M, 2007. Impact of Tibetan orography and heating on the summer flow over Asia[J]. J Meteorol Soc Jpn, 85B:1-19.

LV M Z, XU Z F, YANG Z L, 2020. Cloud resolving WRF simulations of precipitation and soil moisture over the central Tibetan Plateau: An assessment of various physics options[J]. Earth Space Sci, 7(1):1-21.

MA R H, YANG G S, DUAN H T, et al, 2011. China's lakes at present: Number, area and spatial distribution[J]. Sci China: Earth Sci, 54:283-289.

MA Y, TANG G Q, LONG D, et al, 2016. Similarity and error intercomparison of the GPM and its predecessor-TRMM multisatellite precipitation analysis using the best available hourly gauge network over the Tibetan Plateau[J]. Remote Sensing, 8(7):569.

MACLACHLAN C, ARRIBAS A, PETERSON K A, et al, 2015. Global seasonal forecast system version 5 (GloSea5): A high-resolution seasonal forecast system[J]. Q J Roy Meteor Soc, 141(689):1072-1084.

MAHAJAN S, EVANS K J, BRANSTETTER M, et al, 2015. Fidelity of precipitation extremes in high resolution global climate simulations[J]. Proc Comp Sci, 51:2178-2187.

MAHANAMA S P P, KOSTER R D, REICHLE R H, et al, 2008. The role of soil moisture initialization in subseasonal and seasonal streamflow prediction—A case study in Sri Lanka[J]. Adv Water Resour, 31(10): 1333-1343.

MARTIN G M, BELLOUIN N, COLLINS W J, et al, 2011. The HadGEM2 family of Met Office Unified Model climate configurations[J]. Geosci Model Dev, 4(3):723-757.

MARTYNOV A, SUSHAMA L, LAPRISE R, 2010. Simulation of temperate freezing lakes by one-dimensional lake models: Performance assessment for interactive coupling with regional climate models[J]. Boreal Env Res, 15(2):143-164.

MIRONOV D, HEISE E, KOURZENEVA E, et al, 2010. Implementation of the lake parameterisation scheme FLake into the numerical weather prediction model COSMO[J]. Boreal Env Res, 15(2):218-230.

MURAKAMI H, VECCHI G A, UNDERWOOD S, et al, 2015. Simulation and prediction of category 4 and 5 hurricanes in the high-resolution GFDL HiFLOR coupled climate model[J]. J Climate, 28(23):9058-9079.

OKAJIMA H, XIE S P, 2007. Orographic effects on the northwestern Pacific monsoon: Role of air-sea interaction[J]. Geophys Res Lett, 34(21):L21708.

OLESON K, LAWRENCE D M, BONAN G B, et al, 2013. Technical description of version 4.5 of the Community Land Model (CLM)[R]. NCAR Technical Note: No. NCAR/TN-503+STR[M]. Boulder: National Center for Atmospheric Research (NCAR).

ORSOLINI Y J, SENAN R, VITART F, et al, 2016. Influence of the Eurasian snow on the negative North Atlantic Oscillation in subseasonal forecasts of the cold winter 2009/2010[J]. Clim Dynam, 47(3-4): 1325-1334.

PALMER T, 2014. Build high-resolution global climate models[J]. Nature, 515(7527):338-339.

PENG F, MU M, SUN G D, et al, 2020. Evaluations of uncertainty and sensitivity in soil moisture modeling on the Tibetan Plateau[J]. Tellus A, 72(1):1-16.

PERROUD M, GOYETTE S, MARTYNOV A, et al, 2009. Simulation of multiannual thermal profiles in deep Lake Geneva: A comparison of one-dimensional lake models[J]. Limnol Oceanogr, 54(5):1574-1594.

QIAN Y, ZHENG Y, ZHANG Y, et al, 2003. Responses of China's summer monsoon climate to snow anomaly over the Tibetan Plateau[J]. Int J Climatol, 23(6):593-613.

QIU J, 2013. Monsoon Melee[J]. Science, 340(6139):1400-1401.

QUENEY P, 1948. The problem of air flow over mountains: A summary of theoretical studies[J]. B Am Meteorol Soc, 29(1): 16-26.

ROH W, SATOH M, NASUNO T, et al, 2017. Improvement of a cloud microphysics scheme for a global nonhydrostatic model using TRMM and a satellite simulator[J]. J Atmos Sci, 74(1):167-184.

ROUSE W R, BLANKEN P D, BUSSIERES N, et al, 2008. An investigation of the thermal and energy balance regimes of great slave and great bear lakes[J]. J Hydrometeorol, 9(6):1318-1333.

SANTANELLO J A, DIRMEYER P A, FERGUSON C R, et al, 2018. Land-atmosphere interactions the LoCo perspective[J]. B Am Meteorol Soc, 99(6):1253-1272.

SATO T, YOSHIKANE T, SATOH M, et al, 2008. Resolution dependency of the diurnal cycle of convective clouds over the Tibetan Plateau in a mesoscale model[J]. J Meteorol Soc Jpn, 86A:17-31.

SENEVIRATNE S I, LUTHI D, LITSCHI M, et al, 2006. Land-atmosphere coupling and climate change in Europe[J]. Nature, 443(7108):205-209.

SHAFFREY L C, STEVENS I, NORTON W A, et al, 2009. UK HiGEM: The new UK High-Resolution Global Environment Model: Model description and basic evaluation[J]. J Climate, 22(8):1861-1896.

SHCHEPETKIN A F, MCWILLIAMS J C, 2005. The regional oceanic modeling system (ROMS): A split-explicit, free-surface, topography-following-coordinate oceanic model[J]. Ocean Modelling, 9(4): 347-404.

SHEN Y, XIONG A Y, WANG Y, et al, 2010. Performance of high-resolution satellite precipitation products over China[J]. J Geophys Res: Atmos, 115(D2):D02114.

SHI C X, XIE Z H, QIAN H, et al, 2011. China land soil moisture EnKF data assimilation based on satellite remote sensing data[J]. Sci China: Earth Sci, 54(9):1430-1440.

SINGH P, NAKAMURA K, 2009. Diurnal variation in summer precipitation over central Tibetan Plateau[J]. J Geophys Res: Atmos, 114:D20107.

SMALL R J, BACMEISTER J, BAILEY D, et al, 2014. A new synoptic scale resolving global climate simulation using the Community Earth System Model[J]. J Adv Model Earth Sy, 6(4):1065-1094.

STEPANENKO V M, GOYETTE S, MARTYNOV A, et al, 2010. First steps of a Lake Model Intercomparison Project: LakeMIP[J]. Boreal Env Res, 15(2):191-202.

SU F, ZHANG L, OU T, et al, 2016. Hydrological response to future climate changes for the major upstream river basins in the Tibetan Plateau[J]. Glob Planet Change, 136:82-95.

SUGIMOTO S, UENO K, 2010. Formation of mesoscale convective systems over the eastern Tibetan Plateau affected by plateau-scale heating contrasts[J]. J Geophys Res: Atmos, 115:D16105.

TAYLOR C M, DE JEU R A M, GUICHARD F, et al, 2012. Afternoon rain more likely over drier soils[J]. Nature, 489 (7416):423-426.

TAYLOR C M, BIRCH C E, PARKER D J, et al, 2013. Modeling soil moisture-precipitation feedback in the Sahel: Importance of spatial scale versus convective parameterization[J]. Geophys Res Lett, 40(23): 6213-6218.

THIERY W, STEPANENKO V M, FANG X, et al, 2014. LakeMIP Kivu: Evaluating the representation of a large, deep tropical lake by a set of one-dimensional lake models[J]. Tellus A, 66(1):21390.

VAN ROEKEL L, ADCROFT A J, DANABASOGLU G, et al, 2018. The KPP boundary layer scheme for the ocean: Revisiting its formulation and benchmarking one-dimensional simulations relative to LES[J]. J Adv Model Earth Sy, 10(11):2647-2685.

VERONIKA E, BONY S, MEEHL G A, et al, 2016. Overview of the Coupled Model Intercomparison Project Phase 6 (CMIP6), experimental design and organization [J]. Geosci Model Dev, 9 (5):1937-1958.

WANG B, BAO Q, HOSKINS B, et al, 2008. Tibetan Plateau warming and precipitation changes in East

Asia[J]. Geophys Res Lett, 35(14):L14702.

WANG X C, LIU Y M, WU G X, et al, 2013. The application of Flux-Form Semi-Lagrangian transport scheme in a spectral atmospheric model[J]. Adv Atom Sci, 30(1):89-100.

WU G X, LIU Y M, WANG T M, et al, 2007. The influence of mechanical and thermal forcing by the Tibetan Plateau on Asian climate[J]. J Hydrometeorol, 8(4):770-789.

WU G X, LIU Y M, HE B, et al, 2012. Thermal controls on the Asian summer monsoon[J]. Sci Rep, 2:404.

WU G X, HE B, LIU Y M, et al, 2015. Location and variation of the summertime upper-troposphere temperature maximum over South Asia[J]. Clim Dynam, 45(9-10):2757-2774.

XU X D, ZHOU M Y, CHEN J Y, et al, 2002. A comprehensive physical pattern of land-air dynamic and thermal structure on the Qinghai-Xizang Plateau[J]. Sci China Ser D, 45(7):577-594.

XUE Y K, VASIC R, JANJIC Z, et al, 2012. The impact of spring subsurface soil temperature anomaly in the western U. S. on North American summer precipitation—A case study using regional climate model downscaling[J]. J Geophys Res: Atmos, 117:D11103.

XUE Y K, OAIDA C M, DIALLO I, et al, 2016. Spring land temperature anomalies in north western US and the summer drought over Southern Plains and adjacent areas[J]. Environ Res Lett, 11(4):044018.

XUE Y K, DIALLO I, LI W K, et al, 2018. Spring land surface and subsurface temperature anomalies and subsequent downstream late spring-summer droughts/floods in North America and East Asia[J]. J Geophys Res: Atmos, 123(10):5001-5019.

XUE Y K, YAO T D, BOONE A A, et al, 2021. Impact of initialized land surface temperature and snowpack on subseasonal to seasonal prediction project, Phase I (LS4P-I): Organization and experimental design[J]. Geosci Model Dev, 14(7):4465-4494.

XUE Y K, DIALLO I, BOONE A A, et al, 2022. Spring land temperature in Tibetan Plateau and global-scale summer precipitation: Initialization and improved prediction[J]. B Am Meteorol Soc, 103(12): E2756-E2767.

YAMADA T J, POKHREL Y, 2019. Effect of human-induced land disturbance on subseasonal predictability of near-surface variables using an atmospheric general circulation model[J]. Atmosphere, 10(11):725.

YANG K, QIN J, ZHAO L, et al, 2013. A multiscale soil moisture and freeze-thaw monitoring network on the third pole[J]. B Am Meteorol Soc, 94(12):1907-1916.

YE D Z, WU G X, 1998. The role of the heat source of the Tibetan Plateau in the general circulation[J]. Meteorol Atmos Phys, 67:181-198.

YEATES P S, IMBERGER J, 2003. Pseudo two-dimensional simulations of internal and boundary fluxes in stratified lakes and reservoirs[J]. Int J River Basin Manag, 1(4):297-319.

YU R C, XU Y P, ZHOU T J, et al, 2007. Relation between rainfall duration and diurnal variation in the warm season precipitation over central eastern China[J]. Geophys Rese Lett, 34(13): L13703.

ZAPPA G, SHAFFREY L, HODGES K, 2014. Can polar lows be objectively identified and tracked in the ECMWF operational analysis and the ERA-Interim reanalysis? [J]. Mon Wea Rev, 142(8):2596-2608.

ZHANG G J, MU M Q, 2005. Effects of modifications to the Zhang-McFarlane convection parameterization on the simulation of the tropical precipitation in the National Center for Atmospheric Research Community

Climate Model, version 3[J]. J Geophys Res: Atmos, 110(D9):D09109.

ZHANG G Q, YAO T D, XIE H J, et al, 2014. Lakes' state and abundance across the Tibetan Plateau[J]. Chinese Sci Bull, 59(24): 3010-3021.

ZHANG J Y, WU L Y, DONG W J, et al, 2011. Land-atmosphere coupling and summer climate variability over East Asia[J]. J Geophys Res:Atmos, 116(D5):D05117.

ZHANG L X, ZHOU T J, 2015. Drought over East Asia: A review[J]. J Climate, 28(8):3375-3399.

ZHANG Y, LI J, YU R C, et al, 2019. A layer-averaged nonhydrostatic dynamical framework on an unstructured mesh for global and regional atmospheric modeling: Model description, baseline evaluation and sensitivity exploration[J]. J Adv Model Earth Sy, 11(6):1685-1714.

ZHAO M, GOLAZ C, HELD I, et al, 2015, Development of the atmospheric component of the next generation GFDL climate model[C]//30th session of the CAS/WCRP Working Group on Numerical Experimentation(WGNE-30). Maryland: NOAA.

ZHAO W, XIONG D H, WEN F P, et al, 2020. Lake area monitoring based on land surface temperature in the Tibetan Plateau from 2000 to 2018[J]. Environ Res Lett, 15(8): 084033.

ZHOU L J, LIU Y M, BAO Q, et al, 2012. Computational performance of the high-resolution atmospheric model FAMIL[J]. Atmos Oceanic Sci Lett, 5(5):355-359.

ZHOU L J, BAO Q, LIU Y M, et al, 2015. Global energy and water balance: Characteristics from finite-volume atmospheric model of the IAP/LASG (FAMIL1)[J]. J Adv Model Earth Sy, 7(1):1-20.

ZHOU L J, LIN S J, CHEN J H, et al, 2019. Toward convective-scale prediction within the next generation global prediction system[J]. B Am Meteorol Soc, 100(7):1225-1243.

ZHOU S, WILLIAMS A P, LINTNER B R, et al, 2021. Soil-moisture-atmosphere feedbacks mitigate declining water availability in drylands[J]. Nat Clim Change, 11(1):38-44.

ZHOU T J, TURNER A G, KINTER J L, et al, 2016. GMMIP (v1.0) contribution to CMIP6: Global monsoons model inter-comparison project[J]. Geosci Model Dev, 9(10):3589-3604.

ZHOU X J, ZHAO P, CHEN J M, et al, 2009. Impacts of thermodynamic processes over the Tibetan Plateau on the northern hemispheric climate[J]. Sci China Ser D, 52(11):1679-1693.

ZHU L J, JIN J M, LIU Y M, et al, 2020. Modeling the effects of lakes in the Tibetan Plateau on diurnal variations of regional climate and their seasonality[J]. J Hydrometeorol, 21(11): 2523-2536.

第2章 青藏高原数值模式参数化研究

本章介绍了适用于青藏高原地区的大气和陆面参数化方案的最新研究进展。在大气模式云微物理参数化方案方面,研究了青藏高原地区积云与干空气之间的夹卷混合过程,阐明了高原地区夹卷混合过程均匀程度整体较高,随着高度升高,夹卷混合机制从非均匀混合向均匀混合方向演变,进一步揭示了影响夹卷混合机制演变的因子。在云辐射参数化方面,根据临界相对湿度的纬向平均和垂直分布特征,选用两个指数函数组合,并考虑临界相对湿度随气压的垂直变化,再通过分段拟合的方法改进云辐射过程的模拟。在陆面过程辐射参数化方面,我们将能精细计算复杂地形表面上辐射传递过程的三维地形辐射参数化耦合到新一代气候系统模型 FGOALS-f2 的陆面分量中,并发现三维地形辐射效应在3月的高原西部影响最为显著,此外,该方案的引入一定程度上改进了模式在青藏高原地表温度模拟上存在的冷偏差。此外,高原温度模拟的增加,能够进一步使模式模拟的高原西部积雪覆盖率减少10%左右,显著降低了模式多雪的偏差。在湖泊过程的模拟方面,我们利用耦合了湖泊模式的10 km分辨率 WRF 区域气候模式精确量化和深入理解在全球变化背景下青藏高原地-气耦合时空变化规律和机制,着重量化湖泊过程在高原地-气系统中的作用及对下游地区气候的影响。在高原土壤水热性质参数化方案方面,考虑高寒草地根系对土壤水热性质的影响。考虑根系后土壤水热性质各参数化方案相比于原方案,新方案的土壤饱和含水量在根系含量较高的高原东部地区呈显著增大趋势,与土壤饱和含水量相似,土壤饱和基质势在根系具有明显分布的高原中、东部地区普遍呈增大趋势,土壤饱和导水率在高原区域自西向东呈减小趋势,其中最小值出现在高原东部35°N附近,较原方案低1个数量级左右,土壤固相的体积热容量则与土壤固相的导热率的变化趋势相反,高值区域出现在高原东部地区。

2.1 云微物理参数化

气候模式中云与辐射、气候变化之间的反馈存在很大的不确定性(汪方 等,2005)。汪方等(2005)指出,云可以通过多种途径对辐射产生影响,形成不同符号、不同量值的反馈机制。由于青藏高原海拔高、气柱绝对质量小,高原地区的短波辐射和净辐射要强于其东部的平原地区,故由云引起的辐射效应在高原地区具有更重要的意义(王可丽 等,2002)。观测研究表明,云对青藏高原地区的长短波辐射传输和能量收支有着显著的影响(Yu et al.,2004;陈葆德等,2008;张丁玲 等,2012)。云的光学厚度及反照率是决定云辐射效应的重要因子(张双益 等,2011),其中云的反照率是行星反照率的重要组成部分。云的光学厚度及反照率受到诸多云物理过程的影响,包括云与环境空气之间的夹卷混合过程(Hill et al., 2009)。在层状云中,由于其水平尺度大,主要考虑云顶部的夹卷混合过程;在积云中,云顶部和侧边界的夹卷混合过程都需要考虑。理想的夹卷混合机制可分为极端均匀和极端非均匀两种(Baker et al., 1984),在极端均匀夹卷混合过程中,混合比蒸发快,云与干空气混合后所有云滴同时蒸发,半径减小,含水量减少。在极端非均匀夹卷混合过程中,蒸发比混合快,紧邻干空气的云滴完全蒸发并促使干空气饱和,之后发生混合,云滴半径不变,含水量减少。因此,不同的夹卷混合机制影响云的微物理量,从而影响云的光学性质(Hill et al., 2009)。实际云中的夹卷混合机制往往介于这两种机制之间,与云滴半径、数浓度、湍流强度、环境空气中的温度和相对湿度有关(Lehmann et al., 2009; Lu et al., 2011, 2013b)。由于青藏高原地区水汽含量少、气溶胶浓度低、海拔高、下垫面复杂等特点,云微物理量的大小、湍流的强度和环境空气的性质与其他地区(如平原地区、海洋地区)不同,可以预见的是青藏高原地区云中的夹卷混合机制具有其独特性,其他地区的研究成果不能直接在青藏高原地区应用。

云物理过程除了影响云的光学厚度及反照率外,亦是决定降水强弱的重要因子。过去的研究表明青藏高原的降水模拟存在高估的问题,比如模式结果能够再现降水的变化趋势和降水分布,但是在数值上是观测资料的两倍(Gao et al., 2016; Gao Z Y et al., 2018; Xu et al., 2020)。以往研究常常将这样的结果归因于较低的模式分辨率和不准确的强迫场(Sato et al., 2008)。尽管青藏高原以冰相降水为主,但不管是雨滴谱还是使用模式对不同相态降水来源分析都显示液相微物理过程依然有着重要影响(Gao et al., 2016)。

因此,需要对青藏高原地区云中的夹卷混合机制和液相降水过程进行深入研究,并建立参数化方案,改进模式微物理方案中夹卷混合机制和液相降水过程的参数化。

2.1.1 夹卷混合机制研究中最佳时间尺度的确定

过去50多年(1970—2020年),云中湍流夹卷混合过程的研究主要围绕着均匀和非均匀夹卷混合机制展开(Liu et al., 2002; Gerber et al., 2008; Small et al., 2013; Kumar et al., 2014; Endo et al., 2015; Yum et al., 2015; Lu et al., 2018)。为了区分均匀和非均匀夹卷混合过程,将干空气的混合时间尺度(τ_{mix})和云微物理量的响应时间尺度(τ_r)的比值作为丹姆克尔数(Da):

$$Da = \frac{\tau_{mix}}{\tau_r} \tag{2.1}$$

当 $\tau_{mix} \gg \tau_r$,均匀夹卷混合占主导;$\tau_{mix} \ll \tau_r$,非均匀夹卷混合占主导(Lehmann et al., 2009)。目前关于 τ_{mix} 的争论较少,但是科学家们对 τ_r 却有不同的看法,可以用云滴的蒸发时间尺度(τ_{evap})(Baker et al., 1980; Burnet, 2007; Andrejczuk et al., 2009)、相变时间尺度(τ_{phase})(Kumar et al., 2013)或反应时间尺度(τ_{react})(Lehmann et al., 2009; Lu et al.,2013a, 2013b,2014)来表示。然而,这三个微物理时间尺度中,究竟哪个尺度在夹卷混合过程的研究

中更加适合？这些时间尺度互相之间有什么联系？这些问题仍需要进一步的深入分析。本节利用均匀混合百分比，对比了夹卷混合过程研究中通常使用的时间尺度，发现最佳时间尺度取决于所研究问题的科学目标和条件，可分成三大类。

首先，如果科学目标是评估夹卷混合过程中液水含量（LWC）和不饱和度（S）的变化，τ_{phase}、饱和时间尺度（τ_{satu}）及饱和组的 τ_{react} 是适用的时间尺度。原因在于这些时间尺度表征了S增加和LWC减小的速度，并且在等压混合中S的变化率与LWC的变化率是成正比的。

其次，如果科学目标是评估在夹卷混合过程中云滴尺度和数浓度如何变化，问题就比第一种情况更复杂。观测资料表明，均匀混合百分比（ψ）与 τ_{evap} 正相关，但与 τ_{satu} 负相关。对于 τ_{react}，在蒸发组中 τ_{react} 与 τ_{evap} 相近且与 ψ 呈正相关，而在饱和组中 τ_{react} 与 τ_{satu} 相近且与 ψ 呈负相关。有意思的是，ψ 与 τ_{phase} 之间没有相关性。在显式混合气泡模式（EMPM）模拟中，ψ、τ_{evap}、τ_{react} 之间的关系与观测类似。相反，在EMPM模拟中，ψ 与 τ_{satu}、τ_{phase} 之间通常呈正相关，与观测中 ψ 与 τ_{satu}、τ_{phase} 之间的关系是不同的。进一步的分析表明，环境中的相对湿度（RH）和气溶胶对各量之间的关系有较大影响。在EMPM的结果中，RH的变化导致了 ψ 与 τ_{evap} 之间的正相关以及蒸发组中 ψ 与 τ_{react} 之间的正相关，同时RH的变化也导致了 ψ 与 τ_{satu} 之间的负相关关系，ψ 与 τ_{phase} 之间没有相关关系，以及饱和组中 ψ 与 τ_{react} 之间的负相关。气溶胶的变化导致了 ψ 与所有时间尺度的正相关关系。RH和气溶胶的共同作用导致了以上提到的 ψ 与时间尺度之间较弱且复杂的相关关系（图2.1）。

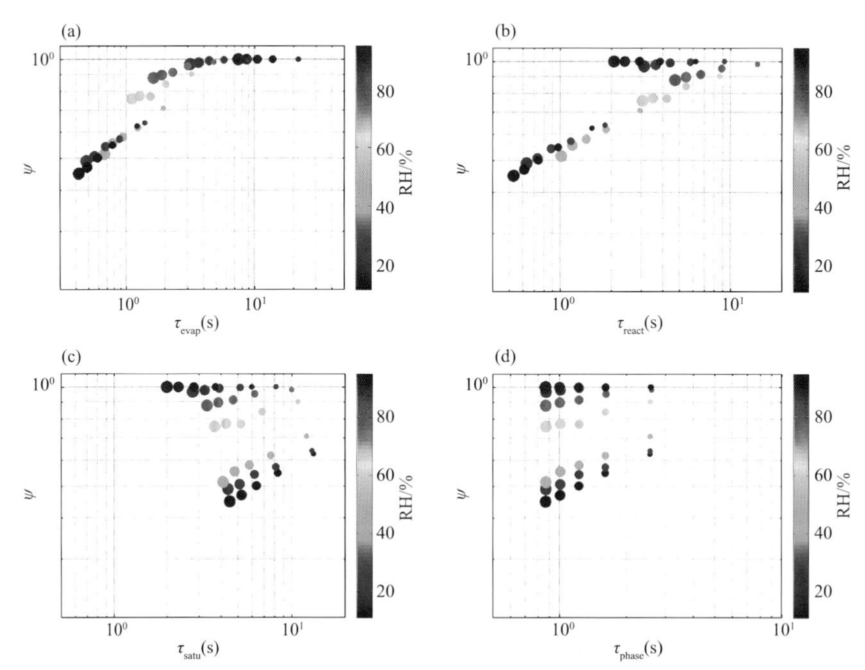

图2.1 不同相对湿度（RH）条件下，均匀混合百分比（ψ）与时间尺度之间的关系。点的大小表示绝热云滴数浓度（102.7、205.4、308.1、410.8和513.5 cm^{-3}；点越大，数浓度越大）
(a)云滴蒸发的时间尺度（τ_{evap}）；(b)反应时间尺度（τ_{react}）；(c)饱和时间尺度（τ_{satu}）；
(d)相变时间尺度（τ_{phase}）

基于丹姆克尔数的理论分析表明，ψ 与微物理时间尺度应该是正相关的。τ_{evap}、蒸发组的 τ_{react} 与 ψ 始终是正相关的。对于蒸发组，我们认为 τ_{react} 应该是最适用的，因为它考虑了 S 的变化。但不是所有的云的数据都处于蒸发组中；相反，一些数据可能处于饱和组中，其 τ_{react} 与 ψ 负相关。因此，在实际应用中，τ_{evap} 是最好的选择。τ_{evap} 和蒸发组的 τ_{react} 比其他时间尺度更适用的原因是 ψ 会受到数浓度和云滴尺度的共同影响；也就是说，ψ 与云滴完全蒸发的速度有关；云滴完全蒸发的速率由 τ_{evap} 和蒸发组的 τ_{react} 表征。对于第二个科学目标来说，τ_{satu}、τ_{phase} 和饱和组的 τ_{react} 不是合适的时间尺度，因为它们仅代表了干空气达到饱和的速率和 LWC 减小的速率，且 S 和 LWC 的相同变化可以归结于一些云滴的完全蒸发或所有云滴的蒸发。除此之外，这些时间尺度与 ψ 之间为负相关关系。因此，建议使用 τ_{evap} 和蒸发组的 τ_{react}，尤其是 τ_{evap}，来改进夹卷混合的参数化。

最后，理论分析表明，如果 LWC_0/S_0 且/或 $LWC_0/[S_0\times\ln(-0.005/S_0)]$（$LWC_0$ 和 S_0 分别是夹卷发生后混合发生前的 LWC 和 S）是常数，所有的时间尺度之间均呈正比。在这个条件下，夹卷混合过程中所有的时间尺度是相当的，由于相变的存在，蒸发所引发的 LWC 的减小与 S 的增加是成正比的。

2.1.2 夹卷混合机制参数化方案的建立

目前天气气候模式中往往假定均匀夹卷混合机制或者极端非均匀夹卷混合机制（Hill et al.，2009；Park et al.，2014；Gettelman et al.，2015a，2015b），不符合实际情况。目前已有一些研究尝试着发展夹卷混合机制的参数化方案（Andrejczuk et al.，2009；Jarecka et al.，2013；Lu et al.，2013a，2013b，2014；Gao Z et al.，2018）。Andrejczuk 等（2009）利用直接数值模拟（DNS）的结果建立了微物理量和 Da 之间的关系，实现了夹卷混合过程的参数化。Jarecka 等（2013）在 Morrison 等（2008）开发的双参微物理方案的基础上，对夹卷混合过程进行了参数化，并随后应用到了大涡模式。同样，Lu 等（2013a，2013b，2014）通过显式混合气泡模式和飞机观测数据建立了均匀混合百分比和过渡尺度数之间的相关关系，实现了夹卷混合过程的参数化，两者之间呈现较好的正相关关系。Gao Z 等（2018）利用 DNS 的结果，分别使用 Da 和过渡尺度数对夹卷混合过程进行了参数化。然而，以上这些参数化方案都基于较少的观测数据或数值模拟结果，涵盖的条件有限，导致在参数化中使用的数据点很分散。因此，现有的夹卷混合机制参数化方案还需要改进。基于不同的观测数据，驱动大量数值模拟来开发参数化方案十分有必要。

本节在 EMPM 模式中输入青藏高原第三次大气科学试验（TEPIX-Ⅲ）那曲地区夏季 7、8 月的激光云高仪数据、气象要素以及气溶胶探空数据作为模式的初始值，进行了约 23000 个敏感性试验，模拟青藏高原地区积云与干空气之间的夹卷混合过程。用于研究云内夹卷混合过程中均匀程度随混合时间和垂直高度的演变，探究干空气相对湿度、湍流耗散率、卷入云内干空气比例及云内初始云滴数浓度这些因子对该过程的影响。

首先，使用了平衡状态（夹卷进入云内的干空气达到饱和）的微物理量，对积云中夹卷混合过程进行了参数化（图 2.2）。结果显示该地区的夹卷混合过程均匀程度整体较高，随着高度升高，夹卷混合机制从非均匀混合向均匀混合方向演变。原因是低层云滴经历的凝结增长时间较短，相对于高层云滴尺度较小，更容易完全蒸发。

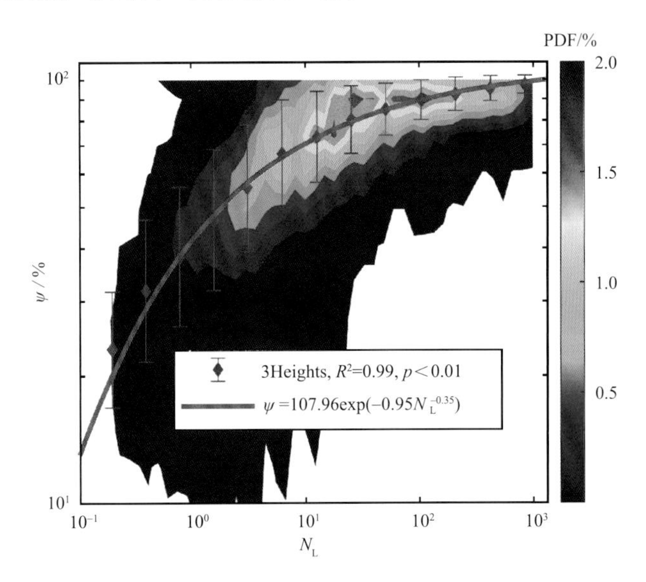

图 2.2　基于 EMPM 模式建立的青藏高原地区云中夹卷混合过程的参数化方案。
横坐标和纵坐标分别为过渡尺度数和均匀混合百分比，Heights 为高度，PDF 为概率密度分布

其次，考虑到在实际情况下，云内夹卷混合过程不一定能达到平衡状态，我们进一步使用该过程中瞬时状态下的微物理量进行参数化，并分析了斜率及截距的演变。结果表明，在夹卷混合过程中，斜率先增加后减小，截距和斜率呈现反向对称变化，夹卷混合发生的高度越低该趋势越明显，对应夹卷混合机制首先从均匀混合向非均匀混合发展，而后再向均匀混合方向演变。在均匀混合向非均匀混合演变阶段，云滴部分蒸发减弱，完全蒸发增强，出现小云滴的大量完全蒸发，当干空气经历该阶段后仍未达到饱和时，云滴部分蒸发开始占主导，均匀混合百分比逐渐增加。

最后，揭示了影响夹卷混合机制演变的因子。当卷入的干空气相对湿度及湍流耗散率较大时，夹卷混合机制通常由均匀混合向非均匀混合转变，干空气相对湿度越大，到达饱和时所需云滴蒸发量越小，其来源以云滴的部分蒸发为主。同样，湍流越强，干空气在湍流形变的作用下可以破碎成更多的小气块，接触更多的云滴，越容易发生云滴的部分蒸发；当干空气相对湿度及湍流耗散率较小时，夹卷混合机制通常在两种夹卷混合机制之间交替变化。

2.1.3　夹卷混合机制参数化方案的应用

如前所述，模式中往往假定了某种夹卷混合的极端情况。Hoffmann 等（2019）使用拉格朗日云模型说明了去掉这个假设的重要性，并利用线性涡模型表征非均匀混合。本节利用夹卷混合机制的参数化方案，在模式中实现非均匀混合过程的描述。根据图 2.2 中 ψ 和过渡尺

度数(N_L)之间的正相关关系，得到 ψ，并利用下式计算发生混合过程后的数浓度(n)：

$$n = n_i^{1-\psi} n_0^{\psi} \tag{2.2}$$

式中，n_0 表示发生混合过程前的云滴数浓度，n_i 表示发生极端非均匀过程后的数浓度。

本节使用 WRF 模式模拟了青藏高原地区一次典型夏季降水过程(2014 年 7 月 22—23 日)，模拟和观测的对比结果表明，对照试验能够再现 48 h 累计降水的分布情况(图 2.3)以及降水率随时间的变化趋势。此次降水过程以冷云降水为主，雨滴的最大源项来自于霰粒子和雪花在 0 ℃层以下的融化，暖云降水的主要过程是云滴和雨滴的碰并过程。冰晶主要来自于冰核的核化，而主要汇项则是碰连和自动转化过程，同时这两个过程是雪花的重要源项。除了冰晶的转化外，雪花的另一个主要的源项是在过冷液滴区域与云滴的淞附过程。淞附过程同样是霰粒子最主要的源项且明显大于其他过程的贡献。

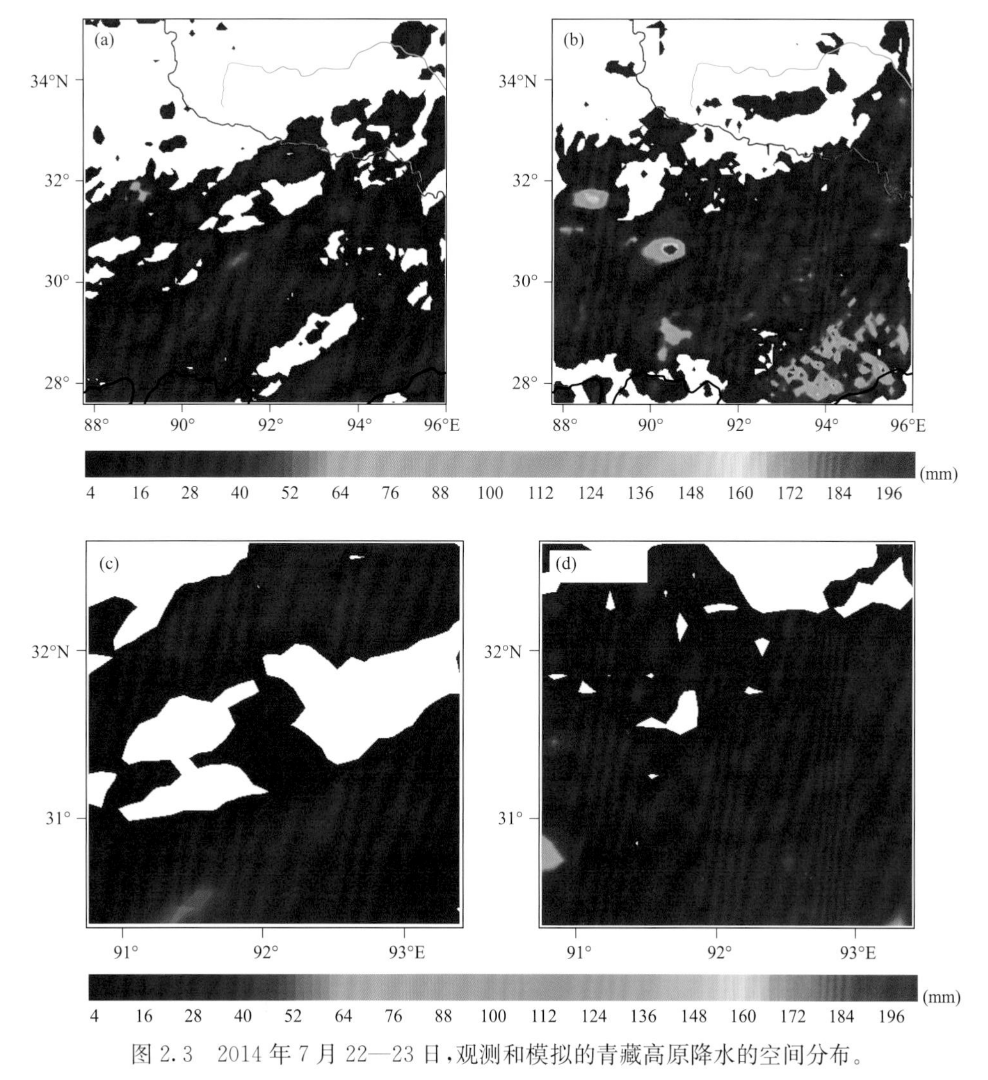

图 2.3 2014 年 7 月 22—23 日，观测和模拟的青藏高原降水的空间分布。

((a)、(b))d02 模拟区域；((c)、(d))d03 模拟区域。Obs 表示观测结果；Control 表示对照试验

(a)Obs；(b)Control；(c)Obs；(d)Control

与预期一致,夹卷混合过程直接影响云滴数浓度,但对含水量的影响很小,使得非均匀混合机制对应的云滴半径较大。不同混合机制在不同降水过程中表现不同,主要是由于淞附过程的差异导致的。非均匀混合机制由于有着较大的云滴半径,更利于淞附过程的进行。当冰相过程较弱时,对应的冰相粒子较小使得淞附过程较难进行,这时非均匀混合机制中较大的云滴半径的优势更加明显,从而有着更强的淞附过程。当冰相粒子充足时,即便是稍小一些的云滴也有足够的机会被淞附,不同混合机制之间差异很小。增加云凝结核数浓度使云滴数目增加但半径减小,抑制了暖云降水过程,使得更多的液滴随着上升气流抬升到更高的高度,促进冰相过程的进行,综合而言使得地表降水略微增加。由于夹卷混合参数化依赖于云滴数浓度的大小,因此,均匀混合机制由于其较小的云滴半径使得碰并速率较低,暖云降水过程受到抑制。在辐射方面,将改进前(clrdefault)和改进后(clrclumix)的方案模拟的云光学厚度(COD)与云及地球辐射能量系统(CERES)观测资料的两个产品进行对比。总体而言,改进后的模拟效果优于改进前。

2.1.4 考虑云雨滴尺度碰并方案的应用

青藏高原地区模式中降水偏多,是一个较为普遍的现象,常归因于模式分辨率、模式驱动场等(Sato et al.,2008; Xu et al.,2018; Wang et al.,2020)。本研究尝试改进液相微物理参数化来缓解降水偏多的问题。液滴的碰并增长是雨滴以及液相降水最为重要的过程之一,模式中主要通过云水自动转化和云雨碰并两个微物理过程来表征。云水自动转化决定了液相降水的启动,云雨碰并过程则对液相降水总量有着显著影响。这两个方案的不确定性阻碍了模式对降水的准确模拟(Gettelman et al.,2013,2015a,2015b)。

云水自动转化率强烈依赖于云滴的含水量、数浓度和谱分布,而不同的云水自动转化方案中的表达式差异很大。对于典型的海洋性层状云,不同的自动转化方案计算得到的转化率差异可以超过三个数量级。相对来说,不同的云雨碰并方案之间的差异较小。液滴碰并过程除了会直接影响雨滴的形成并进一步影响降水外,由于其对云滴的损耗,也会通过对云微物理的调整影响云的光学特性。由于各云水自动转化方案之间的差异性,以往的研究往往更关注该过程(Hill et al.,2015;Jing et al., 2018;Jing et al.,2019),也确实发现了其对云相关过程模拟的重要性,但事实上云雨碰并过程的模拟与观测相比也有着一定的差距,同时云雨碰并过程对液相降水总量上的贡献远大于云水自动转化过程,对云滴有着更多的消耗,但由于大部分云雨碰并参数化方案表征较为一致,使得相关研究中不同云雨碰并方案的差异较小(Wood,2005a,2005b; Gettelman et al., 2013)。

本研究基于青藏高原地区一次典型夏季降水过程(2014 年 7 月 22—23 日)以及一个月的模拟结果(2014 年 7 月 22 日—8 月 21 日),深入分析了不同云雨碰并方案对降水的影响。只考虑云滴质量浓度(Ko13)和对照试验中云雨碰并方案只与云雨滴的质量浓度有关,而同时考虑云滴质量浓度和数浓度(CP2k)中则与云雨滴的质量浓度和数浓度都有关系。各试验组的降水分布与降水趋势和对照试验均一致，相比于其他试验组，CP2k 参数化方案的试验组（Cohard et al.，2000）对应的结果与观测更为接近。此外本节引入了 Heidke 评分体系来评估各方案模拟降水的效果，CP2k 方案有着更高的分数。本研究进一步计算了各试验组对应的云微物理和光学特性，与降水情况类似，CP2k 试验组造成的改变比其他方案大，其中对云水路径的改变大于 50%，在光学厚度方面的改变也超过 35%。

从微物理转化率的角度来说，由于青藏高原液相云较薄，没有足够的高度让液相粒子生长，不同自动转化方案之间的差异远没有其他地区的结果大。改变云雨碰并方案的 CP2k 对应的云雨碰并转化率（ACCR-r）在该案例中被大幅抑制了，与其他方案相比小了 1～2 个数量级，因此，有着更多的过冷液滴悬浮在空中，并可能参与其他微物理过程，例如云水自动转化（AUTO-r）和凇附过程（RIM-s＋RIM-g）。CP2k 中的自动转化率比对照试验大得多，差异接近直接改变自动转化方案可能导致的差异。本研究分析了 CP2k 和对照试验之间主要转化过程速率平均差异的垂直分布，结果显示虽然 CP2k 的液相降水来源有所减少，但是因为更多的过冷液滴促进了凇附过程（RIM-s＋RIM-g），而凇附过程产生了更多的雪花和霰粒子。它们在到达 0 ℃层以下后发生融化，在一定程度上增加了冰相降水的比重，抵消了对云雨碰并过程的抑制。

为了进一步理解 CP2k 改善降水模拟的原因，本研究直接比较了三个参数化方案（对照试验、CP2k 和 Ko13）中云雨碰并转化率与雨滴大小的关系，在雨滴半径小于 1000 μm 时 CP2k 一直较小，在小于 50 μm 时尤其如此，这与三个方案推导过程的差异有关。CP2k 由随机碰并方程推导得到，在 50 μm 处有个明显的分界，而另外两个方案则是由假定的幂函数分布拟合得到。本研究同时给出了雨滴的概率密度分布情况，所有方案的雨滴峰值半径约为 30 μm，同时大约 50%的雨滴半径小于 50 μm。这就是与其他两种方案相比，CP2k 抑制了云雨碰并过程的原因。

基于云滴大小和液相降水率，可以进一步分析 CP2k 与其他方案的不同之处。通常认为，为了启动液相降水，云滴有效半径需要达到 14 μm。但是，在对照试验和 Ko13 中，当有效半径为 9 μm 时，液相降水率已经超过 2 $\mathrm{mm \cdot d^{-1}}$，而在 CP2k 中，这个值为 15 μm。另一方面，CP2k 在云滴有效半径为 15 μm 处的自动转化率有了明显的增加，随后云雨碰并过程开始有效地产生液相降水，这与观测更为一致。

一个月的长期模拟进一步证实了关于降水敏感性试验的结果。日降水率的时间序列表明，使用 CP2k 对于减少降水偏差是普遍有效的（图 2.4），同时 Heidke 的评分也最高。因此，本节认为使用 CP2k 方案在青藏高原地区的降水模拟是更为准确的，该结论是否适用于其他地区还有待验证。理论上来说，云滴和雨滴的大小会显著影响云雨碰并效率，而粒子大小又与云滴和雨滴的质量浓度和数浓度有关。因此，在未来发展云雨碰并方案时，需要同时考虑液滴的质量浓度和数浓度。

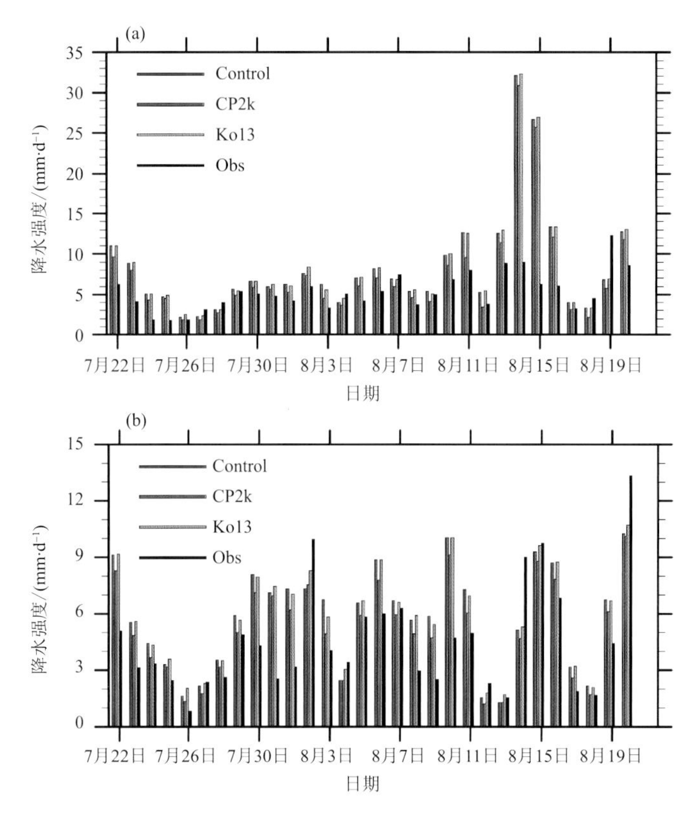

图 2.4 2014 年 7—8 月青藏高原降水的模拟结果。(a)d02 模拟区域;(b)d03 模拟区域。Control 表示对照试验,CP2k 和 Ko13 为两个云雨碰并方案,Obs 表示观测

2.2 云辐射参数化

2.2.1 临界相对湿度参数化

随着云量参数化方案的发展,人们开始考虑指定一个或多个复杂概率分布函数来描述格点总含水量的次网格分布(Bony et al., 2001; Tompkins, 2002; Neggers, 2009; Larson et al., 2012; Wang et al., 2015; Qin et al., 2018)。但是在统计云方案中,指定不同的分布类型和相应统计距对方案的模拟性能有很大的影响。Quaas(2012)研究发现,在指定贝塔分布的情况下,ECHAM 模式通过预报偏度和方差所反映的总含水量的次网格变率和卫星观测诊断的结果差异很大。由此可见,即便使用非常复杂的预报云方案,模式对次网格变率的模拟同样存在很大的不确定性,因此,迫切需要借助观测结果加以评估和约束。

（1）临界相对湿度的观测分布

图2.5给出了基于CloudSat/CALIPSO卫星产品诊断的临界相对湿度在不同高度上的空间分布。可以看到，在900 hPa高度上临界相对湿度的数值较大，大部分地区不低于75%，而对流层中层的值明显小于其他高度的数值。临界相对湿度的数值越大，说明对应的次网格变率越小，因此，反映出次网格变率随高度先减小后增大的分布特征。临界相对湿度在垂直方向上的变化特征和前人使用云分辨模式的研究结论基本一致（Xu et al.，1991）。从空间分布来看，同纬度临界相对湿度数值接近，而不同纬度上临界相对湿度的数值有显著差异。在低纬度地区，尤其是赤道上空，临界相对湿度存在明显的大值分布带，在900 hPa高度的赤道大西洋上空最大可达95%，同纬度的最小值也在85%以上。在南北半球副热带下沉气流控制区，临界相对湿度的值明显变小，意味着该位置次网格变率很大，产生云对应的相对湿度阈值要低于其他地区。随着纬度增加，中高纬临界相对湿度的数值又呈现增大的趋势。上述变化特征和Kahn等（2009）的研究结果也十分吻合。

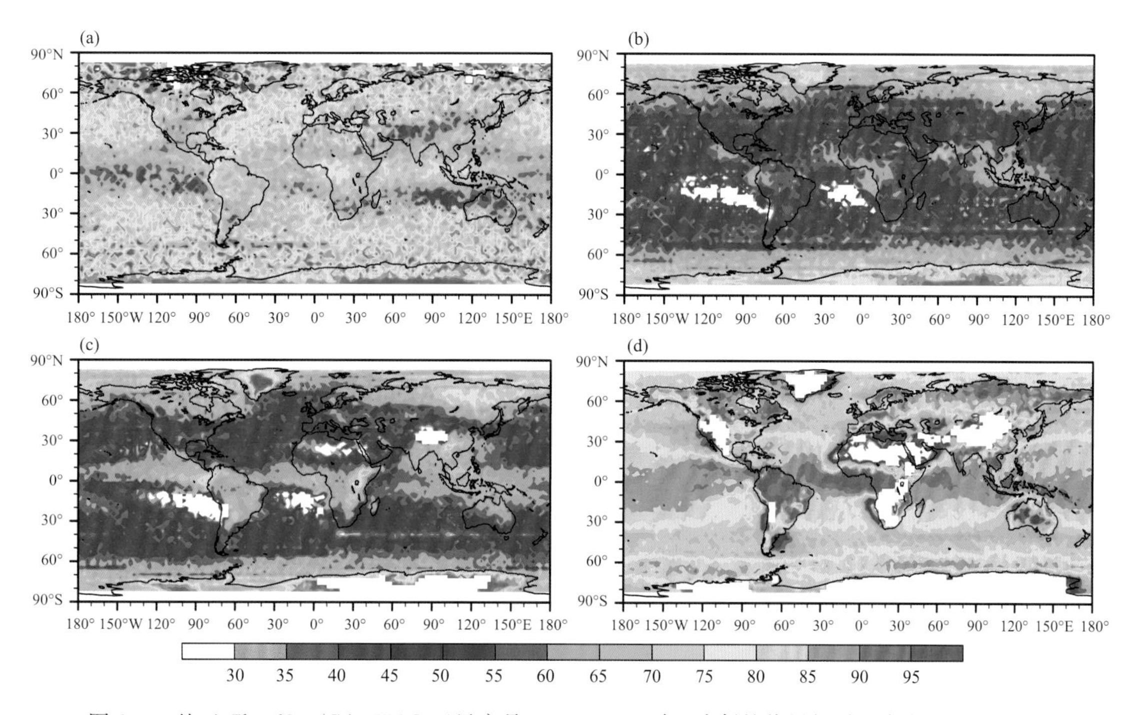

图2.5　基于CloudSat/CALIPSO卫星产品（2007—2010年）诊断的临界相对湿度在200 hPa(a)、500 hPa(b)、700 hPa(c)、900 hPa(d)高度上的空间分布（%）

（2）临界相对湿度的参数化

根据图2.6中临界相对湿度的经向分布特征，将北半球划分成4个纬度带（见图中黑线），分别是纬度带1（0°～22.5°N）、纬度带2（22.5°～45°N）、纬度带3（45°～62.5°N）和纬度带4（62.5°～82.5°N）。综合4个纬度带中临界相对湿度的变化特征：从纬度带1（低层出现极大值，并且随高度减小）到纬度带2和纬度带3（随高度先减小后增大），再到纬度带4（随高度增大到300 hPa出现极大值），参数化方案需要最大程度地刻画出临界相对湿度的变化规律：第一个规律是在垂直方向上快速变化，优先选用指数函数；第二个规律是在部分纬度带出现双峰值，考虑两个指数函数的组合。因此，确定如下的拟合表达式(2.3)，考虑了临界相对湿度RH_c随气压p的垂直变化，在通过分段拟合的方法，对不同纬度带的结果分别进行拟合，体现出临界相对湿度RH_c随纬度的变化，其中a、b、c、d、e为5个参数，p_s为地表气压。为了确定式(2.3)中的5个参数，这里借助于全局最优法进行非线性曲线的拟合。

$$RH_c = a + b\exp\left[1 - \left(\frac{p}{p_s}\right)^c\right] + d\exp\left[1 - \left(\frac{p_s - p}{p_s}\right)^e\right] \tag{2.3}$$

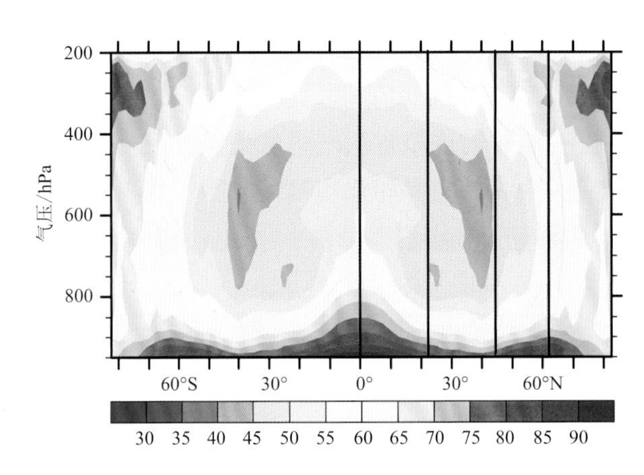

图 2.6　基于 CloudSat/CALIPSO 卫星产品诊断的临界相对湿度经向分布(%)

图 2.7 给出了在北半球不同纬度带，基于 CloudSat/CALIPSO 卫星产品诊断和函数拟合的临界相对湿度及拟合偏差。对比诊断和拟合的结果，可以看到，基于表达式(2.3)非线性函数拟合得到的临界相对湿度(红色线)和观测中诊断的结果(黑色线)十分接近。非线性函数拟合结果的偏差(蓝色线)基本上都控制在5%以内，尤其是在中低纬度地区(纬度带1～纬度带3)拟合结果非常好。由于观测诊断的临界相对湿度在高纬度地区(纬度带4)变化相对复杂，拟合方案在这个地区的拟合效果略差了一些，但是拟合偏差仍然可以控制在10%以内。总体上看，新的拟合方案很好地刻画出了观测中临界相对湿度的垂直变化特征，同时通过分段拟合的方法抓住了观测中临界相对湿度在不同纬度上的特征。

图 2.8 给出了基于 CloudSat/CALIPSO 卫星产品诊断和函数拟合的临界相对湿度的经向平均分布。可以看出，分段拟合的临界相对湿度的分布(图 2.8b)和观测中的分布(图 2.8a)相似度很高，成功刻画出了在中、低纬度地区低层和高纬度地区高层的大值中心，以及从中纬度地区中层向低纬度地区高层过渡的低值中心倾斜分布特征。但是，由于分段拟合的原因，导致图 2.8b 中不同纬度带的交界两侧的临界相对湿度的数值存在差异，无法刻画出图 2.8a 中临界相对湿度随纬度和高度渐变的特征。上述的分析表明，分段拟合的方案尚存在一些局限性，因此，需要进一步完善和改进。

在分段拟合结果(图 2.9a)的基础上，为了完善拟合方案对临界相对湿度随纬度和高度渐变特征的刻画性能，继续对拟合方案进行优化。将每相邻两个纬度带的拟合结果进行组合，对

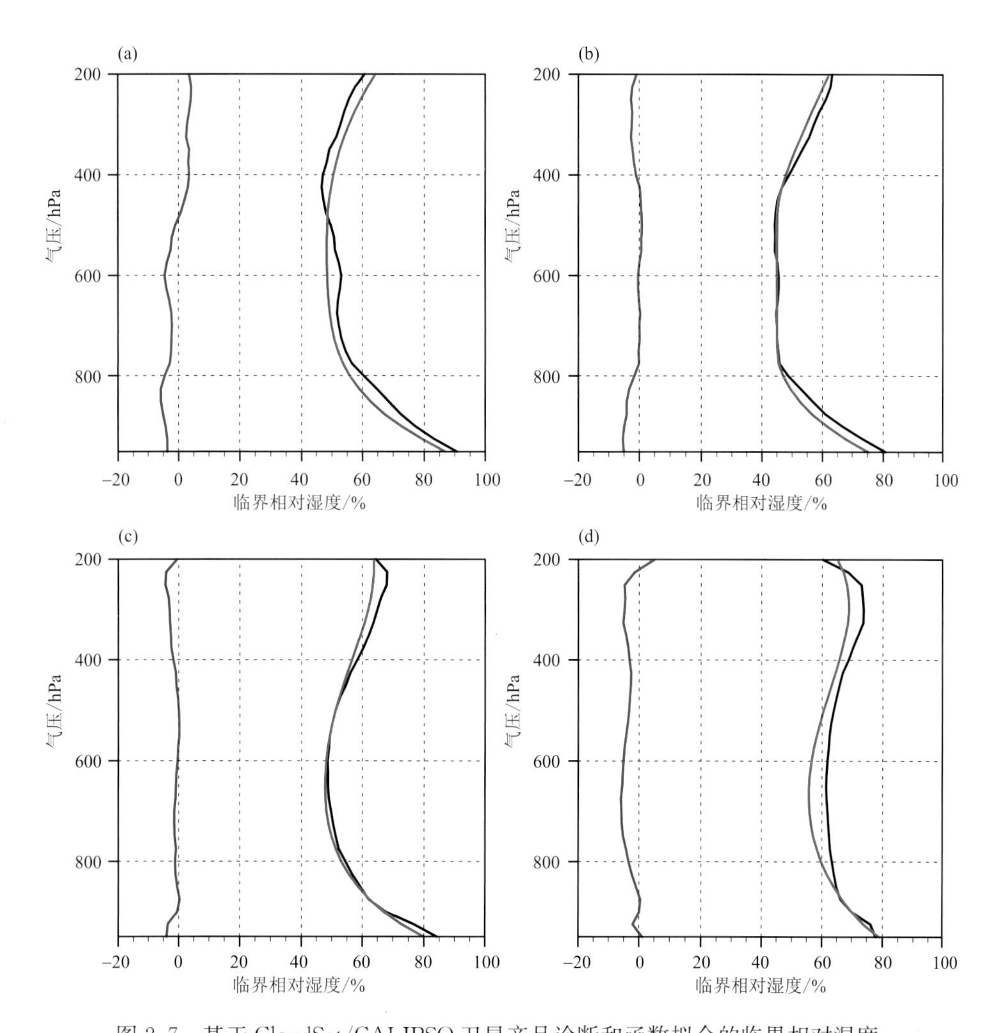

图 2.7 基于 CloudSat/CALIPSO 卫星产品诊断和函数拟合的临界相对湿度。
其中黑色线代表诊断值,红色线代表拟合值,蓝色线代表拟合偏差
(a)纬度带 1(0°~22.5°N);(b)纬度带 2(22.5°~45°N);(c)纬度带 3(45°~62.5°N);(d)纬度带 4(62.5°~82.5°N)

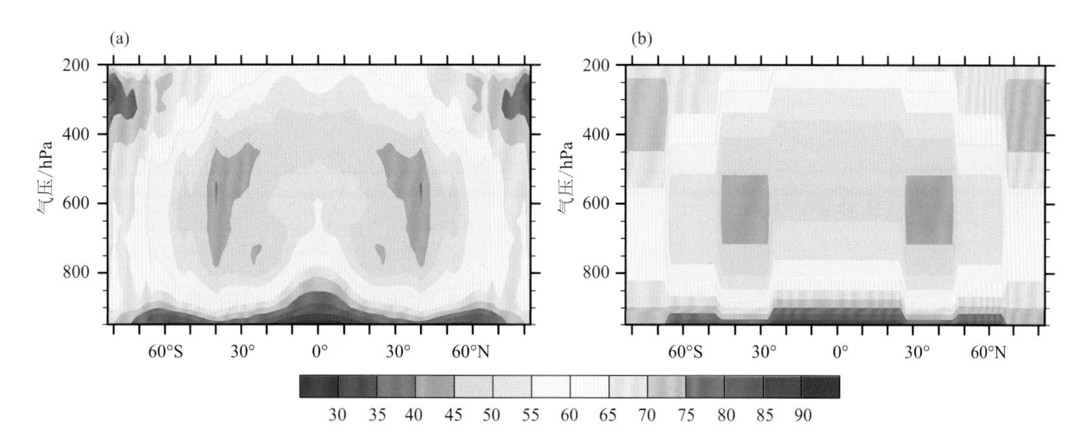

图 2.8 基于 CloudSat/CALIPSO 卫星产品诊断(a)和函数拟合(b)的临界相对湿度的经向平均分布(%)

相邻纬度带之间交界的部分进行调整，具体做法是：利用双曲正切函数单调且有界的特性，在双曲正切函数的基础上，根据纬度和高度的信息，通过设置需要调整的纬度和高度的跨度范围产生单调渐变的调整系数，然后在考虑组合内不同纬度带权重大小的前提下，再将分段拟合的结果通过乘上调整系数得到渐变式的分布。如图 2.9b 所示，改进后的拟合新方案（称为 Unified 方案）不仅最大程度地保留了之前分段拟合方案的优点，同时，成功地抓住了图 2.9a 观测中临界相对湿度的连续渐变的特征，数值上也比分段拟合方案的结果更接近观测。

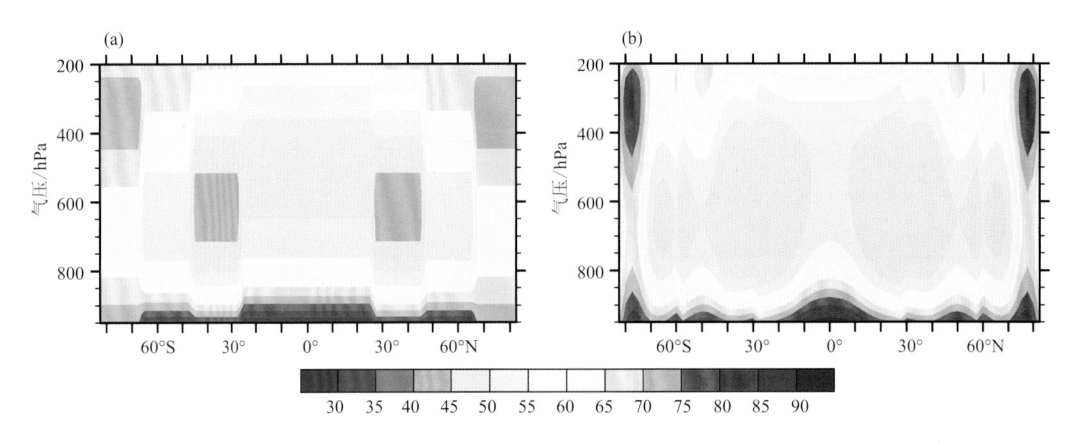

图 2.9 分段拟合（a）和 Unified 方案（b）得到的临界相对湿度的经向平均分布（%）

图 2.10 给出了不同参数化方案中的临界相对湿度的经向平均分布。与 Unified 方案相比，另外两种方案都没有考虑临界相对湿度在不同纬度上的差异，方案中的临界相对湿度仅随高度有关。在 Sundqvist 等（1989）方案中，全球范围内在同一高度上的临界相对湿度都为相同的值。尽管 Quaas（2012）方案考虑了不稳定环境的差异，该方案对两种情况下的临界相对湿度给出了不同的参数设置，但是依然跟观测中临界相对湿度的真实分布存在很大的差异。在不同的云参数化方案中，无论是经验性地给定还是通过预报得到云的次网格变率，其对云的次网格变率的刻画能力都将直接影响到模式对云的模拟性能。前文分析指出，临界相对湿度作为最简单的统计云参数化方案中的关键参数，间接反映了云的次网格变率。对于使用这种云参数化方案的模式而言，如气候模式 FAMIL，如果给定的临界相对湿度不符合其在观测中的真实分布，必然会导致该模式对云的模拟产生偏差，进而给模式预测气候变化带来很大的不确定性。

2.2.2 云的水平非均匀性

云的水平非均匀性指的是云内水凝物在水平方向上的不均匀分布。研究表明，准确考虑云的水平非均匀性可以有效提高气候模式对云辐射和微物理过程的刻画能力（Larson et al.，2013；Xie et al.，2015；Wang，2017；Wang et al.，2021）。然而，云的水平非均匀性的分布规律或者定量的结果在不同的研究之间存在很大的差异（Shonk et al.，2010）。实际上，导致这些差异的原因有很多，比如不同的研究中使用的观测资料来源不一样（即探测仪器的云识别

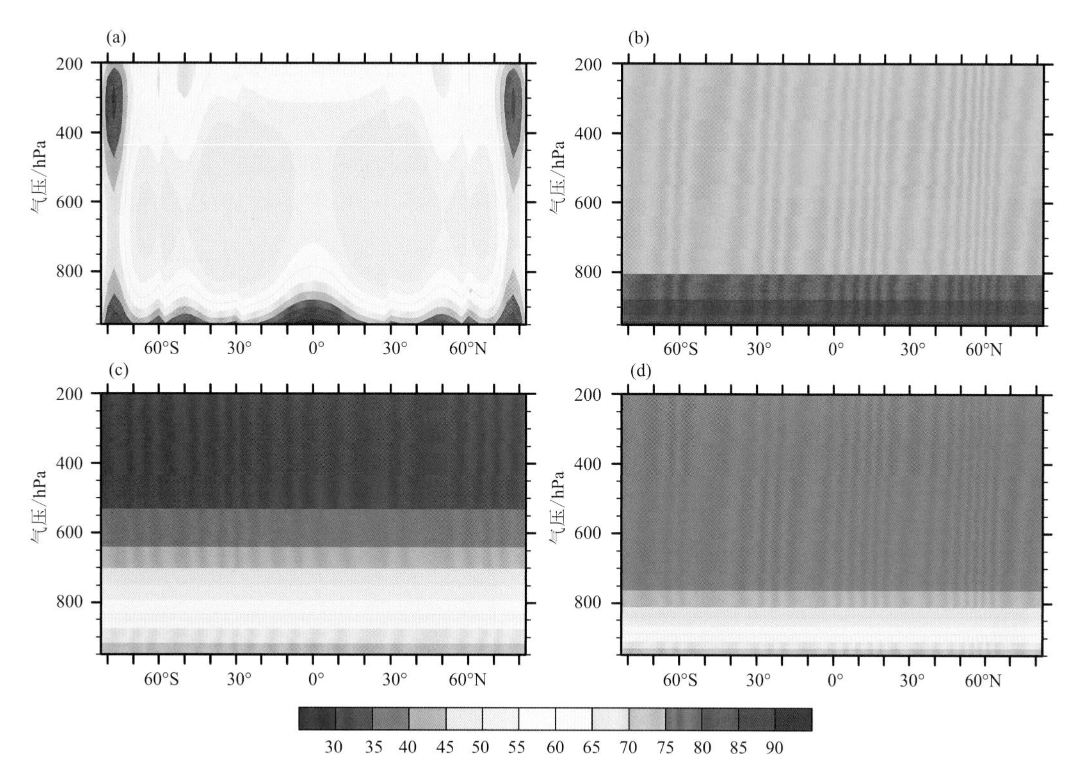

图 2.10　不同参数化方案中的临界相对湿度的经向平均分布(%)
(a)Unified 方案;(b)Sundqvis 等(1989)方案;(c)、(d)分别对应在稳定环境(c)和不稳定环境(d)中的 Quaas(2012)方案

能力有差别),或者不同的研究使用的是不同的云微物理量(即物理量反演算法的不同可能影响水平非均匀性研究),又或者是不同的研究在时空上不一致(即研究的不是同一块云)。因此,本研究旨在厘清这些差异。

在伽玛分布函数表达式(式(2.4))中,V 称为形状参数,θ 称为逆尺度参数。而根据该分布函数的定义,V 可以写成式(2.5),其中 $\overline{x}$ 代表统计样本 x 的平均值,σ^2 代表统计样本 x 的方差。在假设样本满足伽玛函数分布的前提下,云的水平非均匀性就可以用参数 V 来进行定量表示,并且 V 是一个无量纲量。当水平非均匀性参数 V 的数值越小(大),说明统计样本的变率越大(小),反映了云的水平非均匀分布越强(弱)。

$$P(x)=\frac{1}{\Gamma(V)}\frac{1}{\theta^V}x^{V-1}\mathrm{e}^{-\frac{x}{\theta}} \tag{2.4}$$

$$V=\frac{\overline{x}^2}{\sigma^2} \tag{2.5}$$

(1)云的水平非均匀性分布特征

图 2.11 给出了基于 CloudSat/CALIPSO 卫星观测的一维物理量(云光学厚度、云水路径(液水+冰水)、液水路径、冰水路径)计算的水平非均匀性参数 V 的空间分布。从图 2.11a 来看,在南美、北美以及南非的西海岸都出现了大值区(大于 3),同时在南北半球的高纬地区也

出现了大值的分布带(大于 3.5),说明在这些位置的云的水平非均匀性较弱。此外,在热带地区存在小值分布带(小于 1),其位置大致和热带辐合带(ITCZ)有很好的对应关系,这些位置的云有显著的水平非均匀分布特征。对比使用不同物理量计算参数 V 的结果,从空间分布的对应关系来看,各结果中极值位置有很好的一致性,但从数值上看,使用光学厚度计算的 V 略大一些,总体上不小于 1.5,而使用冰水路径计算的 V 相对较小,除了南极地区以外基本上不超过 1。此外,从两种相态对应的 V 的结果来看,水云的水平非均匀性要比冰云的弱一些。如果从卫星产品对不同物理量反演算法存在的差异来分析,云光学厚度是基于先验函数分布假设利用云水含量、云粒子半径、云粒子形状等多个物理量综合反演所得,在反演的过程中夹杂了其他物理量(特别是云粒子半径)各自的变率。因此,使用云光学厚度计算的参数 V 跟其他 3 种结果存在微小的不同。

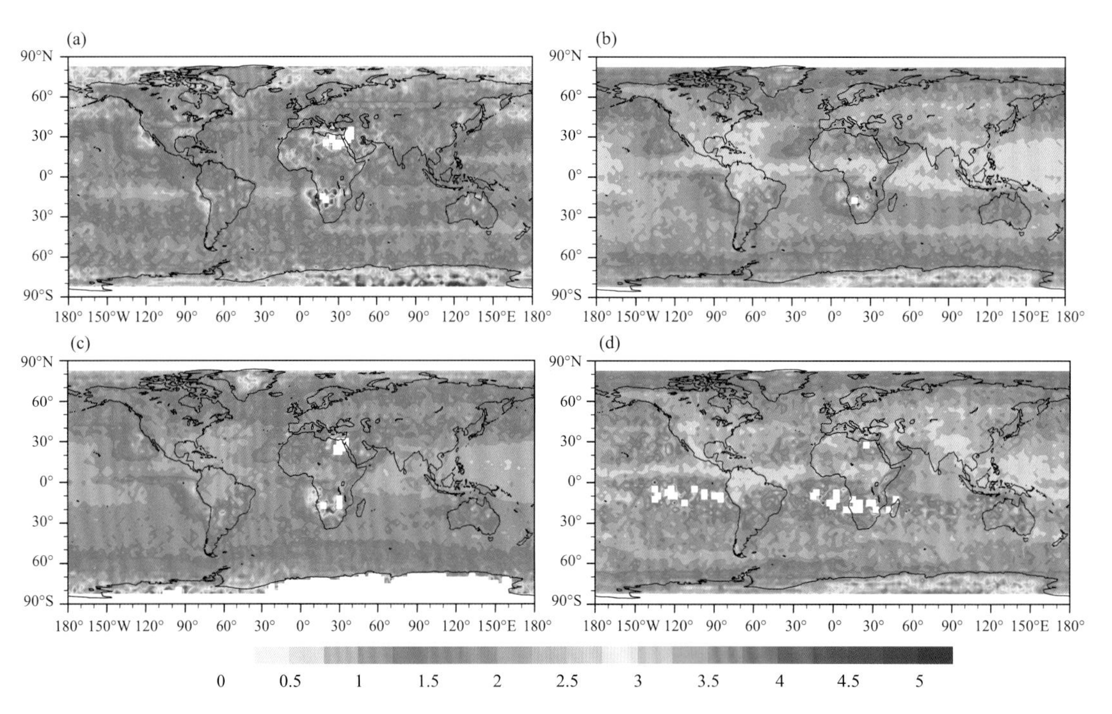

图 2.11 基于 CloudSat/CALIPSO 卫星观测的一维物理量云光学厚度(a)、云水路径(液水+冰水)(b)、液水路径(c)、冰水路径(d)计算的水平非均匀性参数 V 的空间分布(无量纲)。空白处表示缺测

图 2.12 给出了基于 CloudSat/CALIPSO 卫星观测的三维物理量计算的水平非均匀性参数 V 的经向中位数分布。从图中可以看出,不同纬度或者高度上的参数 V 呈现出显著的差异。在相同的纬度上,高层的 V 大于低层的 V,而在同样的高度上,低纬度地区的 V 小于高纬度地区的 V。进一步对比可以看到,使用光学厚度计算的参数 V 在空间分布上比较均匀,整体数值的变化范围基本不超过 2,而其余使用云水含量计算的参数 V 的变化范围非常大。和前文分析一致,每层云光学厚度的反演依赖于其对应云的云水含量、云滴半径、粒子形状等多个云微物理量,不同物理量各自变率综合在一起后可能导致反演所得的云光学厚度的变率被

放大很多，因此，使用每层云的光学厚度计算的参数V会明显不同于使用其他云水含量计算的结果。对比三种使用云水含量计算的结果，可以发现，水云主要存在于8 km以下的大气中，对应的参数V主要在2～4之间变化，而对于冰云而言，它出现的最大高度可以达到15 km，在8 km以下的冰云对应参数V的值小于同等高度上水云对应参数V的值，数值上不超过2，随着高度或者纬度的增大，冰云对应参数V的值迅速变化，在南北半球中高纬度地区的上层大气中，参数V的值可以达到5以上，初步猜测很可能跟某些特定类型的云有关。

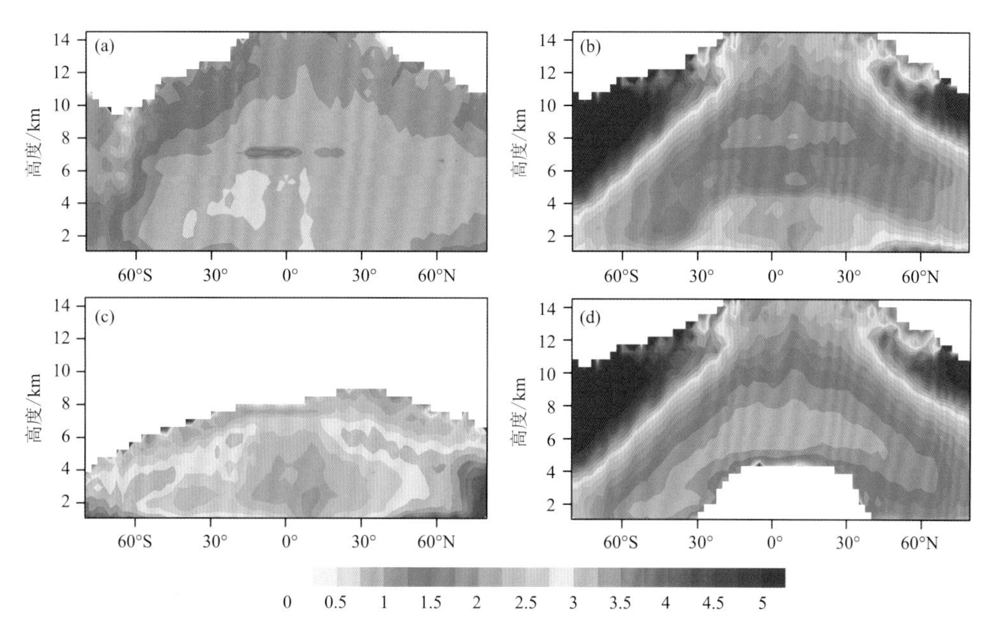

图2.12　基于CloudSat/CALIPSO卫星观测的三维物理量云光学厚度(a)、云水含量(液水+冰水)(b)、液水含量(c)、冰水含量(d)计算的水平非均匀性参数V的经向中位数分布(无量纲)

(2)不同类型云的水平非均匀性

图2.13给出了基于CloudSat/CALIPSO卫星观测的各类型云液水含量(用圆点表示)和冰水含量(用星号表示)计算的参数V的垂直分布，其中，从左往右依次从对流性的云过渡到大尺度的云。可以看到，对于同一种云而言，使用液水含量计算的V要大于使用冰水含量计算的结果，再次验证了水云的水平非均匀性要弱于冰云。而从参数V在垂直方向上的变化来看，每种云单种相态云水含量计算的V变化很小，说明一旦云型能确定下来，无论是对于液相还是冰相，就可以给出比较具体并且相对精确的参数V的范围。

在图2.13的基础上，进一步量化各类型云对应的水平非均匀性参数V。图2.14给出了基于CloudSat/CALIPSO卫星观测的各类型云液水含量(用红色表示)和冰水含量(用蓝色表示)计算的参数V的四分位数分布。对于使用液水含量计算的V而言，它的中位数主要分布在3～4之间，最大值不超过5，最小值不小于2，并且各类型云之间的差异不大。而对于使用冰水含量计算的V，它呈现出从左往右(从对流性的云到大尺度稳定的云)逐渐增大的趋势，最小的V(约1)对应的是积云(Cu)，最大的V对应的是雨层云(Ns)和卷云(Ci)，超过了2。而雨层云(Ns)的情况比较特殊，它对应的参数 V 的分布范围比较大，具有很大的不确定性。整体上看，对流性云(积云、层积云、高积云、深对流云)的液水含量和冰水含量对应的参数 V 之间的差异明显大于大尺度的云(高层云、雨层云、卷云)。此外，全部云(不区分云型，标记为 all-type)对应的参数 V 介于各云型的 V 值之间，如果直接把 all-type 对应的 V 值放到气候模式中使用，会使对流性的云的水平非均匀性被低估，而大尺度的云的水平非均匀性被高估，可能会影响模式的模拟性能。

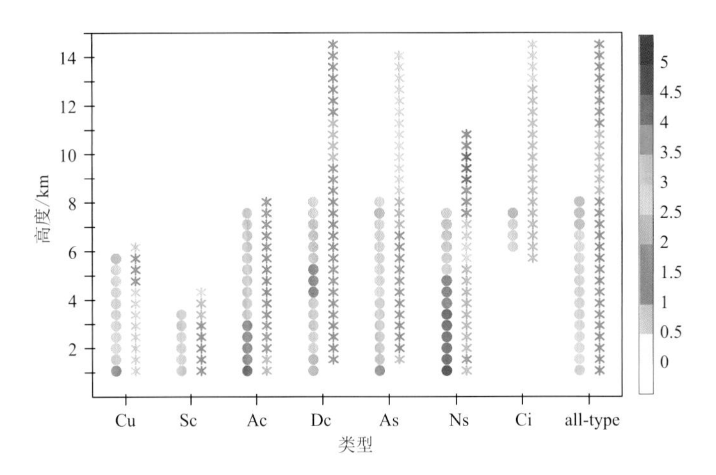

图 2.13 基于 CloudSat/CALIPSO 卫星观测的不同类型云液水含量(用圆点表示)和冰水含量(用星号表示)计算的参数 V 的垂直分布，填色代表 V 的值(无量纲)，Cu 代表积云，Sc 代表层积云，Ac 代表高积云，Dc 代表深对流云，As 代表高层云，Ns 代表雨层云，Ci 代表卷云，all-type 表示全部云

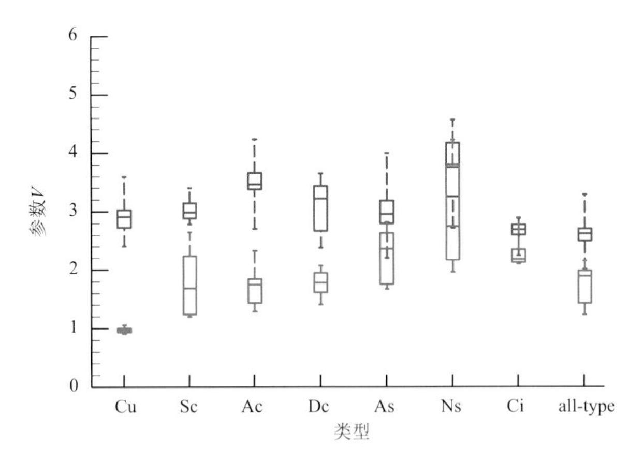

图 2.14 基于 CloudSat/CALIPSO 卫星观测的不同类型云液水含量(用红色表示)和冰水含量(用蓝色表示)计算的参数 V 的四分位数分布，横线从上往下依次对应最大值、75%、50%、25%和最小值(无量纲)，Cu 代表积云，Sc 代表层积云，Ac 代表高积云，Dc 代表深对流云，As 代表高层云，Ns 代表雨层云，Ci 代表卷云，all-type 表示全部云

2.2.3 云量和云辐射效应

在过去数十年中，人们一直致力于提高气候模式对云的模拟能力，但从目前的情况来看，气候模式中云的参数化过程依然存在很大的不确定性，这也是导致气候模拟和未来气候预测不确定性的重要原因之一(Andrews et al.，2012)。对于三套最常用的再分析资料，有必要评估它们对云垂直结构的模拟能力，指出各再分析资料间云量模拟偏差的异同点。另一方面，有研究指出，气候模式中全球平均云辐射效应模拟偏差较小的原因很有可能是不同类型云，或者不同光学属性或者辐射属性的云之间的模拟偏差互相补偿的结果(Dolinar et al.，2015)。从云-辐射过程背后的物理机制来看，云辐射效应模拟偏差的彼此补偿很可能会加剧气候模式中云反馈过程模拟的不确定性，导致气候模式预测未来气候变化的可信度降低(Jiang et al.，2012)。

(1)云量的模拟评估

在以往云模拟评估工作中，云型演变一直是人们关注的热点。云型演变指的是在低纬度大洋东岸，随着空间或者季节变化，该地区云呈现出从层积云到浅对流积云再到深对流云的演变特征。图 2.15 给出了 CloudSat/CALIPSO 卫星观测和再分析资料 ERA-Interim、JRA-55 和 MERRA-2 在低纬度地区云型演变的分布。这里分析 2 个云型演变个例：个例 1 对应图中红线的位置，简写为 GPCI，个例 2 对应图中红框的范围，简写为 SEP。对于 GPCI 个例，沿着红线从赤道往太平洋东岸的方向，海表温度逐渐降低，高层云逐渐减少的同时，低层云逐渐增多。类似地，对于 SEP 个例，从北半球夏季(JJA)过渡到冬季(DJF)，同样出现高层云逐渐减少而低层云逐渐增多的云型演变特征。总体上看，三套再分析资料基本上都能反映出 GPCI 和 SEP 个例中云型演变的特征，但是各资料间的差异比较明显。ERA-Interim 对加利福尼亚州西海岸的低云大值中心有很好的模拟，而 JRA-55 和 MERRA-2 对这个位置的低层云量模拟得偏少。相反，MERRA-2 对赤道地区高层云的模拟明显好于 ERA-Interim 和 JRA-55 的结果。但是，MERRA-2 严重低估了赤道上空的中、低层云，这可能是因为 MERRA-2 对应的预报模式模拟的热带地区深对流活动太强，中低层的一部分水汽直接被深对流输送到了高空，导致模拟的高层云明显偏多(Miao et al.，2019)。

进一步考察再分析资料在特殊地形地区云量的模拟情况，以东亚地区为例开展分析。如图 2.16a 所示，选取 3 个具有代表性的区域：地形高度大于 3 km 的高海拔区域(用 TP 表示，25°～35°N，90°～103°E)，中国东部平原区域(用 EC 表示，25°～35°N，110°～120°E)，西北太平洋区域(用 WNP 表示，20°～30°N，125°～135°E)。由图 2.16 可知，在高原(TP)地区，云量的大值集中在 600～200 hPa 之间，并且在北半球夏季(JJA)可以发展到很高的位置。在中国东部平原(EC)地区，云量几乎在整个对流层都有分布，并且呈现出一定的季节变化特征，冬季的云量主要集中在对流层中低层，而在夏季云量分布的高度明显上升。在西北太平洋(WNP)地区，云量的季节演变特征更加明显，冬季以低层云为主，而夏季则以高层云为主。与 CloudSat/CALIPSO 卫星观测相比，三套再分析资料都无法再现高原(TP)地区 600～400 hPa 之间

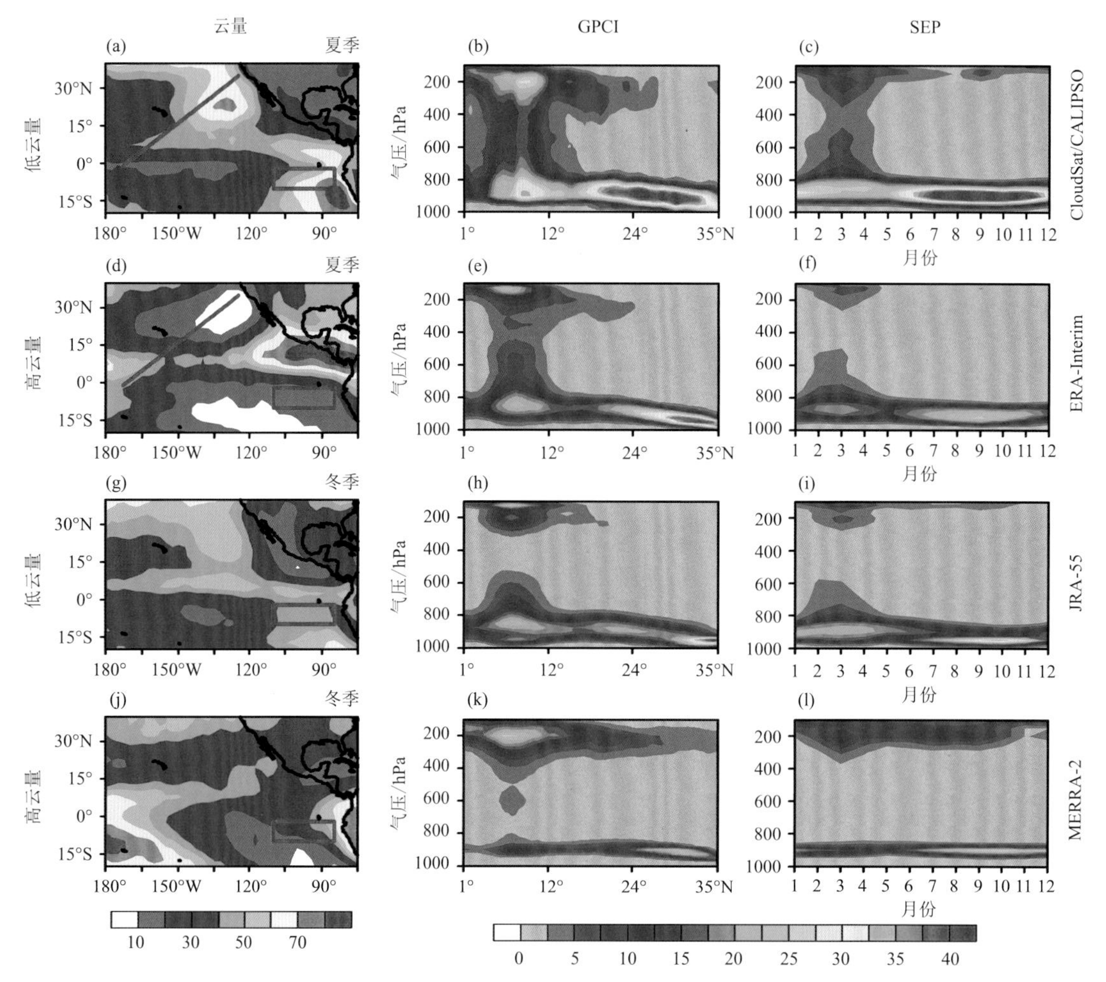

图 2.15 GPCI 和 SEP 个例对应的云型演变分布(%)。其中,第一行对应 CloudSat/CALIPSO 卫星观测,第二到第四行依次对应再分析资料 ERA-Interim、JRA-55 和 MERRA-2,第一列为云量空间分布

的大值。从位置上看,ERA-Interim 和 JRA-55 云量大值中心的高度偏低,而 MERRA-2 云量大值中心的高度偏高。在中国东部平原(EC)和西北太平洋(WNP)地区,虽然 ERA-Interim 和 JRA-55 可以很好地抓住卫星观测中云量的季节演变特征,但从数值上看都明显偏小,尽管 ERA-Interim 的情况略好于 JRA-55。但是,MERRA-2 呈现出高层的云太多而中低层的云太少甚至没有云的情况,无法再现云量季节演变这一连续渐变的结构特征。

(2)云辐射效应的模拟评估

图 2.17a 给出了 17 个 CMIP6 模式全球平均的大气顶短波(SW)、长波(LW)和净的(Net)云辐射效应的模拟情况,同时给出了多模式集合平均(MMM)以及 CloudSat/CALIPSO 和 CERES-EBAF 卫星观测的结果。两套卫星观测全球平均的结果在数值上非常接近,观测资料间短波、长波、净的云辐射效应的差异分别只有 0.6 W·m^{-2}、−0.4 W·m^{-2}、0.2 W·m^{-2}。与卫星观测的结果相比,几乎所有模式模拟的净的云辐射效应都偏强(绝对值偏大),多模式集合平均(MMM)的偏差为−6.5 W·m^{-2},同时可以看出净的云辐射效应的高估主要是因为长

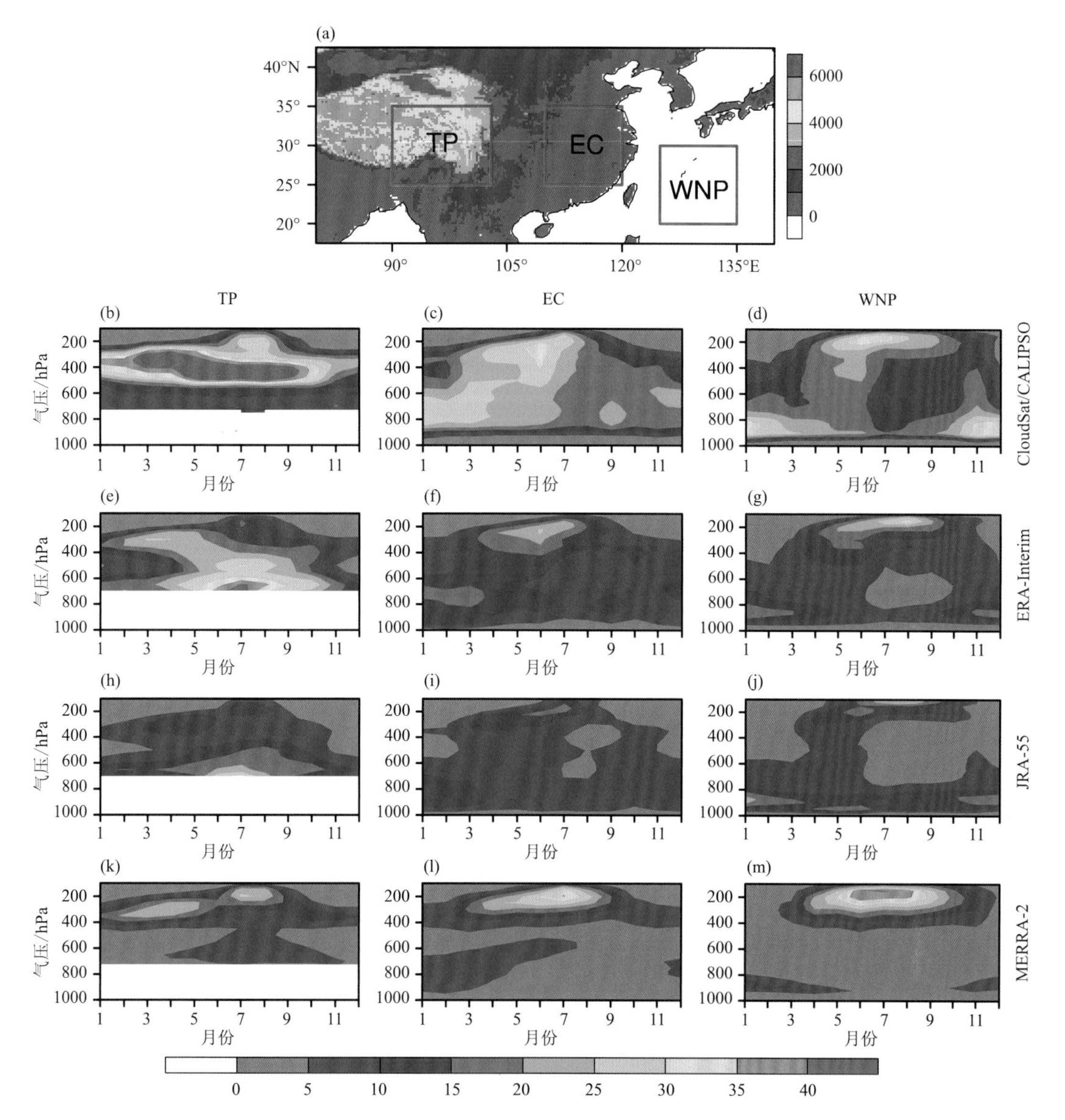

图 2.16 (a)东亚地区地形高度(单位：m)；((b)—(m))不同区域云量的季节演变(%)。其中，第二行对应CloudSat/CALIPSO 卫星观测，第三到第五行依次对应再分析资料 ERA-Interim、JRA-55 和 MERRA-2，TP、EC、WNP 分别代表高海拔、中国东部平原和西北太平洋区域

波云辐射效应的低估和短波云辐射效应的高估所导致的。在所有的模式当中，MIROC6 净的云辐射效应的模拟偏差最大，达到了$-12.3\ W \cdot m^{-2}$，而这一偏差主要是因为该模式模拟的短波云辐射效应偏强(Miao et al., 2021a)。

图 2.17b 给出了 6 个 CMIP6 模式模拟的大气顶云辐射效应、云量、云水路径较 CloudSat/CALIPSO 卫星观测的模拟偏差百分比。这里云水路径默认指的是云内(in-cloud)值。本研究主要考虑影响大气顶云辐射效应的两个重要物理量，即云量和云水路径，假设短波云辐射效应主要受低云量和液态水路径的影响，而长波云辐射效应主要受高云量和冰水路径的影响。需

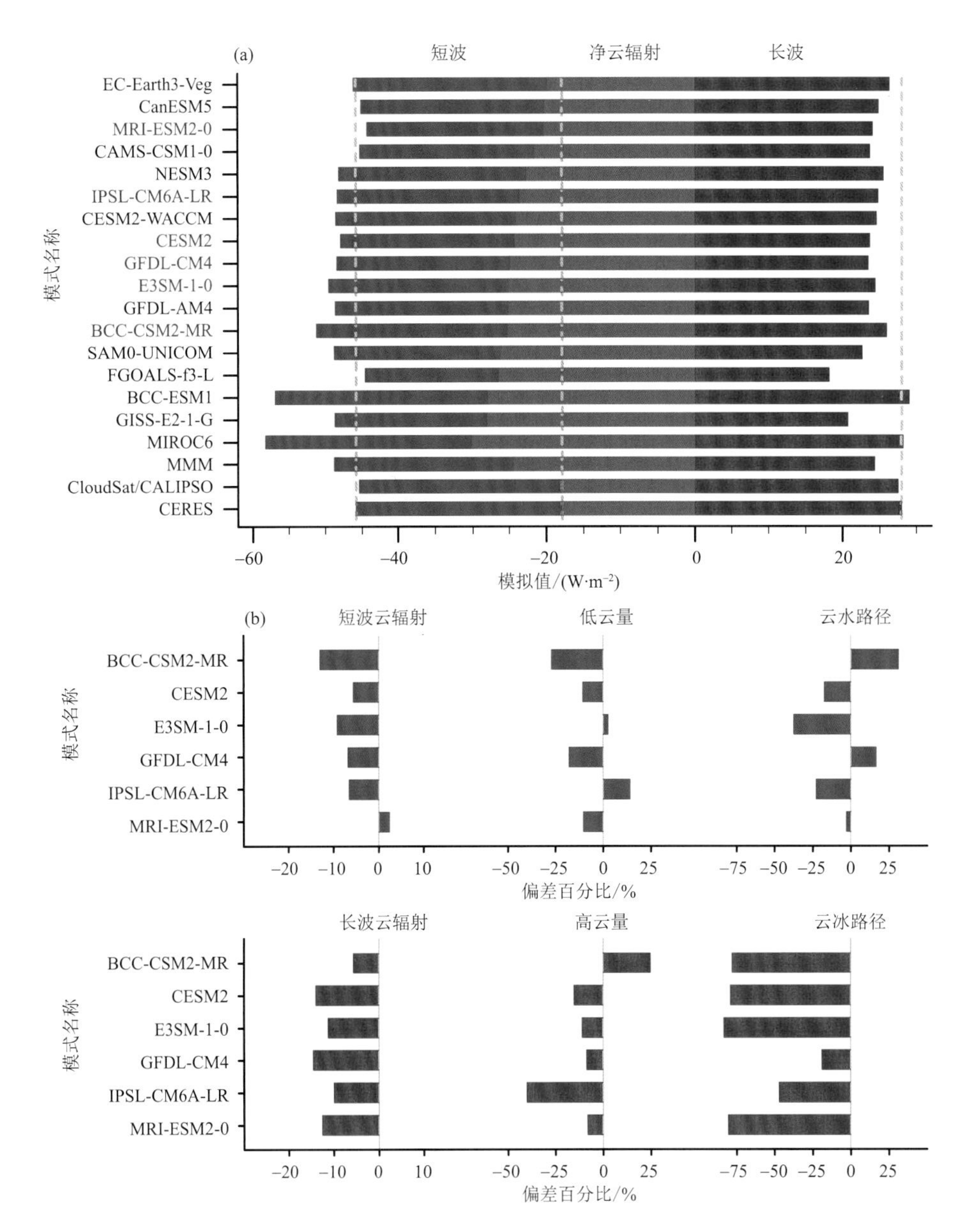

图 2.17 (a)17 个 CMIP6 模式模拟的全球平均的大气顶短波(SW)、长波(LW)和净的(Net)云辐射效应，其中 MMM 代表多模式集合平均;(b)其中的 6 个模式模拟的大气顶云辐射效应、云量、云水路径较 CloudSat/CALIPSO 卫星观测的偏差百分比

要指出的是，除云宏观属性外，云辐射效应还受云滴有效半径等微物理属性影响(Miao et al.,2021b)。由图 2.17 的结果可知，与 CloudSat/CALIPSO 卫星观测相比，气候模式中云水路径的模拟偏差远大于云量的模拟偏差，比如各模式中液态水路径的模拟偏差范围从−37.3%～31.1%，固态水路径的模拟偏差范围从−83.2%～−18.8%，而高云量或者低云量模拟偏差的数值基本上都不超过 30%。在 6 个模式中，CESM2 是唯一同时高估液态水路径和低云量，但又高估短波云辐射效应的模式。各个模式之间云辐射效应的模拟受云水含量和云量模拟偏差

影响的程度也有明显的差异。为了进一步确认这些差异，弄清模拟偏差的来源，接下来的分析将结合卫星观测的云量和云水路径，按照云的物理属性的不同，将云划分成不同的类别进行统计，分析气候模式对每种类型的云对应的云辐射效应的模拟情况。

图2.18给出了6个CMIP6模式模拟的(相对CloudSat/CALIPSO卫星观测)大气顶短波云辐射效应随液态水路径和低云量的联合分布。整体上看，6个模式各云型对应的短波云辐射效应模拟偏差(填色部分)都呈现相似的分布，具体表现为：各模式几乎低估了除液态水路径较大或者云量较大的云型以外(除右上角以外部分)的所有云型的短波云辐射效应，最大偏差达到了20 $W\cdot m^{-2}$；而普遍高估液态水路径较大或者云量较大的云型的云辐射效应。此外，云发生频率的偏差结果显示，模式大多低估了低云量较大或者液态水路径较大的云的发生频率，而高估了其余部分的云的发生频率，特别是对应低云量小于20%的这个区间。每种云型发生频率的高估(低估)会抵消一部分该云型短波云辐射效应的低估(高估)，最终使全球平均短波云辐射效应的模拟偏差整体缩小。综合对比6个CMIP6模式对云的发生频率的模拟结果可知，GFDL-CM4表现最好，大部分云发生频率的模拟偏差控制在±5%以内。

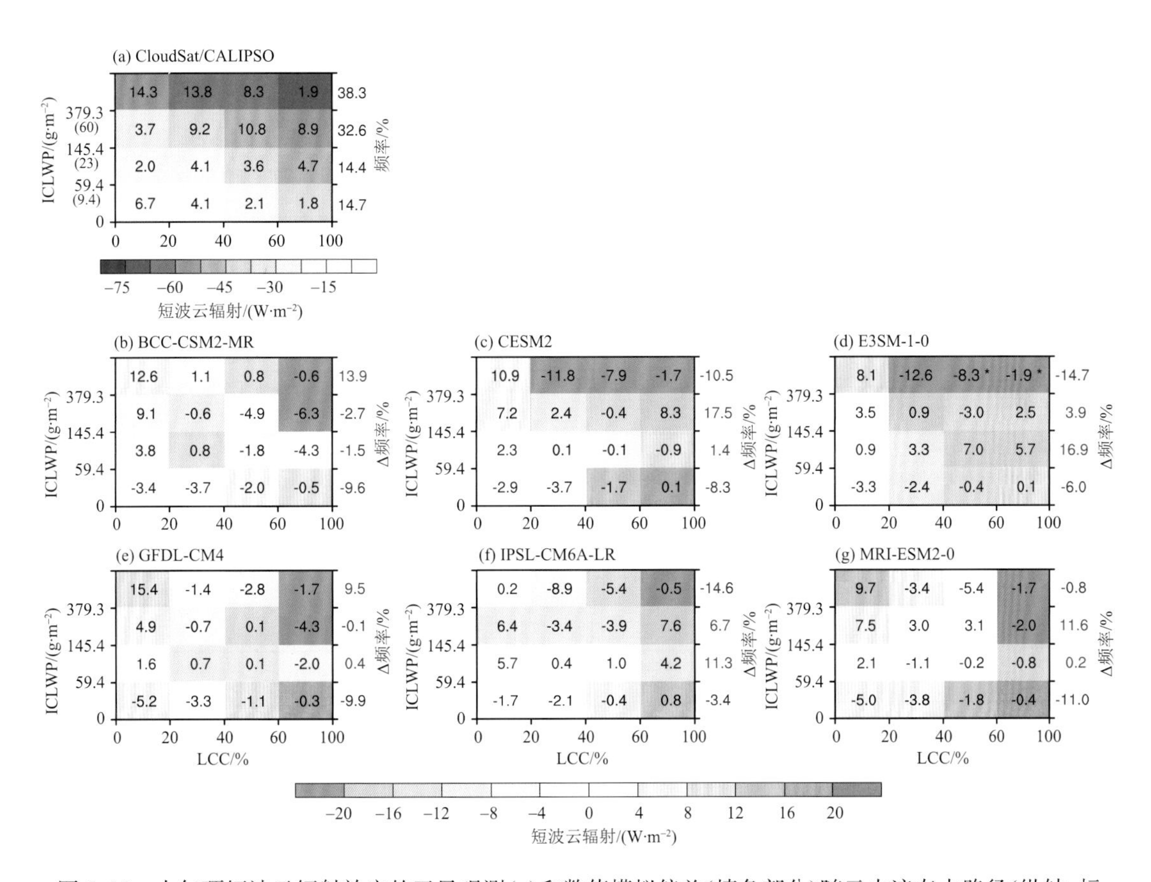

图2.18　大气顶短波云辐射效应的卫星观测(a)和数值模拟偏差(填色部分)随云内液态水路径(纵轴，标记为ICLWP)和低云量(横轴，标记为LCC)的联合分布((b)—(g))，数字表示各云型的发生频率，* 号表示该云型的出现频率非常小

为了进一步明晰各云型对应的云辐射效应模拟偏差跟数值模拟偏差和发生频率模拟偏差之间的内在联系，按照 Lee 等(2020)的方法，将每种云型的云辐射效应的模拟偏差按照如下表达式(2.6)进行分解：

$$\Delta \mathrm{CRE} = \bar{f} \times \Delta r + \bar{r} \times \Delta f + \Delta r \times \Delta f \tag{2.6}$$

式中，云辐射效应的模拟偏差(用 ΔCRE 表示)被分解成三项，①模式模拟的平均值相对于 CloudSat/CALIPSO 卫星观测的平均值(用 $\bar{r}$ 表示)的偏差(用 Δr 表示)引起的偏差，即表达式(2.6)等号右边第一项；②模式模拟的云的发生频率相对于 CloudSat/CALIPSO 卫星观测的云的发生频率(用 $\bar{f}$ 表示)的偏差(用 Δf 表示)引起的偏差，即表达式(2.6)等号右边第二项；③ Δr 和 Δf 协调作用引起的偏差，即表达式(2.6)等号右边第三项。

图 2.19 给出了 6 个模式每种云型大气顶短波云辐射效应模拟偏差的分解结果，其中，从上到下依次对应随液态水路径(从大到小)的四分位数划分的四个区间，灰色柱代表每种云型加权后的总的模拟偏差，红色柱代表由平均值模拟偏差引起的误差，蓝色柱代表由云的发生频

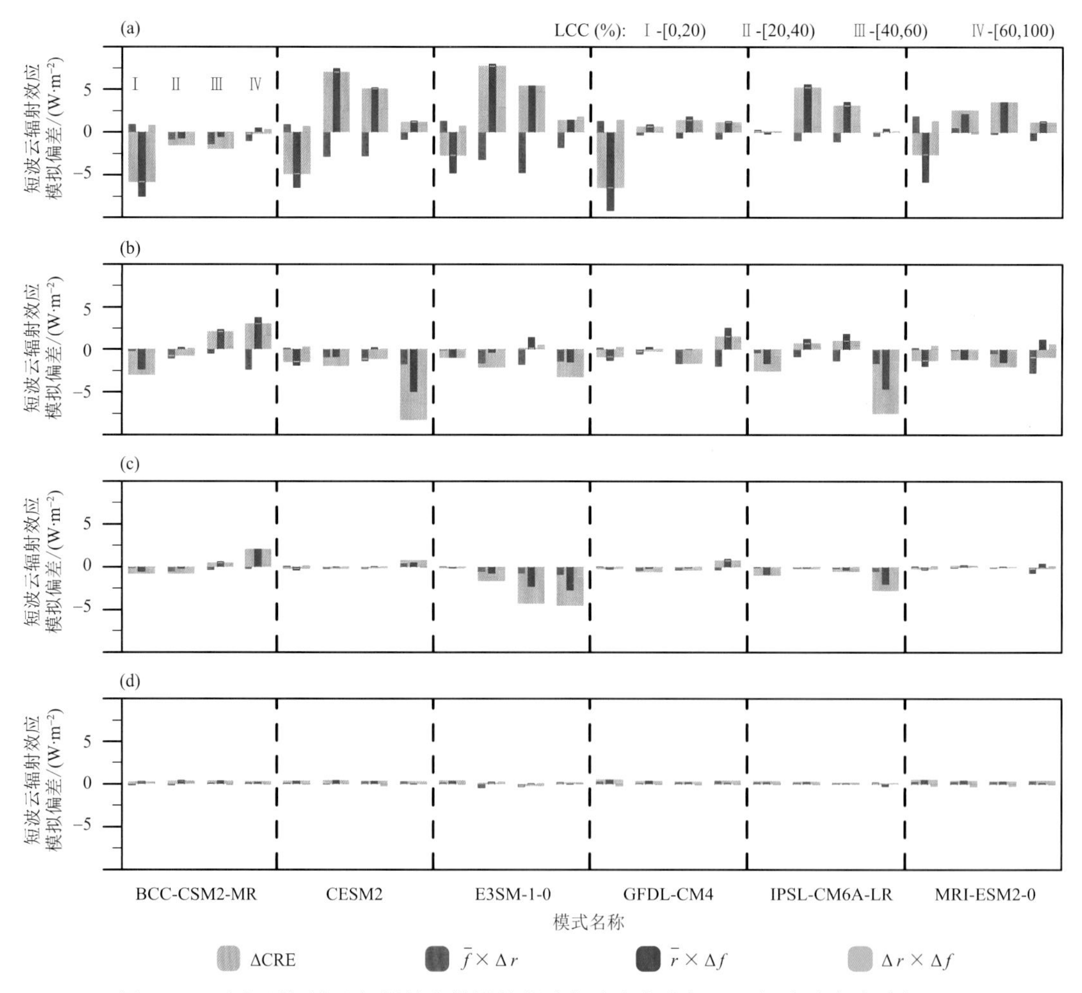

图 2.19　大气顶短波云辐射效应模拟偏差随高液态水路径(a)、中-高液态水路径(b)、低-中液态水路径(c)和低液态水路径(d)的分解

率模拟偏差引起的误差，绿色柱代表由平均值和云的发生频率模拟偏差共同引起的误差。对于液态水路径较大的云(图 2.19a、b)，大部分模式低估了在这个区间的短波云辐射效应(灰色柱较长且为正值)，并且主要的模拟误差来自于模式对平均值的模拟偏差(蓝色柱)，模式对云的发生频率的模拟偏差(蓝色柱)引起的误差会抵消一部分来自平均值的模拟偏差(红色柱)引起的误差，同时，二者模拟偏差共同引起的误差(绿色柱)会加重模式对这个区间的云辐射效应的低估。而对于液态水路径较小的云(图 2.19c、d)，除了 CESM2 和 E3SM-1-0 外，其余模式没有表现出特别大的偏差。模式大多高估了在这个区间的短波云辐射效应(灰色柱为负值)，很大程度上抵消了图 2.19a、b 中液态水路径较大的云被低估的短波云辐射效应，但 BCC-CSM2-MR 模拟情况跟其他模式相反。综合比较来看，GFDL-CM4 和 MRI-ESM2-0 在各云型模拟的云辐射效应跟 CloudSat/CALIPSO 卫星观测最为接近，尽管二者全球平均后的模拟表现并不是最好的。相反，E3SM-1-0 模拟的全球平均的短波云辐射效应偏差最小，但是在某些云型的偏差超过 8 $W \cdot m^{-2}$。这些结果也反映了气候模式在云辐射模拟过程中普遍存在不同种类的云导致的模拟误差相互补偿的情况，模式全球平均的结果好不一定能够真实地反映出该模式对各种类的云的云辐射效应模拟都很好。

图 2.20b—g 给出了 6 个 CMIP6 模式模拟的(相对于 CloudSat/CALIPSO 卫星观测)大气顶长波云辐射效应随固态水路径和高云量的联合分布图。从模式模拟的长波云辐射效应的平均值偏差(填色值的符号)来看，BCC-CSM2-MR 和 GFDL-CM4 对各个种类云对应长波云辐射效应的平均值是低估的，而 E3SM-1-0 和 IPSL-CM6A-LR 的模拟结果则表现为明显的高估。从模式模拟的长波云辐射效应的平均值偏差(填色值的大小)来看，BCC-CSM2-MR 模拟的偏差最小，除右上角对应的云型以外，最大偏差不超过 4 $W \cdot m^{-2}$。从模式模拟的各云型的发生频率的偏差(百分比数字)来看，模式对冰云的模拟能力明显不如对暖云的模拟。几乎所有模式都无法模拟出 CloudSat/CALIPSO 卫星观测中的冰水路径较大的那部分云，最大的负偏差超过了 20%。GFDL-CM4 和 IPSL-CM6A-LR 高估了对应中等冰水路径的那部分的云的发生频率，而其余的四个模式则高估了对应冰水路径较小的那部分的云的发生频率。在 6 个模式中，GFDL-CM4 模拟表现最好，在大部分云型发生频率的模拟偏差都控制在 5%以内。

图 2.21 给出了 6 个模式各云型大气顶长波云辐射效应模拟偏差的分解结果。结果显示，对于冰水路径较大的云(图 2.21a、b)，大部分长波云辐射效应的低估都是由于该格子中的云的发生频率的低估所导致。相反，对于冰水路径较小的云(图 2.21c、d)，长波云辐射效应的高估由于该云型的发生频率的高估所导致。此外，对应固态水路径较小的云的长波云辐射效应的高估不足以抵消对应冰水路径较大的云的长波云辐射效应的低估，因此，模式中全球平均的长波云辐射效应最终呈现出被低估的情况。相较于其他模式，BCC-CSM2-MR 模拟出更强的对应较小冰水路径的长波云辐射效应，这也解释了为何 BCC-CSM2-MR 全球平均的长波云辐射效应的偏差会比其他模式小的原因。与短波云辐射效应的模拟情况类似，尽管 GFDL-CM4 长波云辐射效应全球平均的结果并不是误差最小的，但它依然是 6 个模式中对各云型长波云辐射效应的模拟综合表现最好的。

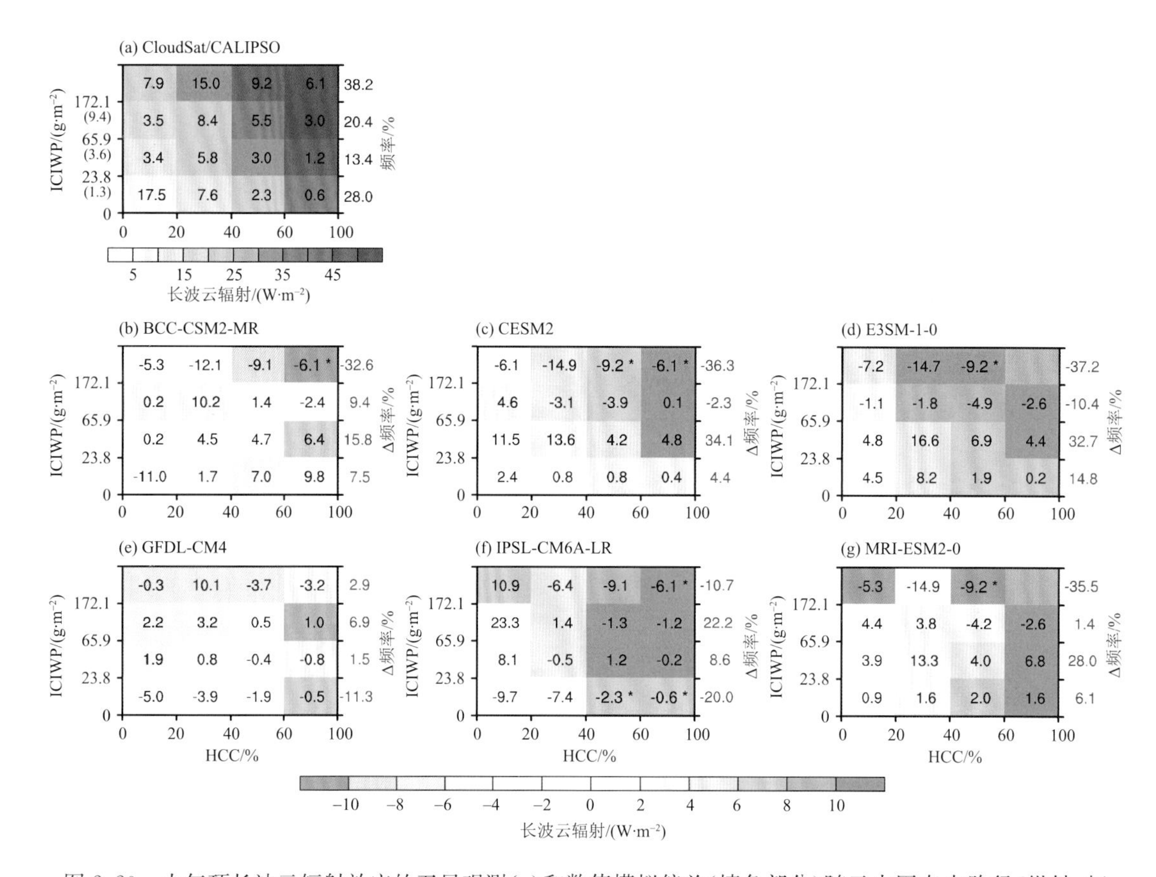

图 2.20 大气顶长波云辐射效应的卫星观测(a)和数值模拟偏差(填色部分)随云内固态水路径(纵轴,标记为 ICIWP)和高云量(横轴,标记为 HCC)的联合分布((b)—(g)),数字表示各云型的发生频率,* 号表示该云型的出现频率非常小,灰色填色表示该模式未能模拟出对应云型

2.3 三维地形辐射参数化方案

2.3.1 三维地形辐射参数化方案在 FGOALS-f2 中的建立

青藏高原可通过地表感热和潜热加热调控大气环流,而青藏高原感热加热的能量则主要来源于太阳辐射。由于青藏高原地形起伏多变,入射短波的地形遮挡、多次反射、多次散射过程(三维地形辐射效应)非常复杂。准确模拟三维地形辐射效应,提高地表吸收太阳辐射的模拟准确度,对改进地表蒸散、积雪冻融和植被光合作用等陆面过程具有重要意义(Liou et al., 2007, 2013;Lee et al., 2011, 2013;Zhao et al., 2016)。

但是,当前大多数气候系统模式采用平面平行(PP)假设来计算地表的短波辐射过程,即

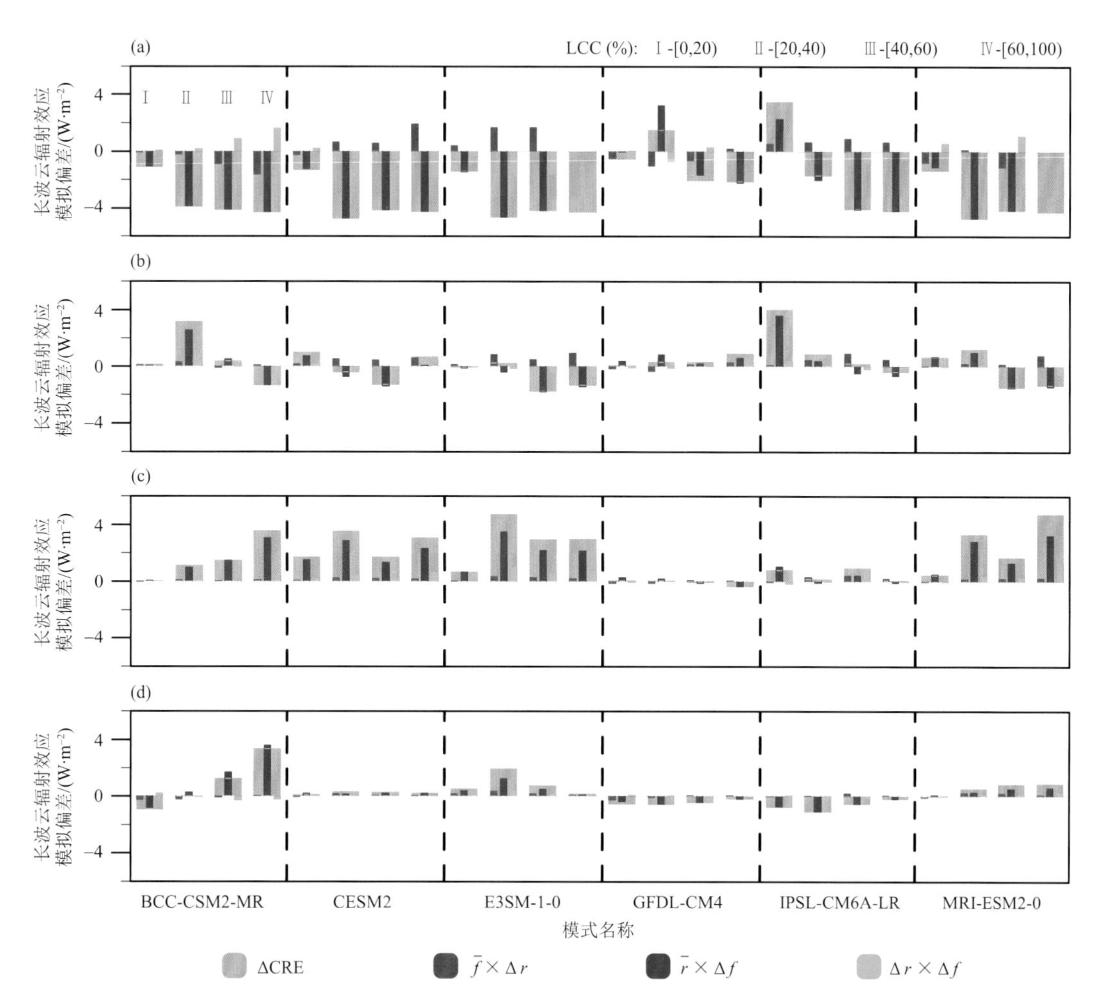

图 2.21 大气顶长波云辐射效应模拟偏差随高固态水路径(a)、中-高固态水路径(b)、低-中固态水路径(c)和低固态水路径(d)的分解

假定地表均匀平坦，忽略地形对入射短波辐射的遮挡和多次反射效应以及地表倾斜度对反照率的影响。为了精确计算地形对地表入射辐射的影响，Liou 等(2007)和 Lee 等(2013)研发了三维地形辐射方案。该方案将入射短波辐射分解为五个分量：直接辐射通量、散射辐射通量、直接-反射辐射通量、散射-反射辐射通量以及多次散射-散射辐射通量(图 2.22)并采用蒙特卡洛方法，分别计算五个分量的数值。基于该方案的模拟结果表明，青藏高原南坡因地表坡度造成的反照率变化可导致入射短波变化最大可达 180 W·m^{-2}。由于蒙特卡洛方法计算耗时较长，很难将其用于气候模式的长时间全球模拟中。Lee 等(2013)进一步将蒙特卡洛方法转化为线性拟合参数化形式，即不直接使用蒙特卡洛方法计算五种辐射通量，而是将五种辐射通量转化为五个地形参数的线性组合。这五个地形参数分别为地表坡度、太阳天顶角、地形配置参数、天空可视范围以及海拔高度。这样大大减少了计算量，适用于气候系统模式。

前人将三维地形辐射方案应用于区域气候模式 WRF 中，并分析了其对落基山地区的模拟影响(Gu et al., 2012; Liou et al., 2013)，发现三维地形辐射效应不仅可改进地表辐射过

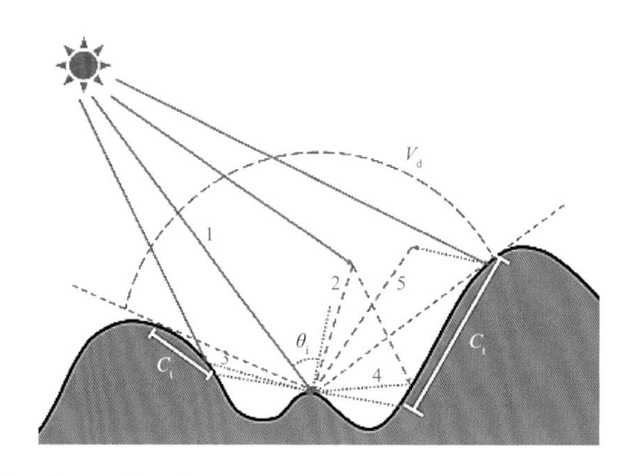

图 2.22　三维地形辐射方案中入射短波分量组成：1. 直接辐射通量；2. 散射辐射通量；3. 直接-反射辐射通量；4. 散射-反射辐射通量；5. 多次散射-散射辐射通量（θ_i 为太阳自射角，V_d 为天空视域因子，C_t 为地形配置因子）（引自 Lee et al.，2011，图 2）

程，还会对大气环流产生作用。其影响过程主要为：在高海拔地区，地表吸收了更多的短波辐射，净辐射通量为正，地面温度相应升高。然后，地表温度变化使陆面向大气的能量传输变强，即地表感热和潜热通量增加。另外，地表温度升高也促使地面积雪覆盖减少，陆面反照率减小，又进一步导致地表温度升高，形成一个正反馈过程。Lee 等（2015）在通用地球系统模式（Community Earth System Model，CESM）中引入三维地形辐射方案，并分析了其对青藏高原地区的模拟影响，发现耦合三维地形辐射方案以后，喜马拉雅山脉南麓斜坡有明显的降水增加，这可能是因为降低反照率导致地面温度升高，潜热和感热也随之加大的缘故，同时在该地区的云量也同样增加。此外，帕米尔高原和藏东南等地有明显的正的晴空净短波增加，这是因为雪盖地形辐射作用导致的雪盖面积减小引起的。

鉴于三维地形辐射方案对青藏高原短波辐射过程的良好改进效果，FGOALS-f2 模式研发团队完成了三维地形辐射参数化方案与 FGOALS-f2 模式中陆面分量模式 CLM4.5 的双向耦合，并通过单独陆面模拟试验和地-气耦合模拟试验，系统分析了三维地形辐射方案对高原陆面过程和大气环流的影响。在耦合过程中，为了分析三维地形辐射效应对模式水平分辨率的敏感性，我们采用 200 km、100 km、50 km、25 km 四种不同分辨率进行了有、无三维地形辐射方案的敏感性试验。图 2.23 是在四种不同分辨率下中三维地形辐射方案引起的最大瞬时地表净短波的差异。可以看出，随着模式分辨率提高，三维地形辐射方案产生的地表净短波的变化也越来越大。其中，在 25 km 分辨率下瞬时最大差异可以达到 28 W·m^{-2}，而在 200 km 分辨率下仅为 14 W·m^{-2}。可见，三维地形辐射方案的影响对陆面模式的分辨率非常敏感。因此，为了最大化地突出三维地形辐射方案的重要作用，在进行三维地形耦合时，模式同时采用了地-气异网格耦合方案，在大气分量模式保持 100 km 分辨率不变的情况下，单独将陆面分量模式分辨率提高至 25 km，以实现确保三维地形辐射方案效果的同时节省模拟时间。

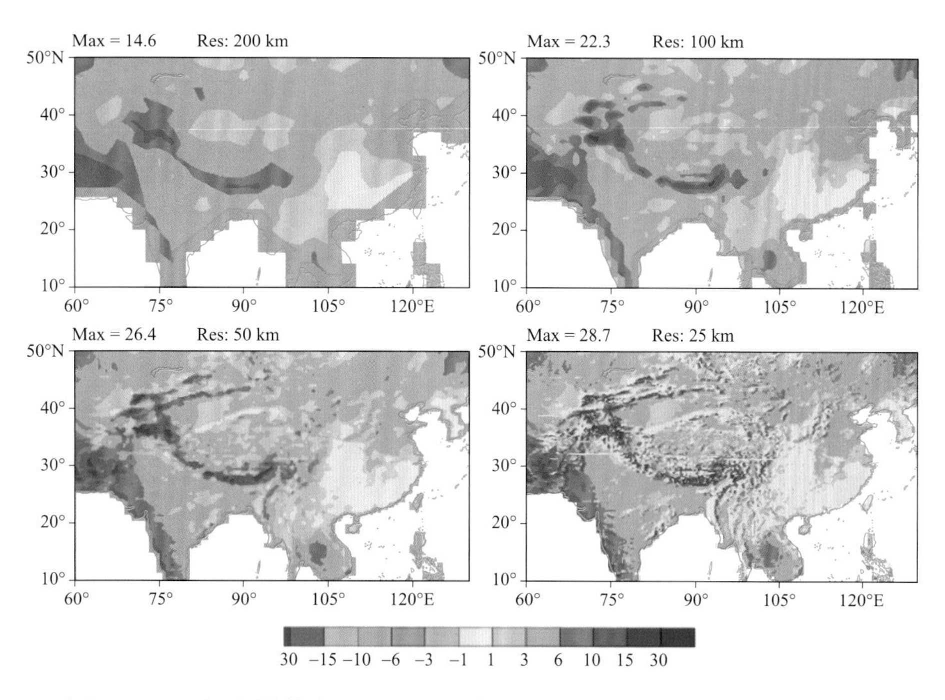

图 2.23　四种不同分辨率下三维地形辐射(3D)试验与平面平行(PP)试验之间的最大瞬时地表净短波辐射差异(单位:W·m^{-2}),其中 Max 指最大差异,Res 指分辨率

2.3.2　单独陆面模拟中青藏高原三维地形辐射效应

单独陆面模式试验采用联合国粮食及农业组织(FAO)发布的土壤数据集和大气强迫数据(Qian et al.,2006),驱动陆面分量模式进行为期 17 a 的模拟,将最后 15 a 中确定的结果用于分析,模式水平分辨率为 25 km。试验包含有、无三维地形辐射方案两组试验,以探讨①三维地形辐射效应对青藏高原上的陆面热通量的直接影响是什么?②三维地形辐射方案在模式中的作用是否有季节依赖性?③可能的机制是什么?

首先,三维地形辐射效应导致地表吸收短波辐射发生明显变化,其中 3 月辐射差异最为明显(图 2.24),尤其是在高原西部,地表吸收的短波辐射通量增加高达 15 W·m^{-2}。青藏高原的西部为帕米尔高原,群峰林立,太阳辐射将在山脉之间多次反射,并最终被附近的山脉吸收,三维地形辐射参数化方案可以有效模拟该过程,其"反射-直射"辐射通量有显著增加。此外,三维地形辐射效应导致的地表短波辐射吸收量季节差异明显。高原南坡从春末到初秋为负,辐射差异为负值,最低可达−7 W·m^{-2},而在其他月份则为正,最高可达 10 W·m^{-2}。三维地形辐射方案可根据地表倾角计算太阳辐射的真实入射角。在春季、冬季和秋季,太阳高度角较低,高原南坡朝南的斜坡可减小太阳辐射的入射角,等效于地表反照率降低,地表吸收净短波辐射增加;而在夏季,随着太阳高度角增大,太阳近乎直射高原地区,高原南坡向南倾斜的坡度反而会增加太阳入射角,等效于地表反照率增加,地表吸收的净短波辐射减少。而北坡则呈相反现象。

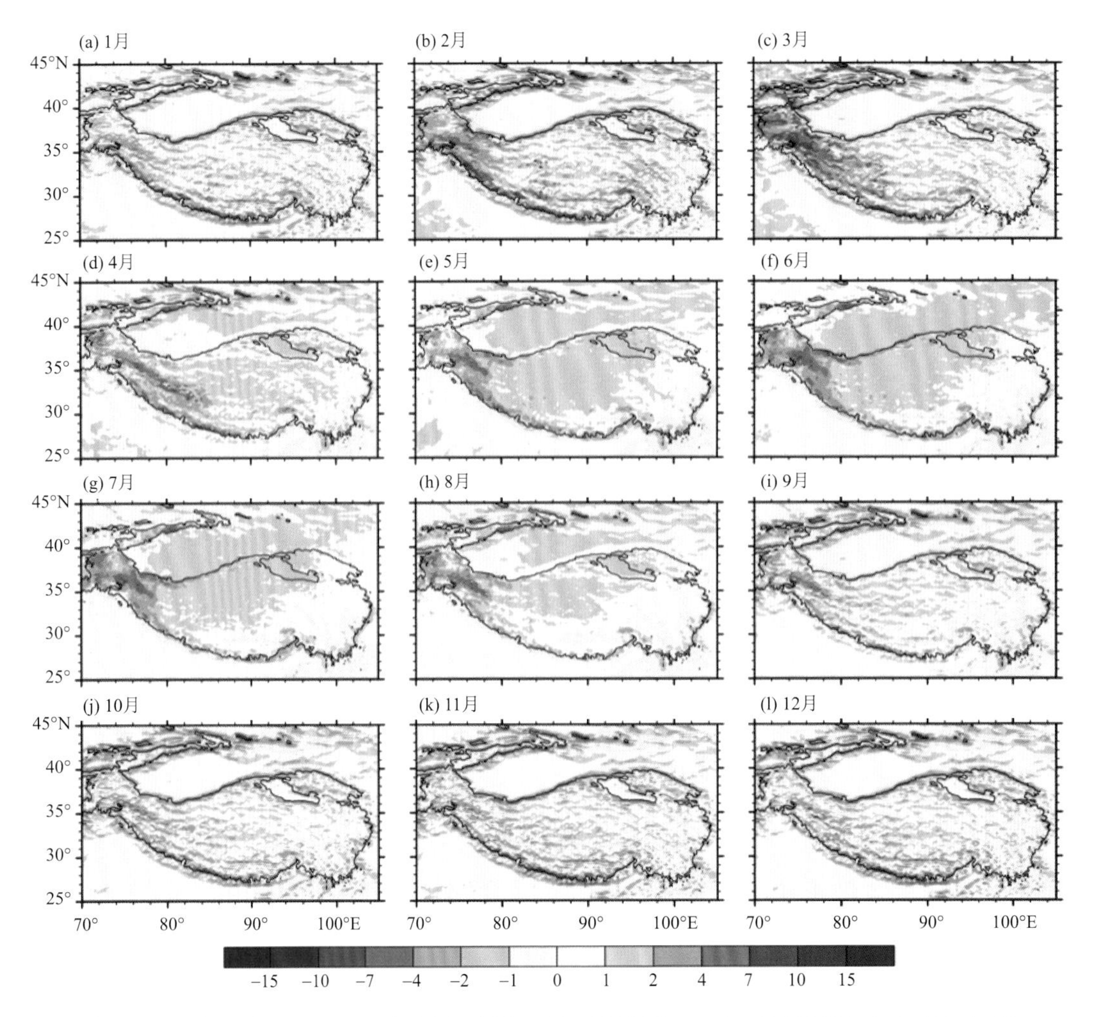

图 2.24　三维地形辐射(3D)试验与平面平行(PP)试验模拟的青藏高原及周边地区逐月平均的地表净短波辐射差异(单位:W・m^{-2})

青藏高原积雪主要存在高原西部的帕米尔高原,且秋末至初春最为明显,自 3 月起积雪大面积消融,而夏季基本无雪。模拟结果表明,三维地形辐射效应可以显著减少青藏高原的积雪覆盖率(图 2.25),尤其是早春,三维地形辐射效应可加速积雪融化(图 2.25c)。

进一步分析三维地形辐射效应对高原早春辐射平衡的影响,可以发现:受三维地形辐射效应影响,高原西部地区 3 月短波辐射吸收量增加(图 2.24c),导致该地区地表温度升高(图 2.26b),进而加速早春积雪融化(图 2.25c),而积雪融化会减少地表反照率(图 2.26a),进一步增加地表短波辐射吸收量,从而形成"积雪-反照率"正反馈效应。同时,地表温度增加,会增加地表感热通量(图 2.26c);积雪融化加速,则会导致地表径流量和蒸发量增加(图 2.26d、e),同时地表增温综合影响下,导致地表潜热增加(图 2.6f)。以上过程主要由局地地-气相互作用影响所致(Santanello et al., 2018)。此外,高原地表潜热、感热的改变又可通过地-气相互作用,进一步影响大气环流。以上三维地形辐射效应物理过程可由图 2.27 进行概括,但大气环流的

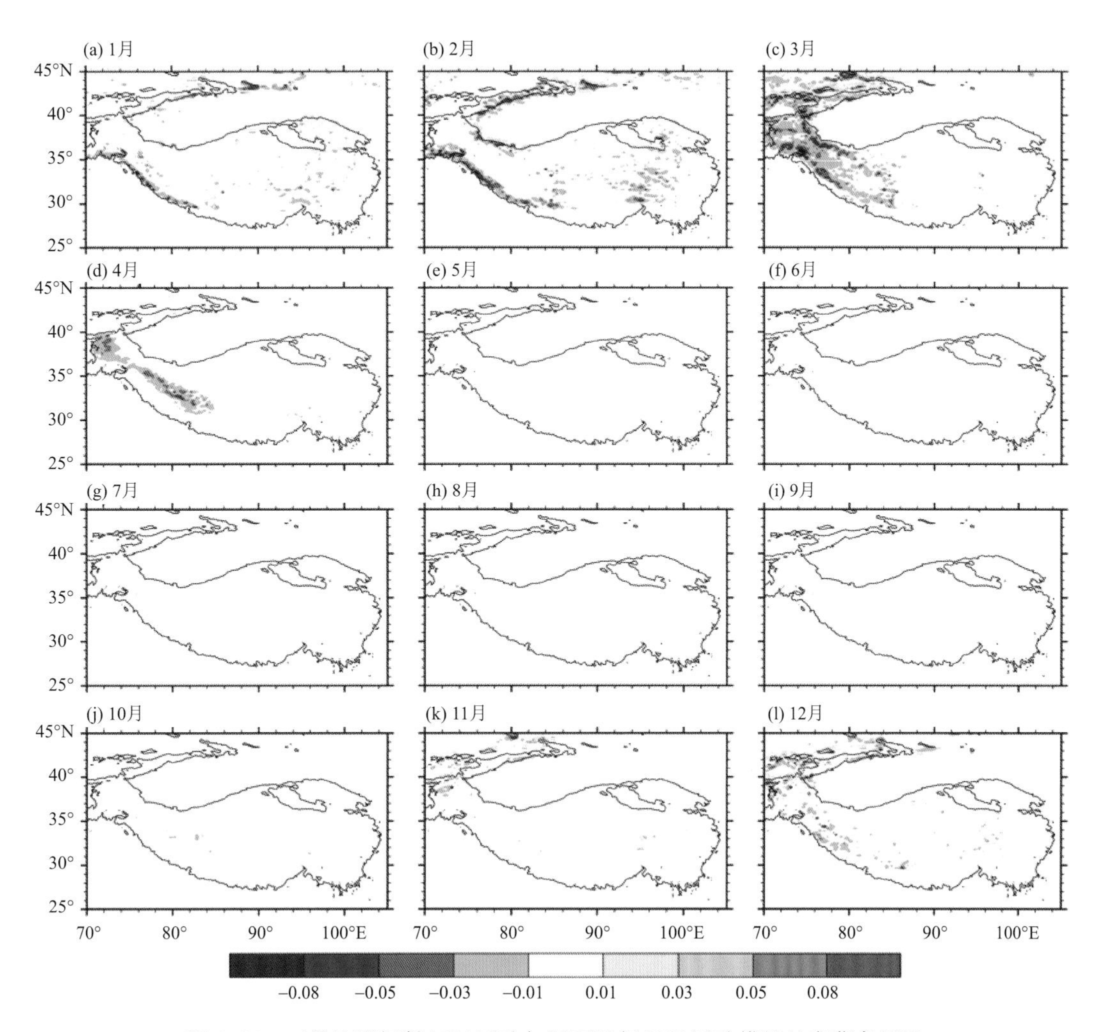

图 2.25　三维地形辐射(3D)试验与平面平行(PP)试验模拟的青藏高原及周边地区逐月平均的积雪覆盖差异(%)

反馈效应需要进一步分析。

2.3.3　地-气耦合模拟中青藏高原三维地形辐射效应

前文分析指出,由于“积雪-反照率”的正反馈效应,三维地形辐射方案对春季高原表面地-气热通量的影响最大,而这种局地的强迫能否对周边亚洲区域的春季降水的模拟产生影响?为了回答上述科学问题,本节进一步利用 FGOALS-f2 地-气耦合试验,研究三维地形辐射方案在地-气耦合系统中对青藏高原局地地-气通量和亚洲季风模拟的影响。试验使用的是 25 km 陆面分辨率与 100 km 大气分辨率的耦合机制,这样既能满足三维地形辐射方案对陆面模型高分辨率的要求,也能大幅度降低试验机时。模拟试验仍然包含两组:PP 试验是使用默认的平面平行辐射传输方案进行的控制试验,而 3D 试验与 PP 试验设计相同,唯一差别为耦合了三维地形辐

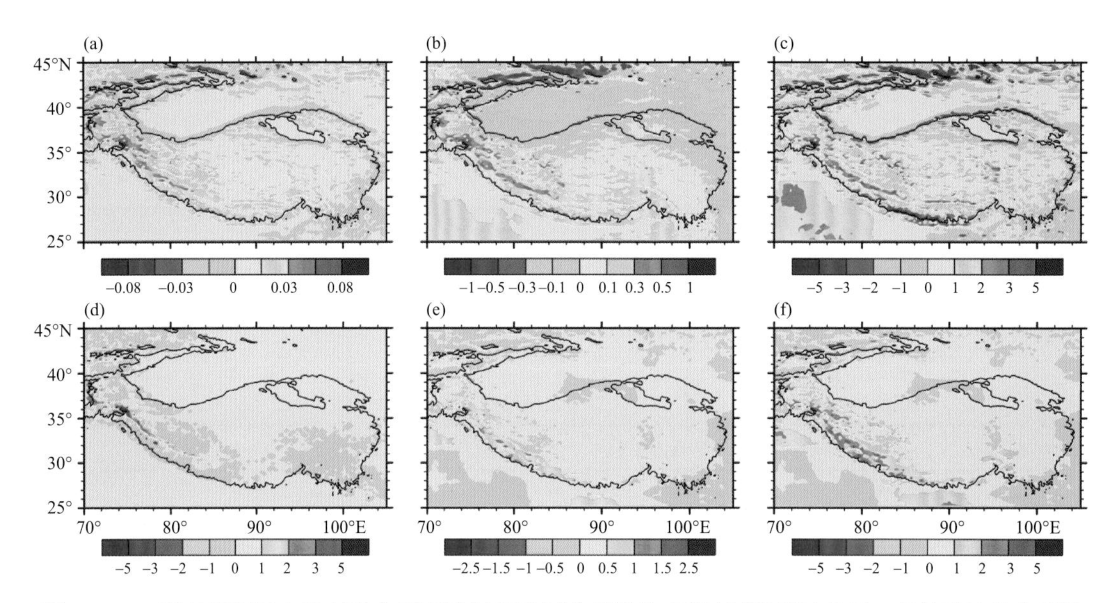

图 2.26　三维地形辐射(3D)试验与平面平行(PP)试验模拟的青藏高原及周边地区 3 月月平均地表反照率(a)、地表温度(单位:K,(b))、地表感热通量(单位:W·m^{-2},(c))、地表径流(单位:10^{-1}mm·d^{-1},(d))、蒸发量(单位:10^{-1}mm·d^{-1},(e))和地表潜热通量(单位:W·m^{-2},(f))差异的水平分布

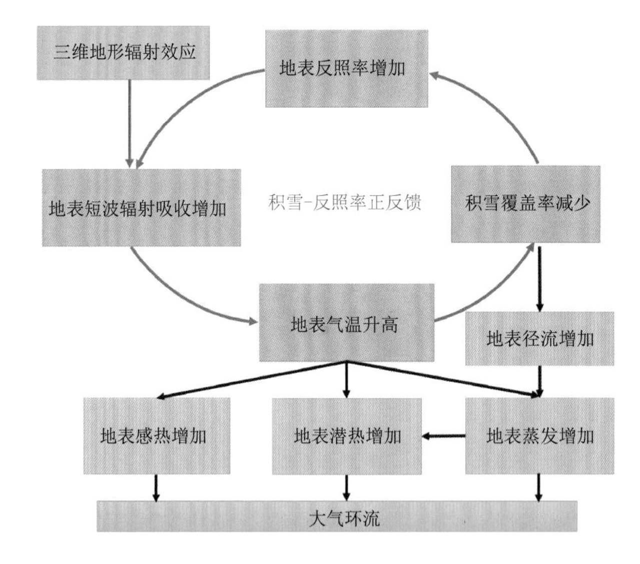

图 2.27　三维地形辐射效应影响陆面过程的示意图,主要包括“积雪-反照率”的正反馈过程以及通过物质输送和能量输送影响大气环流

射方案。两个试验均进行 30 a 的 AMIP 积分,并将后 20 a 气候态平均的结果用于分析。

首先,图 2.28 为 3D 试验与 PP 试验模拟的高原月平均表面净短波的差异分布(3D−PP)。可以看出,地-气耦合模式模拟中,三维地形辐射方案对地面吸收短波辐射的模拟影响与在单独陆面模式下比较一致,均为春季在高原西部帕米尔高原存在 15 W·m^{-2}以上的正差

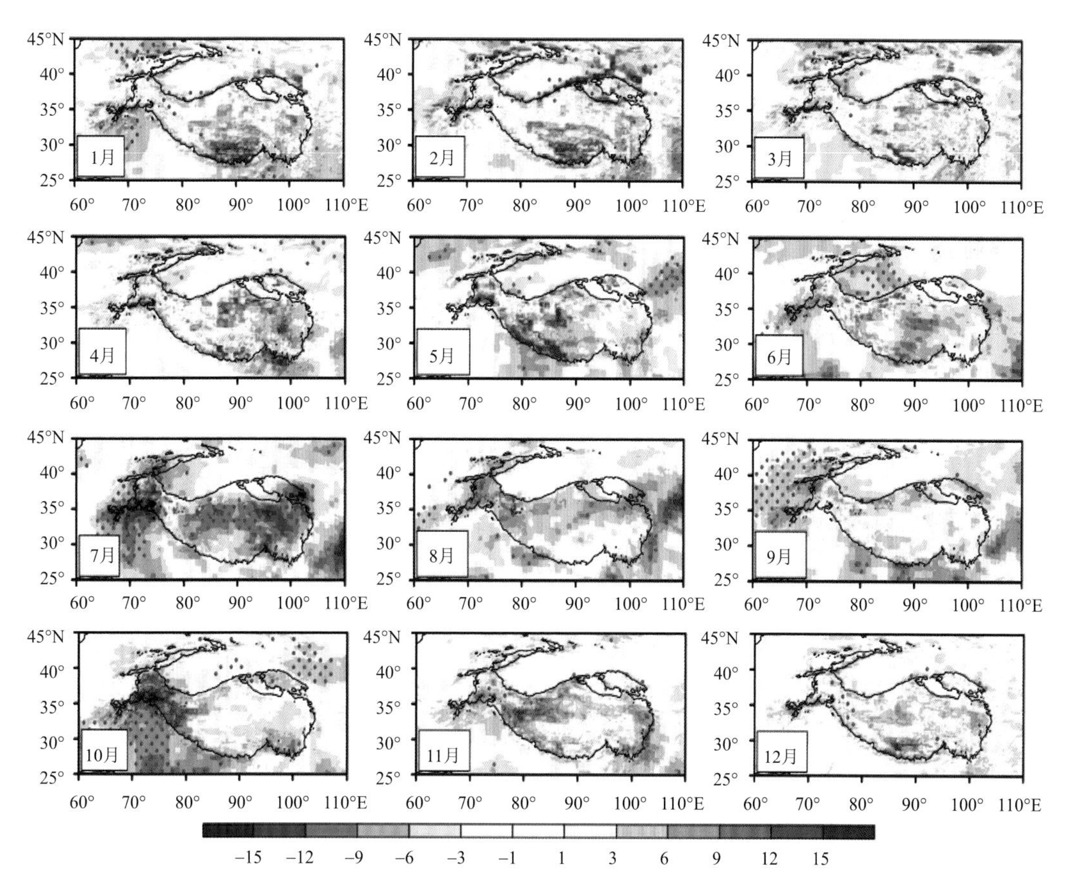

图 2.28　三维地形辐射(3D)试验与平面平行(PP)试验模拟的青藏高原月平均地表净短波辐射差异(单位:W·m^{-2})。打点区域表示差异值通过置信度为90%的显著性检验

异。但是,在单独陆面模式的结果中,仅仅在早春(3月)存在显著的地表净短波正差异(图2.24);而在地-气耦合模式中,该正差异信号在4月开始出现,然后在5月和6月达到最大。该差异主要是由于地表接收到的短波辐射受到了大气作用的反馈,尤其是云的影响。

从地表积雪覆盖(图2.29)来看,积雪覆盖率的模拟差异和晴空地表净短波的模拟差异非常一致,可见地表反照率和吸收的净短波异常主要是由于陆面积雪的异常导致的。其主要表现为:在5月高原西部积雪消融变大,积雪覆盖率降低,反照率降低,地表净短波增多;而到6月,由于高原西部前期积雪消融过多,积雪总量变小,积雪的融化也变小。

图2.30为青藏高原地区各季节多年气候态平均的地表积雪覆盖率。从中可以看出,相对于MODIS卫星观测资料,FGOALS-f2平面平行试验结果模拟的积雪明显偏多,这也与前人的研究相一致(Chen et al., 2017)。这种积雪正偏差,导致在地-气耦合FGOALS-f2的平面平行试验模拟中,积雪往往要到4月才开始消融,在5月达到最大。而在卫星资料和FGOALS-f2单独陆面模式的模拟结果中,积雪往往在2月开始消融,3月达到最大。可见,三维地形辐射效应的主要特征是促进积雪的融化,激发"积雪-反照率"正反馈作用,进而影响陆面过程地-气通量的模拟。

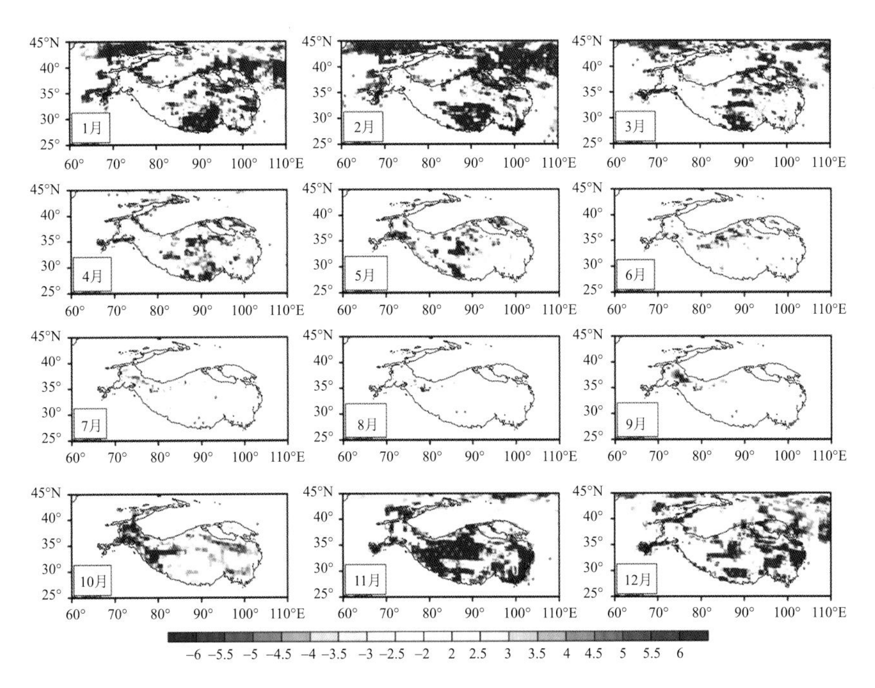

图 2.29　三维地形辐射(3D)试验与平面平行(PP)试验模拟的月平均积雪覆盖率差异(%)。打点区域表示差异值通过置信度为 90%的显著性检验

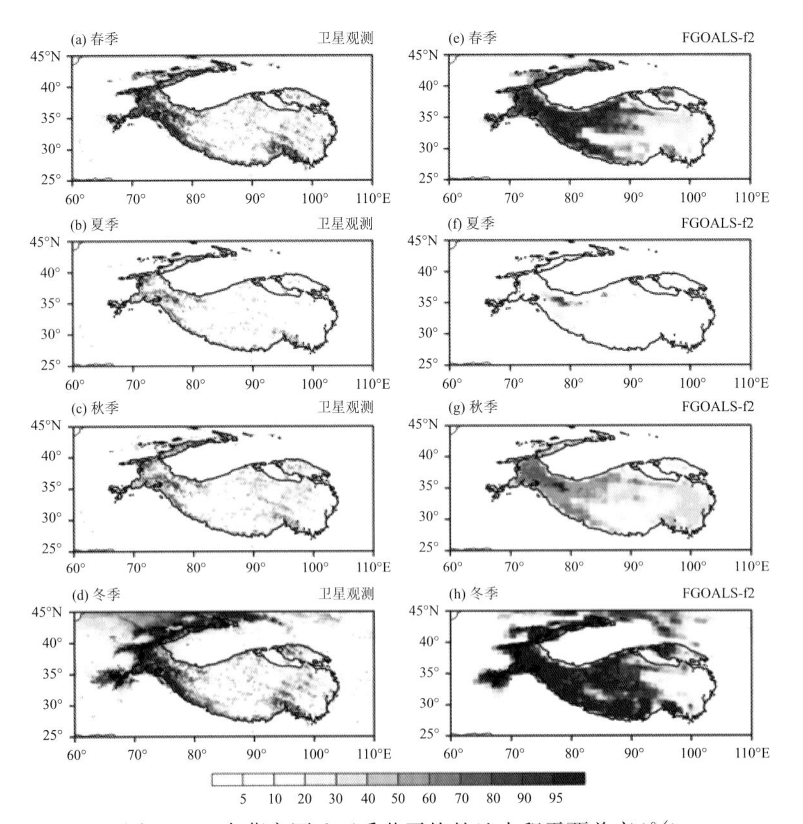

图 2.30　青藏高原地区季节平均的地表积雪覆盖率(%)

(a)—(d)为 MODIS 卫星观测数据;(e)—(h)为 FGOALS-f2 平面平行(PP)试验模拟结果

图 2.31 和图 2.32 分别显示了 3D 试验与 PP 试验模拟高原表面气温和感热加热的差值。可以看出，由于三维地形辐射效应，气候系统模式 FGOALS-f2 在模拟高原表面温度上产生了 1 ℃以上的正差异，且主要出现在春夏之际(4—6 月)的高原西部帕尔米高原一带。同样，其在模拟青藏高原的感热加热方面，由于耦合了三维地形辐射方案，在晚春到夏天的高原西部，存在强度在 10 W・m^{-2}以上的正的模拟差异。可见，由于三维地形辐射方案精准刻画了青藏高原大地形的地形辐射效应，使模式可以更准确地模拟高原的热力过程。

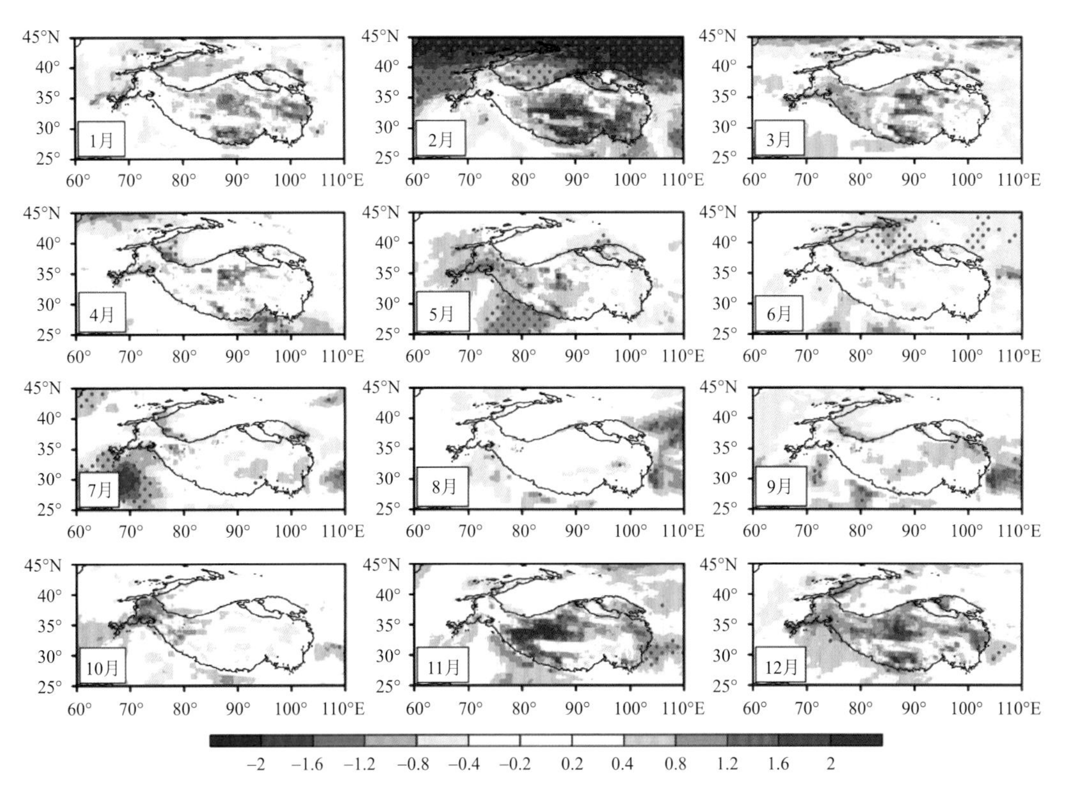

图 2.31　三维地形辐射(3D)试验与平面平行(PP)试验模拟的月平均表面气温差异(单位:K)。打点区域表示差异值通过置信度为 90%的显著性检验

图 2.30 表明 FGOALS-f2 的参照试验存在显著的多雪偏差，而图 2.29 为三维地形辐射方案导致的春季高原表面积雪覆盖率的模拟差异，可以看出三维地形辐射方案可使模式模拟的高原西部积雪覆盖率有 5%以上的减少。而其对高原冷偏差的改进可以参见图 2.33，控制试验和 ERA-Interim 再分析资料之间存在显著的冷偏差，尤其发生在春季和冬季，最大可以达到 8 K 以上。而耦合三维地形辐射方案后，冷偏差有明显减小，在春季和冬季改进幅度达到 0.5 K 以上，这与上文一致。而且这种加热的分布与控制试验的冷偏差非常吻合，均在春季的高原西部和冬季的高原中部。也就是说，三维地形辐射方案在一定程度上解决了模式在青藏高原地区的冷偏差。主要物理过程为：通过改变地表吸收短波辐射，进而改进地表积雪覆盖，从而改进 FGOALS-f2 的冷偏差。

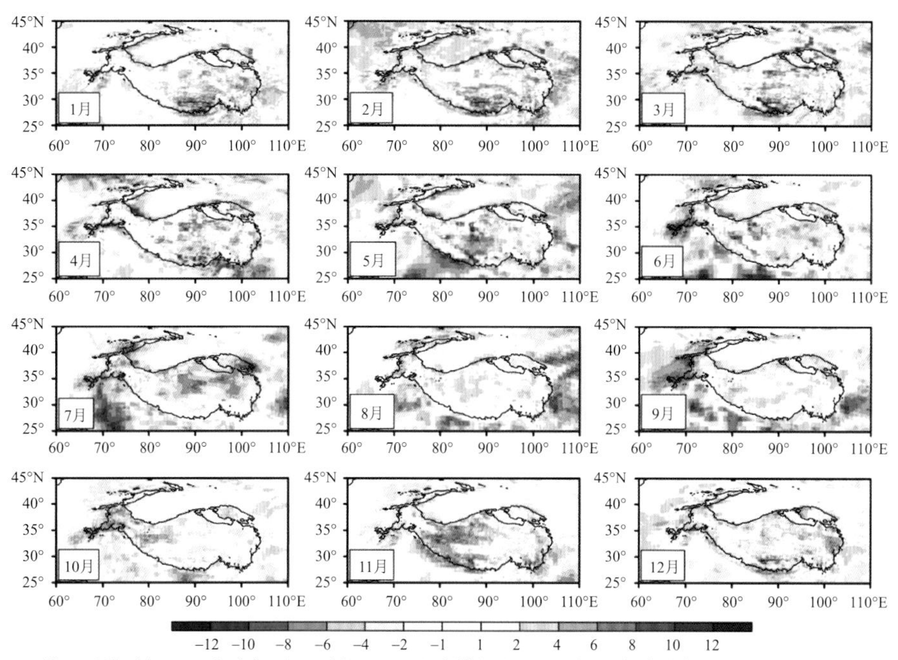

图 2.32　三维地形辐射(3D)试验与平面平行(PP)试验模拟的月平均地表感热加热通量差异(单位:W・m^{-2})

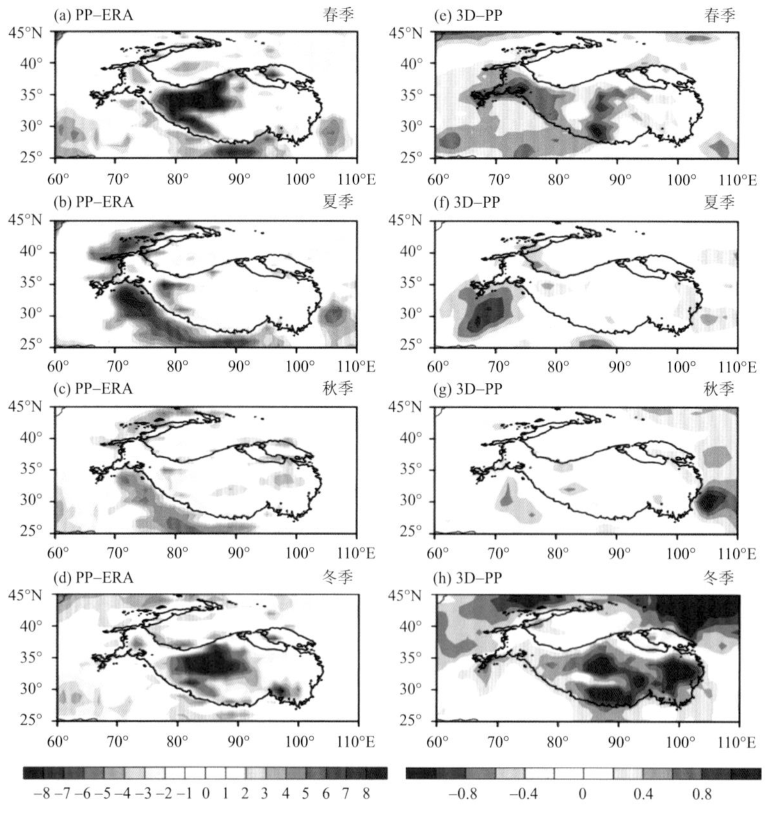

图 2.33　FGOALS-f2 平面平行(PP)试验与再分析资料(ERA-Interim)之间春(a)、夏(b)、秋(c)和冬(d)各季平均地表温度差异(单位:K)。(e)—(h)与(a)—(d)相似,但为三维地形辐射(3D)试验与平面平行(PP)试验模拟的各季平均地表温度差异

2.3.4 三维地形辐射效应对亚洲夏季降雨模拟的影响

图 2.34 为加入三维地形方案以后,3D 试验与 PP 试验在夏季(6—8 月)季节平均高原表面净短波、积雪覆盖率、地温、感热、蒸发以及径流的模拟差异,表示了大气对陆面通量的响应。可以看出,三维地形辐射方案增大了高原表面,尤其是高原西部的净短波,夏季季节平均的模拟差异可以达到 15 W·m^{-2}以上,如前所述,这与地表积雪覆盖率的负异常信号构成"积雪-反照率"正反馈过程。与此相对应的是,地表温度和感热通量也有了明显的偏差:5 月月平均的陆面温度在高原中部有 2 K 左右的正的差异,而陆面对大气的感热加热有 10 W·m^{-2}以上的增强,这种现象同样集中在高原西部地区。

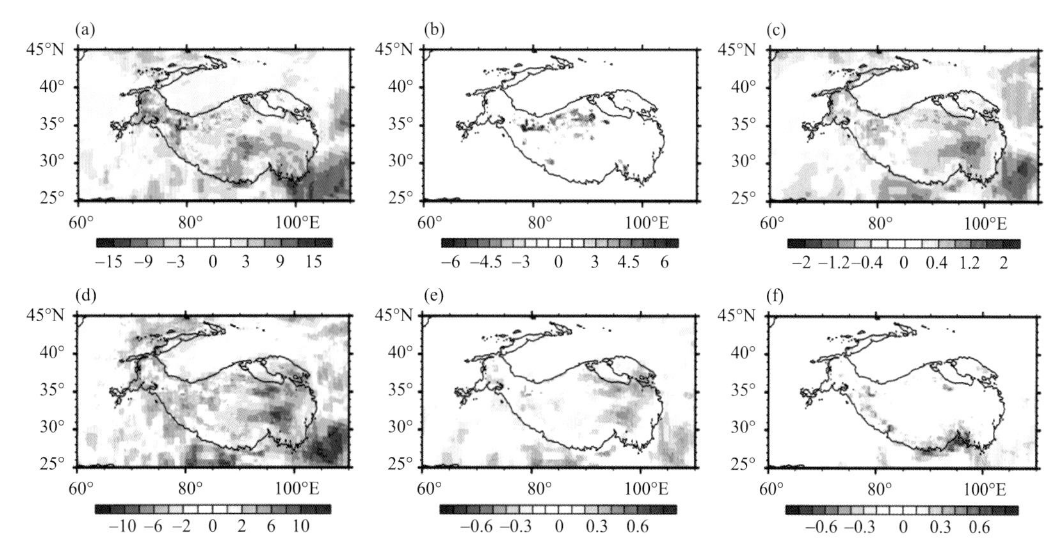

图 2.34 三维地形辐射(3D)试验与平面平行(PP)试验在青藏高原地区模拟的夏季平均地表通量差异:表面净短波(单位:W·m^{-2},(a))、积雪覆盖率(%,(b))、陆面温度(单位:K,(c))、向上感热通量(单位:W·m^{-2},(d))、蒸发(单位:mm·d^{-1},(e))和表面径流(单位:mm·d^{-1},(f))

图 2.35 显示的是 3D 试验与 PP 试验在夏季季节平均的高原及其周边亚洲区域地面降水的模拟差异,这表示了亚洲降水对高原地区陆面通量的响应。从降水差异图可见,高原地区主要在东南部区域明显降水减少,部分地方超过 2 mm·d^{-1}。此外,在下游区域的中南半岛和中国东海至日本,降水明显增加;同时 15°N 左右的西北太平洋到南海区域降水大幅减少。

为了阐明三维地形辐射方案影响气候系统模式 FGOALS-f2 模拟东亚夏季大气环流和降水的机制,这里结合罗斯贝(Rossby)波能量频散理论(Hoskins,1991;Hoskins et al.,1993)、热力适应理论(吴国雄 等,2000;Liu et al.,2001)进行解释。由于三维地形辐射方案使夏季青藏高原南侧地表偏冷、感热加热偏弱(图 2.34)。在地-气耦合模式中,根据热力适应理论(吴国雄 等,2000;Liu et al.,2001),在高原东南部对流层低层等压面上升,会形成反气旋式环流异常,降水减少。同时,根据 Rossby 波频散理论,高低空环流异常可以在西风带中

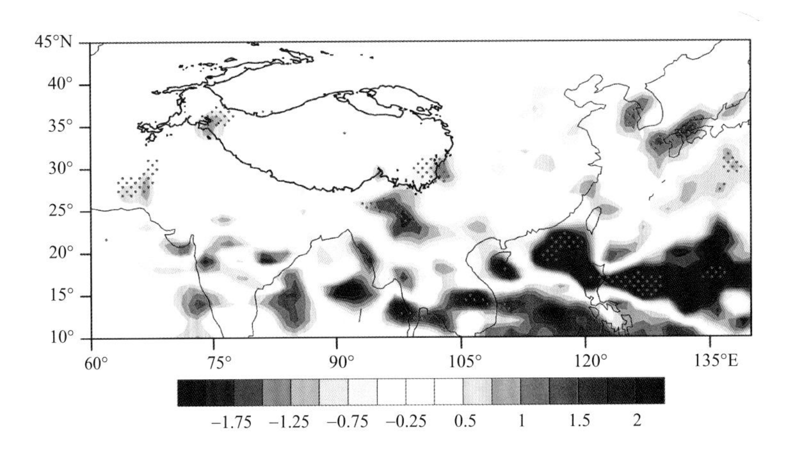

图 2.35　三维地形辐射(3D)试验与平面平行(PP)试验在亚洲地区模拟的夏季平均降水差异(单位:mm·d^{-1})。打点区域表示差异值通过置信度为 90%的显著性检验

向东以正压形态传播。在夏季,赤道以北的低纬度低空区域被强大的西南季风控制,在高原东南部形成的反气旋异常中心可以沿着西南季风气流向东传播,在中南半岛形成气旋性环流,而在中国南海形成反气旋性环流。上述两个环流系统加强了 20°N 左右的东风异常,有助于西北太平洋的副热带高压系统加强西伸。因此,从日本以南的西太平洋到中国南海,均被强大的异常反气旋环流控制(图 2.36)。中南半岛上空的气旋式环流异常有助于局地上升运动,形成正的降水异常中心。而在中国南海至西北太平洋,受强大的反气旋环流影响,下沉运动加强,呈现出东西向的降水负异常中心。同时,该反气旋环流在其西侧形成了强大的西南风环流异常,可将西太平洋和南海的暖湿空气带到东亚亚热带和中纬度地区,其强弱对亚洲东部的梅雨锋降水具有重要的调控意义。因而可以说,三维地形辐射方案使西南暖湿急流加强,进而加强了梅雨锋降雨。

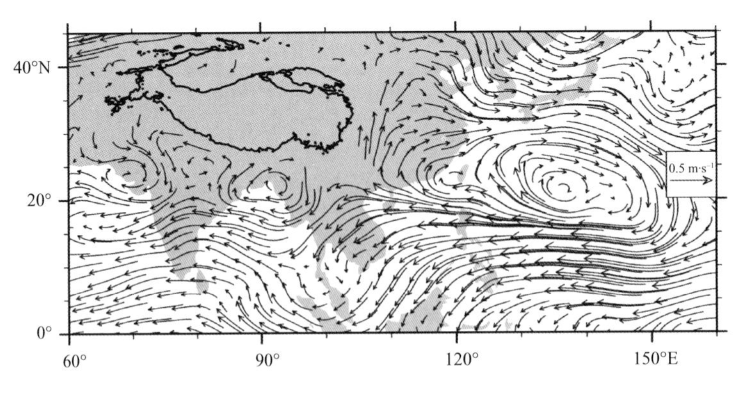

图 2.36　三维地形辐射(3D)试验与平面平行(PP)试验在南亚地区模拟的夏季季节平均的 850 hPa 水平风场差异

可是,离线试验中三维地形辐射方案使夏季青藏高原南侧地表偏冷、感热加热偏弱,地-气耦合效应使得模式在高原南侧模拟降水偏少,形成反气旋异常;另一方面,地-气耦合试验中高原西南侧的冷偏差产生的气旋环流异常,波动向东南传播,在高原南侧产生反气旋环流异常,

降水也减少。高原南侧的反气旋环流异常沿赤道以北的西南季风气流向东传播，在中南半岛形成气旋性环流控制，降水增加。在南海形成反气旋异常，使得副热带高压加强西伸，导致西太平洋到南海地区受强大的反气旋环流影响，盛行下沉气流，季风降水减少。同时这种强大的反气旋环流的西部有明显的南风异常，加强了东亚地区低空西南暖湿空气输送，日本至中国东部副热带季风区降水增加。

2.4 青藏高原湖泊过程参数化

青藏高原位于亚洲中心中低纬度交界处，分布着全球海拔最高、数量最多的高原湖泊群，其中面积大于 1 km^2的湖泊有 1000 多个。这些数量众多面积巨大的湖泊不仅对全球气候变化响应敏感，在全球变暖的大背景下，这些湖泊的热力过程对周边区域乃至青藏高原的能量和水分交换产生影响。针对具有复杂下垫面和大量湖泊的青藏高原地区，利用陆面模式、湖泊模式以及区域气候耦合模式等探讨高原地-气、湖-气间的相互作用，改进陆面模式在高原地区的模拟，发展参数优化、湖水混合和湖冰变化机理合理的湖泊模式，构建湖泊与高分辨率气候耦合模式，厘清近 40 a(1980—2018 年)青藏高原湖泊水热通量变化，研究近 30 a(1986—2015 年)来青藏高原湖泊表面水热通量的变化、其在地-气系统中的作用以及影响高原下游地区大气的物理机制和时空特征，为高原及其周边地区气候生态和环境可持续发展提供科学依据。

我们利用耦合了湖泊模式的 10 km 分辨率 WRF 区域气候模式精确量化和深入理解在全球变化背景下青藏高原地-气耦合时空变化规律和机制，着重量化湖泊过程在高原地-气系统中的作用及对下游地区气候的影响。①利用构建的 30 a(1986—2015 年)湖水和湖冰面积数据集，深入理解湖水与湖冰面积变化的规律和物理原因。②基于高原湖泊的模拟结果，研究总结湖面水热通量的季节、年际及长期变化规律以及与气候变化的关系。③基于构建的湖泊-区域气候耦合模型的模拟结果，提高对高原地-气耦合系统的季节、年际及长期变化趋势机理的理解，量化高原湖泊对高原水热循环影响和下游地区气候变化的贡献。

2.4.1 青藏高原湖泊水体时空变化过程规律以及影响分析：以可可西里卓乃湖流域为例

2011 年长江源可可西里卓乃湖溃决事件改变了区域水文和生态系统格局(图 2.37)。为了理清溃决事件发生后区域内的水文和生态系统变化过程、对可可西里世界自然遗产地和长江源生态环境的影响以及未来可能的演化趋势等问题，基于 2000—2018 年卫星遥感影像和气象观测资料，结合实地调查数据，采用时间序列对比和空间叠加分析等手段，分析研究了卓乃湖溃决事件的水文生态影响。

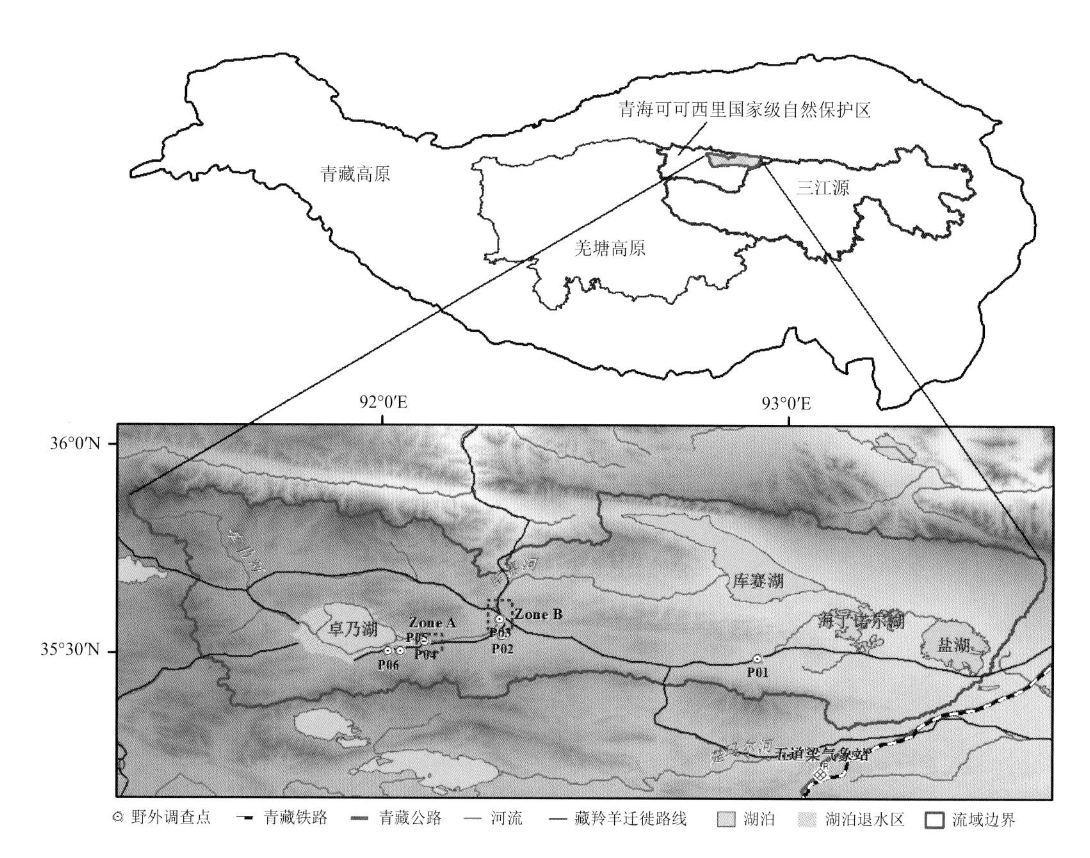

图 2.37　卓乃湖及其所在流域地理位置

（P01—P06 是野外站点的编号，Zone A、Zone B 为两个典型区域，A 区是卓乃湖出湖口，B 区是库赛河上游冲淤段）

（1）2000—2018 年研究区气候变化特征

根据卓乃湖流域附近五道梁气象站观测资料，近 20 a 来（2000—2018 年）研究区年降水量和年平均气温均呈增加趋势（图 2.38）。其中，年降水量由 2000—2009 年的 328.1 mm 增加至 2010—2018 年的 369.6 mm，年平均气温由 2000—2009 年的−4.59 ℃增加至−4.03 ℃，增长率分别为 12.6％和 12.2％，暖湿化特征十分明显。

（2）2000—2018 年卓乃湖流域湖泊水面动态变化

卫星遥感影像（250 m 空间分辨率 MODIS MOD09Q1）监测结果表明，卓乃湖流域湖泊水面面积近 20 a 发生了急剧变化。2000—2011 年间卓乃湖、库赛湖和盐湖面积均呈逐年增长趋势，受 2011 年 9 月卓乃湖溃决影响，2012 年湖泊面积急剧减少，由 2011 年的 269.9 km^2 减少至 2012 年的 178.3 km^2。与此同时，库赛湖和盐湖面积急剧增加。库赛湖面积由 2011 年的 298.2 km^2 增加至 2012 年的 336.1 km^2，盐湖面积由 2011 年的 51.9 km^2 增加至 2012 年的 117.9 km^2。2012—2016 年间，卓乃湖面积先减少后增加，2016 年湖泊再次出现溃口，之后湖泊面积持续减少。2018 年卓乃湖面积减少至 153.0 km^2。2012—2018 年库赛湖和盐湖面积则持续增加（图 2.39）。

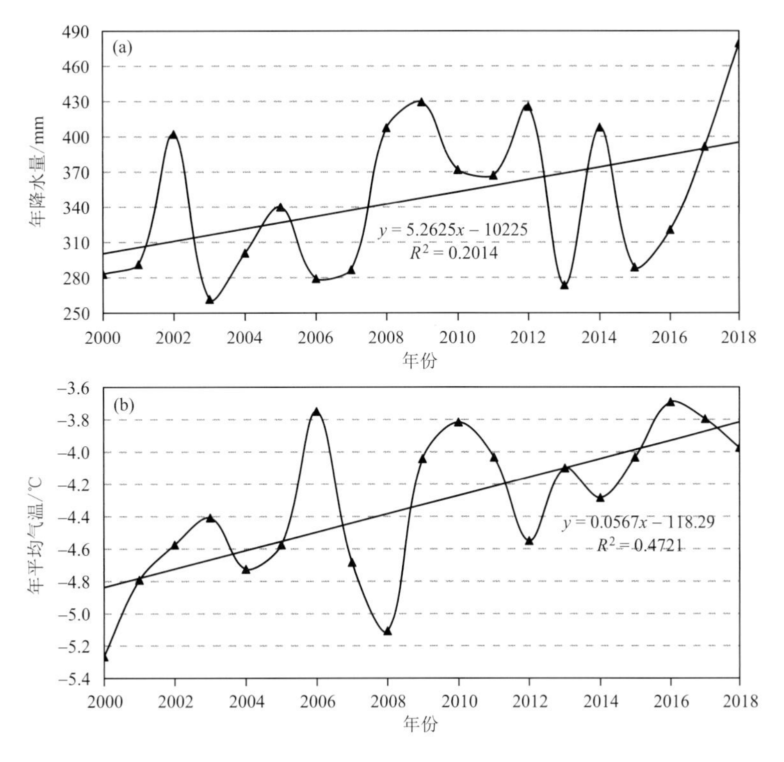

图 2.38　2000—2018 年五道梁气象站区域年降水量(a)和年平均气温(b)

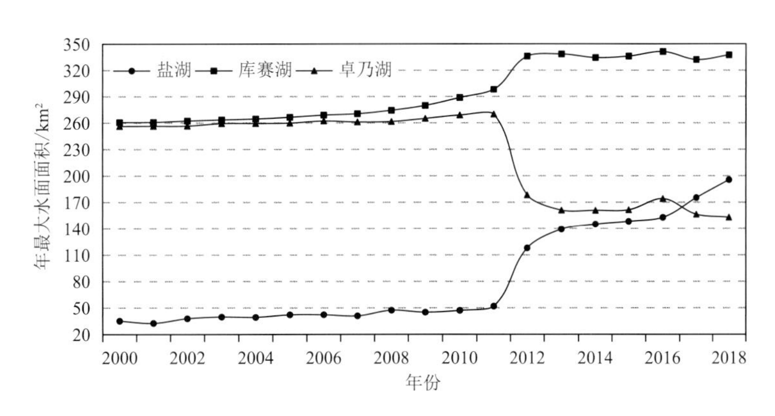

图 2.39　2000—2018 年卓乃湖、库赛湖和盐湖水面面积变化

(3)卓乃湖溃决对下游盐湖的影响

卓乃湖的溃决对下游盐湖的影响是通过打通卓乃湖、库赛湖、海丁诺尔湖及盐湖之间的水力联系后,先是直接导致了盐湖面积的快速扩张(图 2.40)。之后,由于整个区域的降水经汇流后都汇集至盐湖,使得盐湖面积的变化完全受控于区域降水量的变化。对比分析 2000—2018 年盐湖水面面积和年降水量数据发现,以 2012 年为分界,在卓乃湖溃坝事件发生之前两者之间的相关性很小(图 2.40a),之后开始两者之间呈显著相关关系($R^2=0.6257$)(图 2.40b)。统计结果表明,2013—2018 年盐湖面积的平均增长速率为 10.3%,如果 2019 年区域降水量维持在 2013—2018 年的平均水平(360.4 mm),则 2019 年盐湖水面面积增长至 215.6 km^2,并可能

漫溢甚至溃决。盐湖的潜在漫溢位置距离长江最北源支流清水河河道仅有 1.5 km，距离青藏公路和青藏铁路约 10 km，若盐湖漫溢出的咸水汇入清水河，将改变长江最北源的水质，从而影响下游河流的水生态环境。若水位上涨漫溢引发湖岸溃决，则会对横跨清水河的青藏公路和青藏铁路路基带来被冲毁的威胁。

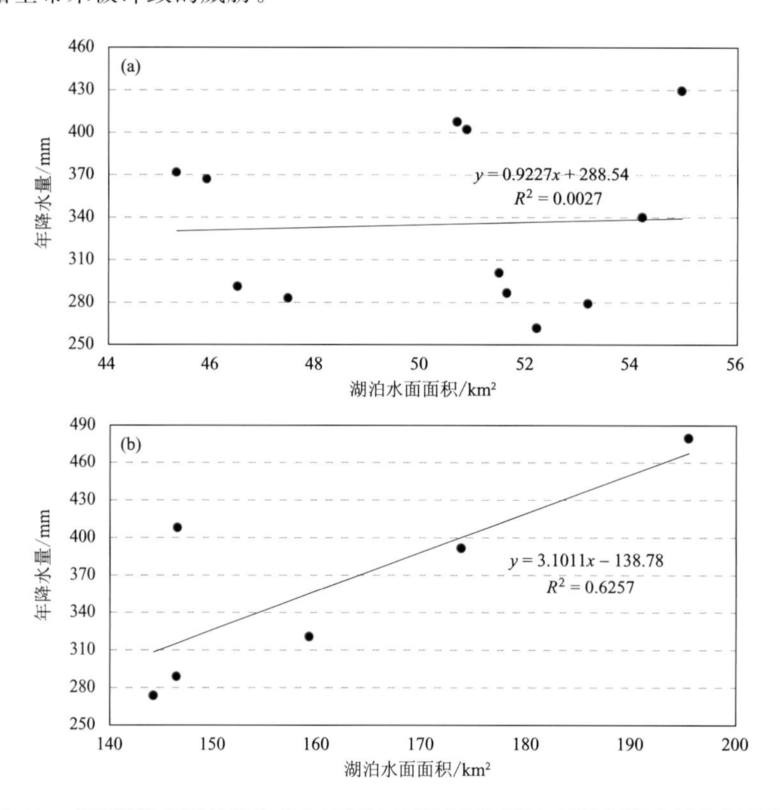

图 2.40　卓乃湖溃坝事件发生前(a)后(b)盐湖水面面积与区域年降水量之间的关系

2.4.2　青藏高原湖泊过程模式发展和模拟研究

(1)一维湖泊模型的改进

青藏高原分布着世界上海拔最高、数量最多和面积最大的高原内陆湖区，湖泊-大气的相互作用对局地和区域气候有非常重要的影响，准确模拟湖泊物理过程对于探究湖泊季节与年际变化及湖泊对区域气候的影响非常重要。

准确模拟湖泊物理过程对于探究青藏高原湖泊季节与年际变化及湖泊对区域气候的影响非常重要。然而目前湖泊模型包括陆面模式 CLM 中的湖泊模型对于湖泊模拟仍然存在一定的误差，湖水温度的误差主要来源于湖水混合参数化方案的不准确性。湖水混合过程对湖泊水体内部热传递和温度的分布有着显著影响，对于湖水温度的模拟非常重要。为了提高对湖表温度及温度廓线的模拟，通常在湖泊模型中通过人为地增大扩散系数来增强混合，这种人为的调整不能有效合理地模拟湖泊热过程。本研究中，我们通过将海洋模型中的垂直混合 K 廓线(KPP)方案耦合到CLM湖泊模型中,改进后的湖泊模型考虑了水体内边界层的发展,可以更加真实地反映湖泊水体垂直混合过程,进而提高对湖表温度及湖温廓线的模拟结果。我们将改进后的湖泊模型应用到青藏高原纳木错湖泊上,进行了10 a(2003—2012年)长时间序列模拟,将湖表温度模拟结果与遥感数据MODIS观测数据对比(图2.41)。对比改进前后模型的模拟效果发现:在夏季分层季节,改进前后均能够表现出湖泊分层状态,呈现上层温度高、下层温度低的现象。在秋末冬初季节,湖泊发生强混合事件,观测结果显示深度为90 m的水体可以发生翻转,温度趋于均一。改进前模型混合过程约在40 m处停止,改进后的模型模拟结果在垂直温度剖面上与观测数据接近,可以较真实地反映湖泊混合过程,显著提高了湖泊模型对湖泊垂直温度廓线的模拟效果,均方根误差由改进前的4.6 ℃减小为改进后的2.2 ℃,相关系数由0.90增加到0.96。新的湖泊模型在气候、水文和生态系统研究中有着广阔的应用前景。从湖表温度的模拟来说,改进前相关系数仅为0.7,而改进后达到0.92(图2.42)。

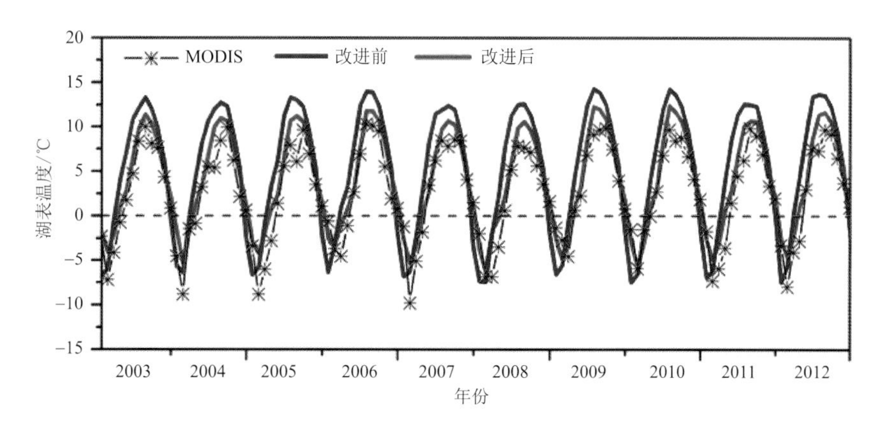

图2.41　2003—2012年纳木错湖表温度改进前和改进后的模拟值与MODIS的对比

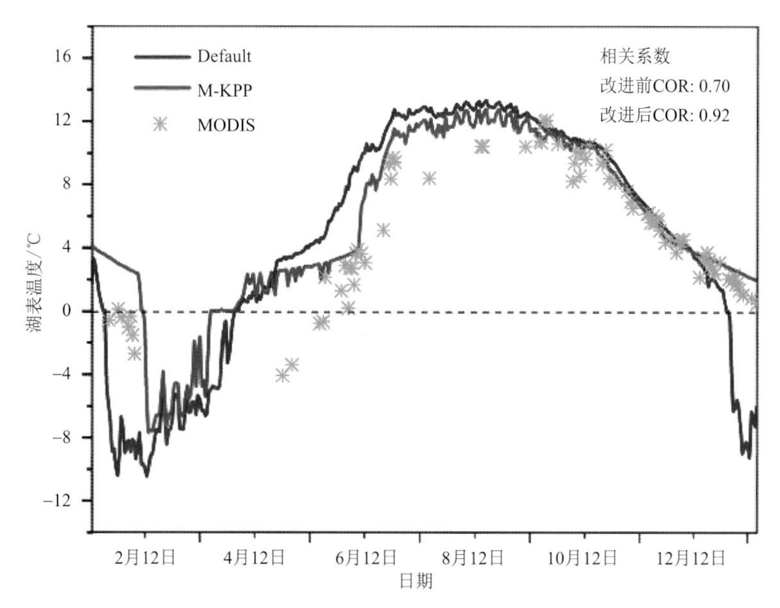

图2.42　2012年纳木错湖表温度模拟(Default:改进前;M-KPP:改进后)和观测(MODIS)的对比

(2)湖冰冻融过程的改进

由于青藏高原的高寒气候,湖冰冻融是非常显著的现象,高原湖冰的变化以及它们对区域天气气候的影响同样是一个不容忽视的过程。目前,大部分的湖泊模型只是利用能量平衡和统计经验公式计算湖冰的厚度,本研究中,我们利用一个以焓为预报变量,完全基于能量和质量平衡方程的一维多层湖冰模型。我们通过改进湖冰内部的热导率、表面反照率、粗糙度和空气密度的计算方案,并且加入了湖水盐分对结冰点的影响和表面升华过程对冰厚的影响来提高该模型对湖冰的模拟精度,改进后可以更加充分描述湖冰的冻结与融化过程。我们将改进后的湖冰模型应用到青藏高原纳木错湖泊,进行了 7 a(2006—2012 年)的模拟试验,并将湖冰冰厚的模拟结果同观测数据进行对比(图 2.43),结果表明,改进后的模型可以更准确地模拟湖冰的冻结与融化等季节变化过程。改进后的湖冰模型提高了湖冰冻融过程的模拟,对于湖泊过程的理解与模拟非常重要。

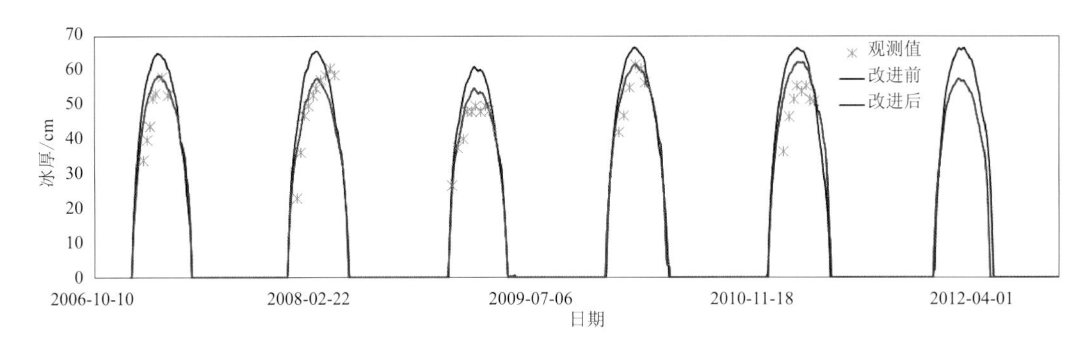

图 2.43　2006—2012 年纳木错湖冰厚度的改进前和改进后模拟值与观测值的对比

2.4.3　湖泊过程关键数据等应用前景

(1)地表水面遥感提取方法

综合利用高原区 Landsat 和 MODIS 影像,基于自主发展的水面提取方法,获取了青藏高原 1986—2020 年湖泊面积数据集。

①基于 Landsat 影像的湖泊水面遥感提取方法

湖泊水面提取采用自动获取训练样本点的区域自适应随机森林方法来实现。整个方法流程包含 4 个主要步骤。首先,基于 JRC 全球水体分布数据集自动获取训练样本点。其次,将 Landsat 光学影像进行月度合成,同时引入 DEM 数据。然后,从合成后的影像中构建用于地表水体提取的特征,包括光谱反射特征、地形特征、雷达后向散射特征、纹理特征以及一些光谱指数。接着,基于样本点和分类特征训练随机森林分类器,用训练后的分类器进行水体提取(图 2.44)。

②基于 MODIS 影像的湖泊水面遥感提取方法

基于 MOD09Q1 影像的湖泊水面提取方法包括山体阴影和云层影响去除、水面掩膜数据

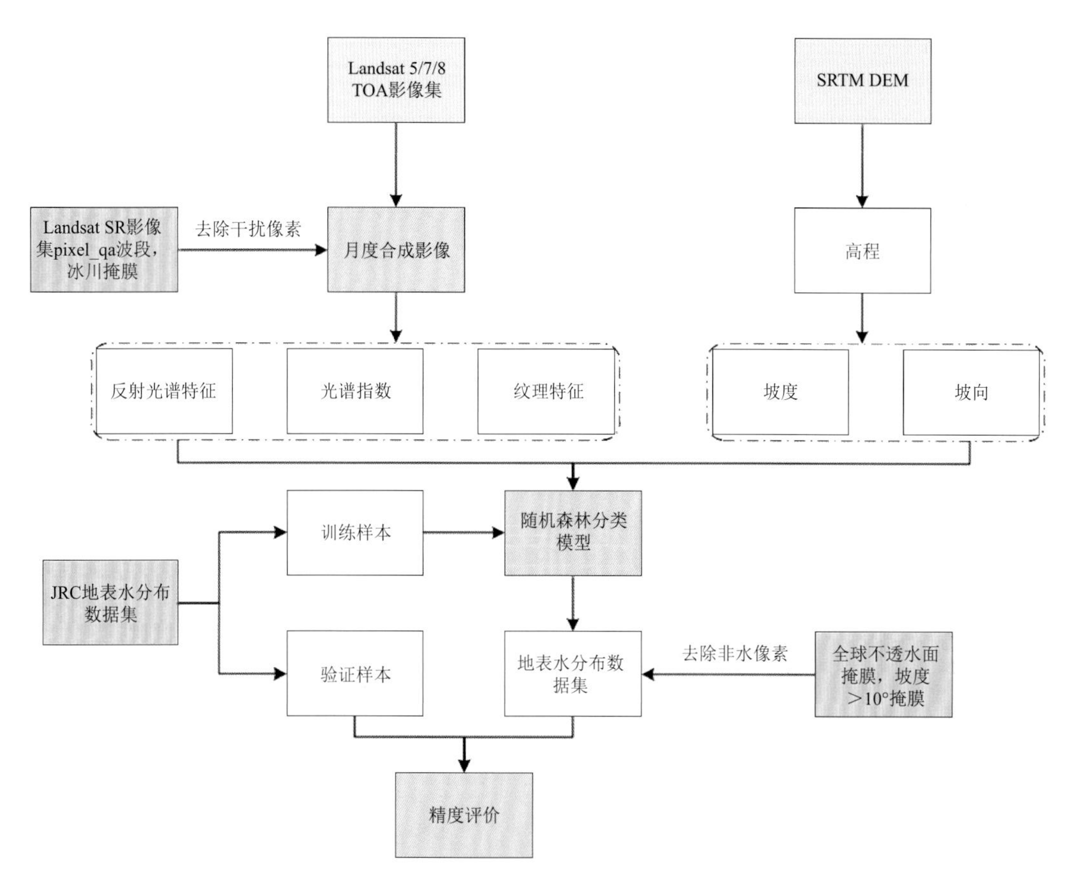

图 2.44　机器学习方法提取地表水体流程

初步制作、同年不同时期水面掩膜数据的补充纠正、最大水面边界合成和水面信息提取等步骤(图 2.45)。

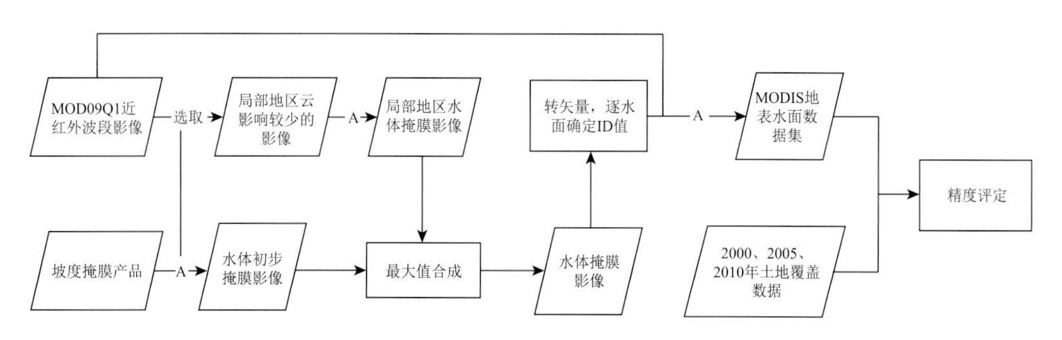

图 2.45　水面数据提取流程图，A 为改进型 Otsu 方法

(2)青藏高原 1985—2020 年湖泊水面数据集构建

利用上述方法构建了青藏高原 1986—2019 年 30 m 空间分辨率年度水面数据集(图 2.46)和 2002—2018 年 250 m 分辨率水面数据集和 500 m 湖冰数据集(图 2.47)。

图 2.46　青藏高原 1986—2019 年 30 m 分辨率湖泊面积变化过程

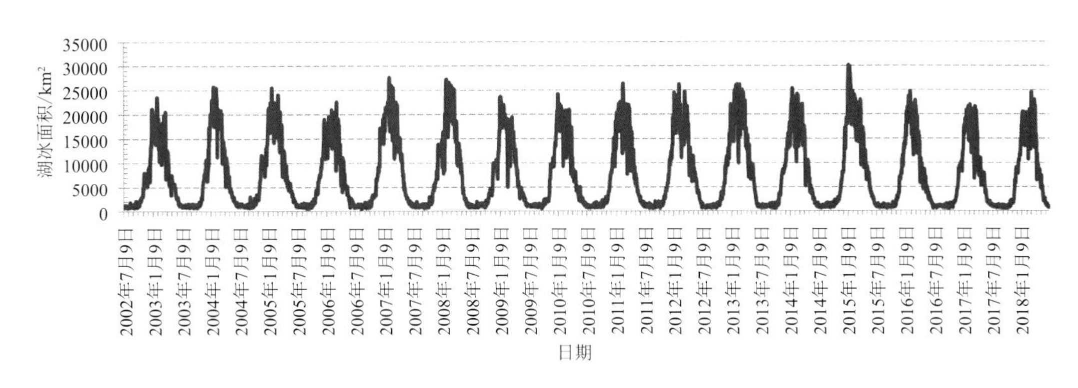

图 2.47　青藏高原 2002—2018 年 500 m 分辨率湖冰面积变化过程

(3)青藏高原典型湖泊温深廓线观测

2017 年在青藏高原色林错加装了多层温盐测量设备并获取了 6 月 22 日—12 月 13 日的湖泊多层(水下 1 m、15 m、19 m、28 m 和 38 m)温盐深数据(图 2.48)。此外,收集了茶卡热觉湖、错鄂湖、达如错、尕阿错、果根错、江错、拉昂错、玛旁雍错、瀑赛尔错、其香错、仁青休布错、赛布错、兹格塘错 13 个湖泊 2017 年 7 月单点单次多层温盐深数据。

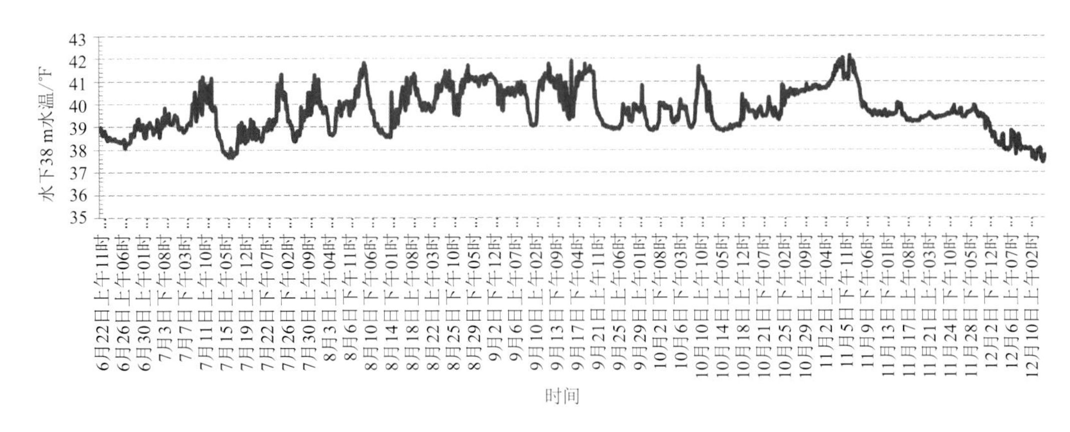

图 2.48　色林错 2017 年 6 月 22 日—12 月 13 日水下 38 m 水温数据

2.5 高寒草地含根土壤水热属性参数化

土壤水热性质作为控制水分、热量等在土壤中的传递、储存以及分布的关键参数，对于地-气间水分交换及能量收支具有重要意义（Zhao et al.，2018；Brian et al.，2019）。影响土壤水热性质变化的因素很多，例如：土壤的物理化学性质（Rawls et al.，2003；Petersen et al.，2008）；植被类型、植被覆盖度及根系（Archer et al.，2002；Yang et al.，2021）；土壤的干湿循环（Mubarak et al.，2009）；气候条件及人类活动等（Mubarak et al.，2009；Robinson et al.，2019）。同时，作为陆面过程模式土壤水热传输参数化方案的关键参数，土壤水热性质在模式中的准确刻画，是提高模式对土壤含水量、温度模拟性能的重要途径（Lawrence et al.，2008；Dai et al.，2019）。

土壤和植被是草原生态系统的两个重要的组成部分，它们相互作用，彼此无法分离（Gao Z Y et al.，2018）。已有研究表明，植物根系作为植物吸收水分和养分的主要途径，通过植被冠层与大气进行着频繁的水分、热量、气态物质的迁移转化（Feddes et al.，2001；Zheng et al.，2007），其已被作为确定陆地表面持水能力的基础机制（Zeng et al.，1998）。与此同时，根系的生理、化学及物理过程使得根际土与非根际土相比在土壤结构方面存在较大差异，例如：根系的生长导致土壤颗粒重新排列（Rawls et al.，2003）以及原有孔隙被堵塞（Saxton et al.，2006）；根系的衰减又会促使土壤大孔隙的形成（ Tippkötter，1983；Jassogne et al.，2007），提高了孔隙间的连通性；根系的膨胀造成土壤孔隙空间被压缩（Bruand et al.，1996）；根系黏液不仅使土壤颗粒具有较高的吸附能力（Carminati et al.，2010，2013b，2016），还通过影响根际土的干湿循环、矿物质颗粒的物理结合，引起土壤团聚体性质的变化（万海霞 等，2019）。这种土壤结构的差异对根际土壤水热性质的影响已在实验层面得到广泛的证实（Pagliai et al.，1993；Bengough，2012；Chen et al.，2012；高朝侠 等，2014）。研究人员基于这些研究成果发展了一系列经验模型用于定量地分析植物根系对土壤水热性质的影响，例如：Scanlan 模型（Scanlan，2009）、Ng 模型（Ng et al.，2016）、Kroener 模型（Kroener et al.，2016）、Fu 模型（Fu et al.，2020）等。但是，上述模型多基于单一植物根系进行建模，并且所需的相关根系经验参数不易在实验中获得并校准，从而限制了此类模型在区域乃至全球尺度上的应用。

作为全球陆面过程和气候变化研究的热点地区之一，青藏高原地形高大、气候严酷、环境恶劣，生态系统十分脆弱。相较于同纬度其他地区，高原地区太阳辐射强烈，地表能量通量及近地表气象要素具有显著的时空变化（Yang et al.，2009），进而导致其陆面特征也呈现出明显的空间差异，如植被覆盖空间分布不均匀，土壤发育较差、质地较粗，浅层土壤富含有机质、土壤垂直异质性强，季节性、多年冻土分布广泛等。高寒草地作为青藏高原最主要的下垫面类型之一，为了适应高原特殊的气候、环境条件，将更多的生物量分配至地下部分（马维玲 等，

2010),其根冠比(5.8)远高于全球温带草地(4.2)。高寒草地根系细小且繁多,尤其在浅层土壤中极度发育,形成由植物死根、活根和土壤有机质盘结交织而成的草毡层(王长庭 等,2008;苏培玺 等,2018)。土壤表层密集的根系导致该区域土壤分层明显,上下层土壤水热性质差异较大(Yang et al., 2005)。然而,当前陆面过程模式仅考虑了植物根系在土壤水分输送中的植物吸水作用(Zeng et al., 1998;Zheng et al., 2007),尚未考虑其作为土壤的重要组成部分对土壤水热性质的影响,这势必会影响陆面过程模式在植物根系分布密集区域对土壤水热过程的模拟。在前期的工作中,我们通过评估陆面过程模式 CLM4.5 在青藏高原高寒草地下垫面模拟性能时发现,考虑土壤初值(SP1)、土壤属性数据(SP2)以及大气强迫场(SP3)对模式模拟的影响后(图 2.49、图 2.50),土壤温湿度的模拟较原方案(SP0)均有不同程度的提升,但是其模拟值大小较观测值还存在一定偏差,我们估计这是由于模式对土壤水性质参数计算不准确,忽略了植物根系对其影响造成的。Yang 等(2005,2009)评估 SiB2、CoLM 和 Noah LSM 三个陆面过程模式在高原中东部高寒草甸的模拟性能时发现,三个模式对首层土壤含水量的模拟普遍偏小。他们认为浅层土壤中密集的根系所引起的土壤垂直异质性对高原地区次表层土壤过程存在明显的影响,并对地表湿度的控制和地表能量的分配具有重要作用。因此,在青

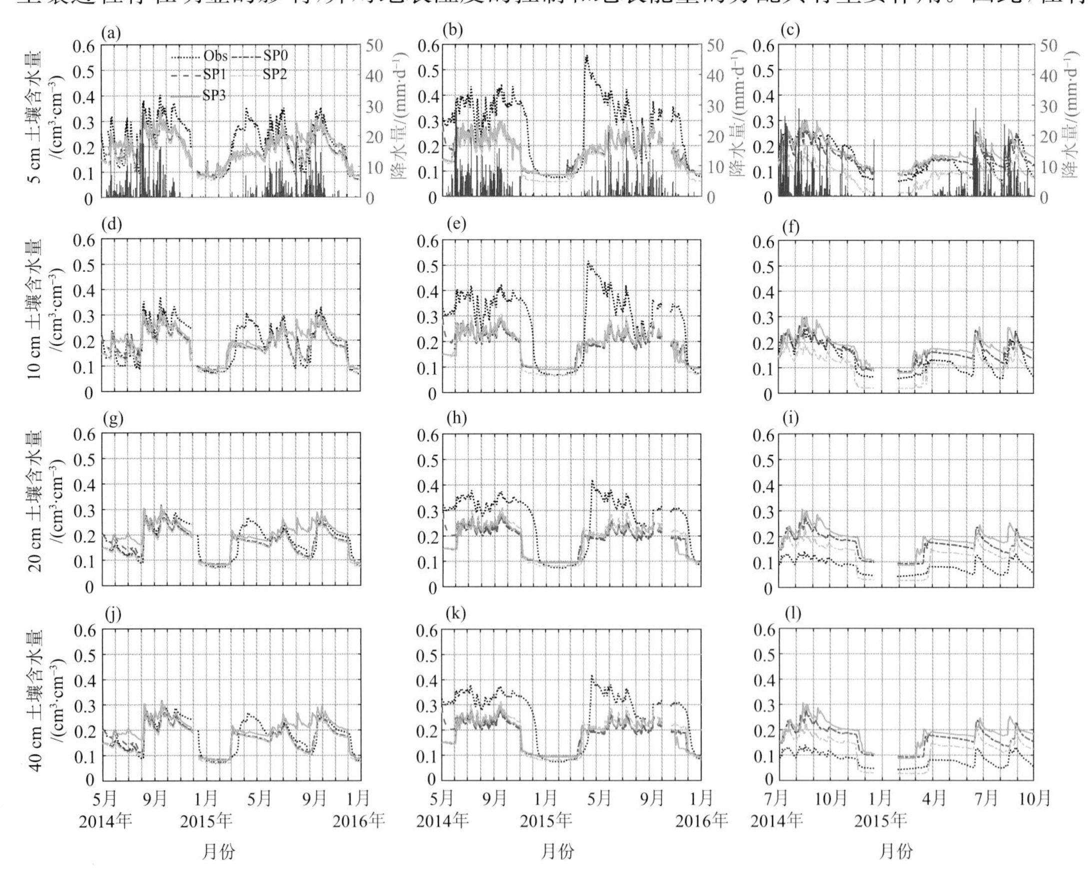

图 2.49　模拟和观测(Obs)的土壤含水量日均值。蓝色柱状图为降水量

注:图(a)、(d)、(g)、(j):玛曲站 5 cm、10 cm、20 cm、40 cm 土壤含水量;图(b)、(e)、(h)、(k):同图(a)、(d)、(g)、(j),但为阿柔站;图(c)、(f)、(i)、(l):同图(a)、(d)、(g)、(j),但为那曲站

藏高原区域陆面过程模拟中，高寒草地根系在土壤水热性质参数化方案中的真实描述至关重要，如果不将其考虑其中，势必会对高原地区土壤水热状况的模拟造成偏差（Yang et al.，2005）。

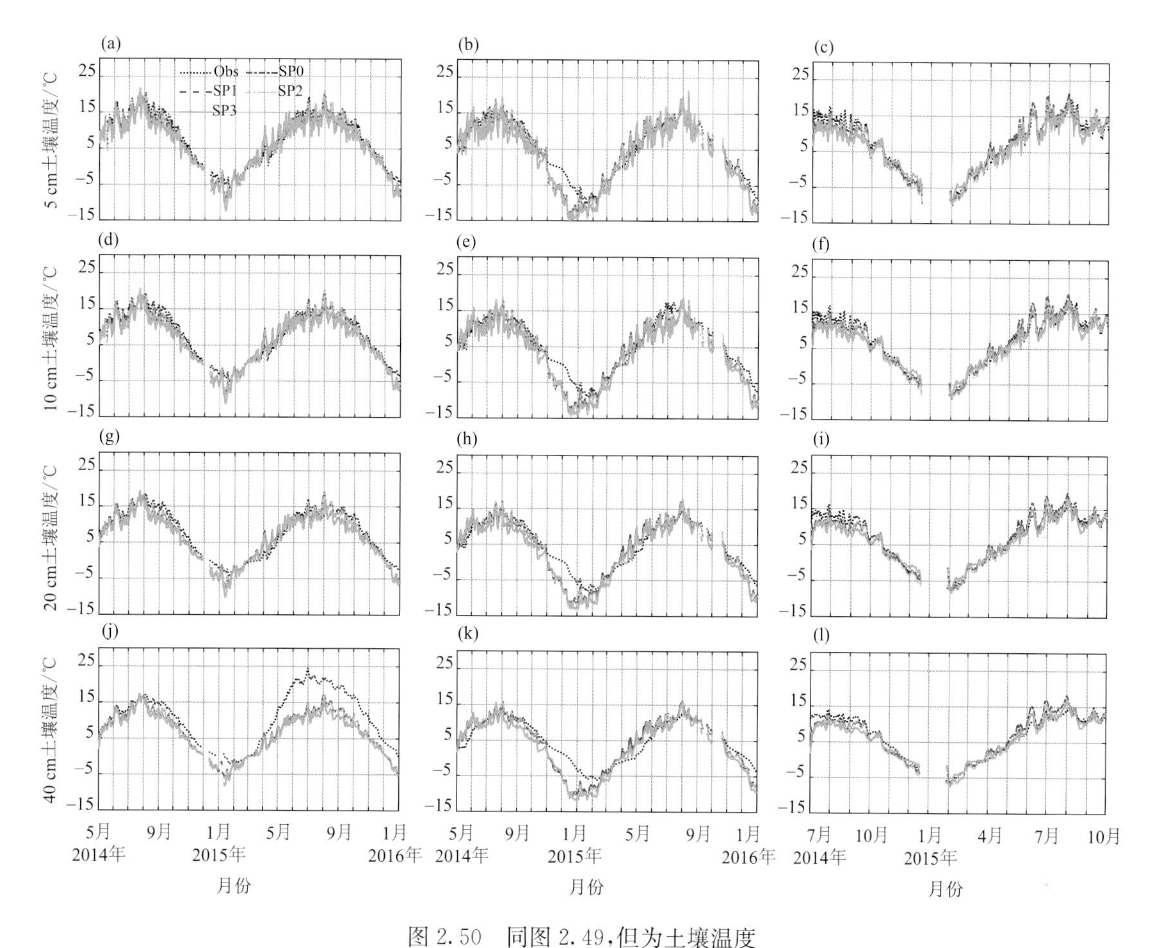

图 2.50　同图 2.49，但为土壤温度

注：图(a)、(d)、(g)、(j)：玛曲站 5 cm、10 cm、20 cm、40 cm 土壤温度；图(b)、(e)、(h)、(k)：同图(a)、(d)、(g)、(j)，但为阿柔站；图(c)、(f)、(i)、(l)：同图(a)、(d)、(g)、(j)，但为那曲站

2.5.1　高原野外观测和高寒草地根系生物量数据集的建立

(1)高原野外观测

本研究选取青藏高原高寒草地下垫面3个典型研究站点（玛曲站、阿柔站和那曲站）进行根系生物量、土壤样品采集，并通过野外原位、实验室实验，比较、分析了青藏高原高寒草地根系生物量、土壤理化性质以及土壤水热性质的分布特征，揭示了高寒草地根系对土壤水热性质的影响。

青藏高原高寒草地植物根系主要集中在浅层土壤，其中超过70%的根系生物量分布在0～10 cm 土壤(图 2.51)。这与之前在高原区域的研究结果较为一致（Yang et al.，2009；岳

广阳 等,2015),反映了植物对低温环境较强的适应能力(Ni, 2004;杨秀静 等,2013)。在上述环境中,浅层土壤为植物根系生长提供了适宜的温度、水分条件。因此,根系将优先横向生长,增加分枝,促进水分和营养物质的吸收(Runyan et al. ,2012;岳广阳 等,2015),故导致高寒草地根系分布浅层化,根系生物量大量累积在 0~10 cm 土壤。因此,我们定义 0~10 cm 土壤为根际土,10 cm 以下土壤为非根际土。相比于非根际土,根际土的土壤容重下降了 12%~47%,这可能与植物根系在生长过程中通过替代矿物质颗粒从而降低了土壤颗粒密度有关(Gyssels et al. , 2005);土壤有机质含量至少增加了 50%(表 2.1),主要是因为根际土壤中含有大量微生物有助于土壤有机质的积累(Bronick et al. , 2005)。根际土的理化性质与根系生物量呈显著相关关系(表 2.2)。与此同时,由于植物根系可以通过增强土壤团聚体的稳定性来保护较细的土壤颗粒免受风蚀影响(Blanco-Canqui et al. , 2007),故相比于那曲站,玛曲站和阿柔站根际土中砂粒含量较少,而粉粒含量和黏粒含量较高(表 2.1)。

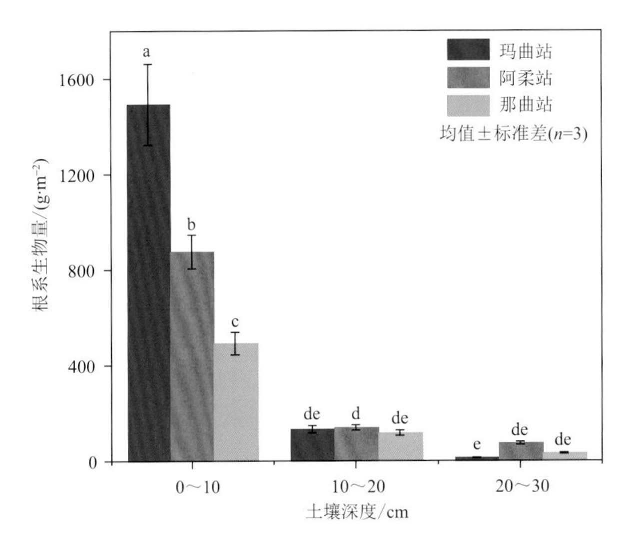

图 2.51　三个研究站点根系生物量的垂直分布

注:结果用均值±标准差表示。图中不同的小写字母表示不同土壤层之间根系生物量差异显著性($p<0.05$)

表 2.1　三个研究站点 0~30 cm 土壤的理化性质

	土壤深度 /cm	砂粒 /%	粉粒 /%	黏粒 /%	机械组成	容重 /(g·cm^{-3})	孔隙度 /(cm^3·cm^{-3})	有机质 /(g·kg^{-1})
玛曲站	0~10	32.09±2.31^{d}	57.43±2.32^{b}	10.48±0.09^{a}	沙质壤土	0.79±0.03^{g}	0.65±0.02^{a}	87.57±2.14^{a}
	10~20	34.66±0.45^{c}	54.95±0.32^{c}	10.39±0.13^{ab}	沙质壤土	1.27±0.08^{e}	0.52±0.02^{c}	53.13±2.89^{c}
	20~30	31.16±1.07^{d}	59.36±1.81^{b}	9.48±1.16^{bc}	沙质壤土	1.48±0.04^{c}	0.44±0.03^{d}	30.10±2.69^{e}
阿柔站	0~10	29.58±0.98^{de}	62.23±1.08^{a}	8.19±0.10^{d}	沙质壤土	0.85±0.06^{g}	0.62±0.02^{a}	81.53±0.38^{b}
	10~20	28.50±0.13^{e}	63.01±0.65^{a}	8.49±0.52^{cd}	沙质壤土	1.02±0.03^{f}	0.57±0.01^{b}	54.57±0.49^{c}
	20~30	29.78±2.40^{de}	61.66±1.49^{a}	8.56±0.92^{cd}	沙质壤土	1.04±0.03^{f}	0.55±0.02^{b}	45.43±0.70^{d}

续表

土壤深度/cm		砂粒/%	粉粒/%	黏粒/%	机械组成	容重/($g\cdot cm^{-3}$)	孔隙度/($cm^3\cdot cm^{-3}$)	有机质/($g\cdot kg^{-1}$)
那曲站	0～10	84.59 ± 1.37^{b}	12.44 ± 1.08^{d}	2.97 ± 0.29^{e}	壤质沙土	1.38 ± 0.03^{d}	0.45 ± 0.02^{d}	26.07 ± 1.59^{f}
	10～20	86.46 ± 1.14^{ab}	10.81 ± 0.97^{de}	2.73 ± 0.19^{e}	沙土	1.57 ± 0.04^{b}	0.36 ± 0.02^{e}	17.23 ± 2.10^{g}
	20～30	87.32 ± 1.24^{a}	9.90 ± 0.90^{c}	2.78 ± 0.34^{e}	沙土	1.69 ± 0.04^{a}	0.31 ± 0.03^{f}	10.37 ± 0.84^{h}

注：结果用均值±标准差表示。表中不同的小写字母表示研究站点不同土壤层之间理化性质差异显著性($p<0.05$)。不同土壤层理化性质若出现相同字母则表示差异不显著，其他则为显著，字母本身并无特指。

虽然高寒草地根系分布较浅，但对于维持高原区域土壤水文过程的稳定性至关重要。当根系死亡、腐烂时，土壤中形成大孔隙和中孔隙，降低了土壤孔隙之间的连通性以及土壤的持水能力。然而，当植物根系生长、扩张时，土壤毛细管力会随着土壤大孔隙和中孔隙向微孔隙的转变而增大，导致根际土壤能够维持更多的水分(Dexter，1987；Bengough，2012)。我们的结果表明，各研究站点根际土从饱和状态到最大基质吸力含水量明显高于非根际土，平均增加了20%～50%(图2.52)。Lu等(2020)研究发现，高密度细根的存在往往会造成土壤大孔隙数目减少，同时增加了孔隙体积和饱和含水量。在本研究中，根际土的总孔隙度(土壤饱和含水量)显著高于非根际土($p<0.05$)，平均增加了8%～48%(表2.1)。

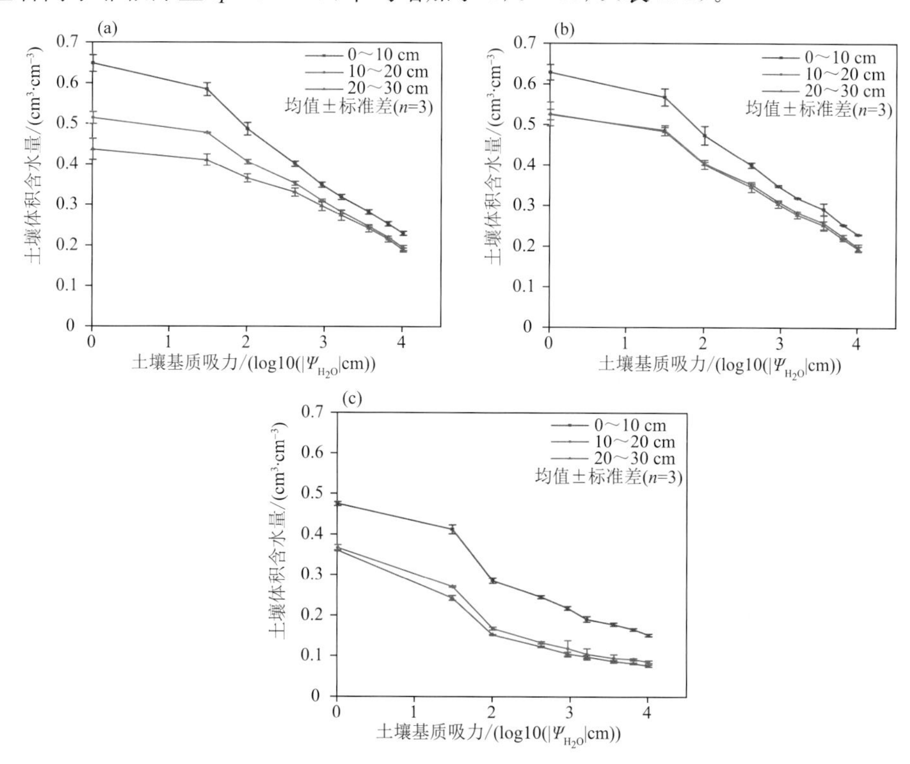

图2.52　三个研究站点0～30 cm土壤水分特征曲线

注：结果用均值±标准差表示

(a)玛曲站；(b)阿柔站；(c)那曲站

浅层土壤中密集的根系通过堵塞土壤原有孔隙，有效地阻止了水分向深层土壤移动(Barley，1954；Meek et al.，1990；Bruand et al.，1996；Archer et al.，2002)，同时增加了土壤的垂直异质性(Cucci et al.，2018)。一系列实验室实验也证明了当根系在土壤中密度较高时，土壤导水率降低(Morgan，2007)。这部分解释了我们的研究结果：高寒草地根际土壤的饱和导水率显著低于非根际土壤的2～3倍(图2.53)。我们发现土壤性质和植被参数，包括土壤质地、土壤容重、土壤孔隙度和根系生物量，对土壤饱和导水率具有显著影响(表2.2)，这同样得到了其他研究的证实(Bruand et al.，1996；Morio et al，2003；Bronick et al，2005；Kalhoro et al.，2018)。逐步回归分析的结果进一步表明，根系生物量(RB)和土壤孔隙度(SP)对土壤饱和导水率K_{sat}的变化起重要作用：

$$K_{sat} = -0.04 \times SP - 2.767 \times 10^{-7} \times RB + 0.03 \quad (p < 0.01; R^2 = 0.953; n = 27) \tag{2.7}$$

这与Kroener等(2014)的研究结果相似，后者发现植物根系释放的黏液浓度与土壤饱和导水率存在很强的相关性。Lipiec等(2006)也证实了土壤孔隙度作为土壤水分储存、保持和运移的空间，与土壤水力学性质密切相关。

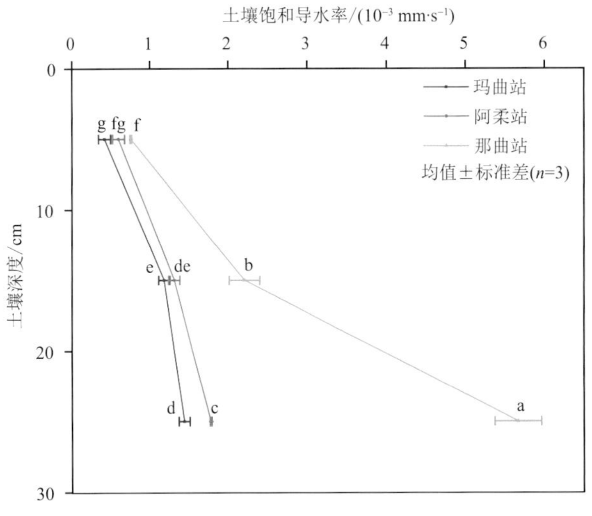

图2.53　三个研究站点土壤饱和导水率的垂直分布

注：结果用均值±标准差表示。图中不同的小写字母表示不同土壤层之间土壤饱和导水率差异显著性($p<0.05$)

表2.2　土壤饱和导水率与土壤理化性质的皮尔逊相关系数

相关系数	土壤饱和导水率	根系生物量	有机质	孔隙度	容重	砂粒	粉粒	黏粒
土壤饱和导水率	1	**	**	**	**	**	*	**
根系生物量	−0.93	1	**	**	**	**		**
有机质	−0.96	0.92	1	**	**	**	**	**
孔隙度	−0.96	0.89	0.95	1	**	**	*	**
容重	0.96	−0.92	−0.96	−0.98	1	**	*	**
砂粒	0.94	−0.90	−0.93	−0.97	0.99	1	*	**
粉粒	−0.45	0.40	0.60	0.51	−0.48	−0.44	1	*
黏粒	−0.87	0.73	0.84	0.93	−0.91	−0.93	0.48	1

注：* $p<0.05$，** $p<0.01$。

我们的结果表明，根际土的导热率明显低于非根际土(图 2.54)，这可能是因为植物根系相比于矿物质颗粒具有较差的导热性。作为内部多孔的有机物质，植物根系的导热率(0.4 W·m^{-1}·K^{-1}；辛旋，2016)显著低于土壤矿物质颗粒(石英为 7.7 W·m^{-1}·K^{-1}，其他土壤矿物质为 3 W·m^{-1}·K^{-1}；de Vries，1963；Tabil et al.，2003；Chen et al.，2012)。土壤中含有大量的根系意味着矿物质颗粒或土壤有机质将被这种导热性较低的多孔有机物质所替代，热量在矿物质颗粒之间的传导也将被大大降低。除此之外，植物根系还可以通过改变矿物质颗粒之间的接触程度影响根际土的导热率。Gyssels 等(2005)认为，植物根系通过改变土壤的孔隙结构降低了土壤容重，这种变化会阻碍土壤中连续水膜的形成，增加充气孔隙的比例。因此，根系的存在减少了土壤颗粒之间的接触点(Fu et al.，2020)，导致根际土的导热率减小。

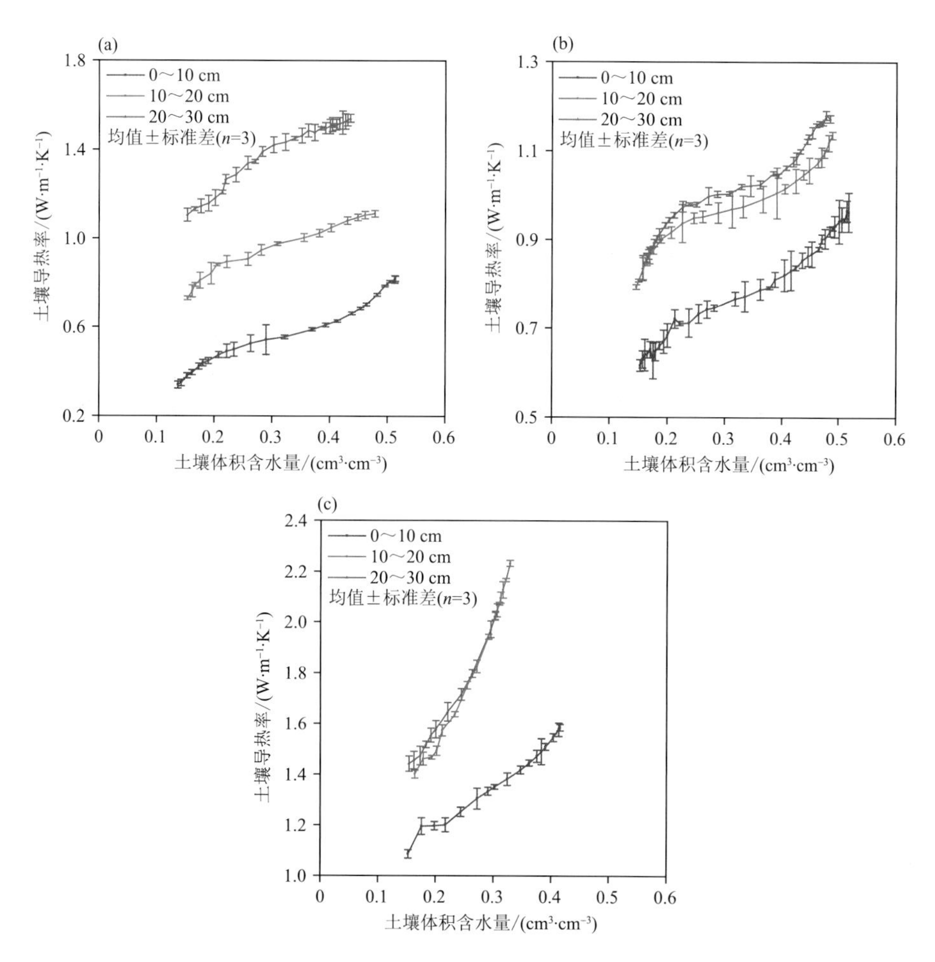

图 2.54　三个研究站点 0～30 cm 土壤导热率随含水量的变化

注：结果用均值±标准差表示

(a)玛曲站；(b)阿柔站；(c)那曲站

(2)高寒草地根系生物量数据集的建立

Xia 等(2014)根据 1982—2006 年全球净初级生产力(global NPP)数据库和中国北方 22

个站点数据，以及24篇文献中补充的数据发展了一套全球草原地上生物量碳分布数据集。我们利用该数据集及草地生物量转换因子0.5(Fang et al.，2007)得到青藏高原高寒草地地上生物量数据，并通过Yang等(2009)的根冠比公式最终得到青藏高原高寒草地根系生物量数据集(朱晗晖，2018)。由图2.55b可知，青藏高原高寒草原根系生物量数据集在高原区域的分布自西向东呈逐渐增大趋势，其中，在高原西部根系生物量普遍较低，在0.25 kg·m^{-2}以下；在高原中部地区为0.5～1.25 kg·m^{-2}；最大值出现在高原东部35°N附近，可达2 kg·m^{-2}左右。与美国国家航空与航天局(National Aeronautics and Space Administration，NASA)发布的2010年全球地下生物量碳密度图(Global Belowground Biomass Carbon Density Maps for the Year 2010，Spawn et al.，2020)在青藏高原地区高寒草地地下生物量空间分布(已利用生物量转换因子转换为根系生物量)(图2.55a)相比可知，在高原的中、东部地区，属于高原亚寒带湿润、半湿润区，下垫面类型主要为高寒草甸、高寒草原，该数据集与NASA数据的空间分布及大小较为一致；但是在高原的西北部，属于高原亚寒带干旱区，多为荒漠、半荒漠区域，植被较为稀疏，NASA数据明显偏高(郑景云 等，2013；朴世龙 等，2019)。综上所述，青藏高原高寒草地根系生物量数据集较为真实地反映了高原区域高寒草地根系空间分布。

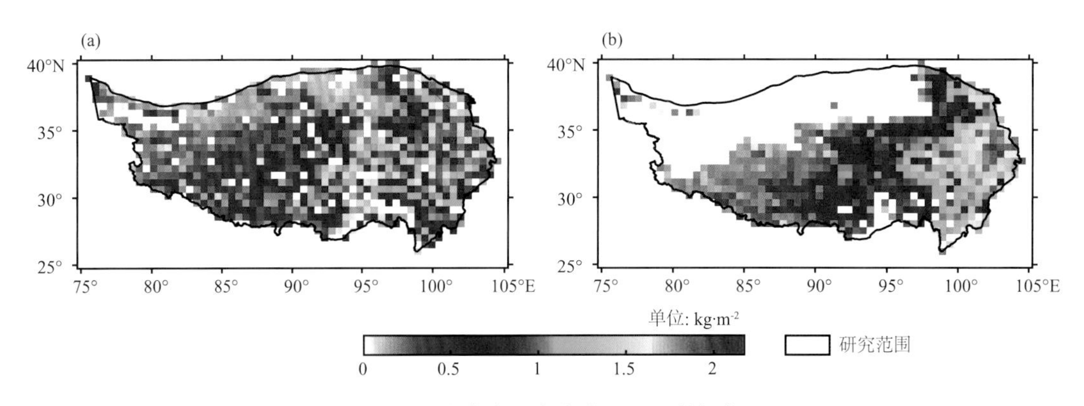

图2.55 青藏高原高寒草地根系数据集

(a)NASA数据集；(b)本节使用数据集

为了能够较为真实地再现青藏高高寒草地根系在逐层土壤中的分布状况，我们对比分析了Jackson方案(Jackson et al.，1996)和CLM4.5方案(Zeng，2001)两种根系分布模型。

(1)Jackson方案：

$$Y = 1 - \beta^{100z} \tag{2.8}$$

式中，β为经验参数，此处取0.943；z为土壤深度，单位为m。

(2)CLM4.5方案：

$$Y = 1 - 0.5(e^{-az} + e^{-bz}) \tag{2.9}$$

式中，a、b为经验参数，此处分别取11、2；z为土壤深度，单位为m。

在两种方案中，高寒草地的根系含量都主要集中在30 cm以上，且随着土壤深度的增加逐层根系含量呈现出先增加后减少的趋势(图2.56b)。相比于CLM4.5方案，Jackson方案根系分布更加浅层化，即Jackson方案中根系在浅层土壤累积得更多。而在深层土壤，Jackson方案下根系逐层权重也下降得更快(图 2.56a)。故 Jackson 方案更符合青藏高原高寒草地根系在土壤中的分布状况。

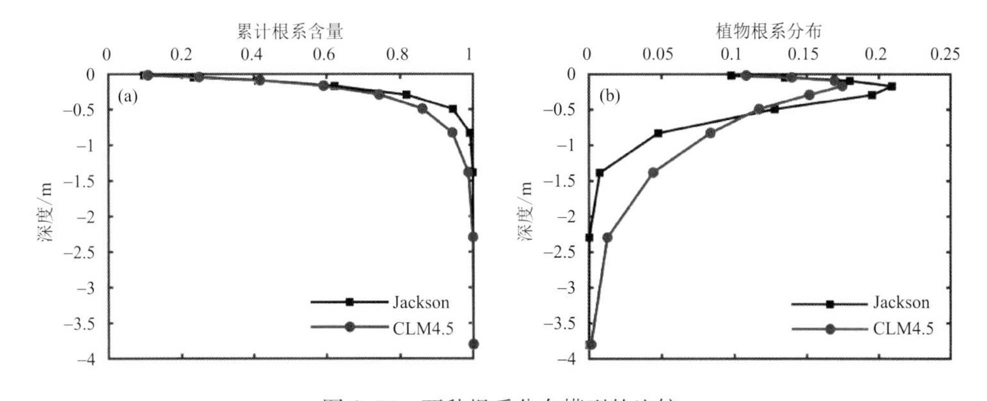

图 2.56　两种根系分布模型的比较

(a)根系在土壤中的累计分布;(b)根系在土壤中的逐层分布

综上所述,青藏高原高寒草地单位体积土壤内根系所占体积百分比公式为:

$$f_{\mathrm{root},i} = [M_{\mathrm{root}}(\beta^{100z_{h,i-1}} - \beta^{100z_{h,i}})/\Delta z_i]/\rho_{\mathrm{root}} \qquad i = 1,\cdots,10 \tag{2.10}$$

式中,$f_{\mathrm{root},i}$为第 i 层土壤根系所占的体积(单位:$m^3 \cdot m^{-3}$);M_{root}为单位面积土壤内根系的质量(单位:$kg \cdot m^{-2}$);β为 Jackson 根系分布模型的经验参数,此处取 0.943;Δz_i为第 i 层土壤的厚度(单位:m);$z_{h,i}$为第 i、$i+1$ 层土壤之间的界面深度(单位:m),$z_{h,0}=0$;ρ_{root}为高寒草地根系密度,取 175 $kg \cdot m^{-3}$(Birouste et al., 2014)。总体上讲,f_{root}主要集中在 0~30 cm 内(前 6 层土壤),其空间分布呈自西向东逐渐增大的趋势,较为真实地反映了青藏高原高寒草地根系的空间分布状况。其中,最大值出现在高原东部浅层土壤中(0~10 cm),在 0.04~0.075 $m^3 \cdot m^{-3}$之间;高原中部,在 0~30 cm 土壤深度内,各层土壤 f_{root}普遍低于高原东部,在 0.01~0.05 $m^3 \cdot m^{-3}$之间;最小值出现在高原西部区域。与此同时,f_{root}随土壤深度的增加呈指数级下降,30 cm 土壤以下几乎为 0(图 2.57)。

2.5.2　高原含根土壤水热属性算法改进

为了在 CLM4.5 模式中体现高寒草地根系对土壤水热性质参数的影响,我们假设每层土壤由根系、土壤有机质和矿物质颗粒所组成,即土壤的水热性质被假设为矿物质土壤、纯有机质土壤以及根系水热性质的加权组合。

(1)土壤饱和含水量

CLM4.5 定义的饱和含水量(孔隙度)为:

$$\Theta_{\mathrm{sat},i} = (1 - f_{\mathrm{om},i})\Theta_{\mathrm{sat,min},i} + f_{\mathrm{om},i}\Theta_{\mathrm{sat,om}}$$

式中,$f_{\mathrm{om},i}$被定义为第 i 层土壤中有机质所占的部分,即 $f_{\mathrm{om,i}}=\rho_{\mathrm{om},i}/\rho_{\mathrm{om,max}}$, $\rho_{\mathrm{om},i}$为第 i 层土壤中有机质密度(单位:$kg \cdot m^{-3}$),$\rho_{\mathrm{om,max}}$为土壤有机质的最大密度,取值为 130 $kg \cdot m^{-3}$;$\Theta_{\mathrm{sat,min},i}$为第 i 层土壤中矿物质颗粒的饱和体积含水量:

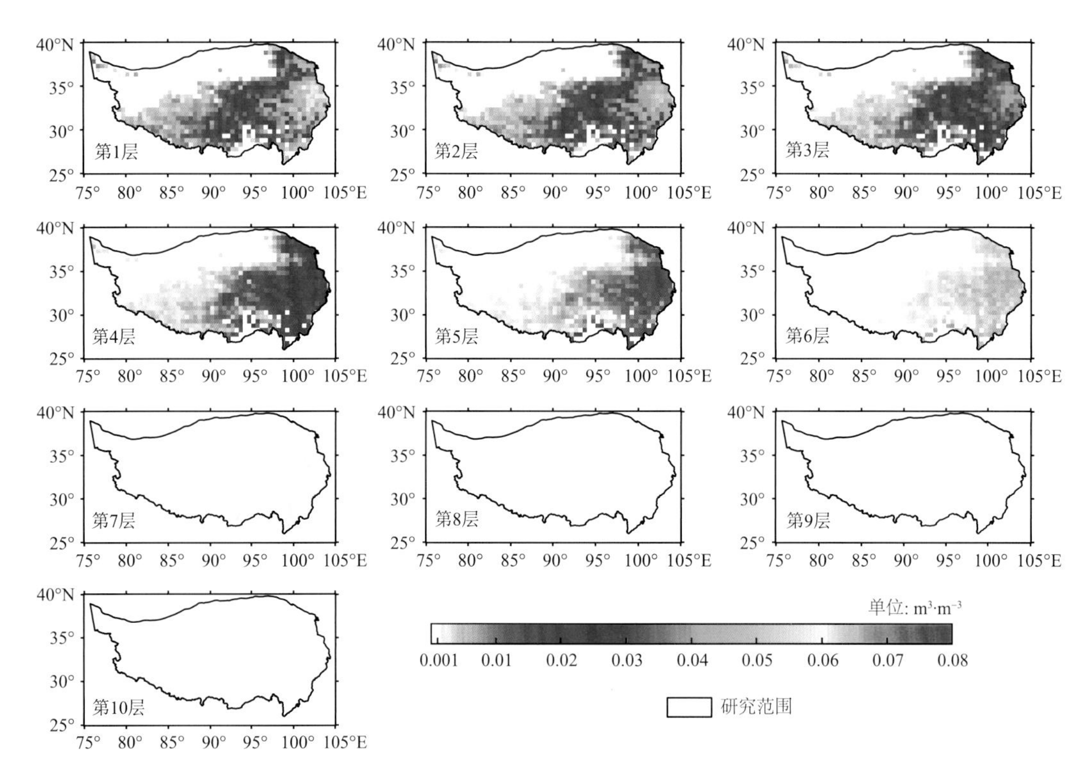

图 2.57　高寒草地根系体积的垂直分布

$$\Theta_{sat,min,i} = 0.489 - 0.00126(\%sand)_i$$

式中，%sand 为土壤沙粒百分比。

$\Theta_{sat,om}$为土壤有机质的饱和含水量，取值为 0.9 m^3 · m^{-3}(Clapp et al.，1978；Cosby et al.，1984 ；Lawrence et al.，2008)。加入根系后，

$$\Theta_{sat,i} = (1 - f_{om,i} - f_{root,i})\Theta_{sat,min,i} + f_{om,i}\Theta_{sat,om} + f_{root,i}\Theta_{sat,root}$$

式中，$\Theta_{sat,root}$为植被根系的饱和含水量，取值为 0.5 m^3 · m^{-3}(Glinski et al.，1990)。

(2)土壤饱和基质势

CLM4.5 定义的饱和基质势为：

$$\psi_{sat,i} = (1 - f_{om,i})\psi_{sat,min,i} + f_{om,i}\psi_{sat,om}$$

式中，$\psi_{sat,om}$被定义为土壤有机质的饱和基质势，取值为－10.3 mm(Letts et al.，2000)；矿物质颗粒的饱和基质势 $\psi_{sat,min,i}$为：

$$\psi_{sat,min,i} = -10.0 \times 10^{1.88 - 0.0131(\%sand)_i}$$

加入根系后，

$$\psi_{sat,i} = (1 - f_{om,i} - f_{root,i})\psi_{sat,min,i} + f_{om,i}\psi_{sat,om} + f_{root,i}\psi_{sat,root}$$

式中，$\psi_{sat,root}$为植被根系的饱和基质势，取值为－5000 mm(Glinski et al.，1990)。

(3)土壤孔隙大小分布指数(以下简称 B 指数)

CLM4.5 定义的 B 指数为：

$$B_i = (1 - f_{om,i})B_{min,i} + f_{om,i}B_{om}$$

式中，$B_{om}=2.7$(Letts et al.，2000)。加入根系后，

$$B_i = (1-f_{om,i}-f_{root,i})B_{min,i}+f_{om,i}B_{om}+f_{root,i}B_{root}$$

式中，$B_{root}=16$ 根据青藏高原高寒草原下垫面实测土壤水分特征曲线和 Clapp 等(1978)相关结论得到。

(4)土壤导水率

Or 等(2007)通过室内实验发现含根系土壤饱和导水率相较于非根际土而言降低了 3 个数量级。基于此，我们根据高寒草地根系含量定义了一个经验参数 a：$a=f_{root,i}/0.1$，$a<1$。故考虑根系后，$K_{sat,i}=10^{-4a}k_{sat,i}$，式中，$k_{sat,i}$ 为 CLM4.5 土壤饱和导水率方案。同时，由于根系分泌的黏液含有脂类，在含水量较低的情况下会改变它们的构型，导致暴露出其疏水表面，增加了土壤导水率；而在含水量高的情况下，黏液表现为亲水性，增加了土壤的持水性，减小了土壤导水率(Carminati et al.，2010，2013a；Ahmed et al.，2014；Kroener et al.，2014，2016)。即在饱和度低的情况下，根际土的导水率与 CLM4.5 方案较为接近，根系影响小；在饱和度高的情况下，根际土的导水率显著降低，根系影响大。故考虑根系后，土壤导水率方案：

$$K = 10^{-4aS_{r,i}}k_{sat,i}S_{r,i}^{2B_i+3}$$

式中，$S_{r,i}=\theta_i/\theta_{sat,i}$，为土壤饱和度。

(5)土壤导热率

CLM4.5 定义的土壤导热率为：

$$\lambda_i = K_{e,i}\lambda_{sat,i}+(1-K_{e,i})\lambda_{dry,i}$$

式中，土壤干导热率 $\lambda_{dry,i}$、饱和导热率 $\lambda_{sat,i}$ 依赖于土壤机械组成和有机质含量。土壤干导热率 $\lambda_{dry,i}$ 为：

$$\lambda_{dry,i} = (1-f_{om,i})\lambda_{dry,min,i}+f_{om,i}\lambda_{dry,om}$$

式中，矿物质颗粒的干导热率 $\lambda_{dry,min,i}=\dfrac{0.135\rho_{d,i}+64.7}{2700-0.947\rho_{d,i}}$，$\rho_{d,i}=2700(1-\theta_{sat,min,i})$ 为土壤颗粒的容重(Johansen，1977)；$\lambda_{dry,om}$ 为土壤有机质的干导热率，取值为 0.05 $W\cdot m^{-1}\cdot K^{-1}$(Farouki，1981)。考虑根系后，

$$\lambda_{dry,i} = (1-f_{om,i}-f_{root,i})\lambda_{dry,min,i}+f_{om,i}\lambda_{dry,om}+f_{root,i}\lambda_{dry,root}$$

式中，$\lambda_{dry,root}=0.04$ $W\cdot m^{-1}\cdot K^{-1}$(辛旋，2016)。

土壤饱和导热率 $\lambda_{sat,i}$ 为：

$$\lambda_{sat,i} = \lambda_{s,i}^{1-\theta_{sat,i}}\lambda_{liq}^{\theta_{sat,i}}\lambda_{ice}^{\theta_{sat,i}-\theta_{liq,i}}$$

式中，λ_{liq}、λ_{ice} 为液态水、冰的导热率；$\theta_{liq,i}$ 为土壤液态水体积含水量；$\lambda_{s,i}$ 为土壤固相的导热率：

$$\lambda_{s,i} = (1-f_{om,i})\lambda_{s,min,i}+f_{om,i}\lambda_{s,om}$$

式中，土壤矿物质的饱和导热率 $\lambda_{s,min,i}=\dfrac{8.80(\%sand)_i+2.92(\%clay)_i}{(\%sand)_i+(\%clay)_i}$，%sand 为土壤沙粒百分比，%clay 为土壤黏粒百分比；$\lambda_{s,om}=0.25$ $W\cdot m^{-1}\cdot K^{-1}$(Farouki，1981)。考虑根系后，

$$\lambda_{s,i} = (1-f_{om,i}-f_{root,i})\lambda_{s,min,i}+f_{om,i}\lambda_{s,om}+f_{root,i}\lambda_{s,root}$$

式中，$\lambda_{s,root}=0.4$ $W\cdot m^{-1}\cdot K^{-1}$(辛旋，2016)。

Kersten 数是有关土壤饱和度和水分位相的方程，对于未冻土：

$$K_{e,i} = \log(S_{r,i}) + 1$$

对于冻土：$K_{e,i} = S_{r,i}$。

(6)土壤体积热容量

由于土壤是多种物质组成的混合体，其体积热容量为所有组成成分的体积热容量之和。CLM4.5 定义的土壤体积热容量为：

$$c_i = c_{s,i}(1-\theta_{sat,i}) + w_{liq,i}C_{liq} + w_{ice,i}C_{ice}$$

式中，$w_{liq,i}$、$w_{ice,i}$分别为第 i 层土壤中液态水和冰的含量(单位：$kg \cdot m^{-3}$)；C_{liq}、C_{ice}分别为液态水、冰的比热容(单位：$J \cdot kg^{-1} \cdot K^{-1}$)；$c_{s,i}$被定义为：

$$c_{s,i} = (1-f_{om,i})c_{s,min,i} + f_{om,i}c_{s,om}$$

式中，$c_{s,min,i} = \frac{2.128(\%sand)_i + 2.385(\%clay)_i}{(\%sand)_i + (\%clay)_i} \times 10^6$，$c_{s,om} = 2.5 \times 10^6 \ J \cdot m^{-3} \cdot K^{-1}$ (Farouki，1981)。加入根系后，

$$c_{s,i} = (1-f_{om,i}-f_{root,i})c_{s,min,i} + f_{om,i}c_{s,om} + f_{root,i}c_{s,root}$$

由于植被根系中富含纤维素，故我们假设纤维素的体积热容量为根系的体积热容量，$c_{s,root} = 3.6 \times 10^6 \ J \cdot m^{-3} \cdot K^{-1}$(Jones，2013)。

(7)新方案与 CLM4.5 原方案的比较

图 2.58 为考虑根系后土壤水热性质各参数化方案与原方案在青藏高原 0～10 cm 土壤平均差值的空间分布。相比于原方案，新方案的土壤饱和含水量在根系含量较高的高原东部地区呈显著增大趋势，在 0.0028～0.004 $cm^3 \cdot cm^{-3}$之间；在高原中部地区，其增加范围在 0.001～0.002 $cm^3 \cdot cm^{-3}$之间；在高原西部地区，由于根系分布稀疏，其数值大小与原方案较为接近(图 2.58a)。B 指数随根系含量在高原区域的分布(图 2.58b)自西向东呈逐渐增大趋势。与土壤饱和含水量相似，土壤饱和基质势在根系具有明显分布的高原中、东部地区普遍呈增大趋势，其范围分别在 50～150 mm、170～230 mm 之间(图 2.58c)。土壤饱和导水率在高原区域自西向东呈减小趋势，其中最小值出现在高原东部 35°N 附近，较原方案低 1 个数量级左右(图 2.58d)。土壤固相的干导热率和饱和导热率在整个高原区域均呈减小趋势，其中在高原东部其范围分别为 0.0043～0.005 $W \cdot m^{-1} \cdot K^{-1}$、0.045～0.082 $W \cdot m^{-1} \cdot K^{-1}$；在高原中部为 0.001～0.0085 $W \cdot m^{-1} \cdot K^{-1}$、0.01～0.045 $W \cdot m^{-1} \cdot K^{-1}$；而在高原西部地区，其与原方案的差异不明显(图 2.58e、f)。土壤固相的体积热容量则与土壤固相的导热率的变化趋势相反，高值区域出现在高原东部地区，在 2.9×10^4～$5.2\times10^4 \ J \cdot m^{-3} \cdot K^{-1}$之间(图 2.58g)。

大量研究证实，当植物根系存在时，土壤毛细管力随着土壤大孔隙、中孔隙向微孔隙的转变而增大，故根际土相较于非根际土能够维持更多的水分(Dexter，1987；Bengough，2012)。土壤中高密度细根(根径<2 mm)往往在消除土壤大孔隙的同时增加孔隙体积和饱和含水量(Lu et al.，2020)。除此之外，浅层土壤中密集的根系通过堵塞土壤原有孔隙，有效地阻止水分向深层土壤下渗(Bruand et al.，1996；Archer et al.，2002)。在土壤水力学性质参数化方案中考虑根系的作用后，模式计算得到的相关土壤水力学参数(图 2.58a—d)与前述文献以及

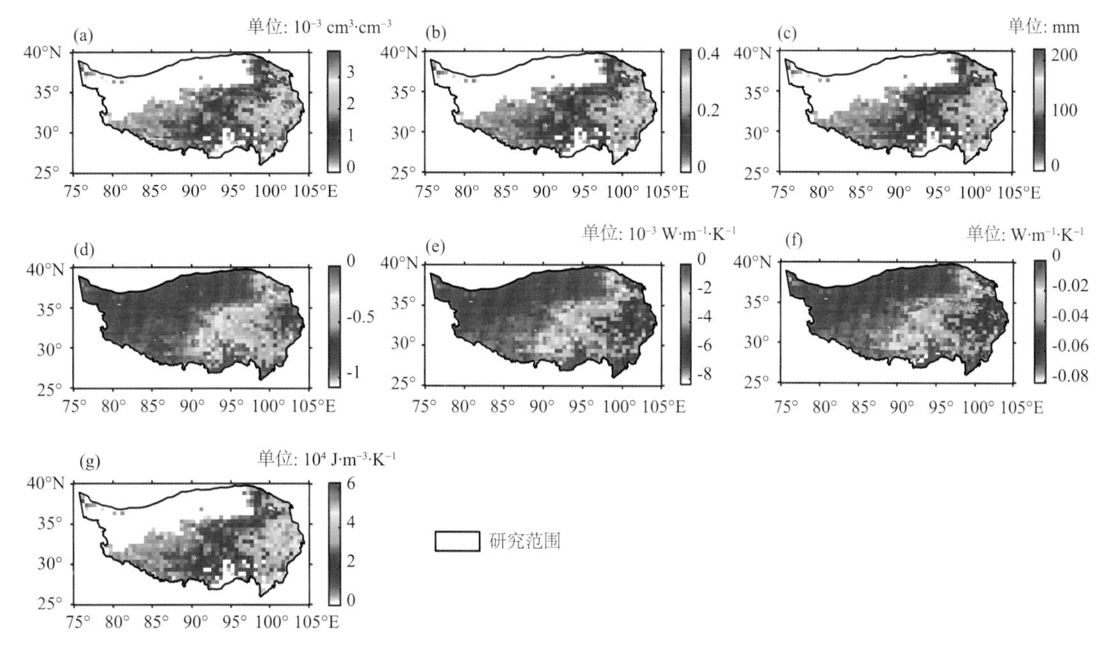

图 2.58 新方案与原方案在 0～10 cm 土壤的差值

(a)土壤饱和含水量;(b)B 指数;(c)土壤饱和基质势;(d)土壤饱和导水率;(e)土壤固相干导热率;(f)土壤固相饱和导热率;(g)土壤固相体积热容量

结论较为一致,故证明了新方案具有一定的合理性。

作为内部多孔的有机物质,植物根系自身的热性质显著区别于土壤矿物质颗粒。研究表明,根系的体积热容量约为 3.6×10^6 J·m^{-3}·K^{-1},其显著高于土壤矿质颗粒的平均热容量(1.9×10^6 J·m^{-3}·K^{-1})和土壤有机质的热容量(2.5×10^6 J·m^{-3}·K^{-1})(Farouki,1981;Jones,2013)。在不考虑根系改变土壤容重的情况下,一定体积根系的加入意味着一部分矿物质颗粒或土壤有机质会被这种具有较高热容量的多孔有机质物质代替。由此可以推断,在一定含水量和容重的情况下,土壤固相的体积热容量随根系的加入而提高(图 2.58g)。与此同时,本研究使用的植物根系导热率为 0.4 W·m^{-1}·K^{-1},其明显低于石英(7.7 W·m^{-1}·K^{-1})和 5 ℃纯水(0.57 W·m^{-1}·K^{-1})的导热率(Farouki, 1981;辛旋,2016)。相比于矿物质颗粒,植物根系的导热性较差。因此,在不考虑土壤含水量变化的情况下,根系的存在通过改变矿物质颗粒之间的接触程度使得热量在土壤中的传导被大大降低,进而导致土壤固相的干导热率、饱和导热率下降(图 2.58e、f)。

2.5.3 高原含根土壤水热属性参数化的影响

(1)土壤水热性质

虽然在其他区域开展了一些类似的研究,但是他们通常通过实验建立起植物根系与土壤水热性质之间相对简单的回归关系。上述研究可以为预测根系对土壤水热性质的影响提供一种直接的方法。然而,这些方案中的一些经验参数,特别是根系形态学参数(如根系表面积、根长密度及比根长等),不易在实验中获得,因此,限制了其在陆面过程模式中的应用。与其他研究相比,我们通过引入根系体积比 f_{root} 对 CLM4.5 模式原有土壤水热性质参数化方案进行修改,从而实现了含根系土壤水热性质参数化方案与陆面过程模式的耦合。

我们的结果显示新方案模拟得到的土壤导水率与原方案相比呈现出一定的季节变化(图 2.59)。Hu 等(2009)研究发现冬季土壤的冻结程度是导致导水率增加的主要原因。本节中,在土壤冻结阶段,由于根系的存在导致土壤被冰堵塞的孔隙数目减少(图 2.60),即新方案模拟得到的土壤导水率高于原方案,平均增加了 0.14(玛曲站)、0.26(阿柔站)、1.07(那曲站)个数量级。而在土壤非冻结阶段,已有研究发现根系及其产生的有机质和黏液通过填充土壤孔隙空间导致导水率减少(Lichner et al.,2011;Song et al.,2017),故新方案明显低于原方案,平均减小了 0.35(玛曲站)、0.48(阿柔站)、1.11(那曲站)个数量级,新方案能够有效地阻碍土壤水分向下运移。众所周知,植物蒸腾作用产生的根吸水过程会增加土壤吸力(Leung et al.,2013)。大量的实验室实验和数值模拟分析也证实了根际土相比于非根际土具有更高的基质吸力(Simon et al.,2002;Garg et al.,2015; Leung et al.,2015)。在各研究站点,新方案模拟得到的 0~10 cm 土壤基质势普遍低于原方案(图 2.61),平均减小了 0.90×10^5 mm(玛曲站)、0.84×10^5 mm(阿柔站)、2.48×10^5 mm(那曲站),有利于该层土壤水分的保持。

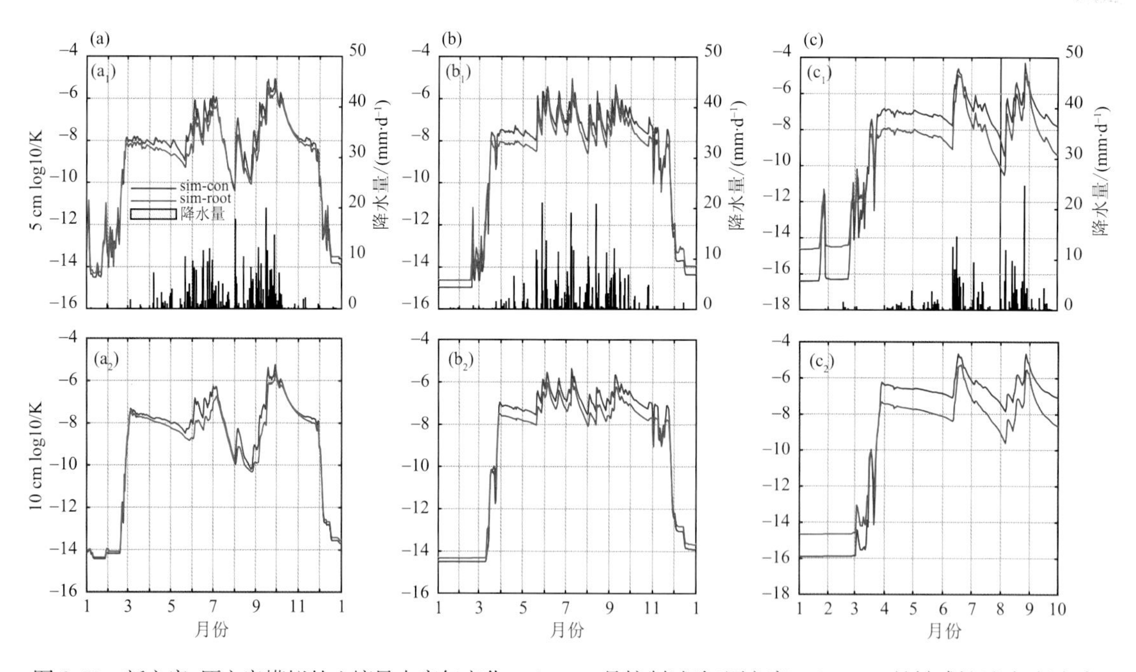

图 2.59 新方案、原方案模拟的土壤导水率年变化。sim-con 是控制试验(原方案),sim-root 是敏感性试验(新方案)
(a)玛曲站;(b)阿柔站;(c)那曲站

一般来说,当植物根系占据部分土壤体积时,由于根系中存在水分,使得土壤含水量较高(Gerke et al.,2007)。根际土的高含水量导致其具有更大的体积热容量,这主要是因为水的热容量(4.18×10^6 J·m^{-3}·K^{-1})明显高于土壤固相和气相(Fu et al.,2020)。新方案模拟得到

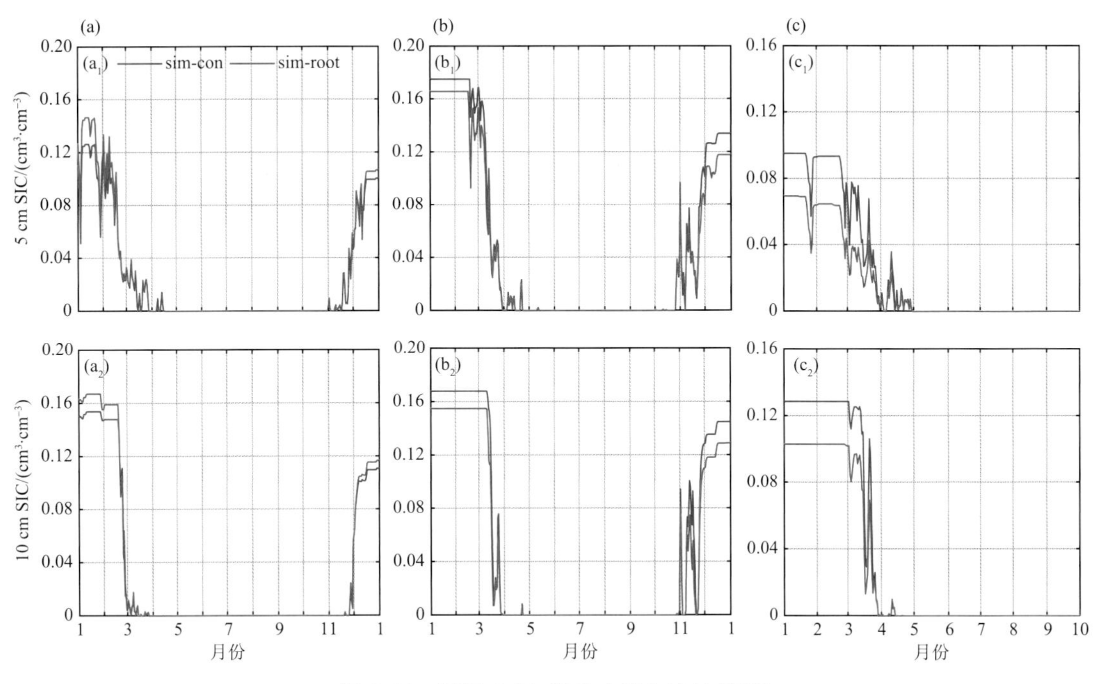

图 2.60　同图 2.59,但为土壤含冰量(SIC)

(a)玛曲站;(b)阿柔站;(c)那曲站

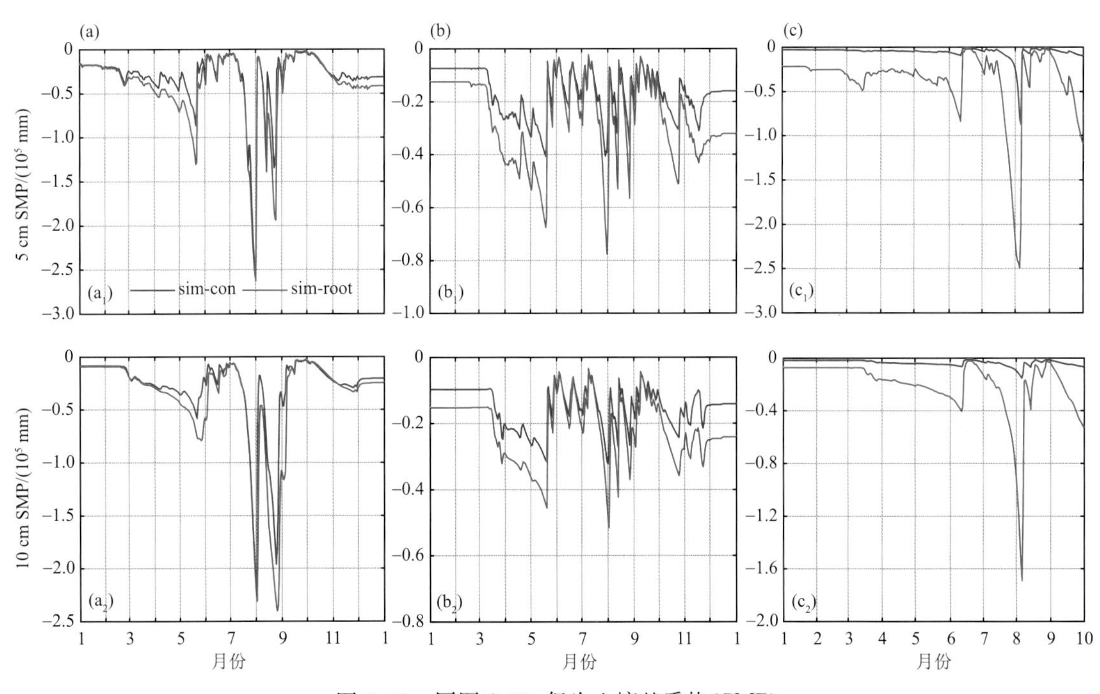

图 2.61　同图 2.59,但为土壤基质势(SMP)

(a)玛曲站;(b)阿柔站;(c)那曲站

的土壤体积热容量在整个年周期内均高于原方案,平均增加了 0.16×10^6 J·m^{-3}·K^{-1}(玛曲站)、0.06×10^6 J·m^{-3}·K^{-1}(阿柔站)、0.07×10^6 J·m^{-3}·K^{-1}(那曲站),致使土壤蓄热能力

明显提升(图 2.62)。CLM4.5 使用的土壤导热率参数化方案是通过土壤含水量在干燥和饱和土壤导热率之间进行插值计算得到土壤导热率。因此,土壤水分作为影响土壤导热率变化的重要因素,已被广泛认可(Li et al., 2019;Du et al., 2020; He et al., 2020)。与土壤导水率相似,新方案模拟得到的土壤导热率与原方案相比呈现出一定的季节变化(图 2.63)。这主要是因为加入根系后,在土壤冻结阶段,土壤含冰量模拟减小(图 2.60),通常讲,冰的导热率($2.29\ W \cdot m^{-1} \cdot K^{-1}$)几乎是水的 4 倍,故新方案模拟得到的土壤导热率低于原方案;而在土壤非冻结阶段,由于土壤含水量的模拟值增加,土壤导热率的模拟值则高于原方案。

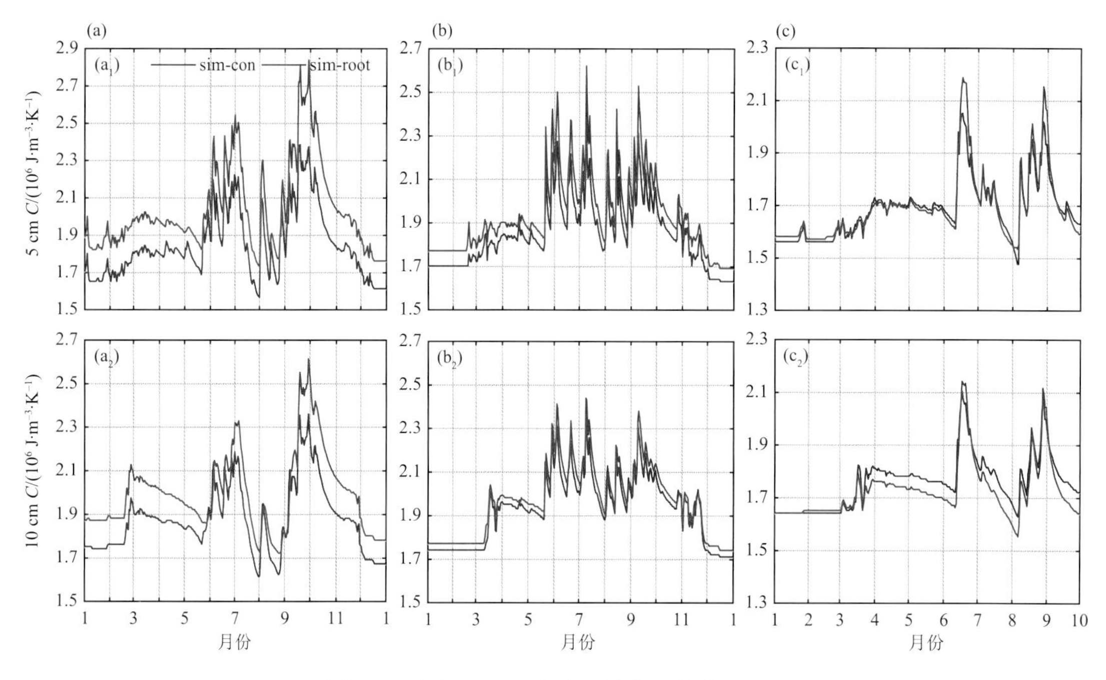

图 2.62 同图 2.59,但为土壤体积热容量(C)

(a)玛曲站;(b)阿柔站;(c)那曲站

(2)土壤含水量、温度

考虑根系的影响后,在根系生物量较高的高原东部地区(如 NST01、NST03、NST15,根系生物量为 $1.6 \sim 2.0\ kg \cdot m^{-2}$),新方案改进较为显著,其平均偏差分别减小 18.5%~56.6%,均方根误差减小 14.6%~45.6%。在高原北、中部地区(如峨堡、垭口、CD03、MS3482、L02、藏东南站),根系生物量为 $1.0 \sim 1.3\ kg \cdot m^{-2}$,新方案模拟得到的土壤含水量优于原方案,其平均偏差由原方案的 $-0.097\ cm^3 \cdot cm^{-3}$ 减小至新方案的 $-0.077\ cm^3 \cdot cm^{-3}$,均方根误差则由原方案的 $0.115\ cm^3 \cdot cm^{-3}$ 减小至新方案的 $0.099\ cm^3 \cdot cm^{-3}$。其中,相比于土壤冻结阶段,新方案在土壤非冻结阶段显著降低了土壤含水量的模拟偏差,改进效果更为明显。而在帕里,新方案虽然具有一定的改进,但是由于其根系生物量偏低(约 $0.8\ kg \cdot m^{-2}$),改进效果明显低于其他站点。综上所述,新方案普遍提升了青藏高原土壤非冻结阶段、土壤冻结阶段浅层土壤的含水量,有效地降低 CLM4.5 模式的模拟干偏差(图 2.64,表 2.3)。

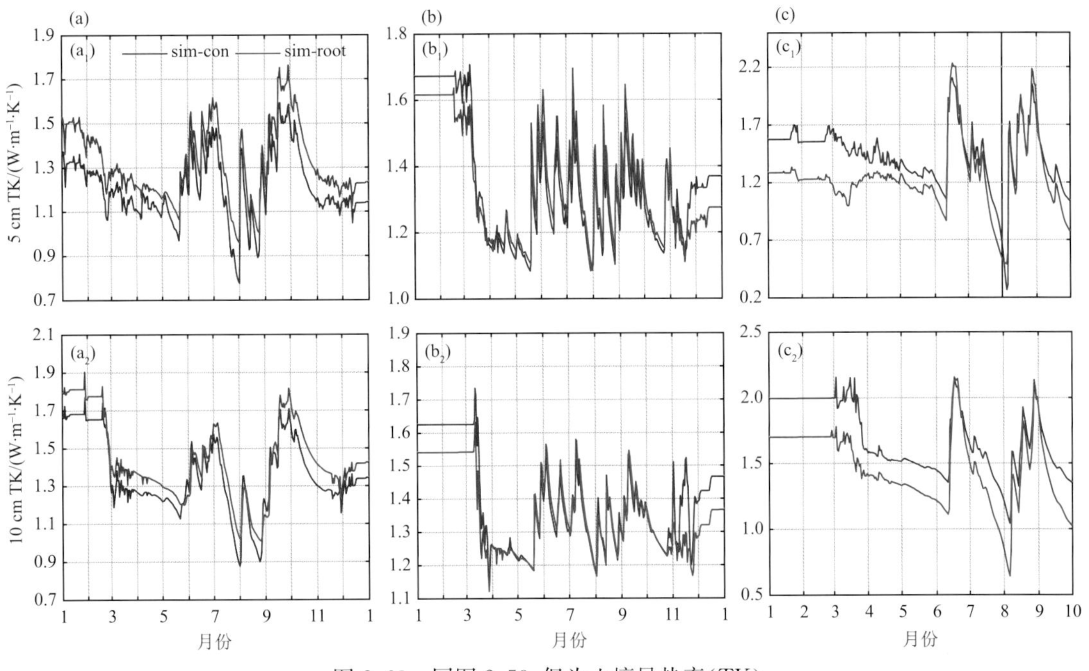

图 2.63　同图 2.59，但为土壤导热率（TK）

（a）玛曲站；（b）阿柔站；（c）那曲站

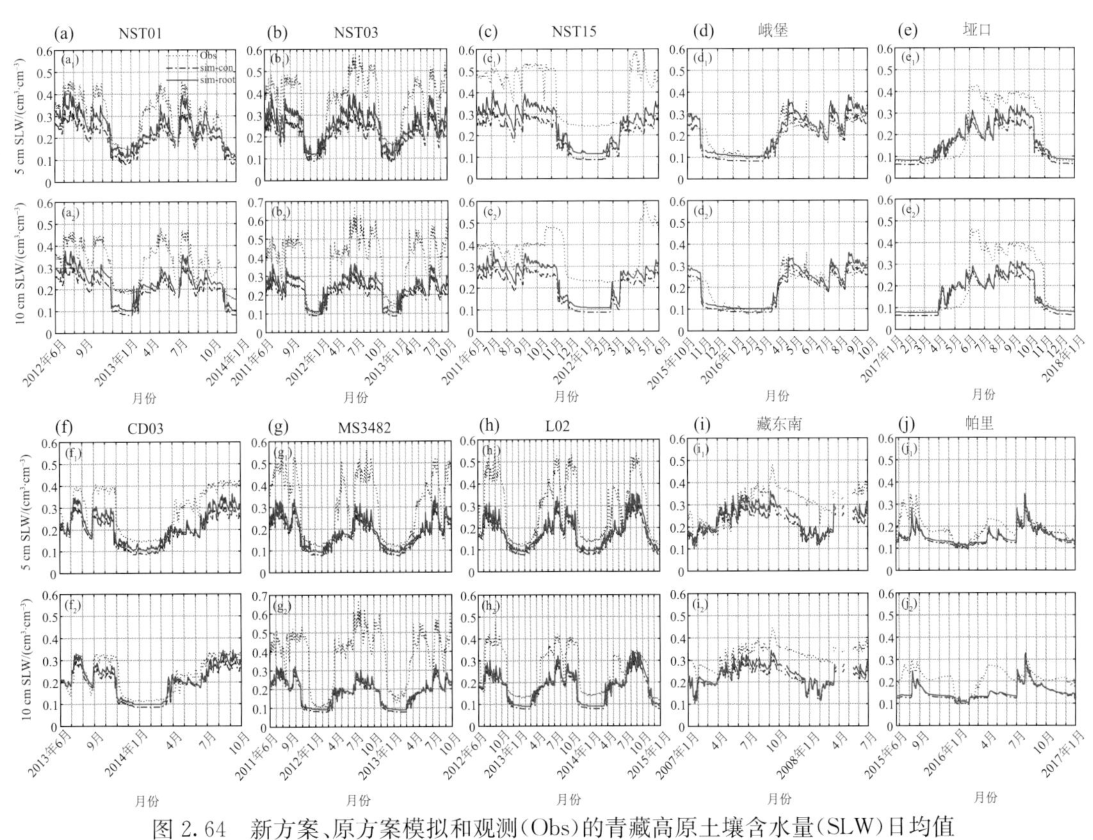

图 2.64　新方案、原方案模拟和观测（Obs）的青藏高原土壤含水量（SLW）日均值

表 2.3 青藏高原土壤含水量模拟值与观测值的平均偏差 MBE、均方根误差 RMSE 单位：$cm^3 \cdot cm^{-3}$

研究地点	土壤深度/cm	土壤非冻结				土壤冻结			
		原方案		新方案		原方案		新方案	
		MBE	RMSE	MBE	RMSE	MBE	RMSE	MBE	RMSE
NST01	5	−0.107	0.118	**−0.058**	**0.076**	−0.053	0.059	**−0.020**	**0.033**
	10	−0.130	0.137	**−0.095**	**0.105**	−0.087	0.090	**−0.063**	**0.067**
NST03	5	−0.179	0.187	**−0.129**	**0.139**	−0.041	0.051	**−0.009**	**0.032**
	10	−0.209	0.219	**−0.172**	**0.183**	−0.028	0.045	**−0.004**	**0.037**
NST15	5	−0.222	0.226	**−0.167**	**0.174**	−0.130	0.139	**−0.098**	**0.111**
	10	−0.165	0.184	**−0.126**	**0.151**	−0.108	0.120	**−0.083**	**0.101**
峨堡	5	−0.013	0.044	0.023	0.055	−0.026	0.030	**−0.003**	**0.016**
	10	−0.006	0.036	0.019	0.045	−0.020	0.037	**0.017**	**0.019**
垭口	5	−0.138	0.141	**−0.103**	**0.111**	−0.018	0.079	**0.003**	**0.075**
	10	−0.139	0.142	**−0.115**	**0.120**	−0.024	0.086	**−0.009**	**0.083**
CD03	5	−0.112	0.121	**−0.086**	**0.096**	−0.052	0.057	**−0.032**	**0.040**
	10	−0.042	0.058	**−0.025**	**0.045**	−0.020	0.032	**−0.005**	**0.027**
MS3482	5	−0.182	0.196	**−0.161**	**0.175**	−0.043	0.046	**−0.026**	**0.031**
	10	−0.244	0.258	**−0.230**	**0.245**	−0.059	0.066	**−0.046**	**0.055**
L02	5	−0.165	0.183	**−0.145**	**0.163**	−0.052	0.056	**−0.035**	**0.041**
	10	−0.109	0.124	**−0.095**	**0.112**	−0.048	0.053	**−0.035**	**0.042**
藏东南	5	−0.091	0.107	**−0.065**	**0.086**	−0.041	0.062	**−0.027**	**0.054**
	10	−0.099	0.106	**−0.081**	**0.089**	—	—	—	—
帕里	5	−0.049	0.061	**−0.041**	**0.055**	−0.011	0.015	**−0.001**	**0.011**
	10	−0.074	0.081	**−0.069**	**0.077**	−0.027	0.034	**−0.019**	**0.029**

注：表中黑色加粗数字表示改进效果明显。

新方案模拟得到的 0～10 cm 土壤温度也呈现出一定的季节变化，即在土壤冻结阶段，普遍高于原方案；而在土壤非冻结阶段，则低于原方案(图 2.65，表 2.4)。并且土壤温度在土壤冻结阶段的模拟效果要优于土壤非冻结阶段。这主要是由于相比于原方案，新方案在土壤冻结期间的低导热率(图 2.63)阻碍了土壤向空气释放更多的热量，而在土壤非冻结期间的高导热率促进了土壤热量向下传递所致。

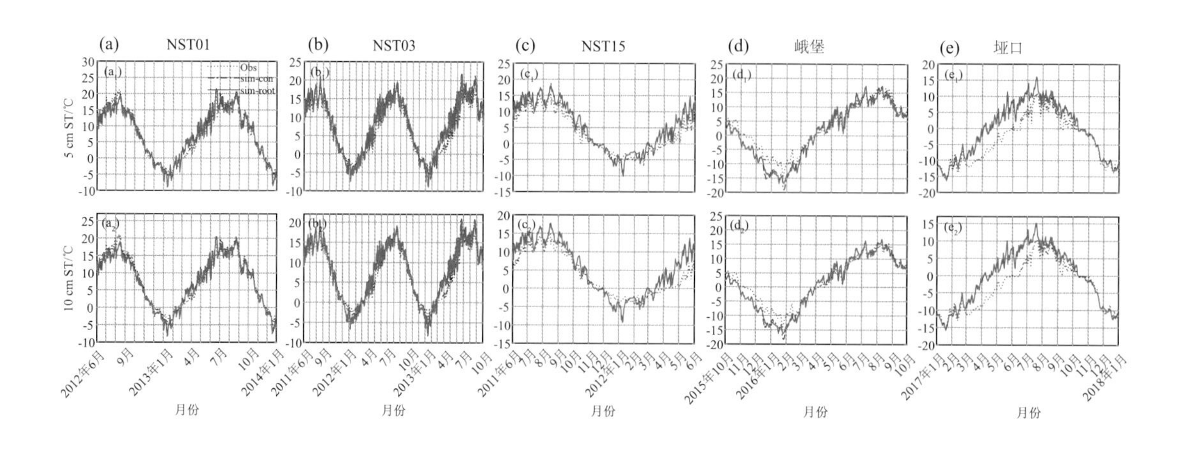

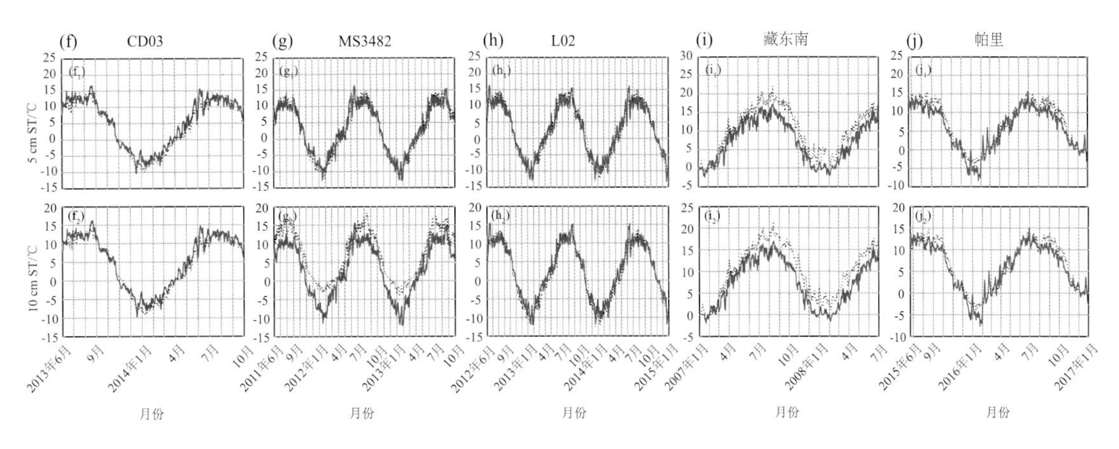

图 2.65 同图 2.64,但为土壤温度(ST)

表 2.4 青藏高原土壤温度模拟值与观测值的平均偏差、均方根误差

单位:℃

研究地点	土壤深度/cm	土壤非冻结				土壤冻结			
		原方案		新方案		原方案		新方案	
		MBE	RMSE	MBE	RMSE	MBE	RMSE	MBE	RMSE
NST01	5	0.012	1.953	**−0.010**	**1.919**	−0.428	1.671	**−0.359**	**1.620**
	10	−0.460	1.762	**−0.449**	**1.748**	−1.323	1.703	**−1.267**	**1.641**
NST03	5	1.493	2.227	**1.491**	**2.194**	−0.566	1.678	**−0.517**	**1.606**
	10	1.085	1.953	**1.081**	**1.929**	−1.228	1.842	**−1.207**	**1.790**
NST15	5	2.251	3.002	**2.242**	**2.964**	0.489	2.242	**0.434**	**2.230**
	10	2.169	3.137	**2.129**	**3.107**	−0.196	2.257	**−0.181**	**2.243**
峨堡	5	−0.552	2.009	**−0.534**	**1.971**	−3.329	3.855	**−3.248**	**3.784**
	10	−0.055	1.584	**−0.035**	**1.550**	−2.763	3.408	**−2.701**	**3.359**
垭口	5	2.847	3.515	**2.789**	**3.476**	3.114	4.546	**3.090**	**4.504**
	10	2.417	3.122	**2.367**	**3.009**	2.557	4.116	**2.513**	**4.021**
CD03	5	0.506	1.663	**0.479**	**1.653**	0.987	1.502	1.072	1.595
	10	0.453	1.492	**0.434**	**1.443**	0.821	1.327	0.920	1.425
MS3482	5	−0.396	1.789	−0.417	1.806	0.956	1.568	**0.914**	**1.523**
	10	−3.733	4.208	**−3.713**	**4.199**	−5.669	5.945	**−5.570**	**5.851**
L02	5	−0.564	2.003	**−0.552**	**1.986**	0.566	1.559	0.624	1.594
	10	−0.025	1.647	**−0.007**	**1.614**	0.916	1.679	0.981	1.726
藏东南	5	−3.033	3.491	−3.050	3.494	−0.261	1.193	**−0.224**	**1.152**
	10	−2.959	3.342	−2.976	3.346	—	—	—	—
帕里	5	−1.293	1.987	**−1.272**	**1.924**	−1.316	2.481	**−1.291**	**2.456**
	10	−0.883	1.695	**−0.858**	**1.645**	−0.877	2.243	**−0.835**	**2.203**

注:表中黑色加粗数字表示新方案相较原方案模拟效果存在改进。

2.6 本章小结

本章介绍了适用于青藏高原地区的大气和陆面参数化方案研究，主要包括了云微物理参数化、云辐射参数化、三维地形辐射参数化、湖泊过程参数化、高寒草地含根土壤水热属性参数化这五种方案在青藏高原地区的建立和应用。结果表明：

(1)对青藏高原地区积云与干空气之间的夹卷混合过程研究表明，使用平衡状态(夹卷进入云内的干空气达到饱和)的微物理量，对积云中夹卷混合过程进行了参数化的结果显示该地区的夹卷混合过程均匀程度整体较高，随着高度升高，夹卷混合机制从非均匀混合向均匀混合方向演变，这是由于低层云滴经历的凝结增长时间较短，更容易完全蒸发。其次，考虑到在实际情况下，云内夹卷混合过程存在瞬时状态，这种状态下的参数化结果表明，在夹卷混合过程中，斜率先增加后减小，截距和斜率呈现反向对称变化，夹卷混合发生的高度越低该趋势越明显，对应夹卷混合机制首先从均匀混合向非均匀混合发展，而后再向均匀混合方向演变。最后，揭示了影响夹卷混合机制演变的因子。当卷入的干空气相对湿度及湍流耗散率较大时，夹卷混合机制通常由均匀混合向非均匀混合转变。当干空气相对湿度及湍流耗散率较小时，夹卷混合机制通常在两种夹卷混合机制之间交替变化。

(2)利用临界相对湿度开展了云辐射参数化研究，根据临界相对湿度的纬向分布特征，将北半球划分成 4 个纬度带(0°～22.5°N、22.5°～45°N、45°～62.5°N、62.5°～82.5°N)。综合 4 个纬度带中临界相对湿度的变化特征开展参数化方案设计，最大程度地刻画出临界相对湿度的变化规律：一是在垂直方向上快速变化，优先选用指数函数；二是在部分纬度带出现双峰值，考虑两个指数函数的组合。另外，在青藏高原地区，我们评估了 CMIP6 多模式目前云辐射效应的模拟情况，结果表明，气候模式中云水路径的模拟偏差远大于云量的模拟偏差。在 6 个模式中，CESM2 是唯一同时高估液态水路径和低云量，但是高估短波云辐射效应的模式。各个模式之间云辐射效应的模拟受云水含量和云量模拟偏差影响的程度也有明显的差异。各模式几乎低估了除液态水路径较大或者云量较大的云型以外(除图 2.18 右上角以外部分)的所有云型的短波云辐射效应，最大偏差达到了 20 $W \cdot m^{-2}$；而普遍高估液态水路径较大或者云量较大的云型的云辐射效应。综合对比 6 个 CMIP6 模式对云的发生频率的模拟结果可知，GFDL-CM4 表现最好，大部分云发生频率的模拟偏差控制在±5%以内。

(3)将三维地形辐射参数化耦合到新一代气候系统模型 FGOALS-f2 的陆面分量中。离线试验表明，指出三维地形辐射效应对青藏高原具有空间差异和季节差异，其中对西部影响最大，地表感热通量的模拟差异最高可达 10 $W \cdot m^{-2}$。然后，利用“积雪-反照率”的正反馈效应，阐明了三维地形辐射方案在青藏高原产生陆面热力状况模拟差异的物理机制：高原西部三维地形辐射方案提高了地表净短波和温度，促进了积雪的消融，更进一步降低了地表反照率，增大了短波吸收，形成正反馈过程。因此，三维地形辐射效应在3月的高原西部影响最为显著。通过对比AMIP参考试验和耦合三维地形辐射方案的敏感性试验结果可知，三维地形辐射方案对陆面热状况和地-气热通量的模拟影响与在单独陆面模式下效果较为一致，主要差异发生在春末夏初的高原西部帕米尔高原，其地表净短波增加了25 W·m^{-2}以上的正差异，进而导致地表温度和感热通量分别增加了约0.5 K和10 W·m^{-2}。但与单独陆面模式模拟结果不一致的是，在地-气耦合模式中，该差异主要发生于5—6月，其原因在于模式本身对高原积雪厚度和积雪覆盖率存在比较大的正偏差，导致积雪的融化主要发生于5—6月。而通过完善三维地形辐射方案，FGOALS-f2在青藏高原地区的冷偏差的问题得到显著改善。

(4)利用耦合了湖泊模式的10 km分辨率WRF区域气候型精确量化和深入理解在全球变化背景下青藏高原地-气耦合时空变化规律和机制，着重量化湖泊过程在高原地-气系统中的作用及对下游地区气候的影响：利用构建的30 a(1986—2015年)湖水和湖冰面积数据集，揭示了湖水与湖冰面积变化的规律和物理原因；基于高原湖泊的模拟结果，研究总结湖面水热通量的季节、年际及长期变化规律以及与气候变化的关系；基于构建的湖泊-区域气候耦合模型的模拟结果，提高对高原地-气耦合系统的季节、年际及长期变化趋势机理的理解，量化高原湖泊对高原水热循环影响和下游地区气候变化的贡献。通过将海洋模型中的垂直混合K廓线(KPP)方案耦合到CLM湖泊模型中，改进后的湖泊模型考虑了水体内边界层的发展，可以更加真实地反映湖泊水体垂直混合过程，进而提高对湖表温度及湖温廓线的模拟结果。改进后的模型模拟结果在垂直温度剖面上与观测数据接近，可以较真实地反映湖泊混合过程，显著提高了湖泊模型对湖泊垂直温度廓线的模拟效果，均方根误差由改进前的4.6 ℃减小为改进后的2.2 ℃，相关系数由0.90增加到0.96。

(5)选取青藏高原高寒草地下垫面3个典型研究站点(玛曲站、阿柔站和那曲站)进行根系生物量、土壤样品采集，并通过野外原位、实验室实验，比较、分析了青藏高原高寒草地根系生物量、土壤理化及水热性质的分布特征，揭示了高寒草地根系对土壤水热性质的影响。考虑根系后土壤水热性质各参数化方案相比于原方案，新方案的土壤饱和含水量在根系含量较高的高原东部地区呈显著增大趋势。B指数随根系含量在高原区域的分布自西向东呈逐渐增大趋势。与土壤饱和含水量相似，土壤饱和基质势在根系具有明显分布的高原中、东部地区普遍呈增大趋势，其范围分别在50～150 mm、170～230 mm之间。土壤饱和导水率在高原区域自西向东呈减小趋势，其中最小值出现在高原东部35°N附近，较原方案低1个数量级左右。土壤固相的干导热率和饱和导热率在高原东部及中部整个高原区域均呈减小趋势；而在高原西部地区，其与原方案的差异不明显。土壤固相的体积热容量则与土壤固相的导热率的变化趋势相反，高值区域出现在高原东部地区。

参考文献

陈葆德，梁萍，李跃清，2008. 青藏高原云的研究进展[J]. 高原山地气象研究，28(1)：66-71.

高朝侠，徐学选，苗宇子，等，2014. 黄土塬区土地利用方式对土壤大孔隙特征的影响[J]. 应用生态学报，25(6)：1578-1584.

马维玲，石培礼，李文华，等，2010. 青藏高原高寒草甸植株性状和生物量分配的海拔梯度变异[J]. 中国科学：生命科学，40(6)：533-543.

朴世龙，张宪洲，汪涛，等，2019. 青藏高原生态系统对气候变化的响应及其反馈[J]. 科学通报，64(27)：2842-2855.

苏培玺，周紫鹃，侍瑞，等，2018. 高寒草毡层基本属性与固碳能力沿水分和海拔梯度的变化[J]. 生态学报，38(3)：1040-1052.

万海霞，马璠，许浩，等，2019. 宁夏南部黄土丘陵区典型草本群落根系垂直分布特征与土壤团聚体的关系[J]. 水土保持研究，26(6)：80-86.

汪方，丁一汇，2005. 气候模式中云辐射反馈过程机理的评述[J]. 地球科学进展，20(2)：207-215.

王长庭，王启兰，景增春，等，2008. 不同放牧梯度下高寒小嵩草草甸植被根系和土壤理化特征的变化[J]. 草业学报，17(5)：9-15.

王可丽，吴国雄，江灏，等，2002. 青藏高原云-辐射-加热效应和南亚夏季风——1985 年与 1987 年对比分析[J]. 气象学报，60(2)：173-180.

吴国雄，刘屹岷，2000. 热力适应、过流、频散和副高 Ⅰ. 热力适应和过流[J]. 大气科学，24(4)：433-446.

辛旋，2016. 耐冬根系-土壤热湿耦合迁移规律及其对植物抗寒性影响的研究[D]. 青岛：青岛科技大学.

杨秀静，黄玫，王军邦，等，2013. 青藏高原草地地下生物量与环境因子的关系[J]. 生态学报，33(7)：2032-2042.

岳广阳，赵林，王志伟，等，2015. 多年冻土区高寒草甸根系分布与活动层温度变化特征的关系[J]. 冰川冻土，37(5)：1381-1387.

张丁玲，黄建平，刘玉芝，等，2012. 利用 CERES(SYN)资料分析青藏高原云辐射强迫的时空变化[J]. 高原气象，31(5)：1192-1202.

张双益，薛惠文，2011. 浅积云中微物理特性的垂直分布对短波辐射的影响[J]. 北京大学学报(自然科学版)，47(2)：263-270.

郑景云，卞娟娟，葛全胜，等，2013. 1981—2010 年中国气候区划[J]. 科学通报，58(30)：3088-3099.

朱晗晖，2018. 植被演变对区域气候的影响及高寒草原地下生物量数据集的建立方法研究[D]. 兰州：中国科学院西北生态环境资源研究院(筹).

AHMED M A, KROENER E, HOLZ M, et al, 2014. Mucilage exudation facilitates root water uptake in dry soils[J]. Funct Plant Biol, 41(11):1129-1137.

ANDREJCZUK M, GRABOWSKI W, MALINOWSKI S, et al, 2009. Numerical simulation of cloud-clear air interfacial mixing: Homogeneous versus inhomogeneous mixing[J]. J Atmos Sci, 66(8):2493-2500.

ANDREWS T, GREGORY J, WEBB M, et al, 2012. Forcing, feedbacks and climate sensitivity in CMIP5 coupled atmosphere-ocean climate models[J]. Geophys Res Lett, 39:L09712.

ARCHER N, QUINTON J, HESS T, 2002. Below-ground relationships of soil texture, roots and hydraulic conductivity in two-phase mosaic vegetation in south-east Spain[J]. J Arid Environ, 52(4):535-553.

BAKER M, CORBIN R, LATHAM J, 1980. The influence of entrainment on the evolution of cloud droplet spectra: I. A model of inhomogeneous mixing[J]. Q J Roy Meteor Soc, 106(449):581-598.

BAKER M, BREIDENTHAL R, CHOULARTON T, et al, 1984. The effects of turbulent mixing in clouds[J]. J Atmos Sci, 41(2):299-304.

BARLEY K, 1954. Effects of root growth and decay on the permeability of a synthetic sandy loam[J]. Soil

Sci，78:205-210.

BENGOUGH A G，2012. Water dynamics of the root zone: Rhizosphere biophysics and its control on soil hydrology[J]. Vadose Zone J，11(2):460.

BIROUSTE M，ZAMORA-LEDEZMA E，BOSSARD C，et al，2014. Measurement of fine root tissue density: A comparison of three methods reveals the potential of root dry matter content[J]. Plant Soil，374(1-2):299-313.

BLANCO-CANQUI H，LAL R，2007. Impacts of long-term wheat straw management on soil hydraulic properties under no-tillage[J]. Soil Sci Soc Am J，71(4):446-449.

BONY S，EMANUEL K A，2001. A parameterization of the cloudiness associated with cumulus convection: Evaluation using TOGA COARE data [J]. J Atmos Sci，58(21):3158-3183.

BRIAN A E，KOCH J C，WALVOORD M A，et al，2019. Soil physical，hydraulic，and thermal properties in Interior Alaska，USA: Implications for hydrologic response to thawing permafrost conditions[J]. Water Resour Res，55(5):4427-4447.

BRONICK C J，LAL R，2005. Soil structure and management: A review[J]. Geoderma，124(1-2):3-22.

BRUAND A，COUSIN I，NICOULLAUD B，et al，1996. Backscattered electron scanning images of soil porosity for analyzing soil compaction around roots[J]. Soil Sci Soc Am J，60(3):895-901.

BURNET F，2007. Brenguier J-L observational study of the entrainment-mixing process in warm convective clouds[J]. J Atmos Sci，64(6):1995-2011.

CARMINATI A，MORADI A B，VETTERLEIN D，et al，2010. Dynamics of soil water content in the rhizosphere[J]. Plant Soil，332(1-2):163-176.

CARMINATI A，VETTERLEIN D，2013a. Plasticity of rhizosphere hydraulic properties as a key for efficient utilization of scarce resources[J]. Ann Bot，112(2):277-290.

CARMINATI A，VETTERLEIN D，KOEBERNICK N，et al，2013b. Do roots mind the gap? [J]. Plant Soil，367(1-2):651-661.

CARMINATI A，ZAREBANADKOUKI M，KROENER E，et al，2016. Biophysical rhizosphere processes affecting root water uptake[J]. Ann Bot，118(4):561-571.

CHEN X，LIU Y M，WU G X，et al，2017. Understanding the surface temperature cold bias in CMIP5 AGCMs over the Tibetan Plateau[J]. Adv Atmos Sci，34(12):1447-1460.

CHEN Y Y，YANG K，TANG W J，et al，2012. Parameterizing soil organic carbon's impacts on soil porosity and thermal parameters for eastern Tibet grasslands[J]. Sci China: Earth Sci，55(6):1001-1011.

CLAPP R B，HORNBERGER G M，1978. Empirical equations for some soil hydraulic properties[J]. Water Resour Res，14(4):601-604.

COHARD J M，PINTY J P，2000. A comprehensive two-moment warm microphysical bulk scheme. I: Description and tests [J]. Q J Roy Meteor Soc，126(566):1815-1842.

COSBY B J，HORNBERGER G M，CLAPP R B，et al，1984. A statistical exploration of the relationships of soil moisture characteristics to the physical properties of soils[J]. Water Resour Res，20(6):682-690.

CUCCI G，LACOLLA G，CARANFA G，2018. Spatial distribution of roots and cracks in soils cultivated with sunflower[J]. Arch Agron Soil Sci，64(1):13-24.

DAI Y J，WEI N，YUAN H，et al，2019. Evaluation of soil thermal conductivity schemes for use in land surface modeling[J]. J Adv Model Earth Sy, 11(11):3454-3473.

DE VRIES D, 1963. Physics of the Plant Environment[M]. New York: Wiley: 210-235.

DEXTER A R, 1987. Compression of soil around roots[J]. Plant Soil, 97(3):401-406.

DOLINAR E, DONG X Q, XI B K, et al, 2015. Evaluation of CMIP5 simulated clouds and TOA radiation budgets using NASA satellite observations[J]. Clim Dynam, 44(7-8):2229-2247.

DU Y Z, LI R, ZHAO L, et al, 2020. Evaluation of 11 soil thermal conductivity schemes for the permafrost region of the central Qinghai-Tibet Plateau[J]. Catena, 193:104608.

ENDO S, FRIDLIND A M, LIN W Y, et al, 2015. RACORO continental boundary layer cloud investigations: 2. Large-eddy simulations of cumulus clouds and evaluation with in situ and ground-based observations[J]. J Geophys Res: Atmos, 120(12):5993-6014.

FANG J Y, GUO Z D, PIAO S L, et al, 2007. Terrestrial vegetation carbon sinks in China, 1981—2000[J]. Sci China Ser D, 50(9):1341-1350.

FAROUKI O T, 1981. The thermal properties of soils in cold regions[J]. Cold Reg Sci Technol, 5(1): 67-75.

FEDDES R A, HOFF H, BRUEN M, et al, 2001. Modeling root water uptake in hydrological and climate models[J]. B Am Meteorol Soc, 82(12):2797-2809.

FU Y W, LU Y L, HEITMAN J, et al, 2020. Root-induced changes in soil thermal and dielectric properties should not be ignored[J]. Geoderma, 370:114352.

GAO W, SUI C H, FAN J W, et al, 2016. A study of cloud microphysics and precipitation over the Tibetan Plateau by radar observations and cloud-resolving model simulations [J]. J Geophys Res: Atmos, 121(22): 13735-13752.

GAO Z, LIU Y G, LI X L, et al, 2018. Investigation of turbulent entrainment-mixing processes with a new particle-resolved direct numerical simulation model[J]. J Geophys Res: Atmos, 123(4):2194-2214.

GAO Z Y, NIU F J, WANG Y B, et al, 2018. Root-induced changes to soil water retention in permafrost regions of the Qinghai-Tibet Plateau, China[J]. Soil Sediment Contam, 18(3):791-803.

GARG A, LEUNG A K, NG C W W, et al, 2015. Comparisons of soil suction induced by evapotranspiration and transpiration of S. Heptaphylla[J]. Can Geotech J, 52(12):2149-2155.

GERBER H E, FRICK G M, JENSEN J B, et al, 2008. Entrainment, mixing, and microphysics in trade-wind cumulus[J]. J Meteorol Soc Jpn, 86A:87-106.

GERKE H H, KUCHENBUCH R O, 2007. Root effects on soil water and hydraulic properties[J]. Biologia, 62(5):557-561.

GETTELMAN A, MORRISON H, TERAI C R, et al, 2013. Microphysical process rates and global aerosol-cloud interactions[J]. Atmos Chem Phys, 13(19):9855-9867.

GETTELMAN A, MORRISON H, 2015a. Advanced two-moment bulk microphysics for global models. Part Ⅰ: Off-line tests and comparison with other schemes[J]. J Climate, 28(3):1268-1287.

GETTELMAN A, MORRISON H, SANTOS S, et al, 2015b. Advanced two-moment bulk microphysics for global models. Part Ⅱ: Global model solutions and aerosol-cloud interactions[J]. J Climate, 28(3): 1288-1307.

GLINSKI J, LIPIEC J, 1990. Soil Physical Conditions and Plant Roots[M]. Boca Raton: CRC Press: 5-7.

GU Y, LIOU K N, LEE W L, et al, 2012. Simulating 3-D radiative transfer effects over the Sierra Nevada Mountains using WRF[J]. Atmos Chem Phys, 12(20):9965-9976.

GYSSELS G, POESEN J, BOCHET E, et al, 2005. Impact of plant roots on the resistance of soils to erosion by water: A review[J]. Prog Phys Geogr, 29(2):189-217.

HE H L, HE D, JIN J M, et al, 2020. Room for improvement: A review and evaluation of 24 soil thermal conductivity parameterization schemes commonly used in land-surface, hydrological, and soil-vegetation-atmosphere transfer models[J]. Earth Sci Rev, 211:103419.

HILL A A, FEINGOLD G, JIANG H L, et al, 2009. The influence of entrainment and mixing assumption on aerosol-cloud interactions in marine stratocumulus[J]. J Atmos Sci, 66(5):1450-1464.

HILL A A, SHIPWAY B J, BOUTLE I A, 2015. How sensitive are aerosol-precipitation interactions to the warm rain representation? [J]. J Adv Model Earth Sy, 7(3):987-1004.

HOFFMANN F, FEINGOLD G, 2019. Entrainment and mixing in stratocumulus: Effects of a new explicit subgrid-scale scheme for large-eddy simulations with particle-based microphysics[J]. J Atmos Sci, 76(7): 1955-1973.

HOSKINS B J, 1991. Toward a PV-θ view of the general circulation[J]. Tellus A, 43(4): 27-35.

HOSKINS B J, AMBRIZZI T, 1993. Rossby-wave propagation on a realistic longitudinally varying flow[J]. J Atmos Sci, 50(12):1661-1671.

HU W, SHAO M G, WANG Q J, et al, 2009. Temporal changes of soil hydraulic properties under different land uses[J]. Geoderma, 149(3-4):355-366.

JACKSON R B, CANADELL J, EHLERINGER J R, et al, 1996. A global analysis of root distributions for terrestrial biomes[J]. Oecologia, 108(3):389-411.

JARECKA D, GRABOWSKI W W, MORRISON H, et al, 2013. Homogeneity of the subgrid-scale turbulent mixing in large-eddy simulation of shallow convection [J]. J Atmos Sci, 70(9):2751-2767.

JASSOGNE L, MCNEILL A, CHITTLEBOROUGH D, 2007. 3D-visualization and analysis of macro-and meso-porosity of the upper horizons of a sodic, texture-contrast soil[J]. Eur J Soil Sci, 58(3):589-598.

JIANG J H, SU H, ZHAI C X, et al, 2012. Evaluation of cloud and water vapor simulations in CMIP5 climate models using NASA "A-Train" satellite observations[J]. J Geophys Res: Atoms, 117:D14105.

JING X, SUZUKI K, 2018. The impact of process-based warm rain constraints on the aerosol indirect effect [J]. Geophys Res Lett, 45(19):10729-10737.

JING X, SUZUKI K, MICHIBATA T, 2019. The key role of warm rain parameterization in determining the aerosol indirect effect in a global climate model[J]. J Climate, 32(14):4409-4430.

JOHANSEN O, 1977. Thermal Conductivity of Soils[D]. Trondheim: Norwegian University of Science and Technology.

JONES H G, 2013. Plants and Microclimate: A Quantitative Approach to Environmental Plant Physiology [M]. Cambridge: Cambridge University Press: APPENDIX5.

KAHN B H, TEIXEIRA J, 2009. A global climatology of temperature and water vapor variance scaling from the atmospheric infrared sounder[J]. J Climate, 22(20):5558-5576.

KALHORO S A, XU X X, DING K, et al, 2018. The effects of different land uses on soil hydraulic properties in the Loess Plateau, northern China[J]. Land Degrad Dev, 29(11):3907-3916.

KROENER E, ZAREBANADKOUKI M, KAESTNER A, et al, 2014. Nonequilibrium water dynamics in the rhizosphere: How mucilage affects water flow in soils? [J]. Water Resour Res, 50(8):6479-6495.

KROENER E, ZAREBANADKOUKI M, BITTELLI M, et al, 2016. Simulation of root water uptake under consideration of nonequilibrium dynamics in the rhizosphere[J]. Water Resour Res, 52(8):5755-5770.

KUMAR B, SCHUMACHER J, SHAW R A, 2013. Cloud microphysical effects of turbulent mixing and entrainment [J]. Theor Comput Fluid Dyn, 27(3-4):361-376.

KUMAR B, SCHUMACHER J, SHAW R A, 2014. Lagrangian mixing dynamics at the cloudy-clear air interface [J]. J Atmos Sci, 71(7):2564-2580.

LARSON V E, SCHANEN D P, WANG M H, et al, 2012. PDF parameterization of boundary layer clouds in models with horizontal grid spacings from 2 to 16 km[J]. Mon Wea Rev, 140(1):285-306.

LARSON V E, SCHANEN D P, 2013. The Subgrid Importance Latin Hypercube Sampler (SILHS): A multivariate subcolumn generator[J]. Geosci Model Dev, 6(5):1813-1829.

LAWRENCE D M, SLATER A G, 2008. Incorporating organic soil into a global climate model[J]. Clim Dynam, 30(2-3):145-160.

LEE D, OREOPOULOS L, CHO N, 2020. An evaluation of clouds and radiation in a large-scale atmospheric model using a cloud vertical structure classification[J]. Geosci Model Dev, 13(2):673-684.

LEE W L, LIOU K N, HALL A, et al, 2011. Parameterization of solar fluxes over mountain surfaces for application to climate models[J]. J Geophys Res: Atmos, 116(D1):D01101.

LEE W L, LIOU K N, WANG C C, 2013. Impact of 3-D topography on surface radiation budget over the Tibetan Plateau[J]. Theor Appl Climatol, 113:95-103.

LEE W L, GU Y, LIOU K N, et al, 2015. A global model simulation for 3-D radiative transfer impact on surface hydrology over the Sierra Nevada and Rocky Mountains[J]. Atmos Chem Phys, 15:5405-5413.

LEHMANN K, SIEBERT H, SHAW R A, 2009. Homogeneous and inhomogeneous mixing in cumulus clouds: Dependence on local turbulence structure [J]. J Atmos Sci, 66(12):3641-3659.

LETTS M G, ROULET N T, COMER N T, et al, 2000. Parametrization of peatland hydraulic properties for the Canadian land surface scheme[J]. Atmos Ocean, 38(1):141-160.

LEUNG A K, NG C, 2013. Analyses of groundwater flow and plant evapotranspiration in a vegetated soil slope[J]. Can Geotech J, 50(12):1204-1218.

LEUNG A K, GARG A, COO J L, et al, 2015. Effects of the roots of Cynodon dactylon and Schefflera heptaphylla on water infiltration rate and soil hydraulic conductivity[J]. Hydrol Process, 29(15):3342-3354.

LI R, ZHAO L, WU T H, et al, 2019. Soil thermal conductivity and its influencing factors at the Tanggula permafrost region on the Qinghai-Tibet Plateau[J]. Agr Forest Meteorol, 264:235-246.

LICHNER L, ELDRIDGE D J, SCHACHT K, et al, 2011. Grass cover influences hydrophysical parameters and heterogeneity of water flow in a sandy soil[J]. Pedosphere, 21(6):719-729.

LIOU K N, LEE W L, HALL A, 2007. Radiative transfer in mountains: Application to the Tibetan Plateau [J]. Geophys Res Lett, 34:L23809.

LIOU K N, LEUNG L R, LEE W L, et al, 2013. A WRF simulation of the impact of 3-D radiative transfer on surface hydrology over the Rocky Mountains and Sierra Nevada[J]. Atmos Chem Phys, 13(23): 11709-11721.

LIPIEC J, KUŚ J, SŁOWIŃSKA-JURKIEWICZ A, et al, 2006. Soil porosity and water infiltration as influenced by tillage methods[J]. Soil Tillage Res, 89(2):210-220.

LIU Y, DAUM P H, CHAI S K, et al, 2002. Cloud parameterizations, cloud physics, and their connections: An overview[J]. Recent Res Devel Geophys, 4:119-142.

LIU Y M, WU G X, LIU H, et al, 2001. Condensation heating of the Asian summer monsoon and the subtropical anticyclone in the eastern hemisphere[J]. Clim Dynam, 17(4):327-338.

LU C, LIU Y, NIU S, 2011. Examination of turbulent entrainment-mixing mechanisms using a combined approach[J]. J Geophys Res: Atmos, 116(D20):D20207.

LU C, LIU Y G, NIU S J, 2014. Entrainment-mixing parameterization in shallow cumuli and effects of secondary mixing events[J]. Chinese Sci Bull, 59(9):896-903.

LU C, LIU Y G, NIU S J, et al, 2018. Broadening of cloud droplet size distributions and warm rain initiation associated with turbulence: An overview[J]. Atmos Oceanic Sci Lett, 11(2):123-135.

LU C S, LIU Y G, NIU S J, et al, 2013a. Exploring parameterization for turbulent entrainment-mixing processes in clouds[J]. J Geophys Res: Atmos, 118(1):185-194.

LU C S, NIU S J, LIU Y G, et al, 2013b. Empirical relationship between entrainment rate and microphysics in cumulus clouds[J]. Geophys Res Lett, 40(10):2333-2338.

LU J R, ZHANG Q, WERNER A D, 2020. Root-induced changes of soil hydraulic properties—A review[J]. J Hydrol, 589:125203.

MEEK B D, DE TAR W R, ROLPH D, et al, 1990. Infiltration rate as affected by an alfalfa and no-till cotton cropping system[J]. Soil Sci Soc Am J, 54(2):505-508.

MIAO H, WANG X C, LIU Y M, et al, 2019. An evaluation of cloud vertical structure in three reanalyses against CloudSat/cloud-aerosol lidar and infrared pathfinder satellite observations[J]. Atmos Sci Lett, 20(7):e906.

MIAO H, WANG X C, LIU Y M, et al, 2021a. A regime-based investigation into the errors of CMIP6 simulated cloud radiative effects using satellite observations[J]. Geophys Res Lett, 48:e2021GL095399.

MIAO H, WANG X C, LIU Y M, et al, 2021b. Characterization of cloud microphysical properties in different cloud types over East Asia based on CloudSat/CALIPSO satellite products[J]. Atmos Oceanic Sci Lett, 14(5):100050.

MORGAN R, 2007. Vegetative-Based Technologies for Erosion Control: In Eco-and Ground Bio-engineering: The Use of Vegetation to Improve Slope Stability[M]. Netherlands: Springer: 265-272.

MORIO I, HIGUCHI T, BARLOW P W, et al, 2003. Root cap removal increases root penetration resistance in maize (*Zea mays* L.) [J]. J Exp Bot, 54(390):2105-2109.

MORRISON H, GRABOWSKI W W, 2008. Modeling supersaturation and subgrid-scale mixing with two-moment bulk warm microphysics[J]. J Atmos Sci, 65(3):792-812.

MUBARAK I, MAILHOL J C, ANGULO-JARAMILLO R, et al, 2009. Temporal variability in soil hydraulic properties under drip irrigation[J]. Geoderma, 150(1-2):158-165.

NEGGERS R A J, 2009. A dual mass flux framework for boundary layer convection. Part Ⅱ: Clouds[J]. J Atmos Sci, 66(6):1489-1506.

NG C W W, NI J J, LEUNG A K, et al, 2016. A new and simple water retention model for root-permeated soils[J]. Geotech Lett, 6(1):1-6.

NI J, 2004. Estimating net primary productivity of grasslands from field biomass measurements in temperate northern China[J]. Plant Ecol, 174(2):217-234.

OR D, PHUTANE S, DECHESNE A, 2007. Extracellular polymeric substances affecting pore-scale hydrologic conditions for bacterial activity in unsaturated soils[J]. Vadose Zone J, 6(2):298-305.

PAGLIAI M, DE NOBILI M, 1993. Relationship between soil porosity, root development and soil enzyme activity in cultivated soils[J]. Geoderma, 56(1-4):243-256.

PARK S, BRETHERTON C S, RASCH P J, 2014. Integrating cloud processes in the community atmosphere model, Version 5[J]. J Climate, 27(18):6821-6856.

PETERSEN C T, TRAUTNER A, HANSEN S, 2008. Spatio-temporal variation of anisotropy of saturated hydraulic conductivity in a tilled sandy loam soil[J]. Soil Tillage Res, 100(1-2):108-113.

QIAN T, DAI A, TRENBERTH K E, et al, 2006. Simulation of global land surface conditions from 1948 to 2004. Part I: Forcing data and evaluations[J]. J Hydrometeorol, 7(5):953-975.

QIN Y, LIN Y L, XU S M, et al, 2018. A diagnostic PDF cloud scheme to improve subtropical low clouds in NCAR Community Atmosphere Model (CAM5) [J]. J Adv Model Earth Sy, 10(2):320-341.

QUAAS J, 2012. Evaluating the "critical relative humidity" as a measure of subgrid-scale variability of humidity in general circulation model cloud cover parameterizations using satellite data [J]. J Geophys Res: Atmos, 117:D09208.

RAWLS W J, PACHEPSKY Y A, RITCHIE J C, et al, 2003. Effect of soil organic carbon on soil water retention[J]. Geoderma, 116(1-2):61-76.

ROBINSON D A, HOPMANS J W, FILIPOVIC V, 2019. Global environmental changes impact soil hydraulic functions through biophysical feedbacks[J]. Global Change Biology, 25(6):1895-1904.

RUNYAN C W, D'ODORICO P, 2012. Ecohydrological feedbacks between permafrost and vegetation dynamics[J]. Adv Water Resour, 49: 1-12.

SANTANELLO J A, DIRMEYER P A, FERGUSON C R, et al, 2018. Land-atmosphere interactions: The LoCo perspective[J]. B Am Meteorol Soc, 99(6):1253-1272.

SATO T, YOSHIKANE T, SATOH M, et al, 2008. Resolution dependency of the diurnal cycle of convective clouds over the Tibetan Plateau in a mesoscale model[J]. J Meteorol Soc Japan, 86A:17-31.

SAXTON K E, RAWLS W J, 2006. Soil water characteristic estimates by texture and organic matter for hydrologic solutions[J]. Soil Sci Soc Am J, 70(5):1569-1578.

SCANLAN C, 2009. Processes and Effects of Root-induced Changes to Soil Hydraulic Properties[D]. Perth: The University of Western Australia.

SHONK J P K, HOGAN R J, EDWARDS J M, et al, 2010. Effect of improving representation of horizontal and vertical cloud structure on the Earth's global radiation budget. Part I: Review and parametrization[J]. Q J Roy Meteor Soc, 136(650):1191-1204.

SIMON A, COLLISON A J C, 2002. Quantifying the mechanical and hydrological effects of riparian vegetation on streambank stability[J]. Earth Surface and Processes Landforms, 27(5):527-546.

SMALL J D, CHUANG P Y, JONSSON H H, et al, 2013. Microphysical imprint of entrainment in warm cumulus[J]. Tellus B, 65:6647-6662.

SONG L, LI J H, ZHOU T, et al, 2017. Experimental study on unsaturated hydraulic properties of vegetated soil[J]. Ecol Eng, 103:207-216.

SPAWN S A, SULLIVAN C C, LARK T J, et al, 2020. Harmonized global maps of above and belowground biomass carbon density in the year 2010[J]. Sci Data, 7(1):112.

SUNDQVIST H, BERGE E, KRISTJÁNSSON J E, 1989. Condensation and cloud parameterization studies with a mesoscale numerical weather prediction model[J]. Mon Wea Rev, 117(8):1641-1657.

TABIL L G, ELIASON M, QI H, 2003. Thermal properties of sugarbeet roots[J]. J Sugarbeet Res, 40(4): 209-228.

TIPPKÖTTER R, 1983. Morphology, spatial arrangement and origin of macropores in some hapludalfs, Germany[J]. Geoderma, 29(4):355-371.

TOMPKINS A M, 2002. A prognostic parameterization for the subgrid-scale variability of water vapor and clouds in large-scale models and its use to diagnose cloud cover [J]. J Atmos Sci, 59(12):1917-1942.

WANG X C, 2017. Effects of cloud condensate vertical alignment on radiative transfer calculations in deep convective regions [J]. Atmos Res, 186:107-115.

WANG X C, LIU Y M, BAO Q, et al, 2015. Comparisons of GCM cloud cover parameterizations with cloud-resolving model explicit simulations [J]. Sci China: Earth Sci, 58:604-614.

WANG X C, MIAO H, LIU Y M, et al, 2021. Dependence of cloud radiation on cloud overlap, horizontal inhomogeneity, and vertical alignment in stratiform and convective regions [J]. Atmos Res, 249:105358.

WANG Y, YANG K, ZHOU X, et al, 2020. Synergy of orographic drag parameterization and high resolution greatly reduces biases of WRF-simulated precipitation in central Himalaya[J]. Clim Dynam, 54(3): 1729-1740.

WOOD R, 2005a. Drizzle in stratiform boundary layer clouds. Part Ⅰ: Vertical and horizontal structure[J]. J Atmos Sci, 62(9):3011-3033.

WOOD R, 2005b. Drizzle in stratiform boundary layer clouds. Part Ⅱ: Microphysical aspects[J]. J Atmos Sci, 62(9):3034-3050.

XIA J Z, LIU S G, LIANG S L, et al, 2014. Spatio-temporal patterns and climate variables controlling of biomass carbon stock of global grassland ecosystems from 1982 to 2006[J]. Remote Sensing, 6(3): 1783-1802.

XIE X, ZHANG M H, 2015. Scale-aware parameterization of liquid cloud inhomogeneity and its impact on simulated climate in CESM[J]. J Geophys Res: Atmos, 120(16):8359-8371.

XU J W, KOLDUNOV N, REMEDIO A R C, et al, 2018. On the role of horizontal resolution over the Tibetan Plateau in the REMO regional climate model[J]. Clim Dynam, 51(11):4525-4542.

XU K M, KRUEGER S K, 1991. Evaluation of cloudiness parameterizations using a cumulus ensemble model [J]. Mon Wea Rev, 119:342-367.

XU X Q, LU C S, LIU Y G, et al, 2020. Effects of cloud liquid-phase microphysical processes in mixed-phase cumuli over the Tibetan Plateau[J]. J Geophys Res: Atmos,125(19): e2020JD033371.

YANG K, KOIKE T, YE B S, et al, 2005. Inverse analysis of the role of soil vertical heterogeneity in controlling surface soil state and energy partition[J]. J Geophys Res: Atmos, 110(8):D08101.

YANG K, CHEN Y Y, QIN J, 2009. Some practical notes on the land surface modeling in the Tibetan Plateau[J]. Hydrol Earth Syst Sci, 13(5): 687-701.

YANG Y H, WU J C, ZHAO S W, et al, 2021. Impact of long-term sub-soiling tillage on soil porosity and soil physical properties in the soil profile[J]. Land Degrad Dev, 32(10):2892-2905.

YU R, WANG B, ZHOU T, 2004. Climate effects of the deep continental stratus clouds generated by the Tibetan Plateau[J]. J Climate, 17(13):2702-2713.

YUM S S, WANG J, LIU Y G, et al, 2015. Cloud microphysical relationships and their implication on entrainment and mixing mechanism for the stratocumulus clouds measured during the VOCALS project[J]. J Geophys Res: Atmos, 120(10):5047-5069.

ZENG X B, 2001. Global vegetation root distribution for land modeling[J]. J Hydrometeorol, 2(5):525-530.

ZENG X B, DAI Y J, DICKINSON R E, et al, 1998. The role of root distribution for climate simulation over land[J]. Geophys Res Lett, 25(24):4533-4536.

ZHAO B, LIOU K N, GU Y, et al, 2016. Impact of buildings on surface solar radiation over urban Beijing [J]. Atmos Chem Phys, 16:5841-5852.

ZHAO H, ZENG Y J, LV S N, et al, 2018. Analysis of soil hydraulic and thermal properties for land surface modelling over the Tibetan Plateau[J]. Earth Syst Sci Data, 10(2):1031-1061.

ZHENG Z, WANG G L, 2007. Modeling the dynamic root water uptake and its hydrological impact at the Reserva Jaru site in Amazonia[J]. J Geophys Res: Biogeo, 112(G4): G04012.

第3章
青藏高原数值模式评估与应用

本章提出了降水评估新方法，系统评估了不同模式对青藏高原及其周边区域降水的模拟能力。从小时降水量、频率、强度以及降水的日变化等方面对CMIP6模式进行评估，结果表明模式对青藏高原地区降水的空间分布及其精细化特征的模拟仍存在较大偏差，特别是高原边缘陡峭地形区的模拟偏差尤为突出；提升分辨率可以在一定程度上改进模拟能力。基于对流分辨模式(CPM)的评估显示，CPM明显降低了高原地区降水的正偏差，这与CPM可以更真实再现高原降水与大尺度环流的关系有关。此外，本章还评估了CMIP6模式对高原及周边季风区大气顶辐射收支及云辐射效应的模拟偏差，并讨论了与青藏高原下垫面物理状态相关联的陆面模式不确定性问题。

3.1 大气环流模式对青藏高原降水的模拟评估

3.1.1 CMIP6大气环流模式对青藏高原降水的模拟评估

(1)引言

从CMIP3到CMIP5，青藏高原降水模拟偏差问题持续存在(Xu et al.,2010;Su et al.,2013;胡芩 等,2014)。水平分辨率是影响区域尺度降水模拟性能的主要因素之一，较低分辨率的模式无法解析区域范围内重要的过程和特征，随着分辨率的提升，区域降水特征的模拟可能得到有效改善(Delworth et al.,2012;Jiang et al.,2016)。随着高性能超级计算机的迅速发展，全球多个模式研发机构已相继开展了全球高分辨率数值模拟试验。在最新的CMIP6中，新增了高分辨率模式比较计划(HighResMIP)，首次提供分辨率可达25 km的全球高分辨率模拟结果。本节利用21个参加CMIP6的大气环流模式，根据其分辨率的大小进行分组探究，从小时降水量、频率、强度以及降水的日变化等方面，评估了不同分辨率CMIP6模式对青藏高原地区小时尺度降水的模拟能力。这些结果有助于增进对复杂地形区降水模拟偏差特性的认识，了解模式水平分辨率对模拟结果的影响。

(2)数据与方法

本节用的观测资料是 TRMM 多卫星降水分析产品(TMPA)——TRMM 3B42 V7,它在 3B42 V6 的基础上进行了改善,融合了新的被动微波辐射计的观测结果和红外辐射数据。该数据时间分辨率为 3 h,空间分辨率为 0.25°,空间范围为 50°S～50°N,时间范围为 1998—2014 年(Huffman et al.,2007)。

AMIP 是 CMIP6 试验设计中最核心的基准试验之一,该试验的边界条件为 1979 年以来观测的海温和海冰数据。AMIP 试验是评估大气模式的基础,其与工业革命前参照试验(pi-Control)是其他 CMIP6 试验的基准(周天军 等,2019)。

HighResMIP 分为 3 个层级试验,包括纯大气和耦合试验,时间跨越 1950—2050 年,并可能扩展到 2100 年,还有一些其他针对性的试验。本节选取 HighResMip Tier 1 的高分辨率试验历史输出结果进行分析,Tier 1 试验是历史强迫的 AMIP,也是 HighResMip 的核心试验,其运行时间为 1950—2014 年,目标分辨率是 25～50 km。HighResMIP 与 AMIP 之间的差异主要为水平分辨率不同,此外两者的强迫场如海温、海冰的时空分辨率也不同。AMIP 使用的是逐月、空间分辨率为 1°的气候模式诊断和比较计划(PCMDI)提供的海温、海冰数据(HadISST2)和 NOAA OI-v2 的合并数据,而 HighResMIP 使用的是逐日、空间分辨率为 0.25°的 HadISST2-based 数据(Haarsma et al.,2016)。

本节的研究使用了 7 个 AMIP 模式和 14 个 HighResMIP 模式的 3 h 输出结果,模式的基本信息详见表 3.1。为使模式与 TRMM 资料的分析时段一致,所有模式数据均选择了 1998—2014 年。

表 3.1　本节使用的 7 个参与 AMIP 模式和 14 个参与 HighResMIP 模式的基本信息

机构/国家(地区)	模式名称	试验名称	分辨率(经度×纬度)/°
BCC/中国	BCCCSM2-HR	HighResMIP	0.45×0.45
	BCC-CSM2-MR	AMIP	1.125×1.125
CAMS/中国	CAMS-CSM1-0	HighResMIP	0.47×0.47
CMCC/意大利	CMCC-CM2-SR5	AMIP	0.94×1.25
CNRM/法国	CNRM-CM6-1-HR	HighResMIP	0.50×0.50
EC-Earth Consortium/欧盟	EC-Earth3P	HighResMIP	0.7×0.7
	EC-Earth3P-HR	HighResMIP	0.35×0.35
CAS/中国	FGOALS-f3-H	HighResMIP	0.25×0.25
	FGOALS-f3-L	AMIP	1×1.25
GFDL/美国	GFDL-CM4C192	HighResMIP	0.5×0.625
	GFDL-CM4	AMIP	1×1.25
MOHC/英国	HadGEM3-GC31-HM	HighResMIP	0.23×0.35
	HadGEM3-GC31-MM	HighResMIP	0.56×0.83
IPSL/法国	IPSL-CM6A-ATM-HR	HighResMIP	0.5×0.7
MPI/德国	MPI-ESM1-2-HR	AMIP	0.94×0.94

续表

机构/国家(地区)	模式名称	试验名称	分辨率(经度×纬度)/°
MRI/日本	MRI-AGCM3-2-S	HighResMIP	0.19×0.19
	MRI-AGCM3-2-H	HighResMIP	0.56×0.56
MRI/日本	MRI-ESM2-0	AMIP	1.125×1.125
JAMSTEC-AORI-R-CCS/日本	NICAM16-7S	HighResMIP	0.56×0.56
	NICAM16-8S	HighResMIP	0.28×0.28
Seoul National University/韩国	SAM0-UNICON	AMIP	0.94×1.25

为了探究模式分辨率对模拟结果的影响,根据模式水平分辨率的大小对其进行分组。模式的水平分辨率定义为经向分辨率与纬向分辨率乘积的平方根。统计模式的分辨率分布情况,以0.1°为间隔计算每个分辨率范围内的累积模式个数,0.1°分辨率对应模式个数表示为0°~0.1°分辨率范围内的模式个数,0.2°分辨率对应模式个数表示为0.1°~0.2°分辨率范围内的模式个数,以此类推。根据本节所用的21个模式的分辨率分布情况(图3.1),将模式分为低(约100 km)、中(约50 km)和高(约25 km)分辨率三组,分组情况如表3.2所示。

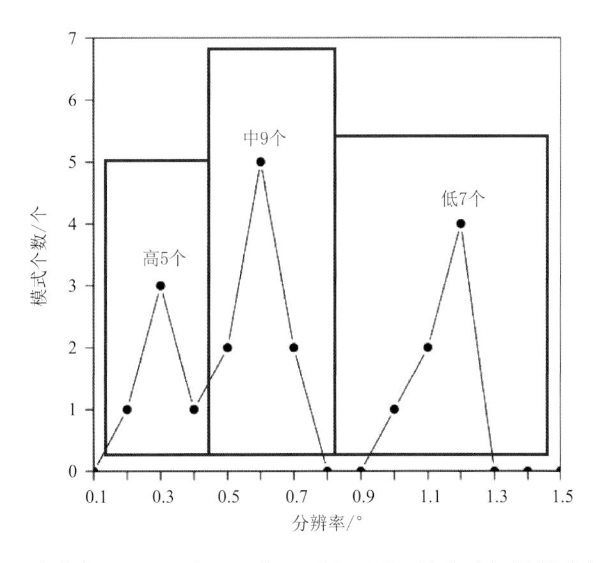

图3.1 本节使用的21个参与CMIP6 AMIP或HighResMIP的全球气候模式水平分辨率的分布情况

表3.2 本节使用的21个参与CMIP6 AMIP或HighResMIP的全球气候模式根据分辨率大小的分组情况

分组	模式名称	分辨率/°
高分辨率模式(约25 km)	EC-Earth3P-HR	0.35
	FGOALS-f3-H	0.25
	HadGEM3-GC31-HM	0.23
	MRI-AGCM3-2-S	0.19
	NICAM16-8S	0.28

续表

分组	模式名称	分辨率/°
中分辨率模式（约 50 km）	BCC-CSM2-HR	0.45
	CAMS-CSM1-0	0.47
	CNRM-CM6-1-HR	0.50
	EC-earth3P	0.7
	GFDL-CM4C192	0.56
	HadGEM3-GC31-MM	0.68
	IPSL-CM6A-ATM-HR	0.59
	MRI-AGCM3-2-H	0.56
	NICAM16-7S	0.56
低分辨率模式（约 100 km）	BCC-CSM2-MR	1.12
	CMCC-CM2-SR5	1.08
	FGOALS-f3-L	1.12
	GFDL-CM4	1.12
	MPI-ESM1-2-HR	0.94
	MRI-ESM2-0	1.125
	SAM0-UNICON	1.08

考虑到 21 个全球气候模式的水平分辨率差异较大，采用临近距离插值法将模式数据和观测数据统一为 0.5°×0.5°，从而使模式与观测结果可以进行定性和定量的比较。多模式集合(multi-model ensembles，MME)平均技术采用等权集合平均，即对多个模式的模拟结果取算术平均。

夏季气候态平均降水量(单位：mm・d^{-1})为研究时段内有效降水累积量除以该时段内非缺测的时次数。其中有效降水定义为格点上各时次降水量大于 0.1 mm・h^{-1}的降水。降水频率(%)定义为研究时段内有效降水的发生次数与非缺测时次的百分比。降水强度(单位：mm・h^{-1})为研究时段内有效降水累积量除以有效降水的时次数。降水量、频率和强度存在以下关系：降水量 = 降水强度×降水频率。

为了研究降水强度与降水频率的关系，以 1 mm・h^{-1}为间隔计算每个强度范围内的累积降水频率，然后再对关注区域内各格点求平均，即得到该区域降水强度与频率之间的分布关系，1 mm・h^{-1}降水对应频率表示为降水强度在 0.1～1.1 mm・h^{-1}范围内的频率，2 mm・h^{-1}降水对应频率表示的是降水强度在 1.1～2.1 mm・h^{-1}范围内的频率，以此类推。

分析降水的日变化等特征时采用北京时(Beijing time，BJT)。降水日变化振幅计算如下：

$$A = \frac{P_{max} - \overline{P}}{\overline{P}} \times 100\% \tag{3.1}$$

式中，P_{max} 为一日内最大小时降水量，$\overline{P}$ 为日平均降水量。

泰勒图评估方法最早是由 Taylor(2001)提出，原理是两个场或两个序列之间的相关系数、中心化均方根误差以及各自的标准差之间在算术上满足三角余弦关系式。其将三个统计指标放在泰勒图里进行一个综合呈现，可以更加直观地比较两个场之间的差别。在模式评估中应用泰勒图评估方法可以清晰地比较各模式与观测之间的差异。模式与观测之间的空间相关系数（R）计算如下：

$$R=\frac{1}{N}\sum_{n=1}^{N}(f_n-\bar{f})(r_n-\bar{r})/\sigma_f\sigma_r \tag{3.2}$$

模式与观测之间中心化均方根误差（E'）计算公式如下：

$$E'=\sqrt{\frac{1}{N}\sum_{n=1}^{N}[(f_n-\bar{f})-(r_n-\bar{r})]^2} \tag{3.3}$$

模式场的标准差（σ_f）以及观测场的标准差（σ_r）计算公式如下：

$$\sigma_f=\sqrt{\frac{1}{N}\sum_{n=1}^{N}(f_n-\bar{f})^2} \tag{3.4}$$

$$\sigma_r=\sqrt{\frac{1}{N}\sum_{n=1}^{N}(r_n-\bar{r})^2} \tag{3.5}$$

式中，N 为研究区域的总格点数，f_n 和 r_n 分别为第 n 个格点上的模式值和观测值，$\bar{f}$ 和 $\bar{r}$ 分别为模式和观测在整个研究区域的平均值。这四个统计量满足如下三角余弦关系：

$$E'=\sigma_f{}^2+\sigma_r{}^2-2\sigma_f\sigma_r R \tag{3.6}$$

在泰勒图中将 σ_f、σ_r 和 E' 假定为三角形的三条边，R 为 E' 边所对角的余弦值。为了更直观地比较模式与观测的一致性，将观测值位于标准差为 1 的位置，模式点到原点的距离为模式场标准差与观测场标准差之比（σ_f/σ_r），模式点到观测值的距离为中心化均方根误差与观测场标准差之比（E'/σ_r），模式点到原点的连线与底边的夹角的余弦值为相关系数（R）。模式点与观测点越接近，则认为其模拟结果越好，即 σ_f/σ_r 越接近于 1、E'/σ_r 越小、R 越大，则模拟结果越好。

在分析不同强度降水的日变化特征时，为了更突出日变化信号，对各强度降水进行标准化处理：(各时次降水－各时次降水平均值)÷各时次降水的标准差。

(3)降水量、频率与强度的模拟

①空间分布

TRMM 卫星资料显示青藏高原及其周边地区夏季平均降水量的降水空间分布表现为自东南向西北递减的特征(图 3.2a)。喜马拉雅山脉南侧存在一个降水量大值带，量值超过 14 mm・d^{-1}。柴达木盆地以及高原西北边缘是降水量的小值区，平均降水量低于 0.5 mm・d^{-1}。与观测相比，三组分辨率模式均能基本再现上述高原降水量的空间分布。随着模式分辨率的提高，模式模拟的高原降水分布特征更接近观测(图 3.2b—d)。低分辨率 MME 模拟出了高原南坡的雨带，但雨带范围较观测更宽、位置偏北(图 3.2b)。观测中，高原南坡雨带分布在 3000 m 海拔高度等值线以南，而低分辨率模式中的雨带位于更北的纬度。此外，低分辨率模式在高原东坡存在一虚假大值中心，其降水量最高超过 10 mm・d^{-1}。随着分辨率的提升，模式模拟的高原南坡雨带范围逐步缩小，位置逐步南移，更接近观测(图 3.2c、d)。TRMM 观测中，在海拔高度超过 3000 m 的青藏高原主体地区，平均降水量为 2.51 mm·d^{-1}，低、中和高分辨率模式 MME 均高估了该区域平均降水量，其模拟的区域平均降水量分别为 4.29 mm·d^{-1}、3.51 mm·d^{-1}和 3.00 mm·d^{-1}。可见，分辨率越高，模拟结果与观测值越接近。总体来说，模式水平分辨率的提高能对青藏高原及其周边地区平均降水量空间分布的模拟带来增值。

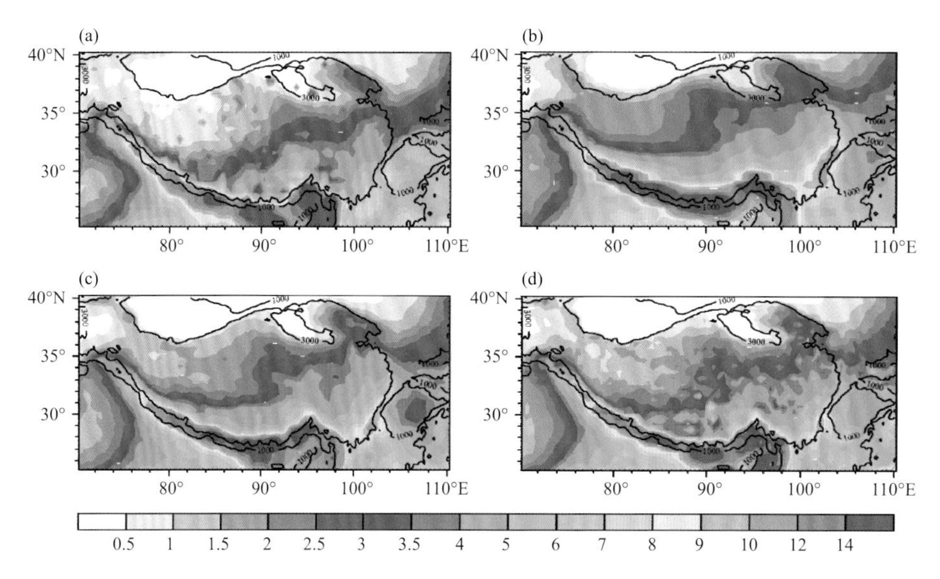

图 3.2　青藏高原 1998—2014 年夏季平均降水量(单位：mm·d^{-1})的空间分布。(a)为 TRMM 观测结果，(b)—(d)分别为低、中和高分辨率模式集合平均结果。黑色等值线代表 1000 m 和 3000 m 的地形等高线

降水量可以进一步分解为降水频率和降水强度，前者反映了研究时段里发生降水的时次百分比，后者反映了降水发生时的强度。降水频率和强度的不同组合可能会表现出相似的降水量，降水量的合理模拟，并不一定表示频率和强度的正确模拟，因而评估模式对降水频率和强度的模拟能够进一步揭示模式偏差特征(Dai et al.，2004；Dai，2006；Li et al.，2015)。

青藏高原降水频率空间分布与降水量相似，整体呈现为东南向西北递减的分布，降水易发生在高原南缘、东部和东北部等陡峭地形区，降水频率最高为 43%(图 3.3a)。低分辨率 MME 对降水频率的空间形态刻画失真，模拟的降水频率大值带从高原南坡延伸至东坡，自南向北逐步减小(图 3.3b)。中等分辨率模式有效改善了高原北部的降水频率，缩小了高原南坡和东坡的降水频率大值带的范围(图 3.3c)。在高分辨率模式中，高原北部的降水频率进一步降低，降水频率的大值中心进一步集中在高原南坡和东坡，降水频率大值区的形态被刻画得更加准确(图 3.3d)。从低分辨率到高分辨率模式，降水频率超过 25% 的格点数依次由 1410 降低至 639，降水的频发区域逐步集中，但仍远高于观测值(70)。低、中和高分辨率模式模拟的青藏高原及其周边地区平均降水频率依次为 29.54%、20.67% 和 18.39%，逐步接近观测值(10.13%)。以上结果表明，分辨率的提高不仅能有效改善模式对降水频率空间形态的模拟，且模拟的区域平均降水频率量级也能更接近观测值。

图 3.4 给出了观测和三组不同分辨率模式的青藏高原地区平均降水强度的空间分布。基于 TRMM 卫星资料(图 3.4a)，青藏高原主体地区(海拔 3000 m 以上区域)降水强度基本在

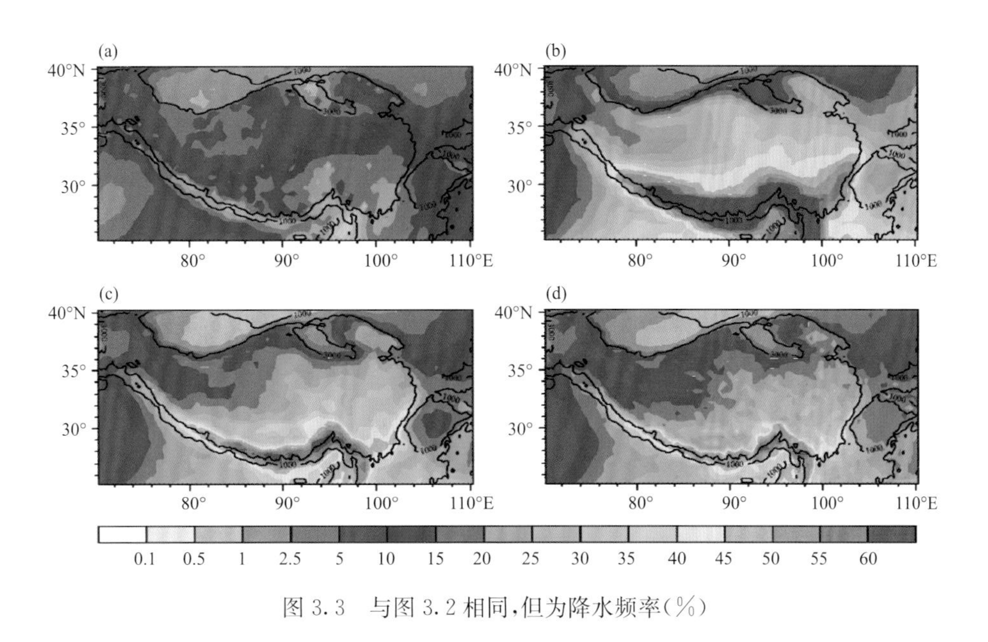

图 3.3　与图 3.2 相同，但为降水频率(%)

2 mm・h^{-1}以下，高原以南的低海拔地区降水强度明显高于高原，最高超过 3 mm・h^{-1}。四川盆地东南部也有一个降水强度的大值中心。总体来说，三组不同分辨率模式均能够大体再现高原主体降水强度小而高原以南、以东低海拔地区降水强度大的分布特征，且模拟出了高原主体地区降水强度由东南向西北递减的特征(图 3.4b—d)。但模式对降水强度的量值模拟方面存在明显不足。模式中高原主体地区降水强度基本低于 1 mm・h^{-1}，低、中和高分辨率模式模拟的区域平均降水强度分别为 0.60 mm・h^{-1}、0.77 mm・h^{-1}和 0.90 mm・h^{-1}，低于观测值 1.42 mm・h^{-1}。可见，分辨率的提高使模式对区域平均降水强度的模拟有了一定的改善。

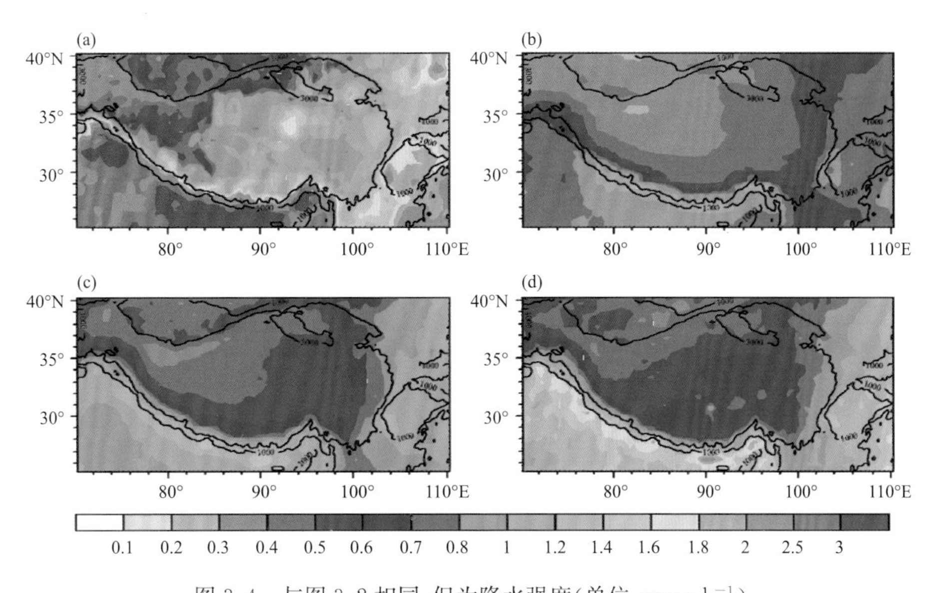

图 3.4　与图 3.2 相同，但为降水强度(单位：mm・h^{-1})

为了更好地了解降水的偏差特征，将观测和模式的分辨率均统一为0.5°×0.5°，模式相较于TRMM的降水偏差的空间分布如图3.5所示。总体来看，三种分辨率的模式呈现出一致的偏差特征。就降水量的偏差特征（图3.5a—c）而言，模式高估了高原主体大部分地区的降水量，正偏差大值区位于青藏高原南坡和东坡陡峭地形区，分布在3000 m等高线附近，最大正偏差在4 mm・d^{-1}以上。相反，模式对高原以南低海拔地区以及高原以东四川盆地的降水量存在明显的低估。低分辨率模式MME中降水正偏差大值带分布范围较广（图3.5a），中、高分辨率模式的正偏差大值区依次缩小变窄，集中在喜马拉雅山脉附近（图3.5b、c）。此外，分辨率提高后，模拟结果在高原腹地出现了一定的负偏差区域，这可能是由于高分辨率模式中地形更陡峭，对输送至高原的水汽阻挡作用更强，使得高原主体上的降水模拟减弱。从降水频率的偏差特征来看，模式高估了大部分区域（面积占比：低分辨率模式95.26%；中分辨率模式88.93%；高分辨率模式87.65%）的降水频率（图3.5d—f），但分辨率提高后，最大降水频率偏差从63.07%降低至46.09%。在降水强度偏差特征方面，模式存在对大部分区域（面积占比：低分辨率模式96.89%；中分辨率模式90.36%；高分辨率模式89.37%）降水强度的低估（图3.5g—i）。以上分析表明，模式对青藏高原降水量的高估主要是降水频次模拟偏多造成。数值模式中"低强度、高频率"的常见通病（Chen M et al.，1996；Dai，2006；Sun et al.，2006）在CMIP6模式中仍然存在。

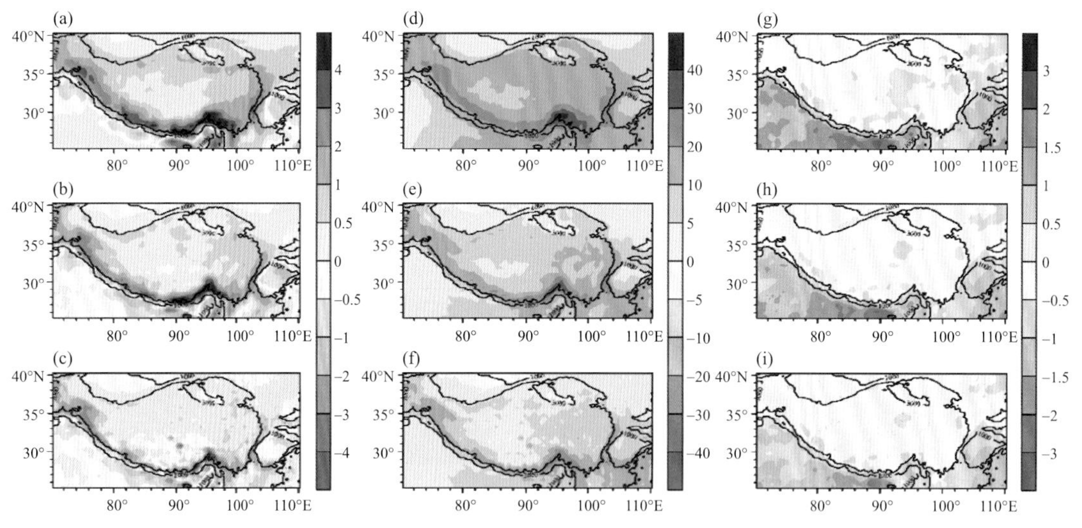

图3.5　低、中和高分辨率模式集合平均相对于TRMM观测的降水量偏差（单位：mm・d^{-1}，(a)—(c)）、降水频率偏差（%，(d)—(f)）和降水强度偏差（单位：mm・h^{-1}，(g)—(i)）的空间分布。第一、二、三行分别为低、中、高分辨率模式集合平均偏差结果。黑色等值线代表1000 m和3000 m的地形等高线

为了定量评估CMIP6模式对青藏高原地区降水空间分布的模拟能力，计算了各模式与观测之间的空间相关系数、中心化均方根误差、模式场的标准差以及观测场的标准差，将这些统计指标综合在泰勒图里呈现。为了更直观地比较模式与观测的一致性，先对所有数据进行标准化处理：使观测值位于标准差为1的位置，模式点到原点的距离为模式场标准差与观测场标准差之比（σ_f/σ_r），模式点到观测值的距离为中心化均方根误差与观测场标准差之比

（E'/σ_r），模式点到原点的连线与底边的夹角的余弦值为相关系数（R）。

图 3.6 给出了青藏高原地区夏季平均降水量、频率和强度的泰勒图。从降水量的泰勒图（图 3.6a）来看，几乎所有模式与观测的相关系数均大于 0.6，说明 CMIP6 模式对降水量的空间分布有较强的模拟能力。低、中和高分辨率模式组与观测的相关系数在 0.58～0.79、0.60～0.87 和 0.68～0.90 之间，低、中和高分辨率模式 MME 与观测的相关系数依次为 0.75、0.83 和 0.90，说明分辨率的提高可以提升模式对降水量空间模态的模拟能力。HadGEM3-GC31-HM 模式与观测的空间相关系数可达 0.90，与观测的空间相关性最强。从降水量的空间变率

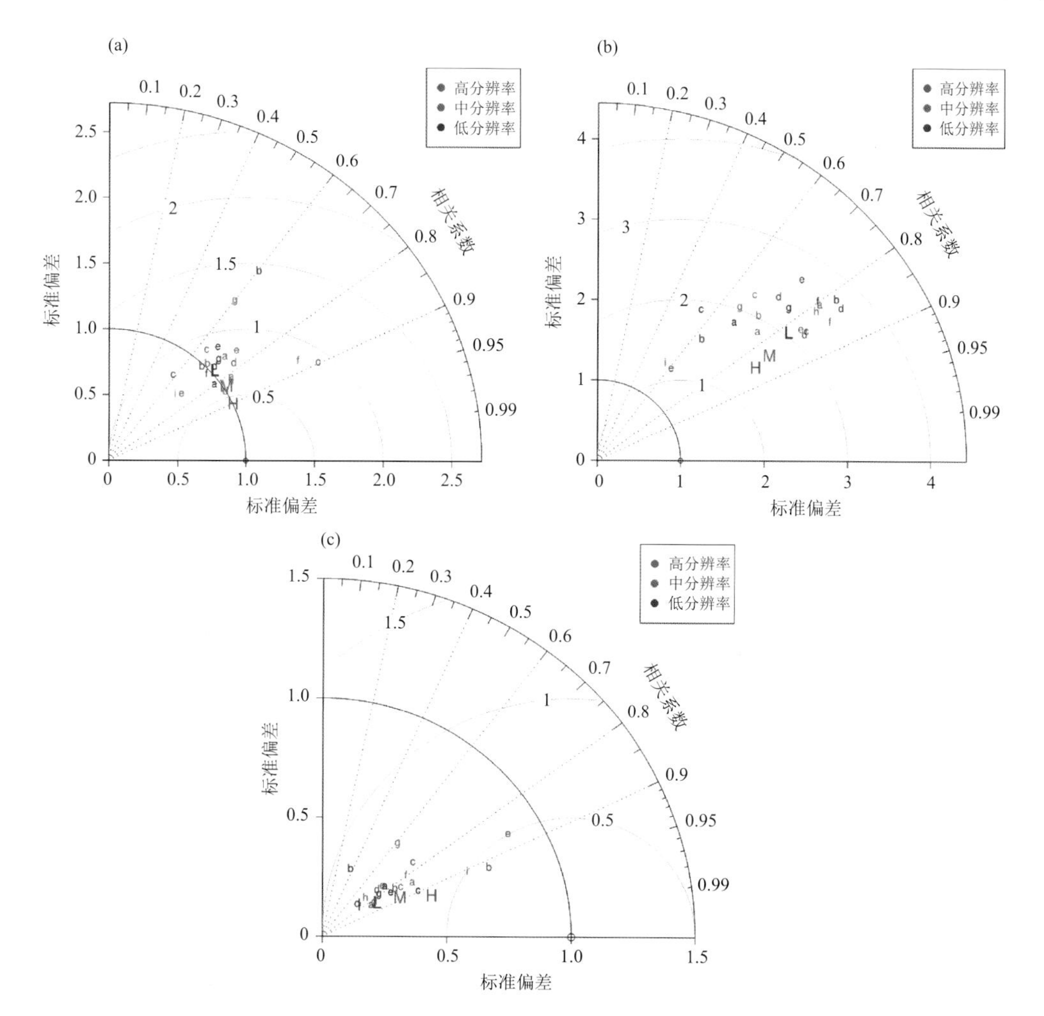

图 3.6　青藏高原地区小时平均降水量（单位：mm·d^{-1}，(a)）、降水频率（%，(b)）和降水强度（单位：mm·h^{-1}，(c)）的泰勒图。蓝色字母 a—g 分别代表了 BCC-CSM2-MR、CMCC-CM2-SR5、FGOALS-f3-L、GFDL-CM4、MPI-ESM1-2-HR、MRI-ESM2-0 和 SAM0-UNICON 这 7 个低分辨率模式；绿色字母 a—i 分别代表了 BCC-CSM2-HR、CAMS-CSM1-0、CNRM-CM6-1-HR、EC-earth3P、GFDL-CM4C192、HadGEM3-GC31-MM、IPSL-CM6A-ATM-HR、MRI-AGCM3-2-H 和 NICAM16-7S 这 9 个中分辨率模式；红色字母 a—e 分别代表了 EC-Earth3P-HR、FGOALS-f3-H、HadGEM3-GC31-HM、MRI-AGCM3-2-S 和 NICAM16-8S 这 5 个高分辨率模式，红色字母 H、绿色字母 M、蓝色字母 L 分别代表高、中、低分辨率模式集合平均

来看，低分辨率模式组中的 FGOALS-f3-L 模式、中分辨率模式组中的 NICAM16-7S 模式以及高分辨率模式组中的 NICAM16-8S 模式远小于观测，其他大部分模式较观测值偏大，尤其是 CMCC-CM2-SR5 模式，其模拟的降水量标准差是观测标准差的 1.5 倍以上。低、中和高分辨率 MME 降水量的标准差与观测基本相当，σ_f/σ_r 依次为 1.03、1.03 和 1.00。根据均方根误差指标的分布情况，CMCC-CM2-SR5 模式和 IPSL-CM6A-ATM-HR 模式的误差较大，E'/σ_r 分别为 1.63 和 1.22，而其他模式均小于 1。低、中和高分辨率模式组的 E'/σ_r 分别在 0.74～1.63、0.57～1.21 和 0.66～0.97 之间，低、中和高分辨率 MME 的 E'/σ_r 分别为 0.73、0.61 和 0.45，模拟偏差随分辨率的提高逐步减小。综合而言，不论是空间模态、空间变率还是均方根误差，随着分辨率的提高，模式的模拟能力逐步增强。在降水频率（图 3.6b）的模拟上，各模式的相关系数位于 0.55～0.85 之间，但 σ_f/σ_r 和 E'/σ_r 分布范围较广，分别在 1.44～4.34 和 1.34～5.26 之间，说明模式间存在较大差异。所有模式的 σ_f/σ_r 均大于 1，说明所有模式模拟的降水频率空间变率偏大。在降水强度（图 3.6c）的模拟上，模式分布相对较为集中，所有模式的 σ_f/σ_r 均小于 1，说明所有模式的降水强度的空间变率模拟均偏小。高分辨率模式组中 FGOALS-f3-H 和 NICAM16-8S 模式以及中分辨率模式组中的 NICAM16-7S 模式表现出了较好的模拟能力，E'/σ_r 均在 0.5 以内。综合各项统计指标，提高分辨率能有效提高模式对降水频率和降水强度的模拟能力。

以上分析主要关注了气候模式对夏季平均态降水特征的模拟能力。不同降水强度下的降水频率分布也是降水气候特征的重要方面，降水的强度-频次结构是评估模式对降水特性模拟能力的重要内容（Li et al.，2015）。图 3.7 给出了青藏高原地区不同强度降水的频率分布。图中 y 轴取对数形式以更清楚地展示不同强度降水的频率分布情况。低分辨率模式高估了 1 mm·h^{-1}以下弱降水的发生频率，这一偏差特征在中、高分辨率模式中仍然存在，提高分辨率并未有效改善模式对弱降水发生频率高估的问题。对于强度在 2 mm·h^{-1}以上的降水，不同分辨率的模式表现出了不一样的特征。当降水强度增大时，低分辨率模式模拟的降水频率迅速下降，其降水频率随降水强度增大而减小的变化速率远大于观测，当强度超过一定的临界值，模拟的降水频率低于观测。与观测相比，低分辨率模式模拟的降水强度-频率分布存在较大的差异，其中大部分模式模拟的最大降水强度低于 40 mm·h^{-1}，而观测可达 93.76 mm·h^{-1}。提高分辨率，模式对强降水的模拟也有所改善，主要是提高了强降水的发生频率，且模拟的最大降水强度增强。

②与地形的关系

为了进一步探究降水偏差与地形之间的关系，图 3.8 和图 3.9 分别给出青藏高原降水沿地形在纬向和经向的剖面图，图中可以清晰地展示不同分辨率下模拟的降水特征和地形的关系。不同分辨率模式能模拟出 TRMM 观测中高原东坡坡面上丰沛的降水，但降水大值区位置较观测偏西（图 3.8a）。低、中和高分辨率模式的偏差大值区均位于 102.75°E 附近，该地区海拔高度约为 3000 m（图 3.8d）。对于降水频率来说，从东到西，观测中高原东坡坡面上降水频率随地形抬升而增加，降水频率大值区位于 101.8°E 附近。模式对降水频率与海拔的关系

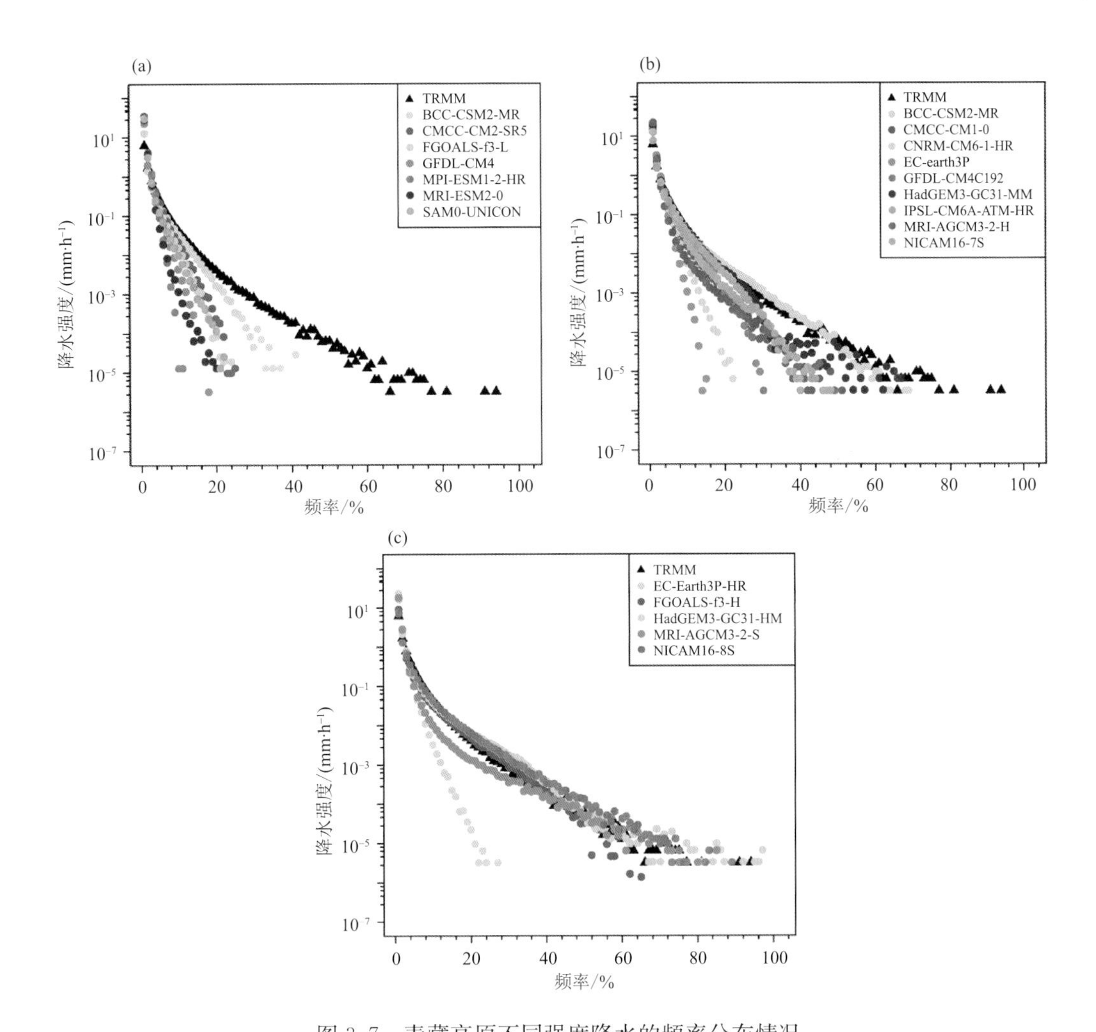

图 3.7 青藏高原不同强度降水的频率分布情况

(a)—(c)分别为低、中和高分辨率模式结果。y 轴采用对数坐标。黑色三角形为 TRMM 观测，彩色圆点表示 CMIP6 模式

模拟不准确，模拟的降水频率随海拔升高先增加再减少，降水频率大值区较观测位置偏东、海拔偏低(图 3.8b)。模式高估了各个海拔高度上的降水频率，偏差大值区主要分布在东坡坡面上(图 3.8e)。在降水强度方面，三组模式均能够模拟出降水强度随地形抬升而降低的变化特征(图 3.8c)，但模式均低估了各个海拔上的降水强度，负偏差的大值区主要分布在低海拔地区，随海拔高度升高偏差逐渐减小，提高分辨率有效改善了低海拔地区降水强度的低估(图 3.8f)。

84°～90°E 平均降水特征的经向分布如图 3.9 所示。TRMM 降水量(图 3.9a 黑线)大值区位于高原南坡 26.2°N 附近的低海拔处，降水量随海拔升高先增加再减少，这与前人的结果一致(Salerno et al.，2015)。三种分辨率模式均能够模拟出南坡降水量随海拔高度的升高先增加后减少的特征，但模拟的降水最大值位于高原南坡的陡峭地形区(27°～28°N)。提高分辨率能有效改善模式雨带位置偏北的问题，但高分辨率模式的最大降水量小于观测。观测的降

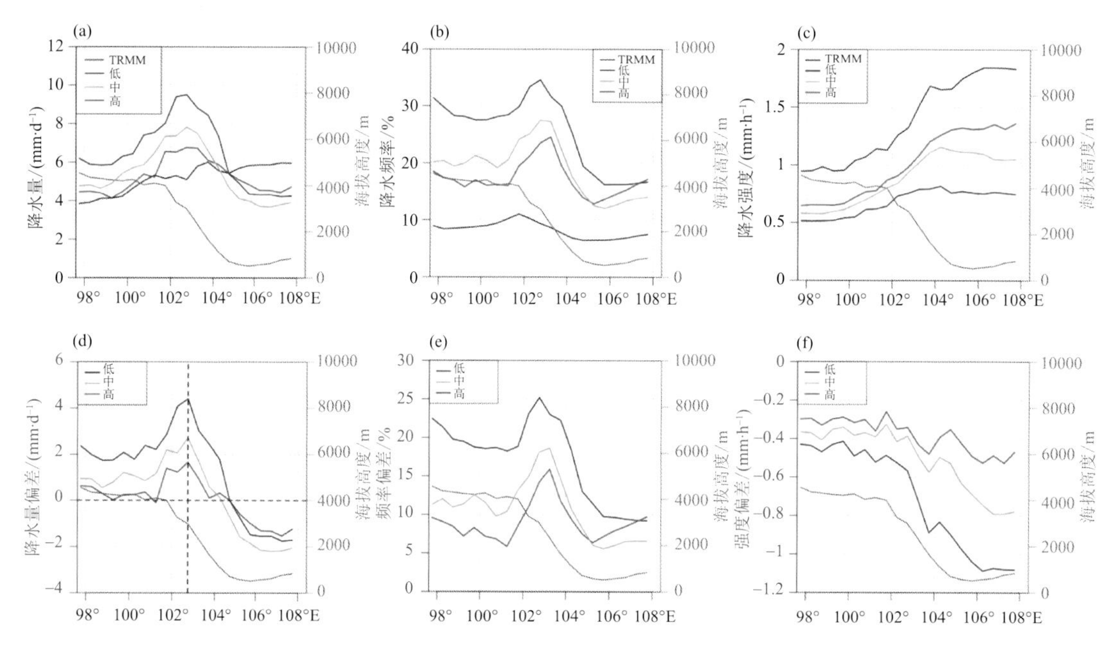

图 3.8 (a)—(c)分别为 TRMM 观测和不同分辨率模式集合平均 29°～33°N 平均降水量(单位：mm • d^{-1})、频率(%)和强度(单位：mm • h^{-1})沿经度的变化。(d)—(f)分别为不同分辨率模式 MME 相对于 TRMM 的 29°～33°N 平均降水量偏差(单位：mm • d^{-1})、频率偏差(%)和强度偏差(单位：mm • h^{-1})沿经度的变化。黑、蓝、黄、红实线分别为 TRMM 观测和低、中、高分辨率模式集合平均结果。灰色实线为地形线。黑色虚横线为零值线；黑色虚竖线为 102.75°E 位置

水频率在南坡呈现随海拔升高先增加再减小的特征(图 3.9b)；相较于降水量大值区，降水频率大值区所处的海拔高度更高。低分辨率模式不能准确再现降水频率和地形之间的关系，其降水频率大值区范围较广，且最大降水频率位置偏北。但提高分辨率可以缩小降水频率大值区的范围，并改善了峰值位置模拟偏北的问题。在降水强度方面(图 3.9c)，观测中最大降水强度出现在低海拔地区(约 60 m)，在 60 m 以上，降水强度随地形抬升而减小。低和中分辨率模式模拟的降水强度随海拔升高先增加后减小，最大降水强度位置较观测偏北、海拔偏高。提高分辨率后，高分辨率模式能模拟出降水强度随地形抬升而减弱的关系。

(4)降水日变化的模拟

图 3.10 给出了青藏高原地区夏季降水量日峰值出现时间的空间分布。基于 TRMM 观测结果(图 3.10a)，高原降水量日变化峰值表现出了较大的空间变率，其空间标准差为 7.79。低分辨率模式未能模拟出降水峰值的空间差异(图 3.10b)，其空间标准差仅为 4.47。分辨率提高后，中、高分辨率模式模拟的降水峰值位相区域性差异逐步凸显(图 3.10c、d)，其空间标准差依次为 6.73 和 6.94，越来越接近观测。观测揭示出青藏高原主体(海拔 3000 m 以上)降水峰值以傍晚至午夜(17：00—02：00 BJT)为主，其中有 55% 以上格点的降水峰值位于 20：00—23：00 BJT 之间。低、中和高分辨率模式模拟的高原主体均以傍晚(17：00—20：00 BJT)降水为主，较观测偏早 3 h。但中、高分辨率模式能够再现高原上部分谷地区域的午夜

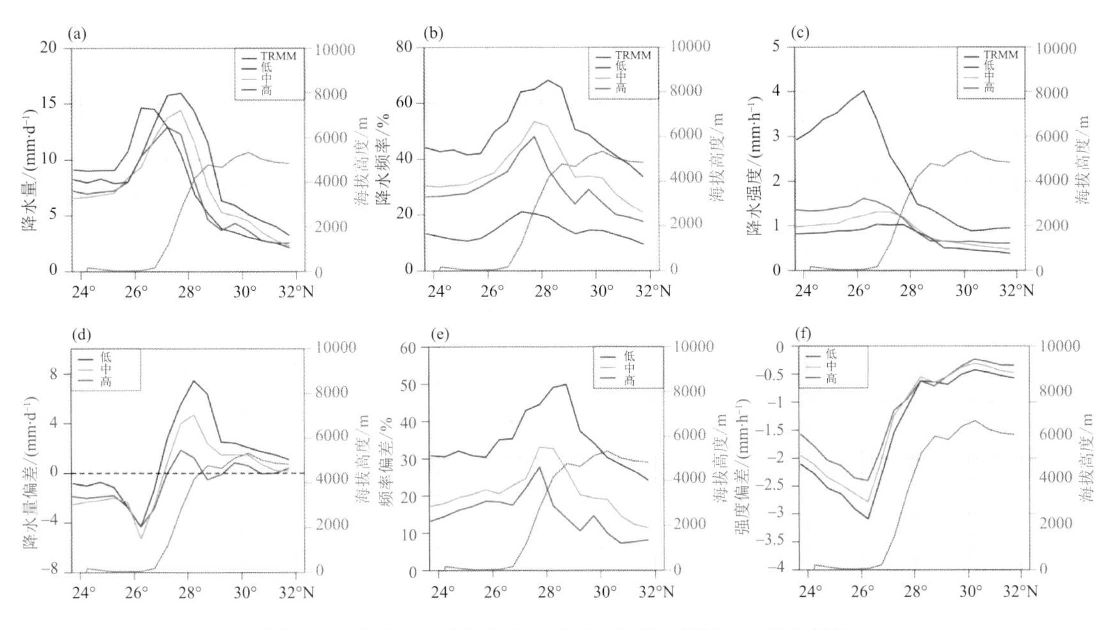

图 3.9　与图 3.8 相同，但为 84°～90°E 平均沿纬度的变化

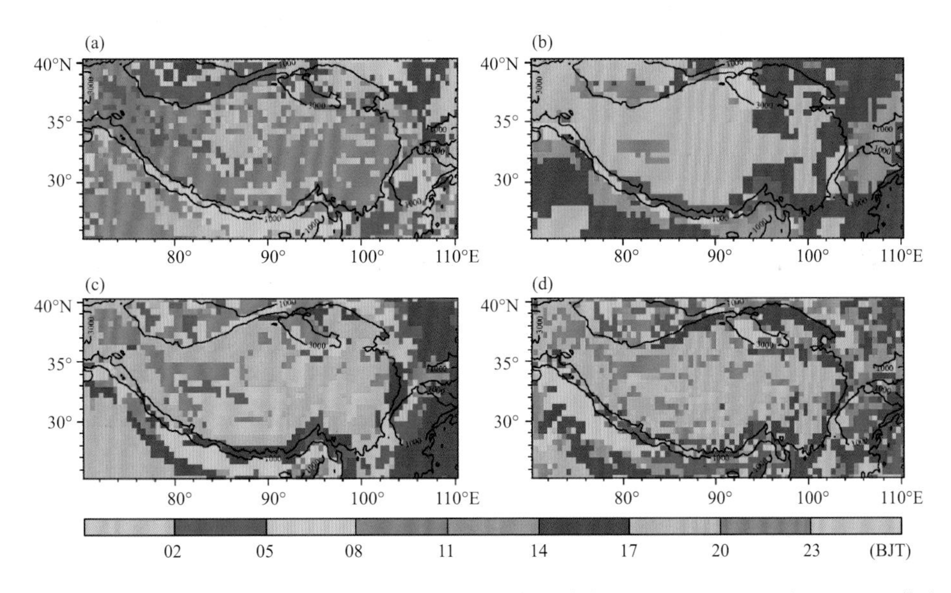

图 3.10　夏季降水量日变化峰值出现时间的空间分布。其中(a)为 TRMM 观测，(b)—(d)依次为低、中、高分辨率模式集合平均结果。黑色等值线代表 1000 m 和 3000 m 的地形等高线

(20:00—次日02:00 BJT)降水，与观测结果一致。观测中高原 3000 m 等高线以南、横跨72°～100°E 一带的区域，降水峰值出现在清晨(05:00—08:00 BJT)。不同分辨率模式对该区域的降水模拟能力不同：低分辨率模式不能准确模拟出清晨降水峰值，而是表现为虚假的正午至午后(11:00—17:00 BJT)峰值；中分辨率模式结果基本再现了该地区的清晨峰值，但仍有部分区域为错误的午后峰值；高分辨率模式准确模拟出了高原南缘西段(72°～82°E)的降水峰值，而模拟的高原南缘东段(82°～100°E)降水峰值时刻为 02:00—05:00 BJT，较观测偏早 3 h。

此外，从高原到四川盆地，观测中降水日峰值位相存在自西向东滞后的演变特征，通常认为这种特征与降水系统的自西向东传播密切相关（宇如聪 等，2014）。低、中和高分辨率模式均不能合理再现此降水日峰值位相的经向滞后特征，说明模式可能无法准确模拟出自高原向东传的降水系统。

日变化振幅是研究日变化的另一个重要指标。基于 TRMM 观测结果（图 3.11），青藏高原降水日变化振幅较大，高原主体 78%以上区域的日变化振幅大于 70%。低分辨率模式模拟的降水日变化振幅明显低于观测，仅有 13%的区域日变化振幅大于 70%，主要分布在高原西北部。低、中和高分辨率模拟的高原主体区域平均降水日变化振幅依次为 48.65%、74.68% 和 84.55%，随着分辨率的提高，模式模拟的降水日变化振幅虽然有了明显的提升，但仍低于观测值（97.91%）。低、中和高分辨率 MME 模拟的高原降水日变化振幅与观测场的空间相关系数依次为 0.16、0.30 和 0.42，表明提高分辨率对模拟降水日变化振幅空间相关性也有一定的提高。综合而言，模式分辨率的提高不仅提高了模式模拟的高原降水日变化振幅，还改善了模拟的降水日变化振幅的空间相关性。

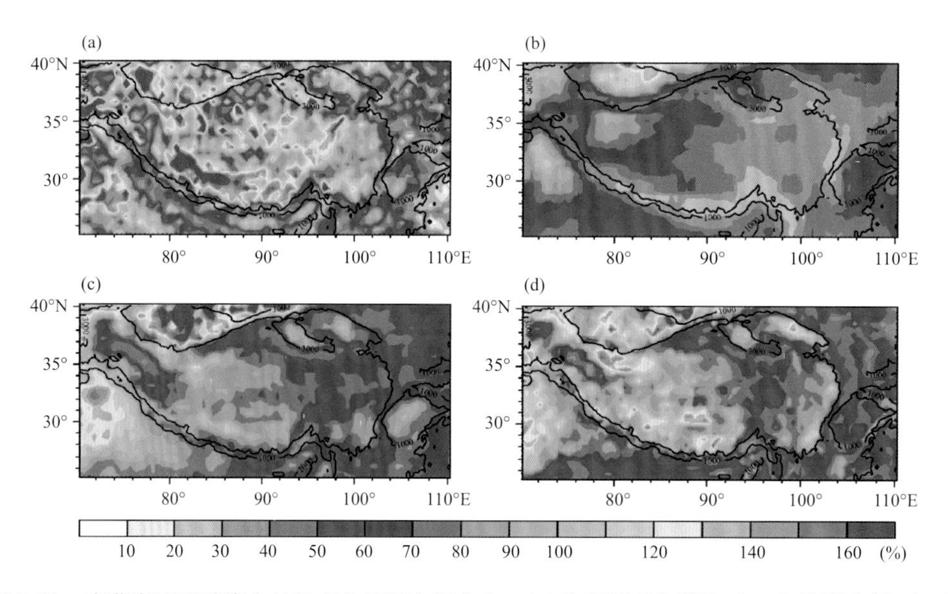

图 3.11　青藏高原夏季降水量日变化振幅空间分布。(a)为 TRMM 观测，(b—d)分别为低、中、高分辨率模式集合平均结果。黑色等值线代表 1000 m 和 3000 m 的地形等高线

针对高原东坡（101°～104°E，28°～33°N）这一降水量典型偏差关键区，进行更为细致的偏差特征分析。图 3.12 给出了高原东坡平均降水和模拟偏差的日变化分布。基于 TRMM 观测，高原东坡降水量日变化表现为单峰特征，峰值时刻为 23：00 BJT，峰值降水量可达 8.18 $mm \cdot d^{-1}$，谷值时刻为 11：00 BJT，降水量仅为 2.25 $mm \cdot d^{-1}$（图 3.12a）。低分辨率模式虽然准确模拟出了 23：00 BJT 的降水峰值，但在 14：00 BJT 存在一虚假的降水峰值，降水量可达 8.95 $mm \cdot d^{-1}$，高于 23：00 BJT 的峰值降水量。分辨率提高后，中、高分辨率模式降低了午后 14：00 BJT 的降水量，降水主峰值在 23：00 BJT，与观测一致。结合降水频率（图 3.12b）和降

水强度(图 3.12c)的日变化来看,TRMM 观测中降水频率和强度皆为单峰特征,峰值时刻分别为 20:00 和 23:00 BJT。不同分辨率模式模拟的降水频率和强度日变化也均表现为单峰特征,且均准确模拟出了位于 23:00 BJT 的降水强度的峰值,但对降水频率峰值时刻的模拟存在较大偏差,位于午后 14:00 BJT,说明模式中虚假的午后降水量峰值主要是由于频率模拟过高造成,23:00 BJT 的降水量次峰值的再现得益于对降水强度日变化的准确再现。从降水量偏差的日变化(图 3.12d)来看,低分辨率模式高估了所有时次的降水量,尤其是日间(08:00—17:00 BJT)的降水,该时段内的降水偏差占总偏差的 82.95%。中分辨率模式模拟的 20:00 和 05:00 BJT 时次的降水略小于观测,均高估了其余时次的降水量。相较低分辨率模式,中分辨率模式中各时次的降水均有一定程度的减小,降水偏差缩小了 10.36 mm·d^{-1},几乎为低分辨率模式偏差的二分之一,并且模式降水量偏差的缩小主要发生在日间时段,占总偏差的 75.84%。高分辨率模式高估了日间时段的降水量,降水偏差略小于中分辨率;低估了夜间(20:00—次日 05:00 BJT)时段的降水量,降水负偏差累积为 −3.02 mm·d^{-1}。高分辨率模式模拟的总降水量与观测最接近,是由于日间与夜间的正负偏差之间的误差补偿。三种分辨率模式高估了所有时次的降水频率(图 3.12e)且低估了所有时次的降水强度(图 3.12f),提高分辨率可以有效减小降水频率和强度的偏差。

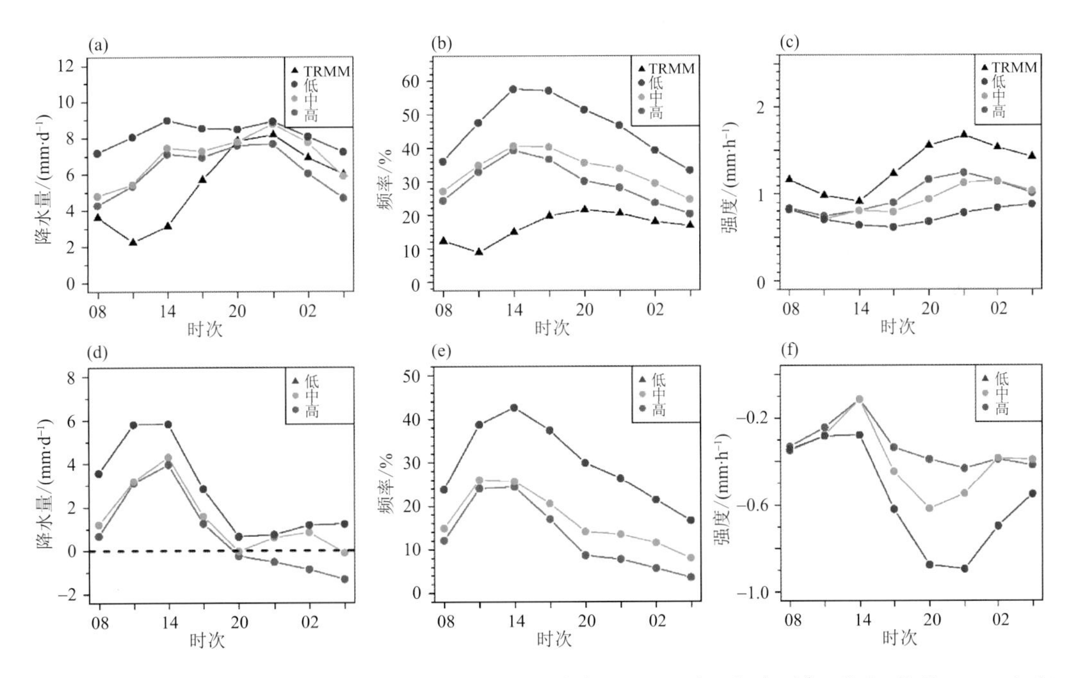

图 3.12 (a)—(c)分别为高原东坡区域平均降水量(单位:mm·d^{-1})、频率(%)、强度(单位:mm·h^{-1})的日变化;(d)—(f)分别为高原东坡区域平均降水量(单位:mm·d^{-1})、频率(%)、强度(单位:mm·h^{-1})的模拟偏差的日变化。黑色三角形:TRMM 观测;蓝色圆点:低分辨率模式集合;黄色圆点:中分辨率模式集合;红色圆点:高分辨率模式集合。横虚线为零值线

图 3.13 进一步给出了高原东坡不同降水强度下降水量的日变化分布情况。为了更突出地反映不同降水强度下降水量的日变化信号,对各强度降水进行标准化处理。基于 TRMM

观测(图 3.13a),高原东坡不同强度降水的日变化特征不同。降水强度低于 1 mm·h⁻¹ 的弱降水峰值主要出现在午后,1 mm·h⁻¹以上的强降水则发生在夜间(20:00—23:00 BJT),不同强度降水的谷值时刻均在上午 11:00 BJT。低分辨率模式集合平均结果(图 3.13b)能基本模拟出弱降水的午后峰值,但对 2 mm·h⁻¹以上的降水峰值模拟偏差较大,降水峰值时刻随强度的增强表现出一个逐步滞后的过程,时间跨度为 20:00—次日 08:00 BJT。模拟的 1 mm·h⁻¹以下降水谷值时间出现在 05:00 BJT,较观测提早了 6 h,强降水谷值时间出现在 17:00 BJT,较观测滞后了 3 h。中分辨模式模拟的强降水峰值时刻随强度变化较小(图 3.13c),与观测更接近,但出现了两条谷值带,一条出现在 08:00—11:00 BJT,另一条出现在傍晚 17:00 BJT。高分辨率模式强降水峰值时刻随强度无明显变化(图 3.13d),5 mm·h⁻¹以上的降水谷值时刻与观测一致,出现在上午 11:00 BJT,但其发生在午后的降水强度可达 3 mm·h⁻¹,远大于观测。综合而言,随着分辨率的提升,模式模拟的强降水的日峰值更接近观测,但对弱降水的模拟仍存在不足。

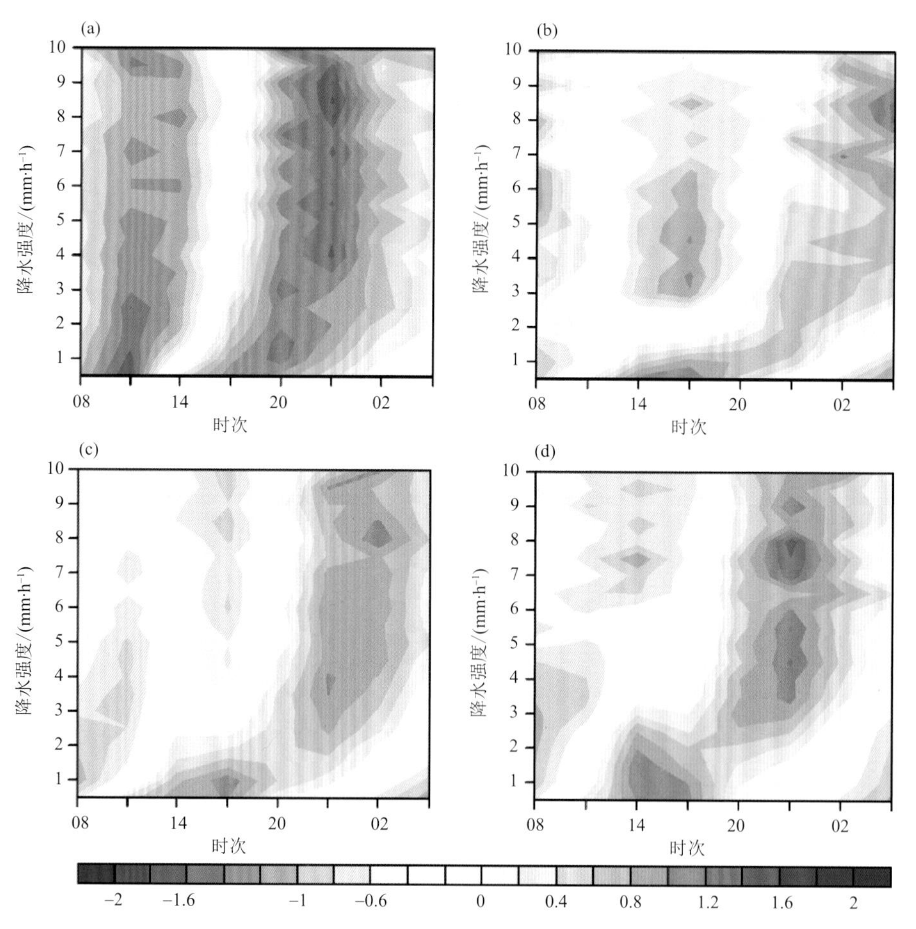

图 3.13　TRMM(a)和低(b)、中(c)、高(d)分辨率模式集合模拟的高原东坡不同强度降水的标准化日变化分布。填色为降水量标准化值

(5)小结

第六次国际耦合模式比较计划(CMIP6)提供了目前最新的全球气候(地球系统)模式结果。将21个参加CMIP6的大气环流模式分为低(约100 km)、中(约50 km)和高(约25 km)分辨率三组来探究青藏高原地区降水偏差特征以及模式分辨率对降水模拟的影响。主要结论如下。

①CMIP6不同分辨率的三组模式均能够大体再现降水量、频率和强度的空间分布,但模式高估了青藏高原地区降水量和降水频率,低估了降水强度。模式分辨率的提升改进了降水频率和降水强度的模拟,使得降水量的高估明显减小,但高原南坡和东坡仍然是偏差大值区域。从降水强度与频率的关系来看,模式与观测的偏差主要有两方面的特征:一是各组模式均高估了1 mm·h^{-1}以下弱降水的发生频率,模式分辨率的提升并未有效改善这一问题;二是低分辨率模式低估了最大降水强度以及强降水的发生频率,提高分辨率对强降水的模拟有所改善,最大降水强度和强降水发生频率明显提高。

②降水模拟偏差与地形之间密切相关。在高原东坡,不同分辨率模式的偏差大值区均分布在东坡坡面上,位于102.75°E、海拔约3000 m处。从东到西,观测中降水频率在东坡坡面上随地形抬升而减小,但模式中呈随海拔升高先增加后减小的演变特征。模式能再现降水强度随地形抬升而降低的特征,但模式低估了东坡各处的降水强度,提高分辨率有效改善了低海拔地区降水强度的低估。在高原南坡,提高分辨率可以缩小降水量和降水频率大值区的范围,并改善了最大降水量和降水频率位置模拟偏北的问题。低和中分辨率模式模拟的降水强度随海拔升高先增加后减小,最大降水强度位置较观测偏北、海拔偏高。提高分辨率后,高分辨率模式能模拟出降水强度随地形抬升而减弱的关系。

③从日变化来看,CMIP6模式对高原降水日变化峰值的空间分布模拟不准确,对高原主体的降水峰值时刻模拟偏早,也不能合理再现高原到四川盆地降水日峰值位相的自西向东滞后的特征。低分辨率模式模拟的降水峰值位相空间分布过于均匀,提高分辨率能有效地提高模拟的降水峰值位相区域性差异,更接近观测特征。在降水日变化振幅的模拟上,低分辨率模式模拟的降水日变化振幅明显低于观测,随着分辨率的提高,降水日变化振幅的模拟可以增加近35%。

④针对高原东坡,TRMM观测中高原东坡降水量日变化表现为单峰特征,峰值时刻为23:00 BJT。低分辨率模式模拟的日变化特征呈双峰特征,其在午后14:00 BJT有一个虚假的降水峰值,该虚假降水峰值的出现主要是由于模式对降水频率模拟不准确,而观测中的降水频率峰值出现在夜间。提高分辨率后,中、高分辨率模式降低了各时次的降水,尤其是午后的虚假降水,降水量日变化特征逐步呈现出单峰特征。观测中不同强度降水的日变化特征不同,1 mm·h^{-1}以下的弱降水的峰值主要出现在午后,强降水则发生在夜间。低分辨率模式对2 mm·h^{-1}以上的降水峰值的模拟偏差较大,且其峰值随降水强度的增大逐步滞后。随着分辨率的提升,高分辨率模式模拟的强降水的日变化峰值更接近观测,但模拟的午后降水强度明显大于观测。

3.1.2 大气环流模式对青藏高原陡峭地形区降水的模拟评估

(1)引言

长期以来,大气环流模式不能很好地反映地形对降水的影响,对青藏高原降水的模拟性能较差。合理、准确地再现高原地区的降水特征一直是数值模拟领域的难题(Wang et al.,2018;Yu et al.,2019)。数值模式对高原地区的降水存在系统性高估。例如,Xu等(2010)通过对参与第三次国际耦合模式比较计划(CMIP3)的18个模式集合平均结果的评估发现,模式对高原地区降水的高估可达100%。降水的高估在高原的陡峭地形区(如高原南缘、高原东缘)更加突出(Mueller et al.,2014;Jiang et al.,2016)。Yu等(2000)指出,早期版本的NCAR CCM3中青藏高原东坡存在显著的虚假降水中心,并且在此后并没有得到明显的改善(Chen H et al.,2010b;Zhang et al.,2016a)。从CMIP3到CMIP5,高原东坡陡峭地形区降水被高估的问题始终存在(Xu et al.,2010,2012;Su et al.,2013;Chen L et al.,2014),并且在最近参与CMIP6的高分辨率气候模式CAMS-CSM的模拟中,高原东坡也存在虚假的降水中心(Li N et al.,2020)。即使是高分辨率区域模式,在能够较细致地描述复杂地形以及下垫面特征、反映局地强迫的情况下,其对高原及周边地区降水高估的问题依旧突出(张冬峰 等,2005;Ji et al.,2013;Gao et al.,2015b)。Li等(2015)指出,NCAR CAM5模式在不同的模式水平分辨率下,降水偏差都集中在青藏高原东坡和南坡。分辨率的提升虽然使得降水正偏差区范围减小,但是在陡峭地形处的正偏差幅度却随着分辨率的提升而增大。理解数值模式在陡峭地形区的模拟偏差及成因,是改进模式对大地形周边降水模拟能力的重要基础,这就需要更加细致的评估分析以及更加全面的评估标准。

受青藏高原复杂的动力和热力作用的综合影响,高原东坡呈现出独特的天气、气候特征(Yu et al.,2007b;林建 等,2014;Zheng Y et al.,2016)。该地区夏季常发生强降水并且可能会引发严重的洪水和山体滑坡。尤其在坡地处的雅安和乐山之间,年降水量为1500~1800 mm,最大日降水量可达300~500 mm(金霞,2013)。前人已通过大量的研究对高原东坡及其周边地区的降水特征有了较为充分的认识。早在20世纪40年代,吕炯(1942)利用川西气象站分析了“巴山夜雨”。叶笃正等(1979)认为,夜雨的形成与地形作用所造成的山谷风环流、夜间云顶辐射冷却等有关。彭贵康等(1994)基于大量暖季暴雨个例,分析了“雨城”雅安的夜雨特征,指出“雅安天漏”是在青藏高原东坡特定的地形作用下产生的特殊降水现象,具有显著的中尺度特点。宇如聪等(1994)建立了一个有限区域数值预报模式,成功地模拟出与“雅安天漏”相关的降水特征及其结构。曾庆存等(1994)通过一系列敏感性试验指出,地形、边界层以及夜间水汽的凝结过程对该地区夜雨的形成有重要贡献。研究发现,青藏高原和四川盆地地区的夏季降雨通常是由青藏高原东南侧附近的西南涡、西风槽、切变线或锋面引发的(矫梅燕 等,2005;肖红茹 等,2010)。Bao等(2011)利用动力学分析指出,青藏高原东部降水日变化与山地-平原环流(mountain-plain solenoid,MPS)有紧密联系。近期,Zhang等(2019)指出,该地区的夜雨与边界层急流的惯性振荡有关。

除了对夜雨机制的探讨，也有研究关注高原东坡地区的降水系统(Johnson,2011;Qian et al.,2015)。Wang等(2004)根据对亮温资料的分析发现，午后/傍晚时段高原东坡对流活跃，并且对流会向东传播。Chen等(2010a)指出低层风场以及温度平流的日变化有利于东坡降水系统的发生发展。研究表明，自青藏高原向东传播的对流系统对该地区的夜间降水有重要影响(Qian et al.,2015)。Chen等(2018)研究了青藏高原东坡的夜间降水及其与邻近地区降水事件的关联，发现青藏高原东坡存在一些与上游对流活动密切相关的降水事件，尤其是长持续性强降水事件。Hu等(2020)关注雅安地区的强降水事件的演变过程，指出在雅安降水开始前，其东北侧存在中等强度的降水并在随后几个小时内沿着高原东坡向南移动，最后移动到四川盆地的南部及东南部。

从上述研究结果可知，高原东坡不同类型降雨事件的演变特征及物理机制是不同的。因而，基于各种小时尺度降水的精细化观测特征，关注不同降水事件的演变规律，将其作为标准评估模式对该地区降水过程的时空演变特征的模拟能力，有助于我们更好地理解模式的模拟偏差，确定影响降水模拟性能的关键因子和物理过程。

(2)模式、资料和方法

本节使用CAMS-CSM模式水平分辨率约1°的T106版本进行AMIP型试验积分。利用观测的2007—2017年逐月历史海温、海冰资料进行强迫积分11 a，选用后10 a(2008—2017年)的积分结果用于评估分析。

除长期AMIP试验积分外，本节还开展了Transpose-AMIP型积分，即以天气预报的方式运行气候模式(简称TAMIP，Williams et al.,2013)。已有研究指出，TAMIP型试验可以通过相对真实的初始环流场来检验气候模式中特定降水过程和相关天气系统(Phillips et al.,2004)。Li J等(2018)利用气候模式开展的TAMIP型试验成功模拟出2016年长江中下游地区一次典型的暴雨过程，说明气候模式能够再现此次降水事件的极端性。

基于CAMS-CSM的TAMIP型试验积分流程如图3.14所示，从第T天～第$T+N$天每天运行CAMS-CSM，共完成$N+1$个全球历史回报试验，试验从每天世界时12:00(12:00 UTC)开始运行，每个回报试验连续积分5 d，作逐小时输出。该试验中大气模式初始场为ERA-Interim 12:00 UTC的再分析资料，陆面模式则利用T时的土地状态作为初始场(该状态为至少3 a连续积分后的结果)。边界条件为NOAA最优插值海表温度数据集(OISST)逐日的海温、海冰资料。在每个连续积分的5 d结果中提取T12～35 h的数据作为每天的回报结果(00:00—23:00 UTC)进行组合。本节利用该模式的T106版本进行了2008—2017年共10 a暖季5—9月(即每年153个全球历史回报试验)的TAMIP型试验积分。

本节所用的降水观测资料为国家气象信息中心发布的中国地面与CMORPH(Climate Prediction Center Morphing Technique)融合逐小时降水产品CMPA V1.0，这里选用2008—2017年5—9月数据对高原东坡暖季降水观测特征进行分析。

为了分析大气环流模式降水模拟的可能偏差成因，本节用到了欧洲中期天气预报中心

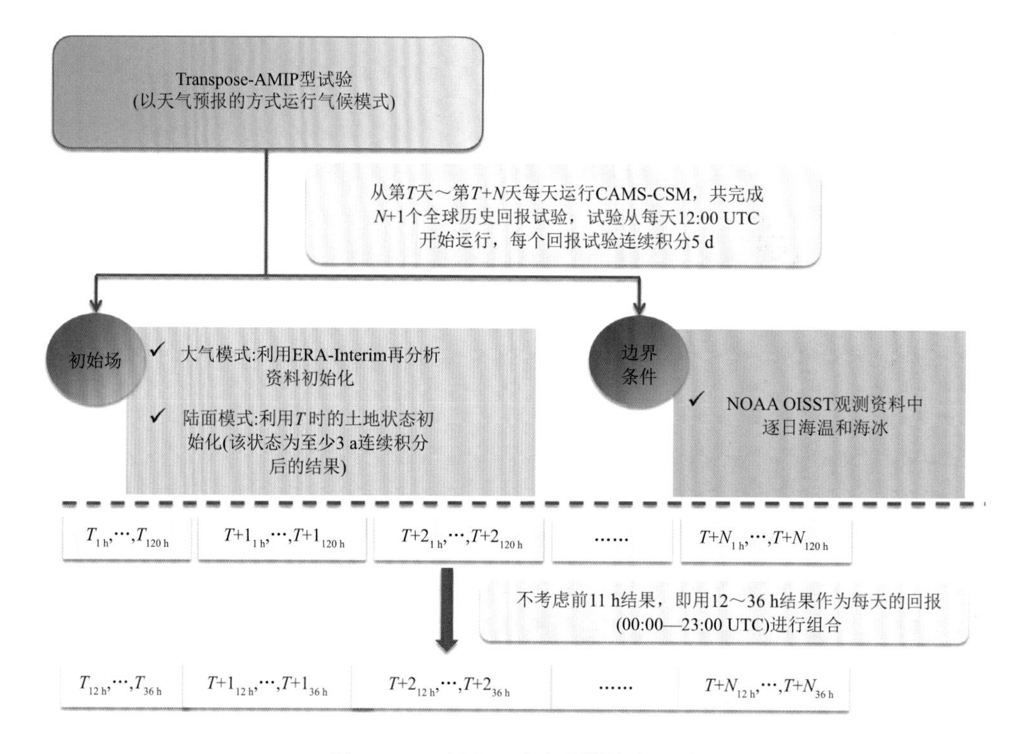

图 3.14　TAMIP 型试验设计流程图

(European Centre for Medium Range Weather Forecasts，ECMWF)研发的 ERA-Interim 再分析资料，覆盖时间为 1979 年 1 月—2019 年 8 月(Berrisford et al.，2011；Dee et al.，2011)。ERA-Interim 使用 ECMWF 预报系统 IFS CY31R2 版本，这一系统包含四维变分。得益于如模式改进、四维变分的使用、改进的湿度分析以及卫星资料的变分偏差订正等多方面因素，ERA-Interim 在水交换的表征、平流层环流质量以及对观测系统的偏差处理等方面都较前几代再分析资料有了改进(Berrisford et al.，2011)。文中使用的 ERA-Interim 产品水平分辨率为 0.75°×0.75°，时间分辨率为 6 h。用到的数据变量包括纬向风、经向风、位势高度、比湿及温度等三维变量。

区域降水事件参考 Yu 等(2015a)的方法，基于研究区域内各格点小时降水序列 $P_{i,t}$ 定义，其中 i 表示区域内各格点，t 表示研究时段的时刻。假定研究区域中有 N 个格点，定义区域降水序列中 t 时刻的小时降水量为$P_t = \mathrm{Max}[P_{i,t},(i=1,\cdots,N)]$，利用区域降水事件的方法(Yu et al.，2015a)，统计降水事件在不同时刻开始、达到峰值和结束的频次来进一步考察高原东坡的降水演变过程。在本节中，分析降水日变化相关特征时给出的时间均为当地时(LST)。

(3)模式对降水基本特征的模拟

高原东坡暖季降水气候态的空间分布如图 3.15 所示，观测中降水量(图 3.15a)呈现南多北少的特征，以 32°N 为界，32°N 以南 98°E 以东大部分地区的降水量在 5 mm · d^{-1}以上，32°N 以北地区的平均降水量仅为 2.38 mm · d^{-1}。四川盆地西缘沿 1000 m 地形等值线处为降水大值区，最大降水量可达 8 mm · d^{-1}，盆地北部降水为一小值中心。研究区域西北侧地形相对较低的区域降水量较小，大部分地区的降水小于 0.5 mm · d^{-1}。高原东坡地区降水频率

(图 3.15d)主要在 30%以下,(22.5°～38.5°N,94°～110°E)区域平均降水频率仅为 11.59%,除云贵高原西部地区降水频率在 20%以上,其余地区降水频率多在 10%左右。降水强度的空间分布(图 3.15g)呈现自东南向西北减小的特征,1000 m 地形以东地区降水强度可以达到 2 $mm \cdot h^{-1}$以上,高原主体降水强度基本在 1.4 $mm \cdot h^{-1}$左右。高原主体降水量的偏少受到降水频率和强度的共同影响,而 1000 m 地形以东地区降水量的偏多则主要由降水强度控制。

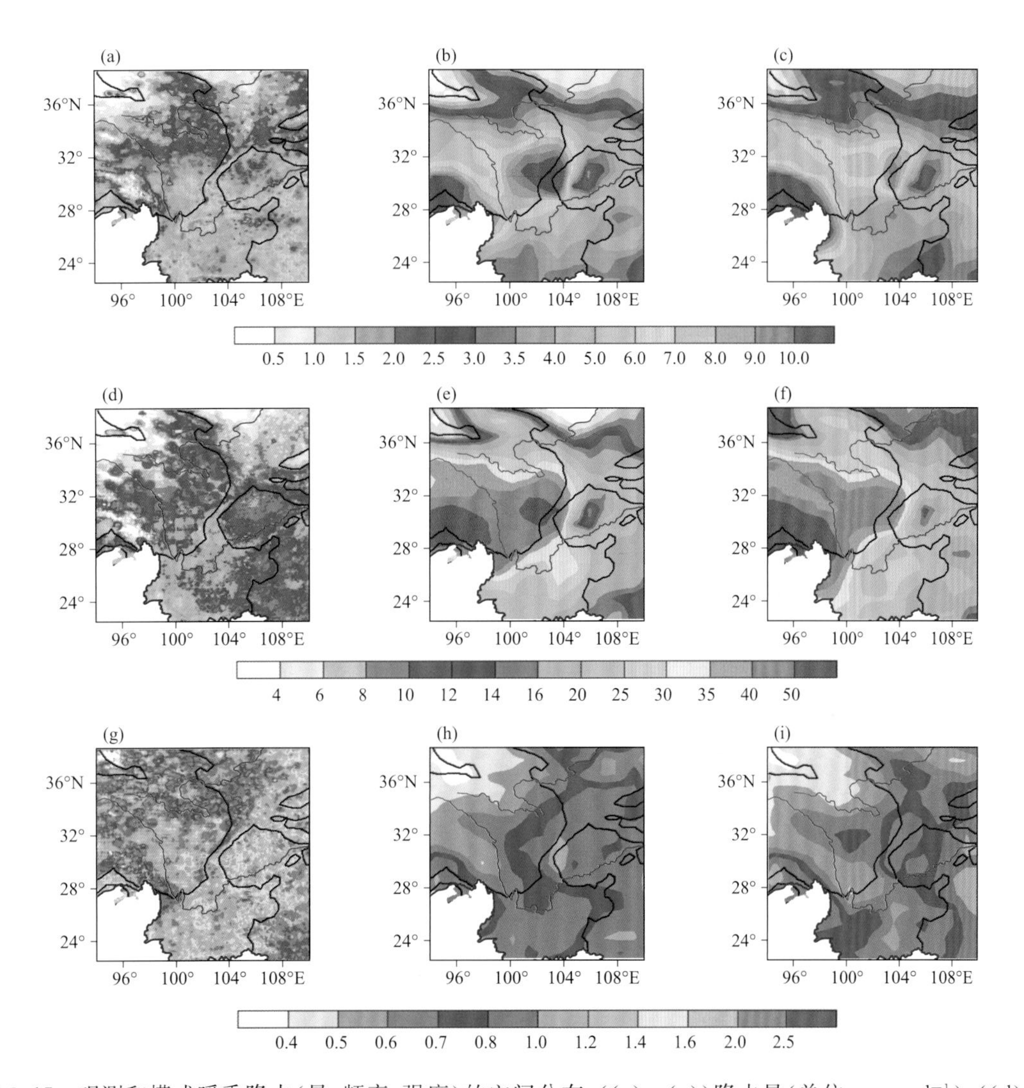

图 3.15 观测和模式暖季降水(量、频率、强度)的空间分布:((a)—(c))降水量(单位:$mm \cdot d^{-1}$);((d)—(f))降水频率(%);((g)—(i))降水强度(单位:$mm \cdot h^{-1}$)。((a)、(d)、(g))CMPA 观测结果;((b)、(e)、(h))AMIP 模拟结果;((c)、(f)、(i))TAMIP 模拟结果。图中黑色等值线分别表示 1000 m 和 3000 m 地形等高线(同图 3.2),品红色线表示黄河和长江

AMIP 模拟的高原东部地区降水量(图 3.15b)最突出的特征是四川盆地以西地区以及高原南缘的虚假大值中心,两个区域的最大降水量分别可以达到 13.62 $mm \cdot d^{-1}$和 17.68 $mm \cdot d^{-1}$,远大于观测结果。图 3.16a 显示这两个地区的降水量偏差均在 5 $mm \cdot d^{-1}$以上,是研究区域内

最大的两个正偏差区，本节关注的高原东坡典型正偏差区(29.7°～33.1°N，101.25°～103.75°E；在图3.16a中用黑色虚线框表示)内最大正偏差可达10.45 mm·d^{-1}。模式能够再现西北角降水量的低值，也能够刻画盆地降水量的低值，但盆地处的低值区较观测偏东。如图3.15e所示，AMIP模拟的降水频率与地形关系密切，在高海拔地区(3000 m等高线以上区域)模式的降水频率基本高于35%，高原东坡和南坡频率超过50%，而1000 m地形以东地区的降水频率

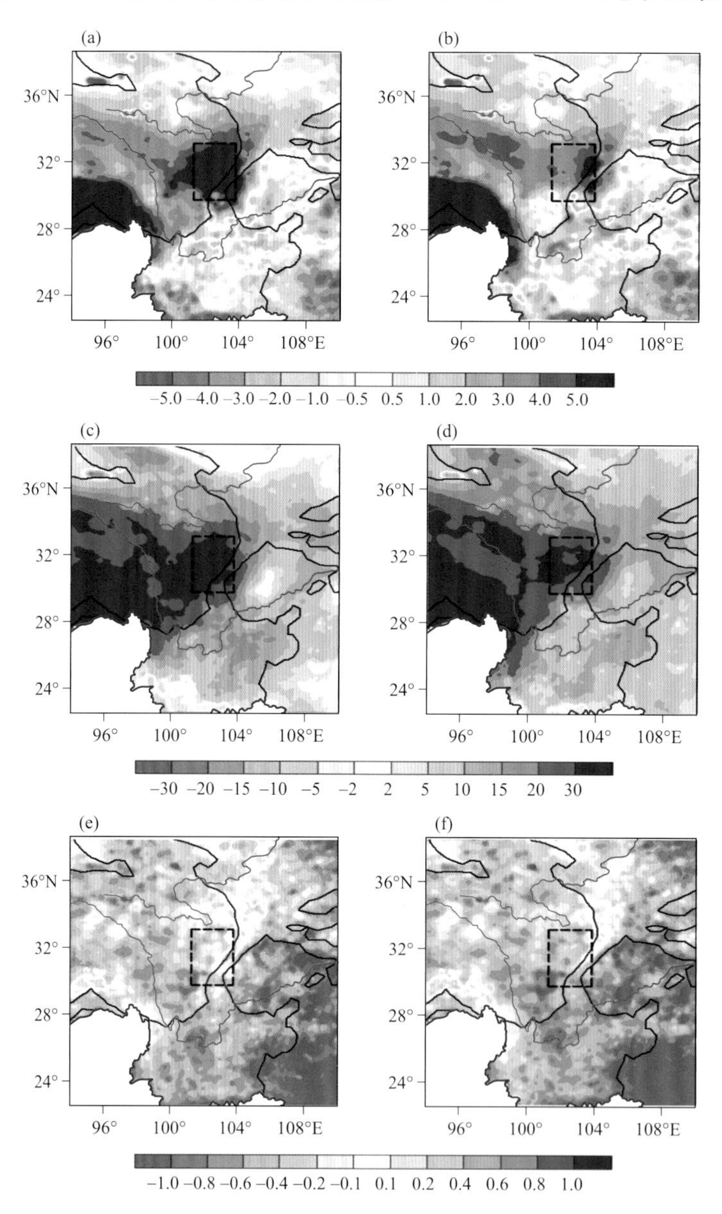

图3.16　AMIP和TAMIP模拟的高原东坡暖季降水偏差分布：((a)、(b))降水量偏差(单位：mm·d^{-1})；((c)、(d))降水频率偏差(%)；((e)、(f))降水强度偏差(单位：mm·h^{-1})。((a)、(c)、(e))AMIP；((b)、(d)、(f))TAMIP。图中黑色等值线分别表示1000 m和3000 m地形等高线(同图3.2)，品红色线表示黄河和长江，黑色虚线框表示高原东坡典型偏差区

在25%以下。AMIP模拟的降水频率较观测明显偏高，研究区域内91.03%的格点降水频率呈现正偏差，且这种偏差分布与降水量的偏差分布大体一致（空间相关系数达到0.89）。模式虽然能够刻画研究区域内降水强度自西向东增加的特征，但强度量值明显小于观测（图3.15h），呈现出较为明显的降水强度负偏差特征（图3.16e）。

TAMIP模拟无论是降水量（图3.15c）、降水频率（图3.15f），还是降水强度（图3.15i），它们的空间分布都与AMIP模拟接近，它们的空间相关（22.5°～38.5°N，94°～110°E）分别达到0.89、0.96和0.78。但值得注意的是，TAMIP模拟结果较AMIP在高原东坡地区有了显著的改善：降水量、降水频率的虚假大值中心均减小，东坡关键区降水量最大值下降至9.92 mm·d^{-1}，降水频率下降至40%左右。从偏差的空间分布（图3.16b和图3.16d）可以看到，降水模拟的改善不仅在偏差最大值的变化上（偏差幅度有所减小），相较于AMIP结果，降水量（降水频率）偏差大于5 mm·d^{-1}（30%）的范围显著缩小，典型偏差区区域平均降水量（降水频率）偏差由6.13 mm·d^{-1}（33.44%）下降至3.45 mm·d^{-1}（28.71%）。降水强度的变化不大，其偏差分布（图3.16f）与AMIP结果（图3.16e）相近。总体而言，相较于AMIP模拟结果，TAMIP更好地再现了高原东坡地区降水特征的空间分布，而TAMIP模拟性能提升主要是由于其更好地模拟了该地区的降水频率。

图3.17a给出了高原东坡典型偏差区降水的强度-频次结构，图中x轴和y轴均取对数形式。结果显示模式模拟的典型偏差区降水频次与观测存在较大差异，一方面体现在对弱降水的模拟：两组模式对降水频次存在显著高估，AMIP和TAMIP在1 mm·h^{-1}强度区间内的平均暖季降水频次分别为1167.25和1157.83 h，而观测仅为370.0 h。另一方面体现在强降水端，当降水强度区间大于4(5)mm·h^{-1}时，观测的降水频次开始高于AMIP（TAMIP），模式基本无法刻画强度超过10 mm·h^{-1}的降水。

基于强度-频次结构图，选取4 mm·h^{-1}作为区分强降水的阈值，挑选强度为0.2～1.0 mm·h^{-1}的降水作为弱降水，考察两种不同类型降水模拟偏差的空间分布。如图3.17b、c所示，无论是AMIP还是TAMIP结果，弱降水的模拟偏差均呈现自东南向西北减小的特征，且与地形密切相关。在1000 m地形等值线以东地区弱降水量模拟呈现负偏差，而高原地区整体呈现正偏差。值得注意的是，相较于AMIP模拟，TAMIP模拟明显改进了高原地区的弱降水模拟，30.5°～32°N、100°～104°E范围内降水量偏差由大于2.5 mm·d^{-1}变为2 mm·d^{-1}左右。对比强降水量值偏差的空间分布，发现AMIP与TAMIP的模拟偏差基本相当，空间相关可达0.98，也就是说TAMIP相较于AMIP来说对强降水模拟基本没有改善。综合图3.16和图3.17可知，TAMIP对降水平均态的模拟性能提升主要体现在对弱降水的模拟上。

图3.18给出典型偏差区降水量、频率和强度的日变化。观测中，高原东坡以夜间降水为主，峰值出现在22:00 LST，峰值降水量为0.28 mm·h^{-1}。AMIP降水日变化表现出单峰结构，峰值、谷值时间分别为20:00和10:00 LST，均较观测偏早1～2 h。TAMIP表现为以夜间降水为主的单峰特征，峰值、谷值时间与AMIP一致。图3.18a另一个明显的特征是午夜时段TAMIP模拟的降水量明显小于AMIP结果，与观测更为接近（00:00—04:00 LST平均的观测、

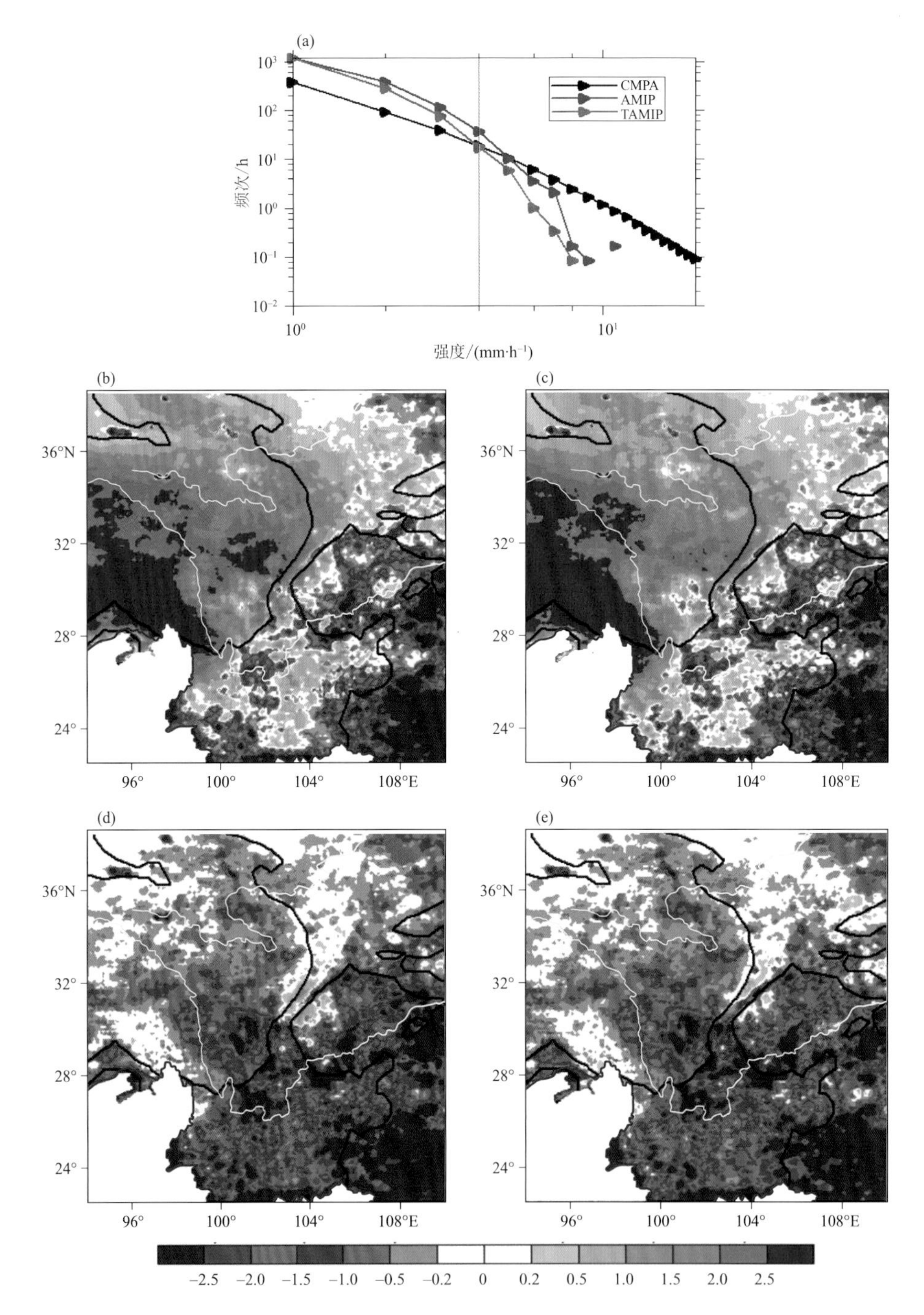

图 3.17 (a)观测、AMIP 与 TAMIP 在高原东坡关键区(图 3.16 中黑色虚线框表示)年平均小时尺度强度-频次结构;黑色三角标记实线为观测 CMPA,蓝色三角标记实线为 AMIP 试验,红色三角标记实线为 TAMIP;x,y 轴均取对数形式,灰色竖线标记强降水阈值(4 mm·h^{-1})。(b)—(e)为 AMIP 与 TAMIP 模拟的两种类型降水量的偏差分布(单位:mm·d^{-1}):(b)、(c)为弱降水(0.2 mm·h^{-1}≤小时降水量≤1 mm·h^{-1}),(d)、(e)为强降水(小时降水量≥4 mm·h^{-1});(b)、(d)为 AMIP 模拟偏差,(c)、(e)为 TAMIP 模拟偏差。图中黑色等值线分别表示 1000 m 和 3000 m 地形等高线(同图 3.2),黄色线表示黄河和长江

AMIP 和 TAMIP 降水量分别为 0.23 mm・h^{-1}、0.42 mm・h^{-1}和 0.27 mm・h^{-1})。观测与模拟的降水频率日变化(图 3.18b)同样呈现出夜间单峰的特征,峰值时刻分别为 21:00、20:00 和 21:00 LST,降水振幅分别为 37.0%、24.28%和 30.10%,即在降水频率日变化的模拟上,TAMIP 相较于 AMIP 有所改进。但 TAMIP 降水强度日变化的模拟不如 AMIP,AMIP 峰值时刻偏差为提前 1 h,而 TAMIP 为提前 4 h,且其午后至午夜时段降水强度负偏差明显增大。

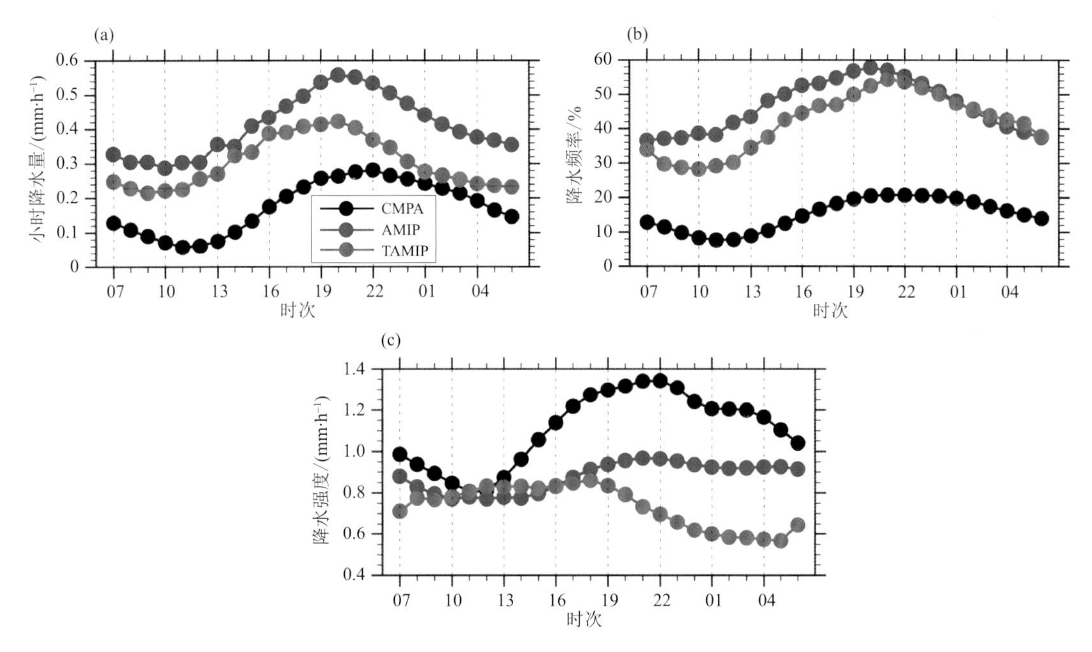

图 3.18 观测、AMIP 与 TAMIP 中高原东坡典型偏差区的区域平均暖季降水日变化。(a)—(c)分别为降水量、降水频率和降水强度的日变化,黑色、蓝色和红色实心点线分别代表观测 CMPA、AMIP 和 TAMIP 结果

(4)模式对降水过程演变及环流特征的模拟

为考察模式对高原东坡降水发展演变过程的模拟能力,图 3.19a—c 比较了 CMPA 和模式中的降水事件不同开始、峰值和结束时间出现频率(各小时频次占总频次百分比)的日变化。观测和模式中,高原东坡降水事件开始、峰值和结束时间呈现一致的单峰特征,但出现频次峰值时刻存在明显差异。观测中,高原东坡降水事件多于傍晚 19:00 LST 开始,该时刻开始的降水占所有时刻开始降水的 7.49%。AMIP 与 TAMIP 模拟降水事件开始时间出现频率的峰值时刻分别为 14:00 和 15:00 LST,较观测偏早。AMIP 和 TAMIP 在白天 08:00—16:00 LST 时段内降水发生频率达到 59.03%和 53.95%,高于观测的 32.68%。观测中降水事件达到峰值的时间多出现在傍晚 20:00 LST,AMIP 模拟的事件峰值时刻多出现在午后 16:00 LST,TAMIP 结果中,峰值时刻与观测基本一致,表现为傍晚 20:00 LST 的单峰。高原东坡的降水事件结束时间出现频次的日变化振幅较小,但也呈现单峰特征,多在午夜01:00 LST 时结束。AMIP 与 TAMIP 中的降水事件结束时间峰值为午夜 00:00 LST。图 3.19d 给出 AMIP 模式低层第 27 层散度场的日变化(高原东坡典型偏差区区域平均结果)。模式中高原东坡地区低层以辐合为主,辐合在午后 13:00 LST 达到峰值,值得注意的是,辐合最强的时间

出现在模式中高原东坡降水事件开始前 1～2 h，说明在模式中降水事件的触发与模式低层的散度场密切相关。

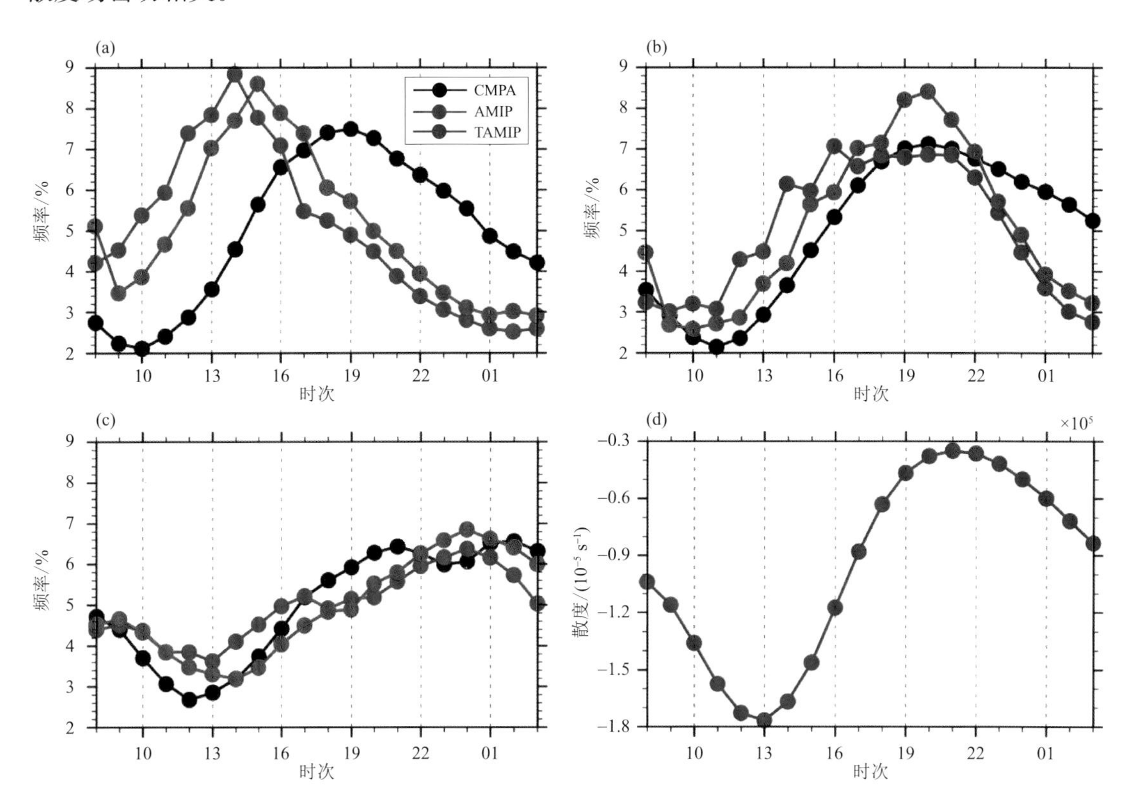

图 3.19　观测、AMIP 与 TAMIP 中高原东坡典型偏差区降水事件的开始(a)、峰值(b)和结束时间(c)出现频率日变化(各时刻频次占日总频次的比例)，(d)为 AMIP 模拟模式层第 27 层散度场日变化，黑色、蓝色和红色实心点线分别代表观测 CMPA、AMIP 和 TAMIP 结果

图 3.20 给出 2016 年暖季高原东坡典型偏差区的区域降水事件开始、峰值、结束时刻降水量合成结果，用以考察该地区降水事件的空间演变特征。观测、AMIP 和 TAMIP 在高原东坡的暖季区域降水事件数分别为 169、138 和 185，事件峰值平均小时降水强度分别为 12.16 mm·h^{-1}，1.75 mm·h^{-1}和 1.26 mm·h^{-1}。为了更加清晰地展现区域降水事件的空间演变特征，避免局地、低影响的区域降水事件的干扰，这里挑选较强的降水事件进行合成分析。强降水事件的筛选条件为区域降水事件中最大小时降水强度超过某一阈值，考虑到模式模拟的高原东坡降水强度较观测偏低，这里采用相对阈值方式进行挑选(观测的强区域降水事件阈值为 15 mm·h^{-1}，模式的阈值为 3 mm·h^{-1})。最终参与合成分析的区域强降水事件数分别为 47、31 和 23。

观测中，在关键区降水事件开始时(图 3.20a)，除了在沿陡峭地形区有降水出现外，关键区的西北侧也是降水量较大的区域。横断山脉西侧以及四川盆地地区是降水量的小值区。AMIP 与 TAMIP 模拟均能再现事件开始时关键区西北侧的降水中心(图 3.20b、c)，但两组模式在横断山脉西侧、高原东南缘处存在虚假的降水中心。观测中区域降水事件峰值时刻合成的降水量分布结果(图 3.20d)显示，降水的大值中心移动到关键区中，主要位于关键区南侧，

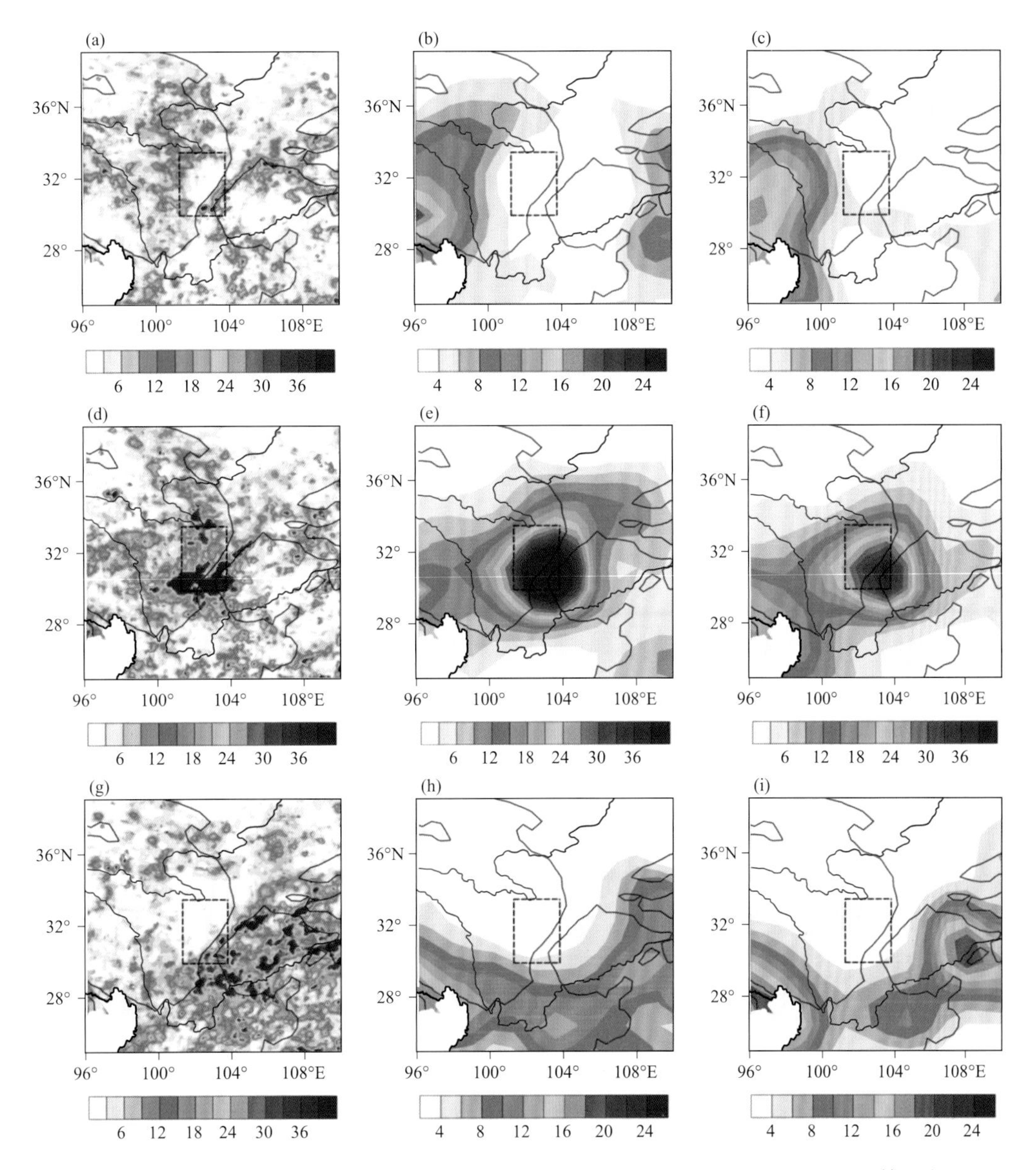

图 3.20　暖季强降水事件的空间演变特征。第一行((a)—(c))、第二行((d)—(f))和第三行((g)—(i))分别为降水事件开始、峰值和结束时刻合成的降水量(单位:mm),(a)、(d)、(g)为观测结果,(b)、(e)、(h)为 AMIP 模拟,(c)、(f)、(i)为 TAMIP 模拟。图中黑色等值线分别表示 1000 m 和 3000 m 地形等高线(同图 3.2),黑色虚线框表示高原东坡典型偏差区

沿盆地地形周边仍有一圈降水大值带。图 3.20e、f 同样展现出强降水中心出现在关键区内的特征,TAMIP 结果相较于 AMIP 来说累积降水量更接近观测,AMIP 降水明显偏多。区域降水事件结束时,降水的大值中心已经自关键区向东南移动至盆地地区,主要位于 1000 m 地形等值线以东区域。AMIP 和 TAMIP 的降水也同样向东南移至关键区外侧(图 3.20h、i),TAMIP 结果还刻画出了盆地地区的降水大值,与观测更为接近。值得注意的是,前面提到的横断山脉西侧、高原东南缘虚假的降水中心无论是在开始、峰值还是结束时刻都存在。

TAMIP 型试验是在相对真实初始条件下进行的类似于天气预报的积分，可以与观测进行比对分析。图 3.21a 给出 2016 年 6 月观测和 TAMIP 的高原东坡关键区的区域平均逐 6 h 累计降水量的时间序列，可以看到 TAMIP 模拟能够较好地再现观测的强降水过程。但是，对于弱降水过程，TAMIP 存在系统性高估。图 3.21a 所示的观测和 TAMIP2016 年 6 月降水序列的相关系数为 0.57。图 3.21b、c 分别为观测和 TAMIP 在 6 月 5 日 12：00—21 日 00：00 UTC 时段沿高原东坡典型偏差区 29.7°～33.1°N 平均降水时间-经度演变，这段时间包含了 6 月 5 次较强的降水过程。图中一个突出的特征是 TAMIP 能够再现降水过程自西向东传播的特征，该图从降水个例的角度再一次证实模式能够刻画降水过程的演变特征。模拟与观测存在一定差异，首先是关键区西侧（图 3.21b、c 中左侧黑虚线以西区域），模式中有雨区较观测明

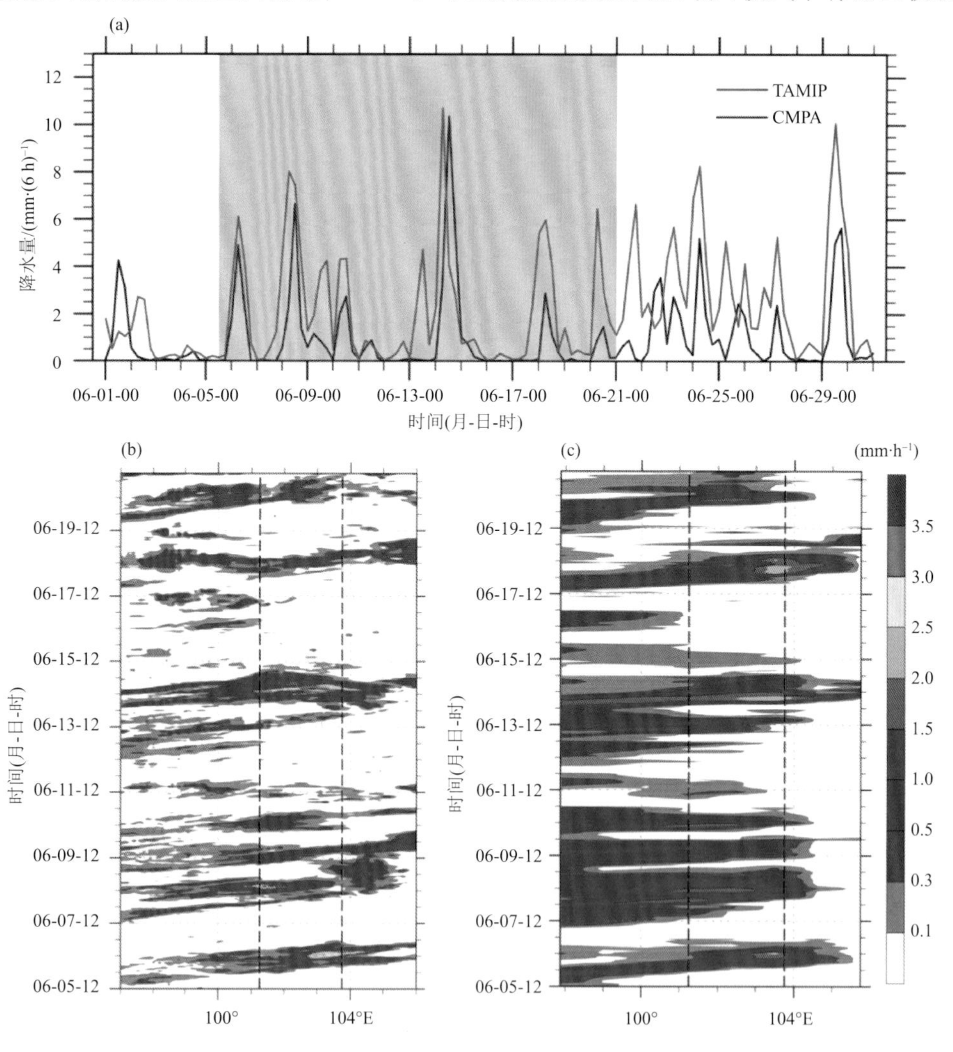

图 3.21　(a)观测与 TAMIP 中 2016 年 6 月逐 6 h 降水时间序列，图中黑色实线表示观测 CMPA 降水序列，蓝色实线表示 TAMIP 模拟结果。(b)、(c)为 6 月 5 日 12：00—21 日 00：00 UTC 沿典型偏差区 29.7°～33.1°N 平均降水时间-经度演变（单位：mm·h^{-1}），(b)为观测，(c)为 TAMIP。图中黑色虚线表示典型偏差区东西边界（101.25°E 和 103.75°E）。(a)中淡红色区域表示(b)、(c)的研究时段

显偏多，降水量偏大且降水过程的持续时间更长。这一偏差在关键区也有所体现——以6月7日12:00—12日00:00 UTC的三次较短时降水过程更为突出。另外一个差异表现为在关键区东侧（图3.21b、c中右侧黑虚线以东区域），模式降水过程的向东传播不突出，例如前面提到的三次较短时降水过程，观测中关键区东侧仍有较强的降水中心及东传特征，而模式降水多在105°E附近停止。另外，TAMIP也没有模拟出观测中6月20日关键区东侧的降水传播。

总体来说，CAMS-CSM模式能够较好地模拟高原东坡降水的时空演变特征。在降水过程的时间演变方面，模式能够模拟降水自午后—傍晚开始，迅速达到峰值并持续到午夜结束的特征，但是模式中降水事件的开始时间相较于观测偏早，这可能与高原东坡模式低层散度场密切相关。在空间演变方面，模式能够再现强降水自关键区西北侧向关键区东南侧移动的特征。CAMS-CSM模式对降水过程之间的无雨期（尤其是关键区西部的高原地区）刻画较差，即模式对“降水间歇”（precipitation intermittency；Trenberth et al.，2017）的模拟存在一定偏差。TAMIP结果要好于AMIP，表现在事件演变过程中发生频次的日变化特征更接近观测。

前面已经针对区域强降水事件的时空演变特征进行了细致分析，下面关注强降水事件所对应的环流特征。对前文挑选的区域强降水事件达到峰值时的异常环流进行合成分析（挑选与降水峰值时间最接近的00:00、06:00、12:00或18:00 UTC的环流资料）。考虑到环流自身存在日变化、季节内变化等特征，为了更突出异常场的本质特征，本节在计算异常场时，采用t时刻前后10 d的环流结果作为t时刻的气候态，计算t时刻的异常环流场。

图3.22a给出观测的47次区域强降水事件的异常环流型。由图可知，在高原东部地区500 hPa存在一位势高度的正异常中心，关键区受弱的位势高度负异常控制。强烈的位势高度正异常中心南侧伴随着显著的反气旋型环流异常，相应地，位势高度负异常伴随着气旋型环流异常，关键区受异常气旋控制。AMIP模拟最突出的特征是以40°N为界，位势高度异常在南北两侧反梯度。在40°N以南的中低纬地区，位势高度异常场梯度与观测一致，表现为西低东高的特征。与观测不同的是，AMIP结果中（图3.22b）关键区受一显著异常负位势高度中心控制，并随着明显的气旋型环流异常。这一位势高度中心向东扩展到108°E附近，导致关键区东侧呈现异常西南风，而观测为异常偏南风。对于TAMIP（图3.22c），模拟依旧可以再现中低纬地区异常位势高度的梯度，且相较于观测，控制关键区的位势高度负异常中心强度同样显著偏大，异常气旋偏强。TAMIP模拟的110°E以东位势高度正异常中心强度增大，位势高度负异常中心范围缩小，使得关键区东侧异常风场与观测呈现相似的东南风。

由温度和位势高度异常场的纬向剖面（图3.23a）可知，高原东坡区域强降水事件峰值发生时的三维环流呈现斜压结构。300～400 hPa附近有一暖异常中心（最大值0.68 K出现在350 hPa，103.5°E），位于关键区上方。暖异常中心上方200 hPa附近有强的位势高度正异常，并向东倾斜向下贯穿至对流层低层，青藏高原及其周边地区低层受位势高度负异常控制，整体偏暖，高原中东部水汽异常偏多。总体来说，AMIP与TAMIP均能再现强降水对应的斜压结构，表现为关键区上方300～400 hPa附近有异常暖中心，暖中心上方的位势高度正异常中心向下向东贯穿对流层低层，暖中心下方为位势高度负异常。这种斜压结构的模拟以AMIP效

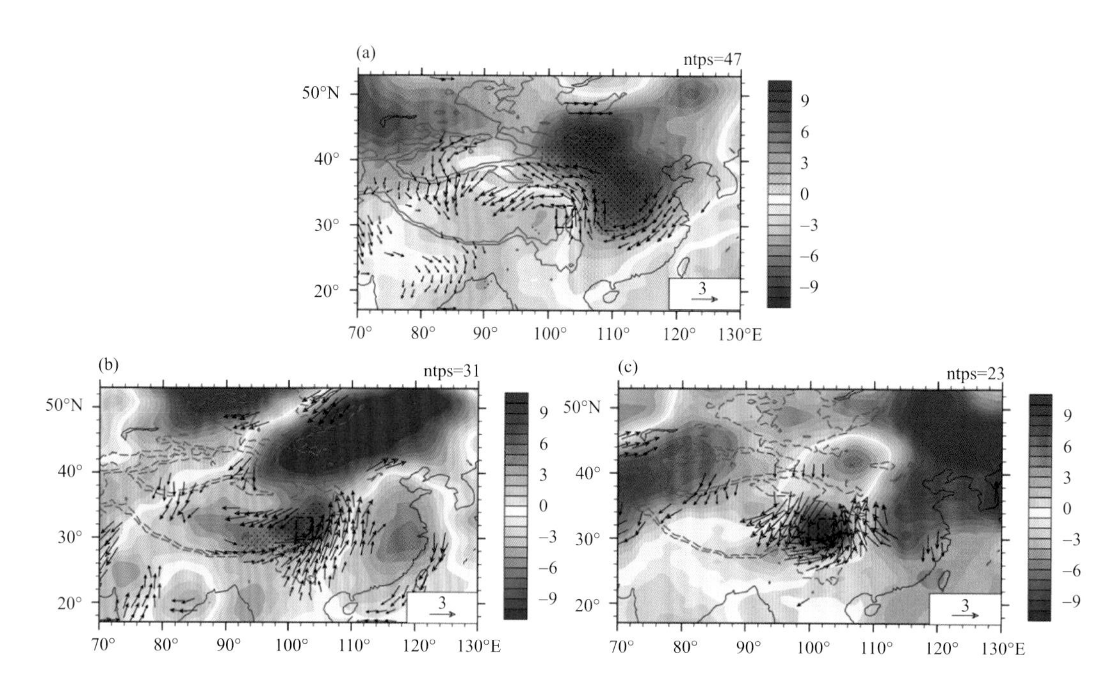

图 3.22　观测、AMIP 和 TAMIP 强降水事件峰值时刻 500 hPa 异常位势高度(填色,单位:m)和通过置信度为 95%的显著性检验的 500 hPa 异常风场(矢量,单位:m·s^{-1})。打点区域表示位势高度异常通过置信度为 95%的显著性检验。灰色等值线表示 1500 m 和 3000 m 地形等高线(同图 3.2)。黑色虚线框表示高原东坡典型偏差区。右上角 ntps 数值表示区域强降水事件数(单位:次)

(a)ERA-Interim 再分析结果;(b)AMIP 结果;(c)TAMIP 结果

果更好,TAMIP 由于 115°E 以东对流层中高层至平流层的位势高度负异常中心过强,导致其西侧正异常中心的形态与观测差别较大。模式与观测中强降水三维结构最显著的差异在于青藏高原近地层的温度。观测以较强的暖异常为主,近地层暖异常可以超过 1.8 K,而模式无论是 AMIP 还是 TAMIP 都无法再现这种暖异常。

基于合成结果可以了解到高原东坡强降水峰值时的整体环流特征,表现为关键区受异常气旋型环流控制,这说明在关键区的区域强降水事件可能受到与涡旋有关的天气系统影响。为了考察是否每一次强降水事件都与涡旋有关,我们关注每次事件峰值时刻、比关键区稍大范围(29.7°~33.1°N,97.25°~105.75°E)区域平均的异常涡度情况,结果如图 3.24 所示。对于观测的 47 次区域强降水事件,27 次降水事件呈现正涡度异常,且存在许多正涡度异常偏弱的情况(其中 10 次正涡度异常不足 5×10^{-6} s^{-1}),27 次降水事件平均涡度异常为 9.55×10^{-6} s^{-1},最大正涡度异常为 3.28×10^{-5} s^{-1};其余 20 次事件(占总事件的 42.55%)峰值时刻的环流呈现为负涡度异常。说明观测中并不是每一次区域强降水事件都与异常涡旋有关,即影响高原东坡区域强降水的系统可能并不仅仅是西南涡、高原涡或者高原切变线这类天气系统(这些天气系统的异常风场呈现涡旋特征)。AMIP 和 TAMIP 中(图 3.24b 和图 3.24c),降水事件峰值时刻 500 hPa 异常涡旋基本呈现一致的正涡度,分别占总事件的 87.1%和 91.3%,正事件的平均异常涡度为 1.60×10^{-5} s^{-1} 和 2.40×10^{-5} s^{-1}。模式中控制高原东坡区域强降水

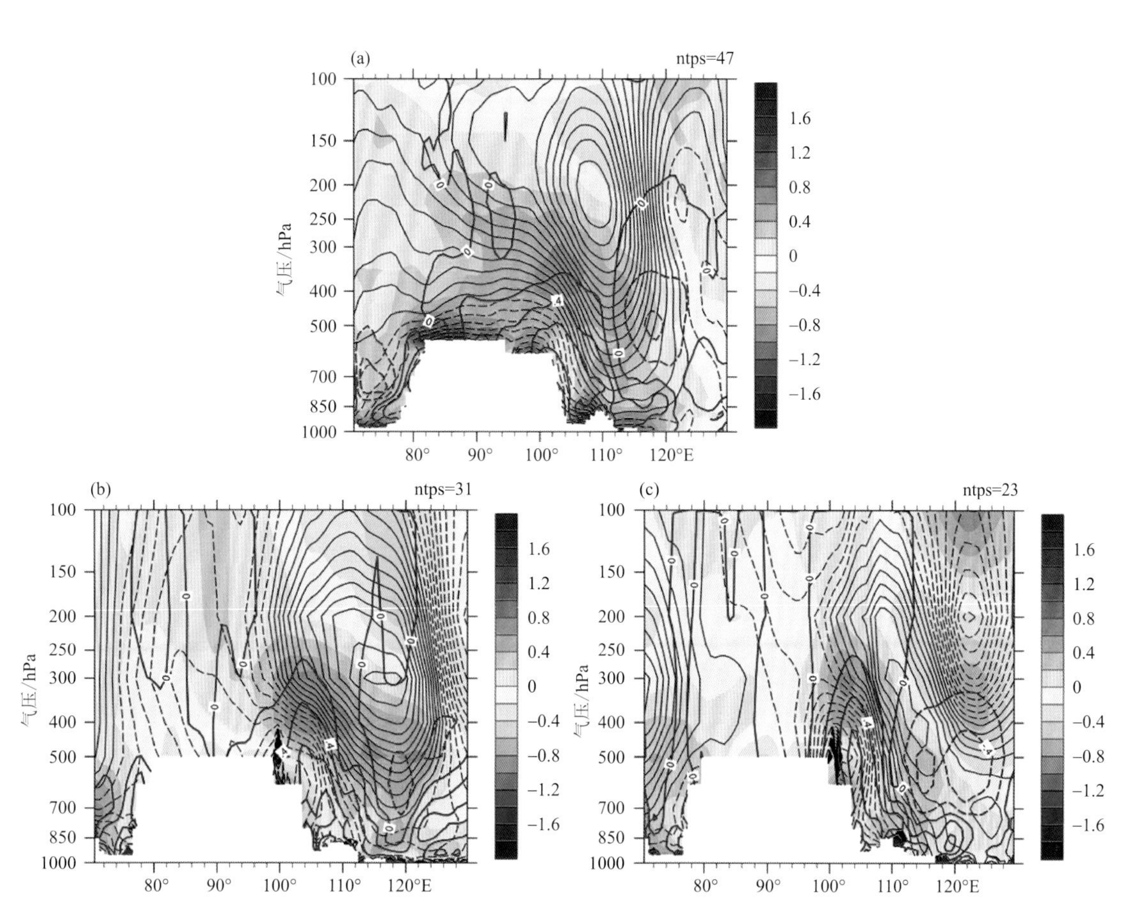

图 3.23 观测、AMIP 和 TAMIP 强降水事件峰值时刻异常温度(填色,单位:K)、异常位势高度(黑色等值线,单位:m)和异常水汽(蓝色等值线,单位:$g \cdot kg^{-1}$)沿关键区 29.7°~33.1°N 平均剖面。白色空白区域表示青藏高原剖面。等值线实线表示正值,虚线表示负值。右上角 ntps 数值表示区域强降水事件数(单位:次)
(a)ERA-Interim 再分析结果;(b)AMIP 结果;(c)TAMIP 结果

事件的天气系统较观测更为单一,以异常涡旋系统为主,并且这一问题在 TAMIP 中并没有得到改善。

根据前面章节的分析可知,模式对高原东坡降水的高估主要来源于过多的弱降水,图 3.25 给出弱降水合成的异常环流分布。观测中发生弱降水时(图 3.25a),华北东部地区上空存在一显著位势高度负异常中心,关键区西侧为位势高度正异常中心,最大值可达 4.63 m。它同时伴随着明显的反气旋环流,高原东坡关键区主要受北偏东北风控制。AMIP 模拟的弱降水所对应的异常环流与观测存在较大差异,它无法再现华北东部地区上空的位势高度负异常中心(表现为显著的位势高度正异常),也无法再现贝加尔湖附近的位势高度负异常中心。虽然 AMIP 能够模拟出关键区西侧的位势高度正异常中心,但是最大值 9.89 m 明显高于观测结果,关键区受到较强东北风控制。TAMIP 模拟中,弱降水对应的异常环流空间分布较 AMIP 有了明显的改善,与观测较为接近。一方面,TAMIP 能够再现贝加尔湖附近的位势高度负异常中心,虽然没有再现华北地区强的位势高度负异常中心,但它再现了长江流域的位势

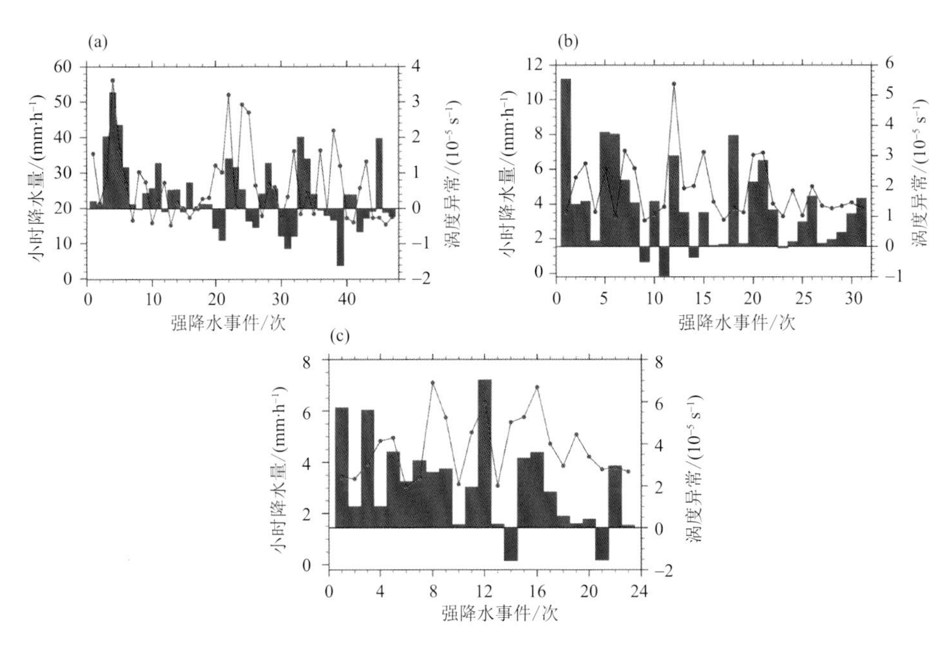

图 3.24　强降水事件峰值时刻降水量(单位:mm·h^{-1},黑色点线,左侧 y 坐标)及(29.7°～33.1°N,97.25°～105.75°E)区域平均的 500 hPa 异常涡度(单位:10^{-5} s^{-1},红蓝柱状图,右侧 y 坐标,红色柱表示区域平均正涡度异常,蓝色柱表示负涡度异常)。图中横坐标表示每次强降水事件

(a)CMPA 观测及再分析结果;(b)AMIP 结果;(c)TAMIP 结果

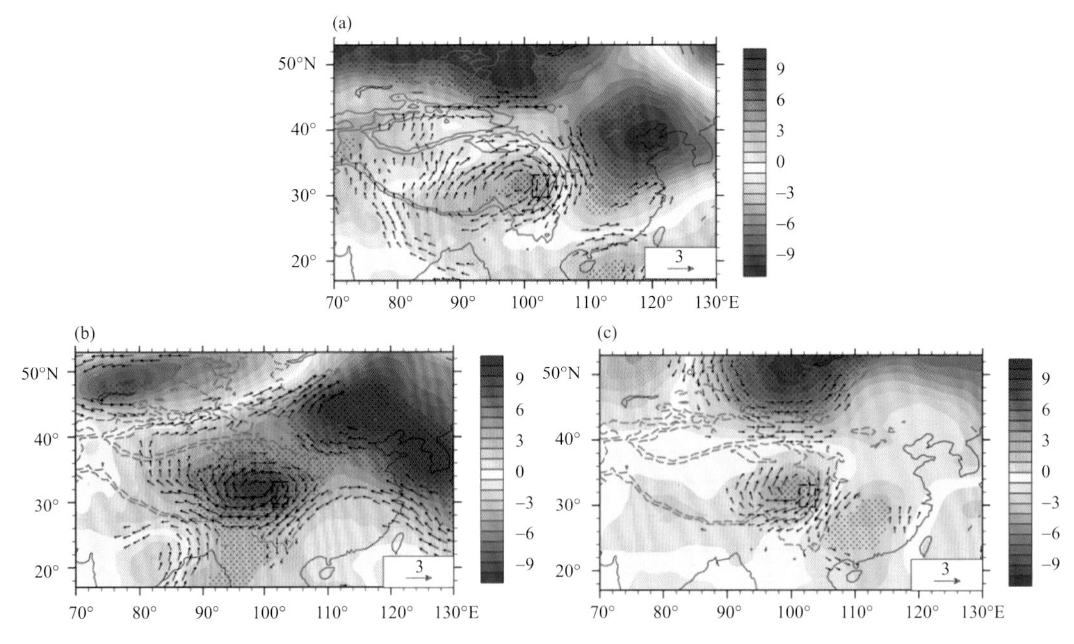

图 3.25　观测、AMIP 和 TAMIP 中弱降水时刻 500 hPa 异常位势高度(填色,单位:m)和通过置信度为 95%的显著性检验的 500 hPa 异常风场(矢量,单位:m·s^{-1})。打点区域表示位势高度通过置信度为 95%的显著性检验

(a)ERA-Interim 再分析结果;(b)AMIP 结果;(c)TAMIP 结果

高度负异常，沿 32°N 表现出与观测相当的梯度大小。另一方面，TAMIP 能够准确刻画关键区西侧的位势高度正异常中心，其最大值为 3.88 m，关键区以北偏东北风为主。较真实地模拟弱降水对应的环流型可能是 TAMIP 较 AMIP 在弱降水端有所改进的主要原因。

对弱降水时次对应的关键区区域平均 500 hPa 异常风进行统计分析，图 3.26 给出风玫瑰统计图。观测结果显示，发生弱降水时，关键区以北风异常为主，平均北风异常风速为 5.87 $m\cdot s^{-1}$，出现北风的比例达到了 22.79%，其次为东北风（平均风速 3.54 $m\cdot s^{-1}$），两者总占比为 39.71%。AMIP 与 TAMIP 结果显示：弱降水发生时关键区同样以北风、东北风为主，AMIP 东北风占比最大，达到 21.60%；TAMIP 与观测一致，北风占比最大（25.21%），其次为东北风（18.38%），且这两个方向的平均风速（5.36 $m\cdot s^{-1}$和 4.05 $m\cdot s^{-1}$）都与观测接近。

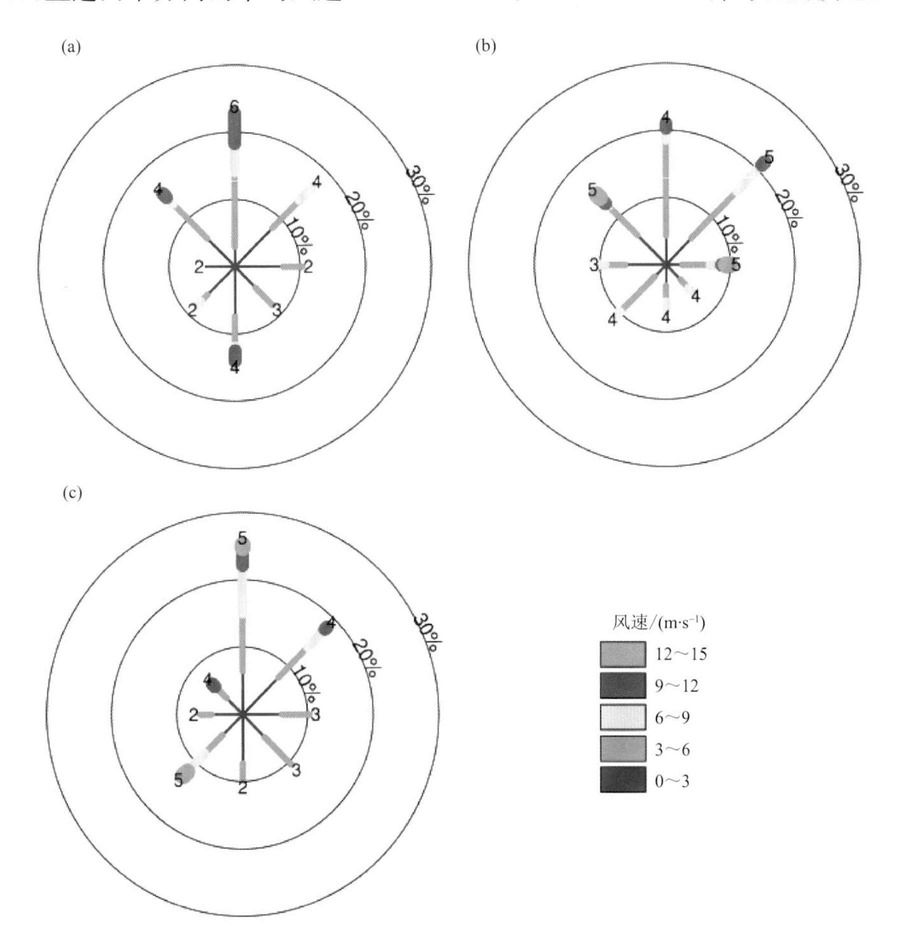

图 3.26　观测、AMIP 和 TAMIP 中弱降水时刻关键区区域平均 500 hPa 异常风的风玫瑰统计图
(a)ERA-Interim 再分析结果；(b)AMIP 结果；(c)TAMIP 结果

进一步挑选 TAMIP 存在虚假弱降水的情况分析其与观测之间的环流差异。这里取观测区域降水序列降水量小于 0.5 $mm\cdot h^{-1}$为无降水时次，TAMIP 的区域降水序列降水量大于 0.5 $mm\cdot h^{-1}$且小于 3 $mm\cdot h^{-1}$为弱降水时次。图 3.27 给出虚假弱降水出现时的温度、湿度以及散度场纬向剖面（沿 29.7°～33.1°N 平均）偏差及关键区区域平均廓线的偏差。如图

3.27a 所示，模式存在虚假弱降水时，除关键区东侧 105°～110°E 地区上空 400 hPa 存在一极小范围的温度正偏差外，整个对流层几乎都呈现冷偏差。关键区温度偏差在 600 hPa 最大，达到 -1.57 K。如图 3.27b 所示，模式中关键区东西两侧的近地层水汽较观测偏少，其余地区水汽偏多。关键区东侧 600 hPa 有一水汽正偏差中心，水汽正偏差超过 1.1 $g\cdot kg^{-1}$，关键区西侧 400 hPa 为水汽偏差超过 0.5 $g\cdot kg^{-1}$的中心。关键区中水汽偏差同样是在 400 hPa 达到最大，偏差达到 0.43 $g\cdot kg^{-1}$（图 3.27e）。从散度场纬向剖面来看，在对流层高层 200 hPa 处，关键区东西两侧分别为异常辐合和异常辐散区，关键区异常辐合在对流层低层较强（达到 $-0.74\times10^{-5}s^{-1}$，图 3.27f）。上述分析说明模式出现虚假弱降水时，关键区对流层低层存在异常辐合，较观测偏冷、偏湿。

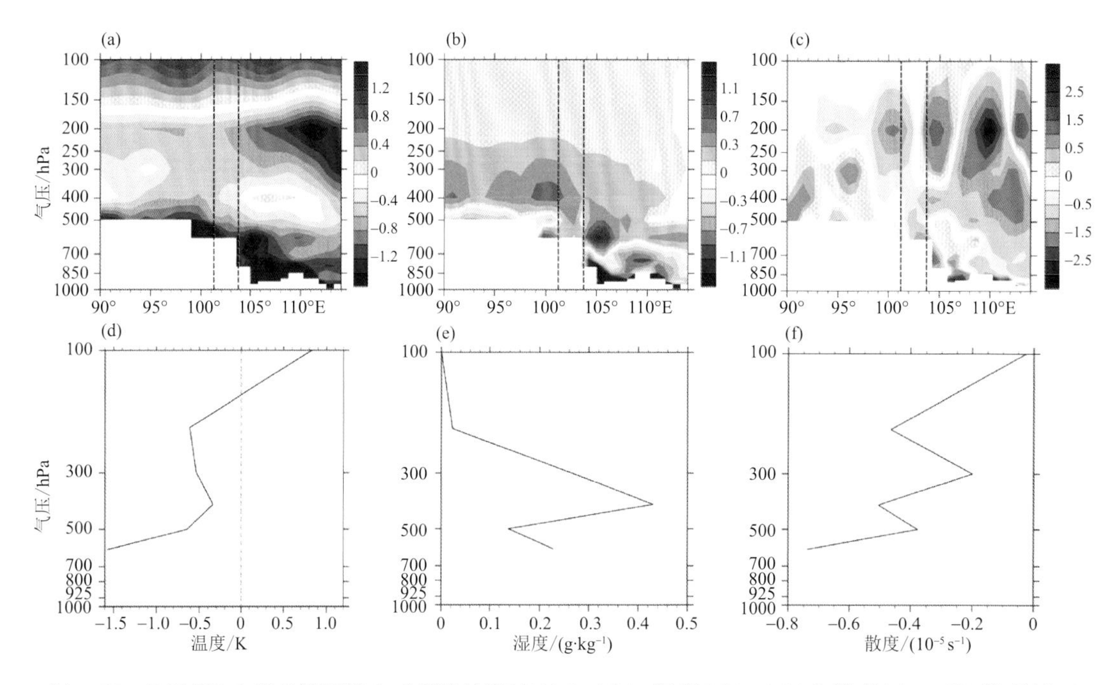

图 3.27 TAMIP 出现虚假弱降水时模拟的温度((a)、(d))、湿度((b)、(e))和散度((c)、(f))沿关键区 29.7°～33.1°N 平均剖面及关键区区域平均廓线的偏差。(a)—(c)为剖面，(d)—(f)为廓线。(a)—(c)中黑色虚线表示典型偏差区的西、东边界(101.25°、103.75°E)，(d)中黑色虚线表示 0 值，白色空白区域表示青藏高原东坡剖面

(5)敏感性试验——水汽散度的影响

上一节的分析指出模式中的虚假弱降水可能与对流层低层的偏冷偏湿有关，水汽偏多与关键区低层异常辐合有关。这一节将通过敏感性试验分析陡峭地形周边水汽散度对降水模拟的影响。参考 Zhang 等(2016b)的分析，通过改变山脉周边气流伴随的水汽散度使得水汽得以重新分配，从而考察降水模拟的变化。

三维空间场中的水汽方程为：

$$\frac{\partial q}{\partial t}=-\mathbf{V}_3\cdot\nabla_3 q-Q_2/L \tag{3.7}$$

式中，q 表示水汽混合比，t 表示时间，$\boldsymbol{V}_3$ 表示三维速度矢量。方程右侧第一项 $-\boldsymbol{V}_3 \cdot \nabla_3 q$ 是水汽平流输送项，由动力框架中的平流传输方案计算；第二项 $-Q_2/L$ 表示水汽汇 Q_2 与蒸发或凝结潜热常数 L 之间的比值，与模式的物理过程相关。

忽略源汇项，在方程(3.7)的右端增加额外的三维水汽散度项 $-q\,\nabla_3 \cdot \boldsymbol{V}_3$，方程变为：

$$\frac{\partial q}{\partial t} = -\boldsymbol{V}_3 \cdot \nabla_3 q - q\,\nabla_3 \cdot \boldsymbol{V}_3 = -\nabla_3 \cdot (\boldsymbol{V}_3 q) \tag{3.8}$$

也就是说控制试验(AMIP)求解方程(3.7)，而本节的敏感性试验求解方程(3.8)。

模式中连续方程为：

$$\frac{\partial\left(\frac{\partial p}{\partial \eta}\right)}{\partial t} + \nabla_2 \cdot \left(\boldsymbol{V}_2 \frac{\partial p}{\partial \eta}\right) + \frac{\partial\, \dot{\eta} \frac{\partial p}{\partial \eta}}{\partial \eta} = 0 \tag{3.9}$$

式中，p 表示气压，η 表示模式的垂直坐标，$\frac{\partial}{\partial \eta}$ 为垂直偏分，$\dot{\eta}$ 为垂直坐标中的垂直速度，$\boldsymbol{V}_2$ 为水平速度。

在方程(3.9)等式两端同时乘以 q 得到：

$$q\frac{\partial\left(\frac{\partial p}{\partial \eta}\right)}{\partial t} + q\,\nabla_2 \cdot \left(\boldsymbol{V}_2 \frac{\partial p}{\partial \eta}\right) + q\frac{\partial \eta\, \dot{\eta} \frac{\partial p}{\partial \eta}}{\partial \eta} = 0 \tag{3.10}$$

另外，忽略源汇项，在方程(3.7)等式两端同时乘以 $\frac{\partial p}{\partial \eta}$，并进行扩展可以得到：

$$\frac{\partial p}{\partial \eta}\frac{\partial q}{\partial t} + \frac{\partial p}{\partial \eta}\boldsymbol{V}_2\, \nabla_2 q + \frac{\partial p}{\partial \eta}\dot{\eta}\frac{\partial q}{\partial \eta} = 0 \tag{3.11}$$

将方程(3.10)、(3.11)相加后得到：

$$q\frac{\partial\left(\frac{\partial p}{\partial \eta}\right)}{\partial t} + q\,\nabla_2 \cdot \left(\boldsymbol{V}_2 \frac{\partial p}{\partial \eta}\right) + q\frac{\partial\, \dot{\eta} \frac{\partial p}{\partial \eta}}{\partial \eta} + \frac{\partial p}{\partial \eta}\frac{\partial q}{\partial t} + \frac{\partial p}{\partial \eta}\boldsymbol{V}_2\, \nabla_2 q + \frac{\partial p}{\partial \eta}\dot{\eta}\frac{\partial q}{\partial \eta} = 0 \tag{3.12}$$

方程(3.12)可以合成：

$$\frac{\partial\left(\frac{\partial p}{\partial \eta}\right)}{\partial t} + \nabla_3 \cdot \left(\boldsymbol{V}_3 q \frac{\partial p}{\partial \eta}\right) = 0 \tag{3.13}$$

定义 $Q = q\frac{\partial p}{\partial \eta}$，方程(3.13)可以写成：

$$\frac{\partial Q}{\partial t} = -\nabla_3 \cdot (\boldsymbol{V}_3 Q) \tag{3.14}$$

方程(3.13)与方程(3.7)等价，也就是说，控制试验求解方程(3.14)，而敏感性试验求解方程(3.8)。

方程(3.8)和方程(3.14)有相同的形式，只是传输项由 Q 变为 q 。在修改传输项 Q 为 q 后，以 AMIP 型试验方式开展 10 a 的连续积分，我们称求解方程(3.8)的敏感性试验为 AMIP_Mq。

图 3.28 给出 10 a 暖季平均 AMIP-Mq 与 AMIP 的 500 hPa 水汽和风场差异。由图可知，在增加额外的水汽散度项 $-q\,\nabla_3 \cdot \boldsymbol{V}_3$ 后，AMIP_Mq 中水汽场较 AMIP 有了明显的变化，这种

水汽变化与地形相对应。在 500 m 等高线以西的第二地形阶梯上水汽开始减小，在 3000 m 以上的第一地形阶梯上（即青藏高原地区），水汽减少明显，最大值的绝对值超过 1.8 g・kg^{-1}，四川盆地地区水汽增加。暖季气候态风场也发生了明显的调整，相较于 AMIP，AMIP_Mq 在盆地地区存在一异常气旋，典型偏差区风场辐散。接下来将讨论环流型在发生如图所示的变化时，降水基本特征的模拟会发生怎样的变化。

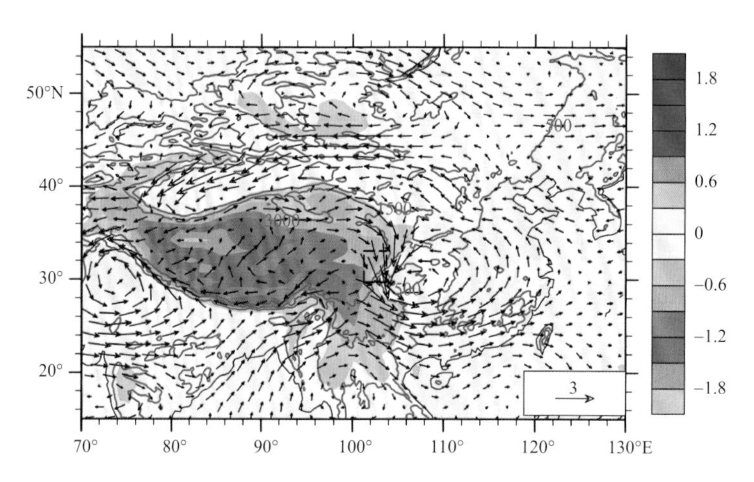

图 3.28 AMIP-Mq 与 AMIP 模拟的 10 a 暖季 500 hPa 水汽（填色，单位：g・kg^{-1}）及风场（矢量，单位：m・s^{-1}）的差异。灰色等值线表示 500 m、1500 m 和 3000 m 地形等高线

图 3.29a 和图 3.29d 分别给出 T106 分辨率下 AMIP 模拟的降水量和降水频率偏差。AMIP 模拟的降水量在高原地区为明显的正偏差，而在 1000 m 地形等高线以东地区基本为负偏差，青藏高原地区的降水频率也被显著高估。对比 AMIP_Mq 结果可以发现，敏感性试验明显改善了高原地区降水量的模拟（图 3.29b），高原大部分地区降水量偏差减小到 −0.5～0.5 mm・d^{-1}之间，降水频率的正偏差也基本减小到 10%以下（图 3.29e）。从 AMIP_Mq 与 AMIP 模拟的降水量差异（图 3.29c）来看，在青藏高原地区，AMIP_Mq 相较于 AMIP 改进最明显的地方为地形陡峭的高原南坡和东坡，对降水正偏差的改进可以达到 4 mm・d^{-1}以上。除了高原地区，东部地区 40°N 以北沿 1000 m 等高线处的降水模拟也有所改善，AMIP_Mq 的降水频率与观测接近（图 3.29e），降水量偏差减小（图 3.29b）。

图 3.30 给出 AMIP 与 AMIP_Mq 模拟的暖季平均降水量、频率和强度沿 32°N 随地形高度的分布。由图 3.30a 可知，CMPA 中沿 32°N 在青藏高原西侧、东侧的降水量都呈现出大值中心，在整个青藏高原地区降水量自西向东增加。AMIP 模拟降水在高原地区也呈现自西向东增加的特征，但降水量明显高于 CMPA。高原东侧最大降水中心较 CMPA 偏西，主要位于 102°～104°E 范围内，位置较 CMPA 偏高且降水量偏大。AMIP_Mq 显著改善了高原面上的降水量模拟，量值由 AMIP 的约 4 mm・d^{-1}降至与观测相当的 2 mm・d^{-1}。高原东坡降水的模拟改进也很明显，首先是降水量大值与观测接近，均为 6 mm・d^{-1}左右，其次是降水量大值出现位置也与观测接近，位于 105°E 附近的坡地。从降水频率随地形分布（图 3.30b）来看：AMIP_Mq 对青藏高原地区的降水频率的高估相较于 AMIP 减小 15%左右；在对东坡降水频

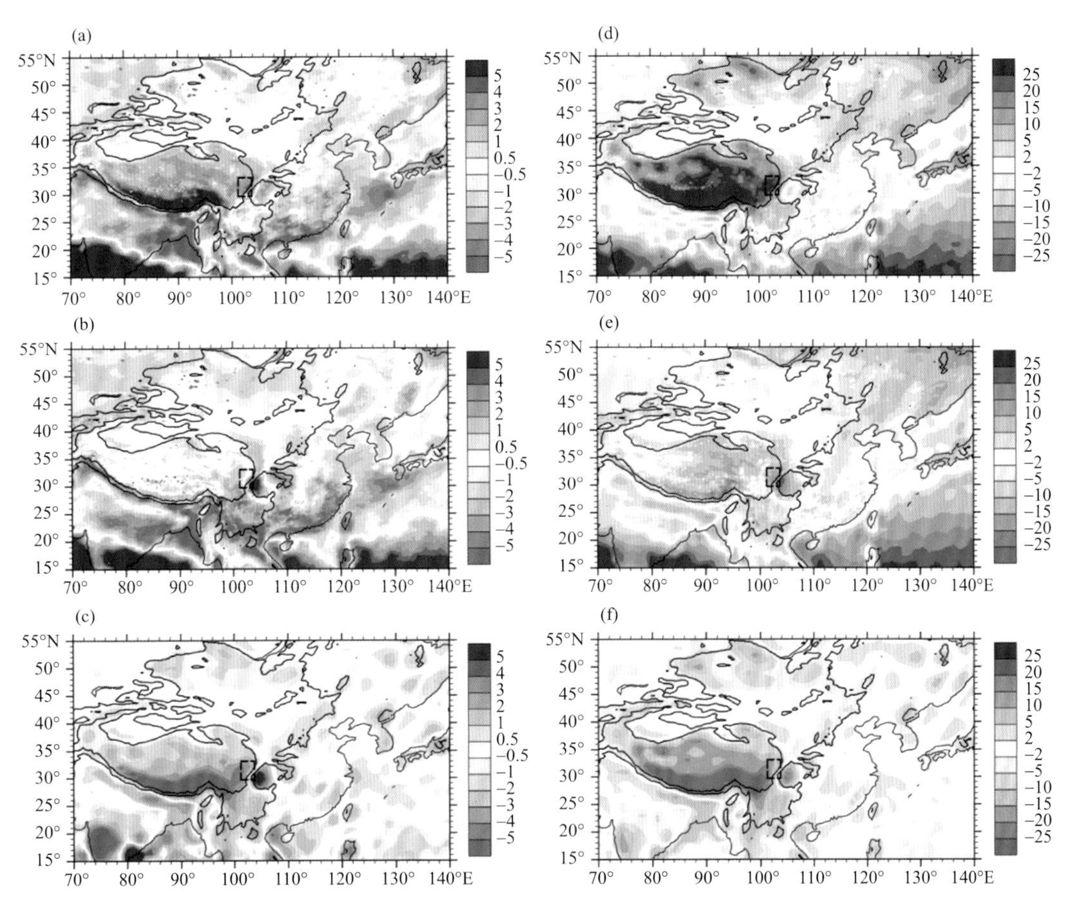

图 3.29　东亚暖季降水量(单位:mm・d^{-1},((a)—(c)))、降水频率(%,((d)—(f)))模拟偏差及 AMIP_Mq 与 AMIP 之间的模拟差异。图(a)和(d)((b)和(e))为 AMIP(AMIP_Mq)模拟的降水量和降水频率与观测的偏差,(c) 和 (f) 为 AMIP_Mq 与 AMIP 之间降水量和降水频率的模拟差异。图中黑色等值线为 1000 m 和 3000 m 地形等高线(同图 3.2),黑色虚线框表示高原东坡典型偏差区

率的模拟中仍表现为正偏差,但相较于 AMIP 结果的偏差也明显减小;同时对东部平原地区的降水频率的模拟与观测更为接近。对于降水强度(图 3.30c)而言,无论是高原地区还是东部平原地区,AMIP 都表现为负偏差且在平原地区的降水强度偏差较大,AMIP_Mq 对降水强度的模拟没有改善。

关注高原东坡典型偏差区,从强度-频次结构的角度考察 AMIP_Mq 模拟的降水变化情况(图 3.31)。可以发现 AMIP_Mq 较 AMIP 在弱降水的模拟上有明显的改善。对于强度<4.9 mm・h^{-1}(第 4 个强度区间)的降水,AMIP_Mq 的模拟结果相较于 AMIP 更加接近观测。AMIP_Mq 与 AMIP 都低估了对于高原东坡典型偏差区的强降水。AMIP_Mq 对于强降水(≥5 mm・h^{-1})频次的模拟低于 AMIP,与 CMPA 差异更大。

从高原东坡关键区降水日变化(图 3.32)来看,在量值上,AMIP_Mq 对降水量和降水频率的模拟性能相较于 AMIP 所有提升,各时刻降水量(降水频率)较 AMIP 减小 0.2 mm(20%)左右,与观测更为接近。从对降水峰值时刻的模拟而言,AMIP_Mq 相较于 AMIP 并没有体现

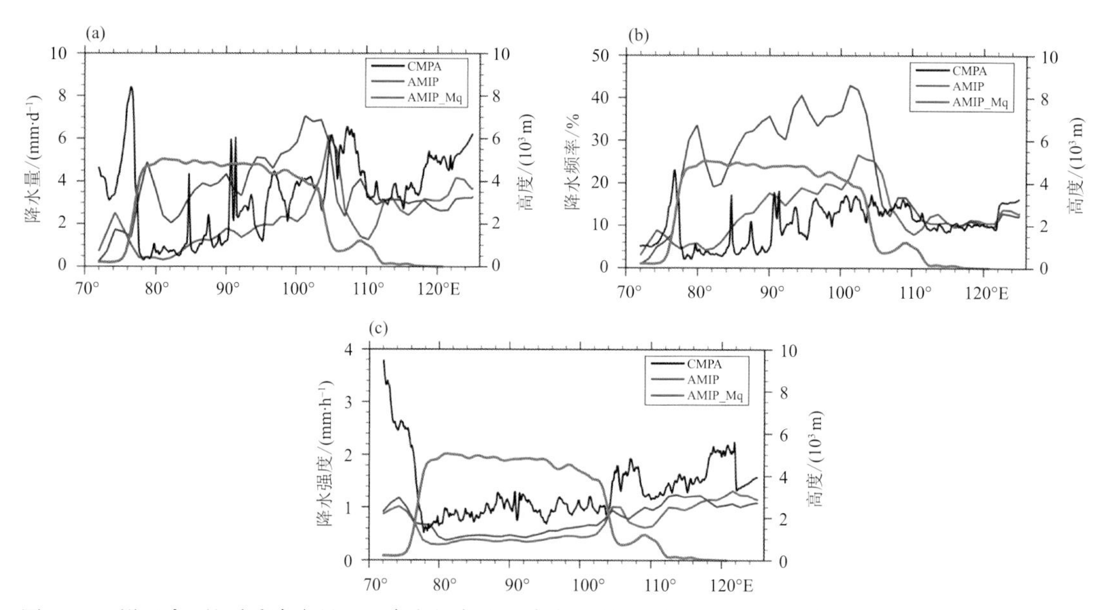

图 3.30　沿 32°N 的暖季降水量(a)、降水频率(b)、降水强度(c)随经度的分布。图中黑色实线表示 CMPA，蓝线和红线分别表示 AMIP 和 AMIP_Mq，棕黄色实线表示地形高度

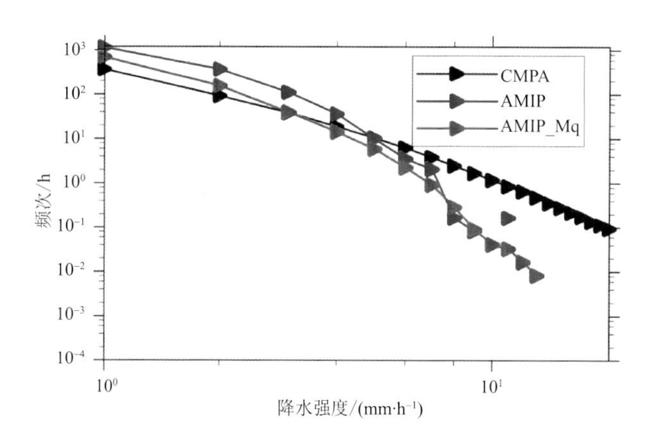

图 3.31　同图 3.17a，但图中红线为 AMIP_Mq 结果

出明显的优势。降水量日变化的峰值出现在 20:00 LST，比 AMIP(观测)偏早 1 h(2 h)，降水频率日变化的峰值与 AMIP 一致，较观测峰值 21:00 LST 偏早 1 h。在降水强度日变化的模拟上(图 3.32c)，AMIP_Mq 的强度较 AMIP 偏弱，而且它模拟的峰值时刻偏差与降水量偏差一致，峰值时刻出现在 20:00 LST，比 AMIP(观测)偏早 1 h(2 h)。

(6)小结和讨论

本节关注高原东坡这一典型降水正偏差区，考虑到该地区存在显著的强度-频次结构模拟偏差，区分强、弱降水事件并进行分类评估。有针对性地开展了天气预报型试验(Transpose-AMIP，TAMIP)积分，根据对于不同类型降水及其配套的大尺度环流场模拟偏差的认识，开展敏感性试验确定了直接导致误差的可能原因。主要结论如下。

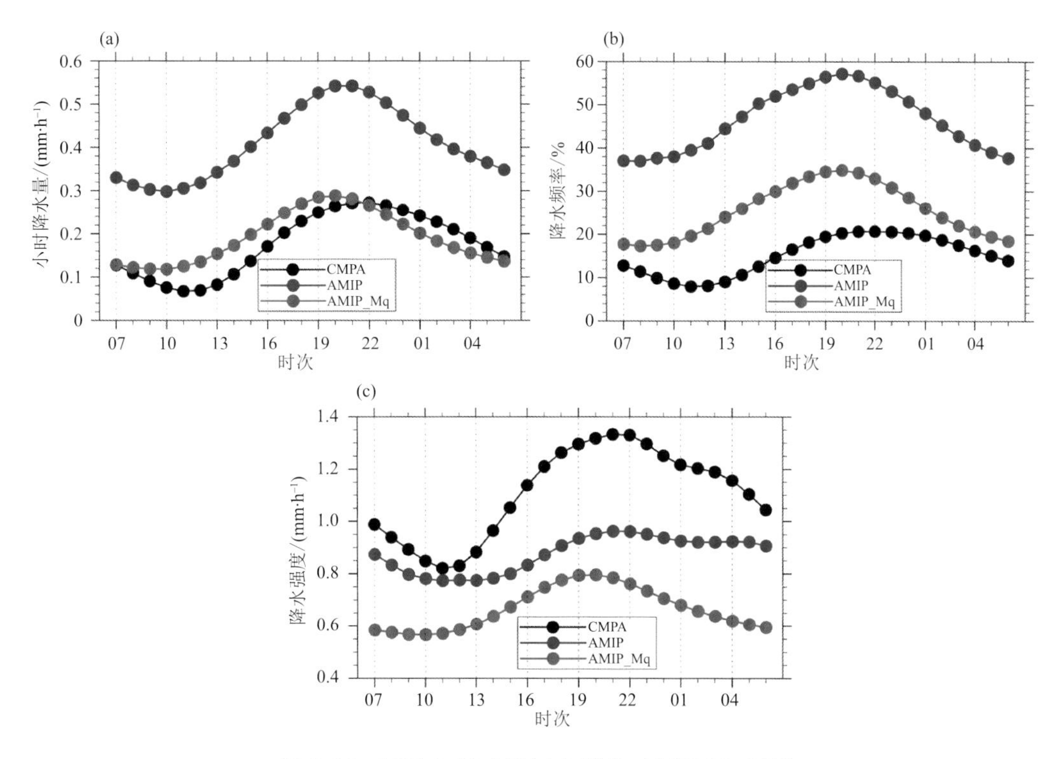

图 3.32　同图 3.18，但图中红线为 AMIP_Mq 结果

①AMIP 与 TAMIP 两类试验对高原东坡降水量的模拟均存在明显高估，主要是由于模式中的弱降水过多。相较于 AMIP，TAMIP 试验对弱降水的高估明显减小，从而 TAMIP 更好地模拟了高原东坡的降水频率及降水（总）量；然而，两类试验严重低估了该地区的降水强度，TAMIP 对强降水的模拟性能基本没有改进。TAMIP 试验对关键区降水特征日变化的模拟基本没有改进，两组结果模拟的日变化峰值时刻均较观测偏早。

②CAMS-CSM 能够模拟出高原东坡降水的时空演变特征。在时间演变方面，模式能够模拟降水自午后—傍晚开始，迅速达到峰值并维持到午夜结束的特征，但事件开始时间早于观测，这可能与模式对低层散度场的模拟偏差密切相关。在空间演变方面，模式能够再现强降水在高原东坡关键区自西北至东南的移动特征。TAMIP 在降水过程的模拟方面优于 AMIP，体现在事件演变过程的日变化更接近观测。

③针对区域强降水事件的环流模拟偏差进行分析，合成结果显示观测和模式中高原东坡的强降水都受异常气旋型环流控制，三维环流呈现出明显的斜压特征。观测中影响关键区强降水事件的天气系统并非全部与异常涡旋有关，而无论是 AMIP 还是 TAMIP 模拟，影响关键区强降水事件的天气系统均较为单一，主要为异常涡旋。这表明，CAMS-CSM 模式的物理过程夸大了异常涡旋型环流与模式降水间的对应关系。

④TAMIP 中弱降水对应的异常环流空间分布比 AMIP 更接近观测，这可能是 TAMIP 对弱降水模拟性能相较于 AMIP 显著提升的原因。在弱降水发生时，高原东坡关键区常为异常的北—东北风，与地形垂直的东南风比例较低。针对 TAMIP 存在弱降水而观测无降水的

情况进行分析发现，模式中虚假的弱降水可能与模式对流层低层的异常辐合、近地面大气的偏冷偏湿有关。

⑤在水汽方程中增加额外的水汽散度项可以改变水汽的空间分布，进而有助于改善降水量值的模拟，尤其是能够使模式对陡峭地形区周边的虚假降水偏差显著减小。这种改进主要是由于模式减少了对弱降水频次的高估。另外，在调整水汽散度分布的试验中，东坡降水大值出现的位置较 AMIP 试验明显改进，从更高海拔处下降至与观测相当的 105°E 附近的坡地。这一敏感性试验证实了水汽散度的模拟偏差在高原东坡虚假弱降水频发中的作用。

TAMIP 型试验的引入不是单纯为了分析两组模式结果的差异。引入这一试验的目的一方面是确认在初始场相对真实的情况下，TAMIP 与 AMIP 在刻画不同类型降水上是否存在差异，降水所对应的环流特征是否能够真实模拟；另一方面则是作为工具，分析模拟误差是如何出现及演变的，针对这一目的，可进一步做 TAMIP 型模拟的分钟输出，研究在分钟尺度上环流及对应降水的偏差演变情况。另外，本节在分析与强降水事件有关的天气系统时仅粗略地进行了统计分析，未来还可以针对强降水个例进行分析，利用 TAMIP 型试验考察模式影响强降水的天气系统单一的原因。

敏感性试验说明模式中的虚假弱降水与水汽散度的模拟异常有关，调整水汽散度分布可以大幅减小陡峭地形区的模拟正偏差。但是日变化的模拟改进仍然以各时刻量值更接近观测这一特征为主。相比于 AMIP，敏感性试验对日变化峰值时刻的模拟没有明显改进，说明降水过程的发生发展和演变与模式关键物理过程的关系更为密切。峰值时刻的模拟与 AMIP 结果存在差异可能与降水量值发生变化带来的反馈效应有关。未来将通过更多的敏感性试验分析影响降水过程发生、发展演变的主要因子。

另外，高原东坡的弱降水通常非迎风坡降水，模式在低层偏冷、偏湿的情况下易于产生虚假的弱降水，除了上述提到的水汽散度的影响外，还有可能与边界层内的小尺度过程有关，如 Chao(2012，2015)提到的边界层内的通风效应(发生在次网格尺度上)。未来可在更精细的尺度下考察模式对于次网格过程的模拟能力，探究当前模式下次网格过程的模拟偏差是否会对陡峭地形区降水的模拟产生影响。

3.1.3 CMIP6 模式对高原及周边季风区大气顶辐射收支及云辐射效应的模拟评估

(1)引言

云辐射过程直接影响地-气系统的辐射加热与能量收支，可引发诸多天气与气候反馈作用，与之有关的模式物理参数化过程是当前天气与气候模拟研究中的关键且不确定性极大的环节。亚洲季风区因其复杂多样的地形、海陆分布和环流条件，云辐射特性具有很强的区域特征，且表现出很大的时空不均匀性。青藏高原与下游的中国东部及其南侧的南亚是亚洲季风区的重要区域，区域气候的模拟和未来预估直接关系当地环境、农业和社会的可持续发展。大气顶辐射收支和云辐射效应是模式评估、气候系统稳定性及敏感性有关的关键变量。因此，需要基于观测资料来不断评估和改进最新气候模式对这些云辐射特性的模拟偏差。为此，本研究利用卫星反演和再分析资料来评估最新的第六次国际耦合模式比较计划(CMIP6)大气模式对青藏高原及其周边季风区上述变量的描述能力。

(2)资料和方法

①观测和模式资料

大气顶月平均全天空和晴空条件下的辐射通量来自 NASA CERES-EBAF 卫星反演资料，水平分辨率为 1°。该资料是当前最可靠的大气顶辐射通量数据，被广泛用于辐射收支、模式评估与天气及气候分析中。气象场数据来自 ERA-Interim 再分析资料。采用 27 个 CMIP6 大气模式数据，模式信息见表 3.3。

表 3.3　本研究所用的 CMIP6 大气模式，其中带星号的模式具有卫星模拟器结果输出

模式编号	模式名	水平分辨率（经度×纬度）/°
1	ACCESS-CM2	1.25×1.875
2	ACCESS-ESM1-5	1.25×1.875
3	BCC-CSM2-MR	1.1215×1.125
4	BCC-ESM1	2.7906×2.8125
5	CanESM5	2.7906×2.8125
6	CAMS-CSM1-0	1.1215×1.125
7	CESM2 *	0.9424×1.25
8	CNRM-CM6-1	1.40×1.40625
9	CNRM-CM6-1-HR	0.5×0.5
10	CNRM-ESM2-1 *	1.40×1.40625
11	E3SM-1-0 *	1.0×1.0
12	FGOALS-f3-L	1.0×1.25
13	FGOALS-g3	2.0×2.025
14	GFDL-AM4	1.0×1.25
15	GISS-E2-1	1.0×2.5
16	HadGEM3-GC31-LL	1.25×1.875
17	HadGEM3-GC31-MM *	0.5555×0.8333
18	INM-CM5-0	2.0×1.5
19	IPSL-CM6A-LR *	1.2676×2.5
20	KACE-1-0-G	1.25×1.875
21	MIROC6 *	1.4007×1.40625
22	MRI-ESM2-0 *	1.1214×1.125
23	MPI-ESM1-2-HR	0.935×0.9375
24	NESM3	1.865×1.875
25	NorESM2-LM *	1.8947×2.5
26	SAM0-UNICON	0.9424×1.25
27	UKESM1-0-LL *	1.25×1.875

②方法

云辐射效应(CRE)定义为大气顶晴空和全天空条件下出射辐射通量之差(Ramanathan，1987)，包括长波、短波和净云辐射效应(LWCRE、SWCRE 和 NCRE)3 项。通常 LWCRE 为正值，SWCRE 为负值。辐射收支(R_T)定义为大气顶净入射短波(ASR)与出射长波(OLR)辐射通量之差(Trenberth et al.，2009)，其正值和负值分别表示大气顶能量盈余和亏损。

评估模式所用的统计指标为总偏差、相对偏差(RB)、空间和时间的形态相关系数(PCC)、标准方差(STD)及平均均方根误差(RMSE)。研究所用的青藏高原、中国东部和南亚范围分别为：27.5°～37.5°N 和 80°～100°E、22°～32°N 和 102°～122°E、15.5°～25.5°N 和 80°～100°E。为获得多模式平均(MME)结果，本节模式结果统一插值到 1.0°×1.25°的经纬度网格，时间统一为 2001 年 1 月—2014 年 12 月，侧重于对年和月平均的气候态评估。

(3)主要结果

①年平均和季节变化

由图 3.33 可见，青藏高原有明显正的年平均辐射收支，量值可达 10 W·m^{-2}，是一个能量盈余区。高原下游的中国区域则存在负的辐射收支，能量亏损高达－40～－20 W·m^{-2}，同时对应着高达－60 W·m^{-2}的云辐射冷却效应。南亚区域的辐射收支为正，同时云辐射冷却效应也明显弱于前 2 个区域。图 3.34 和图 3.35 给出了 CMIP6 模式模拟的年平均大气顶辐射收支和净云辐射效应。

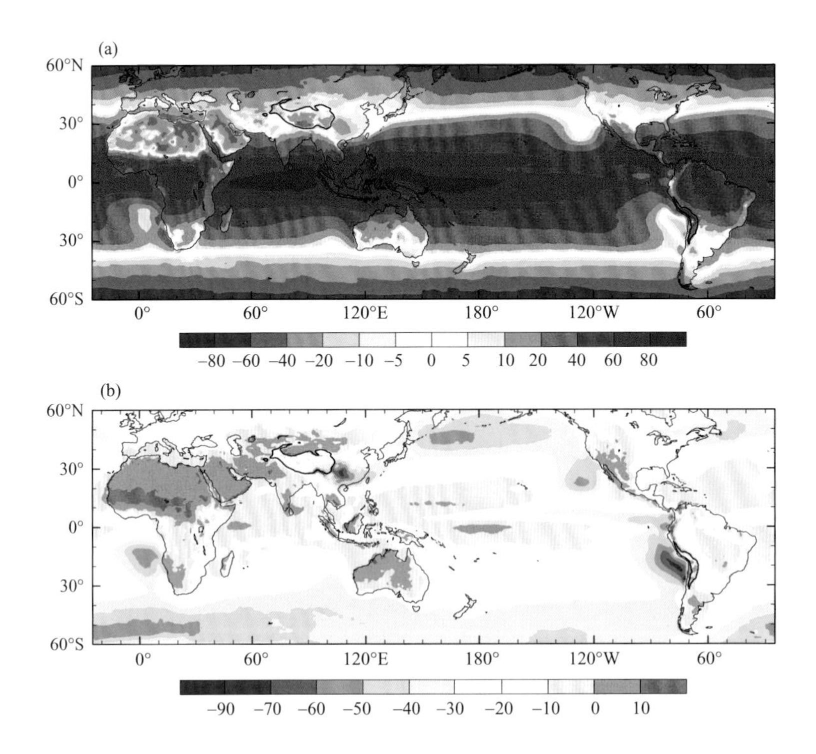

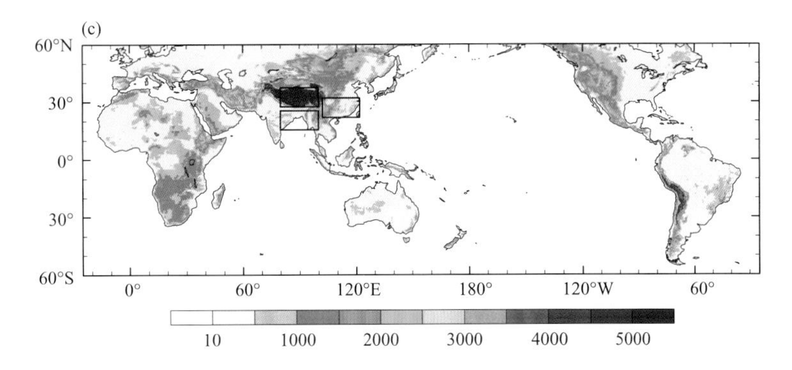

图 3.33　CERES-EBAF 卫星资料所得的年平均大气顶能量收支(a)和云辐射效应(b)（单位：W・m^{-2}）；(c)为地形分布(单位：m)，3 个黑色框为研究所选的青藏高原(27.5°～37.5°N，80°～100°E)、中国东部(22°～32°N，102°～122°E)和南亚地区(15.5°～25.5°N，80°～100°E)

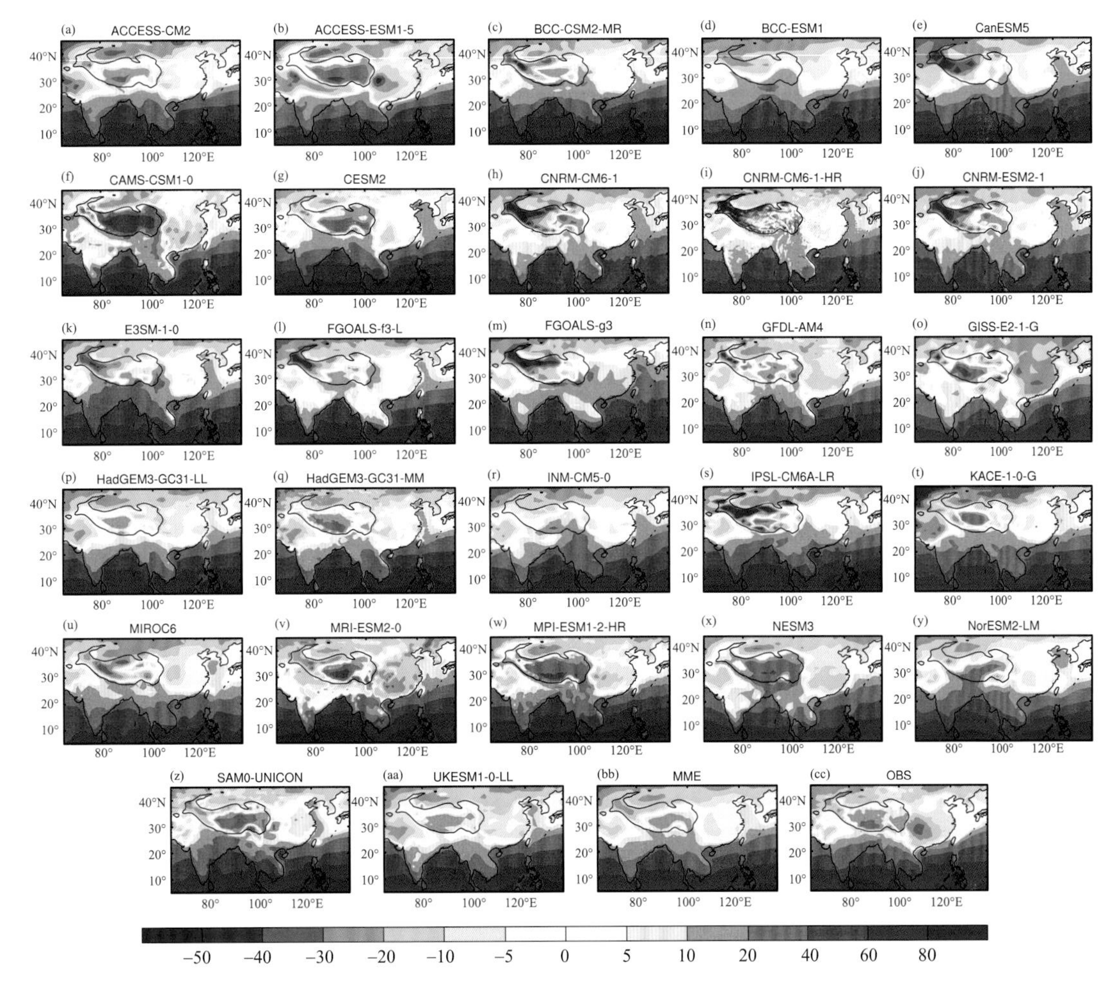

图 3.34　CMIP6 大气模式及其 MME((a)—(bb))和 CERES-EBAF 卫星资料所得的年平均大气顶辐射收支(R_T，单位：W・m^{-2})(cc)。时段为 2001—2014 年

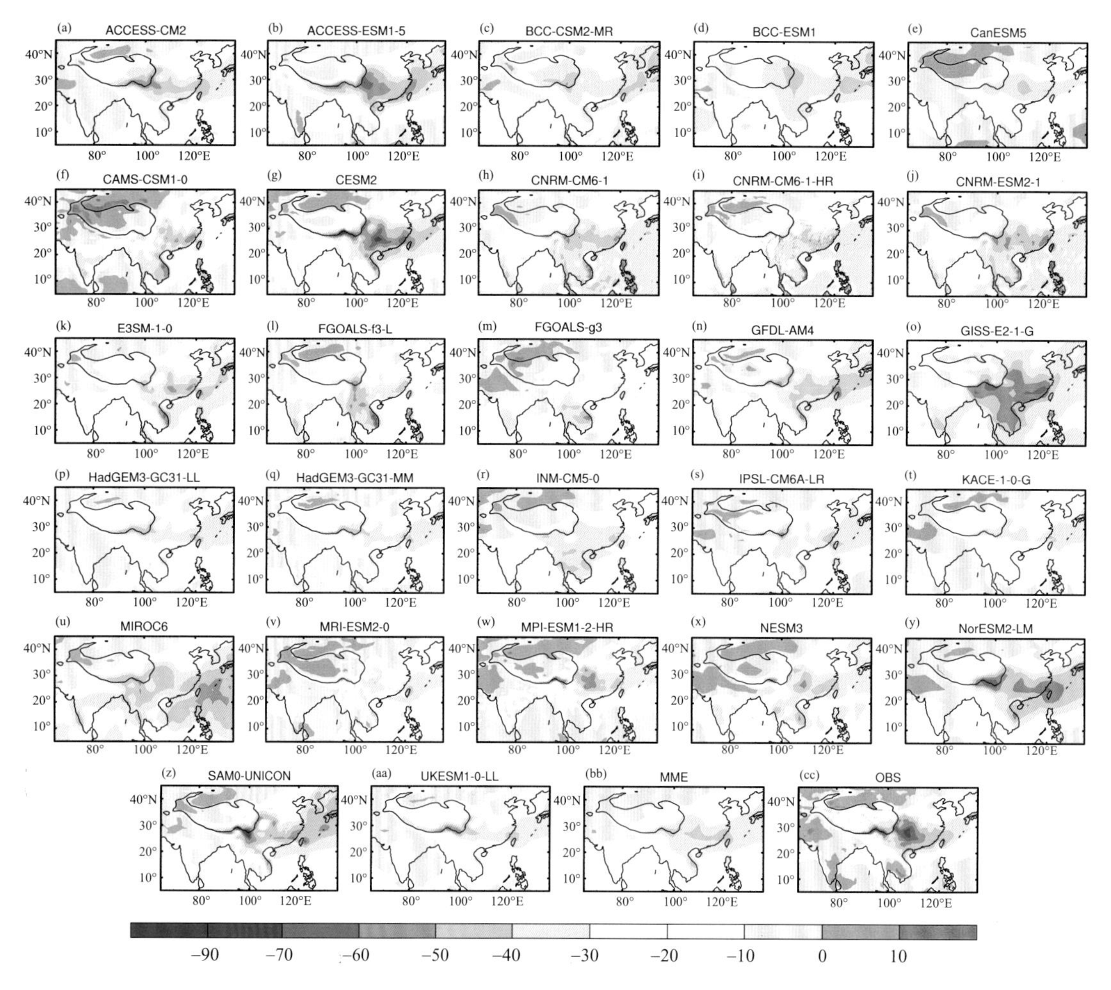

图 3.35 CMIP6 大气模式及其 MME((a)—(bb))和 CERES-EBAF 卫星资料所得的年平均大气顶净云辐射效应(NCRE,单位:W·m^{-2})(cc)。时段为 2001—2014 年

在青藏高原,多数模式可抓住辐射收支和云辐射效应的空间分布型,但低估了其在高原(特别是其西部)的强度,大气顶、净入射短波和出射长波的多模式模拟偏差分别为−4.0、−10.1和−6.1 W·m^{-2},NCRE、SWCRE 和 LWCRE 的多模式模拟偏差分别为 7.2、11.2 和−3.9 W·m^{-2}(表 3.4)。可见短波偏差是高原辐射收支和云辐射效应模拟偏差的主项。ACCESS-CM2、HadGEM3-GC31-LL(MM)和 UKESM1-0-LL 对高原上述变量的描述技巧较好。

在中国东部,年平均的区域大气顶辐射收支和云净辐射效应分别为 1.0 和−37.0 W·m^{-2},均明显弱于观测的−12.0 和 48.6 W·m^{-2},而且多数模式准确再现位于中国西南的能量亏损和云辐射冷却效应大值中心。中国东部年平均的 ASR 和 OLR 偏差分别为 15.0 和 2.0 W·m^{-2},SWCRE 和 LWCRE 多模式平均偏差分别为 22.0 和−10.4 W·m^{-2},短波辐射偏差依然是主要偏差项。比较而言,CESM2、MPI-ESM1-2-HR 和 NESM3 可以较好地再现中国东部的大气辐射收支及云辐射效应,偏差小于多数模式。

在南亚,多数模式依然低估了大气顶辐射收支,但是高估了净云辐射效应,可以基本再现它们的主要空间分布型，其中 CESM2 和 NorESM2-LM 描述能力较好。多模式年平均的 ASR 和 SWCRE 偏差分别为 0.6 和 3.0 W·m^{-2}，而 OLR 和 LWCRE 的偏差分别为 3.4 和 −9.3 W·m^{-2}。这说明南亚的主要模拟偏差源自长波辐射项（OLR 和 LWCRE），与其偏弱的对流直接相关。值得注意的是，多模式平均结果可明显提升高原及周边季风区大气顶辐射收支及云辐射效应的描述能力，尤其是空间分布形态。此外，部分模式的高分辨率版本，例如 HadGEM3-GC31-MM 相较于 HadGEM3-GC31-LL 空间分辨率更高，对于高原及下游中国东部复杂地形和地表区域的描述能力也随之更好。

表 3.4　CMIP6 多模式平均(MME)的区域年平均大气顶云辐射变量　　单位：W·m^{-2}

MME	指标	EC	SA	TP
R_T	Mean/MBE	1.0/13.0	26.0/−2.8	3.7/−4.0
	RB	−108.5%	−9.6%	−52.5%
	PCC	0.76	0.94	0.48
ASR	Mean/MBE	246.6/15.0	282.5/0.6	217.9/−10.1
	RB	6.5%	0.2%	−4.5%
	PCC	0.89	0.95	0.66
OLR	Mean/MBE	245.6/2.0	256.5/3.4	214.2/−6.1
	RB	0.8%	1.3%	−2.8%
	PCC	0.94	0.83	0.94
NCRE	Mean/MBE	−37.0/11.7	−18.6/−6.3	−17.5/7.2
	RB	−24.0%	51.3%	−29.3%
	PCC	0.59	0.74	0.87
SWCRE	Mean/MBE	−61.2/22.0	−47.2/3.0	−41.8/11.2
	RB	−26.5%	−5.9%	−21.1%
	PCC	0.52	0.77	0.92
LWCRE	Mean/MBE	24.3/−10.4	28.5/−9.3	24.4/−3.9
	RB	−29.9%	−24.5%	−13.9%
	PCC	0.31	0.75	0.61

注：表中 Mean 为区域平均值；MBE、RB 和 PCC 分别为 MME 结果相对于观测的总体平均偏差、相对偏差和空间相关系数；EC、SA 和 TP 分别表示中国东部、南亚和青藏高原；时段为 2001—2014 年。

此外，CMIP6 的多模式评估结果表明：模式可以再现中国东部和南亚大气顶辐射收支及云辐射效应的年变化，但是难以再现观测中高原 3 月大气顶能量收支由负转正的现象，不过 ACCESS-CM2、HadGEM3-GC31-LL(MM) 和 UKESM1-0-LL 能够准确地抓住这种特征。同时，多数模式中高原云辐射效应的夏季峰值滞后于观测。多数模式均可以再现青藏高原、中国东部和南亚区域大气顶能量收支对云辐射效应的强烈依赖关系。

②模式偏差的原因

大气顶辐射收支受地表状态（特别是反照率和温度）及云的强烈影响，云辐射效应与云量及对应的大气垂直运动等环流条件有关。为此，这里重点通过云量偏差来说明 CMIP6 模式对目标区域辐射收支及云辐射效应的偏差原因，地表状况及环流条件偏差可参考 Li 等(2021)。

由图 3.36 可见，高原东部、中国东部和南亚的高云量都是被 CMIP6 模式低估的，相应地，模式中这些区域的 LWCRE 也是偏弱的。对于南亚区域，前面已提到多数模式低估了南亚的对流活动，由此会导致偏少的高原及由此偏弱的云长波暖化效应。在中国东部低估的云辐射冷却效应对应着明显低估的总云量和低云量，这种低估与该区域偏少的中低云量和偏弱的上升运动有关。此外，研究结果表明，高原的地表温度和与之伴随反照率偏差是高原大气顶短波辐射通量及辐射收支模拟偏差的重要原因，这在高原西部尤为明显；而高原东部偏弱的云量是 CMIP6 模式中长、短波云辐射效应偏弱的重要原因。

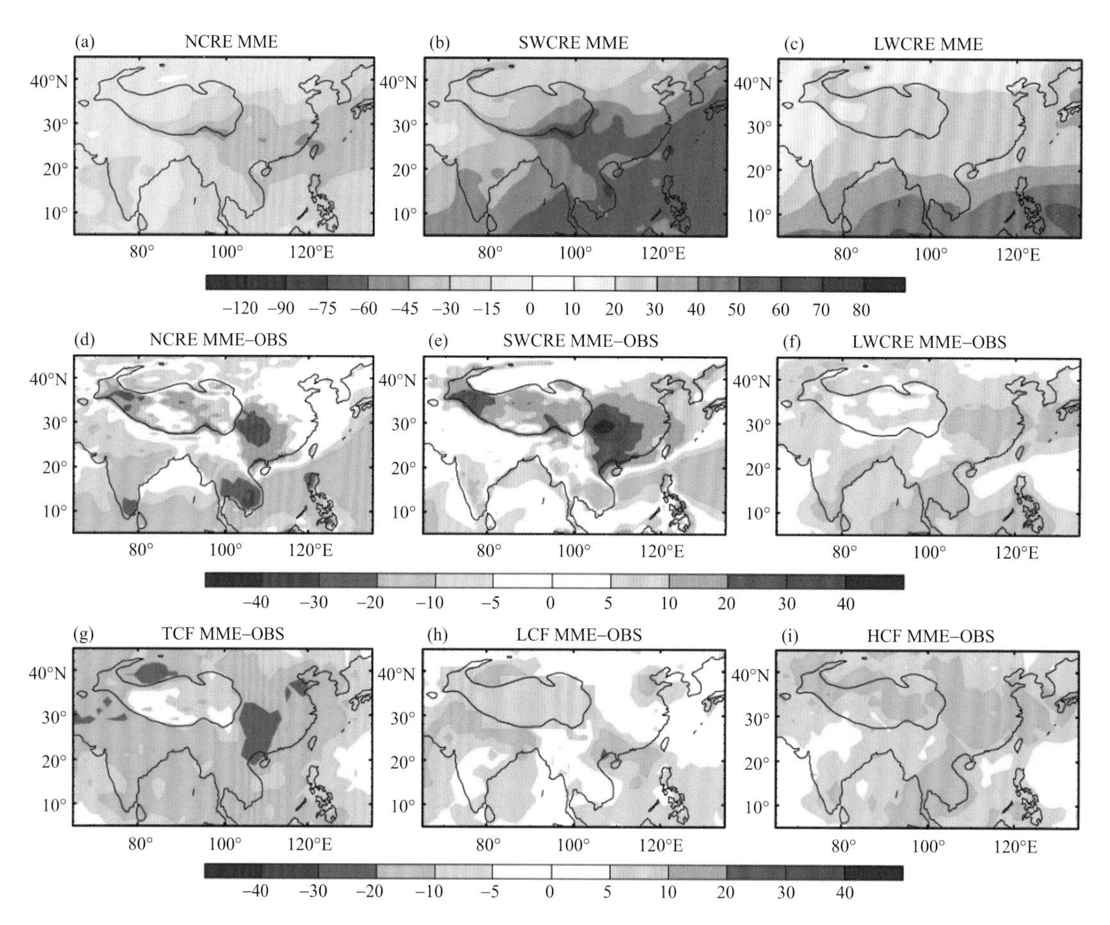

图 3.36 ((a)—(c))CMIP6 多模式年平均的云净、短波和长波辐射效应(单位：W・m^{-2})；((d)—(f))多模式模拟与卫星反演的年平均云净、短波和长波辐射效应之差(单位：W・m^{-2})；((g)—(i))多模式模拟与卫星反演的年平均总、低和高云量之差(%)

(4)小结

CMIP6 大气模式的上述模拟偏差体现了亚洲季风区云辐射物理过程及其模拟研究的复杂性和困难性。当前大气模式模拟的上述区域云辐射特性依然存在相当的偏差，但主要偏差在这 3 个子区域的表现各不相同。特别是，中国东部副热带季风区和南亚热带季风区大气顶能量收支和云辐射效应的主要偏差源完全不同，这种差异事实体现了亚洲季风区内的气候多样性和复杂性。

3.2 对流解析模式对青藏高原降水的模拟评估

3.2.1 对流解析模式对青藏高原中东部地区夏季降水的模拟评估

(1)引言

青藏高原位于副热带欧亚大陆的中东部，平均海拔超过4000 m，直达对流层中层，是海拔最高的高原。其东西向横跨2500 km、南北延伸超过1000 km，覆盖面积达到2.5×10^6 km^2，素有“世界屋脊”和“地球第三极”的美誉(Qiu，2008；Xu et al.，2008；Wang et al.，2018)。青藏高原湖泊和冰川资源富集，一方面亚洲地区许多主要河流——如长江、黄河、湄公河、恒河、印度河等，均发源于青藏高原；另一方面，热带海洋又通过大气环流源源不断地向高原输送水汽，在高原上空的300～500 hPa高度形成水汽大值区，因此高原也有“亚洲水塔”之称(丁一汇，2002；Lu et al.，2005；Xu et al.，2008；Immerzeel et al.，2010)。高原的热力强迫和机械强迫对亚洲季风系统的形成具有重要作用，并对周边地区的水资源及生态系统产生重大影响(Hahn et al.，1975；Wu et al.，1998，2012；刘晓东，1999；Immerzeel et al.，2012)。

降水是高原水交换的重要组成部分。高原干湿季分明，全年80%～90%的降水集中在5—9月(巩远发 等，2004；吕艺影 等，2018)。作为青藏高原的核心区和重要的河流发源地，三江源地区降水的日变化、气候态、年际变率及年代际特征近年来引起了科学界的广泛关注(徐新良 等，2008；Li Y et al.，2010；Liang et al.，2013；Yi et al.，2013；Tong et al.，2014；Li，2018；Sun et al.，2018)。然而，准确合理地再现高原地区降水仍是世界性的难题。例如，参加第三次国际耦合模式比较计划(CMIP3)的18个模式集合平均的结果表明，模式对高原地区降水的高估超过100%(Xu et al.，2010)。而对参加第五次国际耦合模式比较计划(CMIP5)24个全球模式的分析表明，所有模式均高估了(62.0%～183.0%)高原地区的年降水，并且仅有一半的模式可以再现观测中降水的季节特征，其余均存在冬季偏干夏季偏湿的模拟偏差(Su et al.，2013)。特别是在高原东部地区以及南麓陡峭地形区，模式高估降水最为明显(Chen G et al.，2014；Mehran et al.，2014；Mueller et al.，2014；Jiang et al.，2016)。从CMIP3到CMIP5，模式对于青藏高原降水的模拟改进并不显著(Song et al.，2014；周天军 等，2018)。特别地，即便是使用了先进的同化系统和同化了大量观测资料的再分析资料，也存在着对高原降水的系统性高估(You et al.，2015；Wang et al.，2018)。

模式对于青藏高原地区降水的系统性高估，可能来自于模式本身的动力框架(Danard et

al.,1993;Codron et al.,2002;Yu et al.,2015b;Zhang et al.,2016b)、模式中不恰当的物理参数化过程(Maussion et al.,2011;Gao et al.,2017),以及较为粗糙的水平分辨率不能精细刻画水汽通道等局地和大尺度环流系统(Maussion et al.,2014;Collier et al.,2015;冯蕾 等,2015;Gao et al.,2015a;Li et al.,2015;Lin et al.,2018)。前人研究表明,将 CAM5 模式中原始的半拉格朗日平流方案替换为两步保形平流方案(Two-Step Shape-Preserving Advection Sheme,TSPAS)后,可以有效提升模式对于青藏高原陡峭地形区降水的模拟能力(Yu et al.,2015b;Zhang et al.,2016b)。使用天气研究和预报模式(Weather Research and Forecasting Model,WRF)对青藏高原进行动力降尺度模拟的结果表明,模式的结果不仅依赖于边界条件的选择,模式本身物理参数化过程的选取(Maussion et al.,2011)和陆面过程(韩振宇 等,2015;Gao et al.,2017)对高原降水、温度和局地环流的模拟起着更重要的作用。另外,提升模式水平分辨率是改进模式对高原模拟的有效途径。在物理参数化保持不变的情况下,将日本气象研究所(MRI)模式的水平分辨率从 180 km 依次提升至 120 km、60 km、20 km,模式对高原夏季平均降水的模拟有明显的改进(冯蕾 等,2015)。类似地,随着水平分辨率的提升(300 km、120 km、50 km),CAM5 对高原地区降水的高估现象也有所改善(Li et al.,2015)。相较于 ERA-Interim 再分析资料,30 km 的 WRF 动力降尺度结果也更好地再现了高原地区夏季的陆表气温、降水以及地表风(Gao et al.,2015b;Li X et al.,2018)。

不过需要指出的是,虽然提升模式水平分辨率对高原平均降水的模拟有所改进,但即使在高分辨率的气候模式中,高估高原地区降水的模式偏差仍旧存在(冯蕾 等,2015;Gao et al.,2015b;Li et al.,2015;Li X et al.,2018)。近年来,有学者针对喜马拉雅山脉的中部地区开展了对流解析尺度的数值模拟试验(Collier et al.,2015;Karki et al.,2017;Lin et al.,2018)。研究表明,对流解析模式(Convection Permitting Model,CPM)不仅能够更好地再现喜马拉雅山脉南坡和北坡降水的空间分布,同时由于 CPM 更加精细地刻画了复杂地形区的地形拖曳作用及非均匀陆表强迫,从而可以更加准确地模拟流入青藏高原地区的水汽输送,减小高估高原地区降水的模拟偏差(Lin et al.,2018)。

综上所述,降水是高原水交换的重要组成部分,而当前的气候模式对高原降水存在系统性高估。虽然前人使用 CPM 开展了对喜马拉雅山中部地区的模拟,但存在模拟区域较小或积分时间较短的不足。因此,使用 CPM 对高原地区降水开展季节尺度的模拟研究就显得尤为重要。进一步地,通过与采用对流参数化方案的两组传统大尺度环流模式(Large-Scale Model,LSM)进行对比(水平分辨率:13.2 km、35 km),以探究 CPM 对高原中东部地区降水的模拟增值。本节拟解决的科学问题为:

①系统研究 CPM 对高原降水的模拟能力,探究相较于 LSM,CPM 对高原中东部地区降水的模拟增值;

②考察高原地区与降水相关联的大尺度环流特征,在此基础上查看模式的模拟能力;

③比较 CPM 和 LSM 的不同模拟结果,探究 LSM 对高原地区降水模拟偏多的可能原因。

(2)模式试验和资料方法介绍

本节使用英国气象局(Met Office Unified Model,MetUM;Cullen,1993;Brown et al.,2012)针对东亚季风区开展的3组数值模拟试验结果,3组试验的模拟积分区域相同(70.0°～140.0°E,15.0°～45.0°N):① 一组试验为对流解析尺度数值模拟试验(CPM;旋转极坐标系下水平网格距0.04°,约为4.4 km,以下简称CPM 4p4),模式积分步长20 s;② 另一组为采用对流参数化的大尺度环流模式数值模拟试验(LSM;水平网格距0.12°,约为13.2 km,以下简称LSM 13p2),模式积分步长60 s,时间覆盖2009年的整个暖季(4—9月);③ 同②的模式配置,但模式的水平分辨率为35.0 km(LSM-35p)。

模式总体配置与前人研究(Lean et al.,2008;Pearson et al.,2010)一致。模式的区域配置取自英国气象局全球大气模式Met Office Global Atmosphere version 6.1(GA6.1;Walters et al.,2017),与当前英国气象局进行全球天气预报和气候预测的模式版本一致。在CPM 4p4中,由于模式的水平分辨率(约4 km)能够表征和再现与对流过程相关各要素的总体统计特征(Prein et al.,2015),通过增加闭合时间范围对应高的对流有效位能,从而有效关闭深对流参数化,进而实现显式解析深对流(Lean et al.,2008;Pearson et al.,2010)。而LSM 13p2与LSM-35p采用的深对流参数化方案为Gregory-Rowntree方案(Gregory et al.,1990)。Gregory-Rowntree方案的闭合假设基于积云对流在给定时间范围内消耗对流有效位能(convective available potential energy,CAPE;Lean et al.,2008;Pearson et al.,2010)来完成模式网格内积云对流过程对流能量的累积释放和模式网格间大尺度环流之间确定的闭合关系。两组模式中的浅对流参数化方案仍旧保留,采用基于Gregory-Rowntree的对流参数化方案,Grant(2001)在此基础上进行了部分修订。对CPM和LSM在热带地区的模拟研究表明,CPM中由对流参数化贡献的降水不足1%,而LSM中由对流参数化贡献的降水则超过95%(Pearson et al.,2014)。网格内额外的垂直输送由基于Lock等(2000)的非局地边界层方案提供,Boutle等(2014)在此基础上进行了修改使其更适用于“对流灰色过渡区(convective grey zone)”。模式采用Boutle等(2014)、Furtado等(2015)和Wilkinson(2017)在Wilson等(1999)方案基础上发展的基于4类(云、雨、雪、霰)控制冰相粒子成核和演化的云微物理方案。

两组区域模式每小时的边界条件取自全球驱动模式(GA6.1,水平分辨率0.2°),并采用欧洲中期天气预报中心(ECMWF)提供的ERA-Interim再分析资料每6 h对全球驱动模式重新初始化,以此来保持全球驱动模式的结果接近再分析资料中的大气状态。全球逐日海温资料取自Operational Sea Surface Temperature and Sea Ice Analysis(OSTIA;Donlon et al.,2012)。模式的垂直坐标系采取地形追随坐标(η),描述详见Davies等(2005)。

在进行模式与观测、再分析资料的比较前,首先将模式资料平均到与观测和再分析资料相同的格点上,再进行分析和比较。

由于高原地区观测站点较为稀少,因此,本研究使用三套观测资料来表征观测中的青藏高原夏季降水。观测资料分别为:

①中国气象局国家气象信息中心提供的“中国国家级逐小时降水数据集V1.0”(张强 等,2016)。台站的空间分布如图3.37的蓝点所示,三江源地区内的国家级台站用红色实心圆点表征。

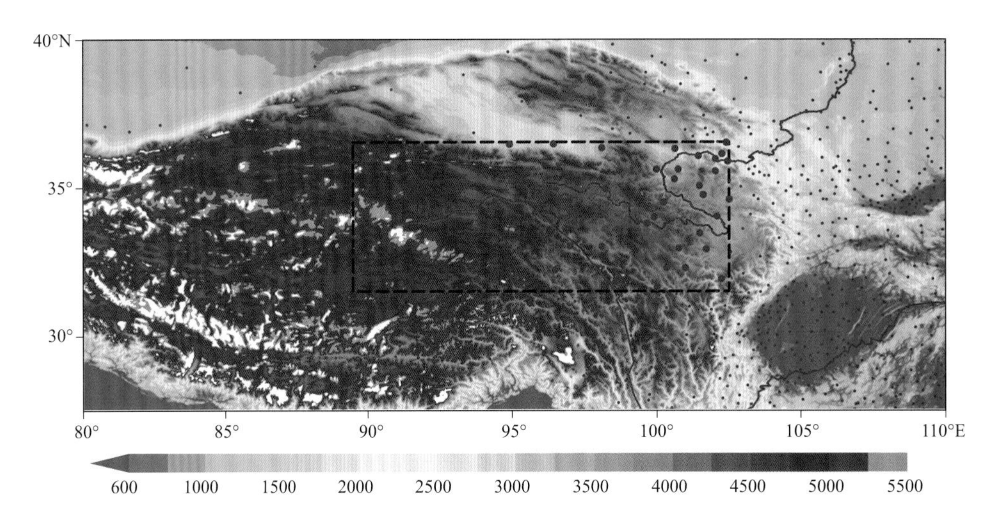

图 3.37 青藏高原及其周边区域的地表海拔(填色;单位:m)以及国家级逐小时台站(蓝色圆点)的地理分布。图中黑色虚线框代表青藏高原中东部的三江源地区,三江源地区内的国家级台站用红色实心圆点表征,蓝色实线代表长江流域及黄河流域

②中国气象局国家气象信息中心提供的逐小时卫星降水融合资料(潘旸 等,2012;Shen et al.,2014)。该套降水数据集以 CMORPH(Climate Prediction Morphing Technique,Joyce et al.,2004)卫星反演降水为背景场,以 3 万个自动气象站观测的逐小时降水作为地面观测场,采用最优插值方法将二者进行了融合试验,得到了 10 km 水平分辨率的逐小时卫星降水融合资料。这套资料包含的台站明显多于以往研究中使用的台站数(Yu et al.,2007a,2007b;Zhou et al.,2008),并且已经被广泛地用来研究中国东部地区降水的统计特征(Luo et al.,2013;Jiang et al.,2017)。

③中国区域格点化观测数据集 CN05.1,为逐日降水资料,水平分辨率为 0.25°×0.25°(吴佳 等,2013)。

为了揭示与高原中东部夜雨相关联的大气环流,我们使用了欧洲中期天气预报中心(ECMWF)提供的 ERA5 再分析资料。

在本节的分析中,降水频率、降水强度、降水总量及其日变化的定义与已有文献一致,具体计算方法参考文献资料(宇如聪 等,2014;Li,2018;Li P et al.,2020)。我们进一步定义了高原中东部的三江源地区(31.5°~36.5°N,89.5°~102.5°E;图 3.37 中黑色虚线框所示,区域平均海拔高度为 4433.7 m),与前人(Sun et al.,2018)的定义保持一致。

为了考察局地大气的不稳定状况与 LSM 降水的对应关系,我们检查了再分析资料和模式中的湿静力能(moist static energy,MSE)的垂直分布。湿静力能分析在研究与降水相关的不稳定性方面有着广泛的应用(Pu et al.,2012;Neupane et al.,2013;Lau et al.,2017)。

(3)结果分析

以下,我们首先分析模式对青藏高原夏季降水的模拟能力,之后进一步考察与高原降水相关的大尺度环流特征。在此基础上探究 CPM 相较于 LSM 的模拟增值。并且通过比较 CPM

和 LSM 的不同结果，探究 LSM 对于高原地区降水模拟偏多的可能原因。

①模式对青藏高原夏季降水的模拟增值

降水的空间分布、随时间的演变、频率和强度等降水特征是衡量模式模拟能力的重要指标。因此，我们首先考察模式对高原夏季降水空间分布的模拟能力。高原夏季降水呈现出鲜明的区域特征，三套观测资料中的降水均呈现自高原东南部(8.0～9.0 mm·d^{-1})至羌塘高原(≤1.0 mm·d^{-1})逐渐减小的空间分布(图 3.38a—c)。CPM 与 LSM 均能较好地模拟出降水自东南至西北逐渐减弱的特征(CPM、LSM-13p2、LSM-35p 与观测的场相关系数分别为 0.72、0.65 和 0.64；均方根误差分别为 2.70 mm·d^{-1}、3.76 mm·d^{-1}和 3.95 mm·d^{-1}；高原区域的平均降水分别为 2.64 mm·d^{-1}、3.66 mm·d^{-1}和 3.86 mm·d^{-1})，但高估了高原地区的降水(图 3.38d—f，与 CN05.1 相比分别偏多 11.4%、54.4%和 62.9%)。具体来说，LSM-13p2 与 LSM-35p 不仅对青藏高原东麓和喜马拉雅山脉北侧背风坡的降水模拟偏多，对高原中东部三江源部分地区降水的高估也可达到 4.0～5.0 mm·d^{-1}(LSM-13p2、LSM-35p 与 CN05.1 相比分别偏多了 49.6%和 47.8%)。模式水平分辨率从 35.0 km 提升至 13.2 km 后，虽然对喜马拉雅山南侧降水的高估得到了一定改善，但模式对高原中东部地区降水的高估现象并未得到明显改进，二者呈现出较为一致的湿偏差(图 3.39b、c)。相较于 LSM，CPM 显

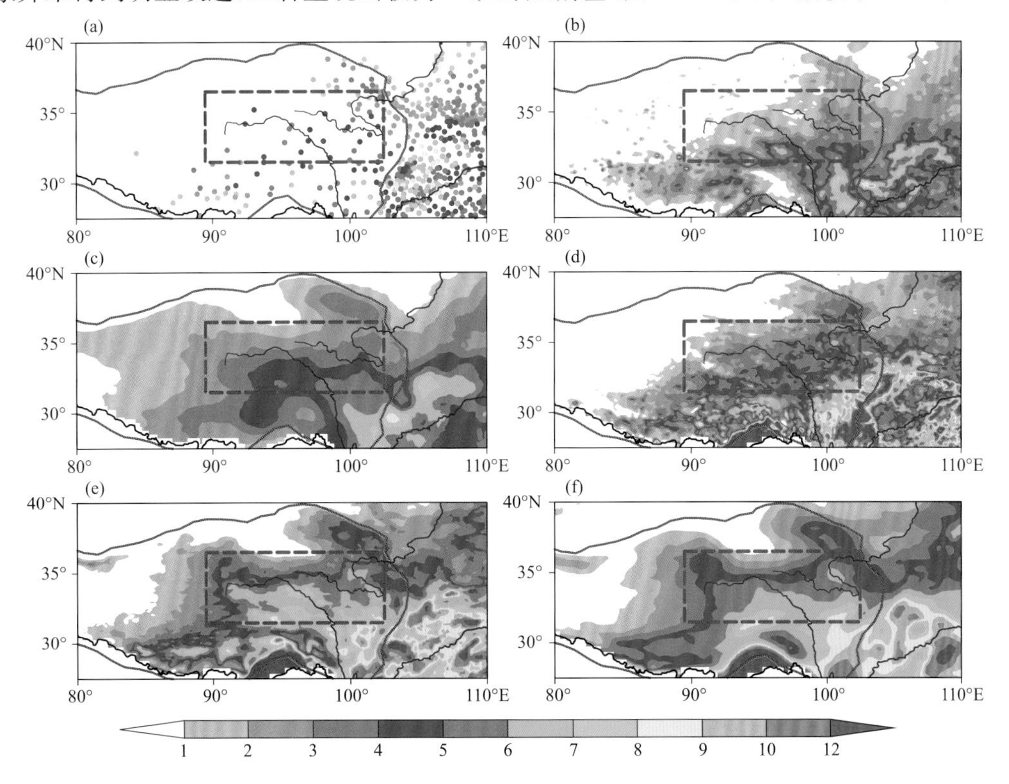

图 3.38 观测和模式中青藏高原地区夏季降水(单位：mm·d^{-1})的空间分布。红色虚线框代表青藏高原中东部的三江源地区

(a)国家级台站观测资料；(b)卫星台站融合降水观测资料；(c)CN05.1 观测资料；(d)CPM 的模拟结果；(e)LSM-13p2 的模拟结果；(f)LSM-35p 的模拟结果

著改进了模式对高原地区降水的模拟能力(图 3.38d),模式对高原中东部地区的降水高估得到了很大改善(与 CN05.1 相比只偏多了 3.2%),模拟的降水更接近观测(图 3.39a)。但 CPM 也存在一定的模拟偏差,例如模式中青藏高原东麓的降水多发生在山地区域,模式高估了山地降水、低估了盆地降水(图 3.39a)。

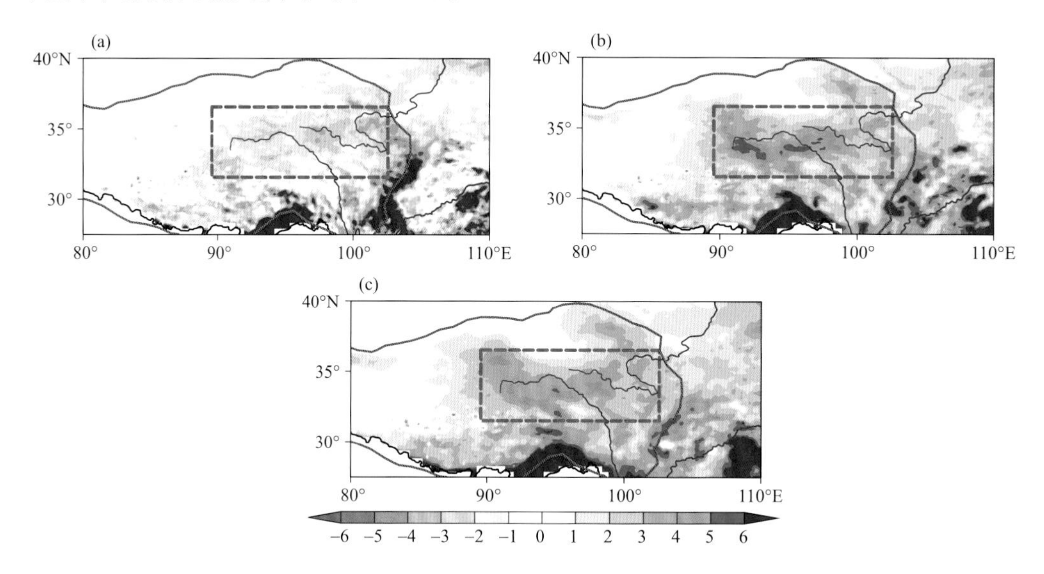

图 3.39 模式对高原夏季降水模拟偏差(单位:mm・d⁻¹)的空间分布。红色虚线框代表青藏高原中东部的三江源地区

(a)CPM 的模拟偏差;(b)LSM-13p2 的模拟偏差;(c)LSM-35p 的模拟偏差

接下来考察模式对高原中东部地区逐日降水的模拟能力。三江源地区的区域平均逐日降水的时间序列如图 3.40 所示(CPM、LSM-13p2、LSM-35p 与观测的相关系数分别为 0.58、0.49 和 0.44)。从图中可看出,LSM-35p(绿色线)与 LSM-13p2(蓝色线)的结果较为一致,在三江源地区逐日降水的模拟上也呈现普遍性的高估,表明 LSM 对三江源地区降水的高估并非是由于模式对某次单发性降水事件的模拟偏多,而是模式对于逐日降水的普遍性高估累积

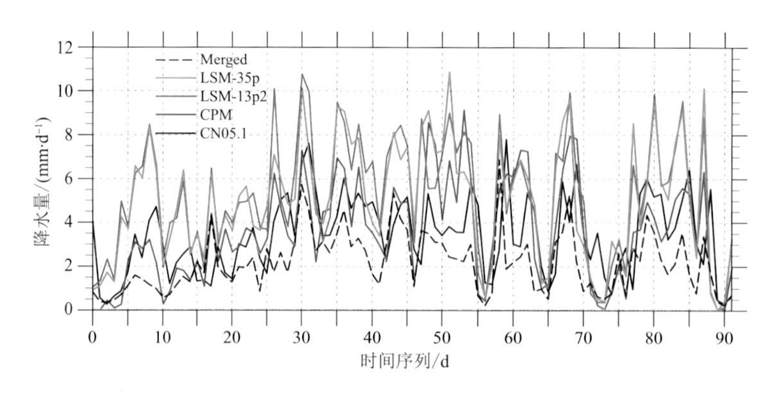

图 3.40 观测和模式中夏季三江源地区逐日降水的时间序列:图中黑色实线表示 CN05.1 的结果,黑色虚线代表卫星台站降水融合资料的结果,红色线表示 CPM 的模拟结果,蓝色线代表 LSM-13p2 的模拟结果,绿色线代表 LSM-35p 的模拟结果

的结果。相较于LSM,CPM对三江源地区逐日降水的量值和变化的模拟更接近观测。

进一步检查模式对高原夏季降水频率和降水强度的模拟性能(图3.41、图3.42),由于LSM-13p2与LSM-35p的结果较为一致,所以在此只给出基于LSM-13p2的结果来表征LSM对高原夏季降水特性的模拟能力。观测中,降水频率的空间分布与平均降水的空间分布较为一致,也呈现出自高原东南部(25.0%~28.0%)至羌塘高原(≤5.0%)递减的分布特征(图3.41a、b),高原台站的降水频率(图3.41a)略高于卫星台站降水融合资料(图3.41b)。采用对流参数化方案的LSM严重高估了降水频率,在高原的东部和南部模拟的降水频率或超过45.0%,三江源区域平均的降水频率较之观测偏高21.6%(图3.41d)。相较于LSM,CPM更好地再现了高原夏季的降水频率,但模拟的降水频率仍高于观测,在三江源地区相较于观测偏高5.5%(图3.41c)。在卫星台站降水融合资料中,雅鲁藏布江流域及三江源地区的降水强度介于0.8~1.4 mm・h^{-1}(图3.42b)。台站的降水强度略强于融合资料,但也不超过2.0 mm・h^{-1}(图3.42a),较之高原周边地区(例如四川盆地)降水强度明显偏弱。LSM中降水强度弱于观测(图3.42d),CPM更好地模拟了高原地区的降水强度,空间分布和量值上都更接近观测(图3.42c)。总的来说,LSM模拟的小雨偏多且降水过于频繁;CPM更好地再现了观测的降水特性,模拟的降水频率和降水强度都更接近观测。

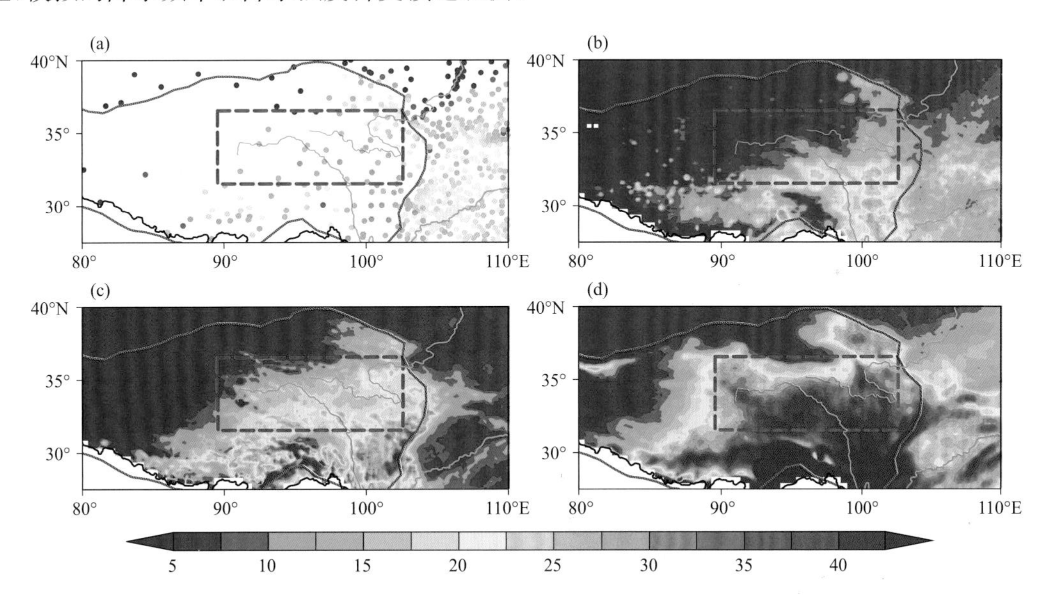

图3.41 观测和模式中青藏高原地区夏季降水频率(%)的空间分布。红色虚线框代表青藏高原中东部的三江源地区

(a)国家级台站观测资料;(b)卫星台站融合降水观测资料;(c)CPM的模拟结果;(d)LSM-13p2的模拟结果

②青藏高原中东部地区的夜雨特征及与之相关联的大尺度环流

前人研究表明,青藏高原大部分地区降水呈现出傍晚和午夜峰值并存的日循环特征(宇如聪 等,2014;Li,2018),那么模式对青藏高原地区降水日循环及相关联大尺度环流的模拟性能如何?首先我们检查了高原夏季降水日循环的空间分布(降水总量峰值的出现时刻:图3.43;降水频率峰值的出现时刻:图3.44)。观测表明,青藏高原主体的夏季降水呈现出傍晚和夜间

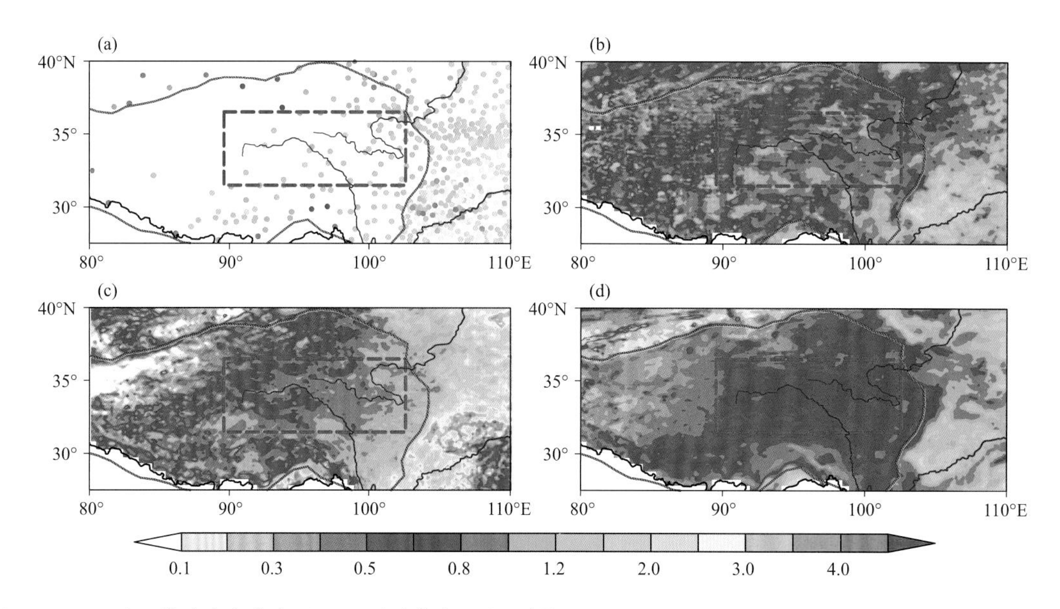

图 3.42　观测和模式中青藏高原地区夏季降水强度(单位:mm·h^{-1})的空间分布。红色虚线框代表青藏高原中东部的三江源地区

(a)国家级台站观测资料;(b)卫星台站融合降水观测资料;(c)CPM 的模拟结果;(d)LSM-13p2 的模拟结果

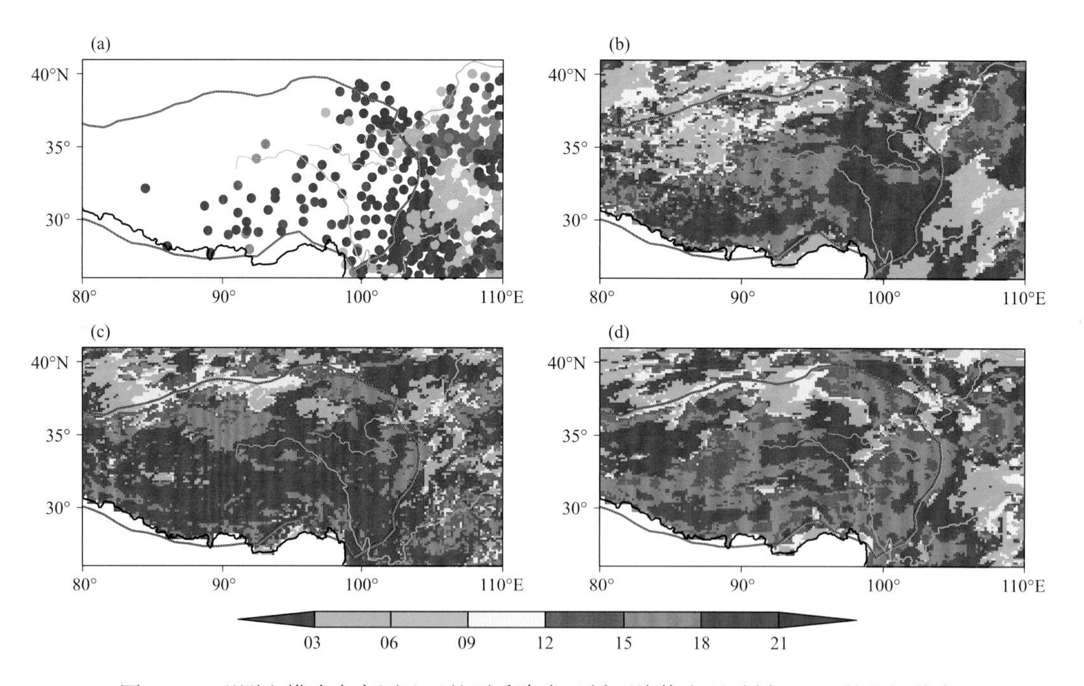

图 3.43　观测和模式中高原地区的夏季降水日循环峰值出现时刻(LST)的空间分布

(a)国家级台站观测资料;(b)卫星台站融合降水资料;(c)CPM 的模拟结果;(d)LSM-13p2 的模拟结果

降水并存的特征:喜马拉雅山北侧背风坡的雅鲁藏布江流域和高原东部的降水呈现出夜雨峰值(图 3.43a、b),且降水多发生在夜间(图 3.44a、b);高原中东部三江源地区的降水峰值呈现出傍晚和夜间并存的特征(图 3.43a、b),并且降水也多发生在傍晚至夜间(图 3.44a、b)。虽然

LSM 能够部分模拟出雅鲁藏布江流域夜间的降水峰值，但模式不能再现高原东部地区的夜雨区(图 3.43d)。进一步查看 LSM 中高原地区降水频率的日循环，发现 LSM 中高原地区的降水大多发生在午后，不能模拟观测中降水频率日循环的空间分布(图 3.44d)。相较于 LSM，CPM 对于高原地区的降水频率日循环的空间分布表现出了明显的模拟增值(图 3.44c)。

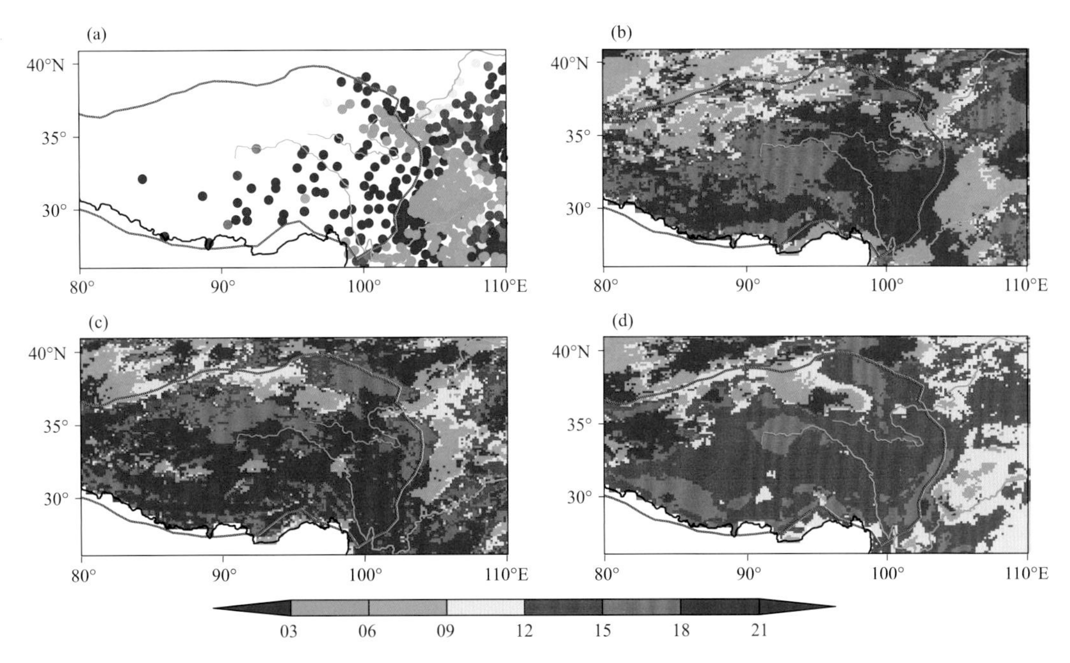

图 3.44　观测和模式中高原地区的夏季降水频率最高的当地时(LST)的空间分布
(a)国家级台站观测资料；(b)卫星台站融合降水资料；(c)CPM 的模拟结果；(d)LSM-13p2 的模拟结果

我们进一步查看了模式对高原中东部三江源地区平均降水日循环的模拟能力(图 3.45)。观测中，三江源地区的降水在 06:00—14:00 LST 时段被抑制，期间降水低于平均值且在 10:00 LST 达到最小(图 3.45b)，午后(14:00 LST)降水开始发展并于傍晚至夜间(18:00—20:00 LST)达到峰值(图 3.45a)。LSM 能够模拟出三江源地区夜间的降水峰值(20:00 LST)，但模式在午后(14:00 LST)产生了虚假的降水峰值(图 3.45a:蓝色线和绿色线)，且提升模式水平分辨率(由 35.0 km 提升至 13.2 km)并不能改善模式中虚假的午后降水峰值。相对地，CPM 能够几乎完美地再现三江源地区降水的日循环特征，模式不仅能够模拟出在 06:00—14:00 LST 降水被抑制的现象(图 3.45b:红线)，而且能够再现三江源地区的夜雨特征(图 3.45a:红线)，CPM 对于降水日循环位相和振幅的模拟都更接近观测。

以下，我们首先利用再分析资料和模式结果揭示青藏高原中东部地区夜雨产生的原因，之后对 LSM 在高原地区降水模拟偏多这一模式偏差给出可能的解释。首先，是什么导致了三江源及周边地区夜雨的形成？我们查看了三江源区域平均上升运动的日循环特征(图 3.46)。ERA5 再分析资料中，三江源地区的上升运动在午后开始发展，500 hPa 高度的上升运动最大值出现在 18:00—20:00 LST(图 3.46a)，与降水的夜间峰值出现时间相吻合，不难看出，夜间较强的上升运动是导致该地区夜雨产生的原因。CPM 与 LSM 都能够再现三江源区域上升运

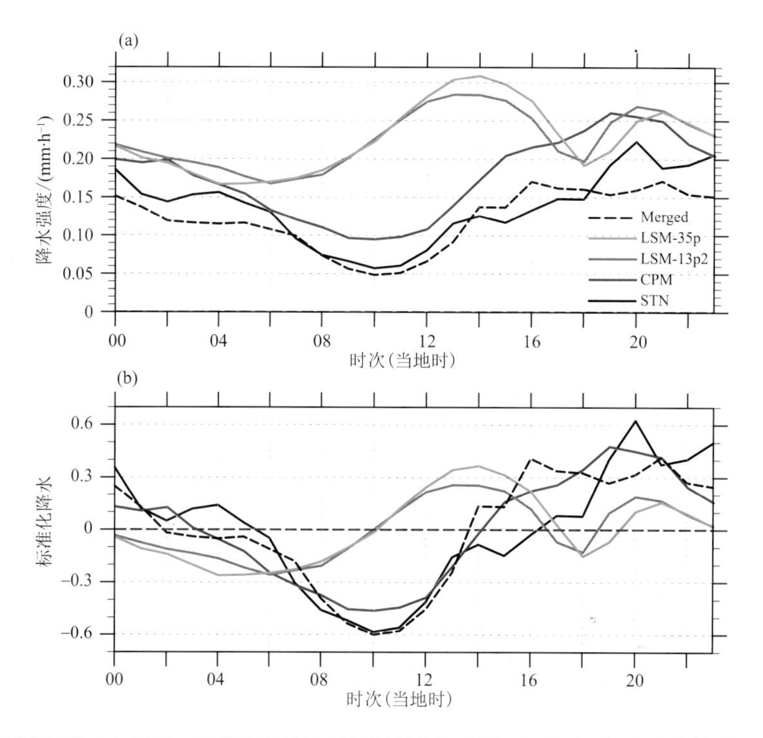

图 3.45 (a)观测和模式中夏季三江源地区的区域平均降水日循环;(b)标准化后的结果。其中黑色实线表示国家级台站的观测结果,黑色虚线代表卫星台站降水融合资料的结果,红色线表示 CPM 的模拟结果,蓝色线代表 LSM-13p2 的模拟结果,绿色线代表 LSM-35p 的模拟结果

动的日循环特征,以及夜间的上升运动(图 3.46b—d),但 LSM-13p2(图 3.46c)与 LSM-35p(图 3.46d)中的上升运动峰值出现在 14:00—16:00 LST,比 ERA5 和 CPM 提前约 4 h。

为什么三江源地区的上升运动在夜间最强?这与大尺度环流场的日变化有何关联?为此,我们查看了 ERA5 和模式中 500 hPa 大尺度水平风场的日循环特征,图 3.47 给出了三江源区域平均的 500 hPa 水平风场的日循环。从图中可以看出,ERA5 和模式资料中三江源地区的 500 hPa 水平风场都呈现出显著的惯性振荡特征。该区域的纬向风在清晨(05:00—08:00 LST)最强,在入夜时分(20:00—22:00 LST)最弱,ERA5(黑线)与 CPM(红线)的纬向风在一天中的各个时刻均为正值(即均为偏西风),而 LSM-13p2(蓝线)与 LSM-35p(绿线)在夜间(19:00—23:00 LST)呈现出弱的负值(即偏东风)。更重要的是,经向风的日循环影响了该区域上升运动和降水的日循环。ERA5 和模式均表明,经向风在午夜(00:00—03:00 LST)最强,随后强度逐渐减弱,并在午后(14:00 LST 前后)转换方向,从夜间和清晨的偏南风转换为偏北风,并一直持续至入夜时分(20:00 LST 前后)。综上所述,三江源地区自午后至入夜时段(14:00—20:00 LST),不仅纬向风强度逐渐减弱,而且经向风呈现出风向的转换(图 3.47),500 hPa 风场在该地区辐合,有利于上升运动的发展。

三江源区域平均的 500 hPa 经向风、上升运动以及整层水汽输送辐合的日循环特征如图 3.48 所示。从图中可以看出,午后至夜间(14:00—20:00 LST)经向风的风向转换(图 3.48a),一方面造成了三江源地区近地面的风场辐合(图 3.50a),有利于风场在该地区辐合上

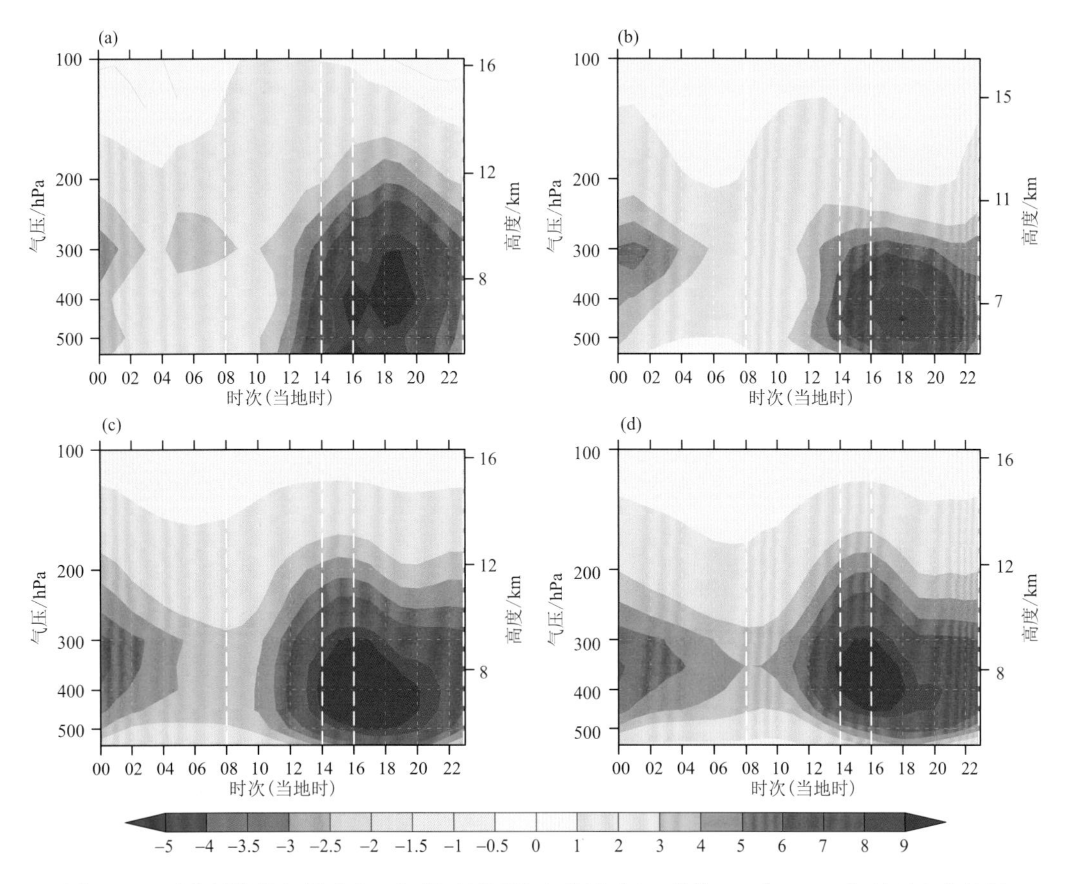

图 3.46 再分析资料与模式中三江源区域平均上升运动(ω;单位:10^{-2} Pa·s^{-1})的日变化特征
(a)ERA5 再分析资料;(b)CPM 的模拟结果;(c)LSM-13p2 的模拟结果;(d)LSM-35p 的模拟结果

升(图 3.48b);另一方面造成了三江源区域上空的整层水汽输送的辐合(图 3.49a),为该地区傍晚至夜间的降水提供了较为充足的水汽(图 3.48c)。同时,三江源地区午后至夜间的风速相对较低(图 3.50a),较弱的近地面风速也更有利于对流系统的产生和发展,进而在傍晚至夜间达到降水峰值(图 3.50a)。CPM 和 LSM 均能较好地再现高原中东部傍晚至夜间 500 hPa 风场的辐合上升及对应的整层水汽输送的辐合特征(图 3.49b—d),进而成功地模拟出三江源及周边区域的夜雨现象(图 3.50b—d)。但需要指出的是,LSM-13p2 与 LSM-35p 中的经向风在 12:00—13:00 LST 就呈现出了风向的转换(图 3.47),因此,导致了 LSM 的辐合上升运动(图 3.48b)和整层水汽辐合(图 3.48c)超前于 ERA5 资料与 CPM 的模拟结果,且 LSM 的整层水汽输送在傍晚至午夜偏强(图 3.49c、d)。

综上所述,高原中东部地区的降水与大尺度环流密切相关。傍晚至夜间经向风的风向转变、大尺度环流的辐合导致了局地上升运动的增强,并且整层水汽输送在高原中东部地区辐合为降水提供了较为充足的水汽条件,导致了该地区傍晚至夜间降水峰值的产生。

③对流参数化模式对高原地区降水高估的可能原因

上述分析表明,LSM 高估了高原地区的降水,并且模式水平分辨率的提高(由 35.0 km 提

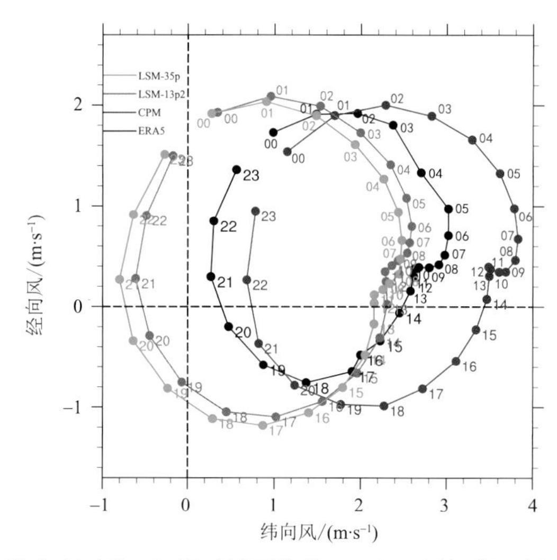

图 3.47　再分析资料和模式中夏季三江源区域平均的 500 hPa 风场的日循环。图中数字为相应的当地时(LST)，黑色实线代表 ERA5 再分析资料的结果，红色实线代表 CPM 的模拟结果，蓝色实线代表 LSM-13p2 的模拟结果，绿色实线代表 LSM-35p 的模拟结果

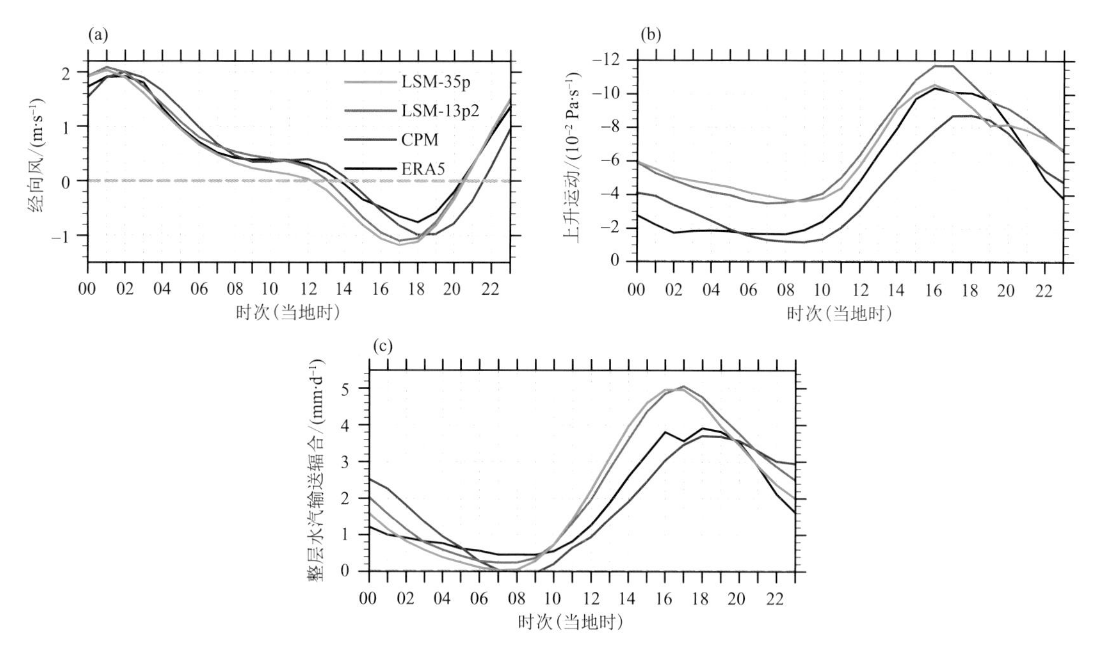

图 3.48　再分析资料和模式中夏季三江源区域平均的 500 hPa 的经向风(a)、500 hPa 的上升运动(b)、整层水汽输送的辐合辐散(c)的日循环特征

升至 13.2 km)对降水高估的模拟偏差改进并不明显。那么究竟是什么原因导致了 LSM 对高原地区降水的高估？前述分析虽然表明 LSM 高估了三江源区域的整层水汽输送的辐合(图 3.48c)，但似乎并不能完全解释 LSM 午后虚假的降水峰值(图 3.45a)。我们进一步将 LSM 的模式降水划分为对流性降水(模式网格内的对流参数化方案产生)和大尺度层云降水，来查看模式中降水的日循环(图 3.51)。从图中可以看出，LSM 在午后(14:00 LST)虚假且偏高的

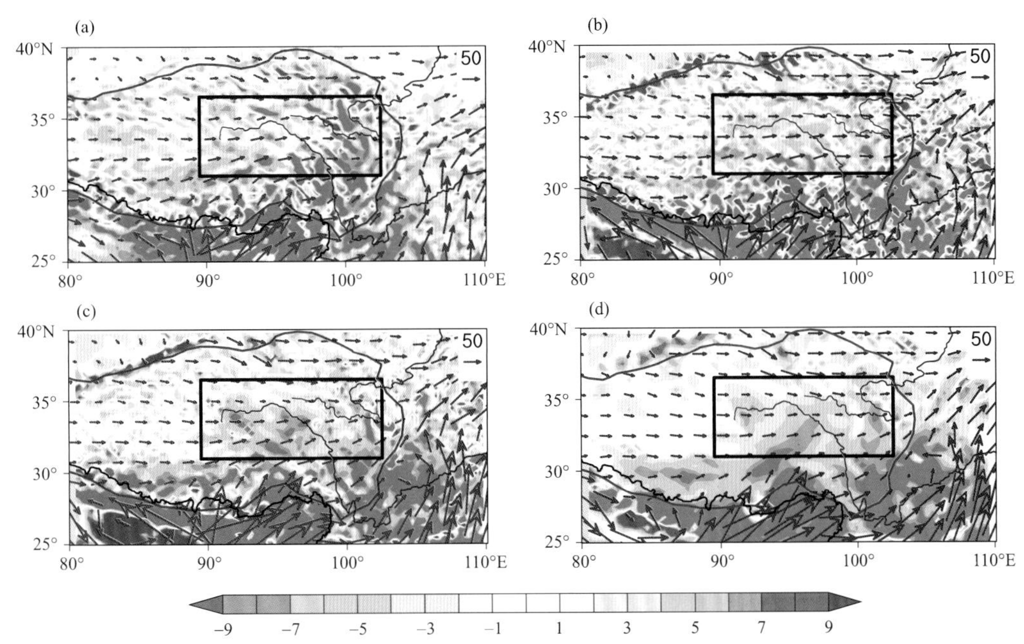

图 3.49　再分析资料和模式中青藏高原及周边地区傍晚至午夜(16:00—23:00 LST)平均的整层水汽输送(矢量,单位:kg・m^{-1}・s^{-1})及其辐合辐散(彩色阴影,单位:mm・d^{-1})的空间分布。黑色实线框代表青藏高原中东部的三江源地区

(a)ERA5 再分析资料;(b)CPM 的模拟结果;(c)LSM-13p2 的模拟结果;(d)LSM-35p 的模拟结果

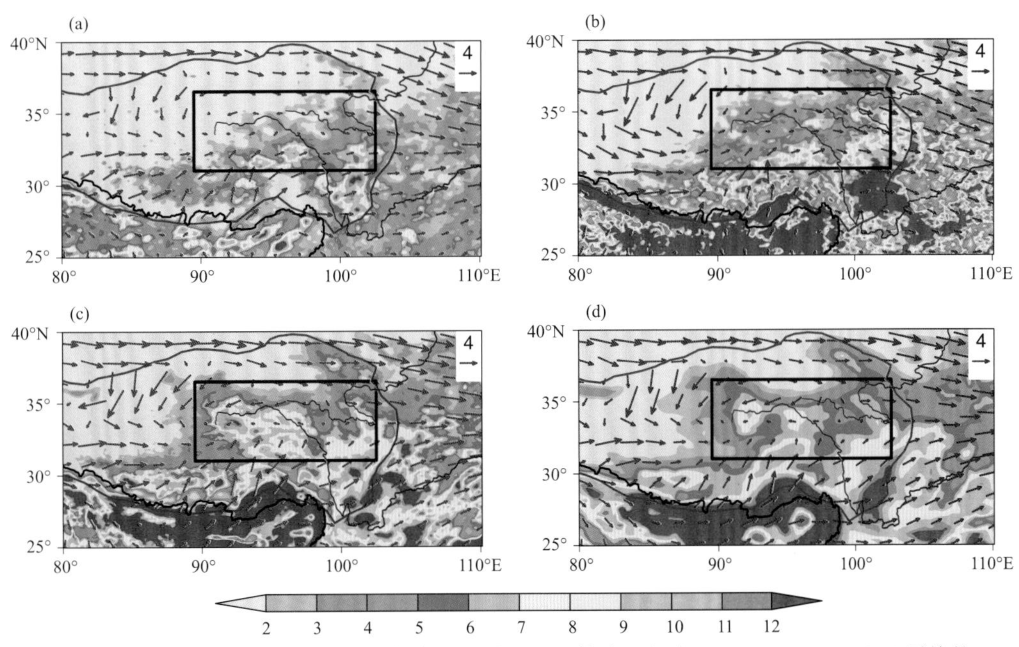

图 3.50　再分析资料和模式中青藏高原及周边地区傍晚至午夜(16:00—23:00 LST)平均的500 hPa 水平风场(矢量,单位:m・s^{-1})及降水(彩色阴影,单位:mm・d^{-1})的空间分布。黑色实线框代表青藏高原中东部的三江源地区

(a)ERA5 再分析资料;(b)CPM 的模拟结果;(c)LSM-13p2 的模拟结果;(d)LSM-35p 的模拟结果

降水峰值是由对流性降水导致的，且 LSM-13p2 与 LSM-35p 的结果十分相似，LSM-13p2（LSM-35p）在 08:00—16:00 LST 产生的虚假降水达到模式日平均降水的 32.0%（31.0%），即 LSM 午后的对流性降水偏多，从而导致了 LSM 对三江源地区降水的高估。

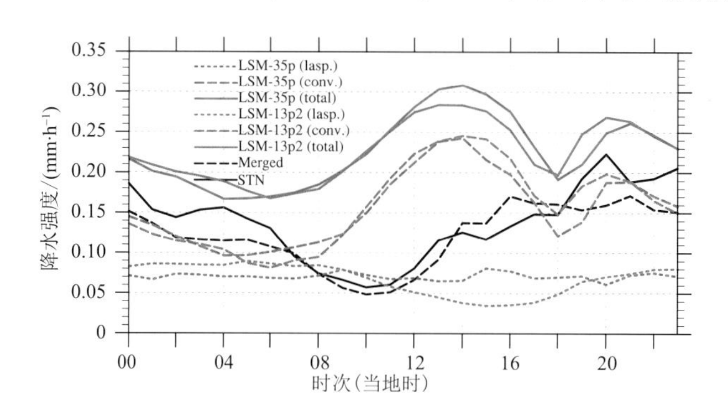

图 3.51　观测和模式中三江源地区的区域平均夏季降水日循环。其中黑色实线表示国家级台站的观测结果，黑色虚线代表卫星台站降水融合资料的结果；蓝色实线、虚线、点线分别代表 LSM-13p2 的总降水、对流降水、大尺度层云降水；橙色实线、虚线、点线分别代表 LSM-35p 的总降水、对流降水、大尺度层云降水

上述结果表明，LSM 午后的对流性降水偏多从而导致了 LSM 对三江源地区降水的高估，而对流性降水偏多又是由于对流参数化方案造成的。为什么 LSM 中的 Gregory 等（1990）对流参数化方案会导致 LSM 在三江源地区产生午后虚假的降水峰值？Gregory 等（1990）方案属于质量通量型的对流参数化方案。对流参数化方案为了解决积云对流与大尺度环流之间的相互作用，均会采用合适的闭合假设。一般的质量通量型对流参数化方案，例如 Arakawa 等（1974）方案，认为积云对流过程与大尺度过程之间存在准平衡的特征，并以此来构建闭合假设——即积云对流过程可以消耗大尺度过程产生的不稳定能量（浮力能），而对流参数化过程则通过云谱的形式、分段累加得到整个积云对流过程的贡献，进而算出积云对流整体输送的热量和水汽、与大尺度环流的相互作用以及生成对流降水。在此类对流参数化方案中，大尺度强迫过程决定着对流的产生：若存在持续的大尺度强迫，则对流过程发生并通过上述过程消耗其产生的浮力能；若大尺度强迫不存在对热力场的扰动，那么即使局地不稳定会造成某个气块的上升，模式也不会产生有组织的对流活动（Arakawa et al.，1974；Arakawa，2004）。Gregory 等（1990）方案与上述方案最大的区别在于，该方案的闭合假设仅取决于气块浮力能的大小。也就是说，即使未出现大尺度环境的辐合，只要局地的不稳定能量足够支持低层气块抬升至自由对流高度，对流过程仍能产生并发展（Gregory et al.，1990；Arakawa，2004）。

为了检查青藏高原中东部局地的大气不稳定能量与 LSM 降水的对应关系，三江源地区的区域平均湿静力能垂直分布的日循环特征如图 3.52 所示。ERA5 再分析资料中，午夜至清晨（00:00—10:00 LST）的大气层结趋于稳定，随后大气不稳定性逐渐增强并于午后（15:00 LST 左右）达到最大（图 3.52a）。CPM 和 LSM 均能再现出三江源区域湿静力能的日循环特征（图 3.52b—d）。观测中，三江源地区降水的产生与大尺度环流密切相关，傍晚至夜间的大尺度环流在该地区辐合上升，并带来较为充足的水汽，因此，降水呈现傍晚至夜间的峰值。清晨至正午，大尺度环流(500 hPa 水平风速大且呈辐散特征；图 3.47)和局地的大气稳定性(大气层结稳定；图 3.52a)不利于该地区对流及降水的产生，因而降水被抑制。如前所述，Gregory 等(1990)方案不受大尺度环流是否辐合的约束，对流的发生仅取决于局地的不稳定能量，因此，LSM 中的对流过程和降水会随着大气不稳定性的逐渐增强而增大(图 3.52c、d 和图 3.51)，导致模式产生虚假的午后降水峰值(图 3.51)。CPM 再现了观测中三江源地区降水与大尺度环流的对应关系，因此，成功地模拟出了高原中东部地区降水的日循环，模式中不再出现虚假的午后降水峰值，从而改善了 LSM 对三江源地区降水的高估。

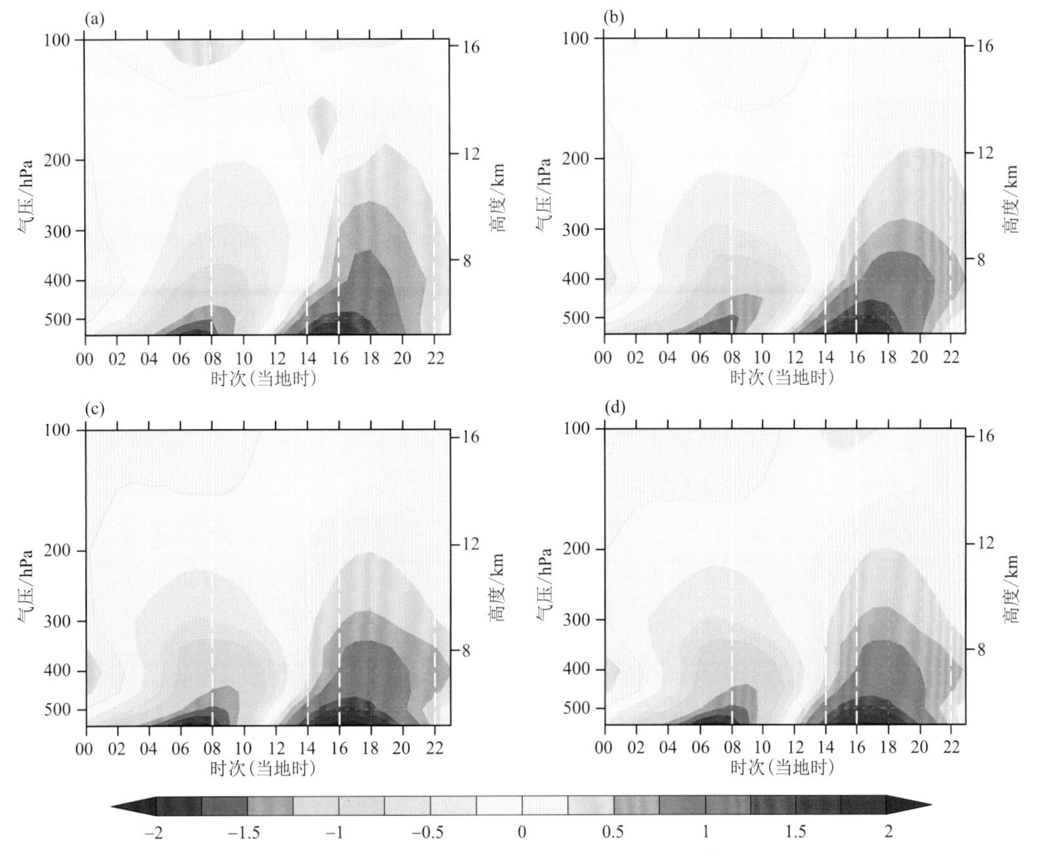

图 3.52　再分析资料和模式中夏季三江源区域平均的湿静力能垂直分布的日循环

(减去日平均值；单位：$10^3\ m^2 \cdot s^{-2}$)

(a)ERA5 再分析资料；(b)CPM 的模拟结果；(c)LSM-13p2 的模拟结果；(d)LSM-35p 的模拟结果

(4)总结和讨论

降水是高原水交换的重要组成部分，而当前气候模式对高原地区降水普遍存在系统性高估。本节使用英国气象局 MetUM 的模拟结果，通过比较三套降水观测资料以及再分析资料、对流解析模式(CPM)与两套大尺度对流参数化模式(LSM-13p2 和 LSM-35p)的模拟结果，考察了高原地区与降水相关联的大尺度环流特征，研究了 CPM 对高原中东部地区降水的模拟增值，解释了 LSM 对高原降水模拟偏多的可能原因。本节的主要结论概括如下。

①CPM模式对高原降水的模拟增值:高原夏季降水呈现自高原东南部至羌塘高原逐渐减小的空间分布。LSM模拟的高原地区降水偏多,LSM-13p2和LSM-35p与观测相比分别偏多了54.4%和62.9%。在三江源地区,LSM-13p2与LSM-35p对降水的高估分别为49.6%和47.8%。此外,LSM在高原模拟的小雨偏多且降水过于频繁,并且模式水平分辨率的提高(由35.0 km至13.2 km)并未显著地改善模式对三江源地区降水的高估。相较于LSM,CPM显著提高了对高原地区降水的模拟能力,明显改善了LSM中对高原地区降水高估的模式偏差(相较于观测,模式在高原地区降水偏多了11.4%,三江源地区偏多了3.2%)。同时,CPM模拟的降水频率和强度都更接近观测,且更好地模拟了三江源地区逐日降水的变化特征。

②高原中东部地区夜雨及对应的环流特征:高原中东部的三江源地区及周边区域呈现傍晚至夜间的降水峰值。降水与大尺度环流密切相关,午后至夜间(14:00—20:00 LST),经向风由偏南风转换为偏北风,且纬向风强度减弱,500 hPa风场在该地区辐合,有利于上升运动的发展,加之整层水汽输送在高原中东部地区辐合为降水提供了较为充足的水汽条件,因此,导致了该地区傍晚至夜间降水的产生。CPM与LSM均能够较好地再现高原中东部傍晚至夜间500 hPa风场的辐合上升,以及对应的整层水汽输送的辐合,进而成功地模拟出三江源及周边地区的夜雨现象。

③LSM对高原降水模拟偏多的可能原因:LSM在午后(14:00 LST)产生了虚假的降水峰值,因此,导致LSM对高原降水的高估,并且提升模式水平分辨率(由35.0 km提升至13.2 km)并不能改善LSM中虚假的午后降水峰值。进一步将LSM的模式降水划分为对流性降水和大尺度层云降水,发现LSM在午后虚假且偏高的降水峰值是由对流性降水导致的。对流性降水在午后偏多是由于LSM中采用的Gregory等(1990)对流参数化方案的闭合假设不受大尺度环流的调控,模式中对流过程的发生仅取决于局地大气的不稳定性。因此尽管大尺度环流在清晨至午后并未呈现出有利于降水产生的辐合上升,LSM中的对流过程和降水也会随着局地大气不稳定性的逐渐增强而增大,导致模式产生了虚假的午后降水峰值,使得LSM高估了三江源地区的降水。相对地,CPM再现了观测中三江源地区降水与大尺度环流的对应关系,模式更好地模拟出了三江源地区降水的日循环特征,模式中不再出现虚假的午后降水峰值,从而显著地改善了LSM对三江源地区降水的高估。

由于高原地区观测台站稀少、观测资料的不确定性高,因此,本节研究使用了三套降水资料来表征观测中的高原降水特征。需要指出的是,在观测资料中也存在着一定的不确定性。例如,相较于卫星台站降水融合资料,站点观测资料的降水总量更大,降水频次也更高。此外,卫星台站降水融合资料在高原中西部地区,由于受到反演算法本身的限制以及缺少可靠台站资料的订正,在湖泊区域呈现出零星分散的降水大值区(图3.38b)。因此,未来发展并完善针对高原地区的高质量观测数据集就显得尤为重要,以便更好地了解高原地区的降水特征,并为模式评估提供可靠的观测数据支撑。

前人研究表明,在高原地区生成并加强的中尺度对流系统,有时会东移出高原,并对下游地区产生重要影响(Chen et al.,2013;Chen G et al.,2014c;Luo et al.,2014,2015)。因此,可以使用高时空分辨率的卫星台站降水融合资料来研究高原地区雨团的统计特征，深入分析高原降水的雨团大小、持续时间、降水强度以及移动特征，作为日后检验全球模式和区域模式模拟性能的指标。

最后，前人将模式对青藏高原降水的系统性高估，归结于模式本身的动力框架、模式中不恰当的物理参数化过程、抑或是较粗的模式水平分辨率。本节研究表明，即使是水平分辨率为35.0 km甚至是13.2 km的高分辨率区域模式，由于模式中对流参数化对高原地区降水日循环的不恰当表征，也会造成模式对高原地区降水的高估。在更精细的水平网格下，对深对流过程进行显式解析，是显著改善模式对高原地区降水高估的有效途径。

3.2.2 对流解析模式对青藏高原对流降水微物理过程的模拟评估

利用第三次青藏高原大气科学试验期间的地基云雷达、偏振雷达、雨滴谱仪、机载液水仪等探测资料，通过耦合了中国气象科学研究院（CAMS）双参数云微物理方案的WRF模式（WRF-CAMS），对高原典型对流云降水过程进行模拟试验。控制试验设置为Noah陆面方案、MYJ边界层方案、RRTMG长短波辐射方案、G-F积云对流参数化方案。分析模拟的地面降水、雷达反射率、雨滴谱分布（RSD）、云微物理特征等，评估模式的有效性。设置相关敏感性试验，计算不同微物理过程对模拟雪/霰含量的贡献，降低雪/霰聚并率及凝华率，增强雨滴破碎过程参数，初步建立了一个较适用于青藏高原环境的CAMS云微物理参数化方案，以探究高原对流云发展演变的微物理机制，分析暖雨微物理过程、冰相微物理过程对高原云降水的影响（Gao et al.，2016，2018）。

（1）2014年7月24日对流云过程的降水及微物理特征对比

2014年7月24—25日，高原中部那曲地区出现了一次中等强度的对流降水。图3.53为7月24日00:00—24:00 UTC的24 h累积降水量，观测降水为0.1°×0.1°分辨率的雨量计-卫星融合降水估计产品，其余为WRF模式中LIN、WSM6、Morrison、WDM6、CAMS云微物理方案模拟的降水。降水中心位于区域的最南端，降雨量由南向北逐渐减少，那曲地区为小到中雨过程（1～10 mm）。与观测结果相比，5个微物理方案均再现了降水的整体分布及强降雨区域，但在西南角出现一个虚假降水中心，这是由于宽阔的纳木错湖（面积2000 km^2）模拟的强湖面蒸发通量所致。2个单参数方案（Lin和WSM6）均高估了东部和南部边沿的降水量。在中部和北部区域，模拟的降水量小且分散，与观测结果基本一致。CAMS微物理方案稍高估了10 mm以上的降水区域，其模拟的那曲及周边地区小到中雨分布优于其他方案。此外，在12:00 UTC前后分别出现了两次较强的降水过程，区域平均的小时降雨率分别为0.33 $mm \cdot h^{-1}$、0.25 $mm \cdot h^{-1}$，平均雨强小。Lin、WSM6、Morrison、WDM6 4个云微物理方案均明显地高估了区域平均降雨率，尤其在降水较强时段；CAMS方案合理再现了雨强的演变特征，但模拟的两个降雨率峰值时间落后1～3 h，模拟的降雨量也略大于观测（图略）。

那曲站上空的对流云降水过程出现在7月24日10:00—11:30 UTC，该对流发展旺盛，

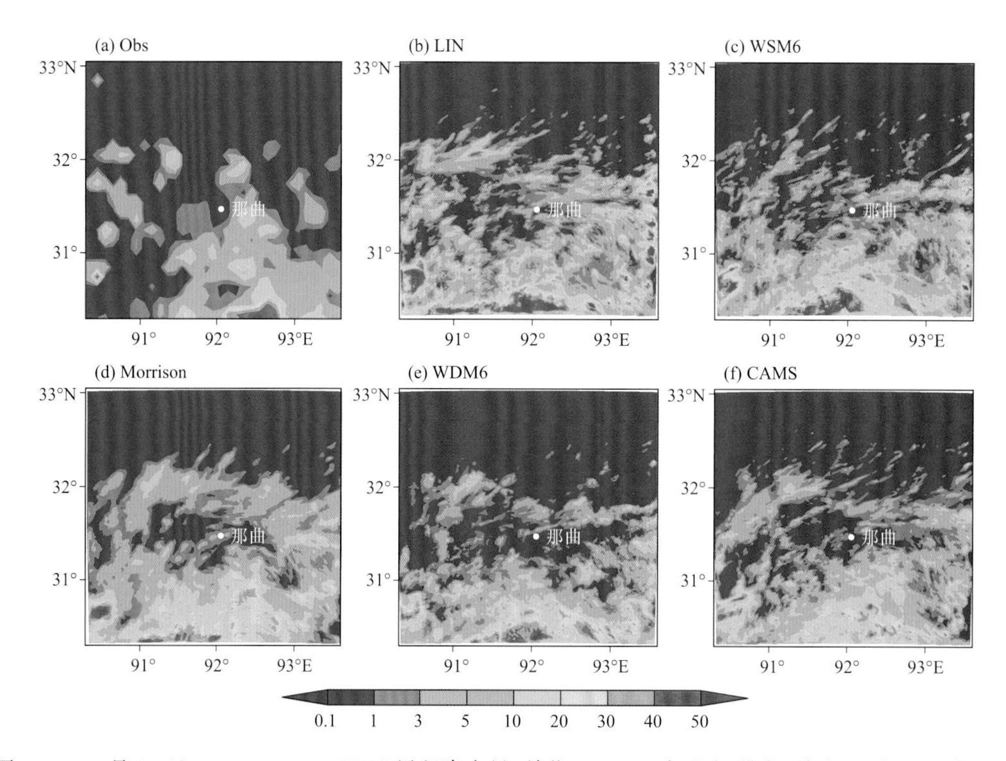

图 3.53 7 月 24 日 00:00—24:00 UTC 累积降水量(单位:mm·d^{-1})空间分布,其中(a)为雨量计-卫星融合降水产品,(b)—(f)分别为不同微物理方案模拟的降水

云顶高度达 14 km(图 3.54)。那曲站 Ka 波段云雷达观测到了该时段的对流云演变过程,云顶最小雷达反射率为−30 dBZ,表示高层的云砧。在云系发展初期的 10:00 UTC,云层上部存在较厚的冰云,这可能是由周围平流的水凝物所致。在 10:20—10:40 UTC,对流系统逐渐发展成熟,0 dBZ 高度达到 10 km。此外由于飞机性能所限,仅能在那曲及周边地区飞行约 1.5 h(04:00 UTC 前后)。在 04:00—04:30 UTC 的飞机探测时段,飞行高度为 7.5 km,气温

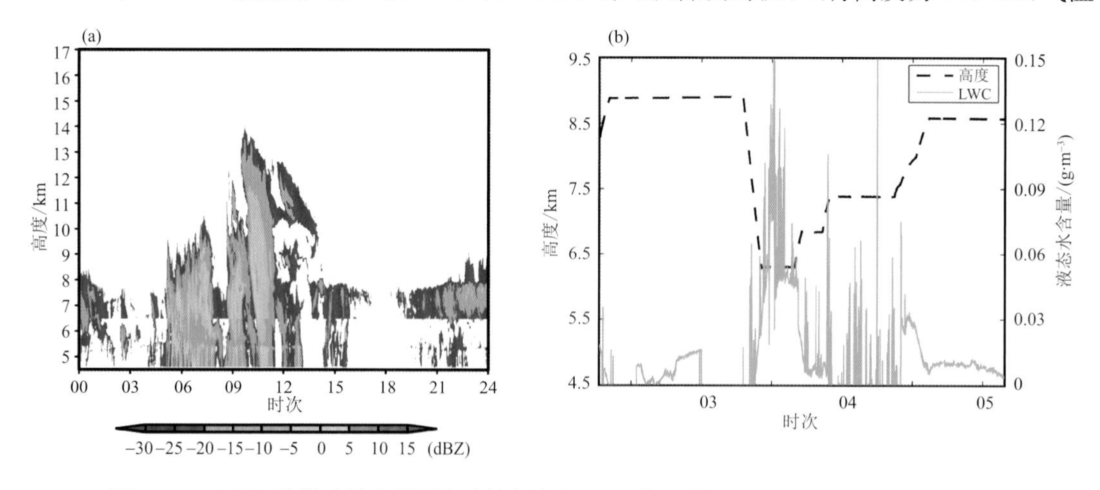

图 3.54 (a)Ka 波段云雷达观测的反射率演变(2014 年 7 月 24 日 00:00—24:00 UTC);(b)飞机探测的云中液态水含量(2014 年 7 月 24 日 03:00—05:00 UTC)

为−6 ℃。飞机探测的液态水含量为0.005～0.06 g·m^{-3}，表明在0 ℃层之上存在大量的过冷水，十分有利于云中冰相物理过程的发展，这是高原对流云的显著特征。

因为云雷达为单点向上垂直扫描，为了与模式结果匹配，将模拟结果做5 km×5 km的面积平均。WRF-CAMS再现了对流云的垂直演变过程，但回波强度偏大，可能是模拟的水成物含量偏多及云雷达衰减修正误差所致。由于高原较低的水汽含量，模式6 km层之上的对流有效位能(CAPE)仅增加了60 J·kg^{-1}。基于云雷达基数据与功率谱数据，同时反演了水凝物粒子在静止空气中的落速(V_t)。随着粒子尺寸的增长，粒子落速及雷达反射率均增加，它们在对流发展阶段表现出相似的演变趋势(图3.55a、b)。雷达反演的最大V_t为1.5 m·s^{-1}，出现在对流最强时刻的8 km高度处。WRF-CAMS模拟的V_t由各水凝物的质量权重V_t求得，除了在10:00 UTC的差异，模拟的V_t与云雷达反演基本一致，表明改进的CAMS微物理方案在粒子下落通量的计算中基本合理。在融化层(6 km)之下，模拟的V_t与反演的V_t均明显增加，暗示出现了雨滴的融化增长过程(因雨滴下落系数大于雪、霰粒子)。而在降水减弱阶段(11:00 UTC之后)，近地层(5.5 km之下)的V_t值再次减小，表示存在较强的雨滴蒸发过程。

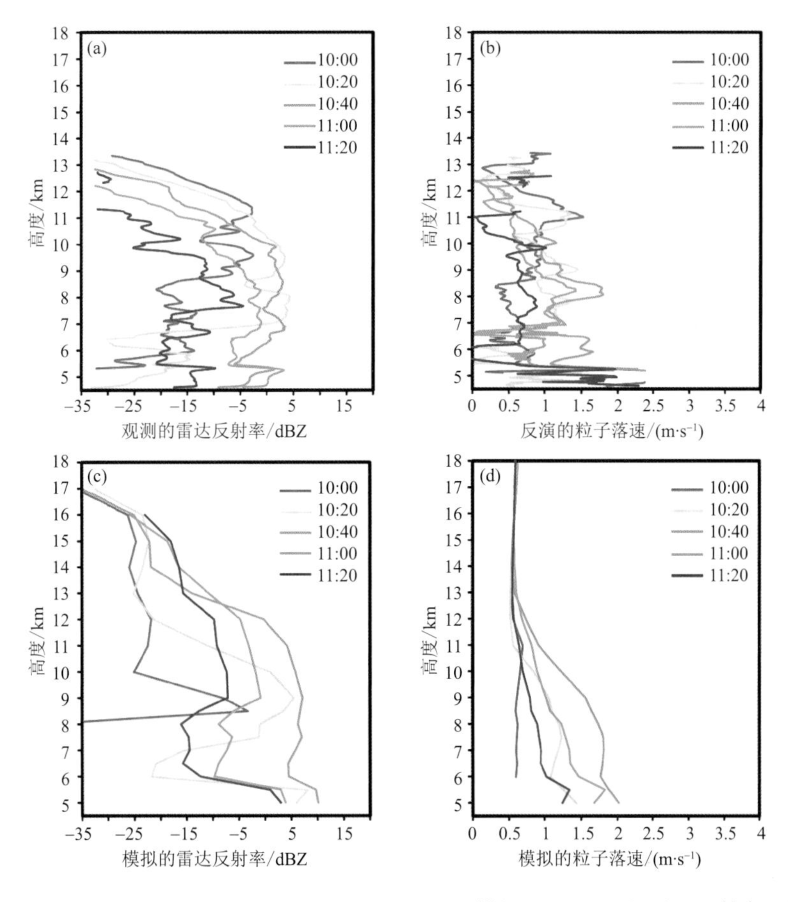

图3.55 Ka波段云雷达观测((a)、(b))及WRF-CAMS模拟((c)、(d))的雷达反射率及粒子落速的时间演变(2014年7月24日10:00—11:20 UTC，间隔20 min)

由于观测资料有限,层云降水及对流云降水简单以地面降雨率是否大于 1 mm·h^{-1}来区分。对 1 min 间隔数据平均后得到 7 月 24 日 10:00—11:30 UTC 降水期间的平均 RSD 分布(图 3.56)。实测雨滴谱呈单峰分布,雨滴数浓度随雨滴直径的增大而迅速减少。层状(对流)降水的雨滴谱分布相对较窄(宽)。与层状降水相比,对流降水的 RSD 峰值从约 0.7 mm 增大到约 1.0 mm,峰值处的数浓度增加了约 5 倍,同时最大雨滴尺寸也增加。值得注意的是,对流降水 RSD 在 2.5～4 mm 之间出现了一个明显的向下弯曲,暗示对流降水发生时伴随明显的粒子破碎过程。而在中纬度低海拔地区,这一平衡破碎过程通常发生在更大的降雨率中。这是由于高原稀薄的空气影响粒子下落末速度及碰并-破碎效率,造成高海拔地区雨滴发生破碎时的直径更小,最大雨滴尺寸小于低海拔地区。相比于低海拔地区,高原 RSD 特征为:较大的雨滴质量权重平均直径,但是较小的最大雨滴尺寸。

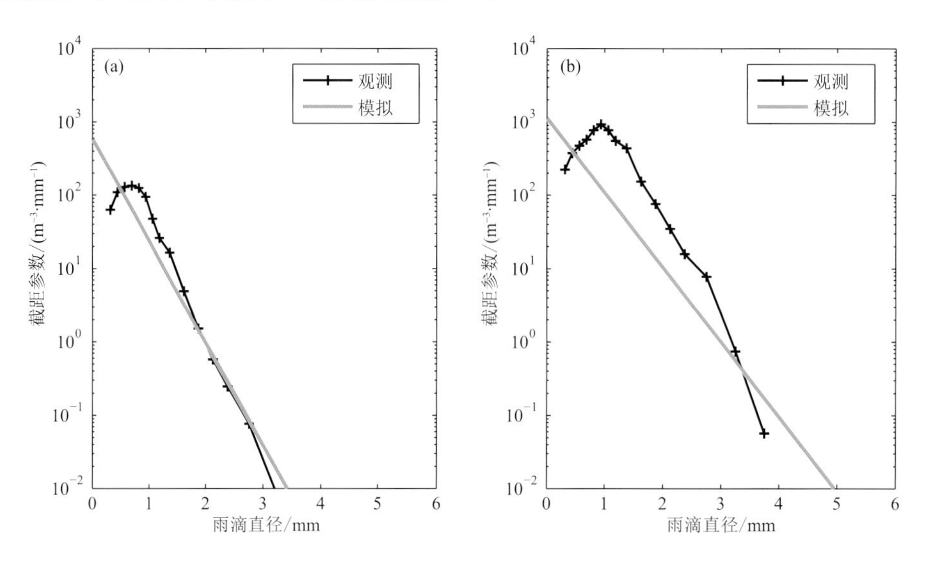

图 3.56 雨滴谱仪观测及 WRF-CAMS 模拟的平均雨滴谱分布(2014 年 7 月 24 日 10:00—11:30 UTC)
(a)降雨率≤1 mm·h^{-1},层状降水;(b) 降雨率>1 mm·h^{-1},对流降水

CAMS 微物理方案中的雨滴谱为 *M-P* 指数分布,截距和斜率参数由近地面的平均雨滴数浓度和质量混合比求得。WRF-CAMS 模拟的 RSD 特征与雨滴谱仪观测基本一致。模拟的 RSD 截距和斜率参数由层云降水中的 581 m^{-3}·mm^{-1}、3.21 变化为对流降水中的 1119 m^{-3}·mm^{-1}、2.35。表示随着对流的发展,小雨滴及大雨滴数均同时增加,但是 *M-P* 分布固有的缺陷会导致在弱降水时期明显高估小雨滴数,而在强降水时明显低估中-大雨滴数浓度。建议在高原特殊大气环境条件下,云微物理方案需考虑变化的雨滴谱形状参数(至少为诊断的形状参数)。

(2)2014 年 7 月 22 日对流云过程的降水及微物理特征对比

C 波段双偏振雷达位于那曲气象站西南方约 20 km 处,雷达数据的水平和垂直分辨率分别为 1 km 和 0.5 km,时间分辨率为 7.5 min。图 3.57a 为 7 月 22 日 07:00 UTC 在海拔 6 km 高度(距地面 1.5 km)观测的反射率等高平面位置显示(CAPPI)图,实线圆代表雷达观测区域。雷达回波显示那曲上空为一东北—西南走向的雨带，主要由约30 dBZ的中等强度回波组成。图3.57c为观测的雷达反射率频率-高度分布图（CFAD），从15 dBZ开始按1 dBZ分档构建CFAD。最大概率密度处的水平反射率ZH随高度降低略有增大，这是由冰粒子下落时的凇附/聚并过程导致冰粒子尺寸增加所致。而在7 km以下，雨水主导着雷达后向散射信号，反射率分布随高度变化较小，表示低层的RSD在雨滴碰并-破裂过程中达到了动态平衡。

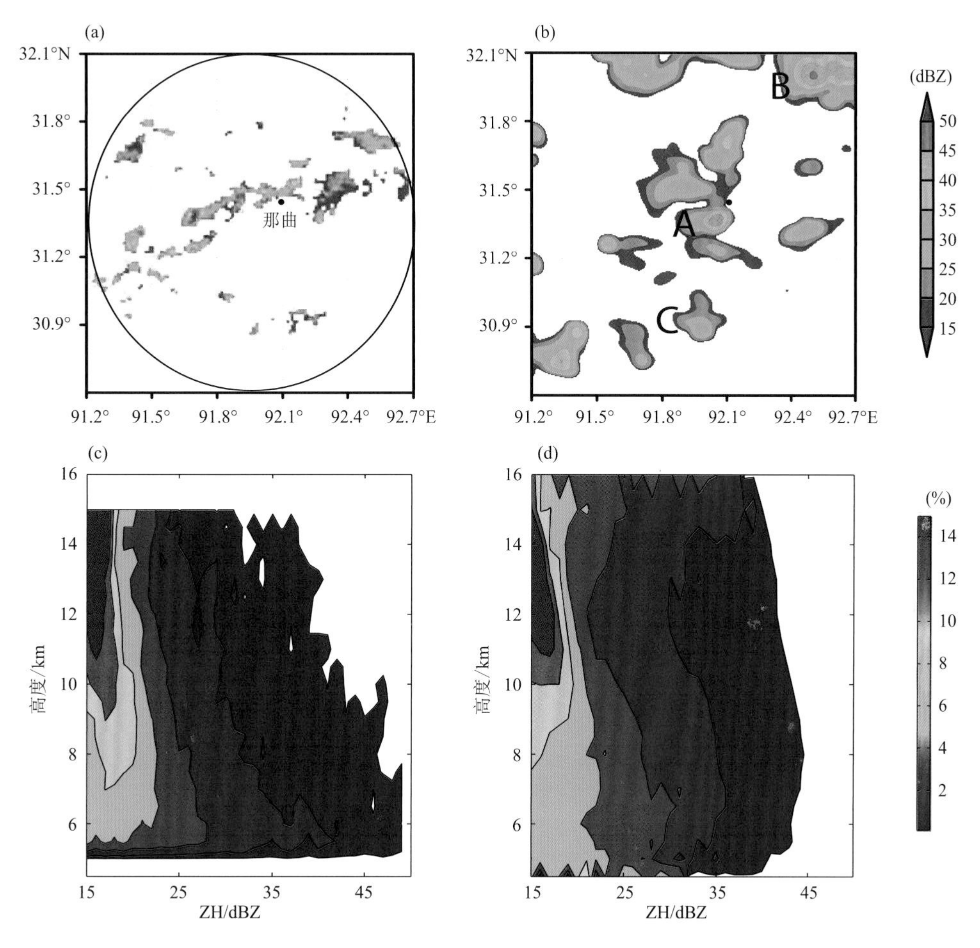

图3.57 C波段双偏振雷达观测(a)和WRF-CAMS模拟(b)的反射率(ZH)CAPPI图(6 km高度)；C波段双偏振雷达观测(c)和WRF-CAMS模拟(d)的反射率CFAD。(b)中字母A和B为对流区，字母C为层状区(2014年7月22日07:00 UTC)

WRF-CAMS方案较好地模拟了观测的雷达反射率特征，再现了东北—西南走向的雨带，但模式的回波覆盖范围更广。图3.57b中的字母A、B位置是对流区域，字母C是层状区域。6 km高度(融化层约为6.5 km)的差分反射率(ZDR)可用来估计雨滴大小(图3.58)。观测表明，较强的ZH通常对应着较大的ZDR，表示对流区的雨滴尺寸较大，而层状区的ZH和ZDR明显偏小。注意在有些地方ZH高(>40 dBZ)但ZDR低，这表明可能存在着未融化的霰/雹粒子。WRF-CAMS模拟出了类似的雨滴尺寸特征(大ZH对应着大的ZDR)。模式在对流区(A、B)的平均ZDR为约1.8 dB，大于观测值(1.5 dB)；而在层状区平均ZDR为约0.5 dB，小于观测值(0.7 dB)。说明模式可能高估了对流区中的雨滴大小,但低估了层状区中的雨滴大小。

在雨水质量混合比最大的区域 A(图 3.58c),具有高的 ZH 和 ZDR,如图 3.57b 和图 3.58b 所示。在另外两个雨水含量相对大值中心 B 和 C 处,B 处(对流)模拟的 ZH 和 ZDR 明显大于 C 处(层状)。这是由于两个区域的雨滴谱截距参数值(N0r)不同所致:区域 C 中的 N0r 比区域 B 中的 N0r 大 1 个量级(图 3.58d),与区域 B 相比,区域 C 的雨滴数更多但尺寸更小,相应地 ZH 更小。这些表明即使雨水含量相似,对流区和层状区之间的微物理也有很大不同。这一雨滴谱特征的模拟是双参数云微物理方案的优势,模拟的雨滴谱截距在对流区较小,导致对流区的雨滴尺寸较层云区大,与偏振雷达观测大体一致。青藏高原上的对流活动相对较弱,动力过程的影响可能小于云微物理过程。

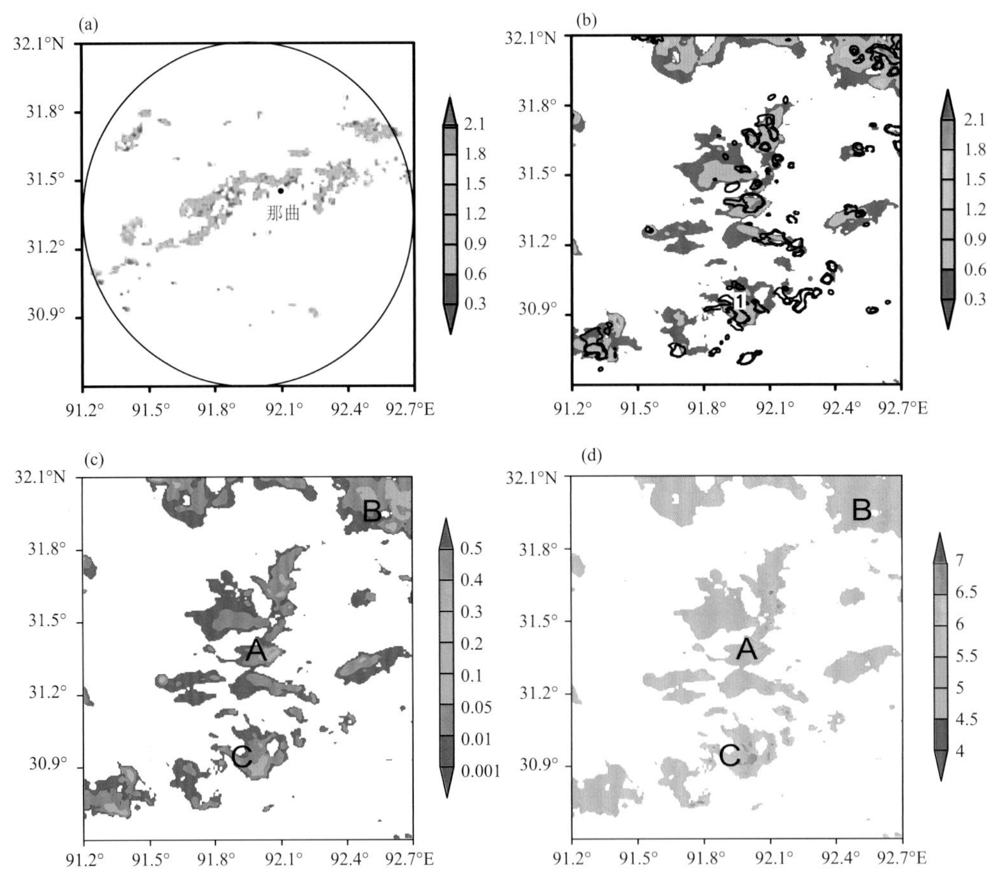

图 3.58 C 波段双偏振雷达探测(a)和 WRF-CAMS 模拟(b)的差分反射率(ZDR,单位:dB);WRF-CAMS 模拟的雨水混合比(单位:g·kg^{-1},(c))及雨滴谱截距(单位:m^{-4},$\log_{10}$(d))(2014 年 7 月 22 日 07:00 UTC,6 km 高度)

那曲上空的 0 ℃层在 6.5 km 高度。云雷达观测显示,云系在 2.5 h 内发生了明显的变化,先后出现上层冰云、下层浅水云及地面降水过程。图 3.59a 中,05:30 UTC 存在双层云,低层云底高约 7 km,正处在冰点之上。1 h 内,云雷达反射率(Z_e)由小于−20 dBZ 增大到大于 0 dBZ。在水相云中，它表示小云滴转变为雨滴。在 06:30 UTC，双层云逐渐融合为单层厚云。云系从 07:00—07:30 UTC 逐渐发展成熟(图 3.59b)，最大 Z_e 在 8.5 km 处达到约 7 dBZ。暖云区的 Z_e 值在 07:00—08:00 UTC 之间变化不大，相应地，地面降雨达到峰值。08:00 UTC 对流云开始减弱，最终在 08:30 UTC 消散。WRF-CAMS 模拟的 Z_e 垂直演变与观测有类似特征。再现了 06:30 UTC 前出现的双层云结构，层状云期间 Z_e 一般小于 0 dBZ，与实测 Z_e 值一致。而在成熟阶段，Z_e 高估 5～10 dBZ，差异是由于模式高估了水凝物含量及雷达模拟器(SDSU)在降水衰减校正方面的不足。

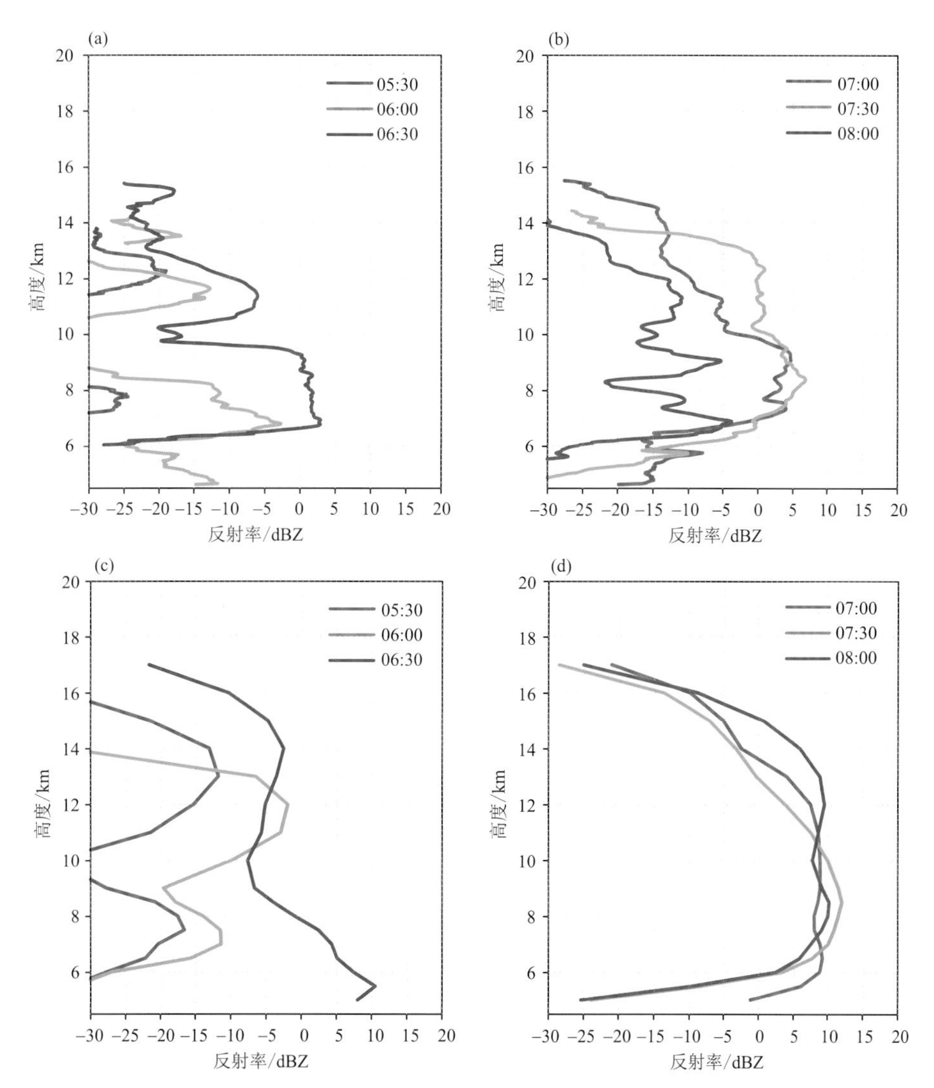

图 3.59　Ka 波段云雷达观测((a)、(b))及 WRF-CAMS 模拟((c)、(d))的雷达反射率的时间演变(2014 年 7 月 22 日，间隔 30 min)

(3)暖雨微物理过程在高原弱对流降水中的作用

青藏高原对流云中的冰云层深厚(约 10 km 厚)，暖雨过程(约 1.5 km 厚)究竟起怎样的作用？选取 2014 年 7 月 22 日 03:00—09:00 UTC 的弱对流云降水过程，由 WRF-CAMS 模拟的暖雨/冷雨源项可知，冷雨源项（主要为雪、霰融化）几乎覆盖整个降水区域，表示降水以冷雨过程为主；而暖雨源项的贡献（主要为 $T>0$ ℃时的云滴凝结、云-雨滴自动转化、雨滴碰并云滴）在降水中心甚至超过冷雨源项，暗示暖雨过程在降水中心的关键作用。

通过4个与暖雨相关的敏感试验（NICE 关闭冰云过程；NUMB 初始云滴半径由 0.6 μm 增大到 2 μm；COND 云滴凝结率增大 2 倍；EVAP 雨滴蒸发率减小 1/2），进一步分析暖雨微物理过程对高原云降水的可能影响。区域平均的小时降雨率（图 3.60）显示：在弱对流时期，由于热动力反馈作用，不包含冰云微物理过程以及水凝物的固有属性（如液态粒子下落速度快于冰相粒子）导致云水和雨水增倍，地面降水明显增加，但是降水面积有所减小，降水中心位置出现较大偏移；增大模式最小云滴半径（NUMB），导致降水率明显减弱，仅为 CTRL 试验的一半（与观测值差异最大），这是由于暖雨、冷雨过程均同时减弱，初始云滴尺寸的影响甚至超过许多微物理过程本身；增大云滴凝结率（COND）导致降水区域增大，降水强度最显著增加（约1倍），其结果与观测最为接近，是敏感试验中唯一能产生 07:00 UTC 峰值降水的试验，暗示在弱对流时期地面降水对云滴凝结过程最为敏感；减小雨滴的蒸发（EVAP）会引起地面降水率稍有增加，而降雨面积最显著增大，这是由于 EVAP 直接导致较大的雨滴尺寸，以至更多的雨滴会在蒸发前降落到地面，由于高原夏季土壤湿度大，这一过程更易发生。

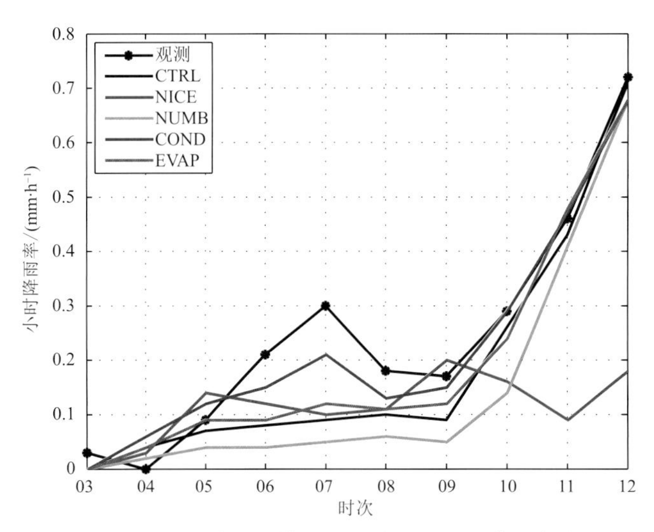

图 3.60　观测及不同暖雨微物理敏感试验模拟的区域平均小时降雨率演变（2014 年 7 月 22 日）

在弱对流时期（09:00 UTC 之前），NICE 中的云滴数浓度及质量混合比为 CTRL 试验的2倍，同时雨水混合比稳步增加，可能是因为 NICE 中充足的湿供应及热动力反馈促使了更强的暖雨过程；NUMB 引起云滴数浓度减半，云滴表面积减小，水汽凝结减弱（其作用总是与 COND 相反，类似于减小云滴凝结），导致云水质量明显降低，同时雨水混合比随之减小，地面降水明显减弱，但是 10:00 UTC 之后，由于产生的大云滴导致雨滴数浓度增加，雨水质量混合比高于 CTRL 试验；由于云滴凝结量与云滴数浓度成正比，COND 导致云水数量和质量明显增加，尤其在弱对流时期，同时由于雨水更高效地收集增长后的云水，导致雨水质量显著增加，地面降水也最大；EVAP 引起雨滴数量和质量增大，地面降水增加，而同时更多的雨水碰并收集云水，导致云水质量减少。相关的热力差异(温度、水汽)：NICE试验由于没有冰相凝华加热，在云层上部呈现出明显的负温差，在6～8 km高度的混合层产生过强的正温差，促进了垂直上升运动及对流发展，但由于降水阶段水汽的垂直向下输送导致高层出现水汽的负偏差；COND试验造成云中(7～13 km)水汽过多消耗，而云滴凝结潜热释放引起6～8 km层出现明显的加热作用，导致较强的垂直运动及地面降水，其云下层(4～6 km)表现为唯一的冷却效应，这是由更多的雨滴出云后的蒸发冷却以及降水拖曳高层冷空气到近地层所致；EVAP减小雨滴蒸发，等同于云下层为加热效应，其影响大于降水拖曳的降温作用，即潜热影响大于垂直感热输送的影响；NUMB试验减小降水，云下层表现为加热。云微物理的热力及动力反馈作用对高原云系的发展有着重要的影响(本例可达0.8 K)，它们的反馈对降水的演变十分重要。

(4)冰相微物理过程对高原对流云降水的影响机制

利用2014年7月24日对流云降水及WRF-CAMS模拟，定量分析高原对流云降水中的冰相微物理机制。图3.61为对水凝物质量混合比影响最显著的云微物理过程，由3个字符表示，第1个字符表示微物理过程名称，第2、3个字符为微物理汇项及源项。可见，支配云水的微物理过程为水汽凝结及雪、霰粒子淞附过冷云水，注意在0 ℃以上的冷区有大量水汽凝结形成的过冷云水，而雨水收集云水的暖雨过程十分微弱。冰晶的主要微物理过程为冰晶凝华增长，冰晶自动转化为雪，以及冰晶的沉降，但冰晶的微物理过程转化率比其他过程小一个量级。冰晶凝华增长的峰值高度出现在7～9 km(第二个峰值高度在12 km，对应冰晶的最大质量混合比)，通过贝吉龙机制促进了冰晶的凝华增长。雪的支配源项为淞附过冷水，支配汇项为雪霰自动转化、霰碰并雪等。在冷云区，过冷雨滴碰并雪并进一步冻结成霰的过程对霰粒子数浓度贡献很大，雪融化成雨水的过程很弱，这一特征与低海拔地区十分不同。霰粒子的最重要源项是淞附过冷水，而霰粒子的重力沉降在降水形成中扮演着关键角色，其在7.5 km高度上的作用与之下相反，0 ℃以上由微物理过程产生的霰粒子全部掉落出冷区($9\times10^{-5}\,\mathrm{g\cdot kg^{-1}\cdot s^{-1}}$)，聚集在融化层附近或之下，之后全部融化形成了雨水($8.5\times10^{-5}\,\mathrm{g\cdot kg^{-1}\cdot s^{-1}}$)。大约一半的雨水最终降落到地面形成降水，另一半在下落过程中蒸发返回大气。此外，雪、霰粒子的净凝华增长为负值(即升华)，它提供更多的水汽促进冰晶的增长。因此，通过收集云中的大量过冷云水，雪霰粒子得以高效快速增长，之后霰粒子重力沉降并融化成雨水的过程是高原对流云降水的关键微物理过程。

通量形式的水汽收支方程为：

$$\frac{\partial q_v}{\partial t}=-\nabla(q_v\cdot\boldsymbol{V})-\frac{\partial(q_v w)}{\partial z}+q_v\left(\nabla\cdot\boldsymbol{V}+\frac{\partial w}{\partial z}\right)-C+E+B_v+R_{esd}\tag{3.15}$$

式中，q_v为水汽混合比，$\boldsymbol{V}$、w分别为水平及垂直风速，C为水汽的凝结与凝华，E为水凝物的蒸发与升华，B_v为地面蒸发，R_{esd}为残差项。对式(3.15)进行体积积分并求区域平均后对应各项分别为TEND(时间倾向)、HFC(水平湿通量辐合)、VFC(垂直湿通量辐合)、DIV(散度项)、COND(凝结与凝华)、EVAP(蒸发与升华)、PBL(地面蒸发)、R_{esd}(残差)、Tot(右边各项之和)。

在高原云降水过程中，EVAP与HFC是主要的水汽源项。COND与VFC是水汽的主要汇项，它们几乎消耗全部的水汽。由于高原上空冰云层深厚，水汽的凝华较大，有时甚至与水汽凝结相当。对2014年7月24日对流云降水过程模拟(图3.62)发现，HFC峰值的出现时间

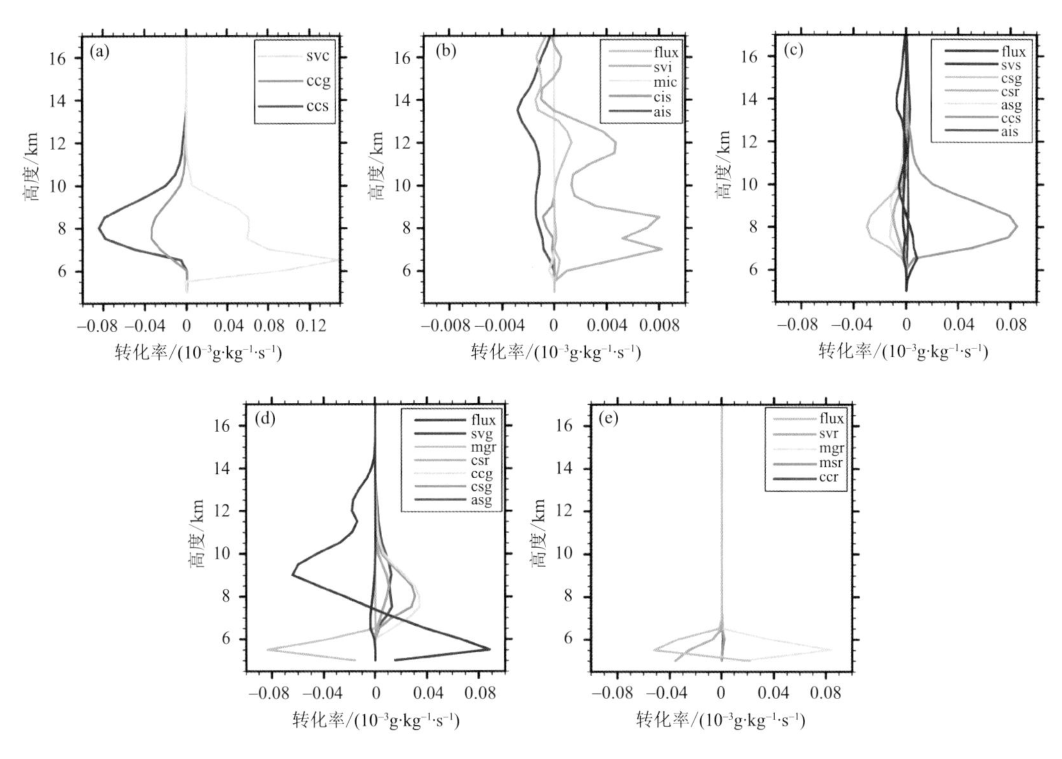

图 3.61　各水凝物的主要微物理过程转化率(2014 年 7 月 24 日 10:00—11:30 UTC)

(a)云;(b)冰;(c)雪;(d)霰;(e)雨

图例:flux 表示水凝物下落通量,微物理过程由 3 个字符组成,第 1 个字符表示微物理过程名称,第 2、3 个字符为汇项及源项,如:svc 表示水汽凝结成云水,ccg 表示霰碰并云水

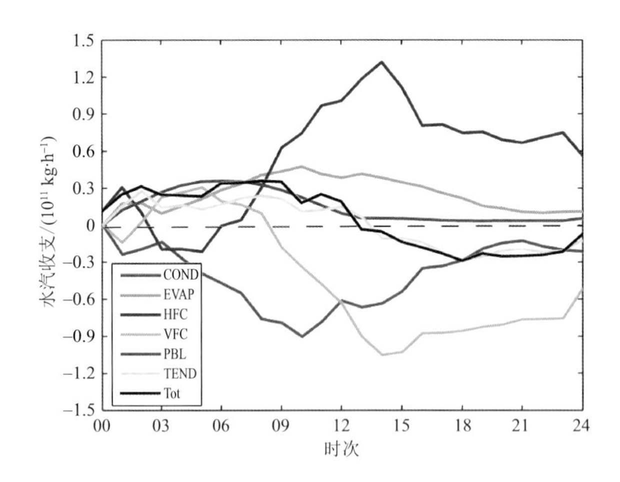

图 3.62　体积积分的水汽收支项的时间演变(2014 年 7 月 24 日 00:00—24:00 UTC)

落后于 COND 峰值的时间(约 4 h),暗示本地云微物理过程先于平流过程启动。地面蒸发主要出现在白天（12:00 UTC 之前），它在对流降水前期的水汽收支中起关键作用。08:00 UTC 前,EVAP 与 HFC+VFC 相当,即出现水汽供应的自循环过程,水凝物在不饱和大气中

的蒸发，甚至超过周围环境向云中的水汽输送。在08:00 UTC之后的对流时期，水平平流输送成为水汽的绝对支配源项。微物理角度的降水效率(PE，降水与水汽凝结凝华之比)在10:00 UTC之前为约30%，之后增加到约50%，与约50%的雨滴在下落中将蒸发一致。而在11:00与15:00 UTC的强降水时刻对应着较大的PE，主要是由于当时较强的云蒸发及水平湿通量辐合所致。在600 m高分辨率模拟中，水汽倾向项(TEND)与净凝结(COND+EVAP)、总湿通量辐合(HFC+VFC)、地表湿通量(PBL)之和保持平衡。

3.3 陆面模式在青藏高原的不确定性评估

青藏高原下垫面的物理状态(植被变化、积雪、冻土及复杂地形等)决定着高原对大气的非绝热加热。尽管青藏高原西北部以荒漠为主，但青藏高原上还广泛分布着草原、草甸、农作物和森林等，青藏高原东南缘典型下垫面包括农田和森林等覆盖类型，植被相对比较稠密。由于青藏高原陆地表面的复杂多样性，不同下垫面的动力、热力参数在不同时空尺度的变化特征不同，可导致不同下垫面与大气之间的物理过程的控制机制和物理量交换特征不同。

陆面过程是发生在大气、地表(即下垫面，例如植被、雪盖、冰川等)和土壤层之间的能量、水分和动力相互作用过程的总和。陆面过程主要研究地表以上的能量重分配过程、地表以下的能量传输和地-气及地下的水分、物质运移及地表状况(地表类型、地表反照率和叶面积指数等)对上述陆面物理过程的影响。基于青藏高原的观测试验，众多研究者从不同角度探讨了青藏高原地区不同下垫面陆面过程中植被过程、土壤水热过程、径流、冻土及冠层湍流(即热力粗糙度参数化)的重要性，并对其中的物理过程参数化方案进行了改善。

近年来，陆面模式取得了显著进步，包含大量的物理和生理参数以表征物理、生物和化学过程之间越来越多的相互作用和反馈(Lawrence et al.，2007；Niu et al.，2011；Yang et al.，2011)。不同陆面模式中相同物理过程的参数化方案的假设、物理参数和经验公式不一定相同，其中有多个参数化方案，但是很难确定某种方案优于其他方案(Gayler et al.，2014)。

陆面过程模拟不确定来源主要有三方面：大气强迫数据、陆面模式物理过程以及与地表植被/土壤特征相关的模式参数(Clark et al.，2008；Rosero et al.，2009；Gayler et al.，2014；Zhang et al.，2014)。例如，已有研究表明，陆面模式的湍流和辐射参数化对复杂地形条件下的陆面模拟结果有显著影响(Chen F et al.，2014)，尤其是在青藏高原地区(Chen Y et al.，2010；Yang et al.，2010)。青藏高原地区这些陆面模式表征的不确定性显著影响数值天气预报以及与青藏高原引起的环流和升温相关的区域气候模拟(Duan et al.，2013；Gao et al.，2017)。分析陆面模式的不确定性有助于确定特定下垫面的关键物理过程及关键参数，为改进陆面模式提供有用的指导(Niyogi et al.，1997；Holt et al.，2006)。

由于缺乏足够的植被调查(Shi et al.，2004)，以及经济社会发展引起的土地利用变化

(Chen B et al.,2014),导致现有植被或土壤地图中指定的植被覆盖类型和土壤质地类型存在很大差异(Li Q et al.,2010;Zheng H et al.,2016)。植被覆盖变化已被广泛认为是未来全球(Piao et al.,2007)和区域(Cui et al.,2009)气候变化的一个关键驱动因素,而区域陆地水交换模拟也表现出对土壤质地变化的敏感性(Zheng H et al.,2016)。遗憾的是,地表特征的不确定性以及植被和土壤参数不确定性之间的相互作用往往被忽视。

3.3.1 Noah-MP 陆面模式

Noah-MP 陆面模式是基于 Noah v3.0 开发的(Chen F et al.,1996; Schaake et al.,1996; Chen et al.,1997;Koren et al.,1999;Chen et al.,2001;Ek et al.,2003),针对不同的物理过程进行扩展改进(Niu et al.,2011;Yang et al.,2011)。与目前大多数陆面过程模式相比,新一代 Noah-MP 陆面过程模式(Niu et al.,2011;Yang et al.,2011)最突出的先进性是在同一陆面模式动力框架下包含许多物理过程,包括植被物候学、冠层气孔阻力、径流和地下水、土壤水分因子控制的气孔阻力(以下简称 β 因子)、冻土和入渗、地表交换系数及辐射传递等物理过程,每一物理过程均有多种不同复杂程度的参数化选项,各方案的排列组合可以包括应用于青藏高原的其他陆面过程模式(如 CoLM、SSiB、VIC 等)中的物理参数化方案,对积雪、冻土、草甸及森林等不同下垫面的陆面水热过程模拟均有很大提高(Jiang et al.,2009;Yang et al.,2011;Chen F et al.,2014),是系统性定量评估陆面模式不确定性及不同陆面参数化方案敏感性的有效工具。

3.3.2 青藏高原地区 Noah-MP 陆面模式参数化方案的不确定性评估

(1)站点及观测数据描述

研究站点(25°42′N,100°11′E,海拔 1990.5 m)位于青藏高原东南边缘的大理国家气候观测站。距离洱海西岸不到 2 km,距离站点东侧的苍山山脉约 4 km(延伸超过 50 km,海拔超过 3500 m)。该地区气候受东亚季风和南亚季风影响,80%以上的降水发生在雨季。该站点相对平坦且均匀,11 月—次年 4 月(旱季)种植蚕豆,5—10 月(雨季)种植水稻(Wang et al.,2015)。

(2)数值试验设置

利用 2008 年小时站点观测气象数据驱动 Noah-MP 离线模式,包括气温、混合比、风速、地表气压、向下短波和长波辐射,缺测数据通过提取 3 h 0.1°中国气象强迫数据集(Yang et al.,2010; http://dam.itpcas.ac.cn/chs/rs/)数据进行填补。

基于土壤机械成分数据集(砂、黏土和壤土的比率),该站点的土壤结构类型设定为粉质黏壤土(Shangguan et al.,2014)。由于 Noah-MP 中的动态植被模型是为表示自然植被而开发的(即非人为作物生长、灌溉或作物轮作),其物候过程和同化分配较简化,作物生长和蒸散(ET)的模拟不太可靠,且其在涉及人类活动的农田中表现不佳(Xia et al.,2014)。因此,在 Noah-MP 物理集合试验中,关闭了动态植被方案,并使用 Noah-MP 默认查找表值或 1 km 分辨率的 MODIS(MOD15A2)叶面积指数(LAI)数据(http://daac.ornl.gov/MODIS/modis.html)给定每月 LAI,以评估参数值中不确定性的影响。此外,降雨和降雪之间的划分方案和雪/土壤温度时间步进方案分别固定为 Jordan 方案(Jordan,1991)和半隐式方案。本节中集合模拟试验不包括 SSiB 中的气孔阻力土壤水分因子(Xue et al.,1991)和生物圈-大气传输方案(BATS)中的径流和地下水方案(Yang et al.,1996)。其他 9 个物理过程(表 3.5)的物理选项都包括在内,并随机组合,所有这些方案组合的总数为 1152 个。

表 3.5 Noah-MP 陆面模式中每个物理过程可供选择的选项(Niu et al.,2011;Hong et al.,2014)

物理过程(参数化方案)	选项	参考文献
冠层阻抗(F1、CRS)	①Ball-Berry 方案 ②Jarvis	Ball et al., 1987 Jarvis, 1976
气孔阻抗土壤水分控制因子(F2、BRT)	①Noah ②CLM	Chen F et al,1996 Oleson et al.,2004
径流和地下水(F3、RUN)	①SIMGM ②SIMTOP ③自由排水方案	Niu et al.,2007 Niu et al.,2005 Schaake et al.,1996
地表热交换系数(F4、SFC)	①Monin-Obukhov 理论 ②Noah	Brutsaert, 1982 Chen et al., 1997
冻土中过冷水方案(F5、INF)	①广义冰点降低方案 ②可变冰点降低方案	Niu et al.,2006 Koren et al.,1999
冻土渗透性(F6、FRZ)	①通过土壤水分定义 ②通过土壤液态水定义	Niu et al.,2006 Koren et al.,1999
二流辐射传输方案(F7、RAD)	①考虑冠层的三维结构 ②不考虑冠层空隙 ③冠层空隙为(1-绿色植被覆盖率)	Niu et al.,2004
雪面反照率(F8、ALB)	①BATS ②CLASS	Dickinson et al.,1993 Verseghy,1991
土壤温度的底边界(F9、TBOT)	①Zero-flux 方案 ②Noah	Chen F et al.,1996

注:公共陆面模式 CLM (Community Land Model);基于水文模型和简单的地下模型的径流方案 SIMGM (Simple TOP Runoff and Groundwater Model);基于水文模型和均衡地下水位的径流方案 SIMTOP (Simple TOP Runoff Model);生物圈-大气传输方案 BATS (Biosphere-Atmosphere Transfer Model);加拿大陆表方案 CLASS (Canadian Land Surface Scheme)。

表 3.6 列出了本节中所进行的试验。第一个由 1152 个成员组成的多物理集合模拟(以下简称 Ens1)为控制试验,使用站点数据和 Noah-MP 农田的默认 LAI。采用相同的物理集合模拟系统,采用不同的降水强迫和 LAI 数据进行了另外 3 组集合模拟试验(Ens2、Ens3 和 Ens4),以检验强迫数据和植被参数值的不确定性对模拟结果的影响以及 Noah-MP 不同参数化方案组合中的不确定性。基于对这四个物理集合试验模拟结果的分析,进行了另外两组物理集合试验(Ens5 和 Ens6),以减少物理集合模拟的不确定性。最后,Opt 试验旨在对比"最

优”试验和多物理集合模拟在模拟结果上的差异。

表 3.6 试验设置

试验名称	试验描述	成员/个
Ens1	将 2008 年的站点观测数据作为驱动场	1152
Ens2	同 Ens1，但是用中国气象驱动数据(CMFD)降水数据替换站点观测的降水数据	1152
Ens3	同 Ens1，但是用 MODIS LAI 替换模式默认的 LAI	1152
Ens4	同 Ens2，但是用 MODIS LAI 替换模式默认的 LAI	1152
Ens5	同 Ens4，但是只选取敏感的物理过程	24
Ens6	同 Ens5，但是去除敏感物理过程明显使模拟结果变差的方案	8
Opt	利用 Tukey 测试选取的最优参数化方案组合	1

(3)分析和评价方法

本研究中仅使用正午时段(当地时间 10:00—15:00)的观测值评估模型性能(Chen et al.，2015)，以减少通量观测数据的不确定性。采用自然选择法和 Tukey 检验法分析不同参数化方案的不确定性并提取敏感物理过程。这两种方法都使用均方根误差(RMSE)来评估模型模拟的性能。

自然选择方法通过计算物理集合模拟(Ens1—Ens4)中每个成员感热通量及潜热通量模拟的 RMSE，按照 RMSE 数值大小进行升序排列，并分别以 5%及 95%分位线为准选择均方根误差最小及最大的试验(约 58 组)，低于 RMSE 5%分位的成员称为“最佳成员”(约 58 个成员)，高于 RMSE 95%分位的成员称为“最差成员”(约 58 个成员)。分别将每个物理过程相应的参数化方案在最佳成员和最差成员中发生的次数相加。对于最佳成员中的物理过程，给定方案的选择次数越多，说明其对模型精度的优势越大。同样，在最差成员中，给定方案的选择次数越多，说明其对模型精度的优势越小。

Tukey 检验法计算其对各个物理过程以及相应参数化方案的敏感性(Tukey，1949；Bretz et al.，2010)。假设有 m 个物理过程，物理过程 i ($i=1,2,\cdots,m$)的方案 j ($j=1,2,\cdots$)的目标函数平均值为 $\overline{Y_j}^{(i)}$，则物理过程 i 的敏感性系数可以定义为：

$$S_i=\frac{\Delta\overline{Y}^{(i)}}{\max\{\Delta\overline{Y}^{(1)},\Delta\overline{Y}^{(2)},\cdots,\Delta\overline{Y}^{(m)}\}} \tag{3.16}$$

式中，$\Delta\overline{Y}^{(i)}=\overline{Y}_{\max}^{(i)}-\overline{Y}_{\min}^{(i)}$ 是物理过程 i 中目标函数平均值最大值与最小值的差。

假设某个物理过程 i (例如气孔阻抗土壤水分控制因子)有 a 个参数化方案(土壤水分控制因子有 3 个方案)，$\overline{Y_1},\overline{Y_2},\cdots,\overline{Y_a}$ 分别为选用该方案时的平均值。利用学生化极差分布：

$$q=\frac{\overline{Y}_{\max}-\overline{Y}_{\min}}{\sqrt{\frac{MS_E}{n}}}=\frac{\overline{Y}_{\max}-\overline{Y}_{\min}}{\sqrt{\frac{SS_E}{n(N-a)}}} \tag{3.17}$$

式中，$\overline{Y}_{\max}$ 和 $\overline{Y}_{\min}$ 分别是两组参数化方案平均值的最大值和最小值。N 是所有样本量，MS_E 是均方误差，$SS_E=\sum_{p=1}^{a}\sum_{q=1}^{n}(Y_{p,q}-\overline{Y}_p)^2$，$N-a$ 是自由度，a 指参数化方案个数。

Tukey 测试认为，当 $|\overline{Y}_k - \overline{Y}_l| > q_\alpha(a, N-a)\sqrt{\frac{MS_E}{n}}$ 时，两个平均值存在显著差异，α 是显著性水平，该研究中设为 0.05。$q_\alpha(a, N-a)$ 可以通过学生极差分布关键值表格获取。

（4）评估结果

①Noah-MP 集合模拟效果

在本小节的分析中均将感热、潜热通量转换为水汽单位(mm)，以便于与降水量进行直接比较(Chen et al.，2015)。所有集合模拟的感热(潜热)累积值的集合平均均高于(低于)观测值(图 3.63)。2008 年 9 月之前，由于站点年累积降水和 CMFD 年累积降水接近，Ens1 和 Ens3 中感热、潜热通量累积值的季节变化与 Ens2 和 Ens4 中的季节变化基本相似(图 3.64)。然而，Ens1 与 Ens2 以及 Ens3 与 Ens4 的地表通量模拟在 9 月出现显著差异，这可归因于 7 月底和 8 月站点数据与 CMFD 数据之间的降水差异。相较于 Ens1，Ens2 中降水量的增加(约 440 mm 累积量)导致 Ens2 中感热通量的累积值减少 54.1 mm，而潜热通量累积值增加 81.6 mm(表 3.7)。另一方面，Ens3 使用 MODIS LAI 导致感热通量年累积值减少 32.2 mm，而潜热通量年累积值增加 65.4 mm。在 Noah-MP 集合模拟中使用 MODIS LAI，潜热通量的增加值大概是感热通量减少值的 2 倍，表明 MODIS LAI 对潜热通量的影响大于对感热通量的影响。相较于 Ens1，Ens4 使用 CMFD 降水数据和 MODIS LAI，使感热通量年累积值减少约 75 mm，而潜热通量累积值增加约 127 mm，更接近于观测值(表 3.7)。

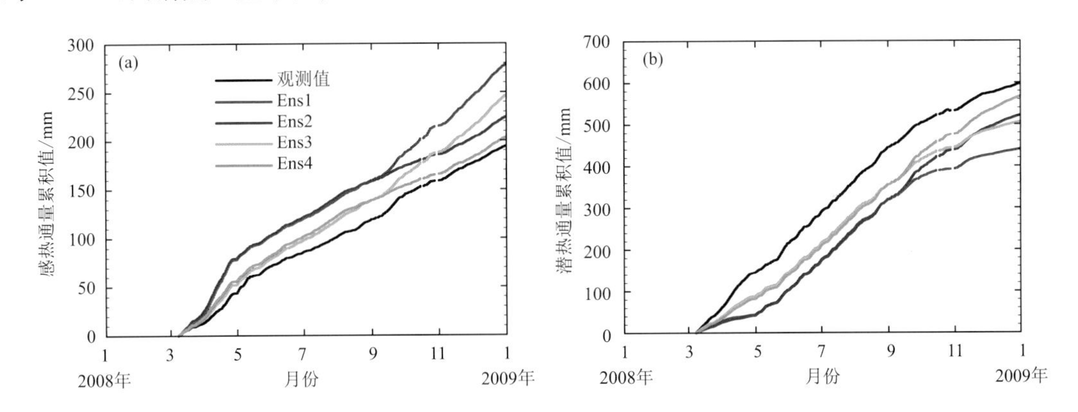

图 3.63 Ens1—Ens4 中感热通量(a)及潜热通量(b)累积值的集合平均与观测值的对比(注意春季观测数据缺失)

表 3.7 感热通量(*H*)及潜热通量(LE)年累积值的观测值与集合平均值(Ens1—Ens6)、最优试验 Opt 的对比

单位：mm

变量	观测	Ens1	Ens2	Ens3	Ens4	Ens5	Ens6	Opt
H	194.19	278.82	224.75	246.64	203.65	200.81	175.02	167.64
LE	598.24	440.33	521.92	505.70	567.27	570.38	569.27	577.34

②降水和叶面积指数不确定性的影响

图 3.64 比较了地表热通量累积值的模拟值与观测值的比率。1152 多参数化物理集合模

拟 Ens1 中 1152 个成员高估了感热通量比率 12%～84%(图 3.64a)，而低估了潜热通量比率 19%～36%(图 3.64b)。使用 CMFD 降水驱动 Noah-MP 多参数化物理集合模拟(Ens2)对降低 Noah-MP 模拟的不确定性具有重大影响，使地表通量比率的概率分布函数(PDF)更窄，更接近 1(图 3.64c、d)。另一方面，Noah-MP 采用 MODIS LAI 时(Ens3)，感热通量比率范围为 0.91～1.78(图 3.64e)，潜热通量比率范围为 0.69～0.95(图 3.64f)，比 Ens1 中的范围更宽。然而，与 Ens1 相比，其中感热通量比率为 0.8～1.2 和潜热通量比率为 0.8～1.0 的成员更多，表明感热/潜热通量有显著改善。在 Ens4 中，Noah-MP 集合模拟中同时考虑MODIS LAI 和 CMFD 降水，感热通量和潜热通量的比率范围分别为 0.83～1.32 和 0.90～1.02(图 3.64g、h)。

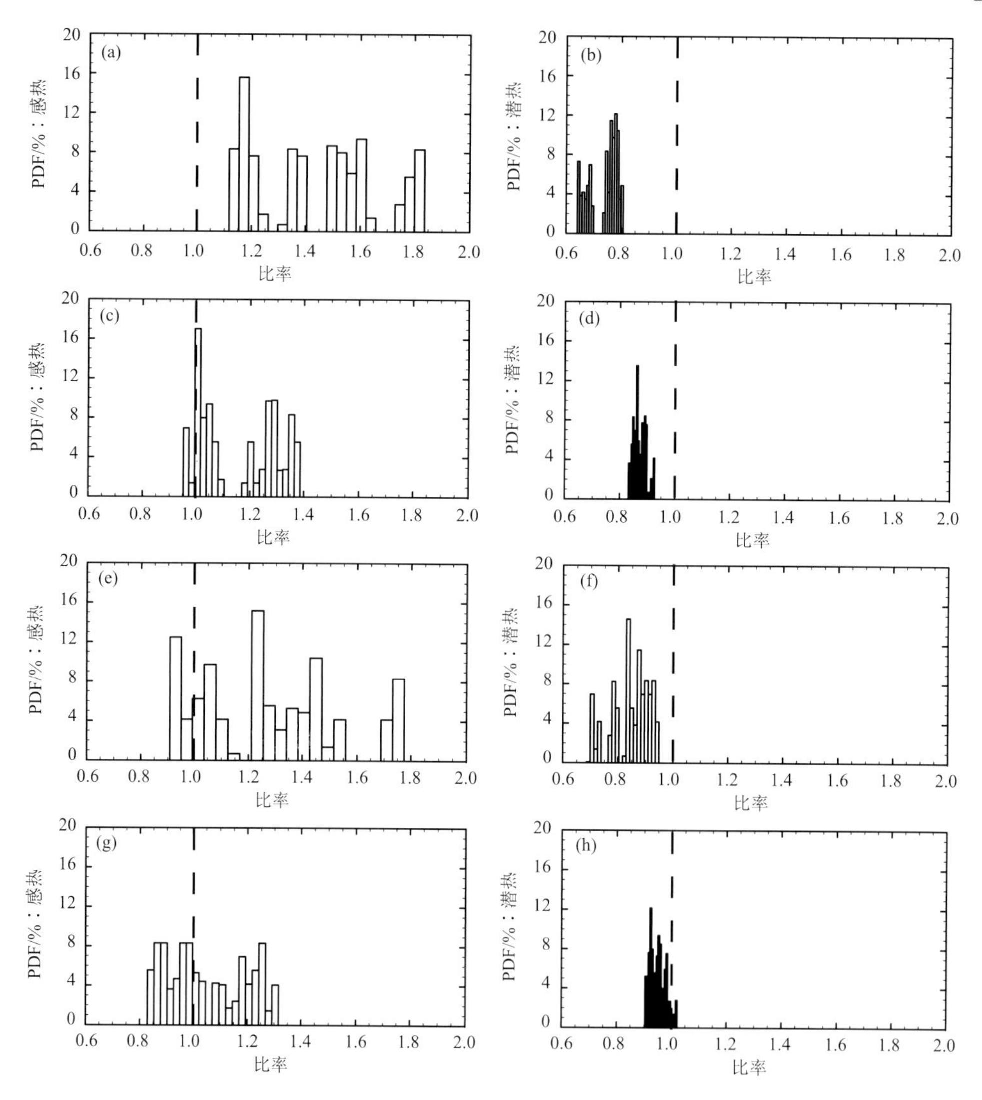

图 3.64　Noah-MP 多参数化物理集合模拟(从上到下分别为 Ens1—Ens4)对 2008 年大理农田的通量模拟情况。横坐标为感热通量年累积值(左列)、潜热通量年累积值(右列)的模拟值与观测值的比率(当地时间 10:00—15:00)；纵坐标为 1152 试验中这些比率的概率分布。比率<1：模式低估观测值；比率>1：模式高估观测值；垂直虚线：比率=1，即模拟值与观测值相等

与 Ens2 相比，Ens4 中的感热通量比率范围稍宽，但在 0.8～1.2 范围内分布的成员更多。值得注意的是，尽管 Ens4 中的大多数成员仍然低估了潜热通量累积值(图 3.64h)，但 Ens4 中的潜热通量比率的整个 PDF 集中在 0.9～1.0 的范围内，与其他集合模拟相比，潜热通量模拟的不确定性明显降低。

③Noah MP 物理参数化方案中的不确定性

在 RMSE 的 5%分位以下的物理过程中，大约有 58 组试验被选为表现最佳成员，同样，在 RMSE 95%分位以上的约 58 组试验被选为表现最差的成员(图 3.65)。以图 3.65a 中 CRS 的两个方案为例，最佳成员中 CRS 方案 1(即 Ball-Berry 方案，以下简称 CRS①)的选择频率为 1，表示所有 58 个最佳成员均选用 CRS①而非 CRS②(即 Jarvis 方案)。然而，在最差成员中，CRS①和 CRS②的选择频率分别为 0.48 和 0.52，这表明 58 个最差成员中有 48%选用 CRS①，52%选用 CRS②。这意味着使用 Ball-Berry 方案的集合成员比使用 Jarvis 方案的集合成员有更大的机会获得较好的模拟，不过，使用 Ball-Berry 方案与使用 Jarvis 方案产生最差模拟的机会几乎相同。

对于物理过程 INF(冻土渗透性)、FRZ(冻土中过冷液态水)、RAD(辐射传输)、ALB(雪面反照率)和 TBOT(土壤温度下边界)，不同方案的选择频率没有显著差异。因此，这些物理过程的不同物理参数化方案中的不确定性并不显著，即 Noah-MP 集合模拟对这些物理过程并不敏感。这是可以预期的，因为在模拟期间，该站点的日平均温度始终高于 273 K(图略)，且该站点植被茂密。然而，对于物理过程 CRS(冠层阻抗)、BTR(土壤水分蒸腾阈值)、RUN(径流和地下水)和 SFC(表层交换系数)，这些方案出现的频率存在显著差异，表明这些物理过程中可供选择的参数化方案存在很大的不确定性。尤其是 SFC，两种方案导致了明显不同的模型结果。

针对 CRS 物理过程，CRS①更适合于感热通量模拟，但 CRS②更适合于潜热通量模拟。Gayler 等(2014)研究发现，在提取的 20 个表现最好的模拟试验中，CRS①被认为是最合适的选择。造成这种差异的原因可能是他们的研究选用了动态植被方案，而本研究中并未打开动态植被。

土壤水分胁迫函数 BTR 定义了在给定土壤含水量下植物蒸腾的效率。BTR①和 BTR②之间存在很大的不确定性，但很难断定哪一个表现更优。Gayler 等(2014)发现基于土壤基势(即 BTR②)的方法表现更好。BTR①假设土壤水分下降到萎蔫点以下时停止蒸腾而在土壤水分达到田间持水量时蒸腾将不受限制。但是相较于 BTR①，BTR②在土壤水分含量较高时的蒸腾效率更高，而在土壤水分较低时的蒸腾效率更低(Barlage et al.，2015)。土壤各层的蒸腾速率由 β 因子决定(值越高，该层土壤用于蒸腾的水分比例越大)(Cai et al.，2014)。因此，使用不同 β 因子的影响程度取决于总蒸发量在土壤直接蒸发、冠层截留蒸发和植物蒸腾之间的分配。

RUN(径流和地下水)方案在控制土壤水分及其与蒸腾作用的关系方面发挥着主导作用，但这些作用又有别于其他物理过程(Yang et al.，2011)。地下水通过提供旱季所需的大部分水而影响蒸腾(Gutowski et al.，2002；Barlage et al.，2015)。在大理农田站，与 RUN①和 RUN②相比，RUN③在大多数情况下表现最差，这可能是因为 RUN①和 RUN②中包含了地

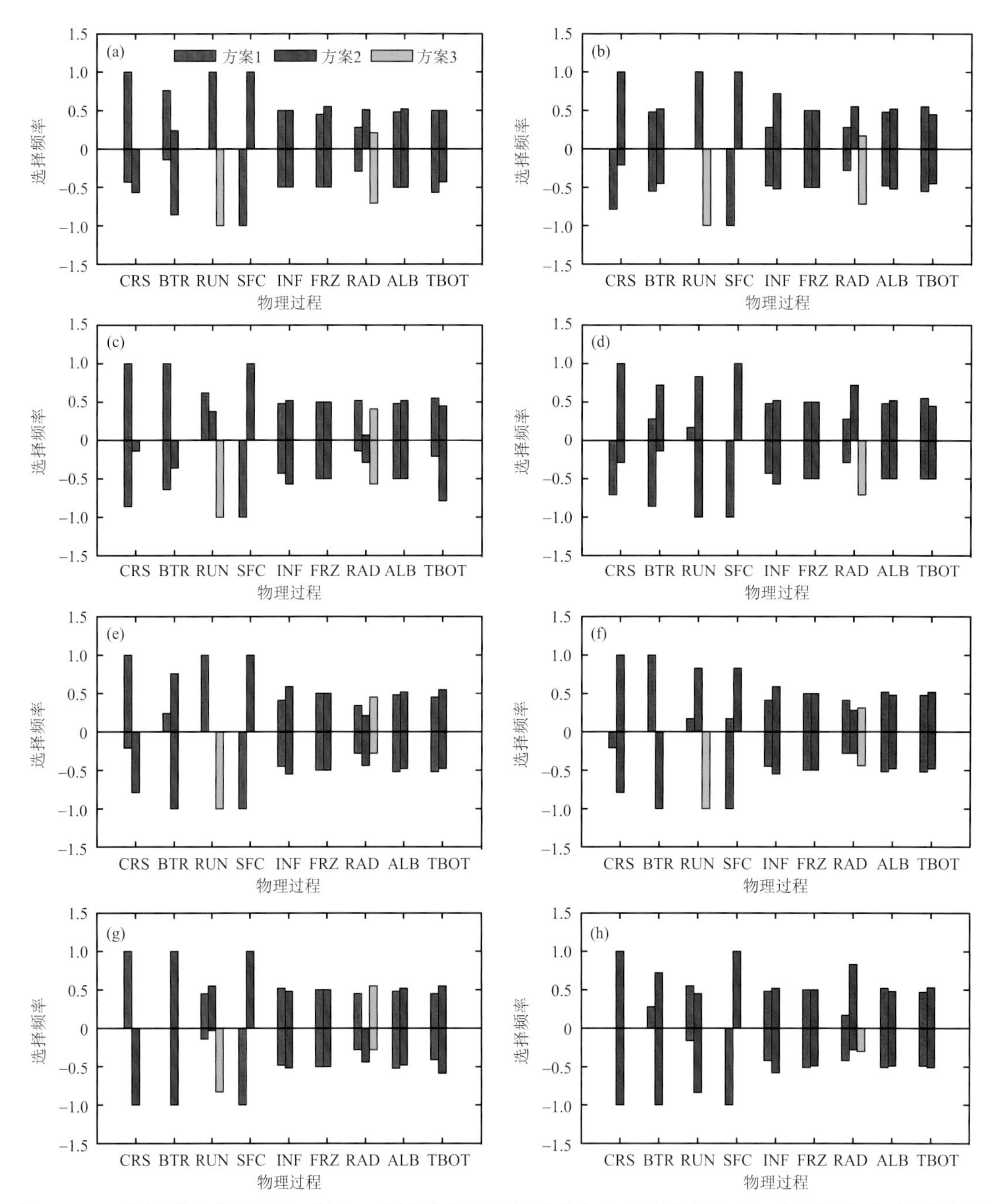

图 3.65　不同参数化方案在以 5%及 95%分位值选出的试验中出现的频率(左列:感热通量;右列:潜热通量;0～1:不同方案在 RMSE 的 5%分位值以下的试验中出现的频率;−1～0:不同方案在 95%分位值以上试验中出现的频率)

(a)、(c)、(e)和(g)分别为 Ens1—Ens4 试验中的感热通量;(b)、(d)、(f)和(h)分别为 Ens1—Ens4 试验中的潜热通量

下水动力学的非承压含水层蓄水层(Niu et al.,2011)。与自由排水模型 RUN③不同,具有地下水能力的方案 RUN①和 RUN②在模拟的不同时期具有来自含水层的额外向上水通量

(Barlage et al. ,2015)。

SFC①和 SFC②在稳定和不稳定条件下均使用相同的稳定性校正函数计算地表交换系数(Chen et al. ,1997;Niu et al. ,2011)。这两种方案之间最重要的区别是 SFC①考虑了零位移高度(d_0),但 SFC②考虑了热量和动量粗糙度长度(z_{oh}和 z_{oh})之间的差异。这种差异极大影响了地表交换系数以及能量和水平衡。研究发现,SFC①显著增强了森林地区的地表交换系数,提高了感热通量(Yang et al. , 2011);并建议 SFC①应考虑 z_{oh}和 z_{oh}之间的差异。在本研究中,SFC②在所有多参数化物理集合模拟(Ens1—Ens4)中对感热通量和潜热通量的模拟均优于 SFC①。

对于给定的物理过程,不共享字母"A"的方案表现明显不同,带有字母"B"的方案优于带有字母"A"的方案,因为其平均 RMSE 值要小得多。因此,当物理过程的所有方案共享同一个字母时,该物理过程可视为不敏感,而当任两个方案分配不同的字母时,可以认为物理过程是敏感的。如图 3. 66 所示,感热通量的 RMSE 平均值按 Ens1>Ens2>Ens3>Ens4 的顺序降低,表明同时使用 CMFD 降水和 MODIS LAI 有效地降低了 Noah-MP 集合模拟的不确定性。注意到 Ens1 和 Ens2 中潜热通量的 RMSE 平均值差异较小(图 3. 67),这意味着单独使用 CMFD 降水对潜热通量的模拟几乎没有影响。使用 MODIS LAI 明显改善了潜热通量的模拟(图 3. 67c 和图 3. 67d),但同时使用 CMFD 降水和 MODIS LAI,则抵消了一部分 MODIS LAI 对潜热通量的改善。对潜热通量模拟,至少一组集合模拟试验中 CRS、BTR、RUN、SFC 和 INF 敏感,而 FRZ、RAD、ALB 和 TBOT 在 4 组集合模拟试验中均不敏感。

根据对感热通量和潜热通量 RMSE 的 Tukey 检验结果,CRS②在没有采用 CMFD 降水时的性能优于 CRS①(图 3. 66c 和图 3. 67a、图 3. 67c),但这两个 CRS 方案之间的性能差异相对较小。BTR①在采用 MODIS LAI 时模拟效果优于 BTR②,这与 Niu 等(2011)的研究一致,即 BTR②中的β因子高估了感热通量而低估了潜热通量。对于未采用 CMFD 降水时感热通量和潜热通量的模拟,RUN①和 RUN②优于 RUN③,而采用 CMFD 降水时,对于潜热通量的模拟,RUN①优于 RUN②和 RUN③。在 Ens1—Ens4 物理集合模拟试验中,SFC②对感热通量/潜热通量的模拟均优于 SFC①。由于考虑零平面位移的作用,SFC①计算得到的地表交换系数低于 SFC②,使得感热通量和潜热通量的模拟值较低(Niu et al. ,2011;Yang et al. ,2011)。对于 Ens1 中的潜热通量模拟,INF②略优于 INF①,但在其他集合模拟试验中,这两种方案表现相似。

Tukey 检验结果与自然选择方法获得的结果基本一致,但前者在 Ens1 中将 INF 确定为敏感物理过程,而后者则不敏感。在一些集合模拟试验中,由这两种方法确定的不同物理过程中参数化方案的模拟性能有所不同。例如,在所有 4 组集合模拟试验中,自然选择方法的结果显示 CRS①对感热通量的模拟均优于 CRS②。然而 Tukey 检验结果显示,CRS②在 Ens3 中对感热通量的模拟优于 CRS①,并且它们在另外 3 组集合模拟试验中的表现并无显著差异。可能原因是自然选择方法只考虑最好的成员和最差的成员(每个集合试验大约 58 个成员),而 Tukey 的测试则考虑所有 1152 个成员的平均数。

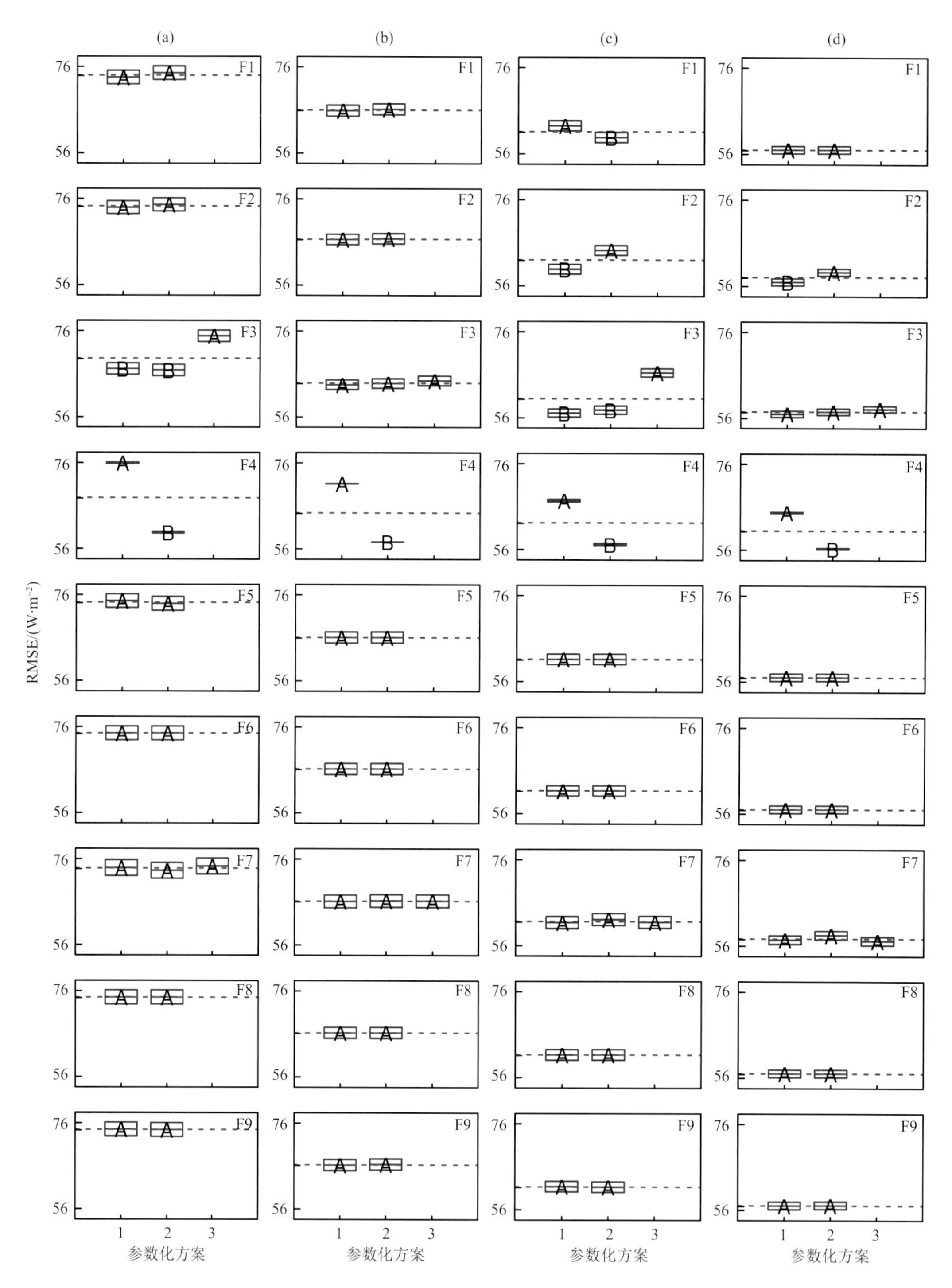

图 3.66　4 组物理集合模拟 Ens1(a)、Ens2(b)、Ens3(c)和 Ens4(d)中感热通量的 Tukey 检验结果(x 轴:不同物理过程可供选择的参数化方案;y 轴:RMSE;F1—F9:分别对应表 3.5 中的各物理过程。红色虚线代表 RMSE 平均值;蓝色方框代表不同方案 95%置信度,其中蓝色实线为相应方案的平均值;不同字母表明存在显著差异)

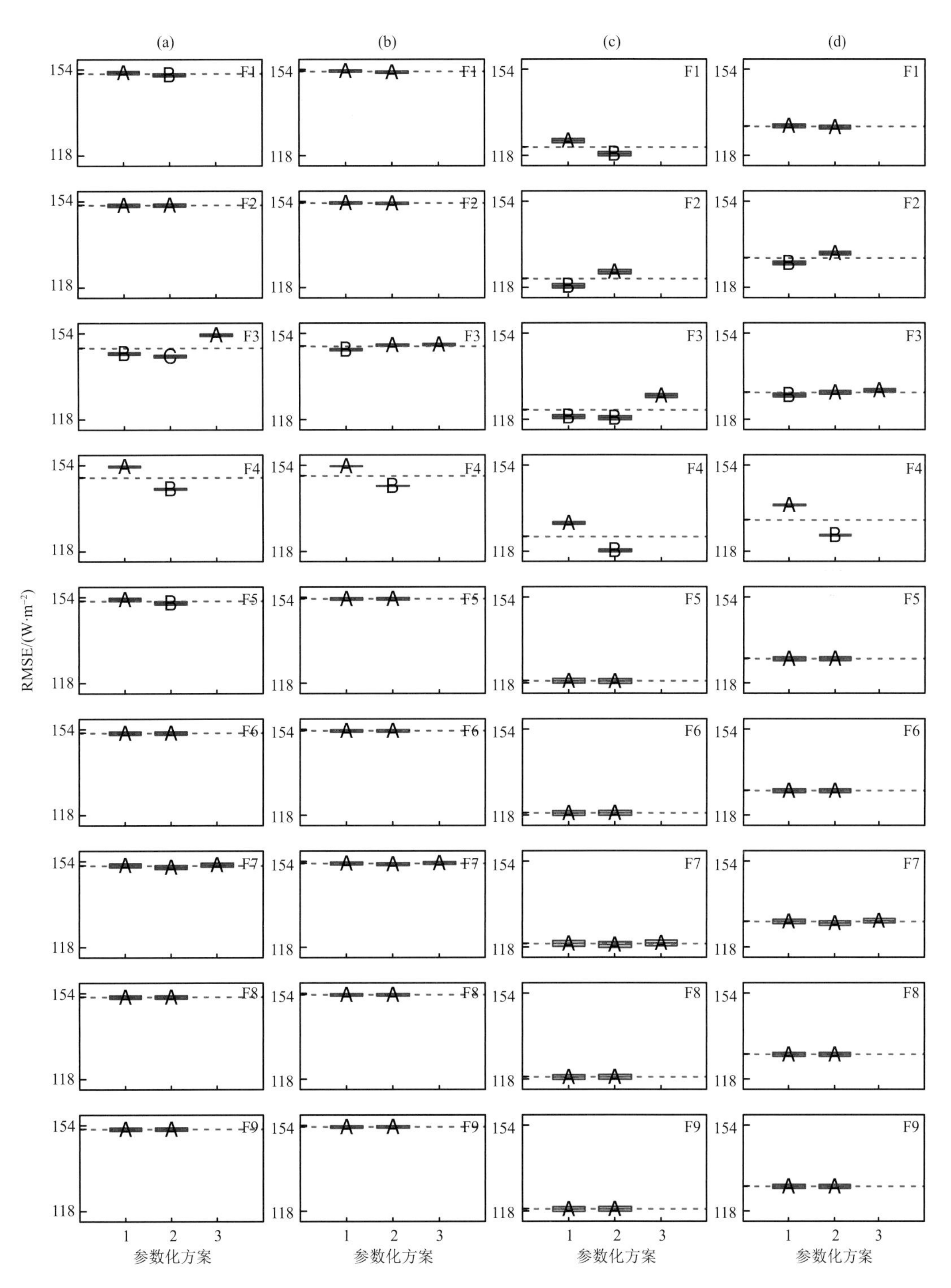

图 3.67　4 组物理集合模拟 Ens1(a)、Ens2 (b)、Ens3(c) 和 Ens4(d) 中潜热通量的 Tukey 检验结果（x 轴：不同物理过程可供选择的参数化方案；y 轴：RMSE；F1—F9：分别对应表 3.5 中的各物理过程。红色虚线代表 RMSE 平均值；蓝色方框代表不同方案 95%置信度，其中蓝色实线为相应方案的平均值；不同字母表明存在显著差异）

④减少物理参数化方案中的不确定性

Ens5 中仅将 4 个最敏感物理过程的所有方案随机组合(即 CRS=1 或 2、BTR=1 或 2、RUN=1、2 或 3、SFC=1 或 2),最终得到 24 个组合。通过从 Ens5 中排除明显降低模型性能的方案,将 Ens6 中的集合成员进一步减少到 8 个,以评估表现更好的方案组合的不确定性。最后,Opt 试验旨在比较最优参数化方案组合和多物理集合模拟在模拟效果上的差异。对于不敏感的物理过程,在 Ens5、Ens6 和 Opt 中选择了默认参数化方案。INF①和 INF②在 Ens1 和 Ens1 中的行为相似,只是 INF②在 Ens1 中模拟的潜热通量(LE)更好。因此,此处选择了 INF②。

仅包含 4 个敏感物理过程的方案组合(Ens5)的不确定性与包含 9 个物理过程的方案组合(Ens4)的不确定性相当(图 3.68 中蓝色阴影与黄色阴影几乎重叠)。Ens5 中感热通量累积值的不确定范围为约 83 mm,潜热通量累积值的不确定范围为约 47 mm。在 Ens6 中,排除敏感物理过程中表现较差的参数化方案,以降低参数化方案选择的不确定性。尽管根据 Tukey 检验结果表明,CRS②和 BTR②表现更好,但考虑到自然选择的结果,哪个选项更好仍存在争议。因此,在 Ens6 中进一步评估了 CRS=1 或 2、BTR=1 或 2、RUN=1 或 2 的方案组合的模拟效果。与 Ens5 相比,Ens6 中感热通量和潜热通量模拟的不确定性有所降低。

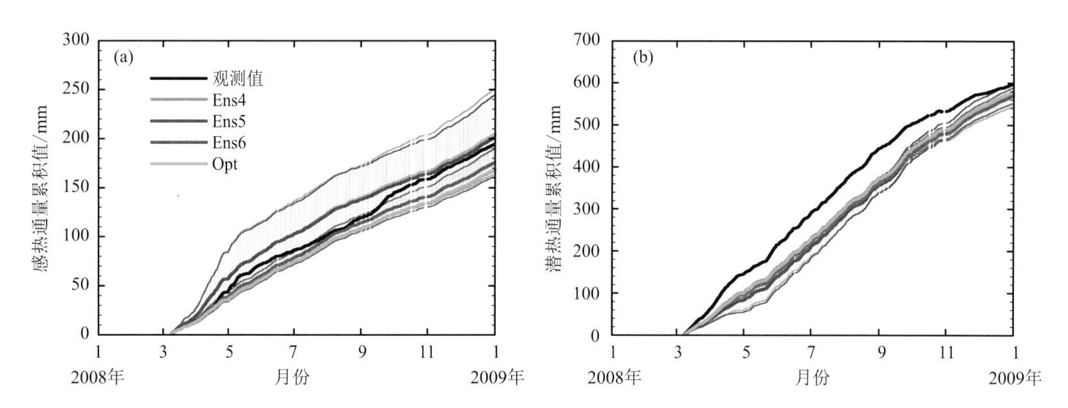

图 3.68 不同试验中感热通量累积值(a)和潜热通量累积值(b)(黄色阴影区域:Ens4 的 5%~95% 分位数范围;蓝色阴影区域:Ens5;红色阴影区域:Ens6;实线:观测值、集合平均值、最优试验中累积感热通量或潜热通量)

在 Opt 试验中,主要根据 Tukey 检验在 Ens4 集合模拟中的结果,选择 4 个敏感物理过程(CRS、BTR、RUN 和 SFC)的最佳方案(图 3.66、图 3.67)。显然,BTR、RUN 和 SFC 的最佳方案分别是 BTR①、RUN①和 SFC②。但 CRS 的两种方案表现接近,由于 CRS②在 Ens1 及 Ens3 表现稍优,所以最终选择 CRS②。因此,Opt 试验对应的是敏感物理过程的最优参数化方案,但并不一定是 Ens4 中感热通量或潜热通量 RMSE 最小的成员。与 Ens4 至 Ens6 相比,Opt 中潜热通量累积值更接近观测值,但感热通量模拟效果稍差。这似乎与早期发现一致,即任何模型都难以很好地模拟每个变量(Wöhling et al.,2013;Gayler et al.,2014),多模式平均值的总体性能通常优于任何单一陆面模式的模拟结果(Dirmeyer et al.,2006;Niu et al.,2011;Xia et al.,2014)。

3.3.3 青藏高原地表特征的不确定性对 Noah-MP 陆面模拟的影响

(1)试验设置

使用中国气象局陆面数据同化系统(CLDAS)2.0 版(Shi et al.,2014)气象资料驱动 Noah-MP 陆面模式进行区域模拟,其中各物理过程参数化方案根据 Zhang 等(2016a,2016b)选定。研究区域位于 90.08°～94.74°E 和 29.75°～32.26°N 之间、平均海拔约 4800 m、面积约 9.3×10^4 km^2 的青藏高原中部,该区域降水分布差异很大(图 3.69)。超过 43000 个格点可以归类为干旱和半干旱地区(即降水量小于 400 mm · a^{-1}),超过 49000 个格点可以归类为半湿润和湿润地区。

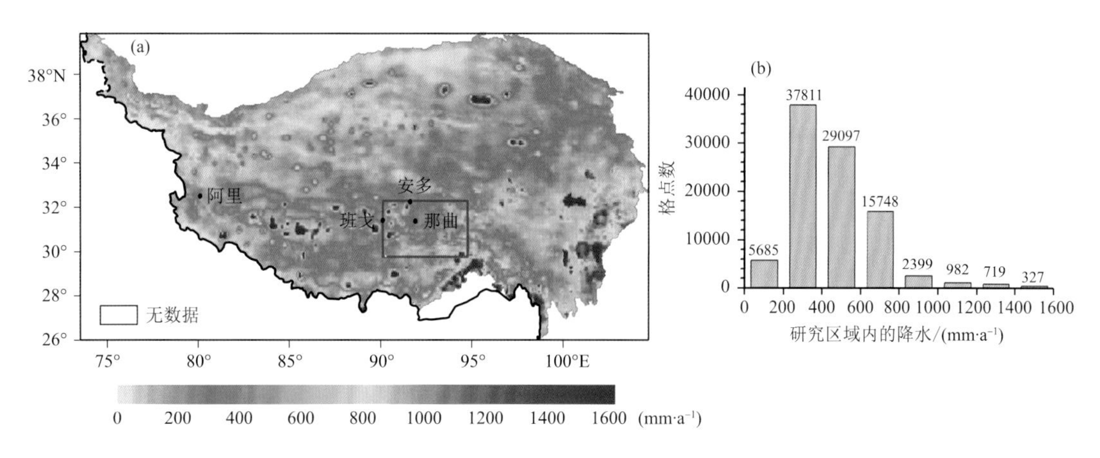

图 3.69 青藏高原年降水分布(研究区域由品红色方框标记)
(a)为研究区域与站点的位置;(b)为研究区域内年均降水的频率分布

本研究使用两套植被覆盖数据集和两套土壤质地数据集进行 Noah-MP 参数集合模拟,获得各个模型模拟的概率分布,然后采用统计检验方法来检验集合模拟的两种概率分布函数的可区分性。两套植被覆盖数据包括 Noah-MP 陆面模式中默认使用的国际地圈生物圈计划(MIGBP)20 类 MODIS 数据集(Friedl et al.,2010)和 1 km 多源融合中国植被覆盖(MICLC)数据集(Ran et al.,2012)。土壤质地数据包括 Noah-MP 陆面模式默认使用的联合国粮食及农业组织(FAO)开发的 1 km、16 类全球土壤质地数据集(Chen et al.,2001)和根据北京师范大学(BNU)开发的中国 1 km 土壤机械组成数据计算得到的土壤质地数据集(Wei et al.,2013)。

两种植被覆盖数据和土壤质地数据在该研究区域存在明显差异。在 MIGBP 中主要的植被覆盖类型是稀疏灌木丛,但在 MICLC 中是草地;在 FAO 中主要的土壤质地类型是壤土,但在 BNU 中是粉沙壤土。第三次青藏高原大气科学试验(TIPEX Ⅲ)(Zhao et al.,2018)中的 4 个站点被选为本研究的代表性站点,包括青藏高原西部的阿里以及中部的安多、班戈和那曲。表 3.8 给出了这 4 个站点在不同数据集中的植被覆盖和土壤质地类型,可以看出,班戈和那曲的植被覆盖类型不同,而安多、阿里和班戈的土壤质地类型不同。

表 3.8 不同植被和土壤类型资料对四个站点的描述

站点名	经纬度	植被覆盖		土壤质地	
		MIGBP	MICLC	FAO	BNU
安多(Amdo)	91.62°E，32.24°N	草地	草地	壤土	沙壤土
阿里(Ali)	80.1°E，32.49°N	裸土	裸土	壤土	粉沙壤土
班戈(Baingoin)	90.1°E，31.4°N	稀疏灌丛	草地	壤土	粉沙壤土
那曲(Naqqu)	91.9°E，31.37°N	稀疏灌丛	草地	壤土	壤土

(2)参数介绍及参数可调范围

表 3.9 列出了从 Noah-MP 模式中选择的植被和土壤参数，用于敏感性分析。植被覆盖类型包括常绿针叶林(ENF)、常绿阔叶林(EBF)、落叶针叶林(DNF)、落叶阔叶林(DBF)、混合林(MF)、封闭灌木林(CSH)、稀疏灌木林(OSH)、木本稀树草原(WS)、稀树草原(SAV)、草地(GL)、永久湿地(PWL)、农田(CRL)、城市和建筑区(UB)、农田/自然植被马赛克(CVM)、冰雪(SI)、裸土/稀疏植被(BAR)和水体(WB)。土壤质地类型包括壤沙土(LSD)、沙壤土(SDL)、粉沙壤土(STL)、粉沙(ST)、壤土(L)、黏壤土(CL)、水和其他。此外，本节没有探讨参数在 UB、SI 和 WB 格点的敏感度。

表 3.9 选取的参数

编号	参数	物理意义
1	CH2OP	最大截留水/mm
2	DLEAF	叶片维度特征/m
3	Z0MVT	动力粗糙长度/m
4	HVT	冠层顶部高度/m
5	MFSNO	融雪参数
6	XL	叶/茎方向指数
7	CWPVT	经验冠层风参数
8	KC25	二氧化碳 Michaelis-Menten 常数/Pa
9	AKC	用于 KC25 的 q10
10	KO25	氧气 Michaelis-Menten 常数/Pa
11	AKO	用于 KO25 的 q10
12	AVCMX	用于 VCMX25 的 q10
13	TMIN	光合作用最低温度/K
14	VCMX25	最大羧化作用效率/(μmol CO_2 · m^{-2} · s^{-1})
15	BP	最小叶面气孔导度/(μmol · m^{-2} · s^{-1})
16	MP	气孔导度-光合作用关系斜率
17	QE25	量子效率/(μmol CO_2/μmol 入射光子)
18	FOLNMX	叶片最大氮浓度/%
19	SAI	月茎面积指数

续表

编号	参数	物理意义
20	LAI	月叶面积指数
21	BB	Clapp-Hornberger“b”参数
22	MAXSMC	孔隙度
23	SATPSI	饱和土壤水势
24	SATDK	饱和水力传导度
25	SATDW	饱和土壤水力扩散系数
26	QTZ	土壤石英含量
27	CSOIL	土壤热容量/($J \cdot m^{-3} \cdot K^{-1}$)

在参数的敏感性分析试验中,通过改变参数的大小得到相应陆面模拟的响应程度,并通过一系列统计分析方法确定参数的敏感性。这就需要设置参数的变化范围。Clapp-Hornberger“b”参数(BB)、孔隙度(MAXSMC)和饱和导水率(SATDK)的范围是通过参考 Cosby 等(1984)的工作定义的。参数如 KO25、AKO、AVCMX、BP、FOLNMX、SAI 和 LAI 在其默认值的±20%范围内变化。对于 AKC 和 CWPVT,其变化范围分别为 10%和 30%。其他参数基本参考了 Hogue 等(2006)、Lu 等(2013)及 Li 等(2016)的前期工作。

本研究没有选取田间持水量和凋零点进行分析,因为这两个参数是由 MAXSMC、饱和土壤水势(SATPSI)、SATDK 和 BB 计算得出的(Chen et al.,2001)。同样,茨林蒂克维奇(Zilintikevich)参数是由冠层高度(HVT)计算得出的(Chen et al.,2009)。

(3)分析方法

Morris 方法(Morris,1991;Campolongo et al.,2007)能在全局范围内研究模型参数的敏感性,即对系统输出的影响程度。Morris 法的设计基于计算“基本作用”,其采样设计巧妙,可以以较小的计算代价得到参数全局敏感性的比较及参数相关性和非线性的定性描述。

假设系统模型为 $y = f(x_1, x_2, \cdots, x_k)$,其中 k 为参数的维数。根据 Morris 法的抽样准则,先将每个参数的变化范围映射到区间[0,1],并将其离散化,使每个参数只能从集合 $A = \{0, (1/p)-1, 2/(p-1), \cdots, 1\}$ 中取值,其中 p 为参数的水平数。这样,每个参数在 A 中随机地取值获得第一个样本点 $X^1 = (x_1, x_2, \cdots, x_k)$ 。要得到第二个样本点,对 X^1 的任意一个参数 x_i 做一个扰动Δ(Δ 是 $1/(p-1)$ 的整数倍),这样得到 $X^2 = (x_1, \cdots, x_i + \Delta, \cdots, x_k)$ 。再对 X^2 的第 i 个参数以外的任意参数做一个扰动Δ 得到 X^3 。以此类推,最后得到第一组 $k+1$ 个样本点 $\{X^1, \cdots, X^{k+1}\}$ 。这样,由第一组样本点可以求出每个参数的基本作用,其中第 j 个参数的基本作用可以表示为

$$d_j(1) = \frac{f(X^m) - f(X^{m-1})}{\Delta} \quad m = 2, \cdots, k+1 \tag{3.18}$$

式中, $X^m = (x_1, \cdots, x_j + \Delta, \cdots, x_k)$, $X^{m-1} = (x_1, \cdots, x_j, \cdots, x_k)$ 。

如果只考虑一组样本点,就类似于传统的局部敏感性分析方法。Morris 方法之所以是全局敏感性分析方法,是因为上述的过程被重复了 r 次(r 为预先确定的整数),使得样本点可以

代表整个样本空间。在 Morris 法中，假定衡量参数 x_j 敏感性的基本作用服从某种分布 F_j，测量分布 F_j 的均值 μ_j 和标准差 σ_j，即可确定该参数的全局敏感性。

$$\mu_j = \sum_{i=1}^{r} |d_j(i)| / r \text{ 和 } \sigma_j = \sqrt{\sum_{i=1}^{r} [d_j(i) - \mu_j]^2 / r} \tag{3.19}$$

如果 x_j 所对应的均值 μ_j 越大，说明它对系统输出的影响越大。而标准差 σ_j 表示参数之间相互作用的程度，如果标准差大，表示 x_j 与其他参数相互作用的程度大；反之则小。

Morris 方法只需要少量样本（大约是参数维度的 10 倍）就可以可靠地筛选出两个陆面模式（CABLE 模式和 JULES 模式）中最敏感的参数（Li et al.，2016）。在本研究中，所有参数的 μ 值都被归一化至[0,1]的范围内，最重要的参数赋值为 1，而最不重要的参数则赋值为 0。然后，使用 Rosolem 等（2012）介绍的帕累托排序方法来对多个目标函数区分最敏感的参数和不敏感的参数。

采用差异性水平（Eckhardt et al.，2003）和 Kolmogorov-Smirnov（KS）检验评估两个集合模拟之间的差异是否显著。

（4）评估结果

①Morris 多目标参数筛选

使用默认数据集（MIGBP 和 FAO）运行 Noah-MP 陆面模式，以获得用于参数敏感性分析的模拟结果。本节选用每个植被覆盖类型区域平均的陆面模拟值作为敏感性分析的目标变量。由于壤土（L）是 FAO 在整个研究区域的唯一土壤质地类型，这里暂不分析不同土壤质地的参数敏感性。

图 3.70 和图 3.71 分别显示模拟的感热通量和潜热通量以及土壤温度和土壤湿度对每个参数的 Morris 敏感性分析指数（归一化 μ）。敏感性分析的结果可以归纳为以下几点：土壤参数（编号 21～27）通常比植被参数（编号 1～20）更敏感。对于森林（ENF、EBF、DNF、DBF 和 MF）来说，树冠高度（编号 4）是模拟感热通量（特别是在春季和夏季的白天）和土壤温度（特别是在冬季）的一个重要植被参数。参数敏感性显示出明显的季节性和昼夜变化。例如，模拟的白天感热通量在夏季对冠层高度和 Clapp-Hornberger “b”参数（编号 21）很敏感，但在秋季由于土壤水分的限制，它对饱和土壤导水率（编号 24）很敏感。在夜间，孔隙率（编号 22）、土壤石英含量（编号 26）和土壤热容量（编号 27）更敏感。然而，对于土壤湿度的模拟，孔隙率始终是最敏感的参数。

基于全局敏感性分析的结果，本研究接着使用帕累托排序方法来区分对于四个模拟变量的敏感参数和不敏感参数。为了在进一步的集合模拟中更准确地估计参数不确定性对模型输出的影响，特别是对于通常比土壤参数敏感度低的植被参数，我们保留了植被和土壤参数的前两个等级序列。最后，7 个土壤参数（编号 21～27）全部被选中，表 3.10 显示了每个植被覆盖类型被选中的植被参数。

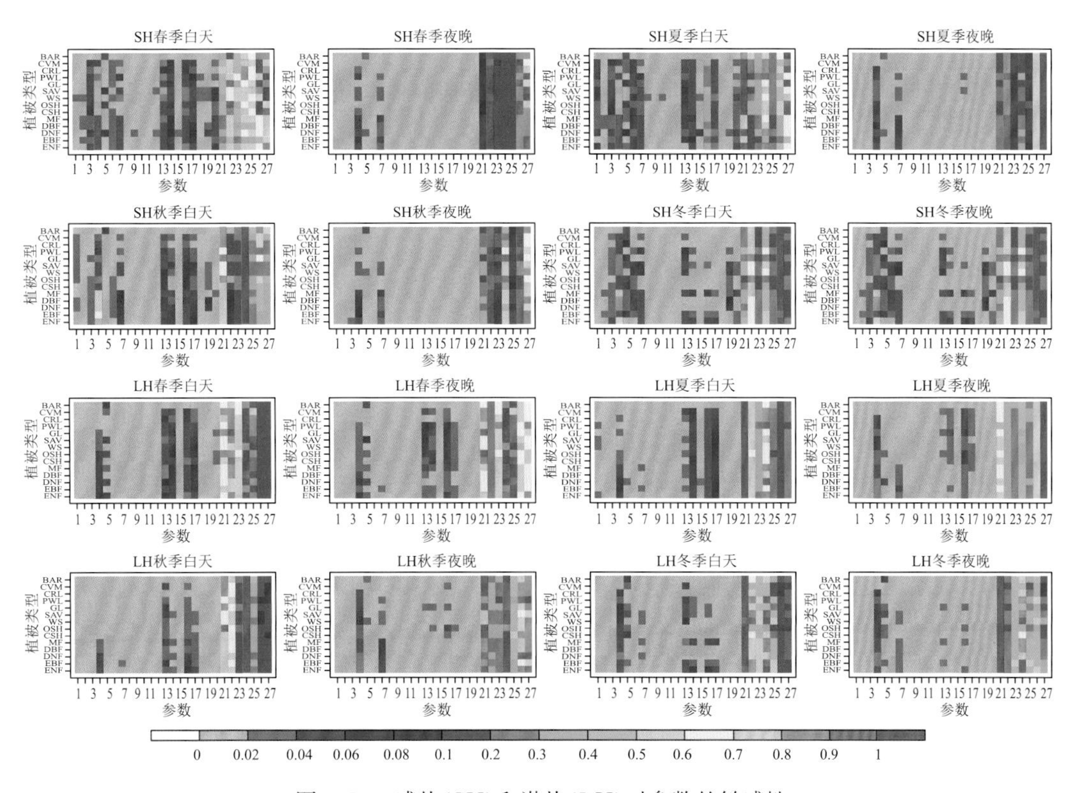

图 3.70　感热(SH)和潜热(LH)对参数的敏感性

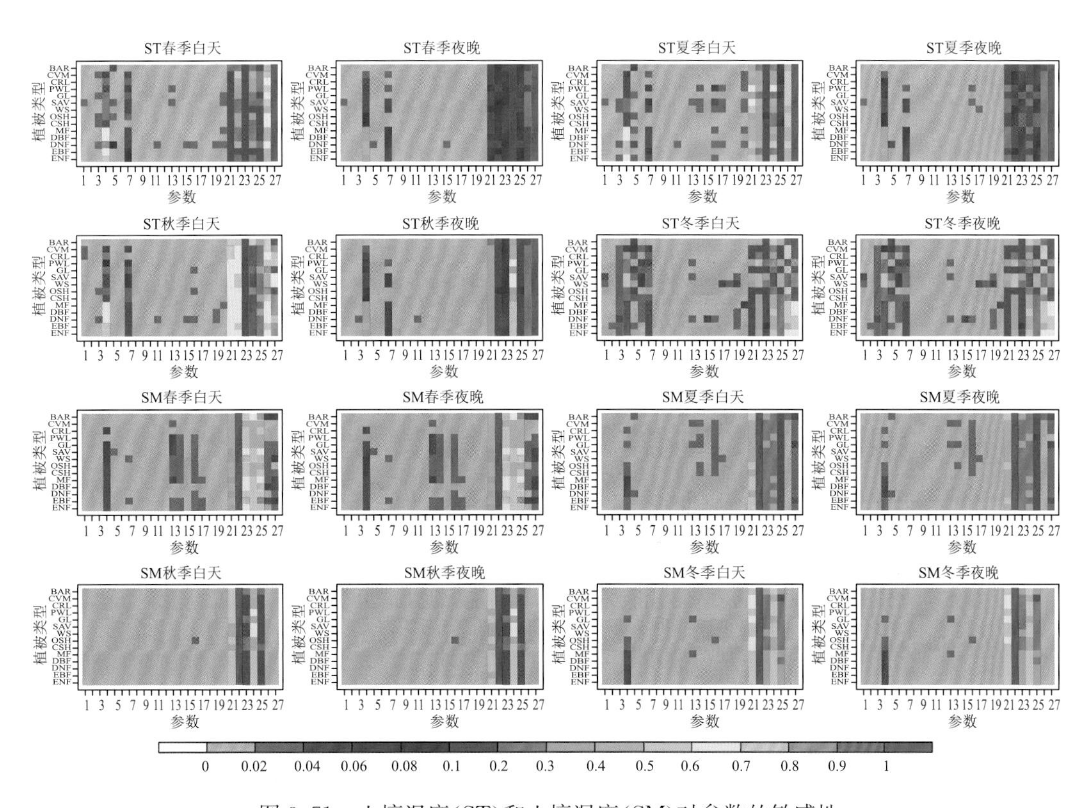

图 3.71　土壤温度(ST)和土壤湿度(SM)对参数的敏感性

表 3.10　不同植被类型的多目标植被参数筛选结果

植被类型	筛选的植被参数
ENF	HVT，MFSNO，CWPVT，MP
EBF	HVT，MFSNO，CWPVT，TMIN，VCMX25，MP
DNF	HVT，MFSNO，CWPVT，BP，MP
DBF	HVT，CWPVT，TMIN，VCMX25，MP
MF	HVT，MFSNO，CWPVT，TMIN，MP
CSH	CH2OP，Z0MVT，HVT，MFSNO，CWPVT，TMIN，VCMX25，MP，QE25，SAI，LAI
OSH	CH2OP，Z0MVT，HVT，MFSNO，CWPVT，TMIN，VCMX25，MP，QE25
WS	HVT，CWPVT，TMIN，MP，QE25
SAV	CH2OP，HVT，MFSNO，CWPVT，TMIN，VCMX25，MP，QE25
GL	Z0MVT，HVT，XL，CWPVT，TMIN，MP，VCMX25，QE25，LAI
PWL	CH2OP，HVT，CWPVT，TMIN，MP，VCMX25，QE25
CRL	CH2OP，Z0MVT，HVT，MFSNO，XL，CWPVT，TMIN，MP，VCMX25，LAI
CVM	CH2OP，Z0MVT，HVT，XL，CWPVT，TMIN，MP，VCMX25，LAI
BAR	MFSNO

②差异评估

在本节中，评估了在参数不确定性背景下不同的植被覆盖或土壤质地类型导致的模型响应差异是否显著，并使用差异性水平和 KS 距离来量化这些差异。

图 3.72a—d 显示了使用两个不同的植被覆盖类型模拟感热通量、潜热通量、土壤温度和土壤湿度的平均差异性水平，这些结果分别是使用 MIGBP 和 MICLC 的植被参数集合模拟计算的。例如，图 3.72a 左下角的浅蓝色网格显示 ENF 和 EBF 在模拟 SH 方面的平均差异性水平为 0.7～0.8，这表明 Noah-MP 模式在使用 ENF 和 EBF 模拟 SH 时，差异归因于植被类型的变化而不是参数不确定性造成的随机结果的概率为 0.7～0.8。

总体上，Noah-MP 模式在模拟青藏高原中部地区任意两个森林类型的这四个地表变量时，差异并不显著，因为平均差异性水平通常小于 0.6。对于感热通量、土壤温度及土壤湿度，森林类型与非森林（如草原或灌木丛）类型的差异更为显著（差异性水平高于 0.8），但对于潜热通量，差异性水平几乎不显著。在裸土/稀疏植被（BAR）和其他植被覆盖类型之间，模型差异显著。对于最主要的植被类型差异（即 MIGBP 中的 OSH 与 MICLC 中的 GL 相比），模拟的潜热通量、土壤温度和土壤湿度并无明显区别（差异性水平小于 0.3）。

同样，图 3.72e 显示了使用 FAO 和 BNU 的土壤参数集合模拟计算出的平均差异性水平。与其他土壤质地类型之间的变化相比，L 与 LSD 之间的变化导致模拟 SH、LH、ST 和 SM 的差异更明显。而对于 FAO 和 BNU 之间最主要的差异（即 FAO 中的 L 与 BNU 中的 STL），其差异性水平小于 0.4。图 3.72f 是植被和土壤参数集合模拟的平均差异性水平与平均 KS 距离的散点图。两种方法的差异评估结果显然是比较一致的。

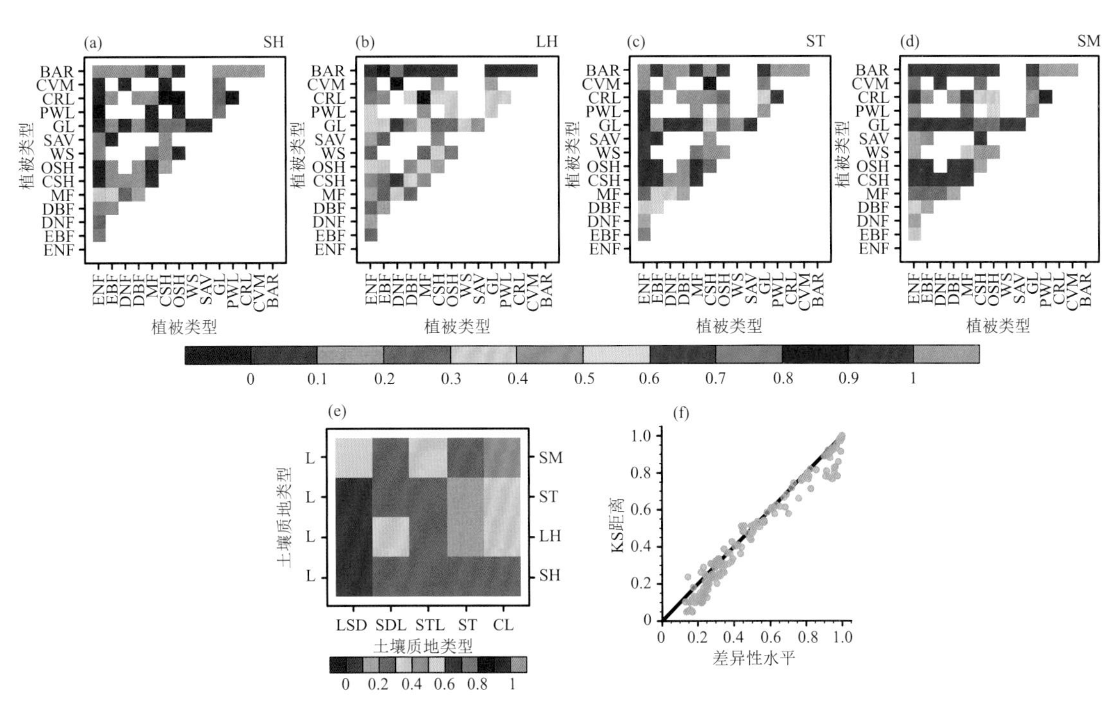

图 3.72　集合模拟之间差异性水平的估计：(a)—(d)两种不同植被类型的平均差异性水平；(e)两种不同的土壤质地类型的平均差异性水平，L 对应 loam(壤土)；(f)植被和土壤参数集合模拟案例的平均差异性水平与平均 KS 距离的对比图

③改变植被或土壤类型引起模型差异的不确定性量化

图 3.73 显示将植被类型从默认数据集改为备选数据集后的年均感热通量、潜热通量及土壤温湿度变化的平均值和标准差。如果在两个森林类型或两个非森林类型之间改变指定的植

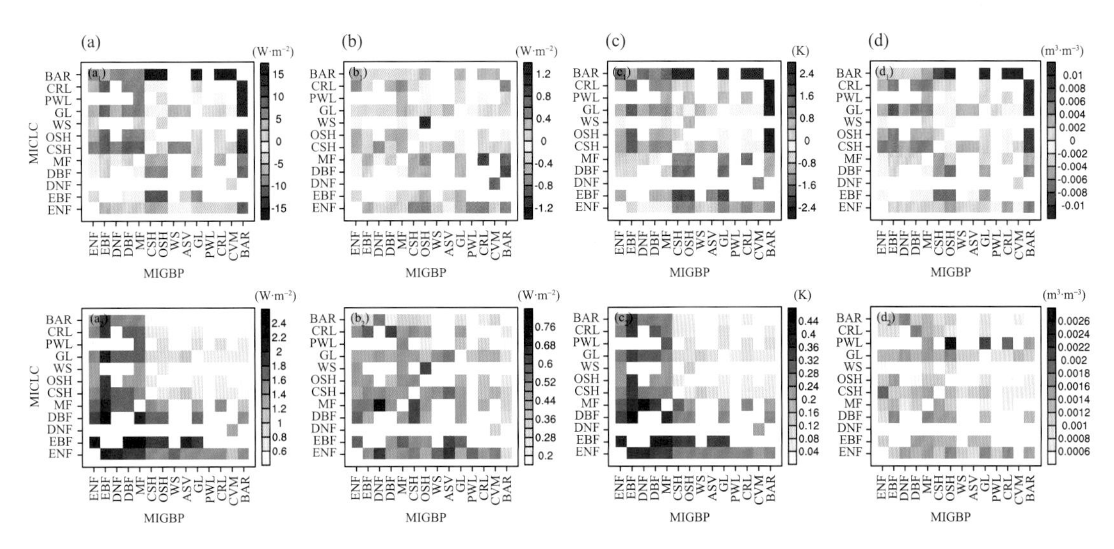

图 3.73　将植被类型从默认数据集改为备选数据集后的年均感热(SH,(a))、潜热(LH,(b))、土壤温度(ST,(c))和土壤湿度(SM,(d))变化的平均值(第一行)和标准差(第二行)

被类型，模型平均响应的变化相对较小。然而，对于两个森林类型之间的转换，模拟的不确定性比其他植被类型之间的转换要大。例如，当植被类型从 DBF 变为 EBF 时，年平均感热通量平均值减少了不到 2.5 W・m^{-2}（图 3.73a_1），但其标准差却超过了 2.4 W・m^{-2}（图 3.73a_2）。如果指定的植被类型在森林类型和非森林类型之间变化，模型平均响应的相应变化相对大于两个森林类型之间的变化，不确定性也较小。

土壤类型从 L 到 LSD 的变化导致的模型响应最大（图 3.74）：感热通量增加 2.1 W・m^{-2}、潜热通量减少 7 W・m^{-2}、土壤温度增加 0.3 K 以及土壤湿度减少 0.03 m^3・m^{-3}。由于参数的不确定性，故这些估计存在很大的不确定性。例如，对于最主要的土壤类型转换（即从 L 到 STL），尽管感热通量变化的平均值非常接近于零，模拟的年均感热通量可能增加或减少 2 W・m^{-2}以上。

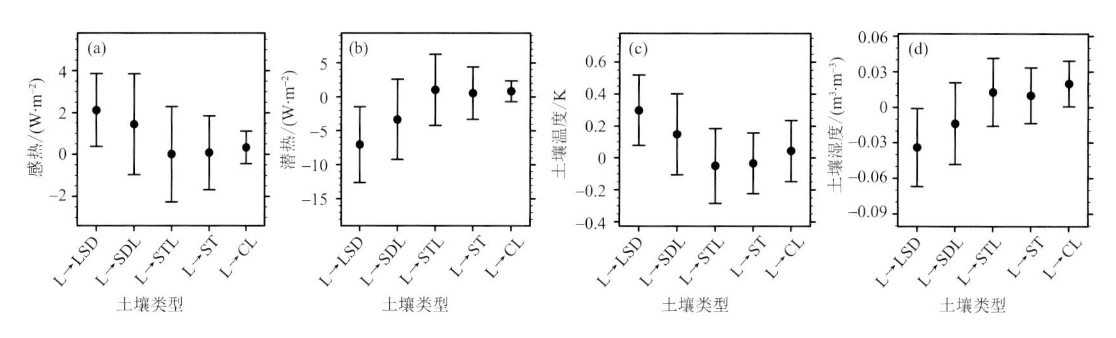

图 3.74　由土壤类型的变化而引起的模型响应变化平均值和不确定性（→代表转换）

（a）感热；（b）潜热；（c）土壤温度；（d）土壤湿度

图 3.75 显示了当植被类型从 OSH 改为 GL 时，不同范围的年降水量和植被覆盖度条件下的平均差异性水平和潜热通量变化的估计。结果发现，当年降水量大于 1000 mm 时，植被覆盖度倾向于对差异性水平和潜热通量的变化有正影响；而当年降水量小于 1000 mm 时，植被覆盖度的影响相对较弱。

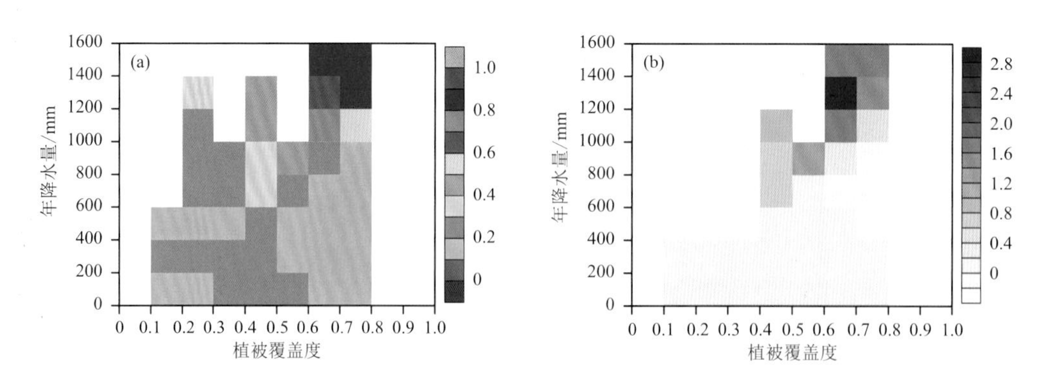

图 3.75　当植被类型从稀疏灌丛（OSH）改为草地（GL）时，不同范围的年降水量和植被覆盖度条件下的平均差异性水平（a）和潜热变化（单位：W・m^{-2}，（b））的估计

3.4 本章小结

本章围绕数值模式在青藏高原的适用性问题，首先评估了 CMIP6 大气环流模式对青藏高原降水及大气辐射的模拟能力，指出高原东坡、南坡仍是降水模拟偏差大值区，进而针对性地开展了天气预报型试验，确定了导致大气环流模式模拟偏差的可能原因；进一步地，利用对流解析模式探究了模式对流参数化方案对降水模拟偏差的影响，并探究了高原对流云降水的微物理机制；最后，考察了陆面模式在青藏高原的不确定性问题。得到如下主要结论。

(1)第六次国际耦合模式比较计划(CMIP6)提供了目前最新的全球气候(地球系统)模式结果，将 21 个参加 CMIP6 的大气环流模式分为低(约 100 km)、中(约 50 km)和高(约 25 km)三组分辨率，探究了青藏高原地区降水模拟偏差特征以及模式分辨率对降水模拟的影响。结果表明，CMIP6 三类不同分辨率的三组模式均能够大体再现降水量、频率和强度的空间分布，但模式高估(低估)了青藏高原地区的降水量和降水频率(强度)，且无法再现观测中的高原降水日变化特征，降水模拟偏差与地形密切相关；模式分辨率的提升改进了降水频率、强度及日变化的模拟，并能模拟出降水强度随地形抬升而减弱的关系，但高原南坡和东坡仍然是偏差大值区域。

(2)针对高原东坡这一典型降水正偏差区，有针对性地开展了天气预报型试验积分(TAMIP)，根据对于不同类型降水及其配套的大尺度环流场模拟偏差的认识，开展敏感性试验确定了直接导致误差的可能原因。结果表明，CAMS-CSM 模式中的物理过程夸大了异常涡旋型环流与模式降水间的对应关系；TAMIP 中弱降水对应的异常环流空间分布比 AMIP 更接近观测，因而可以更好地模拟弱降水，而 TAMIP 中虚假的弱降水可能与模式对流层低层的异常辐合、近地面大气的偏冷偏湿有关；在水汽方程中增加额外的水汽散度项可以改变水汽的空间分布，进而有助于改善降水量值的模拟，尤其是能够使模式对陡峭地形区周边的虚假降水偏差显著减小。

(3)CMIP6 大气环流模式模拟的青藏高原及周边季风区的大气辐射及云辐射特性依然存在相当的偏差，且主要偏差的表现存在区域差异，体现了亚洲季风区云辐射物理过程及其模拟研究的复杂和困难性。特别是，中国东部副热带季风区和南亚热带季风区大气顶能量收支和云辐射效应的主要偏差源完全不同，这种差异事实体现了亚洲季风区内的气候多样性和复杂性。

(4)在对大气环流模式模拟青藏高原降水偏差的认识基础上，通过比较对流解析模式(CPM)和对流参数化模式(LSM)，进一步研究了 LSM 对高原降水模拟偏多的可能原因。结果表明，LSM 中采用的对流参数化方案的闭合假设不受大尺度环流的调控，清晨至午后对流降水随着局地大气不稳定性的逐渐增强而增大，导致模式产生了虚假的午后降水峰值，使得 LSM 高估了高原东北部降水；相对地，CPM 再现了观测中高原东北部降水与大尺度环流的对应关系，更好地模拟出了三江源地区降水的日循环特征，从而显著地改善了 LSM 对三江源地区降水的高估。

(5)针对与降水密切相关的云微物理过程，利用第三次青藏高原大气科学试验的多种云降水探测资料，评估优化 CAMS 双参数云微物理方案，初步得到了一个较适用于高原环境的云微物理方案，并探究了高原对流云降水的微物理机制。模拟发现：高原弱对流云降水虽然以冰云过程为主，但暖雨过程亦十分重要，尤其在降水中心。增大云滴凝结率，导致降水率最显著的增加，暗示云滴凝结在弱对流降水中起关键作用。高分辨率(600 m)模拟显示：高原对流云中的过冷水含量丰富，冰晶的支配过程为冰晶凝华及冰雪自动转化，淞附过冷云水是雪/霰粒子最重要的增长方式，霰粒子的重力沉降及融化过程决定着地面降雨，而雪融化的贡献非常小。高原对流降水前期，云中水汽主要来自地面的蒸发，并会出现水汽的自循环过程，而在对流发展时期，总水汽通量辐合支配着云中水汽的凝结、凝华过程。

(6)基于青藏高原东南边缘的大理农田观测站通量塔的观测以及第三次青藏高原大气科学试验数据，利用自然选择法和 Tukey 检验方法评估了 Noah-MP 参数化方案组合的不确定性以及对模型性能的影响；进一步地，使用多目标参数筛选、参数集合模拟和差异评估，评估了参数不确定性背景下，植被类型或土壤类型变化对陆面过程模拟的影响。结果表明，与植被参数(即 LAI)相比，降水数据的不确定性对 Noah-MP 集合模拟影响更大；采用自然选择法的不确定分析结果与 Tukey 检验方法的分析结果基本一致，但存在一些小的差异；不确定性分析为改进 LSM 模拟提供了有用的指导；在模拟青藏高原中部地区的地表通量时，土壤参数通常比植被参数更敏感；差异性水平和模型响应的变化对年降水量和植被覆盖度有明显的敏感性。这些发现可以为青藏高原地区的陆面过程模拟提供有用的信息。

参考文献

丁一汇，2002. 中国西部环境变化的预测[M]. 北京：科学出版社：21-114.

冯蕾，周天军，2015. 高分辨率 MRI 模式对青藏高原夏季降水及水汽输送通量的模拟[J]. 大气科学，39(2)：386-398.

巩远发，纪立人，段廷扬，2004. 青藏高原雨季的降水特征与东亚夏季风爆发[J]. 高原气象，23(3)：313-322.

韩振宇，高学杰，石英，等，2015. 中国高精度土地覆盖数据在 RegCM4/CLM 模式中的引入及其对区域气候模拟影响的分析[J]. 冰川冻土，37(4)：857-866.

胡芩，姜大膀，范广洲，2014. CMIP5 全球气候模式对青藏高原地区气候模拟能力评估[J]. 大气科学，38(5)：924-938.

矫梅燕，李川，李延香，2005. 一次川东大暴雨过程的中尺度分析[J]. 应用气象学报，16(5)：699-704.

金霞，2013. 四川盆地降水日变化特征分析及成因研究[D]. 北京：中国气象科学研究院：126.

林建，杨贵名，2014. 近 30 年中国暴雨时空特征分析[J]. 气象，40(7)：816-826.

刘晓东，1999. 青藏高原隆升对亚洲季风形成和全球气候与环境变化的影响[J]. 高原气象，18(3)：321-332.

吕炯，1942. 巴山夜雨[J]. 气象学报，16：36-53.

吕艺影，银燕，陈景华，等，2018. 雨季青藏高原东部 MCC 移动特征及其热动力原因分析[J]. 高原气象，

37(6)：1511-1527.

潘旸，沈艳，宇婧婧，等，2012. 基于最优插值方法分析的中国区域地面观测与卫星反演逐时降水融合试验[J]. 气象学报，70(6)：1381-1389.

彭贵康，柴复新，曾庆存，等，1994. "雅安天漏"研究Ⅰ：天气分析[J]. 大气科学，18(4)：466-475.

吴佳，高学杰，2013. 一套格点化的中国区域逐日观测资料及与其他资料的对比[J]. 地球物理学报，56(4)：1102-1111.

肖红茹，陈静，2010. 一次东移高原低涡影响四川暴雨的数值模拟分析[J]. 高原山地气象研究，30(2)：12-17.

徐新良，刘纪远，邵全琴，等，2008. 30年来青海三江源生态系统格局和空间结构动态变化[J]. 地理研究，27(4)：829-838.

叶笃正，高由禧，1979. 青藏高原气象学[M]. 北京：科学出版社.

宇如聪，曾庆存，彭贵康，等，1994. "雅安天漏"研究Ⅱ. 数值预报试验[J]. 大气科学，18(5)：535-551.

宇如聪，李建，陈昊明，等，2014. 中国大陆降水日变化研究进展[J]. 气象学报，72(5)：948-968.

曾庆存，宇如聪，彭贵康，等，1994. "雅安天漏"研究Ⅲ：特征、物理量结构及其形成机制[J]. 大气科学，18(6)：649-659.

张冬峰，高学杰，白虎志，等，2005. RegCM3 模式对青藏高原地区气候的模拟[J]. 高原气象，24(5)：714-720.

张强，赵煜飞，范邵华，2016. 中国国家级气象台站小时降水数据集研制[J]. 暴雨灾害，35(2)：182-186.

周天军，吴波，郭准，等，2018. 东亚夏季风变化机理的模拟和未来变化的预估：成绩和问题、机遇和挑战[J]. 大气科学，42(4)：902-934.

周天军，邹立维，陈晓龙，2019. 第六次国际耦合模式比较计划(CMIP6)评述[J]. 气候变化研究进展，15(5)：445-456.

ARAKAWA A, 2004. The cumulus parameterization problem: Past, present, and future[J]. J Climate, 17(13): 2493-2525.

ARAKAWA A, SCHUBERT W H, 1974. Interaction of a cumulus cloud ensemble with the large-scale environment, Part I[J]. J Atmos Sci, 31(3): 674-701.

BALL J, WOODROW L E, BERRY J A, 1987. A Model Predicting Stomatal Conductance and Its Contribution to the Control of Photosynthesis under Different Environmental Conditions[M]. Dordrecht: Springer: 221-224.

BAO X, ZHANG F, SUN J, et al, 2011. Diurnal variations of warm-season precipitation east of the Tibetan Plateau over China[J]. Mon Wea Rev, 139(9): 2790-2810.

BARLAGE M, TEWARI M, CHEN F, et al, 2015. The effect of groundwater interaction in North American regional climate simulations with WRF/Noah-MP[J]. Climatic Change, 129(3-4): 485-498.

BERRISFORD P, KÅLLBERG P, KOBAYASHI S, et al, 2011. Atmospheric conservation properties in ERA-Interim[J]. Q J Roy Meteor Soc, 137(659): 1381-1399.

BOUTLE I A, ABEL S J, HILL P G, et al, 2014. Spatial variability of liquid cloud and rain: Observations and microphysical effects[J]. Q J Roy Meteor Soc, 140(679): 583-594.

BRETZ F, HOTHORN T, WESTFALL P, 2010. Multiple Comparisons Using[M]. New York: Chapman and Hall/CRC.

BROWN A, MILTON S, CULLEN M, et al, 2012. Unified modeling and prediction of weather and climate: A 25-year journey[J]. B Am Meteorol Soc, 93(12): 1865-1877.

BRUTSAERT W, 1982. Evaporation into the Atmosphere[M]. Dordrecht: Springer: 299.

CAI X, YANG Z L, DAVID C H, et al, 2014. Hydrological evaluation of the Noah-MP land surface model for the Mississippi River Basin[J]. J Geophys Res: Atmos, 119: 23-38.

CAMPOLONGO F, CARIBONI J, SALTELLI A, 2007. An effective screening design for sensitivity analysis of large models[J]. Environ Modell Softw, 22(10): 1509-1518.

CHAO W C, 2012. Correction of excessive precipitation over steep and high mountains in a GCM[J]. J Atmos Sci, 69(5): 1547-1561.

CHAO W C, 2015. Correction of excessive precipitation over steep and high mountains in a GCM: A simple method of parameterizing the thermal effects of subgrid topographic variation[J]. J Atmos Sci, 72(6): 2366-2378.

CHEN B,ZHANG X Z, TAO J, et al, 2014. The impact of climate change and anthropogenic activities on alpine grassland over the Qinghai-Tibet Plateau[J]. Agr Forest Meteorol, 189-190: 11-18.

CHEN F,MITCHELL K, SCHAAKE J, et al, 1996. Modeling of land-surface evaporation by four schemes and comparison with FIFE observations[J]. J Geophys Res:Atmos, 101: 7251-7268.

CHEN F, JANJIC Z, MITCHELL K, 1997. Impact of atmospheric surface layer parameterization in the new land-surface scheme of the NCEP mesoscale Eta numerical model[J]. Bound Layer Meteorol, 85: 391-421.

CHEN F, DUDHIA J, 2001. Coupling an advanced land surface hydrology model with the Penn State-NCAR MM5 modeling system. Part I: Model implementation and sensitivity[J]. Mon Wea Rev, 129: 569-585.

CHEN F, ZHANG Y, 2009. On the coupling strength between the land surface and the atmosphere: From viewpoint of surface exchange coefficients[J]. Geophys Res Lett, 36(10): L10404.

CHEN F, BARLAGE M, TEWARI M, 2014. Modeling seasonal snowpack evolution in the complex terrain and forested Colorado Headwaters region: A model inter-comparison study[J]. J Geophys Res: Atmos, 119: 13795-13819.

CHEN F,ZHANG G,BARLAGE M, et al, 2015. An observational and modeling study of impacts of Bark Beetle-caused tree mortality on surface energy and hydrological cycles[J]. J Hydrometeorol, 16(2): 744-761.

CHEN G, SHA W, SAWADA M, et al, 2013. Influence of summer monsoon diurnal cycle on moisture transport and precipitation over eastern China[J]. J Geophys Res:Atmos, 118(8): 3163-3177.

CHEN G, YOSHIDA R, SHA W, et al, 2014. Convective instability associated with the eastward-propagating rainfall episodes over eastern China during the warm season[J]. J Climate, 27(6): 2331-2339.

CHEN H, YU R, LI J, et al, 2010a. Why nocturnal long-duration rainfall presents an eastward-delayed diurnal phase of rainfall down the Yangtze River Valley[J]. J Climate, 23(4): 905-917.

CHEN H, ZHOU T, NEALE R, et al, 2010b. Performance of the new NCAR CAM3.5 in East Asian summer monsoon simulations: Sensitivity to modifications of the convection scheme[J]. J Climate, 23(13): 3657-3675.

CHEN H, LI J, YU R, et al, 2018. Warm season nocturnal rainfall over the eastern periphery of the Tibetan Plateau and its relationship with rainfall events in adjacent regions[J]. Int J Climatol, 38(13): 4786-4801.

CHEN L, FRAUENFELD O W, 2014. A comprehensive evaluation of precipitation simulations over China based on CMIP5 multimodel ensemble projections[J]. J Geophys Res:Atmos, 119(10): 5767-5786.

CHEN M, DICKINSON R E, ZENG X, et al, 1996. Comparison of precipitation observed over the continental United States to that simulated by a climate model[J]. J Climate, 9(9): 2233-2249.

CHEN Y, YANG K, ZHOU D, et al, 2010. Improving the Noah land surface model in arid regions with an appropriate parameterization of the thermal roughness length[J]. J Hydrometeorol, 11(4): 995-1006.

CLARK M P, RUPP D E, WOODS R A, et al, 2008. Hydrological data assimilation with the ensemble Kalman filter: Use of stream flow observations to update states in a distributed hydrological model[J]. Adv Water Resour, 31(10):1309-1324.

CODRON F, SADOURNY R, 2002. Saturation limiters for water vapour advection schemes: Impact on orographic precipitation[J]. Tellus A, 54(4): 338-349.

COLLIER E, IMMERZEEL W W, 2015. High-resolution modeling of atmospheric dynamics in the Nepalese Himalaya[J]. J Geophys Res:Atmos, 120(19): 9882-9896.

COSBY B, HORNBERGER G, CLAPP R, et al, 1984. A statistical exploration of the relationships of soil moisture characteristics to the physical properties of soils[J]. Water Resour Res, 20:682-690.

CUI X, GRAF H F, 2009. Recent land cover changes on the Tibetan Plateau: A review[J]. Climatic Change, 94(1-2): 47-61.

CULLEN M J P, 1993. The unified forecast/climate model[J]. Met Mag, 122(1449): 81-94.

DAI A, 2006. Precipitation characteristics in eighteen coupled climate models[J]. J Climate, 19(18): 4605-4630.

DAI A, TRENBERTH K E, 2004. The diurnal cycle and its depiction in the Community Climate System Model[J]. J Climate, 17(5): 930-951.

DANARD M, ZHANG Q, KOZLOWSKI J, 1993. On computing the horizontal pressure gradient force in sigma coordinates[J]. Mon Wea Rev, 121(11): 3173-3183.

DAVIES T, CULLEN M J P, MALCOLM A J, et al, 2005. A new dynamical core for the Met Office's global and regional modelling of the atmosphere[J]. Q J Roy Meteor Soc, 131(608): 1759-1782.

DEE D P, UPPALA S M, SIMMONS A J, et al, 2011. The ERA-Interim reanalysis: Configuration and performance of the data assimilation system[J]. Q J Roy Meteor Soc, 137(656): 553-597.

DELWORTH T L, ROSATI A, ANDERSON W, et al, 2012. Simulated climate and climate change in the GFDL CM2. 5 High-Resolution Coupled Climate Model[J]. J Climate, 25(8): 2755-2781.

DICKINSON R E, HENDERSON-SELLERS A, KENNEDY P J, 1993. Biosphere-Atmosphere Transfer Scheme (BATS) version 1e as coupled to the NCAR Community Climate Model[R]. NCAR Technical Note: No. NCAR/TN-387+STR. Boulder: National Center for Atmospheric Research (NCAR): 80.

DIRMEYER P A, GAO X A, ZHAO M, et al, 2006. GSWP-2: Multimodel analysis and implications for our perception of the land surface[J]. B Am Meteorol Soc, 87(10): 1381-1397.

DONLON C J, MARTIN M, STARK J, et al, 2012. The operational sea surface temperature and sea ice analysis (OSTIA) system[J]. Rem Sen Environ, 116: 140-158.

DUAN A, WANG M R, LEI Y H, et al, 2013. Trends in summer rainfall over China associated with the Tibetan Plateau sensible heat source during 1980—2008[J]. J Climate, 26(1): 261-275.

ECKHARDT K, BREUER L, FREDE H G, 2003. Parameter uncertainty and the significance of simulated land use change effects[J]. J Hydrol, 273(1): 164-176.

EK M B, MITCHELL K E, LIN Y, et al, 2003. Implementation of Noah land surface model advances in the National Centers for Environmental Prediction operational mesoscale Eta model[J]. J Geophys Res: Atmos, 108(D22): 8851.

FRIEDL M A, SULLA-MENASHE D, TAN B, et al, 2010. MODIS collection 5 global land cover: Algorithm refinements and characterization of new datasets[J]. Rem Sen Environ, 114(1): 168-182.

FURTADO K, FIELD P R, COTTON R, et al, 2015. The sensitivity of simulated high clouds to ice crystal fall speed, shape and size distribution[J]. Q J Roy Meteor Soc, 141(690): 1546-1559.

GAO W, SUI C H, FAN J W, et al, 2016. A study of cloud microphysics and precipitation over the Tibetan Plateau by radar observations and cloud-resolving model simulations[J]. J Geophys Res: Atmos, 121: 13735-13752.

GAO W, LIU L, LI J, et al, 2018. The microphysical properties of convective precipitation over the Tibetan Plateau by a sub-kilometer resolution cloud-resolving simulation[J]. J Geophys Res: Atmos, 123: 3212-3227.

GAO Y, LEUNG L R, ZHANG Y, et al, 2015a. Changes in moisture flux over the Tibetan Plateau during 1979—2011: Insights from a high-resolution simulation[J]. J Climate, 28(10): 4185-4197.

GAO Y, XU J, CHEN D, 2015b. Evaluation of WRF mesoscale climate simulations over the Tibetan Plateau during 1979—2011[J]. J Climate, 28(7): 2823-2841.

GAO Y H, XIAO L H, CHEN D L, et al, 2017. Quantification of the relative role of land-surface processes and large-scale forcing in dynamic downscaling over the Tibetan Plateau[J]. Clim Dynam, 48: 1705-1721.

GAYLER S, WOHLING T, GRZESCHIK M, et al, 2014. Incorporating dynamic root growth enhances the performance of Noah-MP at two contrasting winter wheat field sites[J]. Water Resour, 50(2): 1337-1356.

GRANT A L M, 2001. Cloud-base fluxes in the cumulus-capped boundary layer[J]. Q J Roy Meteorol Soc, 127(572): 407-421.

GREGORY D, ROWNTREE P R, 1990. A mass flux convection scheme with representation of cloud ensemble characteristics and stability-dependent closure[J]. Mon Wea Rev, 118(7): 1483-1506.

GUTOWSKI W J, VOROSMARTY C J, PERSON M, et al, 2002. A coupled land-atmosphere simulation program (CLASP): Calibration and validation[J]. J Geophys Res: Atmos, 107(D16): 4283.

HAARSMA R J, ROBERTS M J, LUIGI V P, et al, 2016. High Resolution Model Intercomparison Project (HighResMIP v1.0) for CMIP6[J]. Geosci Model Dev, 9(11): 4185-4208.

HAHN D G, MANABE S, 1975. The role of mountains in the South Asian monsoon circulation[J]. J Atmos Sci, 32(8): 1515-1541.

HOGUE T S, BASTIDAS L A, GUPTA H V, et al, 2006. Evaluating model performance and parameter behavior for varying levels of land surface model complexity[J]. Water Resour, 42(8): 375-387.

HOLT T, NIYOGI D, CHEN F, et al, 2006. Effect of land-atmosphere interactions on the IHOP 24-25 May 2002 convection case[J]. Mon Wea Rev, 134: 113-133.

HU X, YUAN W, YU R, et al, 2020. The evolution process of warm season intense regional rainfall events in Yaan[J]. Clim Dynam, 54: 3245-3258.

HUFFMAN G J, ADLER R F, BOLVIN D T, et al, 2007. The TRMM multisatellite precipitation analysis (TMPA): Quasi-global, multiyear, combined-sensor precipitation estimates at fine scales[J]. J Hydrometeorol, 8(1): 38-55.

IMMERZEEL W W, VAN BEEK L P H, BIERKENS M F P, 2010. Climate change will affect the Asian water towers[J]. Science, 328(5984): 1382-1385.

IMMERZEEL W W, BIERKENS M F P, 2012. Asia's water balance[J]. Nat Geosci, 5(12): 841.

JARVIS P G, 1976. The interpretation of the variations in leaf water potential and stomatal conductance found in canopies in the field[J]. Philosophical Transactions of the Royal Society B Biological Sciences, 273: 593-610.

JI Z, KANG S, 2013. Double-nested dynamical downscaling experiments over the Tibetan Plateau and their projection of climate change under two RCP scenarios[J]. J Atmos Sci, 70(4): 1278-1290.

JIANG D, TIAN Z, LANG X, 2016. Reliability of climate models for China through the IPCC Third to Fifth Assessment Reports[J]. Int J Climatol, 36(3): 1114-1133.

JIANG X, NIU G Y, YANG Z L, 2009. Impacts of vegetation and groundwater dynamics on warm season precipitation over the central United States[J]. J Geophys Res:Atmos, 114: D06109.

JIANG Z, ZHANG D L, XIA R, et al, 2017. Diurnal variations of presummer rainfall over southern China [J]. J Climate, 30(2): 755-773.

JOHNSON R H, 2011. Diurnal Cycle of Monsoon Convection[M]//CHANG C-P, DING Y H, LAU N-C, et al. The Global Monsoon System: Research and Forecasts. 2nd. Singapore: World Scientific:257-276.

JORDAN R, 1991. A one-dimensional temperature model for a snow cover[R]. CRREL Report: No. SR-91-16. Hanover N H: Cold Regions Research and Engineering Laboratory.

JOYCE R J, JANOWIAK J E, ARKIN P A, et al, 2004. CMORPH: A method that produces global precipitation estimates from passive microwave and infrared data at high spatial and temporal resolution[J]. J Hydrometeorol, 5(3): 487-503.

KARKI R, GERLITZ L, SCHICKHOFF U, et al, 2017. Quantifying the added value of convection-permitting climate simulations in complex terrain: A systematic evaluation of WRF over the Himalayas[J]. Earth Syst Dyn, 8: 507-528.

KOREN V, SCHAAKE J, MITCHELL K, et al, 1999. A parameterization of snowpack and frozen ground intended for NCEP weather and climate models[J]. J Geophys Res:Atmos, 104: 19569-19585.

LAU W K M, KIM K M, 2017. Competing influences of greenhouse warming and aerosols on Asian summer monsoon circulation and rainfall[J]. Asia-Pac J Atmos Sci, 53(2): 181-194.

LAWRENCE P J, CHASE T N, 2007. Representing a new MODIS consistent land surface in the Community Land Model (CLM 3.0)[J]. J Geophys Res:Biogeo, 112: G01023.

LEAN H W, CLARK P A, DIXON M, et al, 2008. Characteristics of high-resolution versions of the Met Office Unified Model for forecasting convection over the United Kingdom[J]. Mon Wea Rev, 136(9): 3408-3424.

LI J, 2018. Hourly station-based precipitation characteristics over the Tibetan Plateau[J]. Int J Climatol, 38(3): 1560-1570.

LI J, YU R, YUAN W, et al, 2015. Precipitation over East Asia simulated by NCAR CAM5 at different horizontal resolutions[J]. J Adv Model Earth Sy, 7(2): 774-790.

LI J, WANG Y P, DUAN Q, et al, 2016. Quantification and attribution of errors in the simulated annual gross primary production and latent heat fluxes by two global land surface models[J]. J Adv Model Earth Sy, 8: 1270-1288.

LI J, CHEN H, RONG X, et al, 2018. How well can a climate model simulate an extreme precipitation event: A case study using the Transpose-AMIP experiment[J]. J Climate, 31(16): 6543-6556.

LI J D, SUN Z, LIU Y, et al, 2021. Top-of-atmosphere radiation budget and cloud radiative effects over the Tibetan Plateau and adjacent monsoon regions from CMIP6 simulations[J]. J Geophys Res: Atmos, 126: e2020JD034345.

LI N, LI J, RONG X, et al, 2020. Obtaining more information about precipitation biases over East Asia from hourly-scale evaluation of model simulation[J]. J Meteorol Res, 34:1-14.

LI P, FURTADO K, ZHOU T, et al, 2020. The diurnal cycle of East Asian summer monsoon precipitation simulated by the Met Office Unified Model at convection-permitting scales[J]. Clim Dynam, 55(1): 131-151.

LI Q, XUE Y, 2010. Simulated impacts of land cover change on summer climate in the Tibetan Plateau[J]. Environ Res Lett, 5(1): 015102.

LI X, GAO Y, PAN Y, et al, 2018. Evaluation of near-surface wind speed simulations over the Tibetan Plateau from three dynamical downscalings based on WRF model[J]. Theor Appl Climatol, 134(3-4): 1399-1411.

LI Y, LI D, YANG S, et al, 2010. Characteristics of the precipitation over the eastern edge of the Tibetan Plateau[J]. Meteorol Atmos Phys, 106(1-2): 49-56.

LIANG L Q, LI L J, LIU C M, et al, 2013. Climate change in the Tibetan Plateau three rivers source region: 1960—2009[J]. Int J Climatol, 33(13): 2900-2916.

LIN C, CHEN D, YANG K, et al, 2018. Impact of model resolution on simulating the water vapor transport through the central Himalayas: Implication for models' wet bias over the Tibetan Plateau[J]. Clim Dynam, 51: 3195-3207.

LOCK A P, BROWN A R, BUSH M R, et al, 2000. A new boundary layer mixing scheme. Part I: Scheme description and single-column model tests[J]. Mon Wea Rev, 128(9): 3187-3199.

LU C, YU G, XIE G, 2005. Tibetan Plateau serves as a water tower[J]. IGARSS, 5: 3120-3123.

LU X, WANG Y P, ZIEHN T, et al, 2013. An efficient method for global parameter sensitivity analysis and its applications to the Australian Community Land Surface Model (CABLE)[J]. Agr Forest Meteorol, 182-183: 292-303.

LUO Y, WANG H, ZHANG R, et al, 2013. Comparison of rainfall characteristics and convective properties of monsoon precipitation systems over south China and the Yangtze and Huai River Basin[J]. J Climate, 26(1): 110-132.

LUO Y, GONG Y, ZHANG D L, 2014. Initiation and organizational modes of an extreme-rain-producing mesoscale convective system along a Mei-Yu Front in east China[J]. Mon Wea Rev, 142(1): 203-221.

LUO Y, CHEN Y, 2015. Investigation of the predictability and physical mechanisms of an extreme-rainfall-producing mesoscale convective system along the Meiyu Front in east China: An ensemble approach[J]. J Geophys Res: Atmos, 120(20): 10593-10618.

MAUSSION F, SCHERER D, FINKELNBURG R, et al, 2011. WRF simulation of a precipitation event over the Tibetan Plateau, China: An assessment using remote sensing and ground observations[J]. Hydrol Earth Syst Sci, 15(6):1795-1817.

MAUSSION F, SCHERER D, MÖLG T, et al, 2014. Precipitation seasonality and variability over the Tibetan Plateau as resolved by the High Asia Reanalysis[J]. J Climate, 27(5): 1910-1927.

MEHRAN A, AGHAKOUCHAK A, PHILLIPS T J, 2014. Evaluation of CMIP5 continental precipitation simulations relative to satellite-based gauge-adjusted observations[J]. J Geophys Res: Atmos, 119(4): 1695-1707.

MORRIS M D, 1991. Factorial sampling plans for preliminary computational experiments[J]. Technometrics, 33(2): 161-174.

MUELLER B, SENEVIRATNE S I, 2014. Systematic land climate and evapotranspiration biases in CMIP5 simulations[J]. Geophys Res Lett, 41(1): 128-134.

NEUPANE N, COOK K H, 2013. A nonlinear response of Sahel rainfall to Atlantic warming[J]. J Climate, 26(18): 7080-7096.

NIU G Y, YANG Z L, 2004. Effects of vegetation canopy processes on snow surface energy and mass balances[J]. J Geophys Res:Atmos, 109: D23111.

NIU G Y,YANG Z L, DICKINSON R E, et al, 2005. A simple TOPMODEL-based runoff parameterization (SIMTOP) for use in global climate models[J]. J Geophys Res: Atmos, 110: D21106.

NIU G Y, YANG Z L, 2006. Effects of frozen soil on snowmelt runoff and soil water storage at a continental scale[J]. J Hydrometeorol, 7: 937-952.

NIU G Y, YANG Z L, DICKINSON R E, et al, 2007. Development of a simple groundwater model for use in climate models and evaluation with Gravity Recovery and Climate Experiment data[J]. J Geophys Res: Atmos, 112: D07103.

NIU G Y,YANG Z L, MITCHELL K E, et al, 2011. The community Noah Land Surface Model with multiparameterization options (Noah-MP): 1. Model description and evaluation with local-scale measurements [J]. J Geophys Res:Atmos, 116: D12109.

NIYOGI D S, RAMAN S, 1997. Comparison of stomatal resistance simulated by four different schemes using FIFE observations[J]. J Appl Meteorol Climatol, 36: 903-917.

OLESON K W, 2004. Technical description of the Community Land Model (CLM)[R]. NCAR Technical Note: NO. NCAR/TN-461+STR. Boulder:National Center for Atmospheric Research:174.

PEARSON K J, HOGAN R J, ALLAN R P, et al, 2010. Evaluation of the model representation of the evolution of convective systems using satellite observations of outgoing longwave radiation[J]. J Geophys Res: Atmos, 115(D20):D20206.

PEARSON K J, LISTER G M S, BIRCH C E, et al, 2014. Modelling the diurnal cycle of tropical convection across the "grey zone"[J]. Q J Roy Meteor Soc, 140(679): 491-499.

PHILLIPS T J, POTTER G L, WILLIAMSON D L, et al, 2004. Evaluating parameterizations in general circulation models: Climate simulation meets weather prediction[J]. B Am Meteorol Soc, 85(12): 1903-1915.

PIAO S,FRIEDLINGSTEIN P, CIAIS P, et al, 2007. Changes in climate and land use have a larger direct impact than rising CO_2 on global river runoff trends[J]. PNAS, 104(39): 15242-15247.

PREIN A F, LANGHANS W, FOSSER G, et al, 2015. A review on regional convection-permitting climate modeling: Demonstrations, prospects, and challenges[J]. Rev Geophys, 53(2): 323-361.

PU B, COOK K H, 2012. Role of the West African westerly jet in Sahel rainfall variations[J]. J Climate, 25(8): 2880-2896.

QIAN T, ZHAO P, ZHANG F, et al, 2015. Rainy-season precipitation over the Sichuan Basin and adjacent regions in southwestern China[J]. Mon Wea Rev, 143(1): 383-394.

QIU J, 2008. China: The third pole[J]. Nature News, 454(7203): 393-396.

RAMANATHAN V, 1987. The role of earth radiative budget studies in climate and general circulation research[J]. J Geophys Res:Atmos, 92(D4): 4075-4095.

RAN Y H,LI X , LU L, et al, 2012. Large-scale land cover mapping with the integration of multi-source information based on the Dempster-Shafer theory[J]. Int J Geog Inf Sci, 26(1): 169-191.

ROSERO E,YANG Z L, GULDEN L E, et al, 2009. Evaluating enhanced hydrological representations in Noah-LSM over transition zones: Implications for model development[J]. J Hydrometeorol, 10: 600-622.

ROSOLEM R,GUPTA H V, SHUTTLEWORTH W J, et al, 2012. A fully multiple-criteria implementation of the Sobol' method for parameter sensitivity analysis[J]. J Geophys Res:Atmos, 117:D07103.

SALERNO F, GUYENNON N, THAKURI S, et al, 2015. Weak precipitation, warm winters and springs impact glaciers of south slopes of Mt. Everest (central Himalaya) in the last 2 decades (1994—2013)[J]. Cryosphere, 9(3): 1229-1247.

SCHAAKE J C,KOREN V I, DUAN Q Y,et al, 1996. Simple water balance model for estimating runoff at different spatial and temporal scales[J]. J Geophys Res:Atmos, 101(D3): 7461-7475.

SHANGGUAN W,DAI Y,DUAN Q,et al,2014. A global soil data set for earth system modeling[J]. J Adv Model Earth Sy, 6(1):249-263.

SHEN Y, ZHAO P, PAN Y, et al, 2014. A high spatiotemporal gauge-satellite merged precipitation analysis over China[J]. J Geophys Res:Atmos, 119(6): 3063-3075.

SHI C X, JIANG L P, ZHANG T, et al, 2014. Status and plans of CMA land data assimilation system (CLDAS) project [C]. Vienna: EGU General Assembly Conference Abstracts.

SHI X Z, YU D S, WARNER E D, et al, 2004. Soil database of 1∶1000000 digital soil survey and reference system of the Chinese genetic soil classification system[J]. Soil Survey Horizons, 45(4): 129-136.

SONG F, ZHOU T, 2014. The climatology and interannual variability of East Asian summer monsoon in CMIP5 coupled models: Does air-sea coupling improve the simulations? [J]. J Climate, 27(23): 8761-8777.

SU F, DUAN X, CHEN D, et al, 2013. Evaluation of the global climate models in the CMIP5 over the Tibetan Plateau[J]. J Climate, 26(10): 3187-3208.

SUN B, WANG H, 2018. Interannual variation of the spring and summer precipitation over the three river source region in China and the associated regimes[J]. J Climate, 31(18): 7441-7457.

SUN Y, SOLOMON S, DAI A, et al, 2006. How often does it rain? [J]. J Climate, 19(6): 916-934.

TAYLOR K E,2001. Summarizing multiple aspects of model performance in a single diagram[J]. J Geophys Res:Atmos, 106(D7):7183-7192.

TONG K, SU F, YANG D, et al, 2014. Tibetan Plateau precipitation as depicted by gauge observations, reanalyses and satellite retrievals[J]. Int J Climatol, 34(2): 265-285.

TRENBERTH K E, FASULLO J T, KIEHL J, 2009. Earth's global energy budget [J]. B Am Meteorol

Soc, 90(3): 311-323.

TRENBERTH K E, ZHANG Y, GEHNE M, et al, 2017. Intermittency in precipitation: Duration, frequency, intensity, and amounts using hourly data[J]. J Hydrometeorol, 18(5): 1393-1412.

TUKEY J W, 1949. Comparing individual means in the analysis of variance[J]. Biometrics, 5(2): 99-114.

VERSEGHY D L, 1991. CLASS—A Canadian land surface scheme for GCMS: I. Soil model[J]. Int J Climatol, 11: 111-133.

WALTERS D, BROOKS M, BOUTLE I, et al, 2017. The met office unified model global atmosphere 6.0/6.1 and JULES global land 6.0/6.1 configurations[J]. Geosci Model Dev, 10(4): 1487-1520.

WANG C, CHEN G T, CARBONE R E, et al, 2004. A climatology of warm-season cloud patterns over East Asia based on GMS infrared brightness temperature observations[J]. Mon Wea Rev, 132(7): 1606-1629.

WANG X, PANG G, YANG M, 2018. Precipitation over the Tibetan Plateau during recent decades: A review based on observations and simulations[J]. Int J Climatol, 38(3): 1116-1131.

WANG Y, XU X, ZHAO T L, et al, 2015. Structures of convection and turbulent kinetic energy in boundary layer over the southeastern edge of the Tibetan Plateau[J]. Sci China: Earth Sci, 58: 1198-1209.

WEI S G, DAI Y J, LIU B Y, et al, 2013. A China dataset of soil properties for land surface modeling[J]. J Adv Model Earth Sy, 5: 212-224.

WILKINSON J M, 2017. A technique for verification of convection-permitting NWP model deterministic forecasts of lightning activity[J]. Wea Forecast, 32(1): 97-115.

WILLIAMS K D, BODAS-SALCEDO A, DÉQUÉ M, et al, 2013. The transpose-AMIP Ⅱ experiment and its application to the understanding of Southern Ocean cloud biases in climate models[J]. J Climate, 26(10): 3258-3274.

WILSON D R, BALLARD S P, 1999. A microphysically based precipitation scheme for the UK meteorological office unified model[J]. Q J Roy Meteor Soc, 125(557): 1607-1636.

WÖHLING T, GAYLER S, PRIESACK E, et al, 2013. Multiresponse, multiobjective calibration as a diagnostic tool to compare accuracy and structural limitations of five coupled soil-plant models and CLM3[J]. Water Resour Res, 49(12): 8200-8221.

WU G, ZHANG Y, 1998. Tibetan Plateau forcing and the timing of the monsoon onset over South Asia and the South China Sea[J]. Mon Wea Rev, 126(4): 913-927.

WU G, LIU Y, HE B, et al, 2012. Thermal controls on the Asian summer monsoon[J]. Sci Rep, 2: 404.

XIA Y, SHEFFIELD J, EK M B, et al, 2014. Evaluation of multi-model simulated soil moisture in NLDAS-2 [J]. J Hydrol, 512: 107-125.

XU X, LU C, SHI X, et al, 2008. World water tower: An atmospheric perspective[J]. Geophys Res Lett, 35(20): L20815.

XU Y, GAO X, GIORGI F, 2010. Upgrades to the reliability ensemble averaging method for producing probabilistic climate-change projections[J]. Climate Res, 41(1): 61-81.

XU Y, XU C, 2012. Preliminary assessment of simulations of climate changes over China by CMIP5 multi-models[J]. Atmos Oceanic Sci Lett, 5(6): 489-494.

XUE Y, SELLERS P J, KINTER J L, et al, 1991. A simplified biosphere model for global climate studies[J]. J Climate, 4: 345-364.

YANG K, HE J, TANG W, et al, 2010. On downward shortwave and longwave radiations over high altitude regions: Observation and modeling in the Tibetan Plateau[J]. Agr Forest Meteorol, 150: 38-46.

YANG Z L, DICKINSON R E, 1996. Description of the Biosphere—Atmosphere Transfer Scheme (BATS) for the soil moisture workshop and evaluation of its performance[J]. Global Planet Change, 13: 117-134.

YANG Z L, NIU G Y, MITCHELL K E, et al, 2011. The community Noah land surface model with multiparameterization options (Noah-MP): 2. Evaluation over global river basins[J]. J Geophys Res: Atmos, 116: D12110.

YI X, LI G, YIN Y, 2013. Spatio-temporal variation of precipitation in the three-river headwater region from 1961 to 2010[J]. J Geog Sci, 23(3): 447-464.

YOU Q, MIN J, ZHANG W, et al, 2015. Comparison of multiple datasets with gridded precipitation observations over the Tibetan Plateau[J]. Clim Dynam, 45(3-4): 791-806.

YU R C, LI W, ZHANG X, et al, 2000. Climatic features related to eastern China summer rainfalls in the NCAR CCM3[J]. Adv Atmos Sci, 17: 503-518.

YU R C, XU Y, ZHOU T, et al, 2007a. Relation between rainfall duration and diurnal variation in the warm season precipitation over central eastern China[J]. Geophys Res Lett, 34(13): 173-180.

YU R C, ZHOU T J, XIONG A Y, et al, 2007b. Diurnal variations of summer precipitation over contiguous China[J]. Geophys Res Lett, 34(1): 223-234.

YU R C, CHEN H M, SUN W, 2015a. The definition and characteristics of regional rainfall events demonstrated by warm season precipitation over the Beijing plain[J]. J Hydrometeorol, 16: 396-406.

YU R C, LI J, ZHANG Y, et al, 2015b. Improvement of rainfall simulation on the steep edge of the Tibetan Plateau by using a finite-difference transport scheme in CAM5[J]. Clim Dynam, 45(9-10): 2937-2948.

YU R C, ZHANG Y, WANG J, et al, 2019. Recent progress in numerical atmospheric modeling in China[J]. Adv Atmos Sci, 36(9): 938-960.

ZHANG G, ZHOU G, CHEN F, et al, 2014. A trial to improve surface heat exchange simulation through sensitivity experiments over a desert steppe site[J]. J Hydrometeorol, 15: 664-684.

ZHANG Y, CHEN H, 2016a. Comparing CAM5 and superparameterized CAM5 simulations of summer precipitation characteristics over continental East Asia: Mean state, frequency-intensity relationship, diurnal cycle, and influencing factors[J]. J Climate, 29(3): 1067-1089.

ZHANG Y, LI J, 2016b. Impact of moisture divergence on systematic errors in precipitation around the Tibetan Plateau in a general circulation model[J]. Clim Dynam, 47(9-10): 2923-2934.

ZHANG Y, XUE M, ZHU K, et al, 2019. What is the main cause of diurnal variation and nocturnal peak of summer precipitation in Sichuan Basin, China? The key role of boundary layer low-level jet inertial oscillations[J]. J Geophys Res: Atmos, 124: 2643-2664.

ZHAO P, XU X, CHEN F, et al, 2018. The third atmospheric scientific experiment for understanding the earth-atmosphere coupled system over the Tibetan Plateau and its effects[J]. B Am Meteorol Soc, 99(4): 757-776.

ZHENG H, YANG Z L, 2016. Effects of soil-type datasets on regional terrestrial water cycle simulations under different climatic regimes[J]. J Geophys Res: Atmos, 121: 14387-14402.

ZHENG Y, XUE M, LI B, et al, 2016. Spatial characteristics of extreme rainfall over China with hourly through 24-hour accumulation periods based on national-level hourly rain gauge data[J]. Adv Atmos Sci,

33：1218-1232.

ZHOU T，YU R，CHEN H，et al，2008. Summer precipitation frequency，intensity，and diurnal cycle over China：A comparison of satellite data with rain gauge observations[J]. J Climate，21(16)：3997-4010.

第4章 青藏高原资料同化方法研究

因为青藏高原区域地形复杂、观测资料匮乏、再分析资料质量差等，所以青藏高原地区的资料同化研究尤为重要。本章介绍了基于自主降维投影四维变分(DRP-4DVar)同化方法和自主气候系统模式 FGOALS-g2 研制的全球弱耦合数据同化系统，它具备分别耦合同化全球海洋、大气和陆面再分析资料的能力，也具备在全球耦合框架下耦合同化青藏高原观测资料的能力；介绍了多源陆面数据同化系统构建，陆面数据同化不确定性溯源，土壤湿度同化与积雪同化等同化技术，以及陆面同化对改进季节性气候预测的影响；介绍了青藏高原大气资料同化中多种卫星资料误差订正方法及适用于高原大地形地区的卫星资料同化方法，以及集合预报与变分同化结合的集合变分混合同化，它可改进资料稀疏和地形复杂区域的资料同化质量。

4.1 海-陆-气耦合同化系统

准确模拟和预测青藏高原能量和水分交换，进而研究其与气候变化的关系一直是地学界长久以来关注的焦点和难点问题。然而，关于青藏高原气候变化规律及其对我国天气、气候和全球气候变化的协同影响研究仍然存在巨大的挑战。由于青藏高原区域观测资料匮乏或再分析资料的质量问题，较多的研究局限于单圈层或局地区域，没能从多圈层和多尺度(即区域与全球)的角度出发考虑，使得一些研究结果存在较大的局限性或不确定性。针对上述存在的问题，王斌主持的 2018 年集成项目“青藏高原区域资料同化研究”基于多圈层和多尺度的理念，通过多圈层全球海-陆-气耦合同化，提升青藏高原资料同化的研究水平，改进耦合模式在高原地区和全球的年代际气候预测技巧；研制了基于自主 DRP-4DVar 同化方法和自主气候系统模式 FGOALS-g2 的全球弱耦合资料同化系统，它具备分别耦合同化全球海洋、大气和陆面再分析资料的能力，也具备在全球耦合框架下耦合同化青藏高原观测资料的能力。以此为基础，发展了 FGOALS-g2 的准强耦合资料同化系统，具备分别同时同化大气和海洋再分析资料和同时同化陆面和大气再分析资料的能力。

生成了同化分析数据集 7 套，包括：一套 61 a(1945—2005 年)全球海洋耦合同化分析数据集，一套 59 a(1958—2016 年)全球大气弱耦合同化分析数据集，一套 59 a(1958—2016 年)全球大气准强耦合分析融合数据集，一套基于全球耦合同化系统的 59 a(1958—2016 年)青藏高原区域大气耦合同化分析数据集，一套 36 a(1980—2015 年)全球陆面弱耦合同化分析数据集，一套 36 a(1980—2015 年)全球陆面准强耦合再分析融合数据集，一套基于全球耦合同化系统的 36 a(1980—2015 年)青藏高原区域陆面耦合同化分析数据集。

基于上述同化分析数据集，开展了不同尺度的气候预测试验。首先，从多圈层的角度，采用上述新研发的耦合同化分析数据集的数据作为初值，利用 FGOASL-g2 开展了大量年代际气候预测试验和敏感性试验，检验和评估了耦合资料同化对提升青藏高原区域和全球年代际气候预测技巧的贡献，并与第五次耦合模式比较计划的预测结果进行了比较，验证了新研发耦合同化系统的先进性和可靠性。同时，利用预测试验的结果，一方面考察了青藏高原区域外资料同化对青藏高原区域年代际气候预测技巧的作用，表明通过先进的耦合资料同化，可以有效利用高原区域外资料来提高高原气候预测技巧，弥补高原区域本身观测资料匮乏和质量差等问题；另一方面，采用上述全球耦合同化系统仅同化青藏高原区域的大气和陆面资料，明显提升了全球气候预测的技巧，从耦合同化的角度验证了青藏高原区域地-气状态对全球气候变化的重要影响。

4.1.1 全球多圈层耦合资料同化与青藏高原年代际气候预测

(1)FGOALS-g2 全球耦合资料同化系统

发展了 FGOALS-g2 的 DRP-4DVar 耦合同化系统(He et al.，2020)，先后采用了简单离线局地化方案和快速在线局地化方案，实现了 DRP-4DVar 同化系统在耦合框架下的模块化，并首先针对海洋资料进行了同化试验，具备直接同化海洋月平均资料的能力。其中，同化控制变量背景场采用上个月的最优分析场为初值预报 1 个月后得到，同化窗口为 1 个月，分析时刻为每月 1 日，同化海洋资料时，同化控制变量包括海表高度 H、海水流速 U 和 V、海温 T 和盐度 S，观测算子为耦合模式积分 1 个月后再计算月平均，观测变量背景场是模式变量背景场通过观测算子得到的，包括 1000 m 深度以上的 T 和 S 月平均值，观测新息由经过质量控制后的观测、观测变量背景场之差得到，扰动样本为从 FGOALS-g2 模式的 PI-control 试验中选择的 30 组观测变量扰动样本(T 和 S)和模式变量初值扰动样本(H、U、V、T 和 S)。

基于快速在线局地化的耦合同化方案包括如下步骤：每个月采用选出的 30 组样本产生扩展样本，滤波半径在纬圈和经圈方向均为 10 个格距，在垂直方向为 200 m。在纬圈、经圈和垂直方向上分别选取 60、30 和 20 个主模态，这样三个方向一共产生 60×30×20＝36000 个模态，从中选择与观测新息相关系数最大的 200 个主模态，采用每个主模态依次进行局地化的方案。首先进行第 1 个主模态的局地化，将第 1 个主模态与 30 组样本进行舒尔(schür)乘积，得到 30 组扩展样本，随后进行同化分析，得到海洋分量模式的第一次分析初值和相应的观测变量分析，利用它们分别作为新的初值背景场和观测变量背景场，得到新的观测新息。再继续进行第 2 个主模态的局地化同化分析，再更新背景场和观测新息，如此循环，直到完成 200 个主模态的局地化为止，得到最终的分析初值，即当月的最优分析初值。

然后，基于上述 FGOALS-g2 全球模块化耦合资料同化系统，将其扩展成具备同化陆面观测资料和大气观测资料的能力，使之具备分别同化海洋系统、陆面系统、大气系统、大气-海洋耦合系统、陆面-大气耦合系统月平均资料的能力。其他圈层资料的耦合同化实施与同化海洋资料类同，只需要把同化的控制变量分别换成陆面变量（土壤温度和土壤湿度）、大气变量（纬向风、经向风、气温、水汽和地面气压）、大气-海洋变量（大气变量＋海表温度）、陆面-大气变量（陆面变量＋地面气压）即可。对于同化控制变量只为单圈层基本变量的耦合同化称之为弱耦合同化，若包括气候系统四个圈层的基本变量称之为强耦合同化，但只涉及两个圈层的基本变量称之为准强耦合同化。本节已实现海、陆、气三个圈层的弱耦合同化和准强耦合同化。强耦合同化有待进一步深入研究。

（2）全球海洋弱耦合同化提升青藏高原区域气候预测技巧

基于新建立的FGOALS-g2全球耦合同化系统，利用1945—2006年日本ds285.3的0～1000 m海温和盐度的月平均分析资料作为观测，开展了62 a全球海洋弱耦合循环同化试验，形成一套62 a的全球弱耦合同化数据集。基于循环同化试验得到的初值开展了从1961年开始至1996年的两组10 a气候预测试验：①每隔5 a起报一次，3个集合成员，分别从预测起始年的1月1日、预测起始前1年的9月1日和5月1日起报；②每年起报一次，10个样本，分别从预测起始前1年的2—11月的每月1日起报。

首先，基于第一组年代际气候预测试验的结果，从年代际（10 a平均）和年际尺度（将预测第1～5、2～6、3～7、4～8、5～9和6～10年相拼接）探讨了青藏高原近地面气温距平（SATA）的结果。在年代际尺度上，在青藏高原区域平均的夏季气温的时间序列方面，去除线性趋势前，所有的试验都能大致模拟出观测的增温趋势，同化试验与观测的距平相关系数（ACC）最高（0.96），均方根误差（RMSE）最小（0.07 ℃），其次是后报试验，ACC和RMSE分别为0.89和0.14 ℃，未初始化试验不如同化和后报试验，其ACC和RMSE分别为0.76和0.2 ℃；去除线性趋势后，观测的气温呈现出明显的年代际变化，在20世纪70年代以前气温偏高、70—90年代气温偏低，90年代以后气温偏高，这样的年代际变化同化试验模拟最好（ACC和RMSE分别为0.77和0.07 ℃）、后报试验次之（0.34和0.11 ℃）、未初始化试验几乎位相相反（−0.41和0.17 ℃）。在气温与观测的ACC和RMSE的空间分布方面，同化和后报试验大部分区域地面气温距平（SATA）与观测的ACC和均方根误差（RMSE）都好于未初始化试验。在年际尺度上，随着预测时间增加，后报试验SATA随时间的变化与观测更接近，其中预测第6～10年SATA与观测的ACC最高（未去趋势：0.69；去除趋势：0.30）、RMSE最小（未去趋势：0.32 ℃；去除趋势：0.30 ℃），且都好于未初始化试验（未去趋势：ACC为0.42，RMSE为0.50 ℃；去除趋势：ACC为−0.02，RMSE为0.48 ℃）和同化试验（未去趋势：ACC为0.46，RMSE为0.45 ℃；去除趋势：ACC为−0.11，RMSE为0.45 ℃）；在与观测相关系数的空间分布上，后报试验ACC通过显著性检验的区域面积越来越大，在预测第6～10年，大部分区域的相关系数都高于未初始化试验；在RMSE的空间分布上，相比于未初始化试验，后报试验在所有预测时间都减小，而同化试验在青藏高原北部和西部增加、南部减小。

然后，用第二组年代际预测试验结果与6个CMIP5模式的年代际预测结果进行了对比分析，选取的6个CMIP5模式包括北京气候中心气候系统模式1.1版本(BCC-CSM1.1)、加拿大气候模式4版本(CanCM4)、气候模式2.1版本(CM2.1)、哈得来气候模式3版本(HadCM3)、跨学科气候研究模式5版本(MIROC5)和MPI-ESM-LR；而其他CMIP5模式均不满足每年起报一次的条件。为了公平起见，所有模式均选取3个样本进行集合平均，然后进行比较。结果表明，FGOALS-g2是能同时对青藏高原夏季近地面气温和降水有较好预测结果的2个模式之一，且集合样本数越多，后报水平越高(图4.1；Yang et al.，2020)，其中FGOALS-g2的10个样本的后报试验对青藏高原夏季近地面气温的相关系数可达0.62，降水的相关系数可达0.53，均通过了置信度为99%的显著性检验。

上述结果表明，利用青藏高原区域外的海洋观测也能给青藏高原区域的年代际预测提供可预报性来源，从而可以弥补高原区域观测资料匮乏和质量低等问题，而全球耦合同化是重要的手段，是单独分量的非耦合同化和局地区域同化所不能实现的。这为提高青藏高原年代际气候预测水平提供了一个新思路。

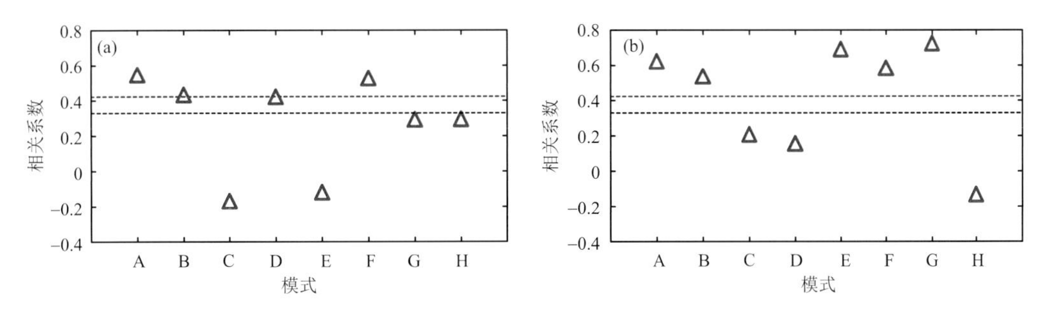

图4.1 (a)和(b)分别为青藏高原夏季降水和气温预测与观测的相关系数，其中A和B表示FGOALS-g2模式以海洋耦合同化系统的结果为初值、分别采用10个和3个集合成员的年代际预测结果，C～H分别表示BCC-CSM1.1、CanCM4、CM2.1、HadCM3、MIROC5和MPI-ESM-LR这6个CMIP5模式采用3个集合成员的年代际预测结果。图中的蓝色和黑色虚线分别表示99%与95%的置信度(引自Yang等(2020)中的图2e和2f)

(3)全球陆面弱耦合同化使青藏高原区域气候预测优于CMIP5模式

基于FGOALS-g2全球耦合资料系统，利用1980—2015年全球陆面数据同化系统(GLDAS)十层土壤湿度和土壤温度的月平均再分析资料作为观测，进行了36 a陆面弱耦合循环同化试验，生成了一套36 a的全球弱耦合同化数据集。由于陆面模式是单柱模式(single-column)，其局地化的滤波半径在纬圈和经圈方向均为0.05个格距，即不考虑水平方向的协方差；而在垂直方向取滤波半径为0.48 m。基于循环同化试验得到的初值开展了从1985年开始至2005年的每隔5 a起报的10 a预测试验，每隔5 a起报一次，3个集合成员分别从预测起始年的1月1日、预测起始前1年的11月1日和9月1日起报。

同化试验相比于未初始化试验，全球平均土壤湿度在第1～4层的RMSE差异不明显，在第5～8和10层得到改进，其RMSE分别减少2.93、5.31、12.08、8.17和6.54 kg·m^{-2}，而第9层变差，其RMSE增加10.12 kg·m^{-2}；全球平均土壤温度得到全面改进，其RMSE在所有层均有所减小，减小幅度在0.19～0.26 ℃之间。青藏高原区域平均土壤湿度的RMSE差异在第1～4层不明显，在第5～9层随着深度增加RMSE减小，分别减小1.53、5.38、9.54、19.80和39.19 kg·m^{-2}，在第10层增加10.16 kg·m^{-2}；青藏高原区域平均土壤温度的RMSE除了在第8、9层差异不明显外，在其余层都有减小，减小幅度大多在(0.27±0.01) ℃范围内(除了第6、7层的0.24和0.19 ℃外)。同化试验还缓解了未初始化试验中积雪覆盖率和积雪深度均高估的问题。

后报试验相比于未初始化试验，全球平均土壤湿度的RMSE在第5～8层和第10层分别减少2.78、4.55、9.26、2.50和3.55 kg·m^{-2}，而在第9层增加6.93 kg·m^{-2}，在第1～4层差异不明显；全球平均土壤温度的RMSE在所有层都略有减小，但减小幅度较小，在0.04～0.07 ℃之间。青藏高原区域平均土壤湿度的RMSE在第5～9层分别减小1.53、4.36、5.13、9.18和26.79 kg·m^{-2}，在第10层增加13.18 kg·m^{-2}，在第1～4层没有明显差异；青藏高原区域平均土壤温度的RMSE在所有层都减小，在第1～8层的减小幅度介于0.13～0.19 ℃，在第9、10层减小幅度较小(分别为0.05和0.06 ℃)。夏季青藏高原气温的年际变化与观测更接近，ACC达到0.50，并且通过置信度为95%的显著性检验。夏季青藏高原降水去除线性趋势后的年际变化与观测更接近，ACC达到0.49，通过了置信度为95%的显著性检验，高于未初始化试验(－0.23)和CMIP5模式集合平均(0.15)的结果。

(4)全球陆面准强耦合同化进一步提升青藏高原同化分析质量

基于FGOALS-g2全球耦合同化系统，利用1980—2016年GLDAS再分析资料作为观测，完成了37 a全球陆面-大气准强耦合同化再分析，生成了一套37 a的全球准强耦合同化数据集，与全球陆面弱耦合同化相比，进一步改善了青藏高原区域的同化质量。

准强耦合同化相比于全球陆面弱耦合同化，土壤湿度在欧亚大陆的大部分区域RMSE减小，更加接近观测，但在南美洲、非洲中部及欧洲的部分区域的同化效果仍有待改善；而土壤温度的同化效果呈现较为显著的空间差异，欧亚大陆的北部RMSE增加，而欧亚大陆的南部RMSE进一步减小。从均方根误差随深度的变化情况看，准强耦合同化的土壤湿度相比于全球陆面弱耦合同化系统，在高原除了在第5层和第9层的RMSE略微增加外，其余各层的RMSE都减小；而准强耦合同化的土壤温度显然要更加优于全球陆面弱耦合同化系统，整10层土壤温度的RMSE都进一步减小了。从1985—2008年青藏高原夏季降水距平的后报试验的时间序列来看，基于准强耦合同化的后报试验与观测的ACC达到0.42，通过了置信度为95%的显著性检验，略低于弱耦合同化的后报结果(0.49)；从气温距平的时间序列来看，后报试验与观测的ACC为0.78，高于弱耦合同化试验试验的ACC(0.50)。

(5)全球大气弱耦合同化显著提升青藏高原区域气候预测技巧及其机理

基于新建的FGOALS-g2全球耦合资料同化系统，利用ERA-40(1958—1978年)以及ERA-Interim(1979—2016年)的月平均再分析资料作为观测，完成了1958—2016年59 a大气弱耦合循环同化试验，生成了一套59 a的全球弱耦合同化数据集。采用同化试验得到的初值，开展了从1961—2016年的10 a气候预测试验，每隔5 a起报一次，3个集合成员分别从预测起始年的1月1日、预测起始前1年的9月1日和5月1日起报。在2005年之前外强迫采用20世纪历史模拟情形,2005年之后采用RCP4.5情景。

同化试验的海平面气压与观测的ACC和RMSE在整个青藏高原都有所改进。对青藏高原进行区域平均后,相比于未初始化试验,同化试验的风场和温度都有改进,而比湿和位势高度未改进。

在年际尺度上,6组组合(即预报第1~5年、2~6年、3~7年、4~8年、5~9年和6~10年)的后报序列与观测相比,在青藏高原东北部地区的夏季降水均显著优于CMIP5模式的集合预测结果;而在青藏高原东南部地区,除了第1~5年和6~10年组合外,其他组合的夏季降水均优于CMIP5模式的集合预测结果。在6组组合中,预报第3~7年后报试验结果优于其他组合,效果最优。因此,后面的评估均基于该组合的结果。

评估结果表明,其后报可以明显提高对青藏高原中东部距地面高度2 m温度(简称2 m气温)和夏季降水的预测技巧(ACC)。对于2 m气温,高原中东部2006—2016年夏季去趋势的2 m气温异常可由非同化的−0.96提升至同化的0.96以及预测试验的0.89,高原中东部2006—2016年冬季去趋势的2 m气温异常可由非同化的−0.87提升至同化的0.79以及预测试验的0.81,均通过了置信度为95%的显著性检验。对于夏季降水,高原东北(东南)部1961—2016年夏季降水时间序列的ACC可由非同化的−0.41(0.10)提升至后报的0.61(0.71),通过了置信度为95%的显著性检验,而其中2006—2016年高原东北(东南)部夏季降水时间序列的ACC可提升至0.53(0.75),东北部ACC通过了置信度为90%的显著性检验,东南部通过了置信度为95%的显著性检验。而对于TP中东部2006—2016年夏季降水的时间序列,此时ACC可由非同化的−0.03提升至0.48,与非同化相比也有了明显改进。此时高原东北(东南)部夏季降水时间序列的ACC为0.62(0.76),通过了置信度为95%的显著性检验,而非同化试验仅有−0.47(0.08)。

因为大气是一个快变的混沌系统,其初值对年际甚至年代际气候预测的影响较小,但是在耦合同化中,大气初始位相的正确信息会通过耦合模式的自由积分,即通过耦合模式中自由发展的地-气相互作用以及海-气相互作用改进耦合模式中的陆面分量以及海洋分量的初值。因此,该后报技巧的提升主要与耦合模式中陆面分量的改进带来的局地影响以及海洋分量初始状态的改进带来的大尺度环流的影响有关。首先,大气弱耦合同化在一个月同化窗口中通过自由发展的地-气相互作用改进了土壤湿度以及表面潜热通量的初始状态,改进了土壤湿度与降水间的耦合度;其次,通过自由发展的海-气相互作用改进了北大西洋地区海表温度异常自北向南“+ − + −”的空间分布的初始状态,并进一步通过海-气相互作用改进了夏季北大西洋涛动(SNAO)的初始位相,从SNAO指数的时间序列来看,同化和后报试验得到的SNAO与再分析资料的ACC分别为0.86和0.64(均通过置信度为95%的显著性检验),而非同化试验仅有0.15。在后报过程中,该SNAO初始位相的正确信息通过影响全球大气位势高度异常对青藏高原周围的风场以及水汽通量产生影响,进而对青藏高原中东部夏季降水产生影响。在SNAO的正位相期间,来自亚洲周边海洋的暖湿空气由东亚上空的反气旋输送至高原的东北部,这股向北移动的暖湿气流遇到了该反气旋北部的偏北气流带来的冷空气,冷暖空气相遇后加强了积云对流活动,最终导致高原东北部降水增多。与此同时,有气旋异常在印度西北部以及巴基斯坦地区形成,使得该区域的水汽凝结形成降水,这会抑制阿拉伯海水汽输送至高原东南部,因此,高原东南部的降水减少。SNAO 负位相时与之相反(Li et al., 2021)。

(6)全球大气准强耦合同化进一步提升青藏高原的同化质量和预测技巧

基于 FGOALS-g2 全球耦合同化系统,利用 1958—1978 年的 ERA-40 再分析资料和 1979—2016 年的 ERA-Interim 再分析资料作为观测,完成了 59 a 全球大气-海洋准强耦合同化再分析,生成了一套 59 a 全球准强耦合同化数据集,与全球大气弱耦合同化相比,进一步改善了青藏高原区域的同化质量。

在青藏高原的 2 m 气温和降水异常的后报结果中,采用准强耦合同化资料为初值的方案最好,相比于弱耦合同化试验,在年代际尺度上,10 a 平均夏季和冬季去趋势的 2 m 气温异常与观测的 ACC 进一步提升,夏季的 ACC 可由−0.23 提升至 0.66(通过置信度为 95%的显著性检验),RMSE 由 1.57 降低至 0.82,冬季的 ACC 可由 0.32 提升至 0.61(通过置信度为 95%的显著性检验),RMSE 由 1.16 降低至 0.88;在年际尺度上,年平均、夏季和冬季去趋势的 2 m 气温异常的年际变化与观测的 ACC 在所有预测时间段内均进一步提升,分别由 0.52、0.34、0.26 最高提升至 0.89、0.88、0.66,均通过了置信度为 95%的显著性检验,RMSE 可分别由 0.43、0.54、0.34 最低降低至 0.30、0.33、0.22。年平均和夏季未去趋势的降水异常的年际变化在预测第 4~8 年与观测的 ACC 进一步提升,分别由 0.46 和 0.56 提升至 0.86 和 0.92,均通过了置信度为 95%的显著性检验,RMSE 分别由 0.35 和 0.50 降低至 0.16 和 0.29。当去除趋势后,年平均和夏季降水异常的 ACC 分别由−0.62 和−0.50 提升至 0.40 和 0.73,均通过了置信度为 95%的显著性检验,RMSE 分别由 0.36 和 0.51 降低至 0.18 和 0.19。

4.1.2 青藏高原多圈层耦合资料同化明显提升全球年代际气候预测技巧

利用 FGOALS-g2 全球大气耦合资料同化系统只弱耦合同化 ERA-40/ERA-Interim(1958—2016 年)再分析资料中青藏高原地区的大气资料,进行 59 a 循环同化,生成了一套 59 a 基于青藏高原大气再分析资料的全球耦合同化分析场。分析评估发现,同化分析资料中的大气资料能够显著减小全球三维大气基本变量(纬向风、经向风、温度、位势高度和比湿)的 RMSE。采用上述同化分析资料(包括各个圈层)作为全球耦合模式的初值进行年代际预测,预测结果能够明显改进全球几乎所有区域的海平面气压,尤其能够改进全球所有大洋区域的海面温度(SST)(图 4.2),进而明显改进北大西洋多年代际振荡(AMO)和印度洋偶极子(IOD)的年际和年代际变化,其年际序列与 HadISST 的 ACC 分别为 0.355 和 0.335,均通过了置信度为 95%的显著性检验。但未能改进太平洋年代际振荡(PDO)的年际和年代际变化,其原因有待进一步研究。另外,也明显改进了青藏高原夏季地表气温和降水、东亚夏季风指数的年际和年代际变化,其年际序列与 NCEP/NCAR 再分析资料的 ACC 分别为 0.609、0.315 和 0.654,均通过了置信度为 95%的显著性检验。

另外，利用 FGOALS-g2 全球大气耦合资料同化系统只弱耦合同化 GLDAS 再分析资料(1980—2015 年)中青藏高原地区的陆面资料，进行 36 a 循环同化，生成了一套 36 a 基于青藏高原陆面再分析资料的全球耦合同化分析场。分析评估发现，同化分析资料能够明显提高青藏高原、欧洲和北美区域地表气温与观测的 ACC。采用上述同化分析资料(包括各个圈层)作为全球耦合模式的初值进行年代际预测，预测结果同样能够明显改进北大西洋多年代际振荡(AMO)和印度洋偶极子(IOD)的年际变化，其年际序列与 HadISST 的 ACC 分别为 0.49 和 0.43，均通过了置信度为 95%的显著性检验。值得一提的是，预测结果也能够改进太平洋年代际振荡(PDO)的年际变化，但其 ACC 为 0.2，没有通过置信度为 95%的显著性检验。另外，预测结果也明显改进了青藏高原、欧洲夏季地表气温及东亚夏季风指数的年际变化，东亚夏季风指数的年际序列与 ERA-Interim 再分析资料的相关为 0.46，通过了置信度为 95%的显著性检验。

以上研究从耦合同化的角度验证了青藏高原大气或陆面状况对全球气候变化的重要影响，所采用的方法是用先进的全球耦合同化系统同化区域观测资料，允许区域与全球的相互作用以及海-陆-气-冰多圈层的相互作用。这为研究青藏高原区域对全球气候变化的影响提供了一个新的视角。

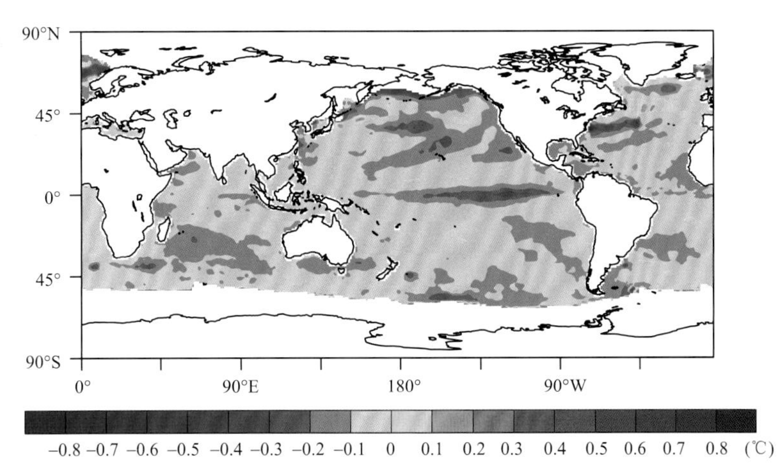

图 4.2 基于青藏高原区域大气耦合资料同化分析的全球海表温度预测 RMSE 与 20 世纪历史模拟的全球海表温度 RMSE 的差，负表示误差减小，正表示误差增加

4.2 陆面数据同化系统

4.2.1 青藏高原陆面数据同化概况

过去几十年来，对地卫星遥感监测、高性能计算、数据同化技术以及陆面和大气模拟等诸多领域取得了显著进展，也催生了一系列区域和全球陆面数据同化系统(表 4.1)。在此基础

上，Zhao 等(2018)通过耦合美国国家大气研究中心(NCAR)开发的公共陆面模式(CLM4)和数据同化研究平台(DART)，建立了全球多源多变量陆面数据同化系统原型(图 4.3)。研究表明，通过同化单项或组合的 MODIS 地表雪覆盖度、改进的微波辐射计(AMSR-E)亮温以及重力恢复与气候实验卫星(GRACE)水储量变化等卫星产品，可以有效改进青藏高原的积雪和土壤水分估计(图 4.4)。与此同时，该研究还凸显了不同地区优化配置不同卫星产品组合同化的可行性以及整合多源卫星观测开展多源陆面数据同化的必要性。

表 4.1　当今主要区域和全球陆面数据同化系统(引自 Yang et al.，2020)

同化系统	模型算子	同化观测	同化算法	空间范围	特性	研发机构
NASA-GLDAS	CLM2.0，Noah，VIC，Mosaic	MODIS 积雪覆盖度	优化插值	全球	多模式；长时间覆盖	NASA GSFC
ECMWF-LDAS	HTESSEL	ASCAT 土壤水分，IMS 积雪覆盖度，SMOS 亮温	简化 EKF 及优化插值	全球	天气预报业务运行	ECMWF（https://confluence.ecmwf.int/display/LDAS/）
CAREERI-LDAS	CoLM，SiB2	微波亮温，卫星土壤水分，LAI	EnKF 及 EnKS	中国	国内第一个陆面同化系统；多模式与多观测算子	CAREERI，CAS
IAP-LDAS	CLM3.0	AMSR-E 亮温	POD-En4DVar	中国	同时估计模型状态与参数；用于天气预报业务运行	IAP，CAS
ITP-LDAS	SiB2	AMSR-E 亮温	基于代价函数的变分同化	中国	分别优化随时间变化和不变的状态及参数	ITP，CAS
CMA-CLDAS	CLM3.5，Noah-MP	微波亮温，卫星土壤水分/温度	EnKF	东亚	多模式多变量同化	NMIC(http://www.nmic.cn/)

注：CLM：公共陆面模式；HTESSEL：欧洲中心陆面交换方案；CoLM：通用陆面模式；SiB2：简单生物圈模式。

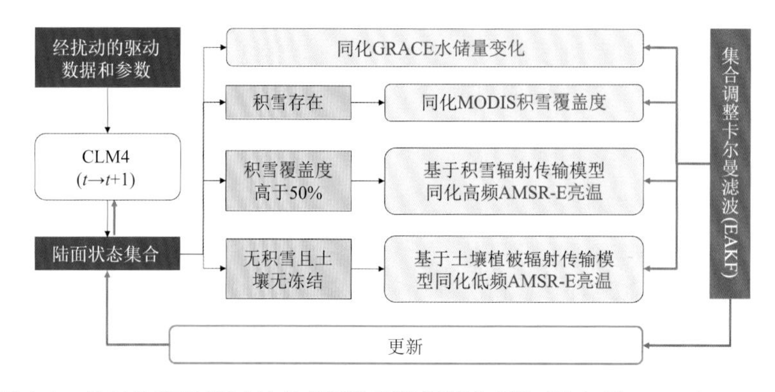

图 4.3　基于 DART/CLM4 的多源陆面数据同化系统(引自 Zhao et al.，2018)

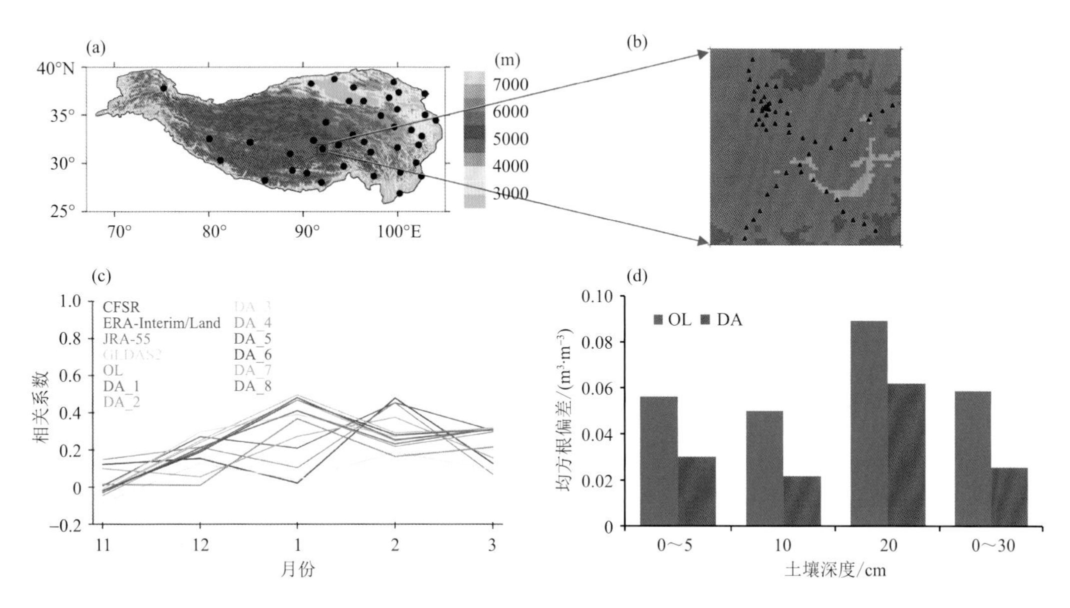

图4.4 (a)和(b)分别为中国气象局积雪观测站点以及那曲土壤水分观测网在青藏高原的空间分布；(c)和(d)分别为基于实地观测的多年平均季节性雪水当量和多层土壤水分评估结果分别以不同产品模拟结果和观测的相关系数和均方根误差表示；(c)中 DA_x (x=1,2,…,8)表示 DART/CLM4 同化8个不同卫星观测组合的结果

Zhang 等(2014)针对积雪覆盖度同化的不确定性，开展了系统性的定量研究。他们发现：①众多不确定性因素中，大气驱动本身的误差影响最大；②其次是模型中不同积雪覆盖参数化方案导致的差异；③集合调整卡尔曼滤波(EAKF)同化方法略微好于集合卡尔曼滤波(EnKF)，但相对来说不同同化技术的影响最小。此外，为量化多源陆面同化对于季节性气候预测的影响，Lin 等(2016)基于美国国家大气研究中心(NCAR)通用大气模式(CAM5)和 CLM4 开展了一系列地-气模拟试验。该试验利用8 a 离线陆面同化产品对陆表状态(如积雪和土壤水分)进行初始化，并开展了三类季节性集合后报试验(OL、MOD 以及 GRAMOD)。其中，OL 未引入任何同化产品，MOD 采用 MODIS 积雪覆盖度同化产品，而 GRAMOD 采用 MODIS 积雪覆盖度以及 GRACE 地表水储量变化联合同化的产品。结果表明，相比于 OL，基于 MOD 和 GRAMOD 的 CAM5/CLM4 模拟在青藏高原区域将季节性气温预测的精度提高了5%～20%。而从全球范围看，青藏高原及周边流域、高纬度地区(如西伯利亚)以及南亚季风区从积雪同化中获益最大。

以下从积雪、土壤水分分别介绍青藏高原的陆面同化工作，对陆面同化的不确定性溯源，接下来介绍多源卫星陆面同化的进展以及基于陆面同化的季节性预测应用，最后对高原陆面同化进行展望。

4.2.2 全球及青藏高原积雪同化与评估

青藏高原积雪对于全球气候变化存在着显著影响。由于雪的高反照率和融雪水文效应，其在水平衡和地表能量平衡中起着至关重要的作用(Zhang, 2005)。许多研究将卫星积雪覆盖度

(snow cover fraction, SCF)、雪水当量(snow water equivalent, SWE)同化到陆面模型(Land Surface Model, LSM)中获得更精确和时空连续的积雪结果。高频的微波亮温(brightness temperature, TB)对于积雪较敏感,TB 同化是一种将微波亮温观测与陆面模型和微波辐射传输模型(Radiative Transfer Model, RTM)相结合的积雪估计方法。这里主要给出 Bian 等(2019)在青藏高原关于 SWE 产品的评估工作,以及 Zhang 等(2014)的全球积雪同化研究试验。

(1)青藏高原雪水当量产品评估

青藏高原的积雪调节中国东部夏季降水(Qian et al., 2003; Wang et al., 2017),并且显著地改变了高原的热条件,进而影响了亚洲和全球的气候(Chen, 1985; Yanai et al., 1992; Qin et al., 2014; Ma et al., 2017)。青藏高原被认为是亚洲的水塔,因为它是许多大河的源头。融雪占黄河和长江年流量的 20%以上,对维持黄河和长江的流量起着关键作用(Zhang et al., 2013)。在全球变化的背景下,青藏高原的积雪正在经历快速变化(Kang et al., 2010),准确可靠地评估积雪至关重要。

表 4.2 展示了青藏高原积雪评估的产品,图 4.5、4.6 为评估结果,由于青藏高原上的观测站点非常稀少,当数据集分辨率较粗时,部分站点的海拔低于站点附近格点的海拔。因此,站点观测结果可能会低估该站所在格点的 SWE。高分辨率数据集比粗分辨率数据集能更好地表现青藏高原的地形特征,但海拔的差异仍然存在。虽然现场观测可能低估了 SWE,但台站观测仍然是一种可靠的测量 SWE 的方法。青藏高原需要更多的 SWE 观测,不仅是为了验证卫星估算、再分析数据集、模式模拟和数据同化产品,也是为了进一步进行水文、天气和气候研究。数据同化是一种很有前景的 SWE 估计方法,进一步的数据同化或模拟研究需要使用更准确的降水数据和更高分辨率的模式。

表 4.2 青藏高原评估的 SWE 产品

数据集	分辨率	变量	陆面模式	积雪模式	青藏高原校正	积雪同化
观测	40 站点	SWE, T2, TP	—	无	—	—
AMSR-E	25 km	SWE	—	无	—	—
CFSR	0.5°× 0.5°	SWE, T2, TP	Noah	单层	CMAP, CPCU	SNODEP, IMS
ERA5	0.25°×0.25°	SWE, T2, TP, SF	HTESSEL	单层	—	—
ERA-I	0.25°×0.25°	SWE, T2, TP, SF	TESSEL	单层	—	IMS
ERA-I/L	0.25°×0.25°	SWE, T2, TP, SF	HTESSEL	单层	GPCP	—
JRA-55	1.25°×1.25°	SWE, T2, TP, SF	SiB	单层	SSM/I PW	站点观测,SSM/I, SSMIS
MERRA2	0.5°×0.625°	SWE, T2, TP, SF	Catchment	多层	CMAP, CPCU	—
GLDAS2	0.25°× 0.25°	SWE, T2, TP, SF	Noah	单层	GPCP, TRMM	—
GLDAS21	0.25°× 0.25°	SWE, T2, TP, SF	Noah	单层	GPCP	—
HAR	30 km	SWE, T2, TP, SF	Noah	单层	—	—
HAR-10	10 km	SWE, T2, TP, SF	Noah	单层	—	—
OL	0.9°× 1.25°	SWE	CLM	多层	GPCP	—
MOD	0.9°×1.25°	SWE	CLM	多层	GPCP	MODIS
GRAMOD	0.9°× 1.25°	SWE	CLM	多层	GPCP	MODIS, GRACE

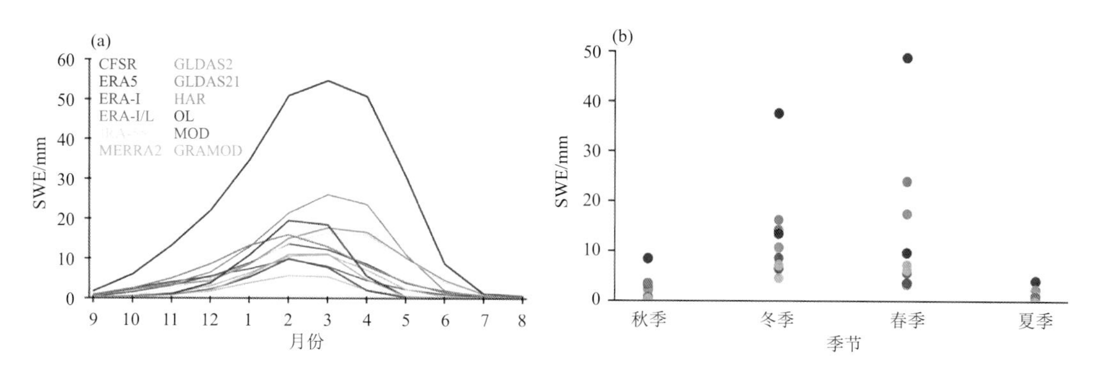

图 4.5　青藏高原不同 SWE 产品年(a)、季节(b)变化

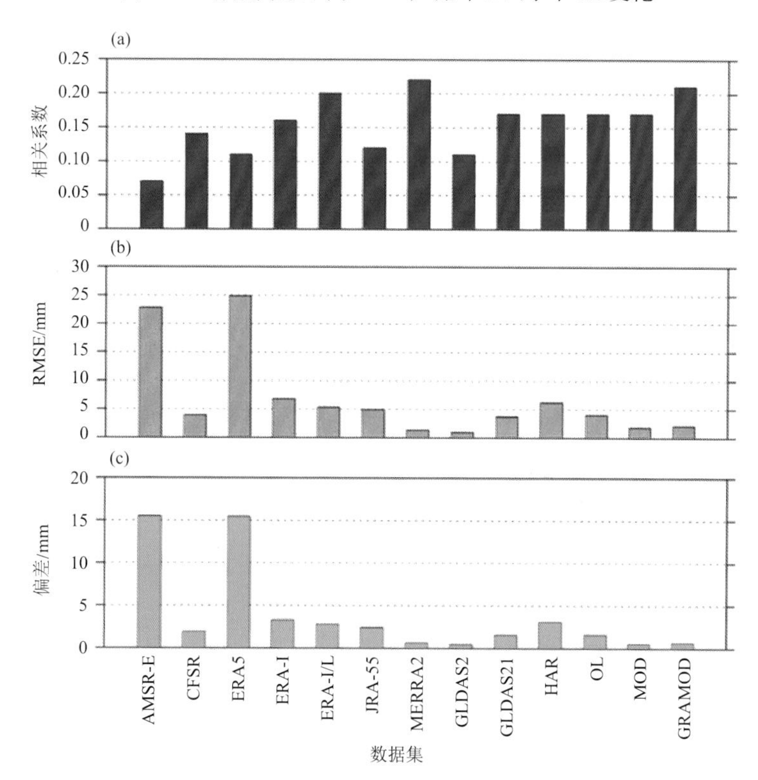

图 4.6　青藏高原不同数据集与现场观测 SWE 的相关性(a)、RMSE(b)和平均偏差(c)

(2)积雪覆盖度同化

雪在全球水文循环、水资源管理等方面发挥着独特的作用。其特殊的物理性质(高反照率、低热导率和相变能力)显著地调节了大气和陆地表面之间的能量和水的交换。基于雪的光学特性,可见光和近红外波段的观测可以探测大多数陆地表面的积雪范围(Hall et al.,2002),被动微波和主动微波的观测可以估算积雪质量。在区域和大陆尺度上,各种观测数据已被同化进陆面模型中,结果表明对于积雪估计具有较大的改善(Su et al.,2010;de Lannoy et al.,2012)。

与以往的研究不同的是,Zhang 等(2014)采用了一个新的数据同化框架(图 4.7),基于多集合的数据同化算法并从不同角度对积雪数据同化性能进行了分析。该工作通过同化MODIS的SCF来改进CLM4(Community Land Model version 4)的积雪估计，如图4.8a、b所示，与MODIS的SCF相比，单独模型运行高估了青藏高原、中国北部和东北部、大平原中部的SCF，低估了落基山脉南部的SCF。如预期的那样，同化结果和观测值之间的差异减少了，如图4.8c、d所示。归一化SCF绝对偏差定义为模型SCF与MODIS SCF之间的绝对偏差除以MODIS SCF。图4.8e、f为同化和单独模型运行的归一化SCF绝对偏差的差值，同化减少了大多数观测区域(如青藏高原和中国北部)的SCF偏差，但增加了某些特定区域的SCF偏差(如中国东北)。一些地区SCF偏差的增加表明，即使加入了一个包含MODIS SCF信息的SWE估算，但并不能保证一个更准确的SCF估算。

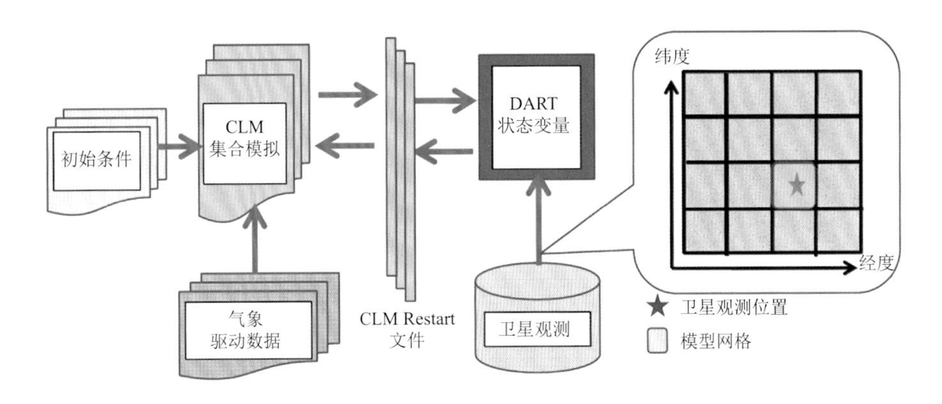

图4.7　积雪覆盖度同化框架

(3)微波亮温的同化

在大陆尺度同化SCF时发现，当地面完全被雪覆盖时(即SCF变为100%或饱和)，卫星SCF数据不能提供额外的信息(Zaitchik et al.，2009；Zhang et al.，2014)。TB同化是一种将微波亮温观测数据与陆面模型和微波辐射传输模型相结合的方法。以往的研究已成功地在相对较小的空间尺度(即点尺度、中尺度或流域尺度)上进行了亮温同化。然而，由于陆域积雪和植被覆盖条件的不同，在陆域的应用还需要大量的进一步研究。

大陆尺度上改善积雪估算的亮温同化试验框架如图4.9所示，其中选用的陆面模型为CLM4，辐射传输模型为DMRT-ML，同化量为改进的微波辐射计(AMSR-E)的18.7 GHz和36.5 GHz垂直极化的亮温数据。在此工作中设计了三类试验：①单独模型运行；②亮温同化的默认更新；③亮温同化的基于规则的更新。建立了10个子试验，以证明同时更新积雪和土壤状态以及辐射传输模型(RTM)参数对同化性能的影响(表4.3)。图4.10为不同试验方案雪深和积雪覆盖度RMSE的差值，Open-loop为单独模型运行结果，其他方案如表4.3所示。雪深的比较结果显示，只更新与雪深相关的雪水当量，无法改善雪深的估计，如图4.10a所示。尽管与单独模型运行相比，RA_{SWE}在某些地区(42.2%的雪覆盖网格单元)的雪深估计上有小幅改善，但对于57.8%的雪覆盖网格单元，雪深误差要大得多，特别是在北美东北部。如图4.10b、图4.10f所示，在RA_{SR}方案中，通过额外更新雪粒大小，同化性能的这种退化得到了很

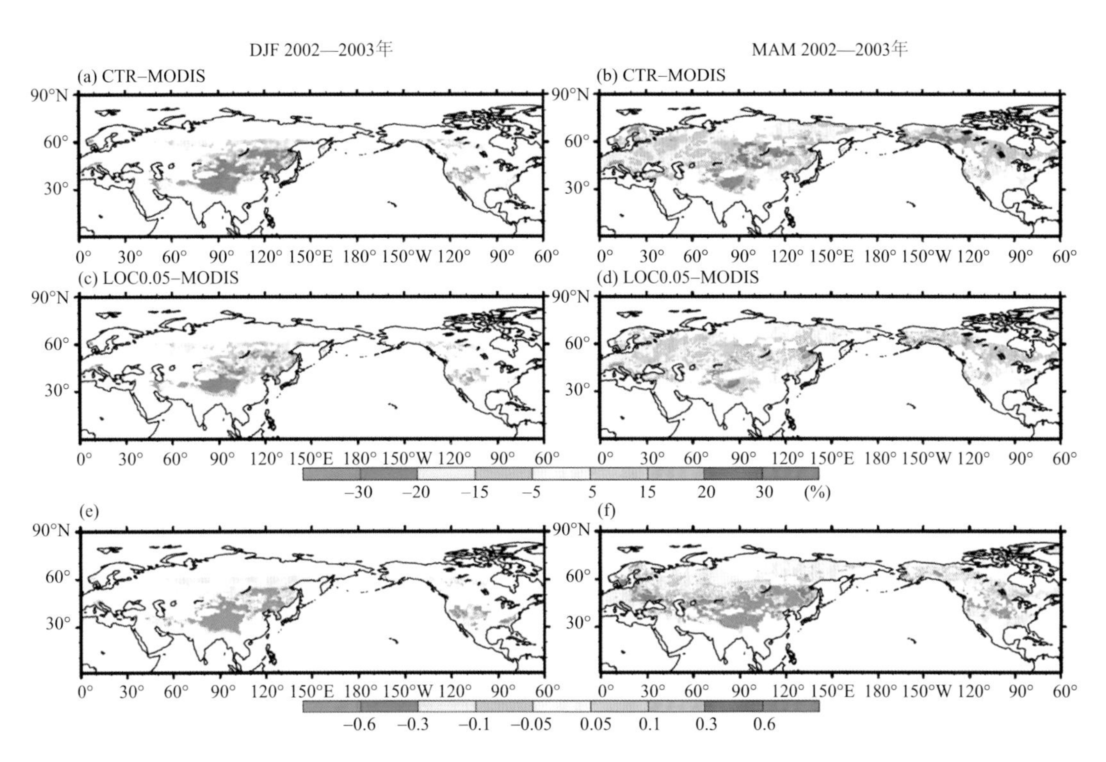

图 4.8　不同 SCF 结果的差异。(a)和(b)为模型 SCF 和 MODIS SCF 的差异，CTR 代表模型；(c)和(d)为数据同化运行的 SCF 和 MODIS SCF 的差异，LOC0.05 代表同化；(e)和(f)为进行了绝对 SCF 偏差归一化的同化和模型差异。

左列 DJF：12 月、次年 1 月、2 月；右列 MAM：3 月、4 月、5 月

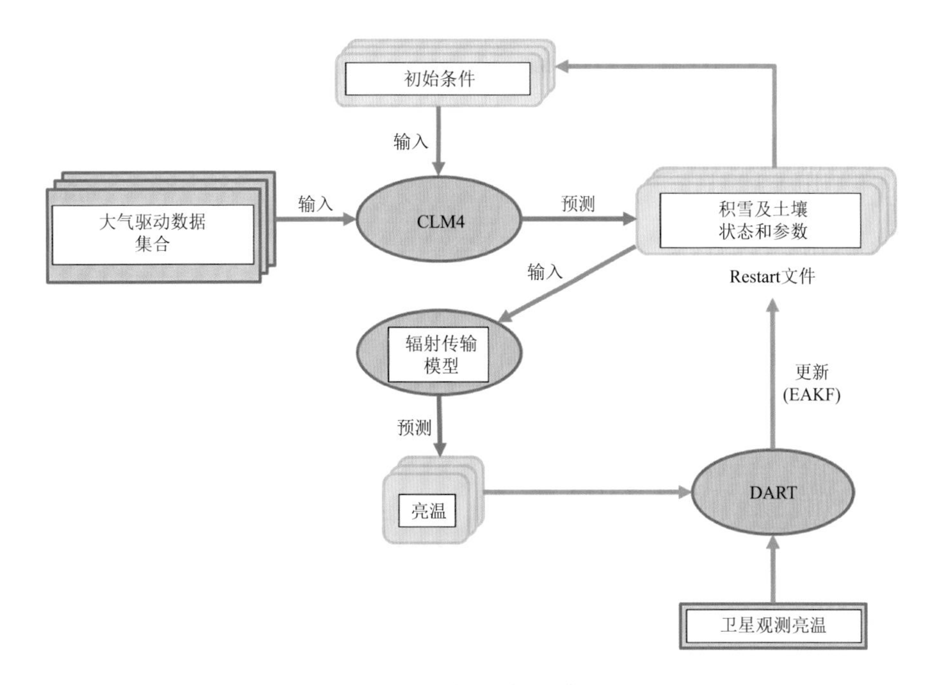

图 4.9　亮温同化框架

表 4.3　亮温同化试验

更新的变量	模拟	默认的亮温同化更新方案					基于规则的亮温同化更新方案				
		RA_{SWE}	RA_{SR}	RA_{SRT}	RA_{SRTS}	RA_{SRTSP}	$RA_{SWE\text{-}R}$	$RA_{SR\text{-}R}$	$RA_{SRT\text{-}R}$	$RA_{SRTS\text{-}R}$	$RA_{SRTSP\text{-}R}$
雪水当量（SWE）	—	○	○	○	○	○	○	○	○	○	○
雪深	—	○	○	○	○	○	○	○	○	○	○
雪颗粒半径	—	—	○	○	○	○	—	○	○	○	○
积雪温度	—	—	—	○	○	○	—	—	○	○	○
土壤温湿度	—	—	—	—	○	○	—	—	—	○	○
辐射传输模型参数	—	—	—	—	—	○	—	—	—	—	○

注：○表示选择，—表示未选择。

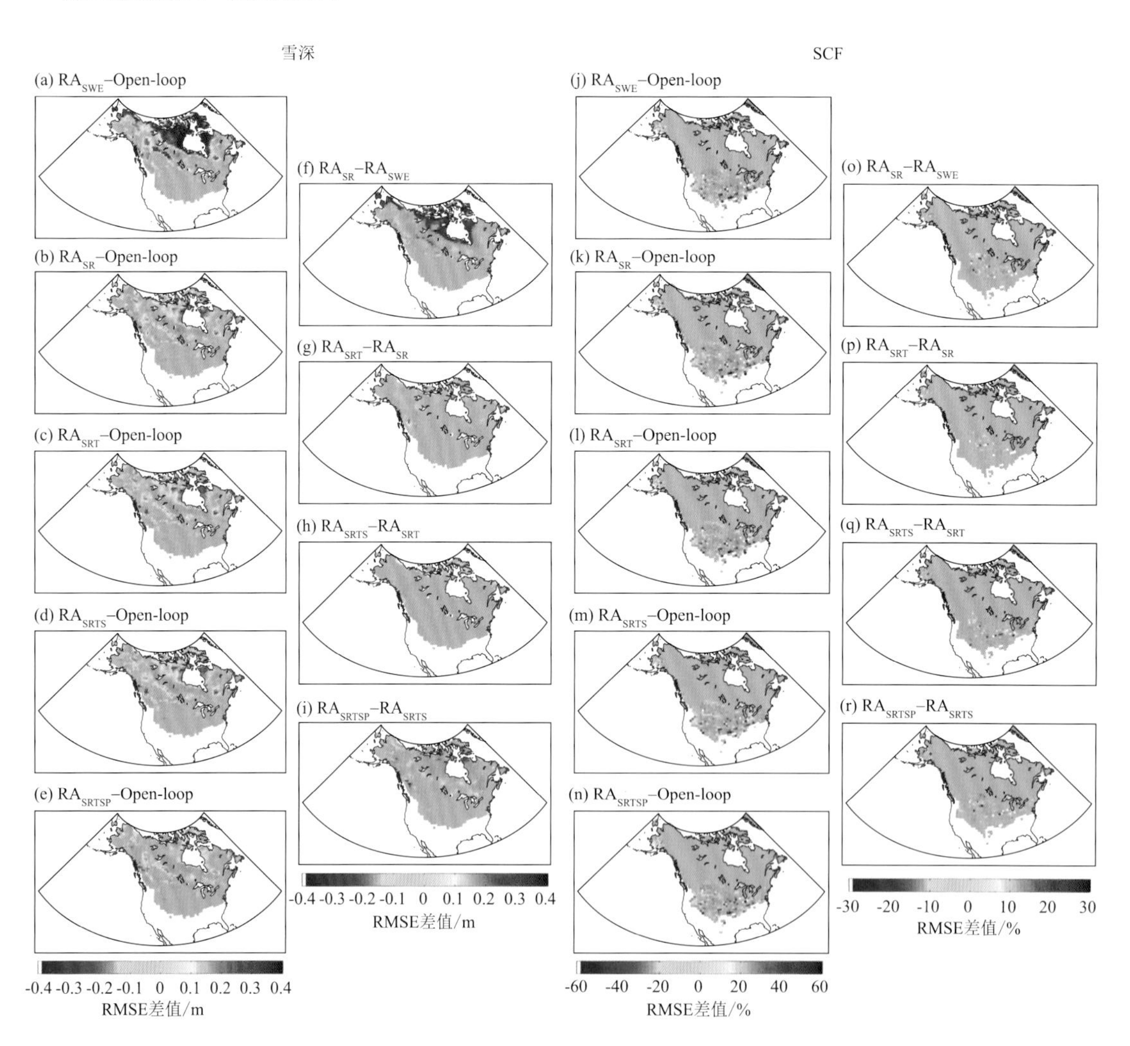

图 4.10　不同试验方案((a)—(r))雪深(左侧两列)和积雪覆盖度(SCF,右侧两列)的 RMSE 差值

大改善。对于SCF比较结果而言,美国超过一半(约51.8%)的雪覆盖网格单元SCF估计优于单独模型运行,而对于其他地区(约48.2%的雪覆盖网格单元)SCF估计有所退化。进一步的结果也表明,对于SCF接近100%的地区,TB同化可以有效地改善积雪深度估计。在此工作中还提出了进一步展望,如果SCF和TB观测数据同时被同化,TB能够改善SCF已经饱和地区的积雪深度估计,弥补SCF同化的不足。

4.2.3 全球及青藏高原土壤水分同化

Chen等(2017)在青藏高原两个监测网评估了多个传感器的土壤水分反演产品。结果表明,AMSR2产品明显高估或低估了不同地区土壤水分的时间变化。在以往的数据同化研究中,在同化单一卫星观测数据方面的有效性得到讨论。随着卫星观测的逐渐增多,针对多传感器的土壤水分同化研究也在日益发展。土壤温度是影响模拟和观测亮温的重要因素(Raju et al., 1995; Zheng et al., 2012)。因此,在构建多源遥感数据同化框架时,可以通过考虑加入土壤温度来提高同化性能。

在考虑卫星土壤水分产品的不确定性(Jackson et al., 2010; Su et al., 2011; Chen et al., 2013; Al-Yaari et al., 2014)时,一些研究人员更倾向于通过辐射传输模型(Crow et al., 2003;Yang et al., 2007; Loew et al., 2009; Shi et al., 2010)同化亮温数据,很少有框架通过微波TB同化来估算全球范围的土壤水分。模型参数可以与土壤水分一起更新,以尽量减少LSMs或RTMs的系统偏差(Moradkhani et al., 2005; Pan et al, 2006; Reichle, 2008; Qin et al., 2009; Nie et al., 2011; Han X et al., 2014)。基于这些考虑,Zhao等(2016)开发了一个同化来自AMSR-E的TB观测值来估计全球多层土壤水分框架,空间特定的、时间不变的参数经过预先校准以最大限度地减少RTM中的不确定性;并且进行了一系列试验来量化不同的CLM4同化方案的影响,如表4.4所示。从图4.11中不同层同化性能的统计指标结果来看,此框架改善了单独模型模拟土壤水分的能力,差值越大表示同化的性能越好。从统计上看,DA_4的值最低,在5种DA模型中表现最差。考虑到DA_1具有最简单的CLM4状态更新方案,只吸收了一半的观测数据,与DA_2和DA_3相比,计算时间显著缩短,因此,在目前的同化系统中采用DA_1生成全球土壤水分产品。综上所述,更新近地表土壤水分能够改善更深层(0～30 cm)的土壤水分,但同时更新多层土壤水分无法达到预期的改善效果,未来的工作还需要进一步地改进。

表4.4 土壤水分同化试验

同化试验	辐射传输模型参数	同化的亮温频率	同化更新的CLM4状态量
OL	无同化	—	—
DA_0	采用默认参数	6.9(10.7) GHz	1～2层土壤水分
DA_1	采用预先校正的参数	6.9(10.7) GHz	1～2层土壤水分
DA_2	采用预先校正的参数	6.9(10.7) + 18.7 GHz	1～2层土壤水分

续表

同化试验	辐射传输模型参数	同化的亮温频率	同化更新的CLM4状态量
DA_3	采用预先校正的参数	6.9(10.7)＋18.7 GHz	1～2层土壤水分及植被土壤温度
DA_4	采用预先校正的参数	6.9(10.7)＋18.7 GHz	1～8层土壤水分

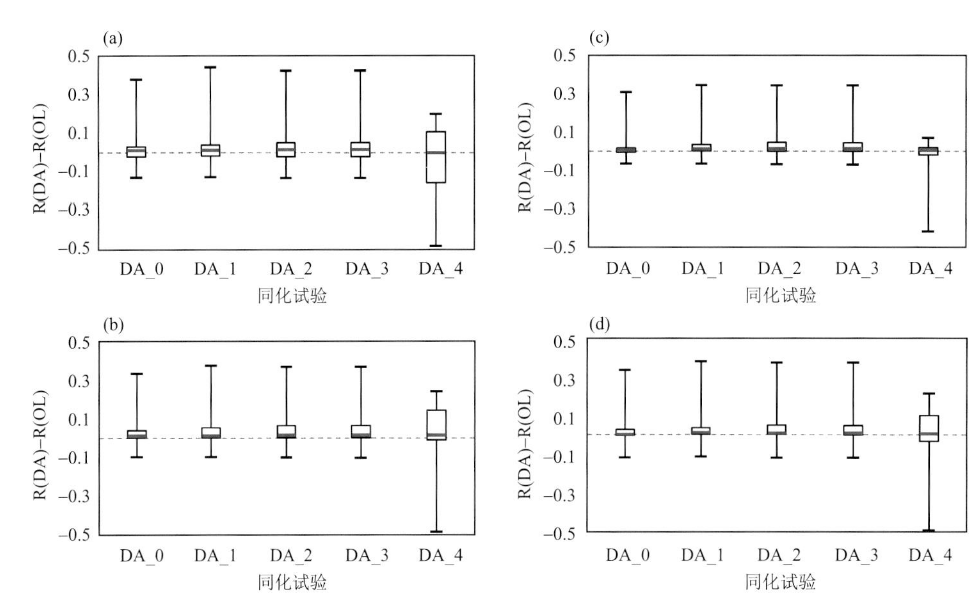

图 4.11　不同层同化性能的统计指标(R(DA)－R(OL))

(a)5 cm;(b)10 cm;(c)20 cm;(d)0～30 cm

基于AMSR2亮温在土壤水分估算中的适用性以及地表温度对于同化改善的考虑，Chen等(2021)建立了一个多源同化框架：通过同化亮温来估算参数并改善土壤湿度模拟，同化地表温度为亮温模拟提供准确的浅层土壤温度信息。表4.5为不同土壤水分结果在不同层的平均偏差(MBE)、均方根误差(RMSE)、相关系数(R)，结果显示同化对于表层土壤水分的改进最大，同化后的相关性在较深地层略有下降。从图4.12的表层土壤水分时空变化的评估来看，单独模型运行在大多数情况下低估了表层的土壤水分，AMSR2产品的MBE为正表明高估了土壤水分，同化的表层土壤水分具有较高的精度并且其他层也存在明显改善。大多数地区的土壤湿度和土壤温度都得到了明显的改善，同化后的结果明显减少了对土壤湿度的低估和对土壤温度的高估。

表 4.5　不同方案土壤水分结果在不同层的 MBE、RMSE、*R*

评估指标	5 cm			10 cm		20 cm		40 cm	
	OL	DA	AMSR2	OL	DA	OL	DA	OL	DA
MBE	−0.113	−0.018	0.068	−0.080	−0.028	−0.073	−0.035	−0.123	−0.09
RMSE	0.119	0.039	0.096	0.085	0.046	0.076	0.046	0.124	0.099
R	0.804	0.796	0.781	0.865	0.851	0.868	0.804	0.832	0.816

注：OL：模型模拟；DA：利用6.9 GHz亮温进行同化试验；AMSR2：由AMSR2反演的土壤水分产品。

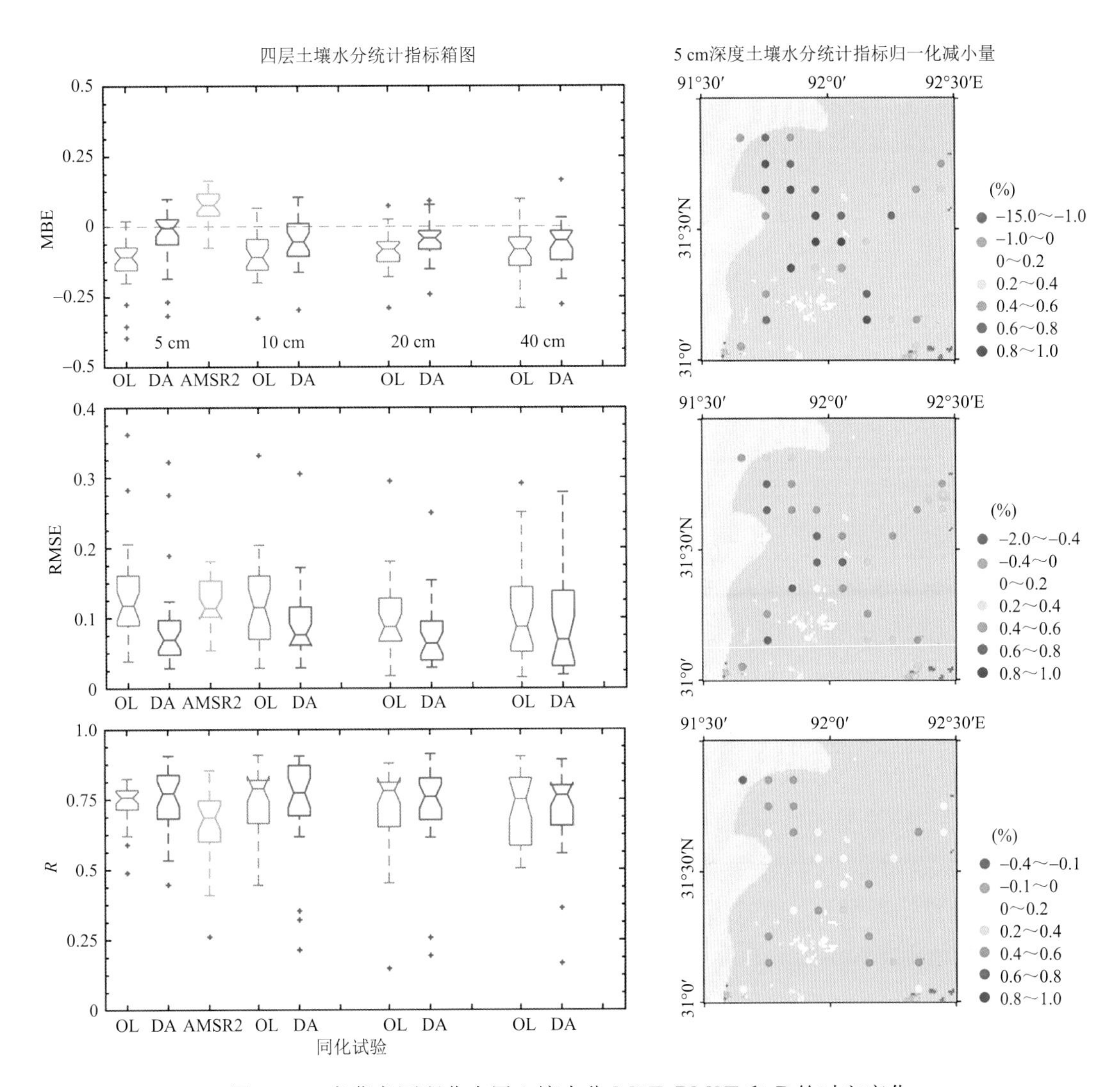

图4.12　青藏高原那曲表层土壤水分MBE、RMSE和R的时空变化

4.2.4　陆面数据同化不确定性溯源

陆面数据同化集成了陆面模式的模拟，这些模拟通常是由独立的大气强迫（如降水、短波辐射、长波辐射）驱动的，并且使用统计方法考虑了模式预报和观测的误差方差。因此，同化结果的质量受到大气驱动、模型、观测和统计方法的影响。Zhang等(2014)针对积雪覆盖度同化的不确定性，开展了系统性的定量研究，试验方案如表4.6所示。

表 4.6 关于大气驱动、参数化方案、同化方法的不确定性试验方案

同化试验	同化观测	大气驱动偏差校正	积雪覆盖度参数化方案	同化算法	GRACE 产品
OL_NBC_NY	无	否	NY	—	—
OL_BC_NY	无	是	NY	—	—
OL_NBC_SL	无	否	SL	—	—
MOD_NBC_NY	MODIS	否	NY	EAKF	—
MOD_NBC_SL	MODIS	否	SL	EAKF	—
MOD_BC_NY	MODIS	是	NY	EAKF	—
MOD_EnKF	MODIS	否	NY	EAKF	—
GRAMOD_RL05	MODIS+GRACE	是	NY	EAKF	RL05
GRAMOD_Mascon	MODIS+GRACE	是	NY	EAKF	Mascon (0.5°×0.5°)

(1)大气驱动不确定性

由于近地表气象场在空间和时间上的连续观测困难，特别是在山区和人口稀少地区，再分析数据常被用作大气强迫。然而，再分析强迫资料受到系统偏差的影响，这主要是由于大气模式结构不充分和参数化不确定性造成的。大气驱动的不确定性和偏差可以传播到水文变量的模拟中(Nasonova et al.，2011；Forster et al.，2014)。因此，在再分析数据被用于驱动模型之前，通常会进行校正(Qian et al.，2003；Sheffield et al.，2006)。该研究主要针对降水、地面向下短波辐射和地面向下长波辐射的偏差校正进行了分析。全球降水气候项目(Global Precipitation Climatology Project，GPCP)合并了多种来源的降水数据，可以通过这个产品来校正降水的偏差。利用云与地球辐射能力系统(Clouds and the Earth's Radiant Energy System，CERES)的逐月向下短波和向上长波辐射资料，对模型的相应辐射项进行了校正。值得注意的是，集合均值被调整以匹配 GPCP 的降水和 CERES 的辐射，每个集合成员的偏移量与集合均值相同，以保持相同的概率分布函数。从表 4.7 中不同纬度带 RMSE 的变化百分比(表中黑体显示)可以看出，驱动数据偏差校正对低纬度地区降雪模拟/数据同化的影响更大，尤其在 35°～45°N 范围更为明显。

表 4.7 不同大气驱动试验方案在不同纬度带的雪深 RMSE 比较

同化试验	25°～35°N	35°～45°N	45°～55°N	55°～65°N	65°～75°N
OL_NBC_NY	0.578	0.706	0.517	0.531	1.02
OL_BC_NY	0.537(**−7.1%**)	0.487(**−31.1%**)	0.456(**−11.8%**)	0.502(**−5.5%**)	1.07(**4.3%**)
MOD_NBC_NY	0.560	0.520	0.403	0.500	1.00
MOD_BC_NY	0.543(**−3.0%**)	0.462(**−11.1%**)	0.422(**4.9%**)	0.483(**−3.4%**)	1.06(**5.9%**)
OL_NBC_NY	0.578	0.706	0.517	0.531	1.02
OL_NBC_SL	0.568(**−1.9%**)	0.597(**−15.4%**)	0.503(**−2.7%**)	0.530(**−0.1%**)	1.02(**−0.1%**)
MOD_NBC_NY	0.560	0.520	0.403	0.500	1.02
MOD_NBC_SL	0.562(**0.4%**)	0.606(**16.5%**)	0.500(**24.3%**)	0.522(**4.5%**)	1.01(**0.9%**)

续表

同化试验	25°～35°N	35°～45°N	45°～55°N	55°～65°N	65°～75°N
MOD_NBC_NY	0.560	0.520	0.403	0.500	1.00
MOD_EnKF	0.584(**4.4%**)	0.683(**31.4%**)	0.501(**24.6%**)	0.521(**4.2%**)	1.00(**−0.4%**)
GRAMOD_RL05	0.615	0.581	0.494	0.526	1.11
GRAMOD_Mascon	0.616(**1.4%**)	0.580(**−0.1%**)	0.485(**−1.8%**)	0.465(**−5.9%**)	0.98(**−11.5%**)

注:括号内百分数为相对于默认同化方案的 RMSE 减小百分比。

(2)不同积雪覆盖参数化方案

该小节主要关注模拟 SCF 的模型中的 SCF 参数化方案。CLM4 采用 Niu 等(2007)的 SCF 参数化方案(以下简称 NY),在逐月分析的基础上,将 SCF 计算为积雪密度和雪深的函数。Swenson 等(2012)利用日观测重新研究了 SCF 雪深关系,并提出了一种随机 SCF 参数化方案(以下简称 SL),该方案已被纳入新版 CLM(CLM4.5)(Oleson et al., 2013)。两种参数化方案增加或减少雪深的物理过程是相同的,唯一的区别是确定诊断变量 SCF 的参数化方案。图 4.13 显示,将 SCF 方案 NY 替换为 SL,主要影响中低纬度(23～45°N)的 SCF,主要降低了位于青藏高原的 RMSE,RMSE 增加主要发生在欧亚大陆 35°～45°N 的纬度带上(图 4.13a)。与单独模型运行相比,两个同化案例显示北半球 SCF 的 RMSE 降低(图 4.13c、d)。MOD_NBC_SL(图 4.13d)显示了青藏高原、中国北部和东北部 SCF 的 RMSE 的减少幅度小于 MOD_NBC_NY(图 4.14c)。在这里,OL_NBC_SL 的 RMSE 比 OL_NBC_NY 更小。这表明,如果参数化方案引起的模型误差减少,同化在模型状态下的修改就会更少。从表 4.7 可以看出,虽然 SL 方案在单独模型运行情况下优于 NY 方案,但在 MODIS 数据同化情况下,NY 方案更好。

(3)同化方法的影响

EnKF 根据模型的误差方差对模型的预测和观测进行加权,模型预测的误差方差采用蒙特卡罗方法估计(Evensen, 1994)。传统的 EnKF 和 EAKF 在从后验概率密度函数绘制后验集成上有所不同。EAKF 计算的后验集成具有与理论一致的均值和协方差,而传统 EnKF 计算的后验集成可能仅具有与理论一致的均值(Anderson, 2001)。如图 4.14 所示,EAKF 可以有效降低北半球 SCF 的 RMSE(图 4.14b),而 EnKF 对 SCF 的影响不大(图 4.14a)。EAKF 在所有纬度的表现都要好得多,特别是在欧亚大陆的 30°～50°N(图 4.14c)。基于 EAKF 的 MODIS DA 案例(MOD_NBC_NY)在北半球总体上产生较小的积雪深度 RMSE,但在中国东北地区有较大的 RMSE。表 4.7 表明,使用 EAKF 的 MOD_NBC_NY 总体上比 MOD_EnKF 产生更小的积雪深度 RMSE,RMSE 差异的最大百分比位于 35°N 和 55°N 之间。

4.2.5 多源陆面数据同化系统构建与评估

低频微波亮温对于表层土壤水分较为敏感,而高频亮温常用于有关雪的同化研究。前述关于积雪和土壤水分的全球及青藏高原陆面同化研究大多基于单一的卫星观测进行,而单个

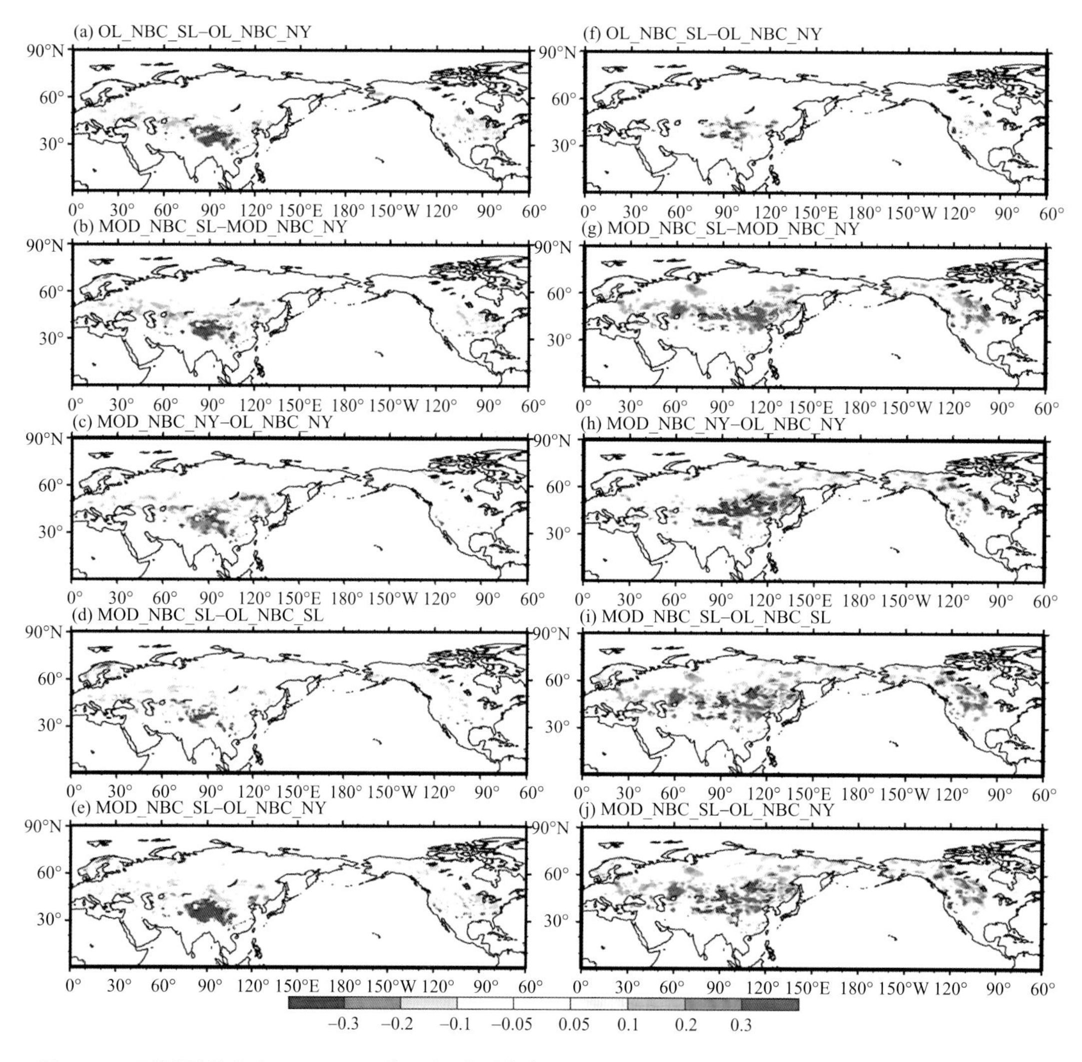

图 4.13　不同同化方案((a)—(j))关于积雪覆盖度(左列)、积雪深度(右列)的归一化均方根误差差值

卫星传感器无法保证通过同化对某些陆地状态进行一致的改进。已有研究确实指出了在陆面同化系统中结合光学、微波和重力传感器来改善不同条件下的土壤湿度和积雪估产的潜力。Zhao 等(2018)将 CLM4 和 DART 联合起来,开发了一个多传感器陆面数据同化系统原型。除了亮温以外,和土壤水分、雪相关的地表水储量、积雪覆盖度都被考虑到这个同化框架内。该多源同化框架如图 4.15 所示,主要思路是利用 DART 系统中的 EAKF,通过同化 AMSR-E 亮温、积雪覆盖度和地表水储量数据,估算全球土壤水分和积雪。当模型检测到有雪覆盖时,同化 MODIS 的积雪覆盖度(MOD);当积雪覆盖都达到一定程度时,同化 AMSR-E 的高频亮温(ASN);当没有积雪覆盖并且没有冻土的情况下,同化 AMSR-E 的低频亮温(ASO);在所有情形下都同化重力恢复与气候实验卫星 GRACE(Gravity Recovery and Climate Experiment)的地表水储量产品(GRA)。

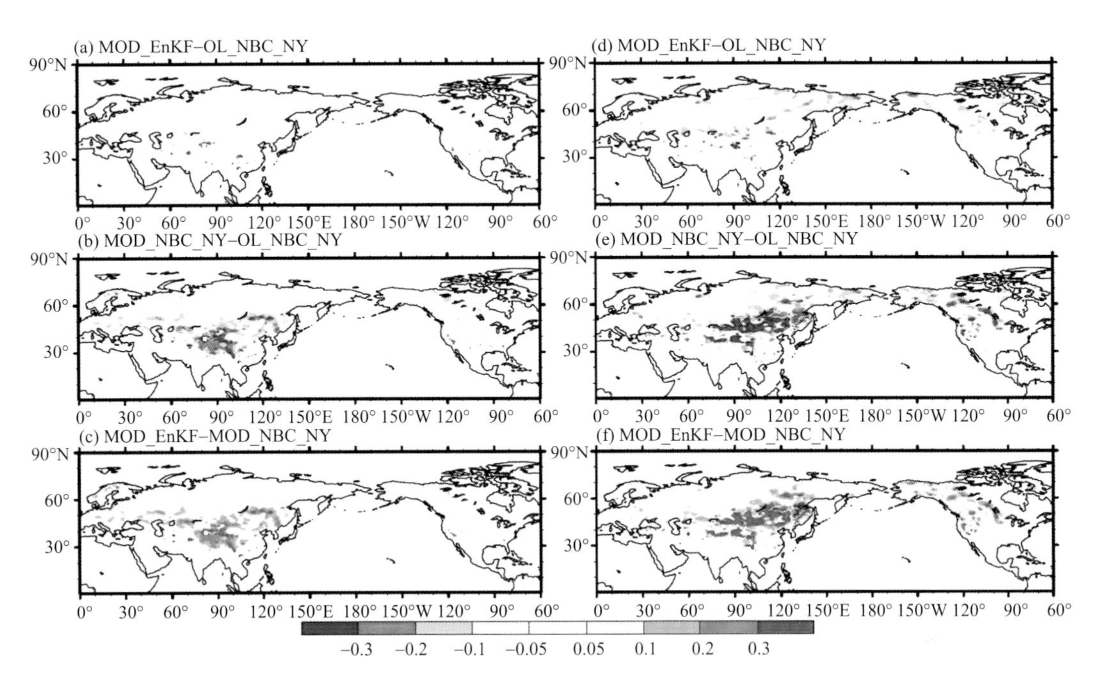

图 4.14 不同同化方案((a)—(f))关于积雪覆盖度(左列)、积雪深度(右列)的归一化均方根误差差值

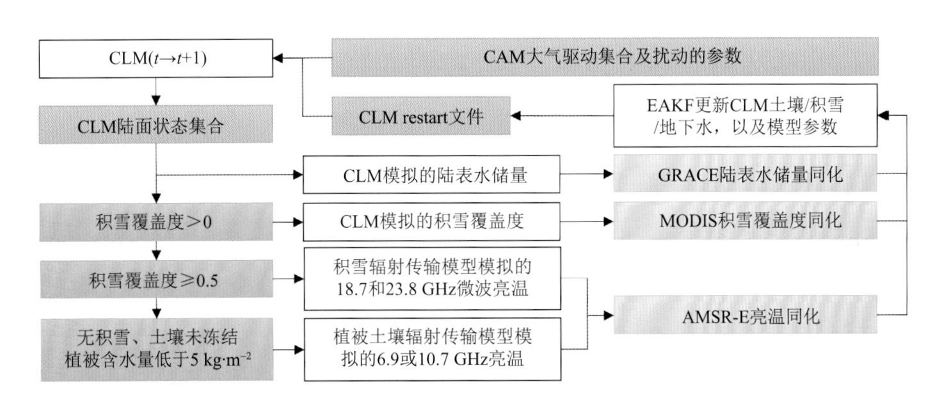

图 4.15 多源陆面同化框架

基于上述同化框架,研究人员进一步设计了一系列考虑不同传感器组合的数据同化试验,以研究来自不同卫星观测的贡献,试验方案如表 4.8 所示,同化时段为 2003—2009 年。单独模型模拟在大多数子区域表层和根区均存在正偏差(OKM 的表层、SCAN 和 SNOTEL_02 的根区除外)。尽管如此,通过 AMSR-E 亮温同化,SSM 和 RZSM 的高估现象得到了改善(图 4.16)。具体来说,在大多数子区域中,ASO 同化降低了 SSM 和 RZSM 偏差,而在全年都有大雪覆盖的 AARD 同化 ASN 时,也会发生同样的情况。最后,DA_5 同化了 ASO 和 ASN,在 SSM 和 RZSM 估计中趋于最稳健。在最后的结果中,发现没有一个单一的同化方案适用于所有陆表状态变量或所有区域。然而,将积雪覆盖度、亮温和地表水储量数据单独或组合地同化到 CLM4 中,都证明了全球土壤水分和积雪深度估计的改进。总的来说,结合 MODIS、GRACE

表 4.8　CLM4 模拟及卫星传感器同化组合试验

同化试验	MOD	GRA	ASO	ASN
OL	模型模拟,无同化			
DA_1_GRA		×		
DA_2_MOD_GRA	×	×		
DA_3_MOD_ASO	×		×	
DA_4_MOD_ASN	×			×
DA_5_MOD_AMR	×		×	×
DA_6_MOD_AMR_GRA	×	×	×	×
DA_7_MOD_ASO_GRA	×	×	×	
DA_8_MOD_ASN_GRA	×	×		×

注:×代表该观测被同化,空白表示未同化。

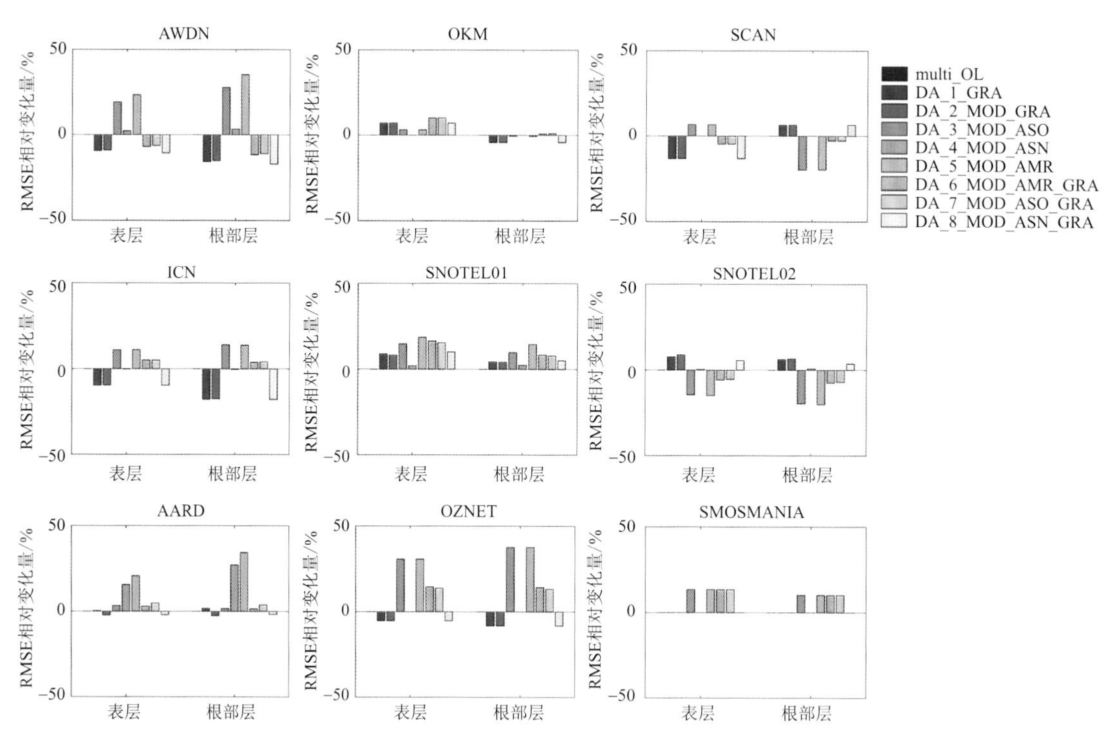

图 4.16　不同同化试验(DA)相比于单纯模型模拟(OL)在表层、根区与实测土壤水分的 RMSE 值差异分布。子图中英文缩略词为全球所选取的评估区域的名称缩写

和 AMSR-E 的观测,有望通过多传感器陆地数据同化系统提供稳健的全球土壤湿度和积雪估算。

4.2.6　陆面同化改进季节性气候预测

在天气预报的时间尺度之外进行季节性气候预报的研究,需要从缓慢变化的海洋和陆地表面条件中寻找潜在的可预测性来源。地表可以记忆过去的气候信息，并有助于扩大土地面积和季节的大气预测(Koster et al.，2000；Guo et al.，2012)。因此，研究地表衍生的季节气候可预见性，近年来受到越来越多的关注。真实的地表初始化状态可以有助于季节性气候预测，基于气象驱动模型运行获取陆表条件是一个被广泛使用的方法。然而，由于模型结构、参数化和强迫误差的不足，这种方法在推导准确的初始陆地条件时可能存在问题。为了解决地表初始化不准确的问题，已有不少学者证明将卫星数据同化到模型中可能有助于水文气候预测(Koster et al.，2010，2011；Mahanama et al.，2012)，这主要是基于陆面数据同化可以结合基于物理的模型和观测的优势。许多陆面同化研究是在流域或流域尺度进行的，侧重于水文应用，如径流预测(Liu et al.，2015)和干旱监测(Kumar et al.，2014)，但这些研究没有用于气候预测。为此，基于上述数据同化生成的陆面再分析资料，Lin 等(2016)开展了一系列基于陆面同化初始化的季节性气候预测试验。

(1)同化对北半球季节性温度预测的影响

为量化多源陆面同化对于季节性气候预测的影响，Lin 等(2016)基于 NCAR 通用大气模式(Community Atmospheric Model version 5，CAM5)和 CLM4 开展了一系列地-气模拟试验。该试验利用 8 a 离线陆面同化产品对陆表状态(如积雪和土壤水分)进行初始化，并开展了三类季节性集合后报试验(OL、MOD 以及 GRAMOD)。如图 4.17 所示，MOD 显示青藏高原地区和雪过渡带的累计 RMSE 降幅最大，而高纬度地区的降幅较小。在像西伯利亚这样的高纬度地区，MOD 带来的改进不到 5%，而 GRAMOD 可以提供超过 25%的改进。在高纬度地区，GRAMOD 总体上比 MOD 表现出更好的温度预测。总的来说，相比于单独模型运行，基于 MOD 和 GRAMOD 的 CAM5/CLM4 模拟在青藏高原区域将季节性温度预测的精度提高了 5%～20%。而从全球范围看，青藏高原及周边流域、高纬度地区(如西伯利亚)以及南亚季风区在积雪同化中改进最多。

(2)同化对亚洲季风季节预测的应对

亚洲季风影响了世界上 60%以上的人口，具有深远的经济社会影响(Wu et al.，2012)，然而对于季节预测(提前一到几个月)仍然非常具有挑战性(Webster et al.，1998；Wang et al.，2009；Doblas-Reyes et al.，2013)。以往的雪同化研究主要集中在同化卫星数据以改进点、盆地尺度的雪估算，用于水文预测(Sun et al.，2004；Slater et al.，2005；Su et al.，2010)，而针对动态气候预测问题的全球多卫星雪同化相对较少(Zhang et al.，2014；Zhao et al.，2018)。使用多卫星数据同化正确初始化陆地雪的状态可能有助于应对亚洲季风季节预测的长期挑战。然而，雪同化能在多大程度上帮助解决这个问题，很大程度上还没有得到探索。

Lin 等(2016)基于 MODIS 积雪覆盖度和 GRACE 地表水储量同化产品改进了春季雪初始条件，以期提高亚洲季风预测精度。如图 4.18 所示，以青藏高原西部(TP)和欧亚中高纬度(EA)这两个多卫星积雪同化至关重要的地区为中心，结果显示同化使 TP 和 EA 中的雪减少，导致吸收更多的短波辐射(降低反照率)和更少的感热(减少暖季融雪)。对于季风前的季

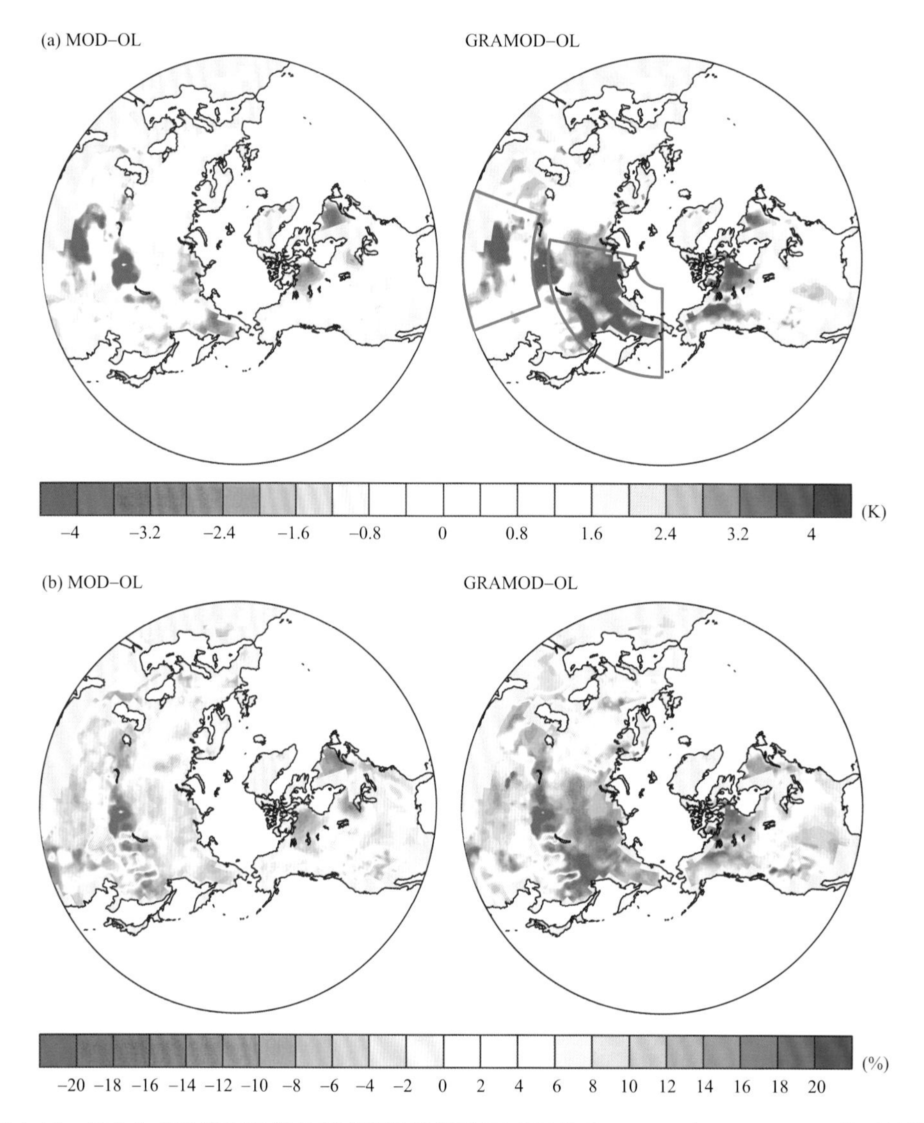

图 4.17　同化和单独模型运行的温度预测的累计 RMSE 差值(Lin et al.,2016)。(a)绝对差值；(b)百分比差值。OL 未引入任何同化产品,MOD 采用 MODIS 积雪覆盖度同化产品,而 GRAMOD 采用 MODIS 积雪覆盖度以及 GRACE 地表水储量变化联合同化的产品

节,TP 雪的准确初始化是关键,同化 MODIS 数据(MOD)略优于联合同化 MODIS 和 GRACE 数据(GRAMOD)。对于季风盛期,EA 雪的准确初始化由于其长记忆性更为重要,而同化 GRACE 数据带来的改进最为显著(图 4.19)。在所有亚洲季风次区域中,印度北部中部地区的改善最为明显,这可能是该地区对热强迫的高度敏感性的结果。虽然这项研究强调补充雪观测作为季风可预测性的有希望的新来源,但它也阐明了将同化转化为有用的季风预测技能的复杂性,这可能有助于弥合陆面同化和动态气候预测研究之间的差距。

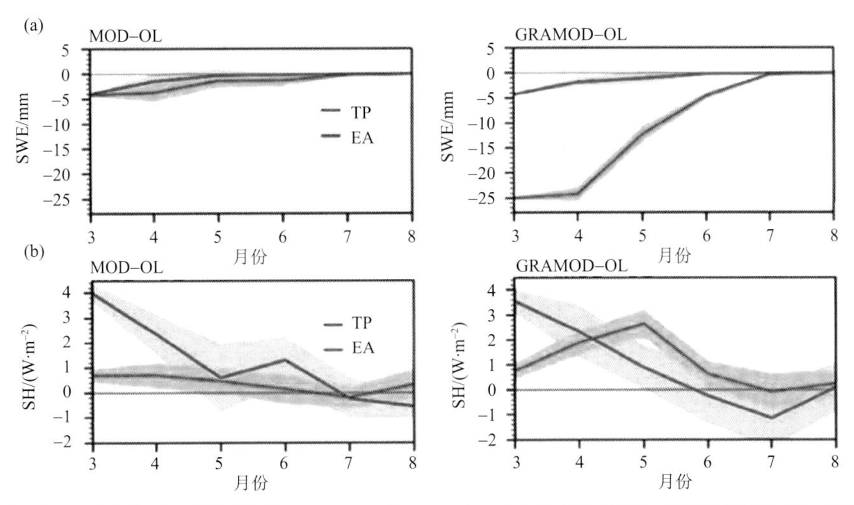

图 4.18　同化对雪水当量、感热的影响(Lin et al.,2020)。(a)和(b)分别显示了 TP(蓝色)、EA(红色)的不同同化方案 SWE 和感热(SH)变化的差值

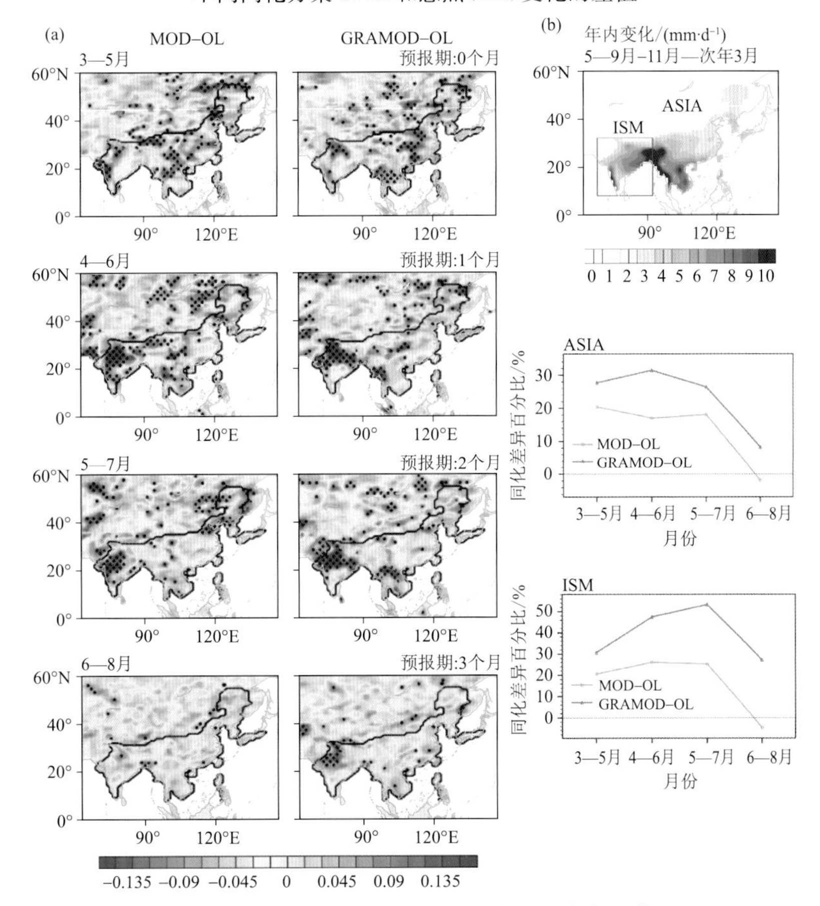

图 4.19　基于积雪陆面同化初始化的降水预报改进(同化减模拟的决定系数)(Lin et al.,2020)。(a)显示了亚洲季风区 MOD(左列)和 GRAMOD(右列)同化的改进，其中季风边界（亚洲,黑线）为超过 2.5 mm·d^{-1}的绝对降水年范围(MJJAS(5—9 月)—NDJFM(11 月—次年 3 月))。(b)显示了亚洲季风(ASIA)和印度夏季风(ISM)的年内变化和同化差异百分比

4.3 大气数据同化系统

青藏高原是影响全球气候的高敏感区,也是影响高原周围我国重大灾害事件发生的前兆性关键信号区,深入研究与青藏高原有关的天气和气候变化特征及其物理机制,对提高我国天气和气候预报水平具有重要作用,建立青藏高原地区再分析资料可以为青藏高原地区气象研究提供重要的基础数据。针对上述存在的问题,邹晓蕾等在项目"青藏高原区域多源资料同化及再分析资料集的构建"中以建立高原地区区域大气再分析资料集为目标,从卫星资料的误差订正、高原卫星资料同化关键技术和青藏高原区域再分析资料集构建这三个方面开展了一系列研究,建立和改进了多种卫星资料误差订正方法,提出了多个适用于高原大地形地区的卫星资料同化方法,建立了 1 a 时间尺度的高原地区的区域再分析资料集。针对青藏高原复杂地形和天气过程变化构建青藏高原背景误差协方差结构和相关系数是青藏高原资料同化存在的瓶颈问题之一,陈静等在项目"基于 GRAPES 集合预报和三维变分的青藏高原混合同化方法研究"中将集合预报与变分同化结合起来的集合变分混合同化,是一种有别于传统集合资料同化和变分同化的新的资料同化方法,它能很好地改进资料稀疏和地形复杂区域的资料同化质量。

4.3.1 青藏高原卫星资料同化和应用

在卫星资料误差订正方面,针对高原陡峭地形特征,进行了提高定位精度、优化噪声滤除、改进陆面发射率模式,提高了陆地地区卫星资料的观测和模拟精度;评估了我国风云 3C(FY-3C)卫星的多种资料在高原地区的精确度,分析了卫星资料不同处理方法对资料气候稳定性的影响,开发了针对不同卫星资料的陆地云检测方法,为卫星资料在高原上空的有效同化建立了资料基础。在卫星资料同化关键技术方面也进行了多项有创新性的研究,针对高层通道对高原地区大气观测的重要性,提出了高层通道同化权重修正方法以及微波温度计和湿度计协同同化方案,明确了极轨卫星晨昏轨道对高原地区卫星资料覆盖率的重要影响,模式层顶对高层通道同化的重要作用,另外,对于具有高垂直分辨率特征的全球定位系统(GPS)掩星资料和高时空分辨率的静止卫星资料同化技术也进行了多方面的研究。在卫星资料和同化技术改进的基础上,进行了青藏高原区域再分析资料集构建的研究,并建立了 1 a 的区域再分析资料,通过个例比较和长时间的序列检验,结果表明,青藏高原区域再分析资料能够很好地再现高原地区的主要天气系统的结构和强度及气候特征,对温度和水汽的季节变化能力也有很好的再现能力。

(1)卫星资料误差订正方法研究

①风云 3C 微波成像仪地理位置误差订正方法

卫星的空间定位的准确度对于高原大地形地区的研究非常重要。根据同一条扫描线上的

89 GHz 通道亮温在海陆交界处有较大变化，用数学上的拐点方法，得到由微波成像仪资料确定的海岸线。通过与高分辨率的海岸线数据集比较，得出 FY-3C 卫星微波成像仪地理位置定位有明显的偏差。根据微波成像仪地理位置平均误差以及锥形扫描仪的特点，利用非线性最优化方法，推算出卫星高度角，即滚动(roll)、俯仰(pitch)、偏航(yaw)角上的误差并进行订正，订正后的观测资料与海陆分布有更高精度的对应关系，对微波成像仪的同化和气候应用有很好的提高效果。

图 4.20 给出了 2014 年 1 月 1 日 04:55 UTC 风云 3C 微波成像仪地理定位订正前后 85 GHz 水平极化通道亮温差值的空间分布。其中阴影为亮温差值，等值线为青藏高原地形高度。大约 6 km 的地理定位误差在青藏高原陡峭地形可造成高达 30 ℃的亮温误差。

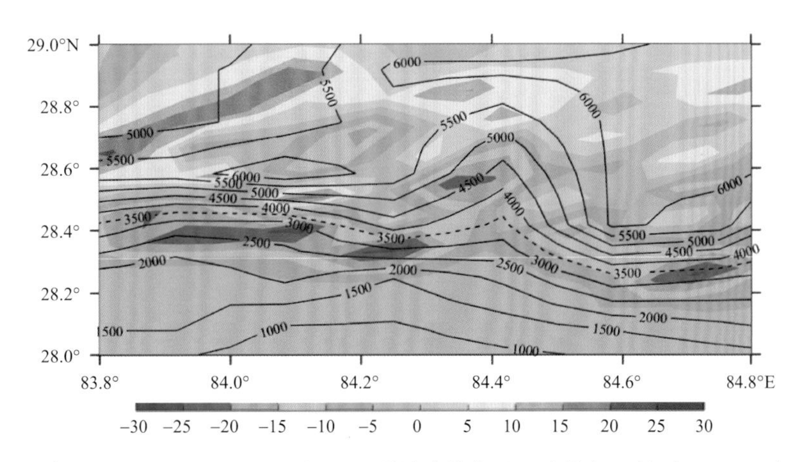

图 4.20　2014 年 1 月 1 日 04:55 UTC 风云 3C 微波成像仪地理定位订正前后 85 GHz 水平极化通道亮温差值的空间分布。其中阴影为亮温差值(单位:℃)，等值线为青藏高原地形高度(单位:m)

②微波温度计窗区通道中条纹噪声的滤除方法

Suomi-NPP 卫星搭载的先进微波探测器(ATMS)高层大气探测通道观测亮温与背景场之差(O—B)中存在清晰的跨轨条纹噪声。该噪声在 ATMS 沿轨方向上变化显著。在对 ATMS 在轨翻转观测期间的冷空观测亮温分析时发现，ATMS 的 22 个探测通道中均存在显著条纹状噪声。起初，将主成分分析法(PCA)和集合经验模态分解法(EEMD)结合起来可以对 ATMS 上层大气温度探测通道中的条带噪声进行有效消除。然而，对于 ATMS 窗区通道 1 和通道 2，当扫描线与海岸线或是深对流云边界相一致时，在去噪后的观测亮温中会出现人为噪声。这是由于 ATMS 对地观测时，窗区通道的沿轨方向观测亮温在海陆边界和深对流云边界变化较大。为此，Dong 等(2018)在 PCA/EEMD 方法中加入了额外的处理步骤用于消除这种影响。结果显示，改进方法可以有效消除 ATMS 窗区通道中的条纹噪声并且不会在去噪后的亮温场中引入人为干扰(图 4.21)。

③改进地面发射率模式并研究其在青藏高原上的适用性

卫星资料在青藏高原地区的应用最大的问题就在于很多高空通道转变为地面通道，因此，如何处理好卫星资料地面通道的同化是提高分析场质量的重要方法。同化地面通道最大的技

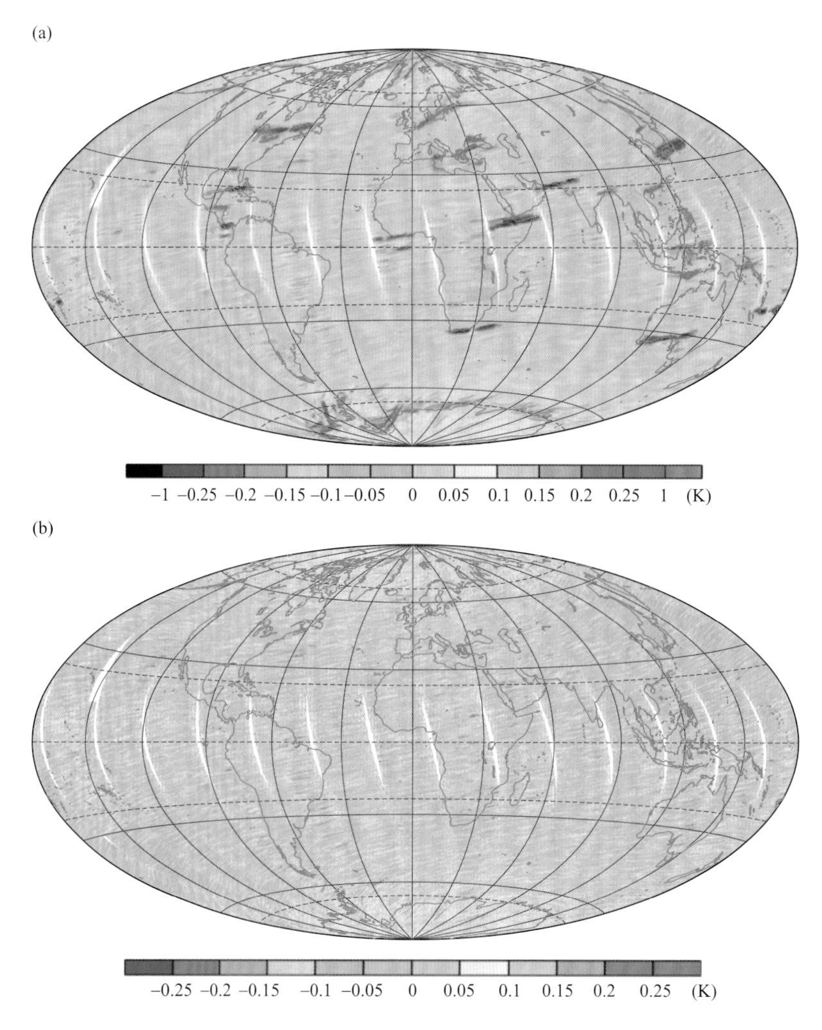

图 4.21　2013 年 1 月 2 日 ATMS 通道 1 资料中条纹噪音的全球分布图
(a)旧的噪声滤除方法;(b)新的噪声滤除方法

术难题在于地面发射率的准确度。地面辐射率受到土壤电介质常数、土壤辐射传输模型和表面粗糙度订正算法的影响。但是现在的辐射传输模式 CRTM 中,粗糙度订正模型主要适用于 20～50 GHz 通道,对于低频成像仪通道(比如:C-Band 通道和 X-Band 通道),就容易出现较大的偏差。为了使得 CRTM 能够更好地模拟近地面通道,Zhuge 等(2018)研究了静止卫星资料偏差与中国陆地地表发射率的关系,并开发了一个新的陆面微波地面辐射模型,表面粗糙度订正算法也对于 5～200 GHz 通道都表现为稳定性质。结合地表植被和大气辐射传输模型,我们对 AMSR-2 低频 6.9 GHz 水平极化通道的亮温进行了模拟,并计算了该通道的 O—B。图 4.22 给出了 2013 年 3 月 1 日该通道 O—B 的概率分布特征和地表发射率的量值分布。可以看出,新陆面发射率模型计算的地面辐射率更符合随机特征,同时 O—B 的概率分布也表现为近高斯分布,但是在旧的模型中,O—B 分布则明显向负偏差偏移。

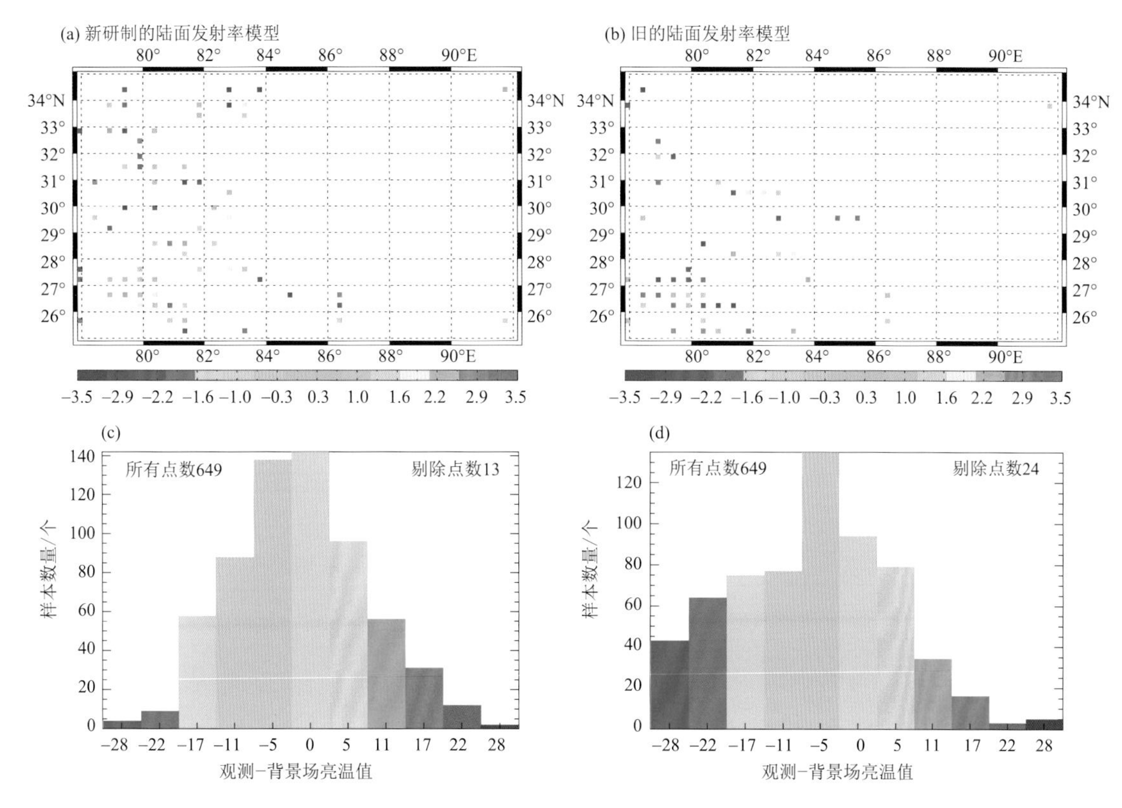

图 4.22 新((a)、(c))、旧((b)、(d))陆面发射率模型计算的2013年3月1日6.9 GHz通道的地表发射率量值((a)、(b))和O—B的概率分布特征((c)、(d))

④高光谱红外探测仪资料的偏差估计

高光谱红外探测仪资料一直受到非局地热力平衡耗散(nonlocal thermal equilibrium, NLTE)的影响，另外，在3.5～4.6 μm的短波地面通道也一直受到日间太阳短波辐射的影响。针对上述高光谱红外探测仪资料的问题，利用快速辐射传输模型CRTM，Li等(2017)发展了新的NLTE订正方法，经过NLTE订正后，O—B的偏差可以从最高的13.5 K减少到2.5 K左右。新发展的太阳短波辐射订正也可以消除在两侧的O—B偏差大值区。下一步我们将把这两种订正方法整合的资料同化到系统中，从而可以更好地进行高光谱红外探测仪资料的同化研究。

⑤ATMS的资料重构方法改进及其对资料气候稳定性的影响

ATMS仪器的原始观测资料各通道覆盖范围有很大的重复性，这就极大地增加了资料的冗余性，也会导致更多的观测误差相关性，所以ATMS资料同化前需要通过重新映射的方法将ATMS资料转换为独立FOV的观测资料。Han Y等(2014)利用Backus-Gilbert(以下简称BG)方法，将ATMS资料中的温度计资料重新映射到微波温度计(Advanced Microwave Sounding Unit-A，AMSU-A)的观测位置，并分析了BG映射方法对ATMS资料精度的影响，结果表明BG方法能够有效消除资料冗余信息，并很好地保留了高分辨资料中的小尺度信息。这就为ATMS资料根据模式分辨率进行重新映射提供基础，从而可以提供不同分辨率模式适用的ATMS观测资料。

⑥FY-3C 卫星微波湿度计资料气候稳定性评估

虽然极轨卫星微波湿度计资料早就在气候研究和同化中得到应用，但是已有的极轨卫星微波湿度计通道频率基本集中在 183 GHz 左右，我国新发射的 FY-3C 卫星的微波湿度计有 8 个通道是集中在 118 GHz 附近，这个波段的微波湿度计观测资料的准确性还没有得到细致的评估。Qin 等(2016b)利用 GPS 掩星资料对 FY-3C 的 118 GHz 附近的通道观测精度进行了评估，结果表明所有通道的观测精度都在＋/－1.5 K 范围内，很好地满足资料同化需求。同时研究还根据该仪器特点提出了一个新的云检测指数。图 4.23 给出了新的云检测指数与反演的云水路径、冰水路径和高级超高分辨率扫描辐射计(AVHRR)的通道 4 亮温的空间分布。可以清楚看出，新的云检测指数的空间分布特征与 AVHRR 的亮温空间分布更为相似。

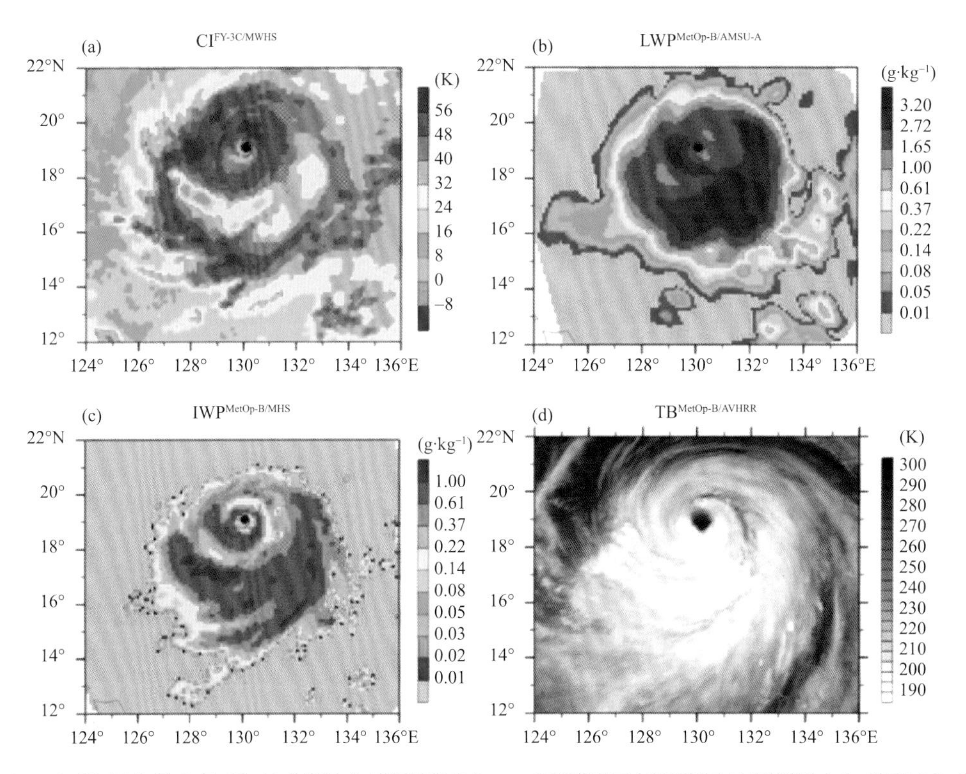

图 4.23　2015 年 7 月 6 日 12:00 UTC 台风“浣熊(Neoguri)”附近区域的新云检测指数(a)、基于 MetOp-B 的 AMSU-A 窗区通道反演的云水路径(b)和 MHS 窗口通道反演的冰水路径(c)、MetOp-B 卫星搭载的 AVHRR 仪器通道 4 亮温(d)的空间分布特征。图中的黑色点是台风中心

⑦FY-3C 卫星微波双氧通道的云垂直廓线反演方法

60 和 118 GHz 的微波观测可以被配对用于探测大气中云和降水特征，而我国最新极轨卫星 FY-3C 卫星是全球唯一的一颗同时包含了 60 GHz 附近温度计通道和 118 GHz 附近的湿度计通道，在多个大气高度层，两类通道都有权重函数分布相近的通道，所以通过匹配 FY-3C 卫星的温度计通道和湿度计通道，我们就可以反演大气不同高度的云和水汽特征。利用 FY-3C 卫星资料，Han 等(2015)提出了一个新的云发射和散射指数，通过分析我国 FY-3C 卫星搭载的微波温度计(MWTS)和微波湿度计(MWHS)的频率特点，我们发现 MWTS 和 MWHS

卫星在60G Hz和118 GHz相近频率上既有温度计通道也有湿度计通道。图4.24给出了FY-3C卫星微波湿度计和微波温度计各通道的权重函数特征。在MWTS的权重函数中标注为红色、蓝色和绿色线的通道(ch)3、5和6的对应高度上，微波湿度计也有近似频率通道。

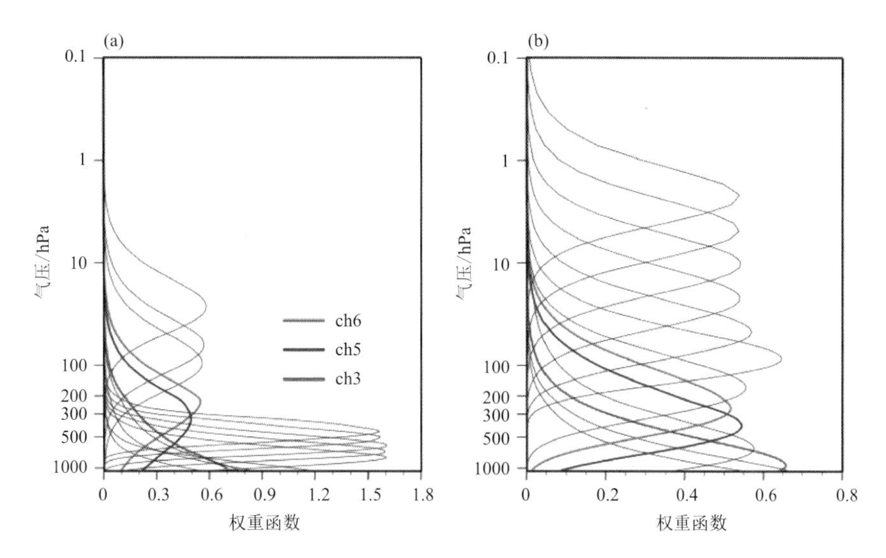

图4.24 FY-3C卫星搭载的微波温度计(a)和微波湿度计(b)各通道权重函数高度分布图

通过MWTS和MWTS的相似通道比较，就可以同时为我们提供大气温度和湿度信息，从而可以反演云的分布特征。研究人员通过利用双氧气通道观测值建立了新的云发射散射指数(cloud emission and scattering index, CESI)，指数的空间分布结构基本可以代表空气中云的分布特征。图4.25给出了2014年7月6日12:36 UTC CESI指数反映的200、500和800 hPa高度台风“浣熊”附近云的空间分布。从图4.25可以看出，反演的云空间分布可以很好地再现台风的结构信息，包括台风中心位置和台风外围的雨带分布特征。这也表明，利用反演指数可以很好地进行FY-3C卫星搭载的MWTS和MWHS资料的云检测工作。

⑧FY-3C微波成像仪资料的云水路径反演新方法

搭载于FY-3卫星上的微波成像仪(Microwave Radiation Imager, MWRI)具有10.65、18.7、23.8、36.5和89 GHz五个频率，每个频率有水平和垂直两种极化模式。通常，气象卫星微波成像仪中心频率大于19 GHz的通道观测亮温，用于反演洋面云中液态水路径(LWP)。Tang等(2018)给出了利用较低观测频率适合反演数值较大的LWP方法，并利用MWRI的低频和高频通道观测亮温的组合，对传统反演LWP的算法进行改进，发展了适用于反演不同强度的LWP反演算法。反演误差的理论估计显示，10.65和18.7 GHz通道的反演误差在0.06～0.11 mm，36.5和89 GHz通道的反演误差在0.02～0.04 mm。研究结果表明：10.65 GHz通道的观测亮温，能够较好地反演出2014年的超强台风“浣熊”中强度大于3 mm的LWP。而采用不同通道组合，反演出了台风结构中不同强度的LWP。

⑨FY-3C卫星GPS掩星资料的质量评估

我国最新极轨卫星FY-3C卫星上还搭载了GPS掩星，但是新卫星的GPS掩星在同化应用

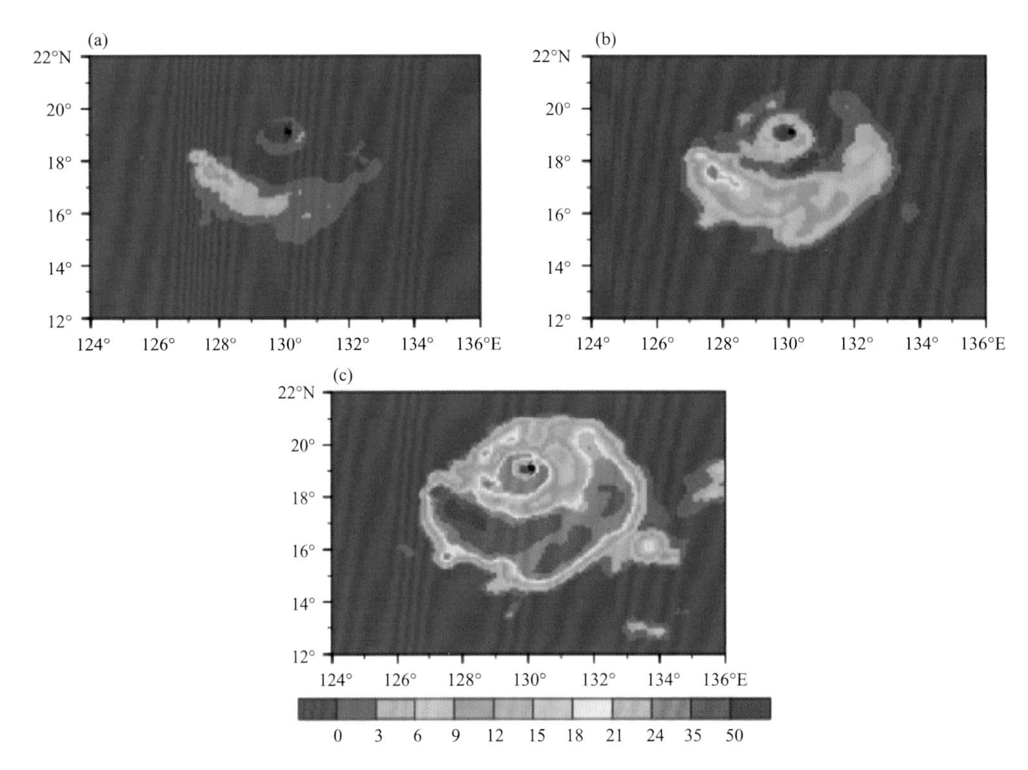

图 4.25　2014 年 7 月 6 日 12:36 UTC CESI 指数反映的 200(a)、500(b)和 800 hPa(c)高度台风"浣熊"附近云空间分布

之前，还需要细致的质量评估。Wang 等(2020)研究了 GNOS 折射率的观测的质量及其统计特性，建立适合 GNOS 折射率的质量控制方案，并在 GRAPES 全球模式中对其进行有效同化。

从卫星中心获取的 2013 年 10 月 1 日 00:00—31 日 23:00 UTC 无线电掩星探测仪(GNOS)折射率观测资料，共计 12718 条折射率观测廓线。通过比较 ERA_Interim 再分析资料和对应 GPS 掩星资料，对新卫星 GPS 掩星资料的折射率进行质量评估。图 4.26a 是极值检查剔除的资料的相对误差廓线，共 2370 条廓线，占 21.47%。图 4.26b 是极值检查保留的资料的相对误差廓线，共 9987 条廓线，占 78.53%。结果表明，极值检查将所有的异常观测剔除了。

⑩结合 GPS 掩星资料和云卫星降水雷达资料研究云内折射率正偏差特征

利用 GPS 掩星资料的绝对定标特征，对不同卫星资料进行绝对定标，这是卫星资料长期同化和气候应用的重要步骤。因此，GPS 掩星资料的准确度也是需要关注的重要方面。利用 2009—2010 年气象电离层和气候星座观测系统(COSMIC)计划的 GPS 掩星观测资料，通过与 NOAA-18 的 AMSU-A 仪器资料和 CloudSat 卫星的云产品资料相互匹配，利用 AMS-A 反演的云水路径资料和云卫星描述的云类特征，Yang 等(2017)研究了 GPS 掩星的折射角对云的依赖性。结果表明：云中的温度递减率有 2 个分布区间：1.8 ℃·km^{-1} 和 4～8 ℃·km^{-1} 之间。云底是云的凝结高度，云底温度递减率和露点温度递减率同样是 1.8 ℃·km^{-1}。在晴空也发现了温度递减率在 2 ℃·km^{-1} 左右，这和边界层内强的湍流混合有关。结果还表明，模式大气在云边界存在偏干的偏差。

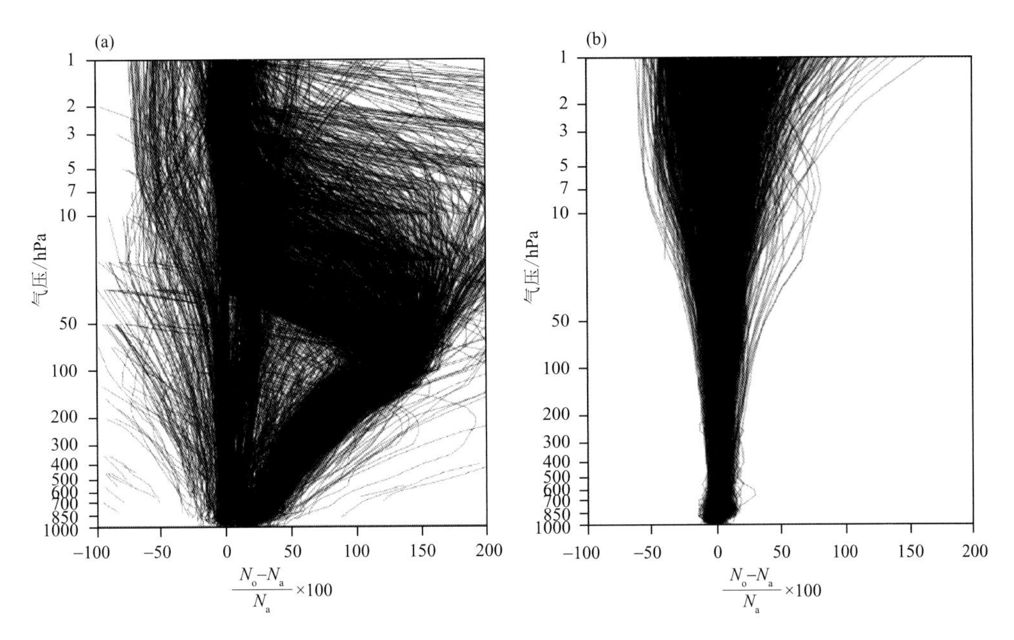

图4.26 极值检查剔除(a)和保留(b)观测的相对误差(%)
(N_o和N_a分别为观测和再分析资料模拟的折射率)

⑪GPS掩星资料有云廓线的反演精度改进

基于2009—2010年COSMIC掩星资料、NOAA18温度计的反演产品(液态水路径)和CloudSat云产品,分析了海洋上COSMIC掩星折射率的偏差与云的覆盖度之间的关系。COSMIC掩星资料能够提供高精度的温度和水汽廓线,NOAA18的反演产品能够提供水平方向液态水路径,CloudSat云产品能够提供云的类型和云中各个高度层液态水和冰水含量。Yang等(2017)将COSMIC掩星和云卫星(CloudSat)产品进行时空匹配,把COSMIC掩星资料按照CloudSat提供的云的类型进行分组,在此基础上,将NOAA18视场(FOV)沿云中高度GPS射线路径(长±300 km,宽±1.4 km)进行匹配。结果表明:云中COSMIC掩星折射率正的偏差与云中GPS射线路径上的云的覆盖有密切的关系。高积云、高层云、卷云、积云和深对流云中,当云的覆盖度超过90%,COSMIC掩星折射率的偏差可达1%~2%。雨层云和层积云中,无论云的覆盖度多少,掩星折射率都出现较大偏差,即使云的覆盖度小于50%,折射率的偏差仍然都达2%以上。

(2)青藏高原卫星资料同化方法研究

①青藏高原大地形对卫星资料同化效果的影响

青藏高原下垫面复杂,气象台站十分稀少,常规观测数据非常有限。气象卫星从太空对地球及其大气层进行气象观测,其观测范围广,且不受自然条件和地域条件限制,所以卫星资料同化对青藏高原及其周边地区的数值天气预报有重要影响。但是卫星资料同化效果依然容易受到模式对高原地形描述准确性的影响,利用美国的业务资料同化系统(Gridpoint Statistical Interpolation,GSI)和中尺度区域预报模式(the Advanced Research Weather Research and

Forecasting WRF model，ARW)，Qin 等(2019)通过对不同垂直分辨率模式的同化和预报效果进行比较分析，明确了模式垂直分辨率对极轨卫星微波温度计和红外高光谱资料同化效果的影响。结果表明：模式垂直分辨率的提高对于红外高光谱资料的同化效果改进最为明显，尤其是权重函数峰值在 400 hPa 附近通道的 O－B 减小最为明显。通过与探空资料的比较证明，高垂直分辨率模式的卫星资料同化对高空的水汽和温度的改进效果更好。卫星资料同化能够改进高度场和降水预报效果，其中 9 h 以内的短时降水预报效果受垂直分辨率提高的影响并不明显，但是随着改进后的高层大气初始场逐步影响大气中下层，模式垂直分辨率增加能够显著改进长时间降水预报效果(图 4.27)，公平风险评分(ETS)最高可以提高 0.1 以上。

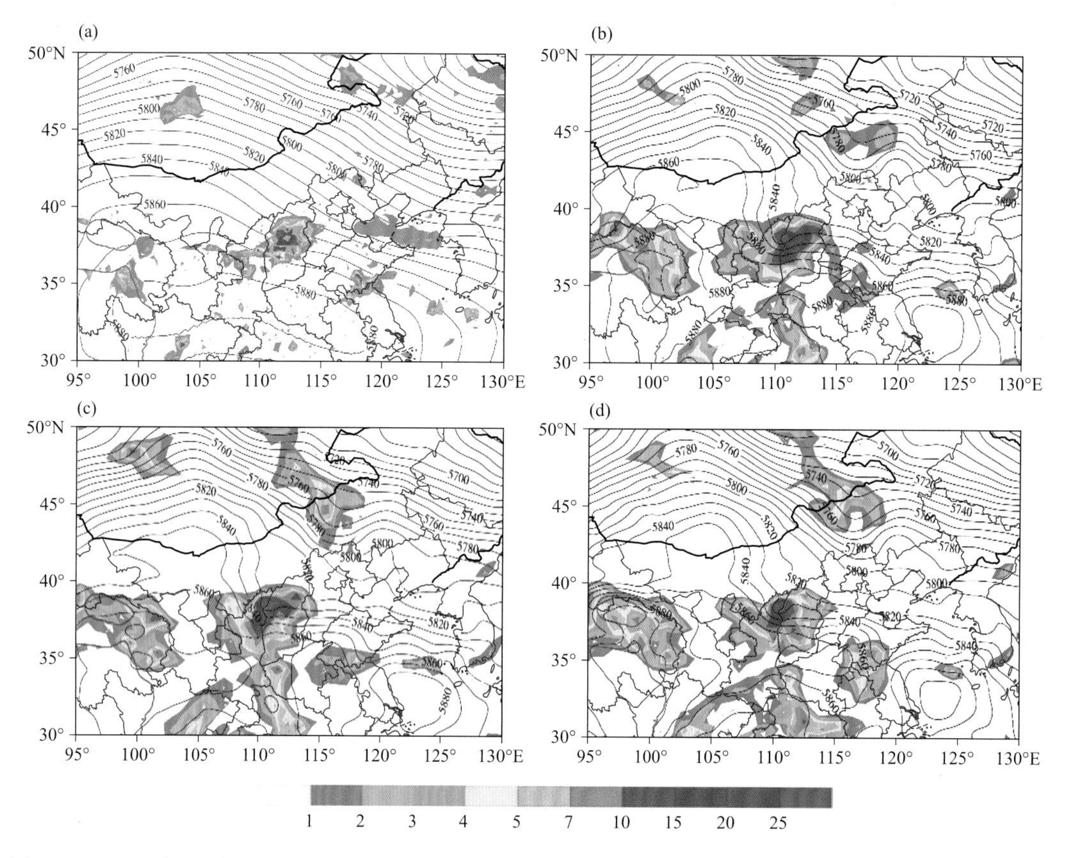

图 4.27　2016 年 8 月 15 日 06:00 UTC 的全球预报系统(GFS)和不同垂直分辨率模式预报的 500 hPa 高度场(等值线，单位：gpm)和 0～3 h 累积降水(彩色阴影，单位：mm)预报结果的空间分布。GFS(a)以及 WRF 模式垂直分辨率为 43 L(b)、61 L(c)和 92 L(d)试验。其中(a)中降水为雷达反演降水

不同卫星仪器同化效果的敏感性分析结果还发现，GSI 资料同化系统中卫星资料误差随地形高度订正方法存在一定不足而增加，尤其是在青藏高原的喜马拉雅山脉地区，地势高度最高可以达到 8000 m 以上，当卫星资料覆盖该最高地形区域，就容易产生负影响的分析增量，进而影响青藏高原下游地区的降水预报效果。当去除覆盖喜马拉雅山脉地区的微波温度计后，可以发现预报效果能够有明显的改进(图 4.28)。

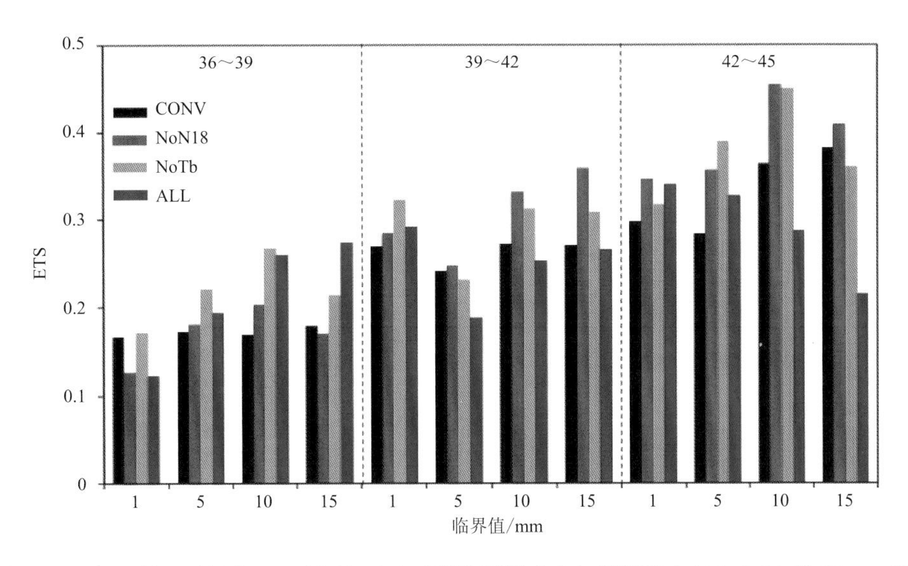

图 4.28　2016 年 8 月 16 日 18:00—17 日 03:00 UTC 时段内 3 h 累积降水在 1、5、10 和 15 mm 临界值上的 ETS 评分结果。试验包括:只同化常规资料(CONV, 黑色);同化常规资料和非 NOAA-18 AMSU-A 资料(NoN18,红色);同化常规资料和非高原去 NOAA-18 AMSU-A 资料 (NoTb,灰色)和同化所有常规和卫星资料(ALL,蓝色)

②同化微波温度和湿度计资料的新思想

自从 1998 年美国极轨卫星 NOAA-15 发射以来,微波温度计和湿度计一直是搭载在同一颗极轨卫星上的两种不同仪器,对这两种资料的同化也是分别开展的。微波温度计 AMSU-A(Advanced Microwave Sounding Unit-A)有 15 个通道,能够探测从地面到平流层下层的大气温度,而微波湿度计 AMSU-B(Advanced Microwave Sounding Unit-B)或者 MHS(Microwave Humidly Sounder)则是有 5 个通道,主要用于探测对流层下层的水汽信息。鉴于微波温度计和湿度计在探测特点方面的互补性,而且两种仪器一直同时搭载在每颗极轨卫星上,所以 Zou 等(2017)提出"并流"同化方法,即在资料准备前期,通过空间匹配,将两种数据合并成拥有 20 个通道的同一数据流,从而有效利用温度计和湿度计的互补特性,更有效地进行微波湿度计资料的云检测。"并流"同化方法首先要解决微波温度计和湿度计资料的匹配问题。由于微波温度计和湿度计都是搭载在同一颗极轨卫星上,所以两者的时间偏差几乎可以忽略,相比于 800 多千米的观测距离,两者的幅宽差异也是很小的,所以两者的视场是近似重叠的。图 4.29a 给出了 AMSU-A 和 MHS 视场在星下点附近的重叠关系,AMSU-A 和 MHS 的星下点分辨率分别约为 48 和 17 km,从图中可以看到每个 AMSU-A 的视场对应了 9 个 MHS 的视场,虽然随着扫描角的增大,两者的视场分辨率都逐渐加粗,但是两者的测绘带宽度是相近的,MHS 的幅宽约为 2348 km,AMSU-A 的幅宽约为 2226.8 km,相近的幅宽基本能够保证不同扫描角条件下两者视场的重叠。图 4.29b 给出了 2012 年 8 月 29 日 18:00 UTC 北美洲区域 AMSU-A 视场(黑色圈)和 MHS 视场(红色点)的对应关系,可以看到两者基本能够保证星下点相似的对应关系。

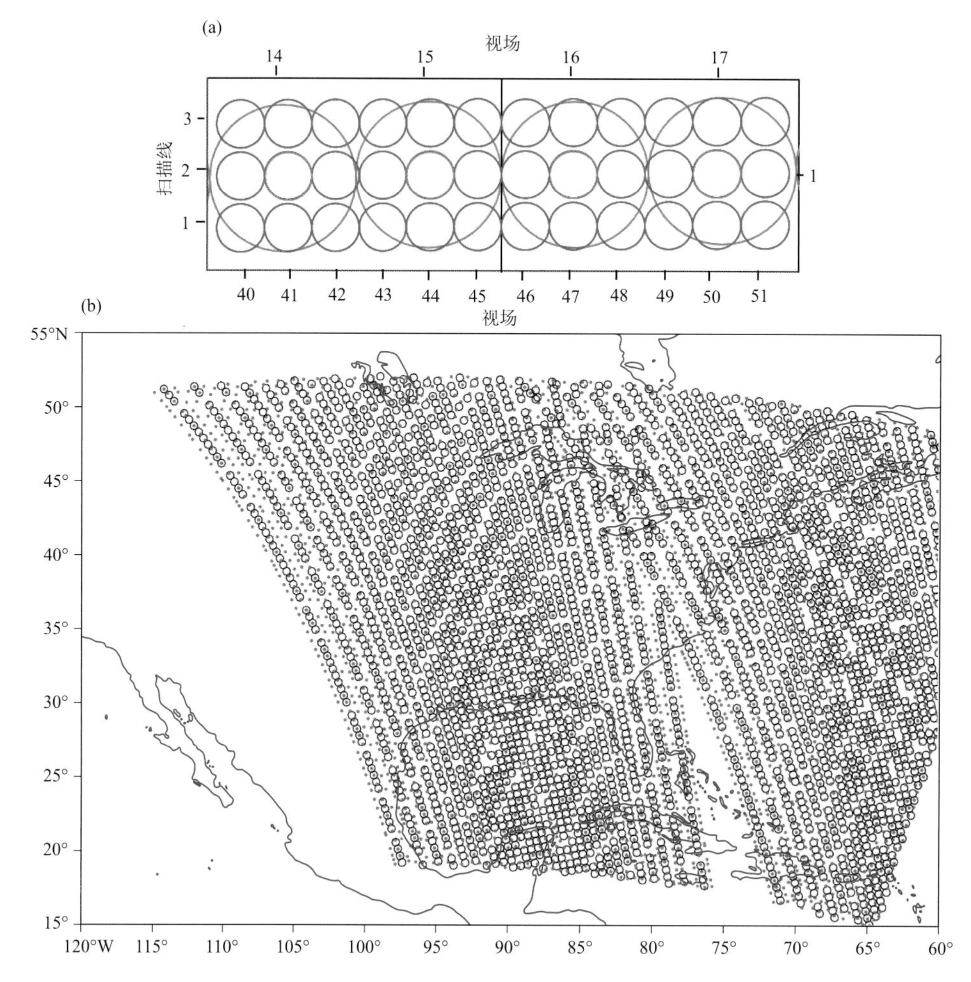

图 4.29 (a)AMSU-A 星下点两侧的 14～17 视场(红色大圈)和 MHS 星下点两侧 40～51 视场(蓝色和红色小圈)示意图;(b)2012 年 8 月 29 日 18:00 UTC 北美洲区域 NOAA-18 卫星的微波温度计(黑色圈)和微波湿度计(红色点)观测资料的空间分布

利用美国的业务资料同化系统(Gridpoint Statistical Interpolation,GSI)和中尺度区域预报模式,比较了这两种资料分别同化和并流同化对微波湿度计资料同化效果的影响。试验个例选取为 2012 年登陆美国墨西哥湾的强台风“艾萨克(ISAAC)”,连续 10 d 的循环同化试验结果也进一步表明并流同化方案能够明显改进微波湿度计资料同化效果,进而提高了模式对强降水的预报水平。微波温度计和湿度计已经有了很长的资料历史,也是再分析资料中观测信息的主要来源。新同化方案为更有效同化微波温度计和湿度计资料提供了条件,从而有助于提高再分析资料的同化质量。

③晨昏轨道微波温度探测资料同化

极轨卫星的高级微波温度计辐射资料对提高降水定量预报的水平有重要作用。但是极轨卫星的轨道特征导致乘载其上的微波温度计资料在区域同化系统中存在严重缺测。邹晓蕾等(2016)的研究重点分析了晨昏轨道卫星上微波温度计资料同化对墨西哥湾沿岸定量降水预报的重要影响。试验结果分析表明，如果仅同化 NOAA-18 和 MetOp-A 资料，容易出现卫星观测资料缺测区，而晨昏星 NOAA-15 资料正好可以填补这个资料空缺。

利用新移植的资料同化系统 GSI，还进行了极轨卫星资料的协同同化研究。极轨卫星根据它们的发射时间不同，可以分为上午星、下午星和晨昏星三种。但是随着 NOAA-15 极轨卫星因为运行时间过长而接近退役，全球极轨卫星资料同化就面临着缺乏晨昏轨道卫星的缺陷。为了进一步评估晨昏轨道卫星的影响，选取了 NOAA-15、NOAA-18 和 MetOp-A 三种极轨卫星进行敏感性试验。图 4.30 给出了三种卫星在 2008 年 5 月 22 日四个时刻资料的空间分布情况。可以看出，如果缺乏晨昏轨道的 NOAA-15 卫星，极轨卫星资料在 00:00 和 12:00 UTC 就不能完全覆盖美国地区，这就容易影响卫星资料同化效果。

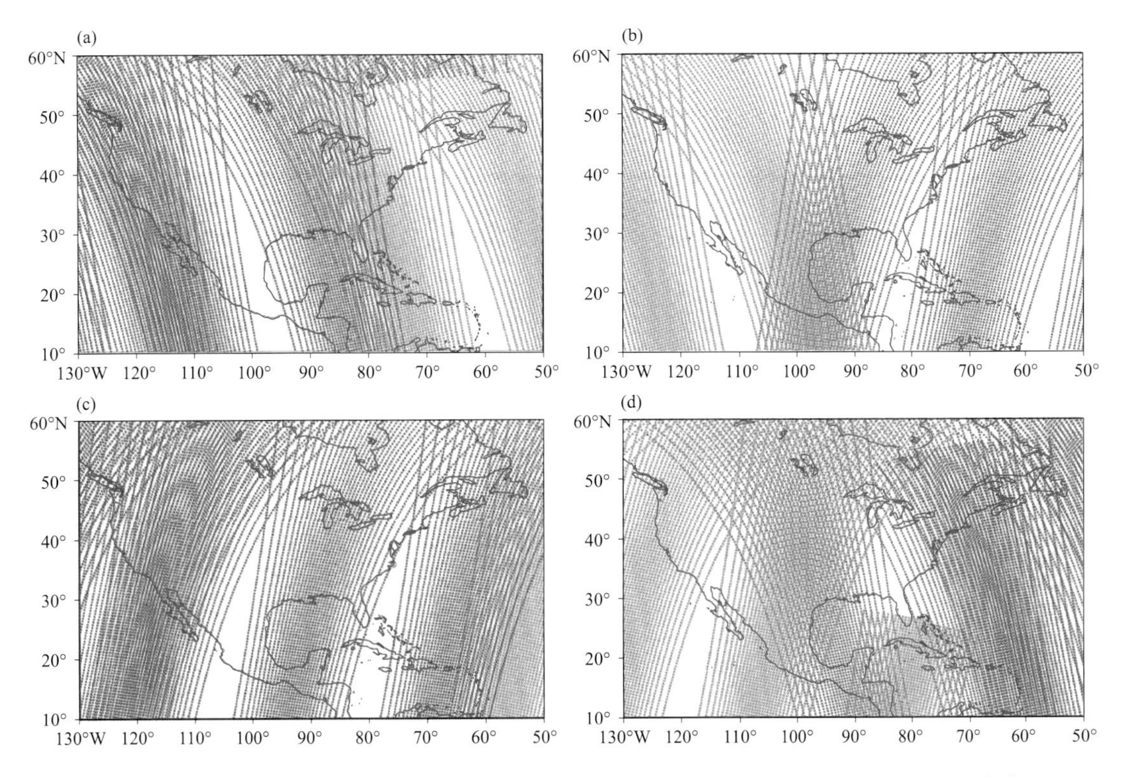

图 4.30　2008 年 5 月 22 日 00:00(a)、06:00(b)、12:00(c)和 18:00 UTC(d)NOAA-18(蓝色点)、MetOp-A(绿色点)和 NOAA-15(红色点)卫星的 AMSU-A 资料的空间分布

利用 2008 年 5 月 23 日美国墨西哥湾的强降水个例，研究了有无晨昏轨道资料对强降水预报的影响。图 4.31 给出了有、无 NOAA-15 卫星资料试验在 2008 年 5 月 23 日 06:00—09:00 UTC 的降水预报差异，可以明显看出，同化了 NOAA-15 卫星资料，可以明显改善降水的落区和强度。我国的 FY-3 卫星资料正是晨昏轨道卫星，本试验结果也进一步验证了同化 FY-3 卫星资料对极轨卫星资料同化效果的重要影响。这也为我们今后的再分析资料同化研究指明了方向。

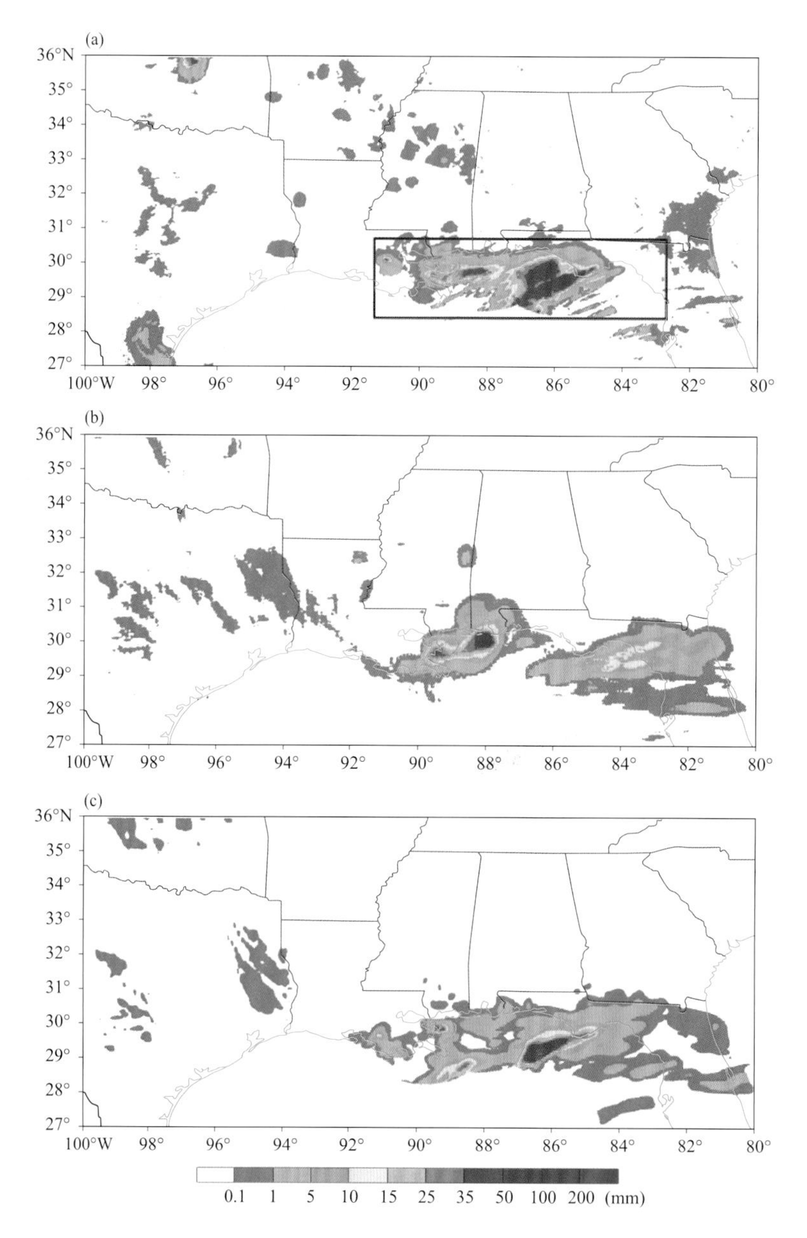

图 4.31　2008 年 5 月 23 日 06:00—09:00 UTC 美国墨西哥湾降水

(a)观测;(b)无 NOAA-15 资料的试验;(c)有 NOAA-15 卫星资料的试验

④模式层顶高度对卫星资料同化效果的影响

中国科学院青藏高原研究所在为高地形区域,卫星资料的高层通道资料同化效果改进就显得尤为重要。Zou 等(2015)研究了模式层顶设置对 AIRS(大气红外探测仪)、HIRS(高分辨率红外探测仪)、AMSU-A 和 ATMS 资料的高层通道同化效果的影响,分别将模式层顶设置为 50 hPa 和 0.5 hPa,模式垂直层次也分别修改为 43 层和 61 层(图 4.32)。研究表明,高的模式层顶能够明显改进这些卫星的高层通道资料同化效果,而模式层顶较低时,高层通道反而会导致负同化效果。

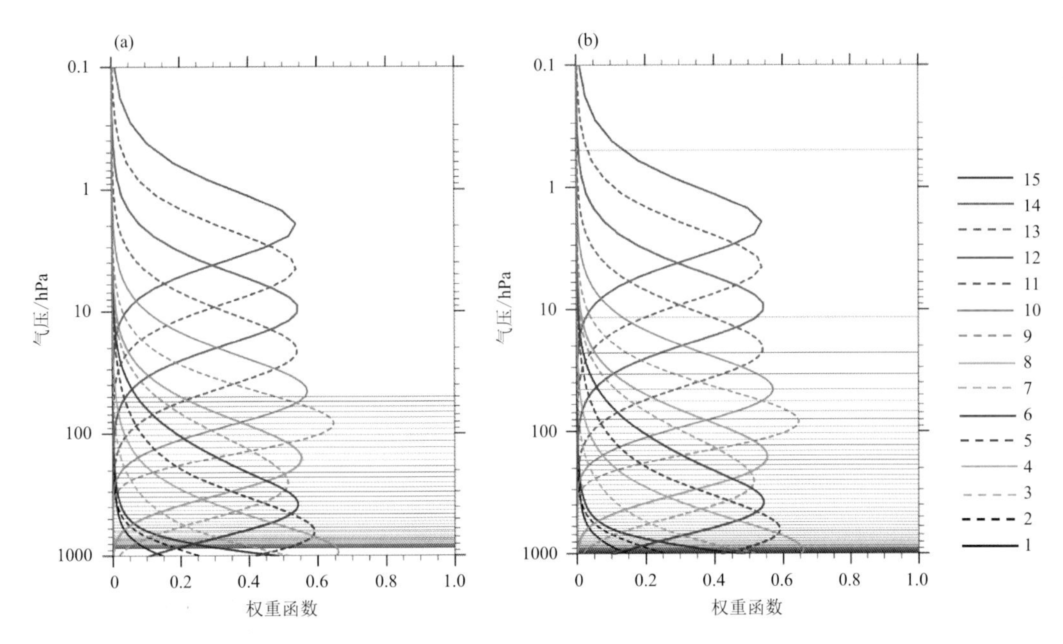

图 4.32 AMSU-A 通道 1—15 的权重函数(彩色线)和模式层次(灰线)垂直分布图

(a)模式层次为 43 层,模式层顶为 50 hPa;(b)模式层次为 61 层,模式层顶为 0.5 hPa

⑤微波湿度计资料同化在陆地上的云检测方案

在微波温度计和湿度计在青藏高原地区的同化应用方面,国际上目前还没有陆地上微波云污染观测资料识别的成熟算法。利用微波湿度计资料的各通道资料对云的反应差别,Qin 等(2016a)发展了一个新的基于标准差的陆面微波湿度计云污染资料识别算法。结果表明,绝大部分云区的微波湿度计观测资料都能够被很好地识别,而且能够很好地识别云缝间的资料,明显优于目前多数资料同化系统中使用的经验质量控制方法。

根据有云情况下通道和通道之间的非均匀性比晴空条件下大的原理,我们定义下面的参数来进行陆地上云辐射资料检测:

$$\text{Index}_{(k)} = \frac{2 \times T_{\text{b,ch1}}^{\text{normalized}}}{(T_{\text{b,ch2}}/100 - 1)^3} \tag{4.1}$$

$$T_{\text{b,ch1}}^{\text{normalized}} = \frac{T_{\text{b,ch1}}}{\sigma_{\text{MHS}}} \tag{4.2}$$

式中,T_b 是亮温,σ_{MHS} 是微波湿度计资料的标准差。

当 σ_{MHS} 大于 0.35 的经验常数,该点资料就被认为是有云区域资料。

利用新发展的陆地上云检测算法和前面所述的海洋上云检测算法,利用 NOAA-18 的 2014 年 8 月 11 日 09:30—12:20 和 20:18—22:17 UTC 期间在青藏高原区域上的微波湿度计资料进行了云检测试验。图 4.33b 给出了反演指数的空间分布特征。为了对比,还给出了 NOAA-18 卫星搭载的 AVHRR 红外成像仪通道 4 亮温的空间分布。图 4.33a 偏白色区域代表可能有云的地区。比较图 4.33a 和图 4.33b 可以发现,绝大部分云区的微波湿度计观测资料都能够被很好地识别,而且基于观测资料亮温自身特征的云检测算法还表现出一个很大的优势，就是能够很好地识别云的边界，即使是云缝间的资料也能够被很好地识别，从而能够尽可能多地保留好资料，也明显优于目前多数资料同化系统中使用的经验质量控制方法。

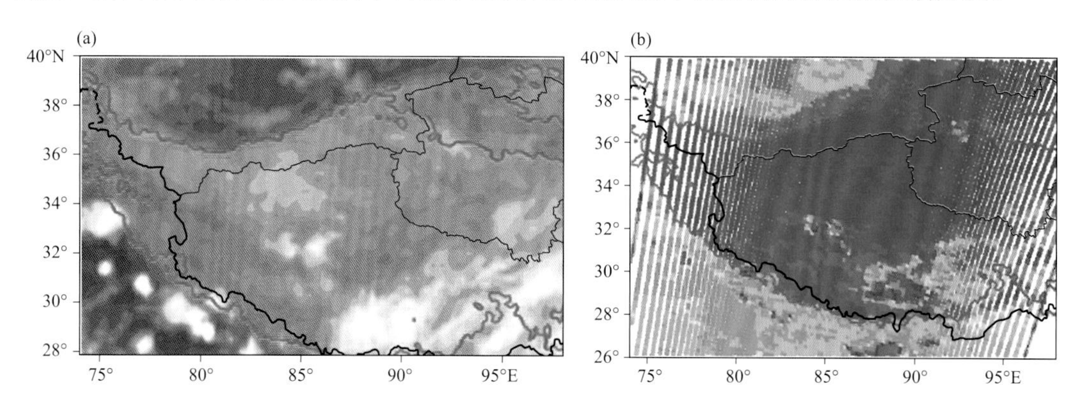

图 4.33　2014 年 8 月 11 日 09:30—12:20 和 20:18—22:17 UTC 期间青藏高原区域上 NOAA-18 的 AVHRR 通道 4 观测亮温(a)和云检测指数(b)的空间分布

⑥AMSR-E 亮温资料同化研究

AMSR-E 观测资料主要反映了地面大气特征，所以同化 AMSR-E 资料不仅能提高青藏高原地区地面大气特征的准确性，而且能为其他卫星资料提供更好的地表发射率信息，从而进一步提高其他卫星资料在高原陆地上的同化效果。Feng 等(2016)首先统计 AMSR-E 观测亮温和模拟亮温的月平均偏差，模拟亮温是以一个月(2008 年 5 月 21 日—6 月 22 日)的 WRF ARW 模式 6 h 预报结果为输入，利用辐射传输模式 CRTM 模拟得到。统计结果表明，偏差订正前，除了 89.0 GHz 垂直极化通道，其他通道都表现出显著的正偏差，水平极化比垂直极化通道的偏差值更大；通过 GSI 质量控制的观测亮温仅在低频通道(6.925、10.65 GHz)为正偏差，在其他通道为负偏差。经过偏差订正后，大部分偏差绝对值减小。AMSR-E 同化敏感性试验结果表明，同时同化 AMSR-E 资料和常规观测比仅同化常规观测的降水预报好，同化 AMSR-E 高频通道亮温比同化低频通道的预报结果稍好，同化所有通道的试验结果最好。

⑦静止卫星成像仪资料同化

日本葵花 8 号静止卫星发射于 2014 年 10 月 7 日，2015 年 7 月 7 日正式投入业务运行。卫星位于 140.7°E 的赤道上空，离地高度约为 35800 km。该卫星能够提供每 10 min 一次的东亚区域观测资料，可以很好地填补极轨卫星的资料空白。但是新的高分辨率静止卫星资料同化前还需细致的资料评估。从同化角度出发，Qin 等(2017)针对同化系统 GSI 和数值模式 WRF-ARW 进行了研究，前期发展的同化系统适用性仅依赖于红外通道的云检测方案，在获取晴空资料的基础上，分别利用 CRTM 和垂直探测器辐射传输模式(RTTOV)辐射传输模式对红外成像仪通道的资料的偏差特征进行了评估，并建立了偏差订正方法。最后选取了中国长江中下游地区的一次强降水过程分析了高级葵花成像仪(AHI)资料同化对强降水预报的改进作用。

图 4.34 给出第一个同化时刻(即 2016 年 7 月 1 日 00:00 UTC)750 hPa 附近高度的水汽混合比分析增量示意图。图 4.34a 为仅同化常规资料试验的 750 hPa 高度附近水汽混合比特征，其中等值线为水汽混合比的分析场，矢量是风场分析场，阴影代表了水汽混合比的分析增

量。在中国东部地区，水汽混合比的分析增量主要为负值，只是在广东省有一定的正值增量出现。图4.34b代表了同时同化常规资料和AHI所有通道资料的试验。从水汽混合比的增量图中可以看到，在我国东南沿海地区有显著的正值出现，证明AHI资料同化能够明显增加我国东南部的水汽含量。从风场分析场图中也可以看出，风场主要为西南风，西南风能够将增加的水汽含量传输到长江中下游地区，从而进一步增强长江中下游地区的降水，后续的分析也表明，这是AHI资料同化能够在12 h后明显改进降水预报的主要原因。

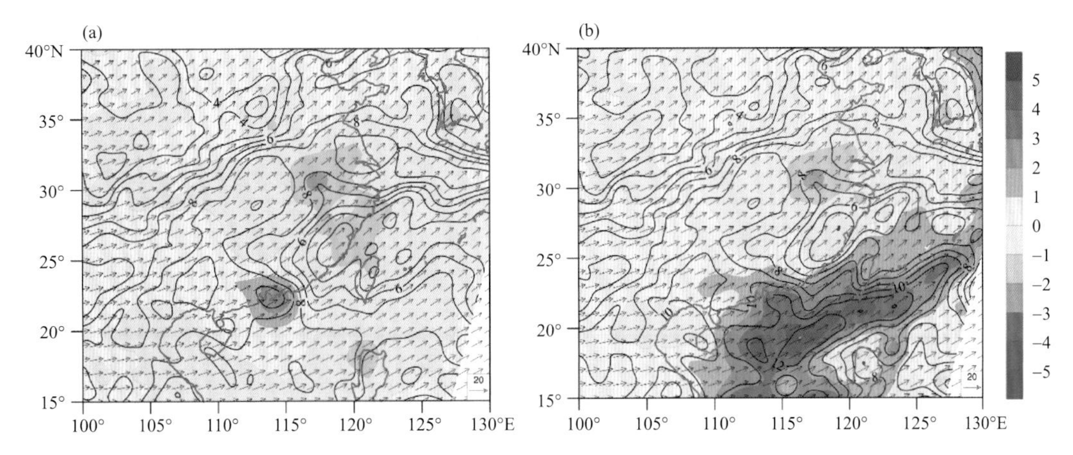

图4.34　2016年7月1日00:00 UTC仅同化常规资料试验(a)与同时同化常规资料和AHI资料试验(b)的750 hPa左右高度水汽混合比的分析场(黑色等值线，单位：g·kg^{-1})、风场分析场(矢量，单位：m·s^{-1})和水汽混合比分析增量(阴影，单位：g·kg^{-1})

为了定量地分析AHI资料同化对我国强降水预报的影响，图4.35给出了三个同化试验预报的12～48 h内3 h累积降水的ETS(equitable threat scores)评分结果。图4.35分别给出了临界值为10 mm的ETS评分比较结果。其中黑色为仅同化常规资料的试验，灰色是仅同化AHI地面通道和常规资料的试验，蓝色代表了同化AHI所有通道和常规资料的试验。从每3 h的累积降水预报结果比较可以看出，同化了AHI所有通道资料的试验评分结果明显高于另外两个试验，尤其是15～18 mm的降水临界值。但是仅同化AHI地面通道时，也可以在一定程度上改进降水效果。从试验结果可以看出，AHI资料同化能够明显提高我国强降水的预报水平，中到大雨的ETS评分提高10%以上。

(3)青藏高原地区6个月再分析资料预研究

多种卫星遥感资料、常规台站资料被综合运用到青藏高原及其周边地区的多源资料同化研究中，利用区域预报模式WRF和美国业务资料同化系统，在前期发展的陆地云检测方法、微波湿度计和温度计协同同化方法、卫星资料定位误差订正方法、常规资料空间质量控制方法和多个卫星资料的偏差订正方法改进的基础上，构建了2016年4—10月的青藏高原区域再分析资料集，并对再分析资料进行了初步分析。

分析结果表明，青藏高原区域再分析资料能够很好地再现青藏高原地区的主要天气系统结构和强度特征，对于温度和水汽的季度变化特征也有很好的再现能力。青藏高原区域再分

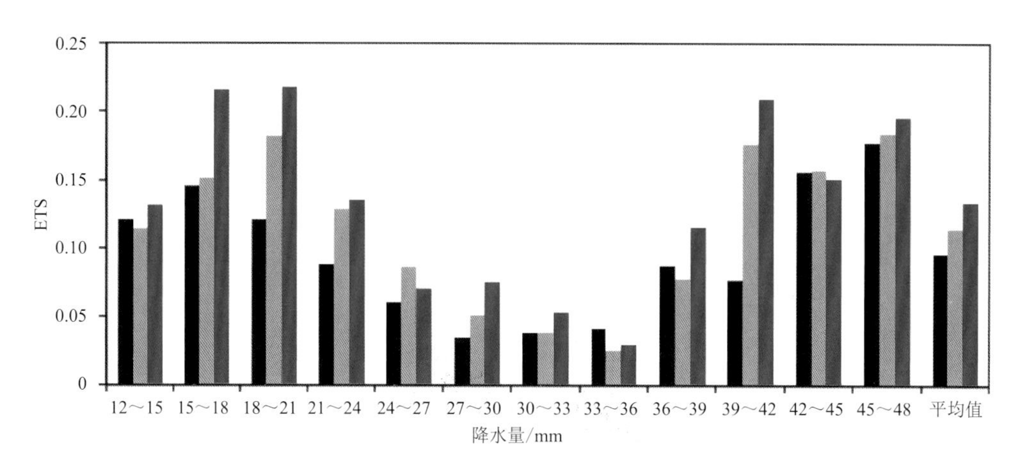

图 4.35　2016 年 7 月 2 日 12:00—4 日 00:00 UTC 时段内 3 个同化试验的 3 h 累积降水量的 ETS 评分，临界值为 10 mm。图中黑色柱体代表仅同化常规资料试验，灰色柱体代表同化常规资料和 AHI 地面通道资料试验，蓝色柱体代表同化常规资料和 AHI 所有通道资料的试验。3 个试验的预报起始时间都为 2016 年 7 月 2 日 00:00 UTC，图中给出的是 12～48 h 的预报结果

析资料在小尺度天气信息的再现能力还优于作为边界条件的 GFS 分析资料，图 4.36 给出了青藏高原中部地区(30°～35°N，80°～100°E)平均地表温度的模拟效果。从 2016 年 8 月 18—20 日的逐日地面 2 m 气温日变化曲线可以看出，三种再分析资料都能够得到合理的地表温度的日变化特征，地面温度一般在 12:00 UTC 达到最高值，在 00:00 UTC 达到最低值，但是区域再分析资料(红线)和 ECMWF-Interim 再分析资料(蓝线)的最低温度更为一致，GFS 的最低温度明显高于另外两种再分析资料。另外，还分析了发生在 2016 年 8 月 14—16 日的一次高原涡影响河套地区的暴雨天气过程。与全球再分析资料相比，区域再分析资料能够更好地体现高原涡的持续影响，在降水区北部出现了一个浅槽特征槽，但这个与北部降水有关的浅槽在两个全球再分析资料(ECMWF 和 GFS)中都没有被很好地描述。因此，青藏高原区域再分析资料能

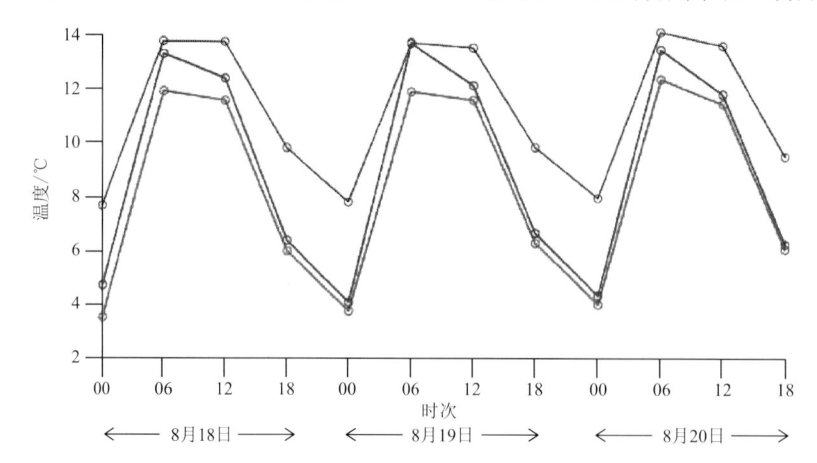

图 4.36　2016 年 8 月 18—20 日青藏高原中心区域(30°～35°N，80°～100°E)地面 2 m 温度(单位：℃)的逐日变化曲线。其中红线代表区域再分析资料，蓝线代表 ECMWF-Interim 再分析资料，黑线代表 GFS 再分析资料

得到比全球再分析资料更精确的对青藏高原地区天气系统和中小尺度天气系统的描述。

4.3.2 集合预报和三维变分混合同化研究

(1)基于GRAPES集合预报和三维变分的青藏高原集合变分混合同化方法

针对青藏高原复杂地形和天气过程变化构建青藏高原背景误差协方差结构和相关系数是青藏高原资料同化存在的瓶颈问题之一，Chen等(2015)、Xia等(2019,2020)在项目(青藏高原区域多源资料同化及再分析资料集的构建)“基于GRAPES集合预报和三维变分的青藏高原混合同化方法研究”中，将集合预报与变分同化相结合构建了集合变分混合同化方法，该方法是一种有别于传统集合资料同化和变分同化的新的资料同化方法，它能很好地改进资料稀疏和地形复杂区域的资料同化质量。

首先，对集合变换卡尔曼滤波初值扰动方法(ETKF)垂直层次的选取方案进行了优化改进，将原垂直层次为3层等压面方案改进为11层模式面方案，提高了集合预报扰动垂直方向的结构精度。其次，基于全球集合预报系统和GRAPES-ETKF区域集合预报初值扰动信息，发展了包含全球大尺度和GRAPES区域中尺度集合预报初值扰动信息的多尺度混合初值扰动方法，综合改进了青藏高原大尺度系统和中尺度系统的初值不确定性，构建了一个新的GRAPES区域集合预报系统，并于2016年3月实现了业务更新，该工作改进了集合估计背景误差协方差的质量，为开展青藏高原集合变分混合同化方法研究奠定了基础。

基于优化改进的GRAPES区域集合预报系统和区域3DVar同化系统，利用扩展控制变量法实现气候统计背景误差协方差和集合估计背景误差协方差的耦合，构建了GRAPES区域集合三维变分(以下简称En-3DVar，其中En表示Ensemble的意思)混合同化框架，建立了集合变分混合同化系统。针对混合同化系统集合估计背景误差协方差结构中存在的变量间平衡性差、分析增量不平滑、分析增量明显比3DVar同化分析增量小三个突出的问题，仔细分析了其原因并采取了多次滤波方法，对集合扰动进行了优化改进；开展了单点理想试验验证了集合变分混合同化系统的正确性和合理性；通过敏感性试验确定了适合的集合相关水平局地化尺度和集合背景误差协方差权重系数，在此基础上进行了青藏高原集合变分混合同化个例和批量试验。

考虑到青藏高原大地形对水平方向和垂直方向的大气运动和误差演变影响不同，采用e指数函数构建随地形高度变化而变化的水平局地化尺度方案，探究了青藏高原集合变分混合同化分析场质量对不同集合相关局地化尺度的敏感性，以此优化青藏高原地区集合变分混合同化的背景误差协方差结构。开展了模式系统性偏差对集合预报的影响研究，构造了系统性偏差和随机误差相结合的模式扰动方法，有效地减小了集合预报系统性偏差，提高了集合离散度以及集合估计背景误差的准确性。在此基础上进行了青藏高原集合变分混合同化典型个例和批量数值试验，对分析增量的空间分布、误差随天气形势的变化、流依赖误差结构的合理性与正确性和分析增量对误差结构的响应等方面进行了分析，同时评估了集合变分混合同化系统对真实观测资料同化的能力和效果。

基于GRAPES-REPS系统和GRAPES-Meso 3DVar系统，利用扩展控制变量法独立构建了GRAPES区域集合三维变分混合同化系统，并通过引入平衡约束、空间平滑和预报扰动放大等技术有效地改善了系统存在的不足，研究成果(Chen et al.,2015)于2015年12月发表在*Journal of Meteorological Research*上，该文章是在我国自主创新研发的GRAPES数值预报系统中开展集合变分混合同化研究的第一篇公开发表文献，为我国的GRAPES数值预报系统的资料同化业务进一步朝集合同化方向发展提供了强有力的技术支撑，为进一步开展相关研究奠定了基础。

①GRAPES区域模式En-3DVar集合变分混合同化框架设计及程序实现

从GRAPES区域集合预报系统的6 h短期预报(模式面预报资料)中提取经过标准化的K个集合预报扰动$\boldsymbol{x}_k^{\mathrm{e}}=(\boldsymbol{x}_k-\bar{\boldsymbol{x}})/\sqrt{K-1}$，其中$K$为集合成员个数，$\boldsymbol{x}$代表集合扰动场，$\boldsymbol{x}_k$是第$k$个集合成员的预报，$\bar{\boldsymbol{x}}$为集合平均，e代表集合预报。根据上述集合预报扰动样本可以估计出具备流依赖特征的集合估计背景误差协方差矩阵$\boldsymbol{P}_{\mathrm{e}}^{\mathrm{f}}$：

$$\boldsymbol{P}_{\mathrm{e}}^{\mathrm{f}}=\sum_{k=1}^{K}\boldsymbol{x}_k^{\mathrm{e}}(\boldsymbol{x}_k^{\mathrm{e}})^{\mathrm{T}} \tag{4.3}$$

式中，f代表预报，T为转置。由于集合预报样本个数有限，上式估计的背景误差协方差信息具有很大的取样误差，实际应用中会突出地表现为不合理的远距离相关。针对上述问题，引入一个局地化相关矩阵$\boldsymbol{C}$，$\boldsymbol{C}$的维数与$\boldsymbol{P}_{\mathrm{e}}^{\mathrm{f}}$的维数相同，通过它们的点对点舒尔乘积实现对$\boldsymbol{P}_{\mathrm{e}}^{\mathrm{f}}$的局地化，最终使用的集合估计背景误差协方差矩阵$\boldsymbol{B}_{\mathrm{e}}$由下式得到：

$$\boldsymbol{B}_{\mathrm{e}}=\boldsymbol{P}_{\mathrm{e}}^{\mathrm{f}}\circ\boldsymbol{C}=\sum_{k=1}^{K}[\boldsymbol{x}_k^{\mathrm{e}}(\boldsymbol{x}_k^{\mathrm{e}})^{\mathrm{T}}]\circ\boldsymbol{C} \tag{4.4}$$

式中，符号o表示舒尔乘积。

通过将传统的气候背景误差协方差跟集合估计背景误差协方差的线性组合来构建集合变分混合同化框架：

$$J(\boldsymbol{x}')=\frac{1}{2}(\boldsymbol{x}')^{\mathrm{T}}(\beta_{\mathrm{c}}^2\boldsymbol{B}_{\mathrm{c}}+\beta_{\mathrm{e}}^2\boldsymbol{B}_{\mathrm{e}})^{-1}(\boldsymbol{x}')+\frac{1}{2}(\boldsymbol{H}\boldsymbol{x}'+\boldsymbol{d})^{\mathrm{T}}\boldsymbol{R}^{-1}(\boldsymbol{H}\boldsymbol{x}'+\boldsymbol{d}) \tag{4.5}$$

式中，$\boldsymbol{x}'$为分析增量，$\boldsymbol{d}$为新息向量，$\boldsymbol{H}$为观测算子，$\boldsymbol{R}$为观测误差协方差矩阵，$\boldsymbol{B}_{\mathrm{c}}$为气候统计背景误差协方差矩阵。$\beta_{\mathrm{c}}^2$和$\beta_{\mathrm{e}}^2$分别为气候统计背景误差协方差和集合估计背景误差协方差的权重系数，且满足$\beta_{\mathrm{c}}^2+\beta_{\mathrm{e}}^2=1$。然而，上述方案在实际业务系统中难以实施，因此，通过扩展控制变量的方式将上述集合变分混合同化框架在GRAPES区域3DVar同化系统中加以实现，式(4.3)中分析增量$\boldsymbol{x}'$由两部分组成：

$$\boldsymbol{x}'=\beta_{\mathrm{c}}\boldsymbol{x}_1'+\beta_{\mathrm{e}}\sum_{k=1}^{K}\boldsymbol{x}_k^{\mathrm{e}}\circ\boldsymbol{\alpha}_k \tag{4.6}$$

式中，β_{c}和β_{e}分别为静态背景误差协方差和集合背景误差协方差，$\boldsymbol{x}_1'$是与气候统计背景误差协方差有关的分析增量，e代表集合预报，$\sum_{k=1}^{K}\boldsymbol{x}_k^{\mathrm{e}}\circ\boldsymbol{\alpha}_k$是与集合估计背景误差协方差相关的分析增量，其实质是集合预报扰动样本的局地化线性组合。向量$\boldsymbol{\alpha}_k$($k=1,2,\cdots,K$)为与每一个集合成员相关的变量，随不同集合成员而在空间变化，其决定着集合估计背景误差协方差局地化，它的协方差即为局地化相关矩阵 $\boldsymbol{C}$（即满足 $\langle \boldsymbol{\alpha}_K(\boldsymbol{\alpha}_k)^{\mathrm{T}} \rangle = \boldsymbol{C}$），符号 $\circ$ 表示向量 $\boldsymbol{\alpha}_k$ 与向量 $\boldsymbol{x}_k^{\mathrm{e}}$ 的舒尔乘积。

分析增量 $\boldsymbol{x}'$ 可以通过对以下目标函数进行极小化得到：

$$\boldsymbol{J}(\boldsymbol{x}_1',\boldsymbol{\alpha}_1,\boldsymbol{\alpha}_2,\cdots,\boldsymbol{\alpha}_K) = \boldsymbol{J}_1 + \boldsymbol{J}_2 + \boldsymbol{J}_{\mathrm{o}}$$

$$= \frac{1}{2}(\boldsymbol{x}_1')^{\mathrm{T}} \boldsymbol{B}_{\mathrm{c}}^{-1}(\boldsymbol{x}_1') + \frac{1}{2}\sum_{k=1}^{K} \boldsymbol{\alpha}_k^{\mathrm{T}} \boldsymbol{C}^{-1} \boldsymbol{\alpha}_k + \frac{1}{2}(\boldsymbol{H}\boldsymbol{x}' + \boldsymbol{d})^{\mathrm{T}} \boldsymbol{R}^{-1}(\boldsymbol{H}\boldsymbol{x}' + \boldsymbol{d}) \tag{4.7}$$

式中，$\boldsymbol{J}_1$ 为与气候统计背景误差协方差相关的项，$\boldsymbol{J}_2$ 为集合估计背景误差协方差矩阵，$\boldsymbol{J}_{\mathrm{o}}$ 为集合估计背景误差协方差相关项。

表 4.9 为 En-3DVar 混合同化系统和传统 3DVar 同化系统的对比。理论上该方案相较于传统变分同化能更准确地描述不同天气系统的预报误差结构（流依赖特性），近似表征随天气形势变化的预报误差协方差。在搭建好系统后，对系统进行了伴随检验和梯度检验，验证了系统的正确性。该模式为改进和研发基于 GRAPES 的同化方法奠定了基础，且可考虑将该方法应用到 GRAPES 全球模式中去。

表 4.9　En-3DVar 混合同化系统和传统 3DVar 同化系统的对比

参数	GRAPES-MESO 3DVar	GRAPES-MESO En-3DVar
分析增量	$\boldsymbol{x}_1' = \boldsymbol{U}\boldsymbol{v}$	$\boldsymbol{x}' = \beta_{\mathrm{c}}\boldsymbol{x}_1' + \beta_{\mathrm{e}}\sum_{k=1}^{K}\boldsymbol{x}_k^{\mathrm{e}} \circ \boldsymbol{\alpha}_k$
控制变量	流函数、势函数、比湿、非平衡扰动气压	流函数、势函数、非平衡扰动气压、比湿，k 个集合扰动局地化线性组合
控制变量到分析增量的预条件变换	$\boldsymbol{x}_1' = \boldsymbol{U}_{\mathrm{p}}\boldsymbol{U}_{\mathrm{k}}\boldsymbol{\varepsilon}_{\mathrm{b}}\boldsymbol{U}_{\mathrm{v}}\boldsymbol{U}_{\mathrm{h}}\boldsymbol{v}$ $\boldsymbol{B}_{\mathrm{c}} = \boldsymbol{U}\boldsymbol{U}^{\mathrm{T}}$	$\boldsymbol{x}_1' = \boldsymbol{U}_{\mathrm{p}}\boldsymbol{U}_{\mathrm{k}}\boldsymbol{\varepsilon}_{\mathrm{b}}\boldsymbol{U}_{\mathrm{v}}\boldsymbol{U}_{\mathrm{h}}\boldsymbol{v}\boldsymbol{B}_{\mathrm{c}} = \boldsymbol{U}\boldsymbol{U}^{\mathrm{T}}$ $\alpha_i = \boldsymbol{U}_{\mathrm{v}}^{\alpha}\boldsymbol{U}_{\mathrm{h}}^{\alpha}\boldsymbol{v}_i^{\alpha}\boldsymbol{C} = \boldsymbol{U}^{\alpha}(\boldsymbol{U}^{\alpha})^{\mathrm{T}}$
极小化目标函数	$\boldsymbol{J}(\boldsymbol{v}) = 0.5\boldsymbol{v}^{\mathrm{T}}\boldsymbol{v} + 0.5(\boldsymbol{H}\boldsymbol{x}_1' + \boldsymbol{d})^{\mathrm{T}}$ $\boldsymbol{R}^{-1}(\boldsymbol{H}\boldsymbol{x}_1' + \boldsymbol{d})$	$\boldsymbol{J}(\boldsymbol{v},\boldsymbol{v}_1^{\alpha},\cdots,\boldsymbol{v}_k^{\alpha}) = 0.5\boldsymbol{v}^{\mathrm{T}}\boldsymbol{v} + 0.5\sum_{i=1}^{K}(\boldsymbol{v}_i^{\alpha})^{\mathrm{T}}\boldsymbol{v}_i^{\alpha} + \boldsymbol{J}_{\mathrm{o}}$
目标函数对控制变量的梯度	$\nabla_v\boldsymbol{J} = \boldsymbol{v} + \boldsymbol{U}^{\mathrm{T}}\boldsymbol{H}^{\mathrm{T}}\boldsymbol{R}^{-1}(\boldsymbol{H}\boldsymbol{x}_1' + \boldsymbol{d})$	$\nabla_v\boldsymbol{J} = \boldsymbol{v} + \beta_{\mathrm{c}}\boldsymbol{U}^{\mathrm{T}}\boldsymbol{H}^{\mathrm{T}}\boldsymbol{R}^{-1}(\boldsymbol{H}\boldsymbol{x}_1' + \boldsymbol{d})$ $\nabla_{v_k^{\alpha}}\boldsymbol{J} = \boldsymbol{v}_k^{\alpha} + \beta_{\mathrm{e}}(\boldsymbol{U}^{\alpha})^{\mathrm{T}}\boldsymbol{x}_k^{\mathrm{e}} \circ \boldsymbol{H}^{\mathrm{T}}\boldsymbol{R}^{-1}(\boldsymbol{H}\boldsymbol{x}_1' + \boldsymbol{d})$

注：$\boldsymbol{v}$ 表示控制变量；∇_v 表示控制变量空间下的梯度算子；$\boldsymbol{v}_i^{\alpha}$ 为集合变换混合同化方法中的控制变量，i 表示第 i 个成员；$\boldsymbol{v}_k^{\alpha}$ 为集合变换混合同化方法中的控制变量，k 表示第 k 个集合成员；$\boldsymbol{U}$ 表示通过对 $\boldsymbol{B}$ 矩阵进行一系列预变换后获得的矩阵且满足 $\boldsymbol{B} = \boldsymbol{U}\boldsymbol{U}^{\mathrm{T}}$，其中，$\boldsymbol{U}_{\mathrm{h}}$ 为水平方向的预条件变换过程，通过水平滤波实现；$\boldsymbol{U}_{\mathrm{v}}$ 为垂直方向的预条件变换过程，通过将垂直模式格点表示为互相独立的 EOF 展开基底上的投影值来实现；$\boldsymbol{\varepsilon}_{\mathrm{b}}$ 为对角矩阵，为模式格点上独立状态变量的均方根误差；$\boldsymbol{U}_{\mathrm{k}}$ 为平衡变换过程，主要实现了独立状态变量中的非平衡的质量场与状态变量中的质量场的转换；$\boldsymbol{U}_{\mathrm{p}}$ 为物理变换过程，主要实现了独立状态变量中流函数和势函数与状态变量中的风场的转换。α 表示扩展控制变量，α_i 表示第 i 个扩展控制变量，$\boldsymbol{U}_{\mathrm{v}}^{\alpha}$ 和 $\boldsymbol{U}_{\mathrm{h}}^{\alpha}$ 表示采用扩展控制变量法后（即混合同化）中的预条件变换，与 3DVar 同化变分相同的水平和垂直预条件变换方法。$\boldsymbol{J}(\boldsymbol{v})$ 表示 3DVar 的极小化结果，$\boldsymbol{J}(\boldsymbol{v},\boldsymbol{v}_1^{\alpha},\cdots,\boldsymbol{v}_k^{\alpha})$ 表示混合同化的极小化结果。

②混合同化系统的同化部分优化改进

混合同化的核心是在 3DVar 同化的框架中耦合集合估计的背景误差信息，因此，在将上述混合同化框架在系统中加以实现以后，首先需要评估 En-3DVar 同化分析部分的正确性和合理性。分别将权重系数 β_{c} 和 β_{e} 设置为 0 和 1，开展单点理想试验和实际观测资料同化试验，对比分析 3DVar 同化分析增量和 En-3DVar 同化分析增量，结果发现基于 GRAPES 区域集合预报的 En-3DVar 同化分析部分存在变量间平衡性差、分析增量不平滑、分析增量明显比 3DVar 同化分析增量小三个突出的问题，针对上述问题，仔细分析了其原因，并进行了相应的优化和改进。

(a)改变分析变量间的平衡特性

单点理想试验结果表明系统 EnKF 同化部分变量间平衡性差，变量间不满足地转平衡约束关系。考虑原因有两方面：首先是 GRAPES 区域模式短时效积分过程中一些没有气象意义的高频振荡未能有效消除，因而由此获得的由 6 h 集合预报统计得到的集合预报样本中各变量之间平衡性较差；另外，在对扩展控制变量进行一系列的局地化变换过程中也会在一定程度上破坏变量间的协调性。

针对该问题，参照了英国气象局全球混合同化系统的技术处理方法，在系统中对集合预报扰动样本 $(\boldsymbol{u},\boldsymbol{v},\boldsymbol{\pi})$（$\boldsymbol{u}$、$\boldsymbol{v}$、$\boldsymbol{\pi}$ 分别表示纬向风、经向风和无量纲气压）进行了与 3DVar 同化中相似的物理变换和平衡变换，扩展控制变量的局地化主要作用于相互独立的非平衡状态变量 (ψ,χ,π_u)（ψ、χ、π_u 分别为流函数、势涵数和非平衡无量纲气压）上，然后再通过相应的物理变换和平衡变换算子变换回到大气状态变量 $(\boldsymbol{u},\boldsymbol{v},\boldsymbol{\pi})$，由此在一定程度上使得系统平衡特性得到保证。

(b)集合预报扰动平滑滤波

单点理想试验和实际观测资料同化试验结果表明，EnKF 分析增量非常不平滑，尺度较小的增量较多，且风场的分析增量比气压场的分析增量更明显，其原因是集合预报扰动样本存在问题。目前的集合预报扰动场非常不平滑，噪声较多(图 4.37a、b)，而 EnKF 分析增量实质为集合预报扰动的线性组合，因此得到的 EnKF 分析增量也非常散乱不平滑。

针对上述问题，在系统中采用传统的格点场五点平滑方案，对集合预报扰动场进行平滑滤波处理，以滤去扰动场中的噪音，使扰动场及由此得到的 EnKF 分析增量场更加平滑和规则。具体滤波方案($f_{(i,j)}$，其中 i、j 分别为 x、y 方向的第 i、j 个格点)如下：

$$f_{(i,j)}=(1-s)\times f_{(i,j)}+(s/4)\times[f_{(i+1,j)}+f_{(i,j+1)}+f_{(i-1,j)}+f_{(i,j-1)}] \tag{4.8}$$

式中，s 为滤波系数(大小在 0～1 之间)，滤波系数越大，滤波效果越明显。同时，若进行多次平滑滤波，则滤波次数越大，滤波效果越明显。经过多次试验对比，本节的个例试验中取滤波系数为 0.7，并进行了多次滤波，经滤波处理后能达到理想的效果(图 4.37c、d)。

(c)集合预报扰动放大

单点理想试验和实际观测资料同化试验结果表明，EnKF 同化分析增量明显比 3DVar 同化分析增量小，仔细对比后发现，气压场(无量纲气压)分析增量比风场(纬向风 u，经向风 v)分析增量更明显，且高层比低层更明显，各变量大致在模式层第 25 层以上，越接近模式层顶，这种差异越明显。分析其原因是，目前的集合预报样本离散度偏低。集合估计背景误差协方差矩阵是把集合离散度作为背景误差方差的估计，集合离散度偏低，意味着集合估计背景误差协方差把背景误差低估了，这会使得系统在同化分析中更多地向背景场拟合，而忽略观测信息，因此得到的 EnKF 同化分析增量偏小。图 4.38a、图 4.38b、图 4.38c 为 2014 年 7 月 4 日 18:00 UTC 的 6 h

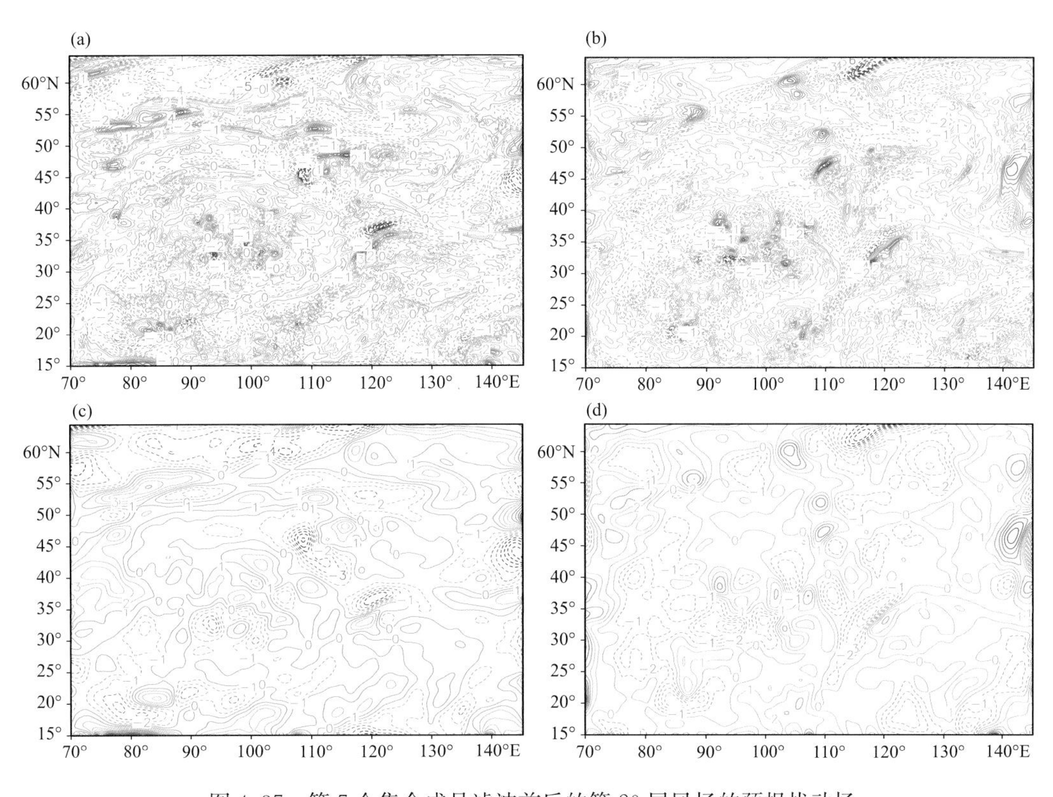

图 4.37　第 7 个集合成员滤波前后的第 20 层风场的预报扰动场

(a)纬向风 u 滤波前；(b)经向风 v 滤波前；(c)纬向风 u 滤波后；(d)经向风 v 滤波后

集合预报扰动($\boldsymbol{u},\boldsymbol{v},\boldsymbol{\pi}$)的各模式层离散度(虚线)和集合平均的 6 h 预报均方根误差(实线)的垂直分布廓线。从图中可看出:各变量的集合离散度和集合平均均方根误差的垂直分布情况类似,各模式层的集合离散度均明显小于均方根误差,且高层比低层更明显,大致在模式层第 25 层以上,越接近模式层顶,这种差异越明显。图 4.38d 为各模式层集合预报扰动($\boldsymbol{u},\boldsymbol{v},\boldsymbol{\pi}$)的离散度和集合平均的 6 h 预报均方根误差的比(大小在 0～1 之间,越接近 1 说明集合离散度与均方根误差差异越小)的垂直分布廓线(气压场:点线;纬向风 u 风场:实线;经向风 v 风场:虚线)。从图中可以看出,各模式层气压场(无量纲气压)的预报扰动的离散度与均方根误差的差异均比风场(纬向风 u,经向风 v)的预报扰动更明显。这些分析结果与EnKF 同化分析增量的分布特征是相对应的。

③混合同化系统理想试验和个例试验

在完成系统构建和系统同化部分优化改进的基础上,进行了单点理想试验、局地化相关尺度敏感性试验和混合同化个例试验,并与 3DVar 同化分析的结果进行对比分析。

图 4.39 和图 4.40 是单点气压观测(观测点位于模式面半层第 10 层,100°E,33°N)理想试验的水平分析增量和垂直分析增量的结果。从图中可以看出:EnKF 同化得到的水平和垂直分析增量的总体分布特征与 3DVar 同化得到的分析增量相似,风场和气压场之间满足地转平衡约束关系。3DVar 同化的分析增量场很平滑和规则,表现出均匀和各向同性的分布特征,

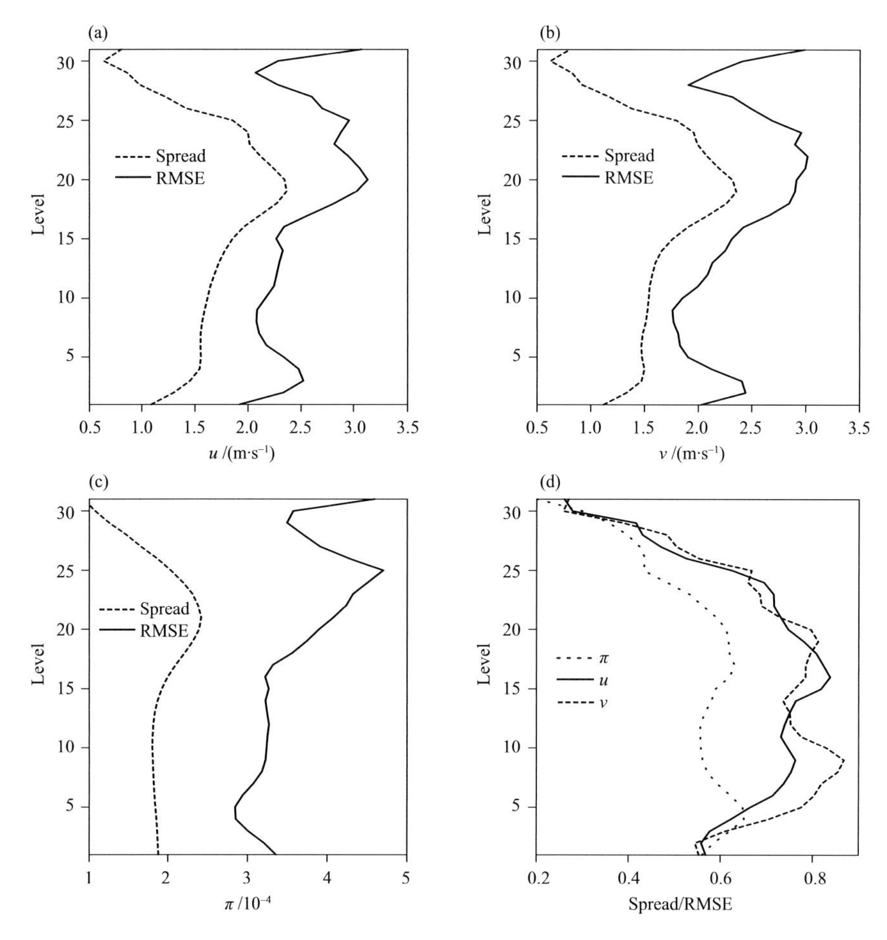

图 4.38　集合预报扰动离散度和均方根误差在各模式面层(Level)的分布特征

(a)纬向风 u；(b)经向风 v；(c)无量纲气压 π；(d)u、v、π 离散度(Spread)与均方根误差(RMSE)的比

而EnKF同化的分析增量场略不规则，表现出一定的非均匀、非各向同性的分布特征。由于系统中实现了对集合估计背景误差协方差矩阵的局地化，EnKF同化得到的分析增量场中均未见明显的噪声。EnKF同化得到的无量纲气压的分析增量场与3DVar同化的分析增量场大小相当，而风场(纬向风 u，经向风 v)的分析增量明显比3DVar同化的分析增量偏大，这是由于气候统计和集合估计背景误差协方差矩阵估计的背景误差方差不同导致的。混合同化(气候统计和集合估计背景误差协方差权重系数各取0.5)分析增量大小介于3DVar同化和EnKF同化之间，总体分布特征与3DVar同化和EnKF同化一致，变量间满足平衡约束关系，且具备一定的非均匀、非各向同性的分布特征，这是由于混合同化中“吸收”了由EnKF同化提供的具备流依赖特征的背景误差协方差信息所致。

综上所述，在基本相同的误差设置条件下，EnKF同化和3DVar同化的单点气压观测理想试验得到的分析增量场分布特征基本一致，由此验证了系统EnKF同化分析部分的正确性和合理性。

为了探究EnKF同化对水平局地化尺度的敏感性，开展了水平局地化尺度的敏感性试验。

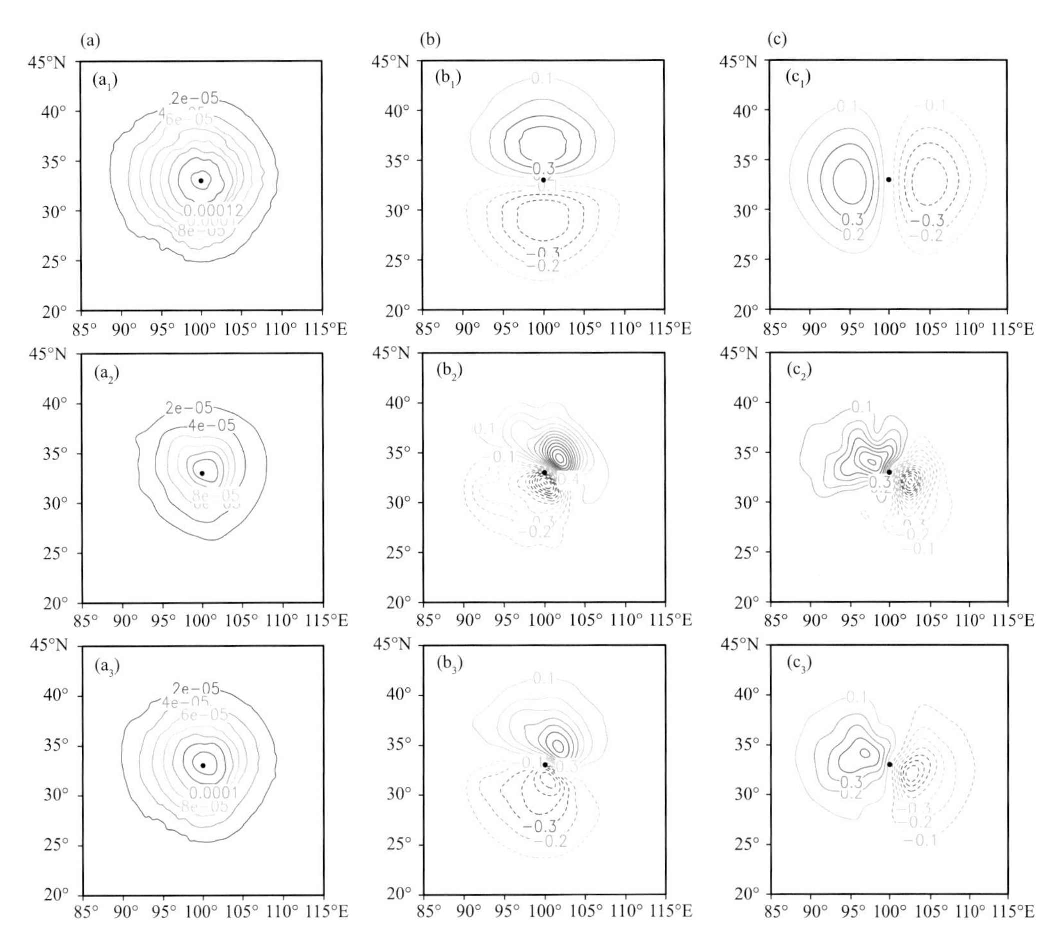

图 4.39 3DVar 同化(a)、EnKF 同化(单位:m・s^{-1},(b))和混合同化(单位:m・s^{-1},(c))单点气压观测试验的水平分析增量

(a_1)3DVar 同化 π;(a_2)3DVar 同化纬向风 u;(a_3)3DVar 同化经向风 v;(b_1)EnKF 同化 π;(b_2)EnKF 同化纬向风 u;(b_3)EnKF 同化经向风 v;(c_1)混合同化 π;(c_2)混合同化纬向风 u;(c_3)混合同化经向风 v

其中,垂直方向局地化尺度参数与 3DVar 同化中垂直相关尺度的参数一致,控制试验的水平局地化尺度设置为与 3DVar 同化中水平相关尺度(500 km)一致,另外拟定四组对比试验,局地化尺度分别取 625 km、750 km、875 km、1000 km。在上述设置下开展 EnKF 同化预报试验,对比位势高度场和风场 12 h 预报的三维格点场总的均方根误差,试验结果如表 4.10 所示。

表 4.10 中小括号内加粗的数值为相对于控制试验的改进百分比例(即控制试验和对比试验均方根误差的差值除以控制试验的均方根误差)。从表中可以看出:风场(纬向风 u,经向风 v)和位势高度场的 12 h 预报总均方根误差对水平局地化尺度具有一定的敏感性,水平局地化尺度增大,均方根误差相对于控制试验均略有改进,且局地化尺度越大,改进效果越明显,当局地化尺度取1000 km 时改进比例最大。因此,在本节接下来的个例试验中水平局地化尺度设置为 1000 km。

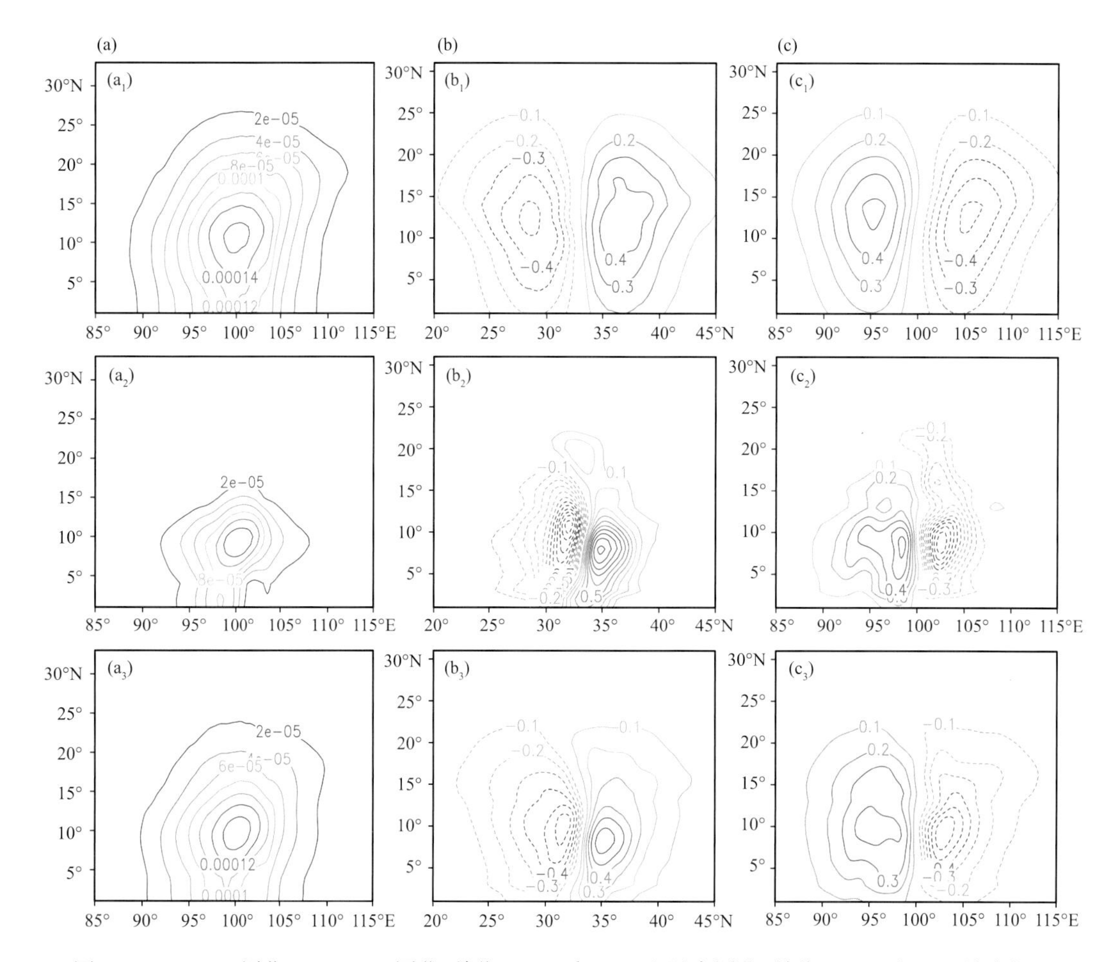

图 4.40　3DVar 同化(a)、EnKF 同化(单位:m·s^{-1},(b))和混合同化(单位:m·s^{-1},(c))单点气压观测试验的垂直分析增量

(a_1)3DVar 同化 π;(a_2)3DVar 同化纬向风 u;(a_3)3DVar 同化经向风 v;(b_1)EnKF 同化 π;(b_2)EnKF 同化纬向风 u;(b_3)EnKF 同化经向风 v;(c_1)混合同化 π;(c_2)混合同化纬向风 u;(c_3)混合同化经向风 v

表 4.10　EnKF 同化水平局地化尺度敏感性试验结果(RMSE)

检验指标	水平局地化尺度				
	500 km	625 km	750 km	875 km	1000 km
gph_12 h/gpm	29.70	29.59(**0.36**)	29.47(**0.78**)	29.44(**0.86**)	29.42(**0.94**)
$u$wind_12 h/(m·s^{-1})	3.28	3.27(**0.29**)	3.29(**0.39**)	3.27(**0.37**)	3.25(**0.90**)
$v$wind_12 h/(m·s^{-1})	3.17	3.14(**0.99**)	3.11(**1.81**)	3.10(**2.06**)	3.08(**2.69**)

注:表中小括号内黑体加粗的数值表示 EnKF 相对于 3DVar 的改进百分比例(即 EnKF 和 3DVar 试验均方根误差的差值除以 3DVar 同化试验的均方根误差)。

在此基础上,设置水平局地化尺度为 1000 km,拟定多组不同的垂直局地化尺度参数进行了上述类似的垂直局地化尺度敏感性试验,试验结果表明,EnKF 同化对垂直局地化尺度不敏感,因此,在本节的个例试验中,垂直方向的局地化尺度的参数仍然设置为与 3DVar 同化中垂直相关尺度一致。

集合变分混合同化系统中，集合估计和气候统计的背景误差协方差权重系数是重要的参数之一，为了获得最优的权重组合，开展了权重系数敏感性试验，设置了四组不同的权重系数组合进行混合同化，同化了区域内所有的无线电探空资料，并基于混合同化分析结果数值积分，对比位势高度场和风场的12 h预报和24 h预报的三维格点场总的均方根误差，由此探究混合同化对权重系数的敏感性，试验结果如表4.11所示。从表中可以看出：对于风场（纬向风u，经向风v）和位势高度场的12 h预报和24 h预报总均方根误差而言，混合同化的均方根误差相对于3DVar同化均有明显改进，且集合估计背景误差协方差的权重系数越大，改进效果越明显，当集合估计背景误差协方差权重系数取0.8时改进比例最大。位势高度场的EnKF同化呈现明显的“负效果”，风场（纬向风u，经向风v）的EnKF同化结果仍略有改进。因此，En-3DVar较优的集合估计背景误差协方差权重系数为0.8。

表4.11　混合同化权重系数敏感性试验结果(RMSE)

检验指标	3DVar	$\beta_e^2=0.2$	$\beta_e^2=0.5$	$\beta_e^2=0.8$	$\beta_e^2=1.0$
gph_12 h/gpm	28.47	28.42(**0.16**)	28.23(**0.83**)	28.13(**1.17**)	29.60(**−4.00**)
gph_24 h/gpm	34.58	34.55(**0.08**)	34.49(**0.26**)	34.49(**0.26**)	35.30(**−2.08**)
$u$wind_12 h/(m·s^{-1})	3.34	3.30(**1.15**)	3.25(**2.81**)	3.22(**3.59**)	3.25(**2.60**)
$u$wind_24h/(m·s^{-1})	3.58	3.54(**0.90**)	3.51(**1.86**)	3.50(**2.12**)	3.53(**1.03**)
$v$wind_12 h/(m·s^{-1})	3.14	3.11(**0.94**)	3.06(**2.57**)	3.05(**2.78**)	3.08(**1.82**)
$v$wind_24 h/(m·s^{-1})	3.37	3.35(**0.72**)	3.31(**1.96**)	3.30(**2.19**)	3.33(**1.82**)

注：表中小括号内加粗的数值为相对于3DVar同化的改进百分比例（即混合同化试验和3DVar同化试验均方根误差的差值除以3DVar同化试验的均方根误差）。

为了对比分析En-3DVar混合同化是否具有流依赖属性，分别在青藏高原地区和平原地区进行了单点观测理想试验，图4.41是青藏高原地区的单点观测理想试验结果，从中可以看到在青藏高原地形复杂地区，混合同化系统分析增量分布都与天气形势的走向分布一致，说明了En-3DVar混合同化系统能够表现出随天气形势变化的流依赖特性，而传统3DVar同化系统分析增量完全遵守均匀和各向同性的分布，表明混合同化系统能较好地反映实际大气运动状态的预报误差结构，同时还发现混合同化系统能比较好地刻画实际天气过程中与中小尺度系统相关联的预报误差的中小尺度结构（具有小尺度的分析增量），这与集合预报误差协方差包含更丰富的与中小尺度天气形势密切相关的流依赖特征有关。

为了验证En-3DVar混合同化系统对青藏高原地区分析场的改进效果，在青藏高原地区和平原地区进行了En-3DVar混合同化系统预报试验，并与传统3DVar同化系统进行对比。青藏高原地区范围设置为80°～105°E，28°～35°N；平原地区的范围设置为105°～130°E，28°～35°N。从En-3DVar混合同化和3DVar同化（纬向风u、经向风v和温度T）72 h预报的总均方根（图略）表明，(a)En-3DVar混合同化系统在青藏高原主体地区纬向风u绝对误差小于3DVar同化系统，经向风v绝对误差大于3DVar同化系统，温度T绝对误差与3DVar同化系统相当，在平原地区，En-3DVar混合同化系统与3DVar同化系统绝对误差差别较小。(b)En-3DVar混合同化系统纬向风u在高原地区500～600 hPa分析场均方根误差改进效果较明显，

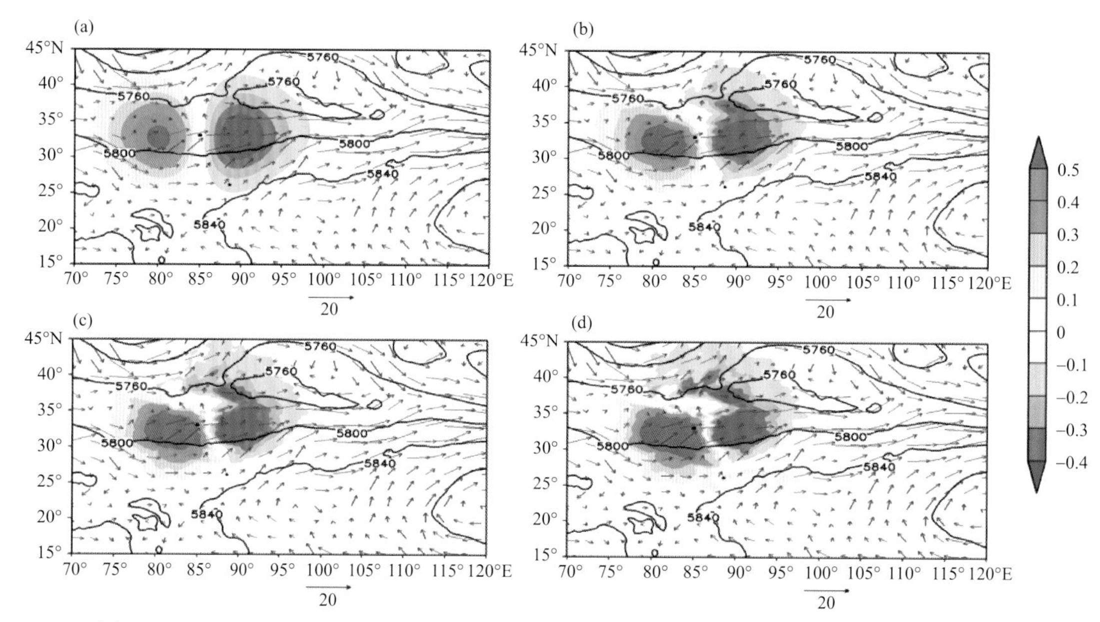

图 4.41 En-3DVar 和 3DVar 同化单点气压观测试验(85°E,33°N,模式面 13 层)的经向风 v(填色,m·s^{-1})、位势高度(等值线,单位:gpm)和 500 hPa 风场(矢量,单位:m·s^{-1})
(a)—(d)分别表示集合估计背景误差协方差权重为 0、0.5、0.8 和 1.0

在平原地区 300～400 hPa 有所改进,整体而言,青藏高原地区分析场均方根误差改进效果略优于平原地区;对经向风 v 分析场均方根误差的改进效果优于平原地区;对温度 T 分析场均方根误差的改进效果较差。(c)En-3DVar 混合同化系统总均方根误差不管在高原地区还是平原地区,分析场和预报场的质量都优于传统 3DVar;En-3DVar 混合同化系统对青藏高原地区纬向风 u 和经向风 v 分析场总均方根误差的改进效果优于平原地区。

④GRAPES 混合同化中随地形变化的水平局地化尺度方案

对青藏高原和平原地区开展了水平局地化敏感试验(图 4.42),7 d 批量试验结果表明,青藏高原地区和平原地区的最优水平局地化尺度并不相同,高原地区最优水平局地化尺度在 1500 km 左右,平原地区最优水平局地化尺度为 1000 km,但在 En-3DVar 混合同化系统三维空间中水平局地化尺度均为定值。

基于上述研究结果,设计了水平局地化尺度随地形变化而变化的试验方案(以下简称 En-3DVar-TD-HLS)。基本原理为采用 e 指数函数为基函数,构建随地形高度变化而变化的局地化尺度方案,公式如下:

$$\mathrm{e\_index}(i,j) = \mathrm{e}^{-[Z_{\max}-Z_z(i,j)]/\sigma^2} \tag{4.9}$$

$$\mathrm{Loc}(i,j) = \mathrm{e\_index}(i,j) \cdot L \tag{4.10}$$

式中,$Z_{\max}$ 为地形最高点,取值 5500;Z_z 为格点的地形高度;σ 为形态参数;e_index 取值 0～1;L 为默认的水平局地化尺度,取值 1000 km;Loc(i,j)为新方案局地化尺度。在此基础上分别对 GRAPES-MESO 3DVar、En-3DVar 和 En-3DVar-TD-HLS 同化系统进行了真实资料同化预报试验。结果(图 4.43 和图 4.44)表明,En-3DVar-TD-HLS 同化分析场和预报场均优于

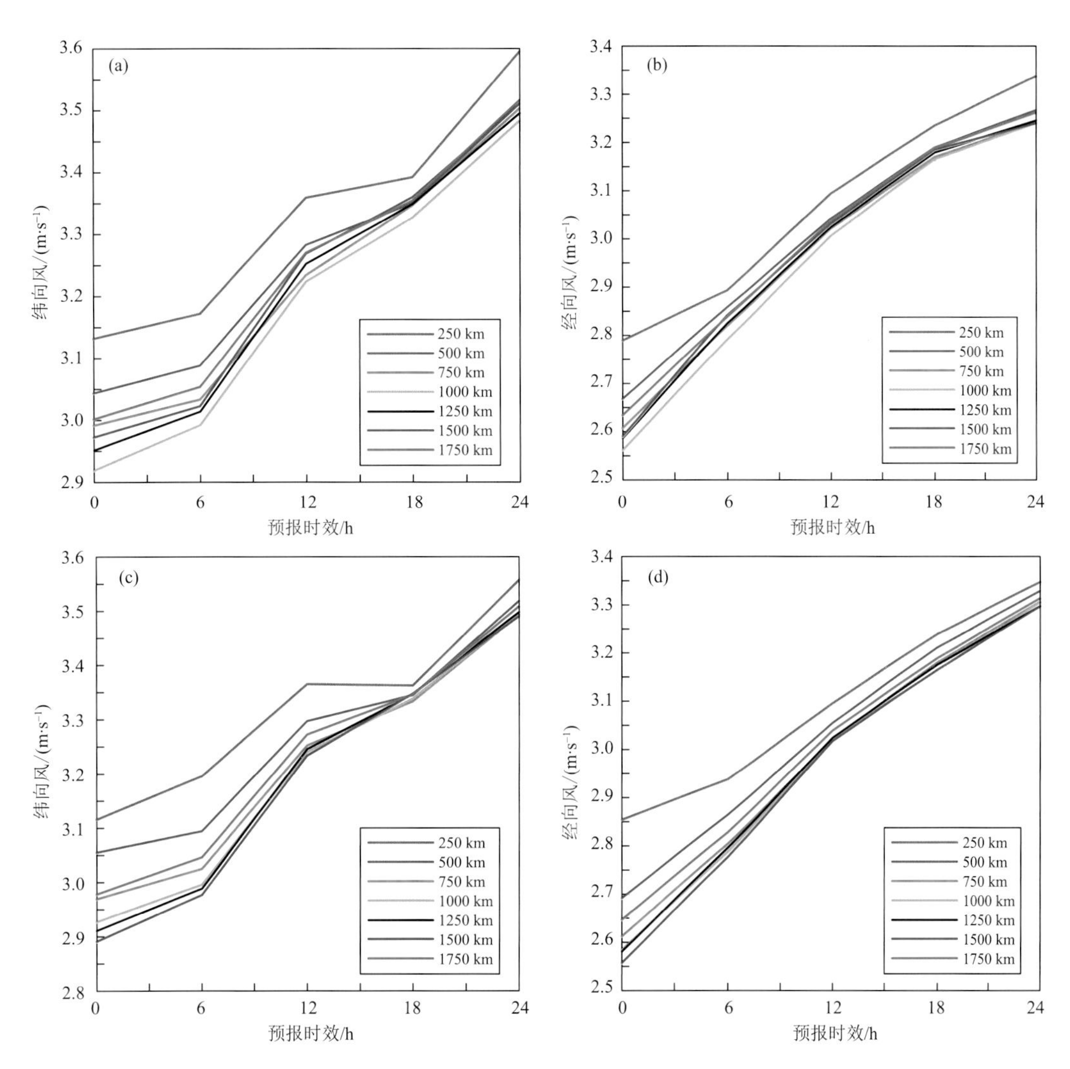

图 4.42　高原地区和平原地区在不同水平局地化尺度下总均方根误差随预报时效的时间演变图(0～24 h)，试验结果为 2015 年 7 月 10—16 日 7 d 平均

(a) 平原地区纬向风 u;(b)平原地区经向风 v;(c) 高原地区纬向风 u;(d)高原地区经向风 v

3DVar 和 En-3DVar 系统。

(2)考虑模式系统性偏差与模式随机误差的联合扰动模型

集合变分混合同化方案的关键科学问题是能否将具有流依赖属性的集合估计背景误差协方差融合到现有的变分同化框架中，达到发挥变分同化和集合同化方法优势的目的，而如何选择合适的集合扰动方法构造集合背景误差协方差以及如何选取最优的集合背景误差协方差权重系数等都至关重要。通过统计分析揭示了 GRAPES 模式系统性偏差的时空分布特征，在此基础上构造了系统性偏差和随机误差相结合的模式扰动方法，该方法有效地减小了集合预报系统性偏差，提高了集合离散度以及集合估计背景误差的准确性，为青藏高原地区同化技术如何应用集合预报信息提供了有益参考，也为我国 GRAPES 数值预报系统的资料同化业务进一

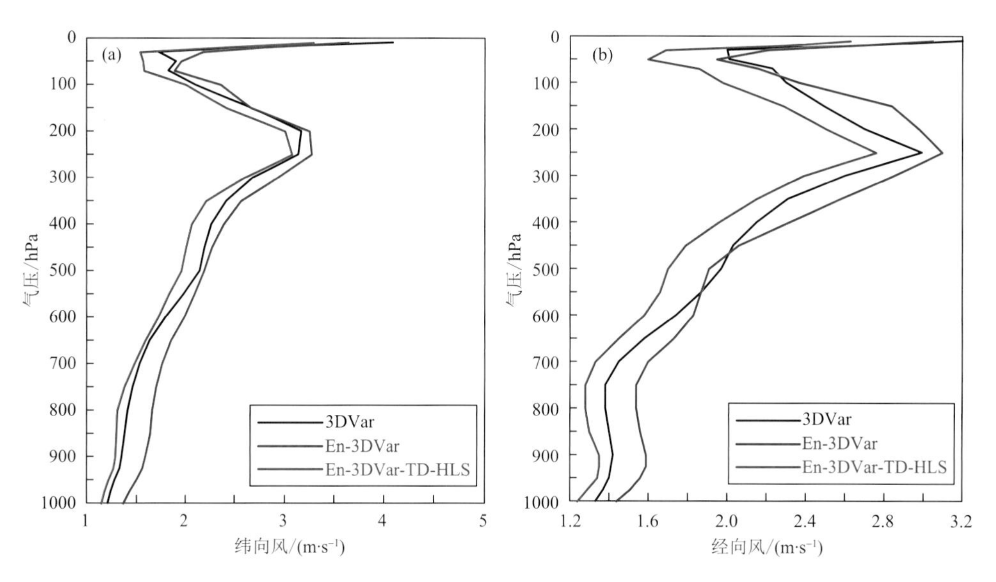

图 4.43　三种同化方案纬向风 u(a)和经向风 v(b)同化分析场 RMSE 的垂直廓线图

步朝集合同化方向发展提供了有力科学依据和技术支撑，系列研究成果相继于 2018—2020 年发表在国内外权威气象期刊(Chen et al.，2015；Xia et al.，2019，2020)，丰富了集合预报理论。

①揭示模式系统性偏差对集合同化系统的影响特征

统计发现，GRAPES 区域模式温度场具有较明显的系统性偏差，主要表现为温度场系统性偏暖。模式系统性偏差是否会对集合预报系统质量带来不利影响，使得集合预报扰动场无法合理反映模式预报误差的分布特征，最终影响集合背景误差协方差的质量？基于上述考虑，本节利用 GRAPES-REPS 区域集合预报，通过分析集合预报离散度-技巧关系，研究了系统性偏差对集合预报的影响特征。其中，模式系统性偏差由 GRAPES-REPS 控制预报 72 h 预报场统计获得，具体的系统性偏差估计公式如下：

$$\widehat{\boldsymbol{B}}_1(\boldsymbol{S}_j,t)=\frac{\widehat{b}}{\Delta\times 3600}\times\delta_t \tag{4.11}$$

式中，$\boldsymbol{B}_1$ 代表模式系统性偏差倾向，$\boldsymbol{S}$ 表示模式在某一时刻积分结果，j 代表第 j 个格点，$\widehat{b}$ 为模式的系统性偏差，Δ 为模式预报窗(本研究中为 72 h)，δ_t 为模式的积分步长，t 为时间。

通过线性拟合模式预报窗中的系统性偏差可获得最终的模式线性系统性偏差倾向。通过试验对比发现，集合预报质量检验评估对模式系统偏差非常敏感，有偏移的集合分布会影响我们对概率预报质量评估，导致集合预报离散度-技巧关系不真实，换句话说，在模式系统性偏差存在的情况下，一个好的集合扰动方法可能得到一个较差的离散度-技巧关系结果。这种负面效果是否会使得集合扰动无法合理反映模式的预报误差，从而影响集合背景误差协方差的质量，最终对集合变分混合同化的同化预报场和分析场的质量带来不利的影响？这个问题值得我们进一步深入研究。

②构造系统性偏差和随机误差相结合的模式扰动方法

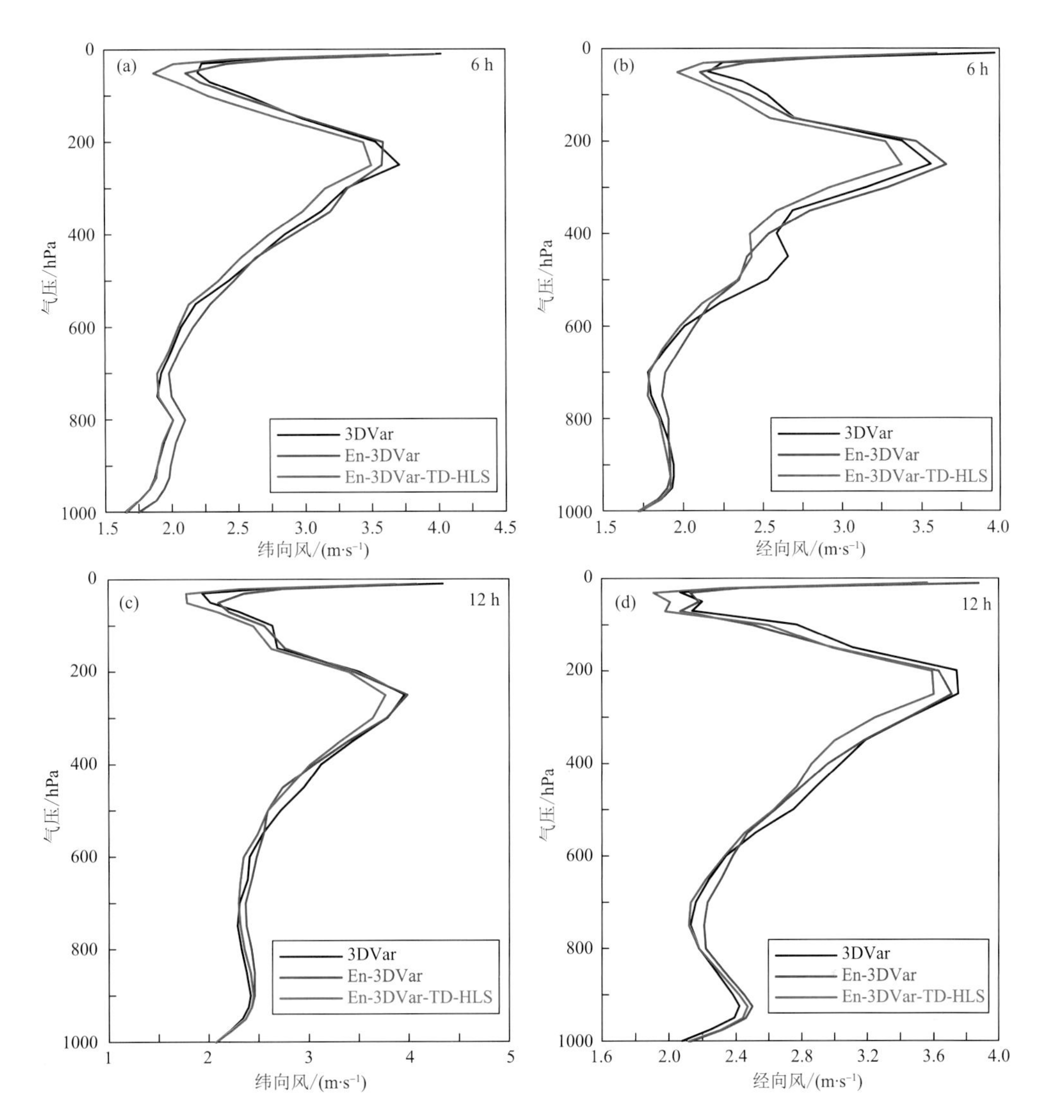

图 4.44　三种同化方案纬向风 u((a)、(c))和经向风 v((b)、(d))在 6 h((a)、(b))和 12 h((c)、(d))预报时效的 RMSE 廓线图

针对上述问题，考虑在构造集合背景误差协方差之前对系统性偏差进行扣除。当前，处理集合预报模式系统性偏差的主流方法是采用统计学理论对模式的输出进行统计后处理，这些方法均能有效地处理模式的系统性偏差，调整集合预报的离散度和集合平均，但存在一些不足。首先，上述方案需要在模式积分后进行偏差扣除，增加了人力和计算机成本；其次，上述方案仅对选取的部分变量分别进行扣除，可能会对变量间的平衡关系带来影响。基于上述原因，Chen 等(2020)提出了一种三维动态偏差扣除方案，该方案在模式积分过程中对存在系统性偏差的变量进行动态扣除，可有效地缓解模式后处理偏差扣除方案中所存在的不足。试验结果表明，该方案可有效地减小集合预报系统的系统性偏差，提高集合预报系统的概率预报技巧。

为了将集合预报模式扰动方法与系统性偏差扣除方案相结合，以期同时减小集合预报系统的系统性偏差和随机误差，提高集合预报系统的预报质量和技巧，本研究提出了随机物理过程和模式偏差倾向的联合扰动方法(unified perturbation of stochastic-physics and bias-tendency，UPSB)，即将当前应用较为广泛的随机扰动参数化倾向(SPPT)模式扰动方案和Chen等(2020)提出的三维动态偏差扣除方案相结合，引入到集合预报系统中，引入了SPPT模式扰动方案，具体实现过程如下：

$$\boldsymbol{S}_j(t)=\int_{t_0}^{t}[A(\boldsymbol{S}_j,t)+P(\boldsymbol{S}_j,t)]\mathrm{d}t \tag{4.12}$$

式(4.12)为GRAPES-REPS区域集合预报系统的模式积分方程，$\boldsymbol{S}_j(t)$为第j个积分成员，$j=0,1,2,\cdots,14$，当$j=0$时表示控制预报，其余为14个集合预报成员；A为动力过程积分倾向项；P为物理过程积分倾向项；t为积分时长。

在GRAPES-REPS-SPPT方案中，在模式积分公式的物理倾向项上乘以一个随机扰动场，公式如式(4.13)：

$$\boldsymbol{S}_j(t)=\int_{t_0}^{t}[A(\boldsymbol{S}_j,t)+P(\boldsymbol{S}_j,t)\times\boldsymbol{R}_j(\lambda,\varphi,t)]\mathrm{d}t \tag{4.13}$$

式中，λ、φ、t分别表示经度、纬度和时间，$\boldsymbol{R}_j(\lambda,\varphi,t)$表示第$j$个集合成员的随机扰动场，在此基础上引入了三维动态偏差扣除方案，将模式线性系统性偏差倾向$\widehat{\boldsymbol{B}}_1(S_j,t)$与SPPT模式扰动方案融合，即在模式每个积分过程中先进行模式线性系统性偏差倾向扣除，再引入SPPT模式扰动方案，具体实现过程如下：

$$\boldsymbol{S}_j(t)=\int_{t_0}^{t}\{A(\boldsymbol{S}_j,t)+[P(\boldsymbol{S}_j,t)-\widehat{\boldsymbol{B}}_1(\boldsymbol{S}_j,t)]\times\boldsymbol{R}'_j(\lambda,\varphi,t)\}\mathrm{d}t \tag{4.14}$$

式中，$\widehat{\boldsymbol{B}}_1(\boldsymbol{S}_j,t)$为模式线性系统性偏差倾向，由式(4.11)统计获得。

集合背景误差协方差主要用于反映模式预报误差的分布情况，通常由集合扰动场构造而成，因此，集合离散度与预报误差相关性越好，说明集合背景误差协方差越能反映模式预报误差的真实分布状况。图4.45为纬向风u、经向风v和无量纲气压π在模式面上预报误差与集合离散度相关系数分布，结果表明随机物理过程和模式偏差倾向的联合扰动方法相关系数明显高于其他三组试验，说明该方案能明显地提高集合背景误差协方差的质量。

为了直观地描述随机物理过程和模式偏差倾向的联合扰动方法在整个混合同化预报时效内的改进效果，图4.46给出了采用随机物理过程和模式偏差倾向的联合扰动方法，集合变分混合同化系统在0～72 h内RMSE相较于CTL试验的改进率，检验变量为纬向风、经向风和温度。结果表明，基于随机物理过程和模式偏差倾向的联合扰动方法，混合同化分析在0～72 h的风场和温度场预报时效内都表现出了正效果，纬向风、经向风和温度的改进百分比分别为2.99%、3.55%和4.38%。此外，可看出随预报时效增加，改进百分比逐步减小，分析可能的原因是，模式在积分初期，动力过程对预报的贡献更大，随着预报时效的增加，物理过程的贡献越来越大，而联合扰动方法混合同化分析能给数值预报系统提供更为准确的初始场信息，因

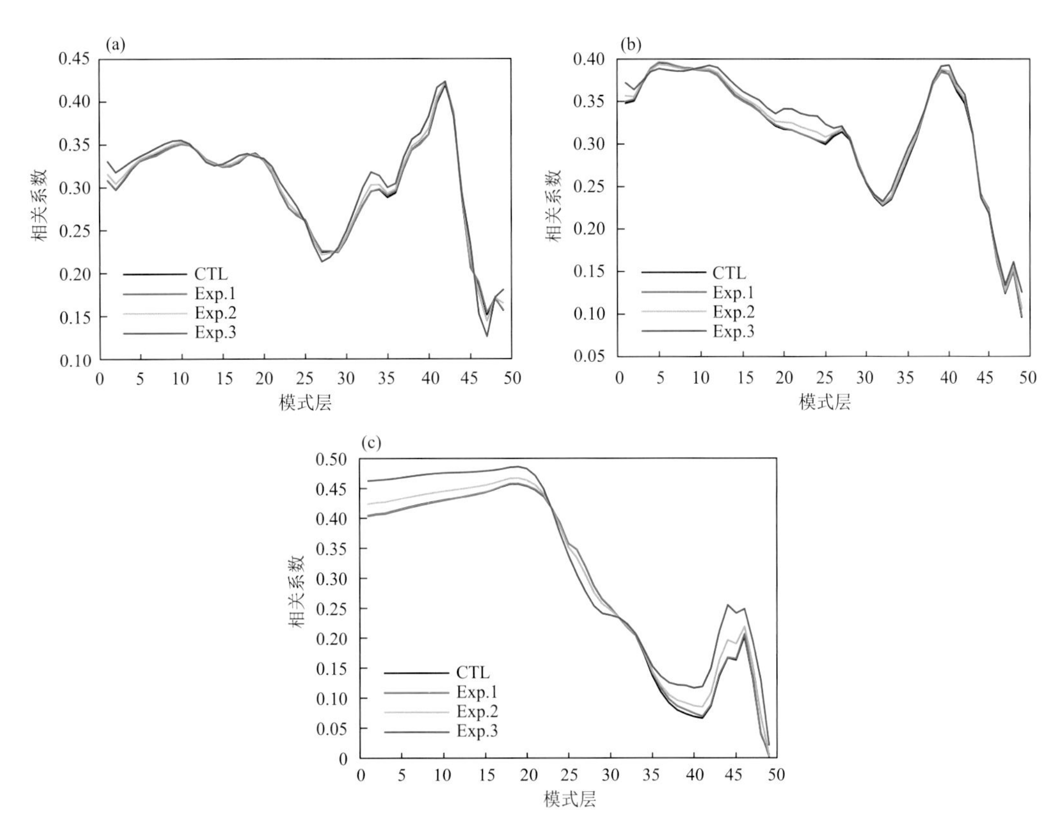

图 4.45 四组试验不同要素的预报误差与集合扰动相关系数分布图，图中 CTL、Exp. 1、Exp. 2 和 Exp. 3 分别表示模式扰动方案为多物理过程、多物理过程＋SPPT、多物理过程＋偏差扣除和多物理过程＋SPPT＋偏差扣除（即联合扰动方案）

(a)纬向风 u；(b)经向风 v；(c)无量纲气压 π

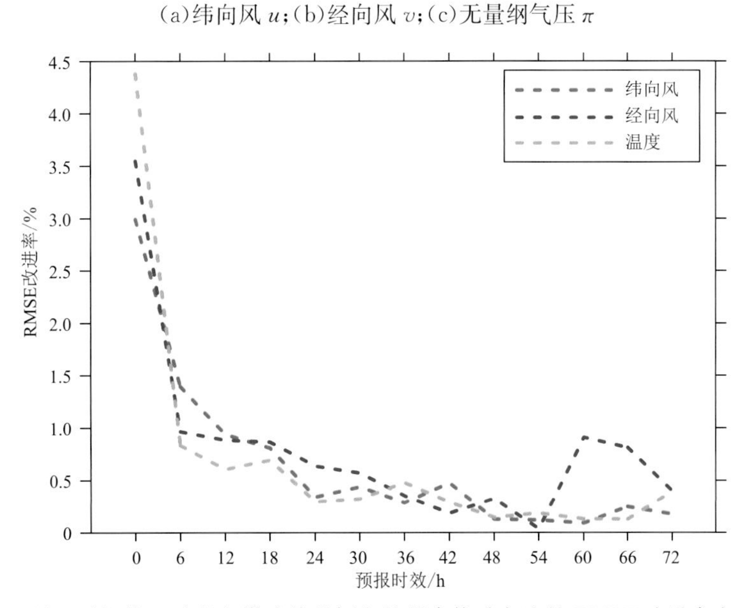

图 4.46 基于随机物理过程和模式偏差倾向的联合扰动方法的 RMSE 改进率在 0～72 h 预报时效内的时间演变图

此,在预报前期具有更好的预报效果。

通过上述结果可以发现,随机物理过程和模式偏差倾向的联合扰动方法可以较好地改进集合预报系统的预报技巧和性能,且在得到改进的同时,该方案不会大量地增加计算机的计算资源,同时能有效地减少人力成本;此外,该方法可以有效地提高集合背景误差协方差的质量,使其更合理地反映模式预报误差的真实分布特征,从而提高集合变分混合同化系统同化分析场和预报场质量。因此,该方案在业务集合预报系统中具有较大的应用前景。

4.4 本章小结

FGOALS-g2 的准强耦合资料同化系统,具备分别同时同化大气和海洋再分析资料与同时同化陆面和大气再分析资料的能力。基于该系统生成了同化分析数据集 7 套,开展了不同尺度的气候预测试验。虽然取得了一定成果,但仍然存在一些局限性,主要包括:①对于单圈层青藏高原多源多变量陆面资料同化,目前其空间分辨率较低,难以合理描述高原次网格复杂地形,未来需要进一步提高同化的分辨率;现有 40 个集合样本 7 a 陆面同化产品(2003—2009年)时间跨度较短,且未涵盖包括 SMAP、GRACE Follow-on 以及最新青藏高原科考在内的卫星或实地观测成果;目前使用的公共陆面模式(CLM4)未考虑陆面参数化方案在过去几年内取得的新进展。②对于青藏高原和全球多圈层耦合资料同化,目前采用弱耦合方式和准强耦合同化,后续工作需进一步研发物理上合理的强耦合同化系统;目前已从耦合资料同化的角度和年际、年代际尺度揭示了青藏高原区域对全球气候预测的影响,但对于次季节到季节尺度乃至天气尺度,是否有类似的结论尚不清楚;青藏高原耦合资料同化能够减小全球 SST 的预测误差,提高 AMO 和 IOD 指数的预测技巧,却不能改进 PDO 指数的预测技巧,其原因尚不清楚。同时,青藏高原资料同化研究还存在一些挑战和潜在的研究方向,主要包括:①陆面资料同化指导青藏高原特定区域陆面参数化方案的发展;②建立物理上合理的跨圈层背景误差协方差矩阵,实现大气、海洋、陆面和海冰观测资料的协调强耦合同化;③资料同化在极端天气气候理解与预测中的应用。

在陆面数据同化方面取得了一系列成果,但还存在一些局限性,主要体现在:①青藏高原次网格地形复杂,而陆面数据同化的空间分辨率较低,未来工作中需要进一步引入高分辨率数据同化;②现有 8 a 陆面同化产品时间跨度较短,且未涵盖包括 SMAP、GRACE Follow-on 以及最新青藏高原科考在内的卫星或实地观测成果;③现阶段同化中的陆面模式(CLM4)未考虑陆面参数化方案在过去几年内取得的新进展;④现有耦合同化系统采用弱耦合方式,后续工作需进一步研发强耦合同化系统。同时,青藏高原同化研究还存在一些挑战和潜在的研究方向,主要包括:①陆面同化指导青藏高原特定区域陆面参数化方案的发展;②在保证耦合模式长期稳定运行的前提下,同时同化大气、海洋、陆面和海冰的观测资料;③数据同化在极端天气气候理解与预测中的应用。

青藏高原地区地形复杂，植被类型多样，同时盛行中小尺度对流性天气系统，造成青藏高原地区卫星资料同化的诸多挑战。国际再分析资料集在青藏高原区域不确定性较大。青藏高原地区卫星资料同化任重道远，尤其是我国卫星资料同化效果的改进还需要持续性地深入研究。提高青藏高原再分析资料精确度和准确性，不仅要改进卫星资料同化效果，也要有一个好的全球同化系统。我国气象卫星作为世界卫星观测中的新生力量，如何充分发挥青藏高原地区卫星资料同化在天气预报和气候研究中的作用，具有重要意义。卫星资料同化效果的改进研究最重要的是了解资料。中国的一些卫星仪器资料与欧美同类卫星仪器资料有显著不同，不能照搬同化国外同类仪器资料的方法。细致的资料质量评估，是我国卫星资料向国际推广的前提。很多研究充分证明了我国风云3号系列卫星的微波探测仪器的资料质量，与欧美国家的对应仪器具有相似特点，基于卫星资料的反演产品也具有相近的误差特征。在细致评估的基础上，针对发现的卫星观测仪器存在的观测噪音，发展有针对性的噪音滤除方案。从我国卫星资料特点出发，开发独特有效的云检测方法，从而为我国卫星资料的同化和气候应用建立更好的数据基础。同时，不同卫星资料同化方法的研究也存在诸多挑战，尽管微波探测仪可以进行除强降水以外的所有天气条件下的大气观测，但地表敏感微波通道的辐射亮温同化仍然面临挑战。

集合变分混合同化技术已成为了当前各大数值预报中心主流的资料同化发展趋势，如何构造高质量的集合预报系统，获取更为准确的集合估计背景误差协方差，需要改进GRAPES集合预报的构造技术，获取更能反映GRAPES系统预报误差分布的扰动结构，构建高质量的集合背景误差协方差矩阵，这是未来需要受到更多关注的领域，是提高GRAPES集合变分混合同化系统同化分析场和预报场质量的有效途径之一。集合变分混合同化技术的目的是为了得到误差更小的初始场，定量估计开展不同观测资料对集合变分混合同化方案分析效果是未来需要开展的重要工作，例如：①明确不同观测在GRAPES集合变分混合同化系统及其他同化方案下对同化分析改进的贡献差异；②通过开展集合变分混合同化方案中不同观测资料减小对同化分析的误差方差贡献，明确每种观测的影响作用，发现可能存在的问题。

参考文献

邹晓蕾，秦正坤，翁富忠，2016. 晨昏轨道微波温度计资料同化对降水定量预报的影响及其对三轨卫星系统的意义[J]. 大气科学，40(1)：46-62.

AL-YAARI A, WIGNERON J P, DUCHARNE A, et al, 2014. Global-scale evaluation of two satellite-based passive microwave soil moisture datasets (SMOS and AMSR-E) with respect to land data assimilation system estimates[J]. Rem Sen Environ, 149:181-195.

ANDERSON J L,2001. An ensemble adjustment Kalman filter for data assimilation[J]. Mon Wea Rev, 129: 2884-2903.

BIAN Q,XU Z,ZHAO L, et al, 2019. Evaluation and intercomparison of multiple snow water equivalent products over the Tibetan Plateau[J]. J Hydrometeorol,20: 2043-2055.

CHEN J,WANG J Z,DU J,et al,2020. Forecast bias correction through model integration:A dynamical wholesale approach[J]. Q J Roy Meteor Soc,146(728):1149-1168.

CHEN L L, CHEN J, XUE J S, et al, 2015. Development and testing of the GRAPES regional ensemble-3DVar hybrid data assimilation system[J]. J Meteorol Res, 29(6):981-996.

CHEN L X, 1985. The atmospheric heat source over the Tibetan Plateau: May—August 1979[J]. Mon Wea Rev, 113:1771-1790.

CHEN W, HUANG C, YANG Z, et al, 2021. Retrieving accurate soil moisture over the Tibetan Plateau using multisource remote sensing data assimilation with simultaneous state and parameter estimations[J]. J Hydrometeorol, 22: 2751-2766.

CHEN Y,YANG K,QIN J, et al, 2013. Evaluation of AMSR-E retrievals and GLDAS simulations against observations of a soil moisture network on the central Tibetan Plateau[J]. J Geophys Res: Atmos, 118:4466-4475.

CHEN Y,YANG K,QIN J, et al, 2017. Evaluation of SMAP, SMOS, and AMSR2 soil moisture retrievals against observations from two networks on the Tibetan Plateau[J]. J Geophys Res: Atmos, 122: 5780-5792.

CROW W T,WOOD E F, 2003. The assimilation of remotely sensed soil brightness temperature imagery into a land surface model using ensemble Kalman filtering:A case study based on ESTAR measurements during SGP97[J]. Adv Water Resour, 26:137-149.

DE LANNOY G J M,REICHLE R H,ARSENAULT K R,et al,2012. Multiscale assimilation of Advanced Microwave Scanning Radiometer-EOS snow water equivalent and Moderate Resolution Imaging Spectroradiometer snow cover fraction observations in northern Colorado[J]. Water Resour Res,48: W01522.

DOBLAS-REYES F J,JAVIER G,FABIAN L, et al, 2013. Seasonal climate predictability and forecasting: Status and prospects[J]. WIRES CLIM CHANG,4:245-268.

DONG H J, ZOU X L, 2018. Striping noise mitigation for Tropical Rainfall Measuring Mission Microwave Imager observations[J]. IEEE Trans Geosci Rem Sens,57(4):2448-2463.

EVENSEN G, 1994. Sequential data assimilation with a nonlinear quasi-geostrophic model using Monte Carlo methods to forecast error statistics[J]. J Geophys Res:Ocean, 99(5):10143-10162.

FENG C C, ZOU X L, ZHAO J, 2016. Detection of radio-frequency interference signals from AMSR-E data over the United States with snow cover[J]. J Front Earth Sci, 10(2):195-204.

FORSTER K,MEON G, MARKE T,et al, 2014. Effect of meteorological forcing and snow model complexity on hydrological simulations in the Sieber catchment (Harz Mountains Germany)[J]. Hydrol Earth Syst Sci, 18:4703-4720.

GUO Z, DIRMEYER C, DELSOLE A, et al, 2012. Rebound in atmospheric predictability and the role of the land surface[J]. J Climate, 25:4744-4749.

HALL D K, RIGGS G A, SALOMONSON V V,et al, 2002. MODIS snow-cover products[J]. Rem Sen Environ, 83:181-194.

HAN X,FRANSSEN H H,MONTZKA C,et al, 2014. Soil moisture and soil properties estimation in the Community Land Model with synthetic brightness temperature observations[J]. Water Resour Res, 50: 6081-6105.

HAN Y,ZOU X, 2014. Optimal ATMS remapping algorithm for climate research[J]. IEEE Trans Geosci Rem Sens, 52(11):7290-7296.

HAN Y, ZOU X, WENG F, 2015. Thermal and cloud features of super typhoon Neoguri observed from a double oxygen band sounding instruments onboard FY-3C satellite[J]. Geophys Res Lett, 42:916-924.

HE Y J, WANG B, LIU L, et al, 2020. A DRP-4DVar-based coupled data assimilation system with a simplified off-line localization technique for decadal predictions [J]. J Adv Model Earth Sys, 12(4):e2019MS001768.

JACKSON T J, COSH M H, BINDLISH R,et al, 2010. Validation of advanced microwave scanning radiometer soil moisture products[J]. IEEE Trans Geosci Rem Sens, 48:4256-4272.

KANG S C,XU Y W,YOU Q L, et al, 2010. Review of climate and cryospheric change in the Tibetan Plateau [J]. Environ Res Lett, 5:015101.

KOSTER R D,SUAREZ M J,HEISER M, 2000. Variance and predictability of precipitation at seasonal-to-interannual timescales[J]. J Hydrometeorol, 1:26-46.

KOSTER R D, MAHANAMA S P P,LIVNEH B,et al, 2010. Skill in streamflow forecasts derived from large-scale estimates of soil moisture and snow[J]. Nat Geosci, 3(9):613-616.

KOSTER R D,MAHANAMA S P,YAMADA T J, et al, 2011. The second phase of the Global Land-Atmosphere Coupling Experiment: Soil moisture contributions to subseasonal forecast skill[J]. J Hydrometeorol, 12:805-822.

KUMAR S V,PETERS C D,ROLF D M,et al, 2014. Assimilation of remotely sensed soil moisture and snow depth retrievals for drought estimation[J]. J Hydrometeorol, 15:2446-2469.

LI F F,WANG B,HUANG Y J,et al, 2021. Important role of North Atlantic air-sea coupling in the interannual predictability of summer precipitation over the eastern Tibetan Plateau[J]. Climate Dynam, 56: 1433-1448.

LI X, ZOU X, 2017. Bias characterization of CrIS measurements for 399 selected channels[J]. Atmos Res, 196: 164-181.

LIN P,WEI J,YANG Z,et al,2016. Snow data assimilation-constrained land initialization improves seasonal temperature prediction[J]. Geophys Res Lett,43:11423-11432.

LIN P,YANG Z,WEI J,2020. Assimilating multi-satellite snow data in ungauged Eurasia improves the simulation accuracy of Asian monsoon seasonal anomalies[J]. Enviro Res Lett,15: 064033.

LIU Y, PETERS C D,KUMAR S V, et al, 2015. Blending satellite-based snow depth products with in situ observations for streamflow predictions in the Upper Colorado River Basin[J]. Water Resour Res, 51:1182-1202.

LOEW A,SCHWANK M,SCHLENZ F, 2009. Assimilation of an L-band microwave soil moisture proxy to compensate for uncertainties in precipitation data[J]. IEEE Trans Geosci Rem Sens, 47:2606-2616.

MA Y M, MA W Q,ZHONG L,et al, 2017. Monitoring and modeling the Tibetan Plateau's climate system and its impact on East Asia[J]. Sci Rep, 7:44574.

MAHANAMA S, BEN L, RANDAL K, et al, 2012. Soil moisture, snow, and seasonal streamflow forecasts in the United States[J]. J Hydrometeorol, 13(1):189-203.

MORADKHANI H, SOROOSHIAN S, GUPTA V, et al, 2005. Dual state-parameter estimation of hydrological models using ensemble Kalman filter[J]. Adv Water Resour, 28:135-147.

NASONOVA O N,GUSEV Y M,KOVALEV Y E,2011. Impact of uncertainties in meteorological forcing data and land surface parameters on global estimates of terrestrial water balance component[J]. Hydrol Processe,25: 1074-1090.

NIE S, ZHU J, LUO Y, 2011. Simultaneous estimation of land surface scheme states and parameters using the ensemble Kalman filter: Identical twin experiments[J]. Hydrol Earth Syst Sci, 15: 2437-2457.

NIU G Y,YANG Z L, 2007. An observation-based formulation of snow cover fraction and its evaluation over large North American river basins[J]. J Geophys Res:Atmos, 112:D21101.

OLESON K W,LAWRENCE D M,BONAN G B, et al, 2013. Technical description of version 4. 5 of the Community Land Model (CLM)[R]. NCAR Tech. Note:No. NCAR/TN-503+STR. Boulder: Natl Cent for Atmos Res:422.

PAN M,WOOD E F, 2006. Data assimilation for estimating the terrestrial water budget using a constrained ensemble Kalman filter[J]. J Hydrometeorol, 7:534-547.

QIAN Y F,ZHENG Y Q, ZHANG Y, et al, 2003. Responses of China's summer monsoon climate to snow anomaly over the Tibetan Plateau[J]. Int J Climatol, 23:593-613.

QIN D H,ZHOU B T, XIAO C H, 2014. Progress in studies of cryospheric changes and their impacts on climate of China[J]. Meteor Res, 28:732-746.

QIN J, LIANG S, YANG K, et al, 2009. Simultaneous estimation of both soil moisture and model parameters using particle filtering method through the assimilation of microwave signal[J]. J Geophys Res: Atmos, 114:D15103.

QIN Z K, ZOU X, 2016a. Development and evaluation of a new index for MHS cloud detection over land[J]. Meteor Res, 30:12-37.

QIN Z K, ZOU X, 2016b. Uncertainty in Fengyun-3C microwave humidity sounder measurements at 118 GHz with respect to simulations from GPS RO data[J]. IEEE TGRS, 54(12): 6907-6918.

QIN Z K,ZOU X,WENG F, 2017. Impacts of assimilating all or GOES-like AHI infrared channels radiances on QPFs over eastern China[J]. Tellus A, 69(1):1345265.

QIN Z K,ZOU X L, 2019. Impact of AMSU-A data assimilation over high terrains on QPFs downstream of the Tibetan Plateau[J]. J Meteorol Soc Jpn,97(6):1137-1154.

RAJU S, CHANZY A,WIGNERON J, et al, 1995. Soil moisture and temperature profile effects on microwave emission at low frequencies[J]. Rem Sen Environ, 54:85-97.

REICHLE R H, 2008. Data assimilation methods in the earth sciences[J]. Adv Water Resour, 31: 1411-1418.

SHEFFIELD J, GOTETI G,WOOD E F,2006. Development of a 50-year high-resolution global dataset of meteorological forcings for land surface modeling[J]. J Climate,19:3088-3110.

SHI X,WEN J,WANG L, et al, 2010. Regional soil moisture retrievals and simulations from assimilation of satellite microwave brightness temperature observations[J]. Environ Earth Sci, 61:1289-1299.

SLATER A G, CLARK M P, 2005. Snow data assimilation via an ensemble Kalman filte[J]. J Hydrometeorol,7:478-493.

SU H, YANG Z L,DICKINSON R, et al, 2010. Multisensor snow data assimilation at the continental scale: The value of gravity recovery and climate experiment terrestrial water storage information[J]. J Geophys

Res: Atmos,115:D10104.

SU Z,WEN J,DENTE L, et al, 2011. The Tibetan Plateau observatory of plateau scale soil moisture and soil temperature (Tibet-Obs) for quantifying uncertainties in coarse resolution satellite and model products[J]. Hydrol Earth Syst Sci, 15:2303-2316.

SUN C, WALKER J P, HOUSER P R, 2004. A methodology for snow data assimilation in a land surface model[J]. J Geophys Res: Atmos,109:D08108.

SWENSON S C, LAWRENCE D M, 2012. A new fractional snow-covered area parameterization for the Community Land Model and its effect on the surface energy balance[J]. J Geophys Res:Atmos, 117:D21107.

TANG F,ZOU X L, 2018. Diurnal variation of liquid water path derived from two polar-orbiting FengYun-3 microwave radiation imagers[J]. Geophys Res Lett, 45:6281-6288.

WANG B,LEE J,KANG I , et al, 2009. Advance and prospectus of seasonal prediction: Assessment of the APCC/CliPAS 14-model ensemble retrospective seasonal prediction (1980—2004) [J]. Clim Dynam, 33: 93-117.

WANG C K,YANG K, LI Y L, et al, 2017. Impact of spatiotemporal anomalies of Tibetan Plateau snow cover on summer precipitation in eastern China[J]. J Climate, 30:885-903.

WANG J C, GONG J D, HAN W, 2020. The impact of assimilating FY-3C GNOS GPS radio occultation observations on GRAPES forecasts[J]. J Tropical Meteorology,26(4):390-401.

WEBSTER P J, MAGANA V O, PALMER T N, et al, 1998. Monsoons: processes, predictability, and the prospects for prediction[J]. Geophys Res Oceans,103:14451-14510.

WU G,LIU Y, HE B, et al, 2012. Thermal controls on the Asian summer monsoon[J]. Sci Rep,2: 404.

XIA Y, CHEN J, ZHI X F, et al, 2019. Topographic dependent horizontal localization scale scheme in GRAPES-MESO hybrid En-3DVar assimilation system[J]. J Tropical Meteorology, 25(2):245-256.

XIA Y,CHEN J, ZHI X F, et al,2020. Impact of model bias correction on a hybrid data assimilation system [J]. J Meteorol Res,34(2):400-412.

YANAI M, LI C, SONG Z, 1992. Seasonal heating of the Tibetan Plateau and its effects on the evolution of the Asian summer monsoon[J]. J Meteorol Soc Jpn, 70:319-351.

YANG K, WATANABE T,KOIKE T,et al, 2007. Auto-calibration system developed to assimilate AMSR-E data into a land surface model for estimating soil moisture and the surface energy budget[J]. J Meteorol Soc Jpn,85A:229-242.

YANG S, ZOU X, 2017. Dependence of positive N-bias of GPS RO cloudy profiles on cloud fraction along GPS RO limb tracks[J]. GPS Solution, 21:499-509.

YANG Z L,ZHAO L,He Y J,et al, 2020. Perspectives for Tibetan Plateau data assimilation[J]. Natl Sci Rev, 7(3):495-499.

ZAITCHIK B F, RODELL M, 2009. Forward-looking assimilation of MODIS-derived snow covered area into a land surface model[J]. J Hydrometeorol, 10(1):130-148.

ZHAO L,YANG Z L,HOAR T J,2016. Global soil moisture estimation by assimilating AMSR-E brightness temperatures in a coupled CLM4-RTM-DART system[J]. J Hydrometeorol,17:2431-2454.

ZHAO L, YANG Z L, 2018. Multi-sensor land data assimilation: Toward a robust global soil moisture and snow estimation[J]. Rem Sen Environ, 216: 13-27.

ZHANG L，KANG Y，ZHANG Y J，et al，2013. Discharge regime and simulation for the upstream of major rivers over Tibetan Plateau[J]. J Geophys Res：Atmos，118:8500-8518.

ZHANG T，2005. Influence of the seasonal snow cover on the ground thermal regime：An overview[J]. Rev Geophys，43:RG4002.

ZHANG Y F，YANG Z L，ANDERSON J，et al，2014. Assimilation of MODIS snow cover through the data assimilation research testbed and the Community Land Model version 4[J]. J Geophys Res：Atmos，119(12):7091-7103.

ZHENG W，WEI H L，WANG Z，et al，2012. Improvement of daytime land surface skin temperature over arid regions in the NCEP GFS model and its impact on satellite data assimilation[J]. J Geophys Res：Atmos，117:D06117.

ZHUGE X，ZOU X，WANG F，et al，2018. Dependence of simulation biases at AHI surface-sensitive channels on land surface emissivity over China[J]. Atmos Oceanic Technol，35(6):1283-1298.

ZOU X，WENG F Z，TALLAPRAGADA V S，et al，2015. Satellite data assimilation of upper-level sounding channels in HWRF with two different model tops[J]. J Meteorol Res，29(1)：1-27.

ZOU X，QIN Z，WENG F，2017. Impacts from assimilation of one data stream of AMSU-A and MHS radiances on quantitative precipitation forecasts[J]. Q J Roy Meteor Soc，143(703)：731-743.

第5章 青藏高原再分析数据集与共享平台

青藏高原作为地球的第三极，其地表热力和水分交换过程，对亚洲季风、东亚大气环流、灾害性天气的形成以及全球气候变化均有重大影响，迫切需要研制一套时空分辨率高、质量可靠的青藏高原区域陆面再分析资料，为相关的基础研究提供数据支撑。本章介绍了中国气象局陆面数据同化系统(CLDAS)及其相关技术方法，以及基于CLDAS研制的青藏高原及周边区域长序列陆面再分析数据集；介绍了青藏高原科学试验关键区物理协调大气分析模型与数据集的构建及数据集；介绍了青藏高原地-空多源降水和总储水量反演技术与数据集研制，青藏高原积雪、地-气感热和潜热通量卫星反演技术与数据集；介绍了青藏高原地-气系统多源信息综合数据共享平台，支持多源数据整合、数据管理、共享服务所需的多源气象数据标准和规范体系等。

5.1 青藏高原陆面再分析数据集

青藏高原作为地球的第三极，其地表热力和水分交换过程，对亚洲季风、东亚大气环流、灾害性天气的形成以及全球气候变化均有重大影响。由于观测站点稀少，青藏高原相关研究主要依靠国外开发的再分析资料，但在青藏高原地区，这些资料质量较差，尤其是降水与土壤湿度等可信度较低。因此，迫切需要研制一套时空分辨率高、质量可靠的青藏高原区域陆面再分析资料，为相关的基础研究提供数据支撑。2015年，师春香等在项目“青藏高原陆面再分析关键技术及数据集”中以基础资料的搜集整理、理论分析、系统发展和融合集成为基本手段，通过在多重网格变分同化方法中引入协方差和动力约束条件，强迫出部分观测信息不能描述的细节，改善青藏高原地区观测稀少情况下陆面的大气驱动数据融合效果；引入多个陆面水文模型，优化土壤植被参数数据，发展多模式集成技术，建立覆盖青藏高原及周边地区的陆面数据再分析系统；发展不同历史时期观测数据处理技术，建成了20 a以上的青藏高原及周边地区陆面再分析数据集。

2015年，师春香等在“青藏高原陆面再分析关键技术及数据集”项目中利用多重网格变分技术、多卫星集成技术、辐射估算融合技术、贝叶斯模型平均等数据融合分析技术，对历史地面观测及卫星反演数据进行质量控制，对青藏高原及周边地区多源陆面观测信息进行再分析，开展青藏高原及周边区域陆面再分析关键技术研发和长序列的数据集(包括气温、气压、湿度、风速、降水、太阳辐射、土壤温度、土壤湿度、径流、感热通量、潜热通量、蒸散发等)研制，生成了一套时间序列较长(超过 20 a)、时空分辨率较高(逐小时，6.25 km)、数据质量可靠的青藏高原地区陆面驱动数据集以及陆面变量再分析数据集。

Shi 等(2011)充分利用中国气象局站点观测资料(2020 年达到近 7 万站)、中国风云卫星及国外卫星数据以及数值模式产品等，在多项关键技术中取得突破性进展，创新性地建成了国内唯一实时业务运行的青藏高原及周边区域陆面数据同化业务系统，在中国气象局国家气象信息中心实现了业务运行，实时输出高时效(1 h)、高分辨率(6.25 km/1 km(实时))、高质量的逐小时近地面气温、湿度、气压、风、降水、辐射、地表温度、土壤湿度、土壤温度、积雪等网格化实况分析产品，填补了国内空白。针对降水要素，发展了基于中国风云静止与极轨卫星以及近 10 颗国际极轨卫星微波降水信息的多卫星降水集成技术(徐宾 等，2015)和多源降水数据融合技术，并重点针对冬季固态降水观测存在的问题研发了人工观测日降水时间降尺度技术和降水相态识别方法(Sun et al.，2020)。针对地面入射太阳辐射要素，发展了太阳辐射卫星反演技术、太阳辐射站点观测模拟技术和太阳辐射融合技术(刘军建 等，2018b)。针对近地面温、压、湿、风气象要素，发展了基于变分分析的近地面气象要素观测时间降尺度技术(朱智 等，2016)和多源融合技术(韩帅 等，2018)。针对地表温度、土壤温湿度、积雪等陆面要素，发展了多陆面模式模拟与集成技术(Liu et al.，2016)。基于高性能并行计算、业务系统自动化调度等技术实现了研究成果向业务转化。研究成果可直接应用于青藏高原地-气耦合系统数值模拟、地-气相互作用等研究，为数值模式结果验证与评估、青藏高原陆地水交换和地-气相互作用等相关的基础研究提供数据支撑。同时研究成果也应用到智能网格融合实况研制中，及时有效地支撑了中国气象局智能网格预报业务改革。另外，师春香等(2018，2019)研制的历史与实时产品为多家用户单位、商业公司开展旅游、交通、农业、能源等服务业务提供了高质量数据支撑。

2013 年，国家气象信息中心师春香等研发的中国气象局(CMA)陆面数据同化系统第一版本(CLDAS-V1.0)实现了国家级陆面要素产品的业务化生产和发布，重点解决了东亚区域陆面大气驱动场产品的多源数据融合技术难题。此后，在引进和改进美国国家海洋大气局下属的地球系统研究实验室(Earth System Research Laboratory，ESRL)提出的气温、气压、湿度、风速要素多重网格变分分析方法(Xie et al.，2011)和基于离散坐标法(Discrete Ordinate Method for Radiative Transfer，DISORT)物理模型的短波辐射遥感反演等技术基础上，于 2015 年研发了基于 CLM3.5、CoLM、Noah-MP(4 套参数化方案)多陆面模式集合模拟技术的 CMA 陆面数据同化系统第二版本(CLDAS-V2.0)(图 5.1)，并实现了亚洲区域时间分辨率为 1 h 和 1 d、空间分辨率为 0.0625°的大气驱动场(2 m 气温、地面气压、2 m 比湿、风速、小时降水、短波辐射)和陆面要素集合分析(土壤湿度、土壤温度、地表温度、土壤相对湿度)等陆面产品的实时生产和发布。

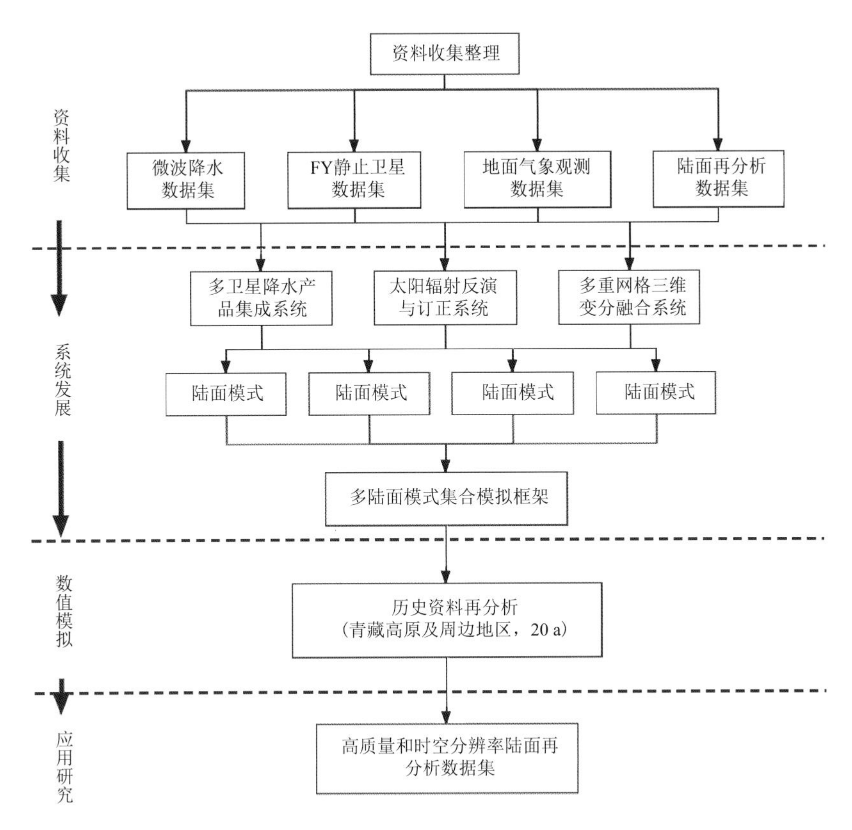

图 5.1　多陆面模式集合模拟技术的 CMA 陆面数据同化系统第二版本技术路线

5.1.1　大气驱动数据融合技术

(1)地面温、压、湿、风融合分析技术

由于观测站点分布极不均匀，对观测进行简单的空间插值并不足以满足高分辨率天气监视和模式应用的高质量需求。Shi 等(2011)较早地认识到研制近地面气象要素产品的必要性和迫切性，提出将数值模式背景场、观测资料、地形信息等进行融合的思路，攻关解决了 2 m 气温、2 m 比湿、10 m 风速、表面气压等近地面要素的多源数据融合技术。近地面要素分析产品，既可以直接用于天气监测与预报业务，又是驱动陆面模式运行的重要边界条件，可间接生成陆面地表温度、土壤湿度等农业气象领域特别关注的产品。

为解决历史观测资料在不同时期观测频次不同的问题，朱智等(2016)发展了基于变分分析的近地面气象要素观测时间降尺度技术，该技术基于三维变分分析的思想，引入了气候背景场信息和背景场误差协方差矩阵。基于变分同化理论，利用近年来地面气象站温、压、湿、风逐小时观测为集合样本建立背景场和背景场误差协方差信息，同化经背景场质控筛选后的早期的定时观测资料，估算得到早期定时观测时期的逐小时近地面气象要素，从而实现了对历史定时值观测资料的时间降尺度，研制完成了 1979 年以来的温、压、湿、风逐小时站点模拟观测数据。对1995—2007年131个站点的逐小时气温估算数据进行稳定性评估，结果表明，基于变分估算方法的逐小时气温估算值和观测值非常接近；偏差均在±0.1 ℃以内，均方根误差也都在0.4 ℃以内(图5.2)。从偏差角度来看，在东部地区(东北、华北、江淮和东南地区)呈现负偏差，而在西部地区(西北东部、西北西部和西南地区)呈现正偏差。综合各项指标来看，变分估算方法在西北西部地区和西北东部地区的表现略差于其他四个研究区，而在东南地区表现得最好。该方法可以更为准确地估算气候变化研究者所需要的日平均气温以及气温日变化研究者所需要的逐小时气温。

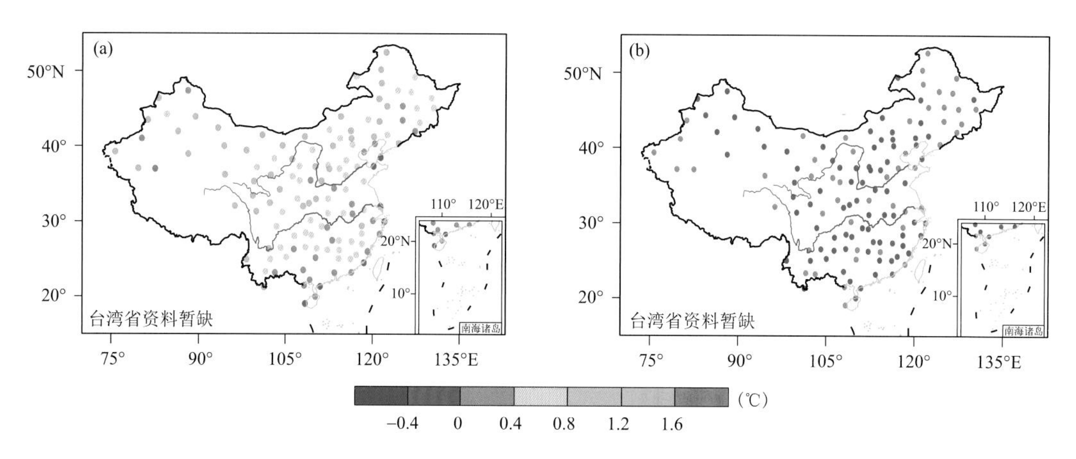

图5.2 两种02:00 UTC气温估算值与观测值偏差的空间分布
(a)业务估算值；(b)变分估算值

为了充分利用现今越来越丰富的地面观测资料，并克服地面观测时空分布不均的缺陷，韩帅等(2018)提出将时空连续但精度有限的再分析数据与高密度地面观测资料进行融合的技术思路，基于多重网格变分方法发展了近地面气象要素融合分析技术。在引进STMAS时空多重网格分析系统的基础上消化吸收，结合CLDAS近地面要素分析的实际需求，对该系统进行了二次开发。为灵活设置分析网格，实现了兰伯特或等经纬度等多种投影方式分析网格功能；为灵活选择分析变量，对核心分析模块进行了剥离与重组；为实现模块高效运行，优化了观测影响范围选取和最小分析网格确定方式，极大缩短了运行时间；增加开发了背景场预处理模块，实现了ECMWF、GFS、GRAPES等多种数值分析/预报产品作为背景场的接入功能；增加开发了观测预处理模块，有效提高了观测资料处理效率。多源数据融合输出的分析增量，还需经过与背景场叠加得到分析场并输出产品、与观测比较得到同化反馈信息并输出诊断文件等一系列流程。为提高此流程运行效率，尽最大可能提高产品时效，利用多线程并发运行的策略发展了多变量并行分析技术，大大提高了运行效率，单个时次分析可在1 min以内完成计算(韩帅 等，2018)。

(2)多卫星降水集成与多源降水融合分析技术

降水作为陆面的重要变量，不仅直接影响着大气圈、生物圈和岩石圈的物质和能量交换，而且在陆面模式模拟过程中也是影响土壤湿度、径流等模拟精度的重要驱动。

徐宾等(2015)发展了基于中国风云静止与极轨卫星以及近10颗国际极轨卫星微波降水信息的多卫星降水集成技术。基于该技术实现了FY-2E/G静止卫星红外观测、FY-3系列极轨卫星与美国NASA的TRMM和GPM、美国NOAA的NOAA-18/19、DMSP-F16/17/18、欧洲空天局的MetOp-A/B等国际卫星降水产品的集成,主要技术包括低轨卫星微波降水集成、静止卫星红外移动矢量估计、拉格朗日集成三部分。其中低轨卫星微波降水集成是通过多颗低轨卫星微波降水产品的时间分割匹配与统计,建立适用的多卫星间偏差订正方法,消除卫星间微波降水的系统性差异,实现更大时空范围内的微波降水覆盖;静止卫星红外移动矢量估计,是利用风云系列静止卫星观测的相邻时次红外云图位置间的相关性确定红外冷云移动矢量,确定了一定目标区域内降水系统的位置信息,为低轨卫星的微波反演降水的发展提供约束条件;拉格朗日集成则是基于冷云移动矢量提供的降水发展约束条件,将不同轨道上的微波降水信息随时间位移,从而获得相应多种时间、不同方向、不同位移距离的降水场,再以时间距离等因素为权重,集成不同方向、不同位移距离的降水场,最终获得集成了红外与微波降水信息的高分辨率的时空连续的实时多卫星集成降水产品(EMSIP)。

Sun等(2020)综合利用中国风云卫星与国外卫星、地面观测、模式模拟等多源降水信息,研发了多源融合降水格点数据。为了进一步提高降水产品质量,将卫星降水与站点降水观测资料进行了融合,其中:CLDAS实时降水产品利用多重网格变分方法将高时效的FY-2卫星降水估计产品与中国气象局质控后的2400多个国家级自动站和近6万个区域自动站降水观测融合得到,以满足用户在时效上对降水格点产品的需求;CLDAS近实时降水产品则利用相同技术将较高质量的东亚多卫星集成降水产品EMSIP与中国气象局质控后的2400多个国家级自动站和近6万个区域自动站降水观测融合得到,以满足用户在质量上对降水格点产品的需求。特别是针对中国气象局冬季区域站小时固态降水观测的问题以及卫星产品对固态降水反演能力较低的问题,基于日最低气温和模式小时降水信息,发展了人工观测日降水的时间降尺度方法,基于卫星反演降水、模式小时降水以及CLDAS格点气温数据,发展了格点降水相态识别方法,从而改进了冬季固态降水质量,形成了历史实时一体化的高质量、高时空分辨率、网格化的降水融合产品。

(3)辐射数据反演与融合技术

地面入射太阳辐射和大气向下长波辐射是地表的能量来源,是地表/土壤温度、潜热/感热通量的决定因素。刘军建等(2018b)进一步改进了地面入射太阳辐射卫星反演技术与辐射站点观测模拟技术,提出地面辐射多源数据融合技术,利用我国自主研发的FY-2静止卫星反演得到地面入射太阳辐射反演数据,然后将其与站点数据融合,进一步提高辐射产品质量。

刘军建等(2018b)选用DISORT辐射传输模型为观测算子,以GFS数值分析产品中的臭氧、大气可降水、地面气压为辐射传输模型动态输入参数,利用FY-2系列静止卫星可见光(VIS)通道全圆盘标称图数据反演而形成地面入射太阳辐射数据。为满足陆面模式不同分辨率和空间范围对辐射驱动数据的不同需求,直接对FY-2圆盘图的可见光通道在卫星原始观测坐标上进行反演,然后通过后处理插值到不同网格上,在不损失精度的前提下提高了反演效率。考虑到高分辨率短波辐射反演时的巨大计算成本，开发了地面入射太阳辐射反演并行模块，进一步提高了计算速度，保证了产品的高时效特征(图 5.3)。

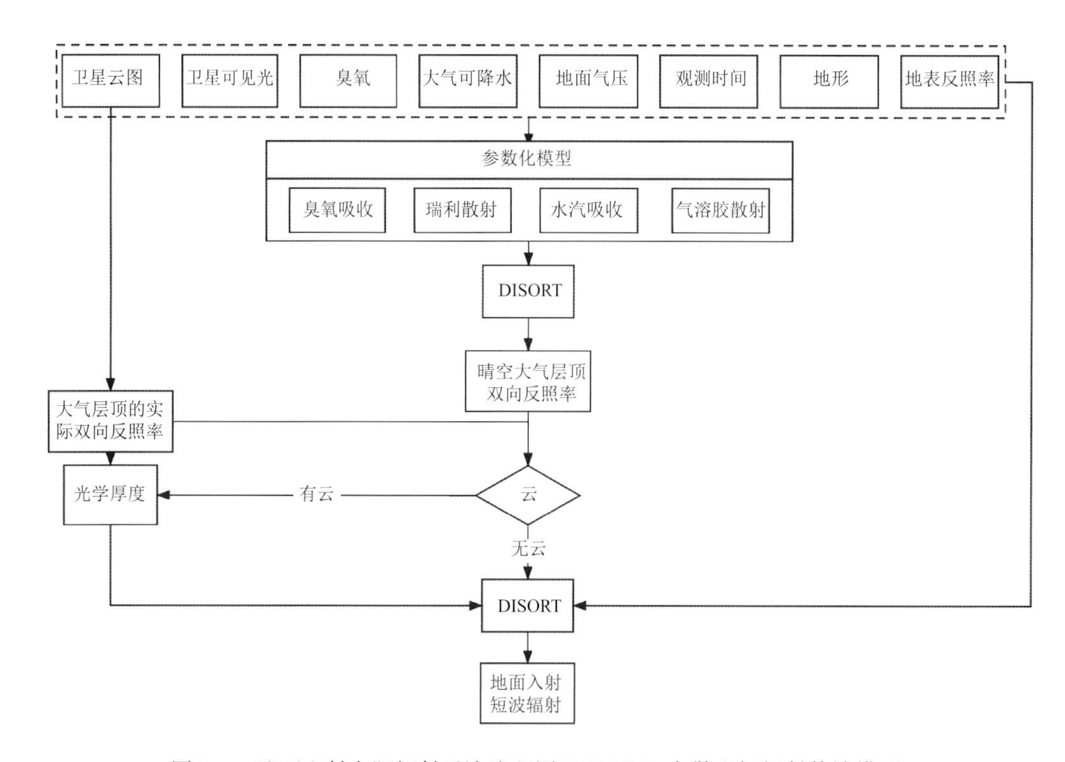

图 5.3 地面入射太阳辐射反演流程图(DISORT：离散坐标辐射传输模型)

由于中国气象局现有的地面入射太阳辐射观测站仅有 100 多个，但与地面入射太阳辐射密切相关的辅助变量观测资料相对较多，刘军建等(2018a)利用 Hybrid 模型(Yang et al.，2001)，充分利用 2400 多个国家站的日照时数、气温、气压和相对湿度等与地面入射太阳辐射密切相关的辅助变量观测信息以及 100 多个地面入射太阳辐射观测站资料，估算得到了 2400 多个站的地面入射太阳辐射模拟观测值。

发展了地面入射太阳辐射融合技术。利用刘军建等(2018a)的卫星反演、站点观测等地面入射太阳辐射多源观测信息，发展了地面入射太阳辐射多源数据融合技术。以 FY-2 反演辐射为背景场，利用多重网格变分方法将背景场与地面入射太阳辐射站点模拟值进行融合，得到 CLDAS 地面入射太阳辐射产品(图 5.4)。

5.1.2 陆面模拟与多模式集成技术

(1)陆面模式地表关键参数研制技术

在对青藏高原及周边地区不同的地表参量卫星产品数据集分析对比基础上，针对存在的数据质量问题，综合运用不同的数据重建方法，对长时间序列的地表关键参数进行重建，降低

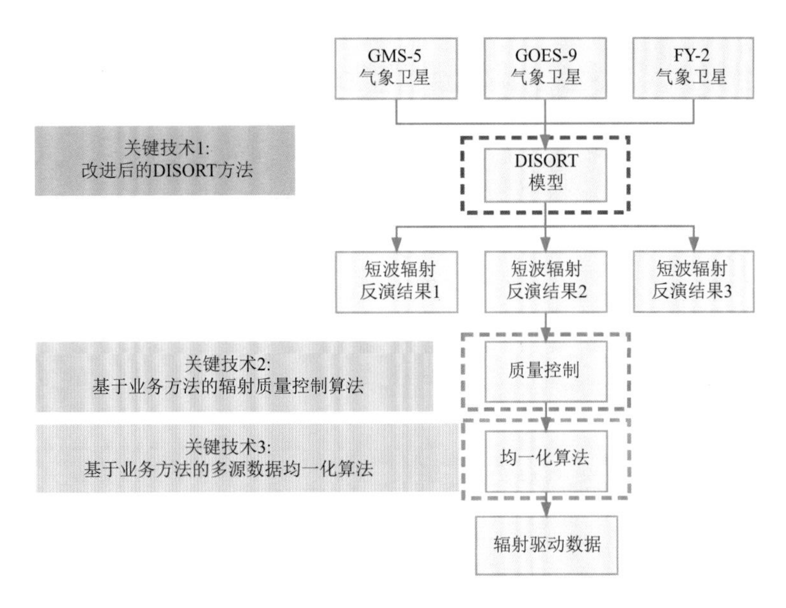

图 5.4　地表入射太阳短波辐射融合流程图

数据集噪声，并将重建的数据运用于陆面过程模式模拟中，分析地表参数改变对模拟效果的影响。研究者陆续提出了基于无效值修正的 NDVI 数据重建方法、基于像元质量分析和异常值检测的 LAI 时序数据 S-G 滤波重建技术（周旻悦 等，2019）、基于马尔可夫链模型的土壤质地空间分布模拟方法和地表植被功能型融合数据（MVEG）的生成方法，以改进陆面模式地表关键参数（王绍武 等，2019）。

由于地表覆盖类型/土地利用类型数据，以及地表植被功能型数据对于生态和国民经济发展具有重要作用，早期基于地表调查开展了大量的工作，虽然数据精确，但因工作量大，且有些少人区或无人区、工作难度很大、调查时间长、受人为主观影响等原因受到限制，而遥感因其宏观、快速、客观、经济等原因受到重视，特别是区域和全球尺度数据的获取。因此，国内外不同机构利用不同遥感卫星制作了不同的全球或区域尺度地表覆盖类型/土地利用类型数据库，但面向陆面模式的地表植被功能型数据却有限。我国 2013 年制作了一套面向陆面模式 CLM 的地表植被功能型数据，但急需更新，以满足应用需求。沈润平等（2019）在前人研究的基础上，利用最新 MODIS 数据，以及中国科学院资源环境科学数据中心提供的 LANDSAT 目视遥感监测土地利用数据和中国生态地理分区数据，提出了地表植被功能型融合数据（MVEG）的生成技术，研制生成了融合数据（MVEG）。

首先对 MCD12Q1 产品进行拼接、投影转换、裁切、格式转换等预处理，并根据中国生态地理分区图将中国区域分为温带、寒带和热带，然后对林地、灌木、草地等进行重新分类。其中，①混交林利用中国植被功能型图替代；②利用 2013 年冬季 MODIS 的归一化差分植被指数（NDVI）产品将灌木分为落叶灌木和常绿灌木；③极地 C3 草位于寒带，非极地 C3 草位于温带，C4 草位于热带；④在每个格网上，计算各地表类型占格网的百分比（式（5.1）），最终得到能够应用于陆面模式的高分辨率植被功能型数据（图 5.5）。

$$(\mathrm{PCT\_PFT})_{ij} = \mathrm{area}(\mathrm{PFT})_{ij} / A \times 100\% \tag{5.1}$$

式中，$(\mathrm{PCT\_PFT})_{ij}$ 为第 i 个网格第 j 种植被功能型(PFT)的百分比，$\mathrm{area}(\mathrm{PFT})_{ij}$ 为第 i 个网格第 j 种 PFT 的面积，A 为该网格的面积。

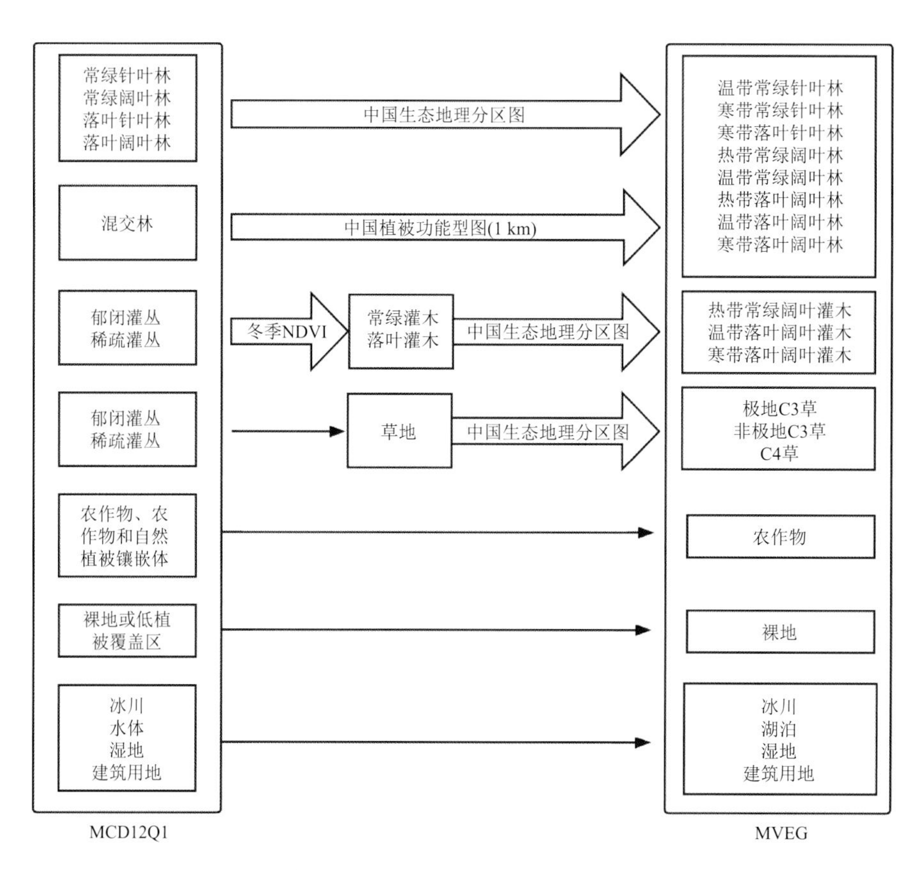

图 5.5　基于 MODIS 数据的高分辨率地表植被功能型融合数据(MVEG)技术

利用 2015 年中国科学院资源环境科学数据中心制作的、由陆地遥感卫星目视解译的中国土地利用现状遥感监测数据，按裸地、草地、灌木、林地和农作物等大类进行对比，结果表明，MVEG 数据各类别占比与之较为接近，灌木、林地、农作物差异较小，相对来说，裸地和草地稍大，变化在 0.2%～3.4%之间，而 LC 数据与遥感监测数据相差较大，说明 MVEG 数据精度相对较高，并有一定合理性，可以用于模式的模拟。

叶面积指数(LAI)是表征植被冠层结构的一个重要参数，因大气条件等因素影响，使 MODIS LAI 数据产品中存在数据缺失、质量较低等问题，严重影响 LAI 数据集的应用，目前，重建方法大多以统计方法为主，没有考虑地学规律、LAI 变化的影响因素，不同地区具有不同的气候、地形和植被特性等。周旻悦等(2019)基于质量控制数据集，从像元质量分析出发，考虑植被变化的地理相邻影响，针对低质量数据进行修补重构，并在数据集初步重构的基础上，提出了基于像元质量分析和异常值检测的 LAI 时序数据 S-G 滤波重建方法。

该方法首先基于同类地物高质量像元初步重建，对于 MODIS LAI 数据产品质量控制波段中像元质量差的像元，逐像元寻找质量控制评价标准下 QC≥64(低质量)的像元点，并以此作为像元中心点，在其周围建立一个滑动窗口(本节窗口大小为 9×9)。在窗口内寻找同类植被的高质量像元，因地理相近同类地物有很大的相似性可能，研究用窗口内高质量像元均值替换该低质量中心像元。若该像元中心周围无法找到高质量像元点，则该像元值仍然为原始值。然后基于像元分析进行 S-G 滤波，最后利用年序列异常值检测滤波技术重建 2009—2013 年 MODIS LAI 时序产品数据集。

试验表明，相较于常规 S-G 滤波法，重建后的高质量像元的 LAI 均值与原始均值更趋一致，中高质量像元重建后与原始数据的相关系数达到 0.97，具有更好的保真性。对中低质量像元重建的异常值进行了滤波，填充了空值区，降低了标准偏差，总体上降低了 0.25，较好地识别和修复了低值区或异常点，整体稳定性更好，能有效地拟合时序变化曲线。

NDVI 指数是一种重要的植被指数，它是反演生物量、生物类型、叶面积指数和植被生长状况的重要参量。MODIS 遥感资料在获取数据过程中，由于传感器的因素，会导致某些像素的地表反射率数据缺失，同时，受云雾、冰雪的影响，也会导致该区域无法获得真实的地表反射率，这些严重偏离真实数据的值称其为“无效值”。无效值使得 NDVI 指数的计算结果不能反映地表的真实信息，从而导致指数时间序列失真，将严重影响 NDVI 指数的应用。从 NDVI 数据集本身出发设计降噪处理方法，主要有阈值法、各种数学滤波、拟合函数拟合重建法以及利用辅助数据的数据拟合法。阈值法需要研究人员根据不同地区和不同地物类型对阈值进行调整，阈值难以准确确定，目前使用较多的 S-G 滤波(Savitzky-Golay)方法是一种无先验信息的滤波，即 S-G 滤波时对时间序列上的噪声不考虑其产生原因，一视同仁进行处理。另外，用 S-G 滤波方法在一定程度上可以对长时间序列 NDVI 数据时域噪声进行去除，但没有考虑地物的空间相关关系，因此，缺乏一定的科学性和合理性，从而影响数据重建效果。基于无效值修正的 NDVI 数据重建方法是通过对 MODIS 状态标记文件获得云雾、冰雪标记点，通过云检测方法获得云点标记，然后将所有标记点定义为无效值点，并对这些点进行时空最近邻插值修正。完成无效值修正之后，再采用数学形态学原理与 S-G 滤波方法进行光谱指数时间序列数据的重建，获得质量可靠的时间序列数据。

对无云区、少云区和多云雾区 NDVI 重建图像目视效果比较以及图像保真度计算表明，基于无效值修正的 NDVI 数据重建方法消除了大量无效点，恢复了云区下的地物信息，图像清晰，目视觉效果好，NDVI 时间序列曲线更加符合真实的 NDVI 变化趋势，原始 NDVI 时间序列曲线的大量无效点被剔除，植被分布区误差值主要分布在 0~0.2 之间，大于 0.2 的数据很少，与传统 S-G 滤波方法相比，具有明显优势。

土壤质地数据是土壤的重要物理性质之一，也是土壤水热过程与模拟研究的基础。由于采样困难，耗费大，采样点相对有限，数据由于多种原因，往往缺失较严重，特别是深层土壤质地数据，故以往研究较少涉及不同层次土壤性质空间分布模拟。王绍武等(2019)引入一维马尔可夫链模型模拟多层土壤质地的垂向变异特征，为土壤质地缺失数据的填补，完善土壤质地数据库提供依据。研究表明，由统计计算得到的转移概率矩阵通过了马氏性检验和平稳性检验，检验结果证明转移概率矩阵可以体现相邻土层与总体的质地转移联系，满足马尔可夫链模型模拟不同土层质地转移的充分条件。模拟得到的第七层砂粒和黏粒含量，以及第八层的砂粒和黏粒数据完全由马尔可夫链模型模拟得到，模拟结果可以较好地表现出中国土壤质地的分布特征。以第四层和第八层为例，模拟结果精度分析表明，第四层与第八层模拟值与检验值相关系数均在 0.913 之上，均方根误差为 3.611%～5.973%，平均绝对误差在 2.337%～4.589%之间，证明马尔可夫链模型可以较好地反映不同深度土壤质地的转移规律。

(2)多陆面模式集成技术

陆面是地球系统的重要组成部分，是影响天气预报、气候变化、干旱洪涝灾害风险评估等的重要因子。地面和卫星观测资料是获取陆面信息的重要途径之一，但地面观测的时空分布不均，卫星观测只能探测浅层地表信息且产品反演误差较大。陆面模式能够模拟得到物理一致、时空连续、多层次的陆面要素场，但由于不同陆面模式在物理过程和模拟性能方面存在明显的差异，模式模拟结果对陆面模式本身具有较强的依赖性。多模式集合方法可以有效地减少单模式模拟结果的系统性误差，从而改善陆面要素模拟的精度和稳定性。孙帅等(2017)利用国际上有代表性的 3 个陆面模式 CLM3.5、Noah-MP(4 套参数化方案)和 CoLM，发展了多陆面模式集合模拟技术。研究实现了多个陆面模式的本地化应用和完善，通过调研和大量试验确定了不同陆面模式的初始场制作方案，开发了 CLDAS 近地面气象要素数据作为驱动与多个陆面模式的对接接口，建成了包含物理变换、垂直插值算法、格式转换等功能在内的多个陆面模式模拟结果标准化模块，基于去偏差平均方法开发了多陆面模式集合平均模块。由此建成了利用统一数据驱动下的多陆面模式集合模拟系统，可实时输出东亚区域(0°～65°N，60°～160°E)地表温度、0～5、0～10、10～40、40～100、100～200 cm 垂直 5 层的土壤温度、土壤湿度、土壤相对湿度、积雪、蒸散发、感热通量、潜热通量等天气气候和防灾减灾迫切需要的网格产品。此外，研制完成了 1998 年至今的多陆面模式集合模拟历史数据集产品，分省份区域开展了大量的产品质量评估工作，尤其利用青藏高原科学试验数据对 CLDAS 土壤湿度在青藏高原的表现与国际同类产品进行了比较分析，方便开发者和用户对产品性能有更全面深入的把握。

Liu 等(2016，2019)针对中国区域，采用多个不同机构构建的大气强迫场驱动多个不同的陆面模式进行陆面过程数值模拟，然后采用简单的算术平均集合方法和先进的集合方法贝叶斯模式平均(Bayes Model Averaging，BMA)集合方法进行集成，研究并揭示气象强迫、陆面模式和地表参数对陆面水文过程模拟的影响，具体方案如图 5.6 所示。借助站点和卫星观测资料，对单强迫模拟和集成的土壤湿度、径流深、流量、地下水埋深及陆地水储量等水文变量在整个中国区域空间格局以及气候子区域和流域尺度上进行验证和比较。结果表明：单强迫模拟整体上能够抓住水文变量的空间格局和时间、季节变率，但存在一定误差，其时间变率和均值在不同流域及气候子区域表现不同，没有哪一个强迫模拟在所有流域和子区域都是最好；简单算术平均在所有子区域都有较好模拟，然而在所有子区域上表现都不是最好；BMA 集合明显优于算术平均，在大部分子区域都是最好的或者接近于最好，在一定程度减少由于强迫不确定性引起的陆面水文过程模拟的不确定性。

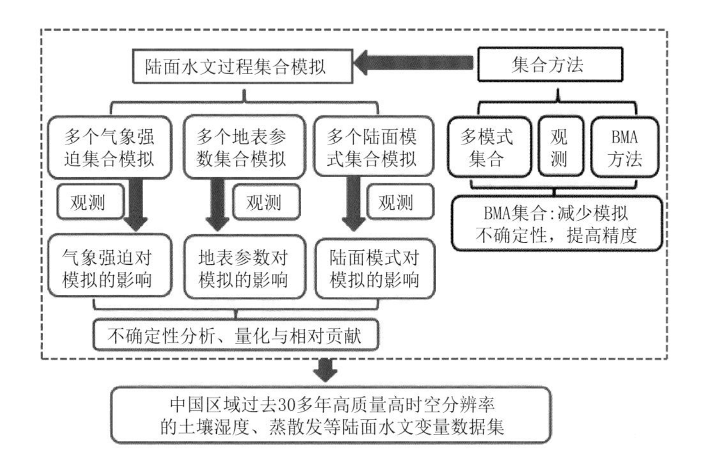

图 5.6　陆面过程多模式集成技术路线图

①气象强迫对陆面过程模拟的影响

Liu 等(2019)采用中国气象局研制的 CLDAS 大气强迫数据与美国国家环境预报中心/国家海洋大气局(NCEP/NOAA)研制的 GLDAS 大气强迫数据驱动 Noah-MP 对中国区域陆面水文过程进行模拟,评估和比较这两套模拟的土壤湿度、蒸散发等变量结果,探讨 CLDAS 对中国区域陆面水文过程模拟的改进(土壤湿度结果见图 5.7),结果表明融入更多观测的气象强迫数据能有效提高陆面过程模拟的精度,与观测信息具有更好的一致性。

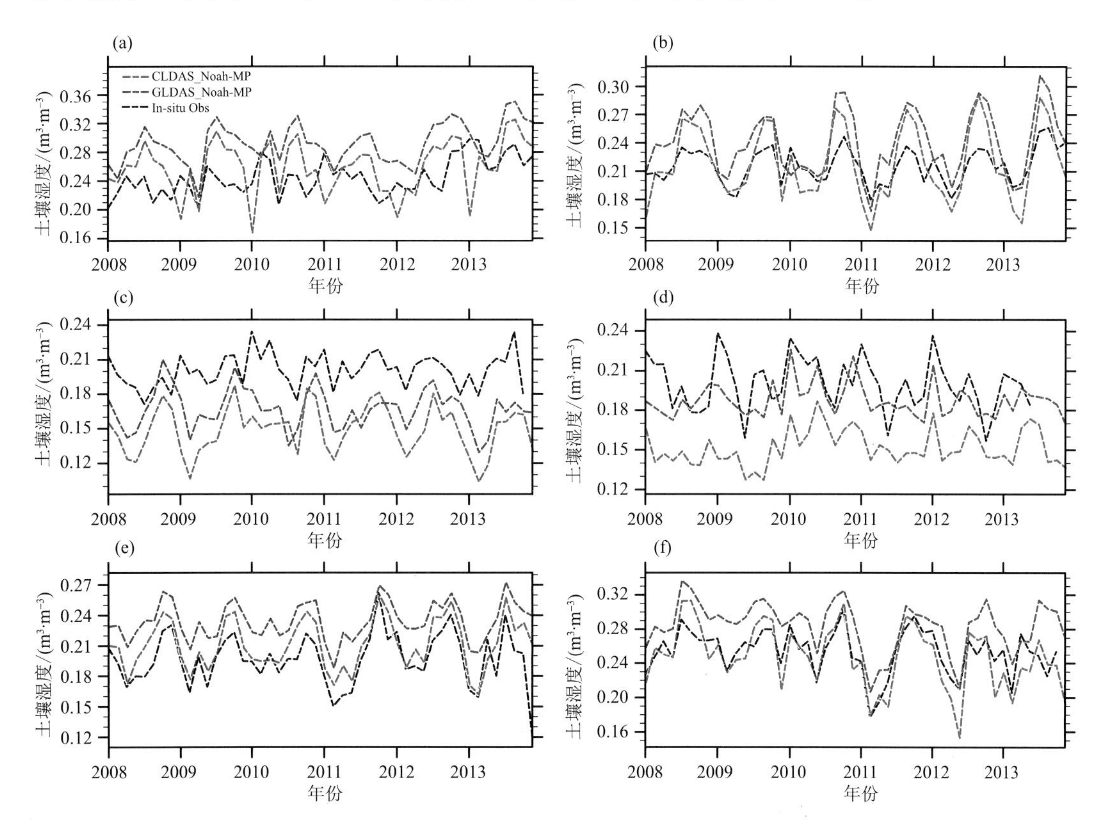

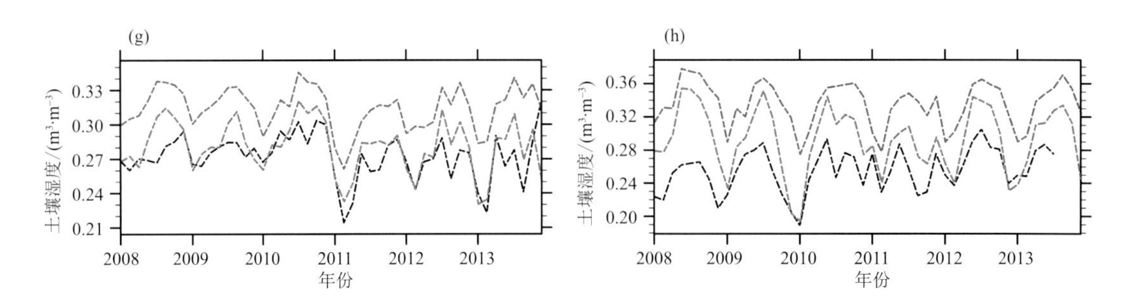

图 5.7 中国八个主要流域 2008—2013 年 3 月 GLDAS 与 CLDAS 两个不同气象强迫驱动 Noah-MP 模拟的以及观测(In-situ Obs)的 0～10 cm 月土壤体积含水量时间序列
(a)寿县;(b)海河;(c)黑河;(d)青藏高原;(e)黄河;(f)淮河;(g)长江;(h)珠江

②基于 BMA 方法和多强迫多模式集合陆地水储量模拟的改善

陆面模式模拟的陆地水储量包括其模拟的雪水、土壤水、土壤冰和非承压含水层水量(WA),将模式模拟的雪水、土壤水、土壤冰和含水层水量相加统一转换成陆地水储量,由于 BATS 和 VIC 缺乏地下水模块,无法模拟 WA,Liu 等(2018)选取三个气象强迫驱动 CLM3.5 和 CLM4.5 进行集合模拟,再基于陆地水储量变化的 GRACE 观测,对集合模拟的结果进行集成,具体试验设置见表 5.1。

表 5.1 陆地水储量 BMA 集合模拟试验设置信息

试验名称	强迫	陆面模式
Qian_CLM3.5	由 Qian 和 Tian 开发的大气强迫数据	Community Land Model, version 3.5 (CLM3.5)
Prin_CLM3.5	由普林斯顿大学开发的大气强迫数据	CLM3.5
ITP_CLM3.5	由中科院青藏高原研究所 He 开发的大气强迫数据	CLM3.5
ITP_CLM4.5	ITPCAS	CLM4.5
BMA	基于贝叶斯模型融合的以上四个试验的陆地水储量	

结果表明,BMA 集合的陆地水储量异常跟 GRACE 观测非常接近,而单个模拟跟观测都存在较大误差,各个集合成员的 BMA 权重的空间分布见图 5.8。

③基于多模式多强迫集合的中国区域蒸散发的时空分布与变化趋势

Liu 等(2016)采用三种不同的气象强迫(Princeton、Qian 和 ITPCAS)驱动四个不同陆面模式(BATS、VIC、CLM3.0 和 CLM3.5)获得六个不同的模拟,并采用简单算术平均对六个模拟进行简单集成最终获得七个模拟。针对集合模拟结果,以基于站点通量观测数据、卫星遥感的地理空间分布信息和地表数据集,采用机器学习算法——模型树集合算法(MTE)升尺度得到的格点数据为“观测”数据,探讨了中国区域近 30 a 蒸散发(ET)的趋势和时空演变特征以及对气候变化的时空响应特征。结果显示集合模拟能够抓住 ET 的时空变化特征并且显示出更强的时空变率;从 ET 的长期变化趋势看,集合模拟显示 1982—1998 年呈明显上升趋势,

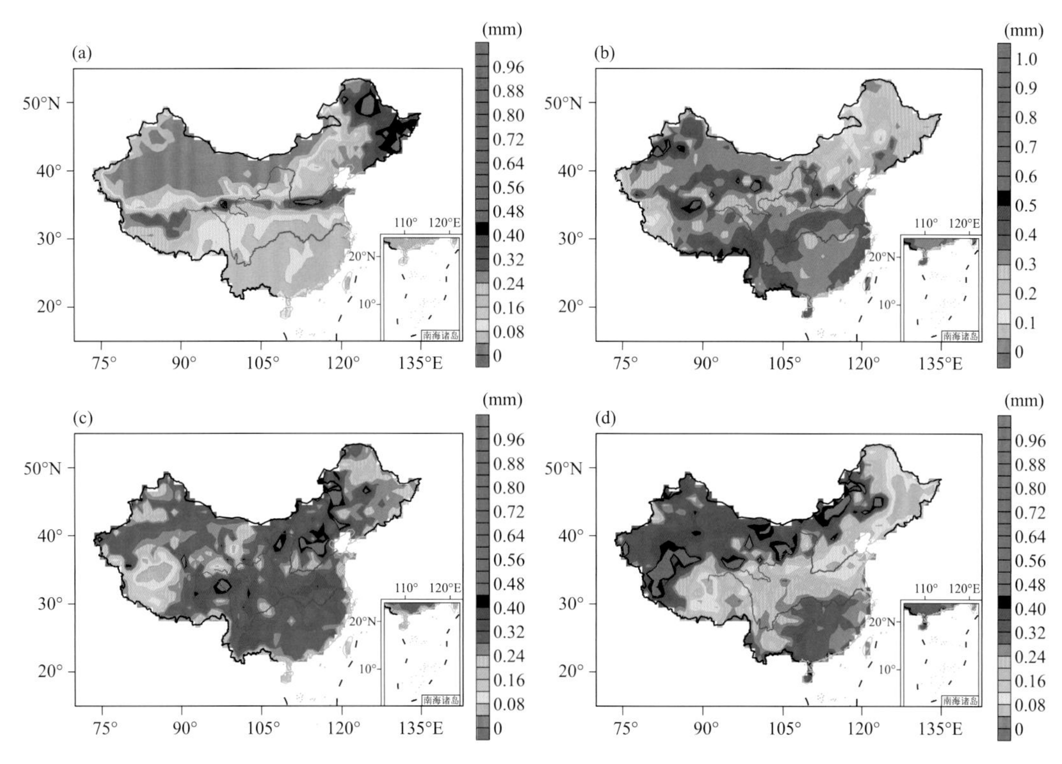

图 5.8 各个集合成员 BMA 权重在中国区域的空间分布

(a) Qian_CLM3.5;(b) Prin_CLM3.5;(c) ITP_CLM3.5;(d) ITP_CLM4.5

1999—2007 年呈下降趋势;从 ET 对气候响应看,在中国湿润区域,温度是影响 ET 长期变化的主要气候因子,而在干旱半干旱区域,降水为主要气候因子,主要结果见图 5.9。

④基于 BMA 方法和多强迫多模式多参数集合的陆面水文过程模拟的改善

采用两个不同的大气强迫场(Princeton 和 ITPCAS)驱动 CLM3.5,用 ITPCAS 驱动两个不同陆面模式 CLM3.5 和 CLM4.5,用 ITPCAS 驱动 CLM4.5 基于不同的地表参数(default、仅替换土壤质地、仅替换陆地覆盖、替换土壤质地和陆地覆盖),用站点或者格点观测资料分析、评估模拟的土壤湿度、蒸散发、雪深、雪盖、陆地水储量等变量,分析气象强迫、地表主要参数、陆面模式不确定性对陆面水文过程模拟不确定性的影响及相对贡献,结果表明,改进的强迫数据、地表参数数据和先进的陆面模式对中国区域陆面水文过程模拟效果更好。相对而言,对土壤湿度和雪深模拟,气象强迫的贡献更大;对蒸散发而言,陆面模式的参数化方案影响更大。

对以上模拟结果进行集成,结果表明,BMA 集合模拟能够有效减少气象强迫、陆面模式和地表参数对陆面过程模拟的不确定性,提高模拟精度,与观测具有更好的一致性(图 5.10 为陆地水储量集合模拟结果)。

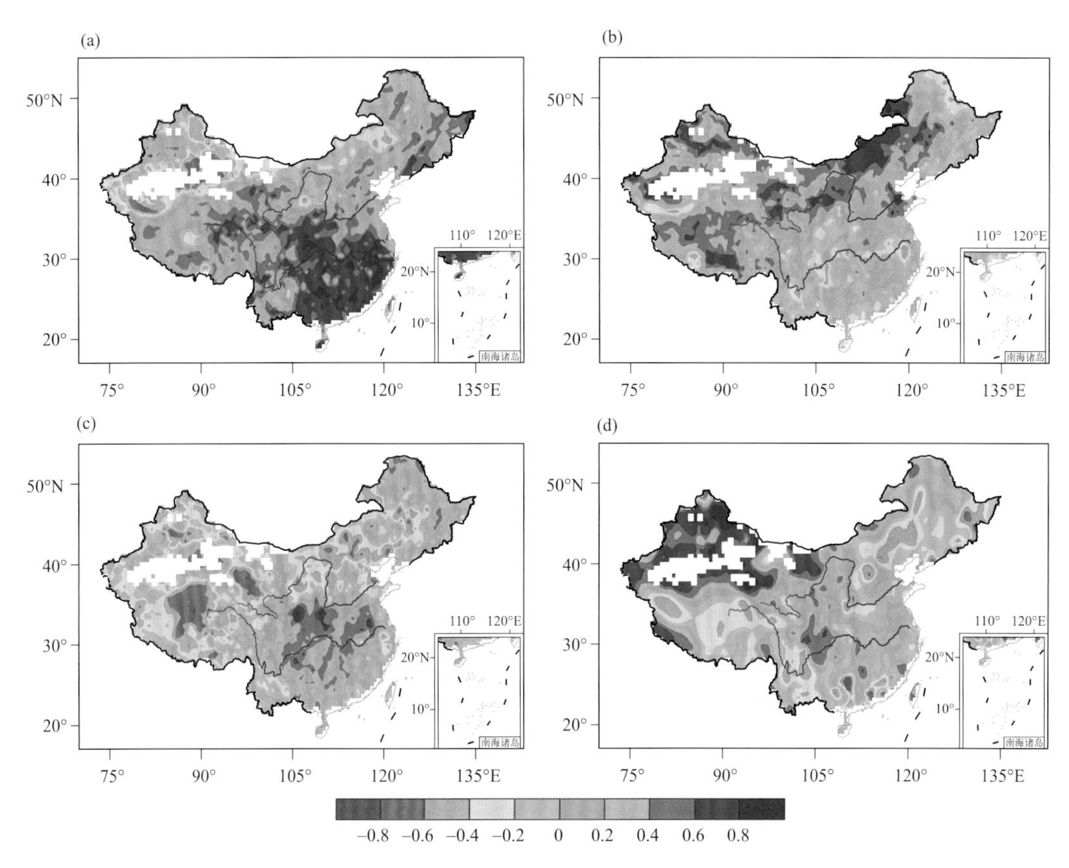

图 5.9　1982—2007 年期间中国区域年蒸散发与气候变量相关系数的空间分布

(a)温度;(b)降水;(c)辐射;(d)风场

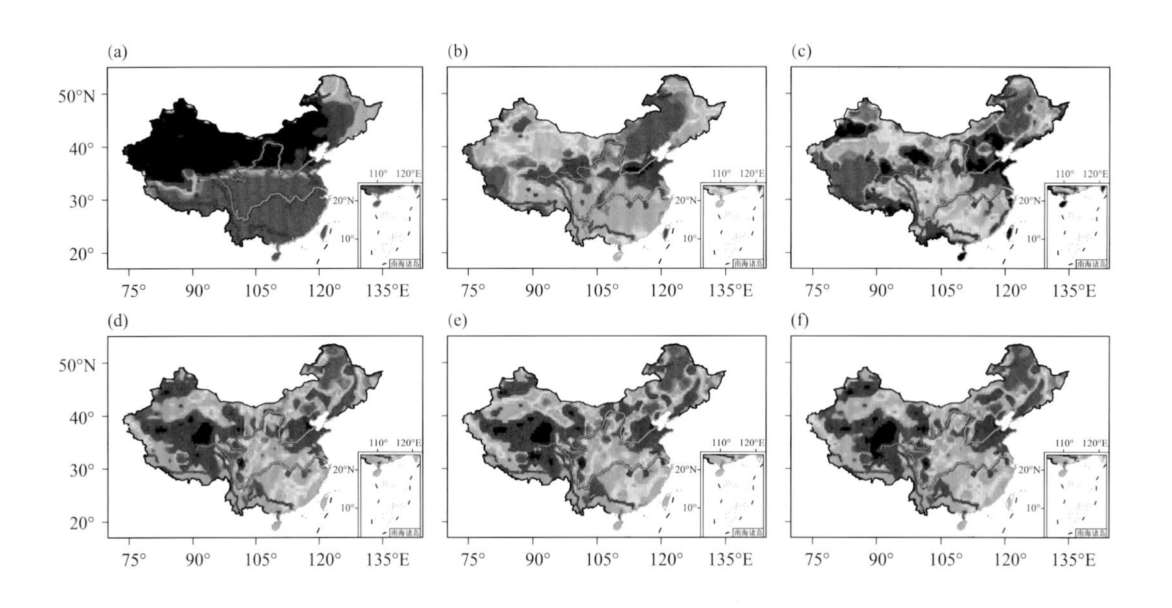

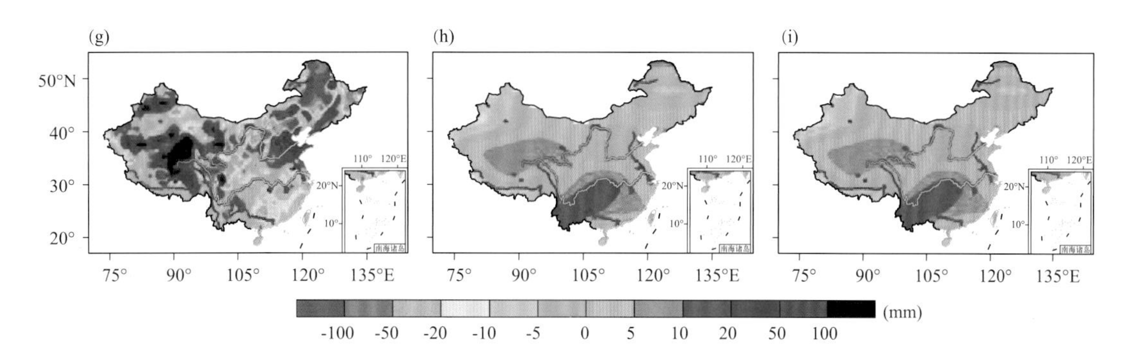

图 5.10　基于 BMA 和多强迫多模型地表参数集成的中国区域陆地水储量异常空间分布
(a)Qian_CLM3.5;(b)Prin_CLM3.5;(c)ITP_CLM3.5;(d)ITP_CLM4.5;(e)TIP_CLM4.5_NS;
(f)ITP_CLM4.5_MICL;(g)ITP_CLM4.5_NEW;(h)BMA;(i)GRACE

5.1.3　青藏高原及周边区域长序列再分析数据集评估

(1)CLDAS-Prcp 多源融合降水再分析数据集

Sun 等(2020)为了进一步提高降水产品质量,将卫星降水资料与中国气象局 2400 多个国家级自动站和 6 万多个区域自动站降水观测资料进行了融合。针对中国气象局冬季区域站小时固态降水观测的问题以及卫星产品对固态降水反演能力较低的问题,基于日最低气温和模式小时降水信息,发展了人工观测日降水的时间降尺度方法;基于卫星反演降水、模式小时降水以及 CLDAS 格点气温数据,发展了格点降水相态识别方法,从而改进了冬季固态降水质量,最终研制了历史实时一体化的高质量、高时空分辨率、网格化的 1998 年至今的时间分辨率 1 h、空间分辨率 0.0625°的降水融合再分析数据集 CLDAS-Prcp(Sun et al.,2020)。该降水质量优于国际 CMORPH 降水产品、MERRA2 降水、GPM 降水以及 GLDAS-V2.1 产品。

图 5.11 显示了 2000—2018 年夏季 CMORPH、MERRA2、GLDAS-V2.1 和 CLDAS_Prcp 数据集的偏差、RMSE 和相关系数的箱形图。图 5.11a 显示,四个降水数据集的平均偏差接近 0 $mm \cdot d^{-1}$。CLDAS-Prcp 数据集的表现比其他数据集好,GLDAS-V2.1 显示出最大的偏差。图 5.11b 显示,CLDAS-Prcp 数据集的 RMSE 为 1～8 $mm \cdot d^{-1}$,平均为 5 $mm \cdot d^{-1}$,小于 MERRA2(2.5～16 $mm \cdot d^{-1}$;平均 9 $mm \cdot d^{-1}$)、CMORPH(3.2～18 $mm \cdot d^{-1}$;平均 10.5 $mm \cdot d^{-1}$)和 GLDAS-V2.1(3～18.5 $mm \cdot d^{-1}$;平均 11 $mm \cdot d^{-1}$)数据集。相关系数的箱形图(图 5.11c)显示,CLDAS-Prcp 数据集的相关系数大于 0.8,是最好的相关系数。CMORPH 数据集的相关系数(平均 0.6)低于 MERRA2 数据集(平均 0.65),但优于 GLDAS-V2.1 数据集(平均 0.5)。

图 5.12 显示了 2000—2018 年冬季 CMORPH、MERRA2、GLDAS-V2.1 和 CLDAS_Prcp 数据集的偏差、RMSE 和相关系数的箱形图。图 5.12a 显示,CLDAS-Prcp 数据集的偏差最小,其次是 MERRA2 数据集。GLDAS-V2.1 数据集的平均降水量优于 CMORPH 数据集的冬季降水量。图 5.12b 显示,CLDAS-Prcp 数据集的 RMSE 值为 0～1 $mm \cdot d^{-1}$,平均为

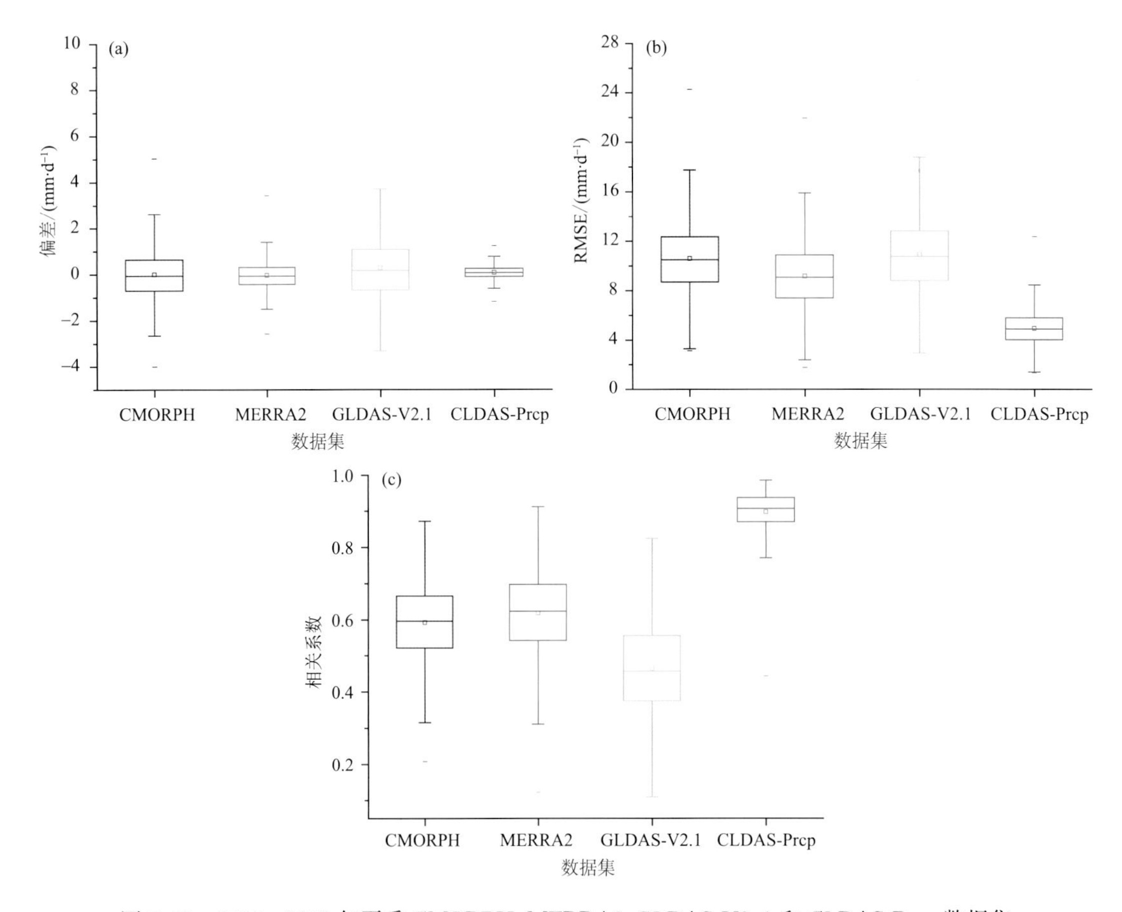

图 5.11　2000—2018 年夏季 CMORPH、MERRA2、GLDAS-V2.1 和 CLDAS-Prcp 数据集的偏差(a)、RMSE(b)和相关系数(c)的箱形图

0.5 mm・d^{-1}，优于 MERRA2(0～3.7 mm・d^{-1}；平均 0.8 mm・d^{-1})、GLDAS-V2.1(0～7 mm・d^{-1}；平均 1.8 mm・d^{-1})和 CMORPH(0.5～8 mm・d^{-1}；平均 3.3 mm・d^{-1})数据集。CLDAS-Prcp 数据集的相关性高于 MERRA2 数据集，而 MERRA2 的相关性又高于 GLDAS-V2.1 数据集。CMORPH 数据集的相关系数最低，因为卫星对固体降水的检索能力较低。

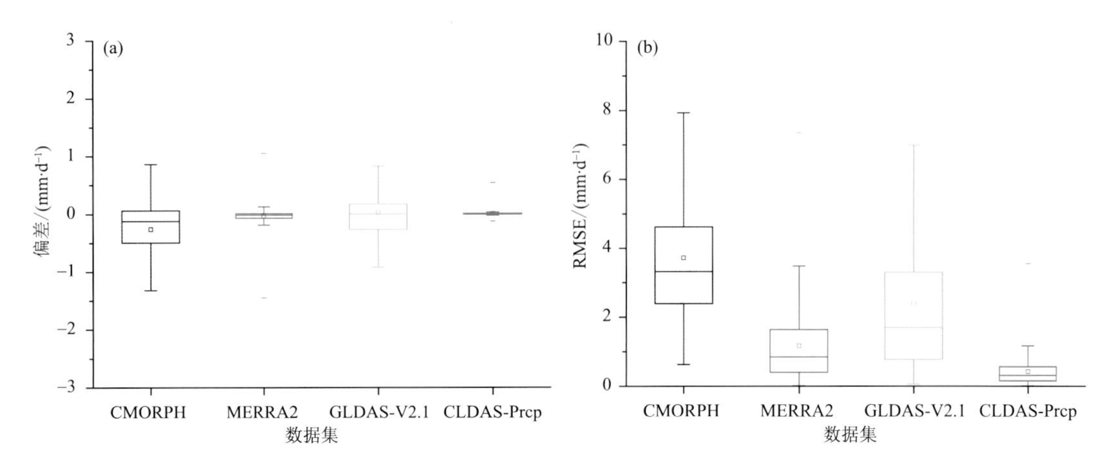

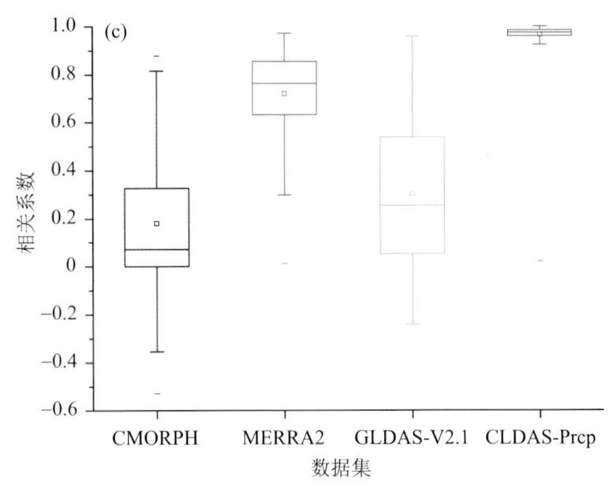

图 5.12　2000—2018 年冬季 CMORPH、MERRA2、GLDAS-V2.1 和 CLDAS-Prcp 数据集的偏差(a)、RMSE(b)和相关系数(c)的箱形图

使用 2380 个 CMA 国家级自动站计算了 RMSE，以比较冬季 CLDAS-V2.0 和 CLDAS-Prcp 数据集，图 5.13a、b 分别显示了 2013—2016 年冬季 CLDAS-V2.0 和 CLDAS-Prcp 数据集的 RMSE 的空间分布。CLDAS-Prcp 和 CLDAS-V2.0 数据集的 RMSE 值从东南向西北递减。除中国东南和西南地区外，CLDAS-Prcp 数据集的 RMSE 低于 CLDAS-V2.0 数据集。图

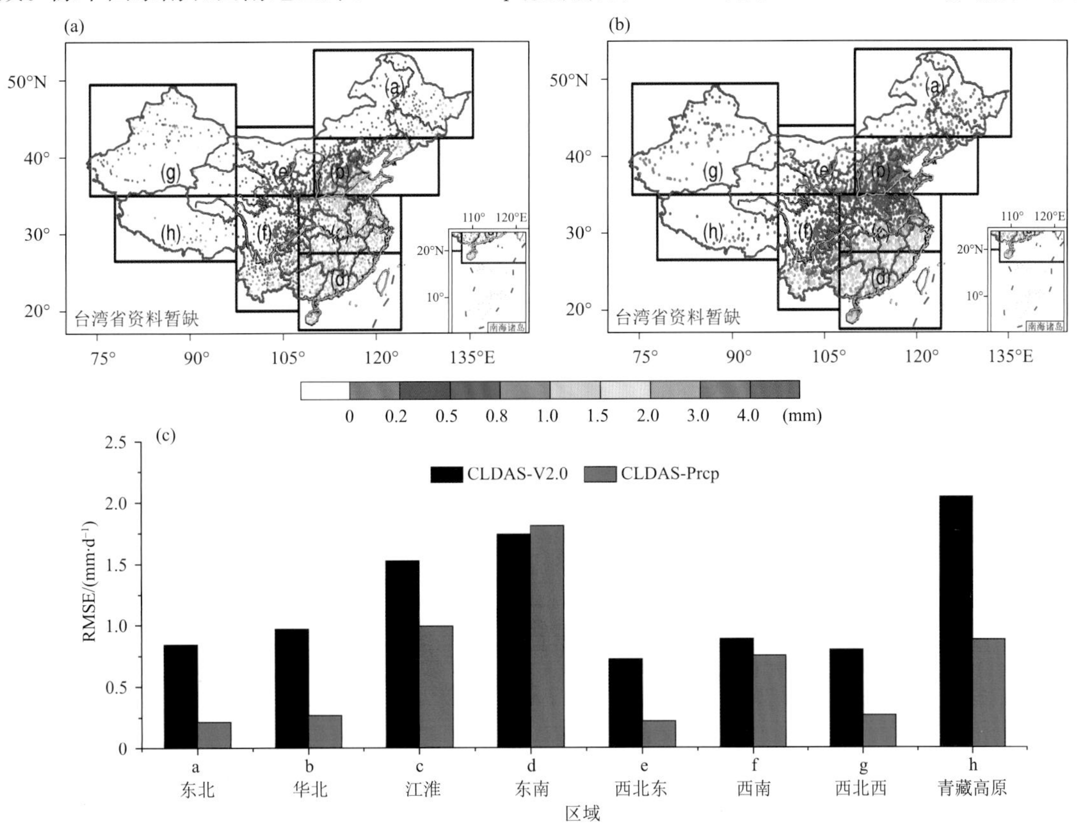

图 5.13　2013—2016 年冬季 CLDAS-V2.0(a)和 CLDAS-Prcp(b)数据集的 RMSE 的空间分布，以及 CLDAS-V2.0 和 CLDAS-Prcp 数据集在不同分区域的 RMSE 统计结果(c)

5.13c 显示了 2013—2016 年冬季 CLDAS-V2.0 和 CLDAS-Prcp 数据集在不同分区域的 RMSE 统计直方图。在中国东北、华北、内蒙古、新疆和青藏高原，CLDAS-Prcp 数据集的表现比 CLDAS-V2.0 数据集更好。

从图 5.14 可以看出，CLDAS-Prcp 的偏差比 GPM 小，而 GPM 的偏差主要在－2.5～7.5 mm·d^{-1}。还可以看出，CLDAS-Prcp 的 RMSE 为 0～10 mm·d^{-1}，GPM 的 RMSE 主要在 0～25 mm·d^{-1}之间。从相关系数的时间序列可以看出，CLDAS-Prcp 的相关系数最高，其值大多在 0.8 左右，而 GPM 的相关系数大多在 0.6 左右。

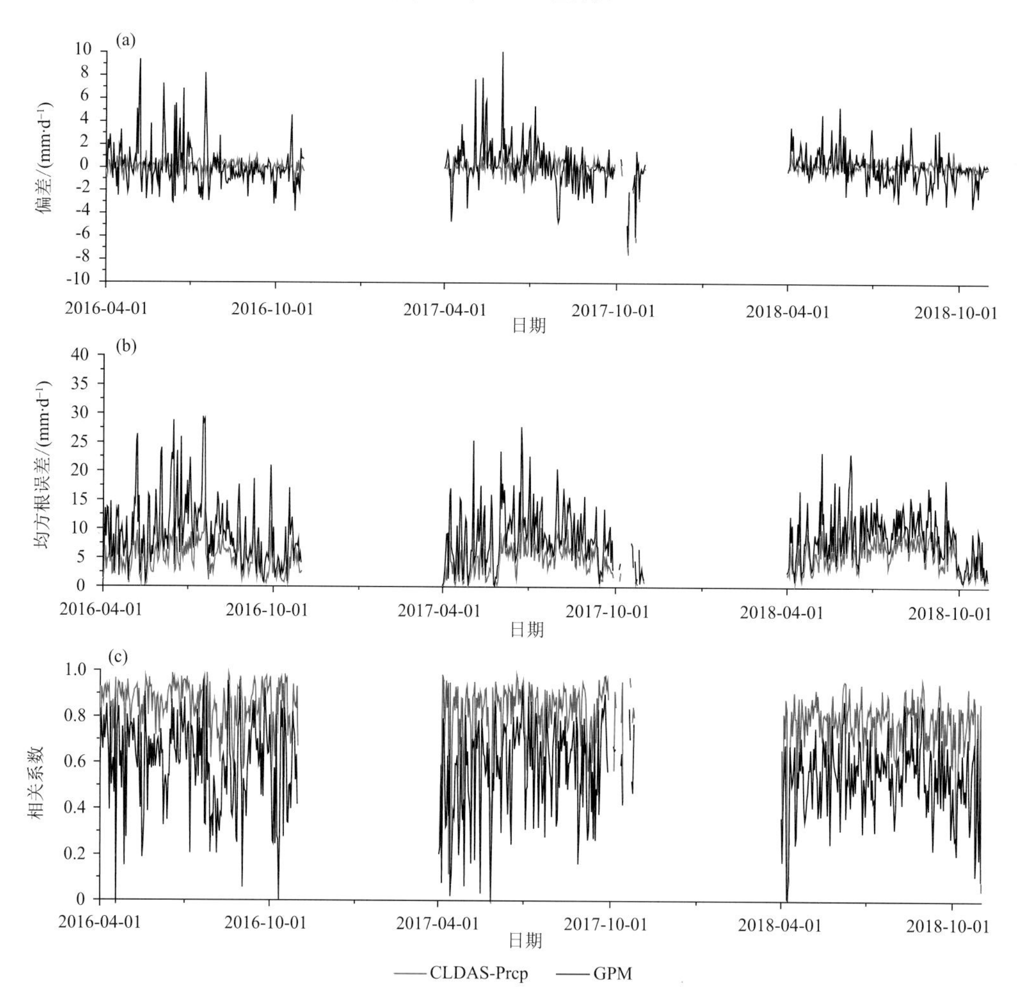

图 5.14　2016 年 4 月 1 日—2018 年 10 月 31 日 GPM 和 CLDAS_Prcp 的偏差(a)、均方根误差(b)和相关系数(c)的时间序列

(2)温、压、湿、风长多源融合再分析数据集评估

发展了近地面气象要素融合与同化分析技术，研制了历史实时一体化的高质量、高分辨率、网格化的近地面温、压、湿、风再分析数据集(Han at al.，2019；师春香，2019)。为解决历史观测资料(2007 年以前)在不同时期观测频次不同的问题，发展了基于变分分析的近地面气象要素观测时间降尺度技术。基于变分同化理论，利用近年来地面气象站温、压、湿、风逐小时

观测为集合样本建立背景场和背景场误差协方差信息，同化经背景场质控筛选后的早期的定时值观测资料，估算得到早期定时观测时期的逐小时近地面气象要素，从而实现了对历史定时值观测资料的时间降尺度，研制完成了1979年以来的温、压、湿、风逐小时站点模拟观测数据(朱智 等，2016)。基于该数据与ERA-Interim再分析数据，使用多重网格变分分析方法，研制了1979年至今的时间分辨率1 h、空间分辨率0.0625°的气温、气压、比湿和风速驱动数据集。该数据不仅优于ERA-Interim再分析资料，也优于美国NOAA业务使用的GLDAS驱动数据(图5.15)。

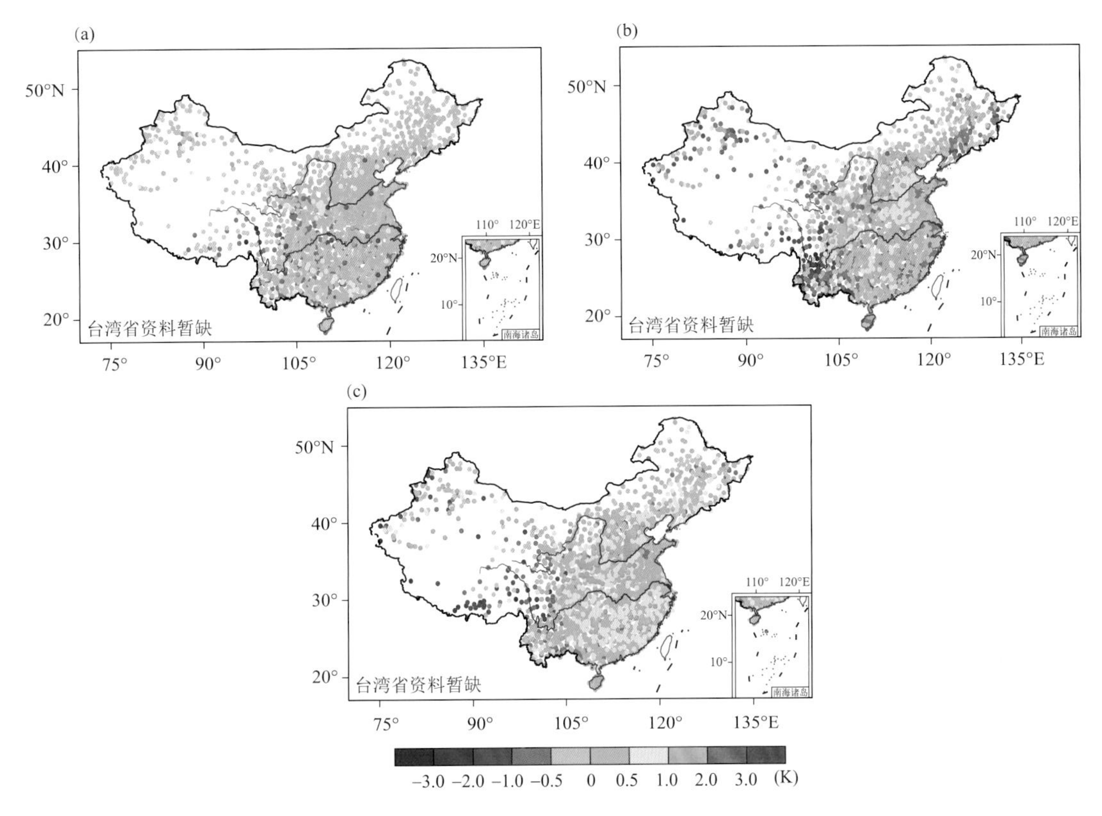

图5.15 CLDAS2.0(a)、GLDAS(b)气温驱动数据以及ERA-Interim(c)气温产品与观测数据偏差的空间分布

(3)地面入射太阳辐射评估

发展了地面入射太阳辐射卫星反演技术，研制了历史实时一体化的高质量、高分辨率、网格化的地面入射太阳辐射多源融合再分析数据集(刘军建 等，2018b)。选用DISORT辐射传输模型为观测算子，以GFS数值分析产品中的臭氧、大气可降水、地面气压为辐射传输模型动态输入参数，利用FY-2系列静止卫星VIS通道全圆盘标称图数据反演而形成地面入射太阳辐射数据。针对历史没有风云卫星的问题，引进Hybrid模型发展了地面入射太阳辐射观测模拟技术，充分利用2400多个国家站的日照时数、气温、气压和相对湿度等与地面入射太阳辐射密切相关的辅助变量观测信息以及100多个地面入射太阳辐射观测站资料，估算得到了2400多个站的地面入射太阳辐射模拟观测值，将估算值与再分析资料进行融合，得到历史实

时一体化的高质量、高时空分辨率、网格化的 1995 年至今的时间分辨率 1 h、空间分辨率 0.0625°的太阳辐射数据集。评估结果表明，该产品与 ERA5 再分析产品效果相当，相关系数在 0.9 左右，均方根误差范围在 40 W·m^{-2}左右(图 5.16)。

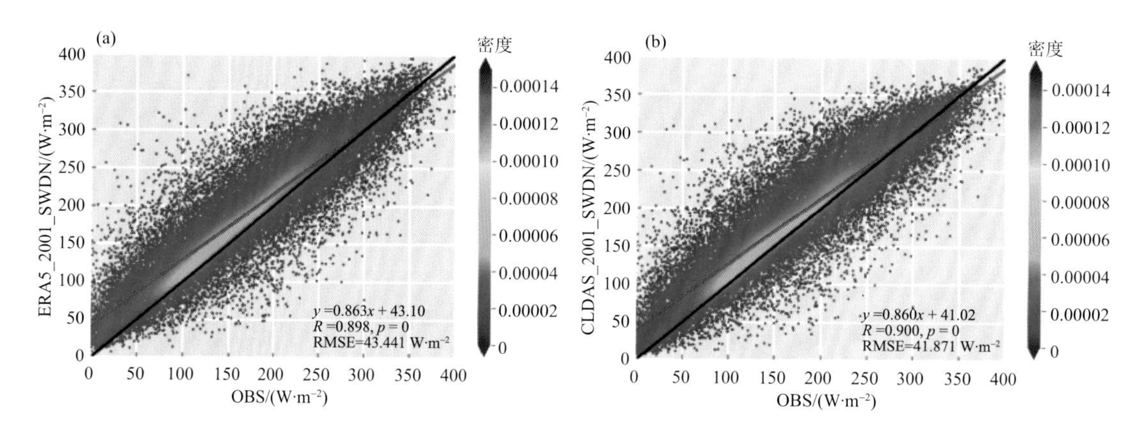

图 5.16 ERA5(a)和 CLDAS(b)辐射产品与中国区域 91 个观测站点日平均尺度上对比散点图

(4)土壤温湿度、积雪等评估

利用国际上有代表性的 3 个陆面模式 CLM3.5、Noah-MP(4 套参数化方案)和 CoLM，发展了多陆面模式集合模拟技术。研究实现了多个陆面模式的本地化应用和完善，通过调研和大量试验确定了不同陆面模式的初始场制作方案，开发了前述 CLDAS 近地面气象要素数据作为驱动与多个陆面模式的对接接口，建成了包含物理变换、垂直插值算法、格式转换等功能在内的多个陆面模式模拟结果标准化模块，基于去偏差平均方法开发了多陆面模式集合平均模块。由此建成了利用统一数据驱动的多陆面模式集合模拟系统，研制了历史实时一体化的高质量、高时空分辨率、网格化的 1998 年至今的时间分辨率 1 h、空间分辨率 0.0625°的土壤湿度、土壤温度、地表温度、积雪等数据集(师春香 等，2018；张帅 等，2018；Zhang et. al, 2019)，且产品质量优于国际同类产品 GLDAS(图 5.17)。

图 5.18 给出了模式模拟的地表温度与站点观测资料日平均值均方根误差的空间分布，从均方根误差分布图上可以看出，模式模拟的地表温度在东北地区和新疆地区的均方根误差相似且明显大于其他地区的均方根误差，在东部地区效果较好。Noah-MP1 在华北地区、江淮地区和华南地区对应站点的均方根误差较小，基本在 1～3 ℃之间，CLM3.5 模式和 Noah-MP3 模拟的地表温度在东部地区均方根误差空间分布相似，都是在华北地区效果较好，均方根误差在 1～3 ℃之间，但是其他区域的均方根误差略差。相比之下，Noah-MP2 的效果最好，在华北、江淮以及华南地区大部分站点的均方根误差在 1～2 ℃之间。对于青藏高原地区，除 Noah-MP3 之外，其他模式模拟的地表温度均方根误差在 2～4 ℃之间，而 Noah-MP3 的均方根误差则较之上升了 1～2 ℃。图 5.19 表示了模式模拟的地表温度与站点观测日平均均方根误差的统计直方图，其中 CLM3.5 模拟的地表温度均方根误差在 1～3 ℃之间的占了 77.73%，在 3～6 ℃之间的占了 19.31%，均方根误差超过 6 ℃的仅占 2.96%。对于 Noah-MP3，64.53%的站点的均方根误差在 1～3 ℃之间，29.67%的站点的均方根误差在 3～6 ℃之间，均方根超过 6 ℃的站点占了

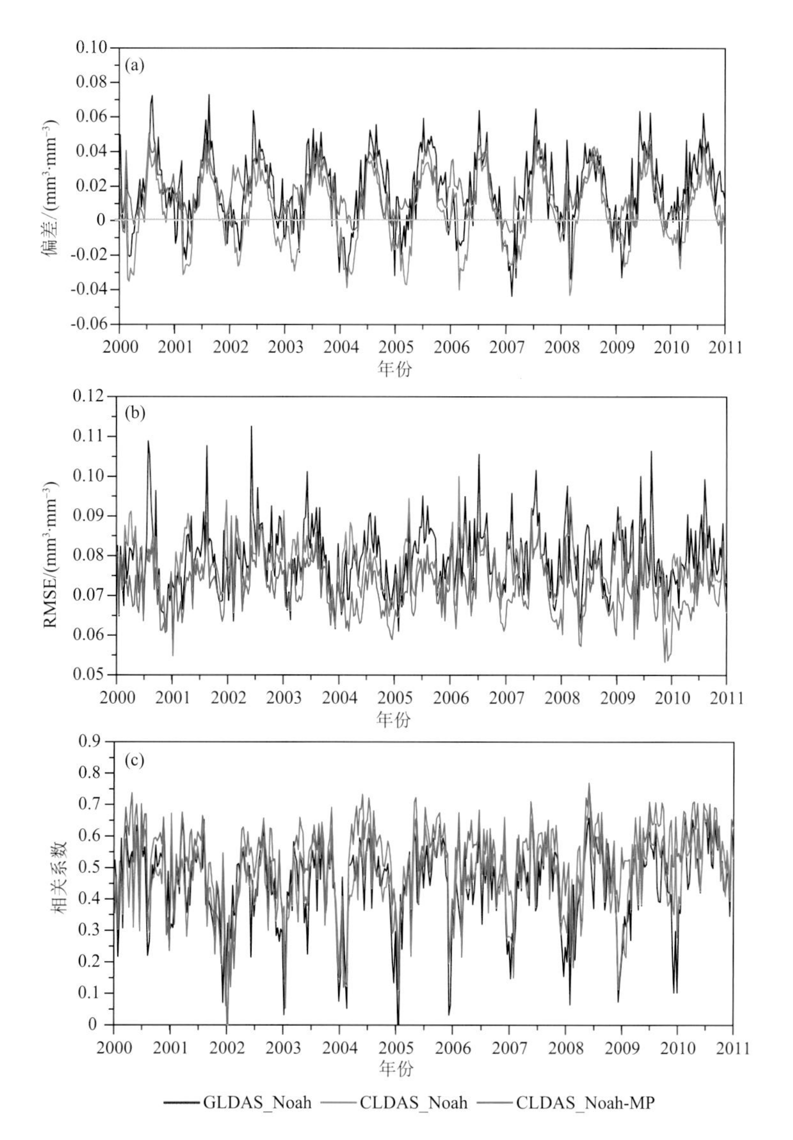

图5.17 基于0～10 cm人工观测土壤湿度的不同模式土壤湿度评估结果

(a)偏差;(b)RMSE;(c)相关系数

5.8%,较CLM3.5模式差。对于Noah-MP1和Noah-MP2而言,均方根误差在1～3 ℃之间的站点数目占了80%以上,其中Noah-MP2最好,站点比例能达到87.26%。

将2016—2018年中每年的11月、12月、1月、2月、3月五个月的CLDAS土壤湿度和GLDAS-V2.1积雪深度插值到积雪深度观测站点上,分别计算CLDAS和GLDAS-V2.1积雪深度在东北地区、新疆地区和青藏高原地区的偏差、均方根误差和相关系数。从三个分区(表5.2)可以看出,GLDAS-V2.1在东北地区效果最优,CLDAS雪深在青藏高原地区最优;从三个分区的CLDAS雪深和GLDAS-V2.1雪深对比可以看出,总体上CLDAS雪深优于GLDAS-V2.1雪深;虽然在东北地区GLDAS-V2.1雪深的相关系数略高于CLDAS雪深,但在东北地区CLDAS雪深的偏差和均方根误差均小于GLDAS-V2.1雪深。

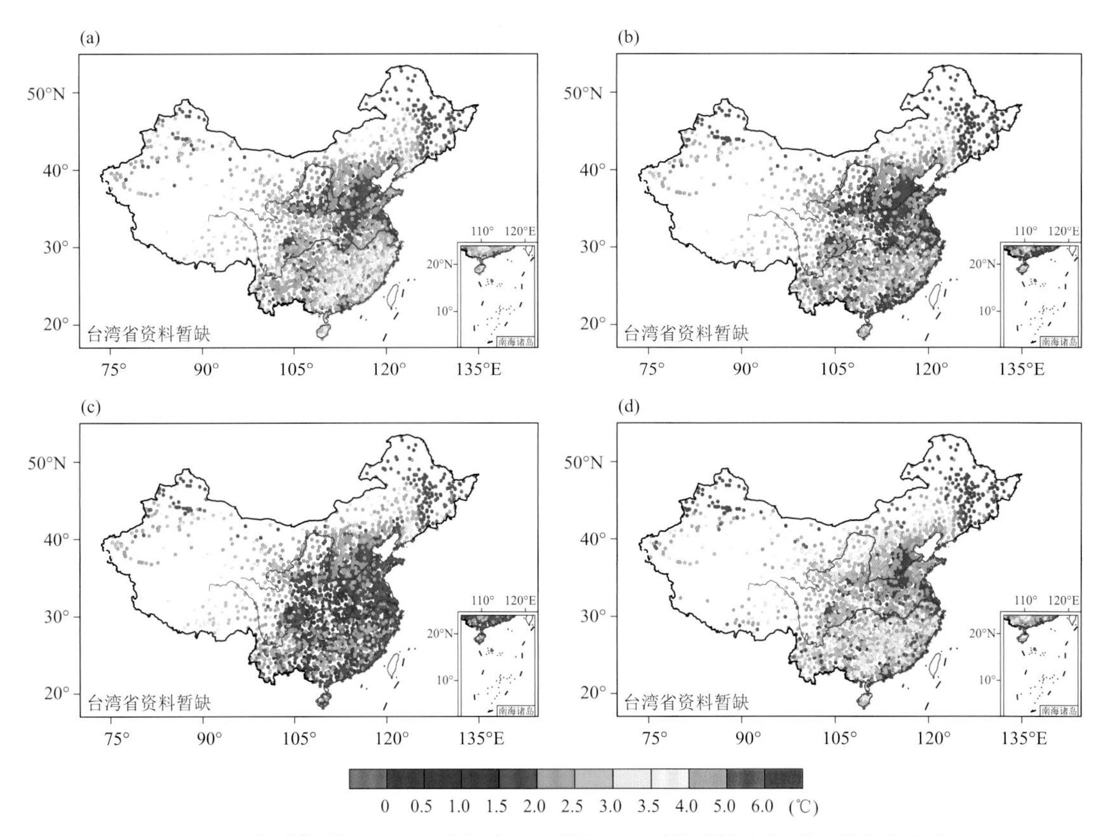

图 5.18　模式模拟的地表温度与站点观测资料日平均值均方根误差的空间分布

(a)CLM3.5；(b)Noah-MP1；(c)Noah-MP2；(d)Noah-MP3

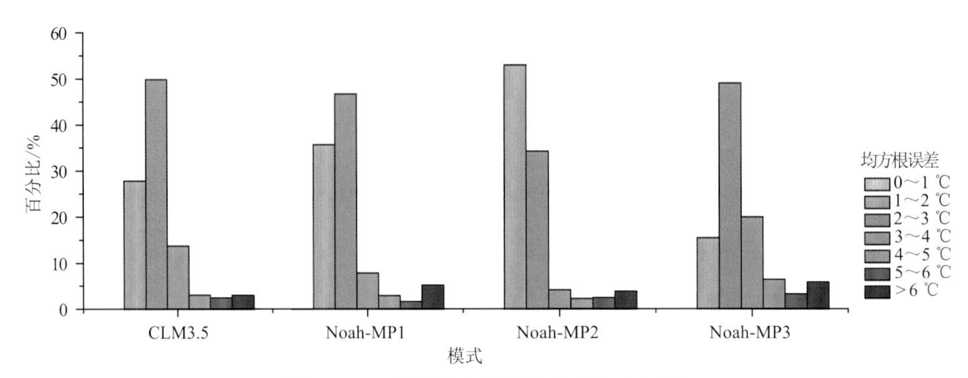

图 5.19　不同模式模拟的地表温度评估

表 5.2　2016—2018 年不同分区下 CLDAS 雪深和 GLDAS 雪深的评估结果

地区	偏差		均方根误差		相关系数	
	GLDAS	CLDAS	GLDAS	CLDAS	GLDAS	CLDAS
东北地区	0.0450	−0.0059	0.0919	0.0628	0.7036	0.6756
新疆地区	−0.0380	−0.0067	0.1237	0.0867	0.5059	0.7348
青藏高原	0.1162	−0.0035	0.2248	0.0612	0.2107	0.7316

5.2 青藏高原物理协调大气分析模型与数据集的构建

王东海等(2022)在项目“青藏高原科学试验关键区物理协调大气分析模型与数据集的构建研究”中，利用青藏高原多源观测资料，根据满足气柱物理约束的变分客观分析方法，构建了青藏高原典型试验区物理协调大气分析模型，并对该模型及其生成的数据进行评估，验证了模型在青藏高原的适用性。基于项目建立的大气分析模型，生成了一套高原试验区长时间序列(5 a，2013—2017 年)的热动力协调大气分析数据集，并利用此数据集分析了高原降水过程的动力、热力特征及相互影响过程。建立了覆盖青藏高原地区的水汽、云(云量、云水含量、云冰含量)和降水数据集。这些三维云微物理场和典型区域物理协调大气数据集的建立，对有限区域由“点”到“面”对比分析各类再分析数据产品的合理性，对模式物理参数化方案的评估改进，以及对高原地区云-降水微物理特征、大尺度动力场演变规律和它们之间的相互作用等的研究提供了可靠的资料基础，从而能够提高对青藏高原地区能量、物质、水分交换过程的认识。

5.2.1 物理协调大气变分客观分析模型及数据集的构建背景

对青藏高原的地-气耦合系统进行研究需要基于充分的观测数据，如何处理多源的观测资料，从而得到一套“气柱箱式”典型试验区域大气物理过程互相协调、适应与动态平衡的大气数据集更是青藏高原地-气耦合系统研究的重要基础之一。况且，高原南坡、主体、东南坡、西部均为不同地形与下垫面，其各类物理过程特征亦不同，大气科学试验亦存在不同目标的实施特色，能否研发不同典型区域试验数据集，对研究高原各类典型区域地-气耦合系统也十分必要。

由于青藏高原辽阔，地形复杂，环境相对恶劣，观测站稀少，观测手段欠缺。鉴于此，过去 30 a 我国先后完成了两次青藏高原大气科学试验，并与日本、韩国等国科学家共同开展了多次联合现场观测试验，第三次青藏高原大气科学试验建议在 2009 年提出。这些观测试验为研究青藏高原地-气耦合系统提供了多源的原始观测数据。然而，由于大气观测中不可避免的误差，由探空资料直接计算的散度与大气上下边界的水、热通量不能代表大气的真实情况，也无法满足大气中应有的水汽与能量收支平衡。因此，如何处理这些多源的观测资料，从而得到一套针对典型试验区域同时满足热量和水汽收支平衡的热力动力协调数据集对青藏高原地-气耦合系统的研究非常重要。

“气柱箱式”区域大气物理过程协调数据集的生成具有深厚扎实的理论与应用基础。其理论基础是 Zhang 等(1997)研发的一种约束变分客观分析方法，该方法已经在国际上多个外场大气科学试验得到广泛的使用，产生的资料数据集被广泛用于再分析资料评估、模式物理参数化方案的评估改进以及天气气候过程研究(Xie et al.，2010)，在诸多相关研究领域取得了较大的创新成果与进展，推动了相关研究领域的发展和进步。然而，在国内还没有相关的类似方法及其相关类似数据资料的研究。因此，王东海等(2022)基于该变分客观分析方法，利用第三次青藏高原大气科学试验的加密观测资料对那曲及其周边地区的大气背景场(风、温度、水汽等)进行物理约束，建立了青藏高原科学试验关键区热、动力协调的加密观测区域大尺度分析场，为青藏高原天气气候系统特别是云降水的过程研究提供了良好的资料基础。

客观分析方法是不依赖于数值模式的一种数据分析方法，最初由 Panofsky(1949)提出，以便在有限的区域内用一个多项式来拟合该区域的观测数据。Cressman(1959)把“客观分析”定义为“从不规则分布的测站资料中插出网格点上的值，为数值预报模式提供初值”。变分法是客观分析方法中的一种，它寻求的是分析场的极值，即使之无限逼近真实场(刘湊华 等，2013)。Zhang 等(1997)提出一种应用于大气单柱的约束变分客观分析方法(constrained variational analysis，以下简称 CVA)，这种方法能够利用地面降水和地面、大气顶的通量等观测资料来约束、调整探空观测的温度、湿度和风场，从而保持大气柱的质量、能量、水汽和动量收支平衡，最终得到一套满足热力、动力相互协调的大气分析数据集。目前为止，CVA 方法已在多个国际外场大气科学试验中得到广泛应用。

Waliser 等(2002)验证了经 CVA 方法处理后的大气分析数据的有效性，发现该方法获取的分析数据的误差明显小于仅考虑质量守恒的传统客观分析法。Zhang 等(2001)和 Xie 等(2003，2006b)发现由 CVA 方法构建的数据分析系统对插值方式、输入数据类别和区域范围的敏感度较低，能够明显提高模式强迫场的准确度。迄今为止，CVA 方法在诸多相关研究领域产生了较多创新成果与进展，如将 CVA 方法应用于中高纬度大陆、热带海洋和大陆的对流分析(Ghan et al.，2000；Schumacher et al.，2007；Xie et al.，2014；Tang et al.，2016)，用于云模式的云模拟能力评估(Zeng et al.，2007)、积云参数化方案评估(Xie et al.，2002；Luo et al.，2008)、再分析及模式预报资料评估(Xie et al.，2006a；Kennedy et al.，2011)等。特别地，CVA 方法被大气辐射测量(ARM)项目中心采用并不断发展成现今的多种观测资料变分客观分析业务系统(Zhang et al.，2016)。

王东海等(2022)针对青藏高原典型科学试验区，采用满足气柱总质量、动量、水汽与静力能守恒的变分客观分析方法，利用加密探空观测资料以及地表与卫星观测所获取的大气上下边界的通量资料，建立典型试验区域热力-动力物理过程相互协调的大气分析数据集。通过数据集产品的研究，进一步认识高原地区大气水汽和能量的收支及其时间演变规律，揭示高原地区云物理过程与动力过程之间相互影响机制及演变规律。

物理模型的构建方法为，收集常规和非常规以及高原试验加密的多源观测资料(特别是地面、卫星和雷达观测资料)，开展区域多源观测资料的质量控制研究；利用青藏高原地面和大气顶(TOA)卫星观测以及加密观测区域的大气背景场(风、温度、水汽等)资料，研究物理约束变分客观分析方法，建立大气分析模型，评估该模型在高原地区的适用性，构建满足气柱总质量、动量、水汽与静力能守恒的热动力相互协调的加密观测区域大气分析场，为青藏高原区域再分析资料的对比评估、天气气候系统特别是云-降水物理过程研究提供良好的资料基础；利用变分分析后的大气场资料计算分析大气柱中与地表和大气顶能量的分布和收支以及动力场的演变特征，如辐散辐合强度、垂直速度、大气视热源(Q_1)、视水汽汇(Q_2)等，研究能量的分布和收支、垂直速度在垂直方向上的结构以及动力场、热力场的演变特征。

最终，王东海等(2022)在青藏高原那曲试验区构建了一个物理协调大气变分客观分析模型，为高原地区热动力协调大气分析数据集的建立提供基础算法平台。基于高原物理协调大气分析模型，建立了2013—2017年5 a的长时间序列热动力协调数据集。使用该数据集，分析了试验区大气动力、热力和水汽的垂直结构演变及其与云-降水的相互联系。

5.2.2 物理协调大气变分客观分析模型及数据集的构建方法

(1)理论框架

客观分析方法是指客观分析所用的数学模型或方法，它是客观分析的核心。客观分析方法有多项式插值法、逐步订正法、最优插值法等(王跃山，2001a，2001b)，其中多项式插值的函数假设具有主观性，逐步订正法计算方便但权重系数的选择仅和距离有关，最优插值法有利于整合不同来源的资料，但计算复杂。Zhang等(1997)提出一种应用于单柱的约束变分客观分析方法，这种方法结合了逐步订正法和最优插值法的优点。已知大尺度大气场满足：

$$\frac{\partial \boldsymbol{V}}{\partial t}+\boldsymbol{V}\cdot\nabla\boldsymbol{V}+\omega\frac{\partial \boldsymbol{V}}{\partial p}+f\boldsymbol{k}\times\boldsymbol{V}+\nabla\phi=-\nabla\cdot\overline{\boldsymbol{V}'\boldsymbol{V}'}-\frac{\partial\,\overline{\omega'\boldsymbol{V}}}{\partial p} \tag{5.2}$$

$$\frac{\partial s}{\partial t}+\boldsymbol{V}\cdot\nabla s+\omega\frac{\partial s}{\partial p}=Q_{\text{rad}}+L(C-E)-\nabla\cdot\overline{\boldsymbol{V}'s'}-\frac{\partial\,\overline{\omega's'}}{\partial p}+L\frac{\partial\,q_1}{\partial t} \tag{5.3}$$

$$\frac{\partial q}{\partial t}+\boldsymbol{V}\cdot\nabla q+\omega\frac{\partial q}{\partial p}=E-C-\nabla\cdot\overline{\boldsymbol{V}'q'}-\frac{\partial\,\overline{\omega'q'}}{\partial p}-\frac{\partial\,q_1}{\partial t} \tag{5.4}$$

$$\frac{\partial\omega}{\partial p}+\nabla\cdot\boldsymbol{V}=0 \tag{5.5}$$

边界条件为：

$$\omega\big|_{p=p_{\text{s}}}=\frac{\partial\,p_{\text{s}}}{\partial t}+\boldsymbol{V}_{\text{s}}\cdot\nabla p_{\text{s}}\qquad \omega\big|_{p=p_{\text{T}}}=0$$

式中，$\boldsymbol{V}$为水平风场，t为时间，ω是垂直速度，p是气压，f是科式参数，$\boldsymbol{k}$为z轴方向的单位向量，∇为梯度算子，ϕ是位势，$s=c_pT+gz$为干静力能，c_p为比定压热容，T为温度，g为重力加速度，z为位势高度，Q_{rad}为净辐射加热率，L是水分相变潜热率，C为凝结量，E为蒸发量，q_1为云液态水含量，q为水汽混合比，p_{s}、p_{T}分别是地面和大气顶气压，上横线表示区域平均，上标“′”表示与平均值的偏差。

构造目标函数，在满足式(5.2)—(5.5)的约束下，令目标函数最小。构造的目标函数如下：

$$I(t)=\iiint\limits_{p,x,y}[\alpha_u(u^*-u_{\text{o}})^2+\alpha_v(v^*-v_{\text{o}})^2+\alpha_s(s^*-s_{\text{o}})^2+\alpha_q(q^*-q_{\text{o}})^2]\text{d}x\text{d}y\text{d}p \tag{5.6}$$

式中，u、v分别为纬向风、经向风，上标“*”表示分析量，下标“o”表示观测量，α为权重，与初始场的误差估计有关。具体的数学理论实现可见Zhang等(1997)。

基于约束变分客观分析方法的物理协调大气分析模型是一种“气柱箱式”的模型，可以处理典型区域数个探空站点的观测数据，使之与大气上下边界的通量相结合，不同于传统的客观分析只对气柱质量进行约束。Zhang 等(1997)提出的变分客观分析方法可以保持观测的气柱总质量、动量、水汽和静力能守恒，尽量利用观测的有用信息，又避免观测误差的影响，减小分析结果的不确定性，因而对观测数据的调整量尽量小。

该方法结合了常规格点法和线性积分法的优点，显著消除了插值方法和不同观测资料的敏感性，同时，利用所研究的试验区域平均的地面和大气顶观测物理量等作为物理约束，从而产生动力热力协调的大气客观分析场。经过该客观分析得到的数据可以用于计算大气大尺度变量，如感热通量、潜热通量、降水率、风压和辐射通量，以及整个气柱的质量、热量、水汽、动量收支、垂直速度和平流倾向。该方法产生的资料数据集被广泛用于再分析资料评估、模式物理参数化方案的评估改进以及天气气候过程研究(Xie et al.,2010)。

(2)模型及其数据集的建立

采用 2014 年 8 月的多源观测资料，王东海等(2022)构建了青藏高原那曲试验区物理协调大气变分客观分析模型。使用到的资料包括背景场资料、探空资料、地面自动站观测资料、边界层观测资料和 CERES 卫星产品资料，各资料在试验区的分布如图 5.20 所示，各种资料所用变量如表 5.3 所示。

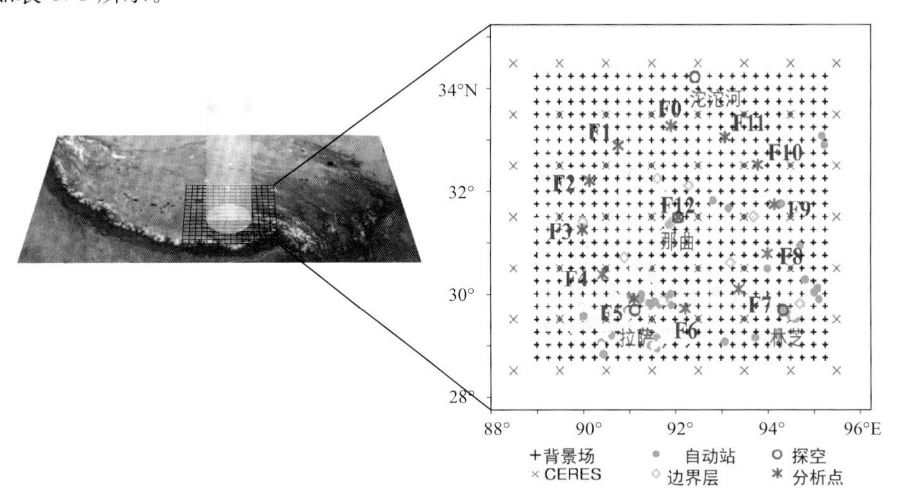

图 5.20 2014 年 8 月青藏高原那曲试验区的资料分布：“+”为 0.25°×0.25°的 ERA5 背景场格点；“•”为 121 个地面气象自动站，其中只有 78 个黄色站可提供除了降水以外的温、压、湿、风等其他常规地面要素的有效观测；“○”为探空站；“×”为 1°×1°的 CERES 格点；“◇”为边界层观测站点；“*”为人为选定的分析点(F0～F12)，构成气柱边界和中心

表 5.3 数据集生成过程中使用到的各类资料信息

资料种类	提供变量	时间分辨率	空间分辨率
ERA-Interim 再分析资料(背景场)	①气压层温度 ②气压层湿度 ③气压层风向和风速	6 h	0.25°×0.25°格点

续表

资料种类	提供变量	时间分辨率	空间分辨率
L波段探空	①气压 ②温度 ③湿度 ④风向和风速	12 h	站点
自动站	①降水量 ②地表气压 ③地表温度 ④地表湿度 ⑤地表风向和风速	1 h	站点
边界层观测	①潜热通量 ②感热通量	0.5 h	站点
CERES卫星产品	①地表净辐射 ②大气顶净辐射 ③云液态水含量	3 h	1°×1°格点

输出的物理协调大气分析数据集中所包括的物理量可分为单层变量和多层变量两类，分别在表5.4、表5.5中列出。

表5.4　单层输出变量

变量名	单位	变量名	单位
①年份		⑰地表净向上长波辐射	$W \cdot m^{-2}$
②月份		⑱大气顶向下短波辐射	$W \cdot m^{-2}$
③日		⑲大气顶向上长波辐射	$W \cdot m^{-2}$
④时		⑳大气云液态水含量	cm
⑤分		㉑气柱整层水汽变化	$mm \cdot h^{-1}$
⑥降水率	$mm \cdot h^{-1}$	㉒气柱整层水汽平流	$mm \cdot h^{-1}$
⑦地表潜热通量	$W \cdot m^{-2}$	㉓地面蒸发率	$mm \cdot h^{-1}$
⑧地表感热通量	$W \cdot m^{-2}$	㉔气柱整层热量变化	$W \cdot m^{-2}$
⑨气柱平均地表气压	hPa	㉕气柱整层热量平流	$W \cdot m^{-2}$
⑩中心点地表气压	hPa	㉖气柱净辐射	$W \cdot m^{-2}$
⑪地表温度	℃	㉗气柱潜热	$W \cdot m^{-2}$
⑫地表相对湿度	%	㉘地表垂直速度	$hPa \cdot h^{-1}$
⑬地表全风速	$m \cdot s^{-1}$	㉙2 m水汽混合比	$g \cdot kg^{-1}$
⑭地表纬向风	$m \cdot s^{-1}$	㉚2 m干静力能	K
⑮地表经向风	$m \cdot s^{-1}$	㉛大气可降水量	cm
⑯地表净向下短波辐射	$W \cdot m^{-2}$		

表 5.5 多层输出变量

变量名	单位	变量名	单位
①温度	K	⑩垂直水汽平流	$g \cdot kg^{-1} \cdot h^{-1}$
②水汽混合比	$g \cdot kg^{-1}$	⑪热能	K
③纬向风	$m \cdot s^{-1}$	⑫水平热能平流	$K \cdot h^{-1}$
④经向风	$m \cdot s^{-1}$	⑬垂直热能平流	$K \cdot h^{-1}$
⑤垂直速度	$hPa \cdot h^{-1}$	⑭热能变化率	$K \cdot h^{-1}$
⑥水平辐合辐散	$1\ s^{-1}$	⑮温度变化率	$K \cdot h^{-1}$
⑦水平温度平流	$K \cdot h^{-1}$	⑯水汽变化率	$g \cdot kg^{-1} \cdot h^{-1}$
⑧垂直温度平流	$K \cdot h^{-1}$	⑰视热源	$K \cdot h^{-1}$
⑨水平水汽平流	$g \cdot kg^{-1} \cdot h^{-1}$	⑱视水汽汇	$K \cdot h^{-1}$

对物理协调大气分析模型生成的 2014 年 8 月大气分析数据集进行了充分的评估检验,发现模型及其数据集在那曲试验区具有较高的合理性,随后利用该模型来构建更长时间序列的数据集。由于边界层综合观测不够稳定和持续,不具备长期性,为替代缺乏的地表感热/潜热通量观测,模型输入的是 ERA-Interim 再分析提供的产品,针对模型输入的地表感热、潜热资料进行了敏感性试验。试验显示,在感热通量上,两种资料能比较好地吻合,在潜热通量上则会出现一定的差异,但两种资料所反映的潜热通量随时间的变化情况是基本一致的。此外还对比了边界层观测和 ERA-Interim 再分析的感热和潜热通量输入模型后得到的两组大气分析场,这两组试验中除通量资料外,其他输入资料皆保持一致。通过对比两组数据集发现,模型更换为 ERA-Interim 再分析资料的感热和潜热通量后,对最终生成的大气基本状态场的影响很小,大尺度衍生变量场的垂直结构及其随时间的变化没有明显差别。更换为 ERA-Interim 再分析的地表通量资料后,对模型变分客观分析前和分析后的大气状态场做差,发现风场、温度场和水汽场的调整量相对于那曲地区大气分析场来说,量值很小,最大调整比例不到 1%。因此,经过敏感性试验验证了不同地表热通量资料来源对模型影响较小后,以逐 6 h 的 ERA-Interim 再分析资料作为背景场,以 ERA-Interim 再分析提供的逐 6 h 的感热和潜热通量数据输入到模型中,其他数据源不变,生成 2013—2017 年 5 a 的长时间序列热-动力协调大气分析数据集,时间分辨率为逐 6 h(每日 02:00、08:00、14:00 和 20:00 BJT),垂直分辨率为 25 hPa(庞紫豪 等,2019;王东海 等,2022;张春燕 等,2022)。

5.2.3 那曲试验区云-降水及大气热量和水汽的结构特征

张春燕等(2022)利用物理协调大气变分客观分析模型产生的那曲试验区 5 a 大气分析数据集,分析了那曲试验区全年的大气环境状态、云-降水演变与大气动力、热力和水汽的垂直结构。首先,分析云与地球辐射能量系统(Clouds and the Earth's Radiant Energy System,CERES)(Wielicki et al.,1996)提供的时间分辨率为逐小时、空间分辨率为 1°×1°的试验区域云量数据，可以发现，试验区全年总云量一般在40%以上，其中夏季6—8月总云量最多，维持在60%～90%，冬季11月中旬—12月总云量最少，在35%～55%之间。那曲地区由于海拔高，低云和中低云很少，全年云量基本少于15%，4—9月几乎不存在低云，7月几乎不存在中低云。中高云全年变化相对平缓，云量基本在25%～50%之间，且在夏季6—8月，与低云、中低云相似，其云量出现减少的特征，这可能是和高原试验区夏季增强的上升对流将中、低层的水汽和凝结的云水向上抬升有关；其后在9月，中高云量增加，并在11—12月减少到全年最低，为30%左右。高云随季节和月份的变化最为明显，2—4月，高云量逐渐增加，云量在10%～30%，5月有所下降，6月高云量急剧增加，由10%左右增至50%左右；7—8月，高云量最多，为25%～60%，此时高云量经常超过中高云量，成为四种云中最多的一种；秋初9月，高云量明显减少，由40%左右减至10%左右；10月—次年1月，高云量最低，一般在10%以下。在夏季，低云、中低云和中高云都出现减少的情形，然而高云却显著增多，这也是导致高原试验区总云量在夏季增加的重要原因。

从模型5 a数据平均的结果来看，那曲试验区5月的降水逐渐增多，10月降水基本结束，全年降水集中在6—9月，其中又以6—7月上旬降水最多(图5.21a)。然而，那曲试验区地表蒸发最强的时期是在春季3—4月，比降水提前。3—4月为青藏高原的冻融期(Barnett et al.，1989；王澄海 等，2007；满子豪 等，2020)，冻融过程使得土壤湿度增加，地表蒸散发也随之增强，从而为后期高原地区夏季降水的发生提供了充足的水汽条件(尚大成 等，2006；Bao et al.，2017)。同时春季冻融过程通过改变土壤的湿度，能够影响高原地表的非绝热加热(Barnett et al.，1989；Wang et al.，2003；Yang et al.，2014)，此时增强的地表蒸发能够将水汽和热量传输给大气，进而导致地表的潜热、感热通量都显著增大，且潜热的增大幅度比感热大(王澄海 等，2007；葛骏 等，2016；杨凯，2020)。从图5.21b可见，与地表蒸发对应，春季3—4月的地表潜热通量最大(大于地表感热通量)，随后逐渐减小，然后在夏季7—8月出现一个小高峰，而地表感热通量则从3月开始逐渐增强，在7—8月达到最大。值得注意的是，李积宏等(2014)曾指出，那曲地区地表蒸发在5—6月最大；杨凯(2020)的研究则表明高原地区地表潜热在7—8月最大。而从整层大气的总凝结降水潜热变化来看，夏季的总潜热最强(图5.21c)。因此，张春燕等(2022)对地表蒸发和地表潜热的分析结论与前人研究不同，既有可能是地区差异导致，也有可能是ERA-Interim输入资料存在偏差和模型计算误差造成，为了更好地验证此结果，仍需要未来对模型和输入资料进行更多的研究试验。

图5.21c还表明，那曲试验区的整层大气净辐射全年表现为冷却效应，只在夏季稍有减弱；而总的水平热量平流在冬春表现为暖平流，在夏秋表现为冷平流。夏季强烈的水汽凝结潜热与强烈的冷平流和辐射冷却相互抵消，使得试验区当地夏季整层的热量变化最弱。图5.21d则指出，那曲试验区当地全年的水汽变化较小，只在夏秋有稍强的水汽收支变化；但水平水汽平流较强，冬春季为干平流，夏秋季为湿平流，对水汽的输送强度大，从而为试验区夏秋降水提供了较多的水汽。

图5.22a表明，那曲试验区Q_1的垂直分层特征十分明显，大气500 hPa以下表现为冷源，

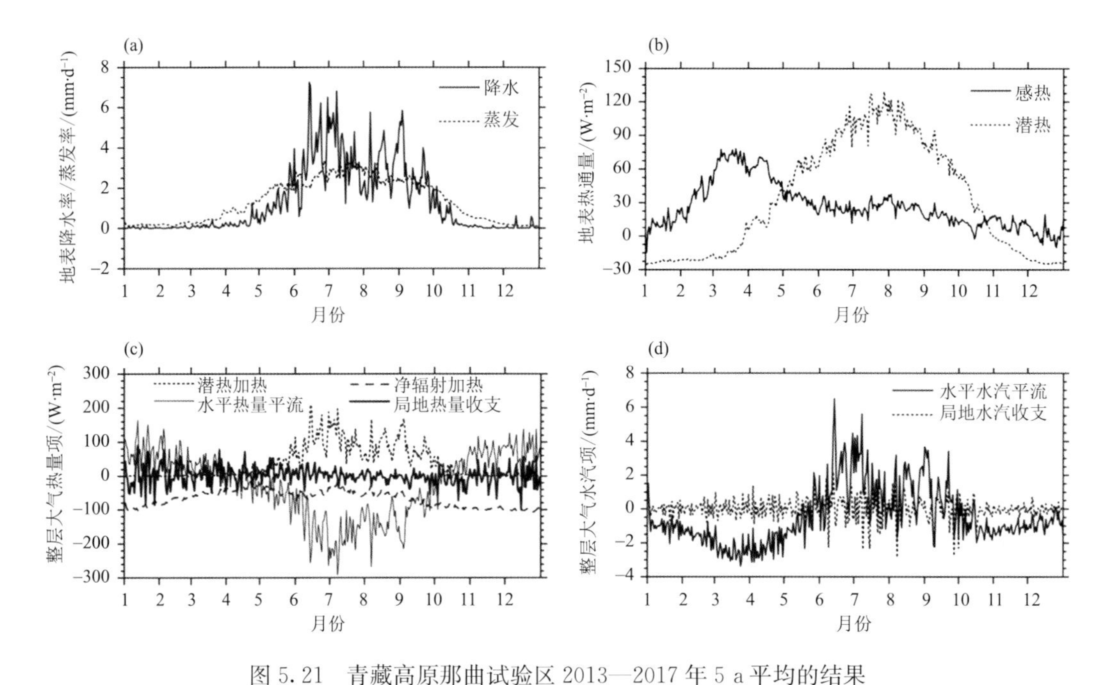

图 5.21　青藏高原那曲试验区 2013—2017 年 5 a 平均的结果

(a)地面降水率和蒸发率;(b)地表感热通量和潜热通量;(c)整层大气总的潜热加热、净辐射加热、水平热量平流和局地热量收支变化;(d)整层大气总的水平水汽平流和局地水汽收支变化

300～500 hPa 和 100～150 hPa 表现为热源,150～300 hPa 则具有明显的季节差异性,在冬春干季表现为冷源,在夏秋雨季表现为热源。事实上,试验区上空大气在 6—9 月表现为除近地面之外的几乎整层加热,这为降水的发生发展提供了充足的能量。图 5.22b 表明,试验区大气存在一个冷源中心和两个热源中心,冷源中心位于 200～250 hPa,热源中心则分别位于中层 400 hPa 和高层 125 hPa 附近,且高层热源强于中层热源,这种高层加热的现象与 Luo 等(1984)和钟珊珊(2011)的发现类似。下面将分层次、分季节来尝试分析那曲试验区大气 Q_1 垂直结构变化的成因。

500 hPa 以下的近地面,Q_2 表现为负值(图 5.22c、d),尤其在春季,Q_2 的负效应最强,这种冷却效应主要是由地表水分蒸发引起的;同时,干季大气水汽含量低,地面感热加热相对小,大气净辐射冷却强,因此,综合效应下造成那曲试验区干季近地面大气 Q_1 表现为冷源。而在雨季,低层水汽增多,Q_2 表现出的负效应减弱,水汽凝结潜热增强,但同时也伴随雨水蒸发冷却的过程,降水的增加还对高原地面的感热加热有一定的削弱作用(Chen et al.,2015),此时近地面大气仍表现为较强的净辐射冷却,相互抵消之下,最终导致雨季近地面仍为冷源。

中层 300～500 hPa 的热源在不同季节的成因有所区别。青藏高原中层大气的净辐射冷却很强,辐射加热对中层大气热源的贡献可以忽略不计(叶笃正 等,1957;赵平 等,2001)。由图 5.22d 可见,Q_2 在冬春干季的中层仍为负值,因此,在该时期该高度,几乎不存在水汽凝结成液态降水释放的潜热加热。但在干季,300～400 hPa 之间的相对湿度相比其他高度层大,云量也主要集中在该高度,因此干季中层热源很有可能与形成固态云晶释放的潜热有关。此

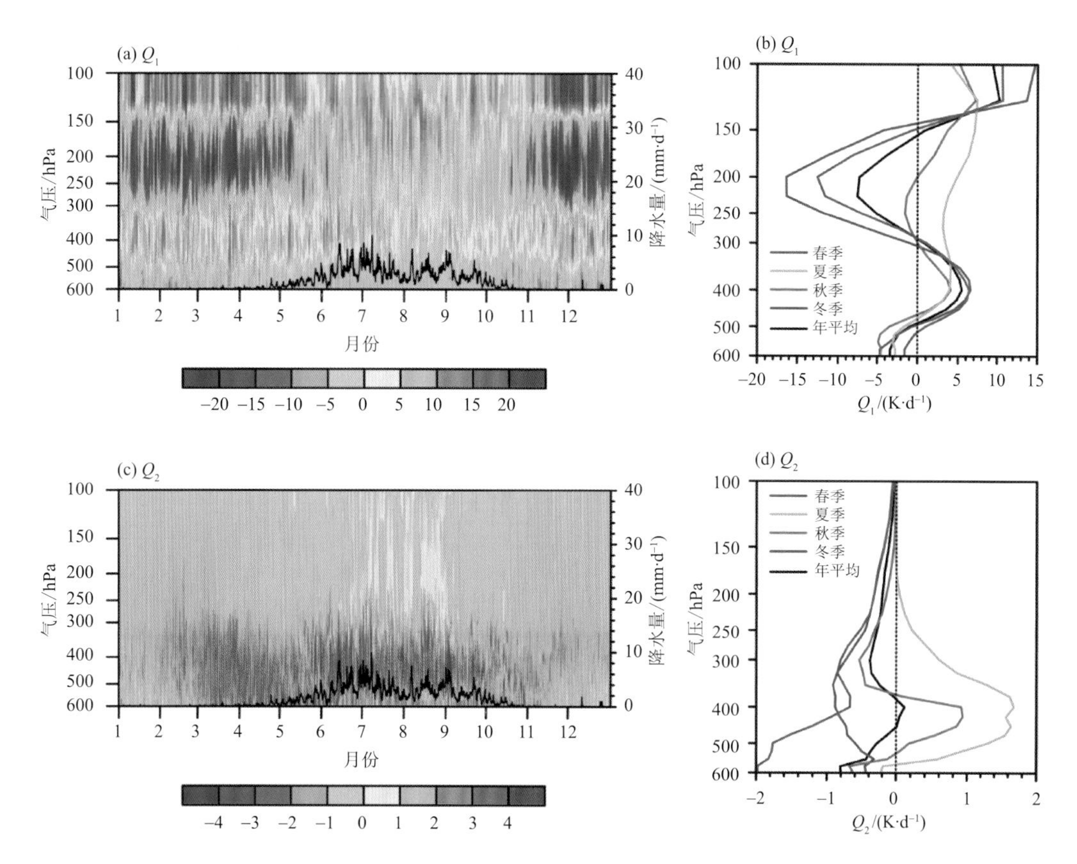

图 5.22　青藏高原那曲试验区 2013—2017 年 5 a 平均的视热源 Q_1((a)、(b))和视水汽汇 Q_2((c)、(d))。(a)、(c):时间-高度剖面;(b)、(d):春、夏、秋、冬四季及年平均的垂直廓线

外,中低层干对流对热量的垂直输送对中层热源的形成也有一定贡献。夏秋雨季,Q_2 在中层表现为正值(图 5.22c,图 5.22d),其强中心位于 400 hPa 附近,和中层 Q_1 热源中心一致,因此,水汽的凝结潜热是雨季中层热源形成的重要原因。此时试验区大气水汽含量大,整层上升对流强,有利于凝结潜热和降水,但同时试验区上空增强的上升气流会将中、低层凝结的云水/遇冷凝华的云晶继续向上输送形成高层云并在高层释放潜热,上升气流也会将中、低层的水汽和释放的潜热不断向上传输,且此时试验区的感热湍流输送也更为强烈,因此使得试验区在 6—9 月几乎整层大气为热源(图 5.22a)。此外,由于雨季整层的上升气流将热量不断向上输送,这可能是造成降水量多的夏秋季节在中层 400 hPa 附近的热源反而比冬春季节弱(图 5.22b)的重要原因。

对于 150～300 hPa 的高度,如上所述,雨季由于增强的上升运动、降水凝结潜热和感热加热,大气表现为热源,但在干季,Q_1 表现出很强的冷却效应($<-10\ K\cdot d^{-1}$)(图 5.22b),而该高度层内能够反映水汽凝结潜热的 Q_2 却很弱(图 5.22d),这表明水汽凝结潜热对于干季中高层大气冷源形成的贡献很小。同时,该高度层的下沉运动最强,干季减弱的地面感热无法充分地上传到中高层大气,而中高层大气净辐射冷却很强,因此,使得干季试验区中高层大气 Q_1 表现为强冷源。

试验区高层150 hPa以上的热源最强，该高度 Q_2 几乎为0，表明高层几乎不存在水汽凝结导致的潜热加热/冷却(但在夏季存在水汽凝华/过冷水凝固形成高云的潜热释放过程)，因此水汽凝结潜热不是高层热源的主要因子，同时地面感热几乎不对高层大气起作用，因此试验区高层的大气强热源极有可能和太阳辐射加热有关(Yanai et al.，1992)。图5.22b表明冬春干季的高层热源强于夏秋雨季，且冬季最强，而在雨季，由于高云的存在，抵消了一部分太阳辐射。

总之，从试验区大气的热量和水汽收支项来看，夏季当地的热量变化最小，水汽变化最大，此时地表感热通量与整层大气的潜热释放最强，大气辐射冷却最弱。大地形、高海拔和强太阳辐射导致那曲试验区全年在500 hPa以下存在暖平流，500 hPa以上由于强烈的西风和辐射冷却存在冷平流，冷平流强中心分别位于125 hPa和300～400 hPa。此外，试验区整层大气全年以干平流为主，但在夏季出现了较弱的湿平流，补充了试验区的水汽。

那曲试验区全年视热源 Q_1 的垂直分层特征十分明显，Q_1 在500 hPa以下表现为冷源，300～500 hPa和100～150 hPa表现为热源，150～300 hPa则在冬春干季表现为冷源，在夏秋雨季表现为热源。不同高度层的冷、热源的形成原因不同：其中近地面冷源的形成与地表蒸发冷却和辐射冷却有关，干季中高层150～300 hPa的大气冷源则与中高层大气强辐射冷却有关；而干季中层300～500 hPa的热源与水分形成中层云释放的潜热以及中低层干对流对地表感热的垂直输送有关，高层热源则可能与太阳辐射加热有关。雨季6—9月，试验区基本整层为热源，这主要是由增强的大气上升运动、感热湍流输送和水汽凝结降水潜热造成的。

5.3 青藏高原卫星遥感反演分析数据集

5.3.1 青藏高原地-空多源降水和总储水量反演技术

青藏高原地-气耦合系统变化对区域及全球能量和水交换的影响是国际大气-水文领域研究的热点和难点，其中缺乏长期稳定的降水和总储水量资料是关键制约因素。2015年，洪阳等在项目“青藏高原地-空多源降水和总储水量反演及其在区域水交换研究中的应用”中，以发展国际领先的高原地-气系统关键参数的反演融合理论方法为核心，同化集成地-空多源观测资料及其在水交换研究中的应用为主线，开展了以下四方面研究：①发展星-地雷达三维降水回波物理融合机理VPR-IE；②开发基于遥感-台站多源降水融合新算法iMERG-QZ，并发布1 h、1～4 km的降水产品(1998—2018年)；③校正并回推高原重力卫星总储水量产品(1979—2018年)GRACE-QZ；④集成并发布一套时空连续、物理一致的长期数据集，并同化到陆面模型中探讨高原水热通量和区域水量平衡时空变化Water-QZ。生产发布的降水和水储量变化的高质量数据集，为青藏高原重大研究计划提供了关键数据支撑；深入分析青藏高原降水规律、水储量分布、陆表径流变化等，提升了对高原水交换过程的认知；与全球降水和重力卫星计划深度合作，做出了中国特有的贡献。

(1)星地雷达数据分析及三维降水回波物理融合机理与方法 VPR-IE

①建立降水垂直结构气候态参数库

青藏高原由于其独特的地形和降水微物理过程，对其东部下游大气边界层的热力学和动力学结构有很大的影响。Zhong 等（2017）通过使用热带降雨观测卫星搭载的降水雷达(TRMM PR)11 a 来的数据，分析不同降水类型的季节性反射率垂直剖面(vertical profiles of reflectivity，VPR)，时间为 2004 年 1—12 月，区域为青藏高原东部下游地区的川渝大区。由于地形复杂，地基雷达网络难以准确测量该区域的地表降水，此外，该地区也容易发生灾难性的洪水和泥石流。TRMM PR 具有 13.8 GHz 的频率(2.2 cm 波长)，在最低点和 0.25 km 的距离分辨率下，视场直径约为 5.0 km(在 2001 年 8 月之后)。该雷达的标称灵敏度约为 18 dBZ，已经进行了精确校准以确保其稳定的数据质量。

图 5.23 给出了 TRMM PR 雷达反射率垂直剖面，粗实线表示第 50 百分位曲线。为了计算频率，反射率和高度的间隔设置为 0.1 dBZ 和 250 m。在川渝大区中，对流类型出现的概率比层状类型低，并且后者的近 60%具有不明显的亮带特征。层状结构的最大反射率可能小于 35 dBZ，层状降水中 BB 峰值反射率小于 32 dBZ 的样本占到了 90%，对流降水最大反射率超过 35 dBZ 的样本则超过了 40%。由于地形复杂，对流和层状两种类型大多发生在中部地区 2～5 km 和东北部地区 5～6 km 范围内。与在中国平原地区观察到的百分位数曲线相比，青藏高原东部下游地区的复杂地形使得低海拔空间可用数据较少，这种情况导致了百分位数曲线下部的偏斜斜率。此外，研究区域较大的反射率出现的频率低于平原区，这意味着青藏高原的东部下游区域的对流类型更浅、更弱。

图 5.24 显示了研究区域中由层状降水的 TRMM PR 数据得出的气候态 VPR。它给出了春、夏、秋、冬不同季节不同降雨强度的校正比率(dB)，这些降雨强度是通过对具有不同近地表面反射率的 VPR 进行分类和平均得出的。研究假设位于冰点以下 2 km 处的点具有近地表降雨量，被选为参考点。每个季节的五条曲线给出了校正数字，这些数字被添加到地面气象雷达观测中。例如，对于春季 30 dBZ 曲线，校正比在 2 km 处约为−7 dBZ。如果地面气象雷达在冰点以上 2 km 处测量数值为 20 dBZ，则可以推断近地表面反射率为 27 dBZ。因此，可以将雨云冰层中的基于地面的气象雷达测量结果校正到雨区。此外，从图中可以看到，由于地面杂波的影响，VPR 剖面在靠近地面处往往不可用，为了避免此影响，距离参考层 1 km 以下的值最好设置为常数。研究得出：由于不同的微物理及动力过程，降水类型和强度都对反射率垂直廓线的结构影响很大；层云系统发生中雨及大雨时其冰雪区的聚合反应效率明显较发生小雨时高，冬季地面降水的强度决定了不同垂直层水凝物转化的贡献作用；VPR 特征参数具有一定的区域性和季节特征；地形对对流云 VPR 雨区斜率的影响特别明显；边界层的相对湿度对 VPR 的雨区斜率也有影响。

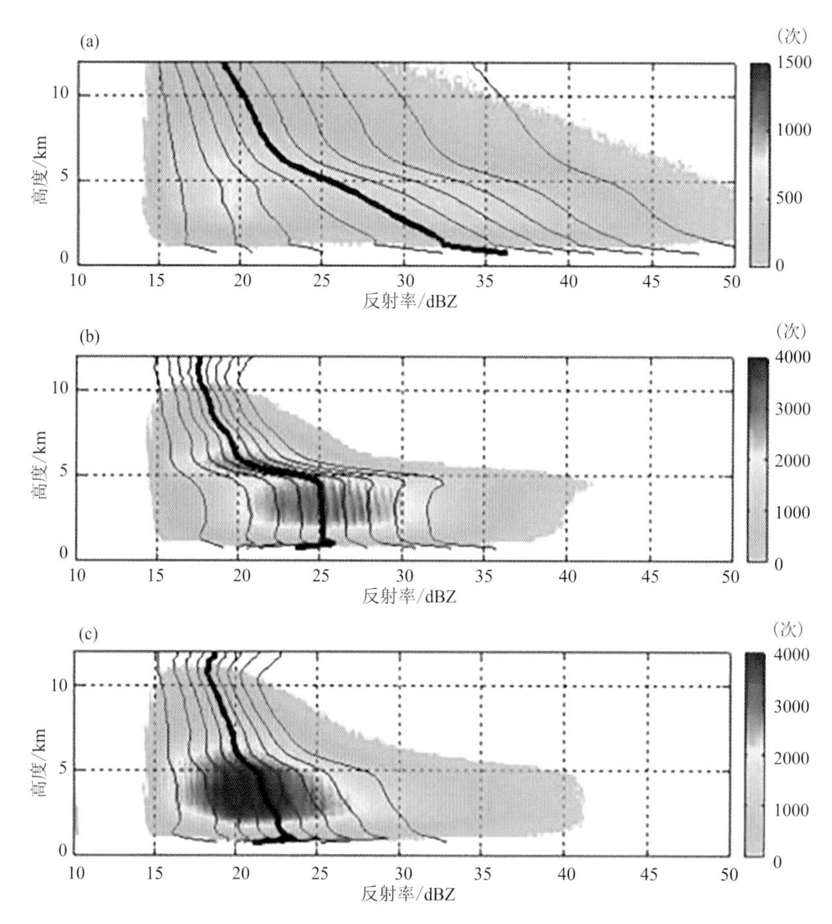

图 5.23　整个 PR 数据集的雷达反射率的垂直剖面。色标表示 0.1 dBZ 反射率和 250 m 高度间隔的出现次数 N，九条实线表示第 10 至 90 百分位数，间隔为 10%。粗实线表示第 50 百分位曲线

(a)对流；(b)层状；(c)层状-可能是降水

②青藏高原降水-地形关系研究

地形对降水有显著影响。例如，山脉的迎风坡往往会有更多的降水，而背风坡则会减少，形成著名的雨影。传统上，雨量计观测是降水-地形关系研究的重要数据来源。例如，PRISM (Parameter-elevation Regressions on Independent Slopes Model)产品被广泛用于将点观测分布到规则网格单元，该产品详细考虑地形高度的复杂影响。青藏高原及其周边地区（包括喜马拉雅山脉、横断山脉和昆仑山脉）的降水-地形关系复杂，这些山脉阻挡了来自印度季风、西风和东亚季风的水汽，形成了青藏高原独特的降水特征，导致沿着青藏高原边界的降水急剧减少。Tang 等 (2018)利用 17 a TRMM PR 数据和 2 a 全球降水测量(GPM)双频降水雷达(DPR)数据(GPM DDR)，分析了青藏高原降水与地形的关系。首先，使用地基降水数据集在 TP 中量化两个雷达的反演和总误差。根据检验结果，TRMM PR 和 GPM DPR 都显著低估了降水量，总误差分别高达 40%和 53%(图 5.25)，在青藏高原东部 TRMM PR 的误差则显著降低，表明雷达的误差主要来自地形影响，另外一个显著的特征是 TRMM PR 显著高估了喜

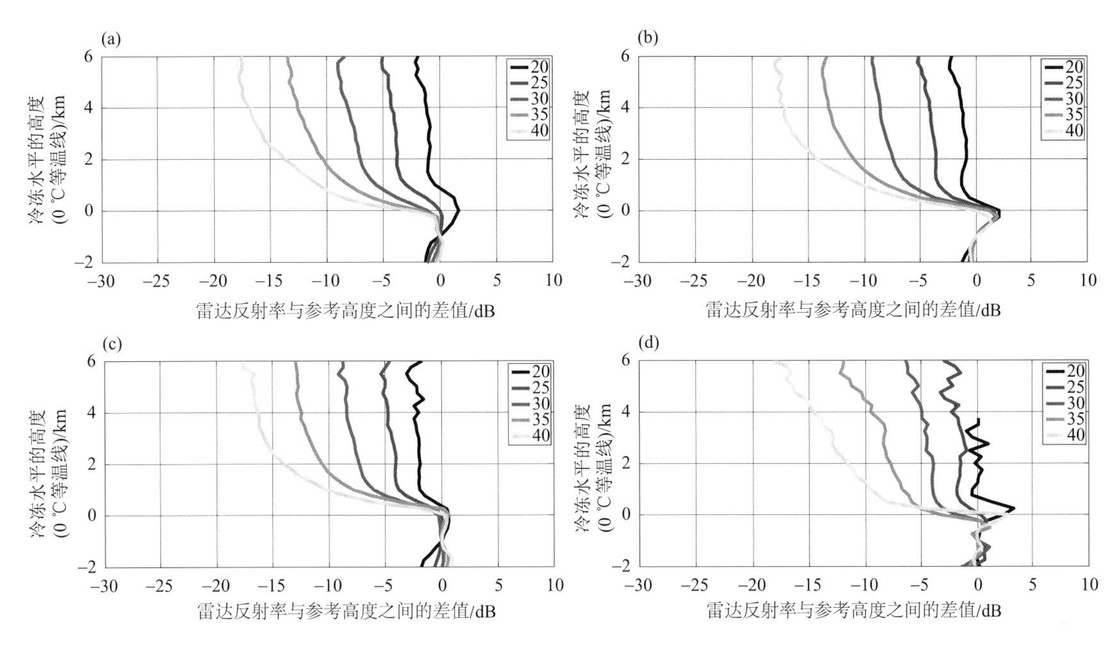

图 5.24　春(a)、夏(b)、秋(c)、冬(d)四季的层状降水类型的 S 波段气候 VPR(即以 dB 为单位的修正比)。实线由 VPR 计算,VPR 已经通过 20、25、30、35 和 40 dBZ 的近表面反射率分类

马拉雅山脉南坡的降水,部分原因是在一些地形高度很大的网格地面杂波极大地影响了 TRMM PR 的反演质量。GPM DPR 由于时间较短,采样误差较大,所以总误差的分布规律性不强,但是在青藏高原仍然是显著低估。研究以流域为单位计算了青藏高原 17 个流域的总误差,对于缺乏站点的流域其误差数值以相邻流域进行替代,可以看到对 TRMM PR 而言各个流域误差值较为平稳,唯一的例外是恒河流域,降水被雷达高估。TRMM PR 和 GPM DPR 的降水使用流域相对误差进行了校正,之后再应用于降水-地形研究。

图 5.26 显示了 10 个流域中 TRMM PR 的平均降水分布,部分存在严重高估的网格单元被剔除了,否则曲线和拟合结果可能会出现偏差或甚至逆趋势。除 4 个内流盆地(即内流流域 A、内流流域 B、内流流域 C、内流流域 F)以外的所有流域的确定系数(R^2)均大于 0.94,表明指数拟合非常适合这些地区。相比之下,对于 4 个内流流域,降水-地形高度关系不那么突出和稳定,有两个原因可能导致这种现象:首先,内流盆地地形特征是高海拔(>4000 m)和小地形起伏,降低了降水的地形效应;其次,内流盆地气候较为干燥,降水强度的范围较窄,难以得出显著的降水-地形高度关系。

为了研究降水在喜马拉雅山脉南坡的分布,首先定义三个特征地形高度(图 5.27):E1 代表降水下降到 0.05 mm・h^{-1}以下的地形高度,此时认为地形降水效应已经基本消失,降水达到极小和稳定的数值;E2 代表降水第二个峰值出现的位置,如果是单峰模式则代表单一峰值的位置;E3 代表南坡中段第一个降水峰值的位置。根据研究,E1 的数值为(4.3±0.6)km(平均值±标准差)。E2 的数值为(1.5±0.8)km,标准差数值较大是由于东西方向差异很大,考虑东端,E2 的数值为(0.6±0.3)km,数值较低,是因为受到了西隆高原和若开山脉(Shillong

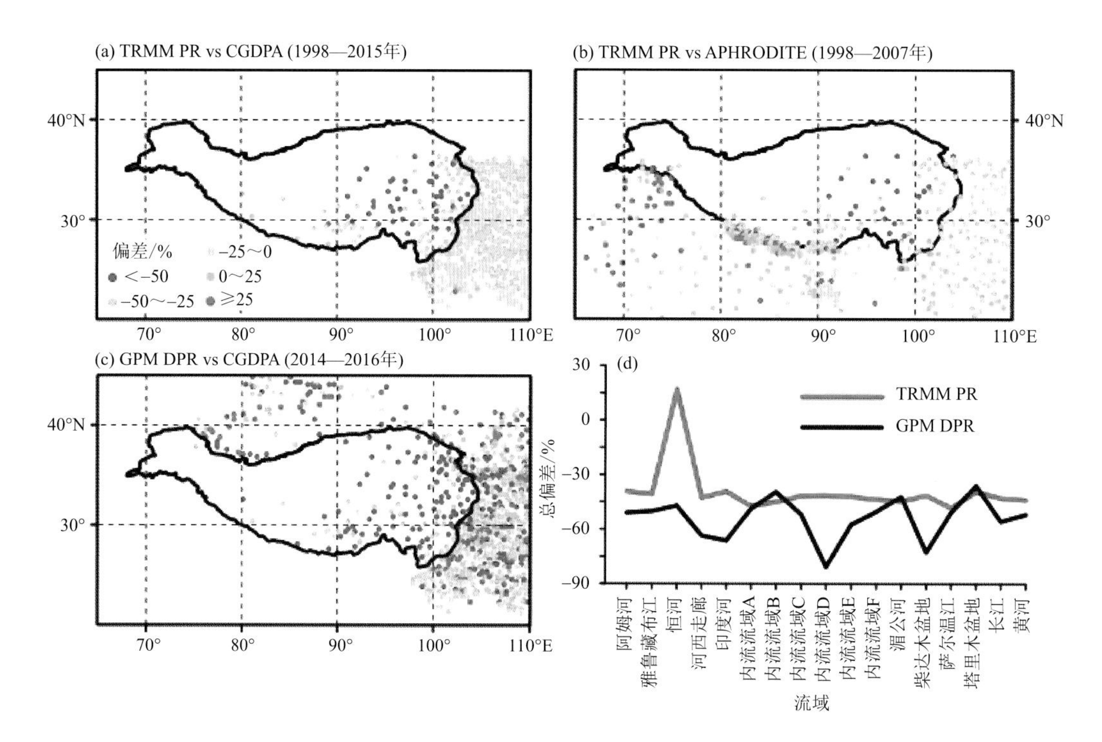

图 5.25　以 CGDPA(a)和 APHRODITE(b)为基准计算的 TRMM PR 总误差的空间分布；(c)以 CGDPA 为基准的 GPM DPR 的误差；(d)以 CGDPA 为基准的青藏高原每个流域的总偏差

(TRMM PR：TRMM 雷达估测降水；CGDPA(China Gauge-Based Daily Precipitation Analysis)：国家气象信息中心基于地面雨量计的逐日降水分析产品；GPM DPR：GPM 雷达估测降水)

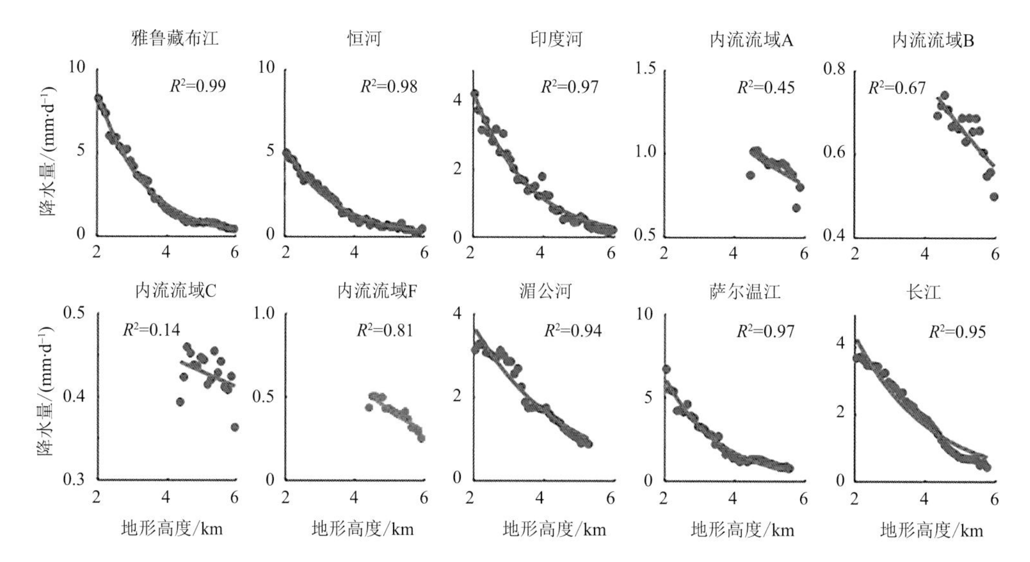

图 5.26　青藏高原 10 个流域 TRMM PR 平均降水随地形高度的分布，红色曲线基于指数拟合

Plateau 和 Arakan Mountains)的影响。

得出的主要结论为有：①降水量一般随着海拔 2～6 km 的增加而降低。然而，柴达木盆

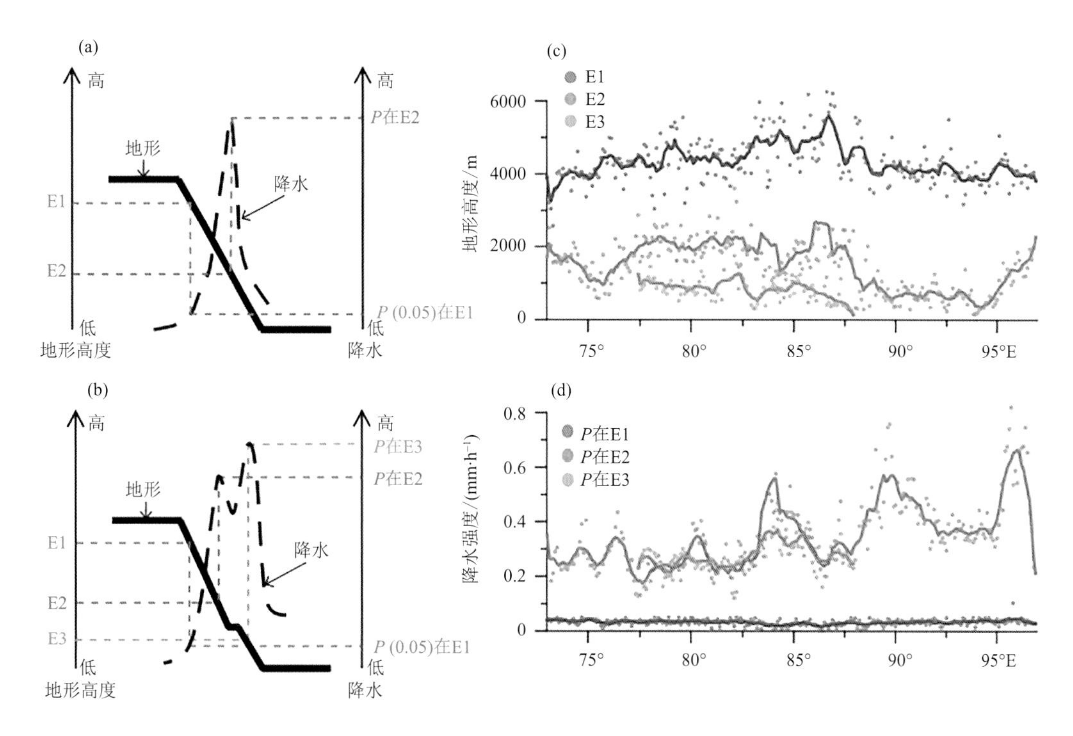

图 5.27 ((a)、(b))喜马拉雅山脉南坡特征地形高度 E1、E2、E3 的定义,(a)代表降水 P 的单峰模式,(b)代表降水的双峰模式。((c)、(d))表示南坡 73°～97°E 地形高度(c)和降水(d)在三个特征地形高度的分布

地的趋势是相反的,其特点是内陆盆地降水极低,周围山脉迎风坡的降水量很大;②使用指数拟合可以描绘青藏高原大多数外流流域的降水和海拔之间的定量关系,6 个流域的拟合确定系数均高于 0.9;③由于样本数较少,基于 GPM DPR 数据的降水-地形高度关系不太稳健,与 TRMM PR 相比,GPM DPR 的优势在于解决了高海拔某些网格像素中过高估计降水的问题;④三个典型的山脉(即喜马拉雅山脉、横断山脉和天山山脉)在降水和海拔高度之间呈现着负相关,特别是喜马拉雅山脉南坡中段(78°～88°E)有两条降水峰值带,对应于两级抬升的地形,这两条降水峰值带也影响了植被分布。

(2)青藏高原地-空多源多尺度降水融合方法研究 IMERG-QZ

①新一代多卫星遥感降水产品在青藏高原的评估及误差分析

Ma 等 (2016) 开展青藏高原小时尺度的 GPM 卫星降水产品评估,通过比较 GPM IMERG 与 TRMM 3B42V7 两种降水产品,如图 5.28 所示,得出的主要结论是:青藏高原地区的 IMERG 表现要优于 3B42V7,尽管两种产品的误差特征在空间分布上呈现相似的趋势。随着海拔的升高,两种卫星降水产品没有明显的差异性,不过在海拔 4200 m 以上,IMERG 在命中率方面要弱于 3B42V7,也就是说,GPM 降水反演能力在高海拔地区还有待于进一步提升。相比于地面稀疏的雨量计产品,遥感卫星降水产品可以提供更大范围的降水信息,这对于水文学家去认识偏远地区的降水特征提供了崭新的工具与途径。比如有研究指出通过,3B42V7 驱动分布式水文模型 CREST 可以得到更加准确的径流变化过程,而对于地面资料而言,明显没有这方面的优势。GPM 作为 TRMM 时代的继承者,其降水产品 IMERG 在水文模拟方面

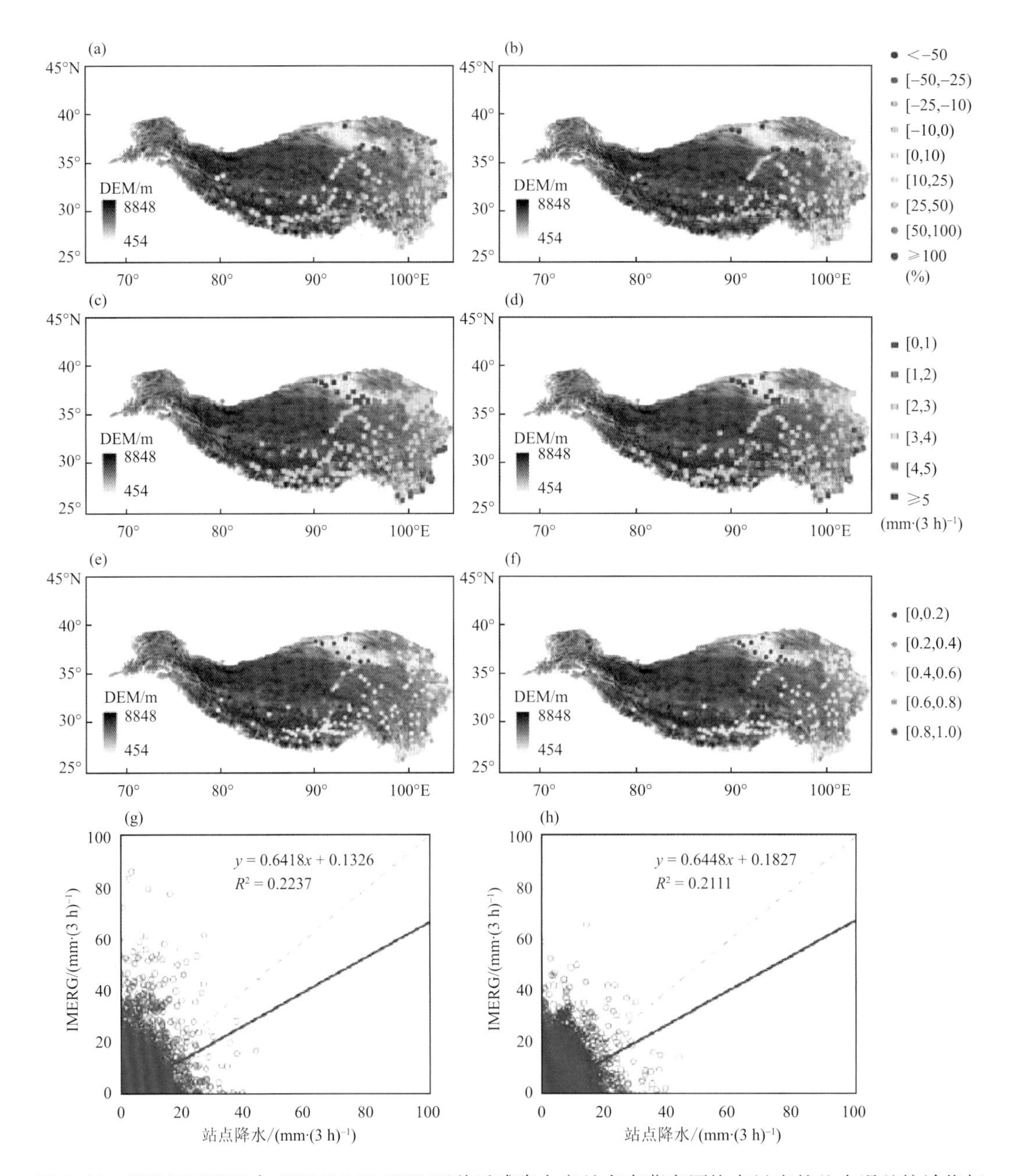

图 5.28 GPM IMERG 与 TRMM 3B42V7 两种遥感降水产品在青藏高原格点尺度的几个误差统计指标（即相对误差 RB（第一行）、均方根误差 RMSE（第二行）、相关系数 CC（第三行））的空间分布（DEM 为海拔高度），左列代表的是 GPM IMERG 产品，右列代表的是 TRMM 3B42V7 产品。(g)为 GPM IMERG 产品降水与站点观测降水散点图；(h)为 TRMM 3B42V7 产品降水与站点观测降水散点图

的潜力还有待于深入挖掘。

②基于动态贝叶斯多模型集成算法的青藏高原多卫星降水融合产品 EMSPD-DBMA

基于动态贝叶斯多模型集成算法研制了青藏高原多卫星降水融合产品 EMSPD-DBMA，

Ma 等（2018）从误差统计和水文应用两个维度系统地评价分析了该产品在青藏高原地区的表现情况，如图 5.29 和图 5.30 所示。通过与地面观测资料、两套最为主流的遥感降水产品 GPM IMERG 与 GSMaP-MVK 进行统计误差分析，以及与 MSWEPV2 从水文应用角度进行比较，综合分析结果认为 EMSPD-DBMA 在青藏高原近 15 a 来的表现整体可以接受，较好地反映了青藏高原时空变化趋势，并且在流域尺度上的水文径流模拟结果可以反映真实径流的变化特征，验证了本套融合降水产品在青藏高原的可行性。

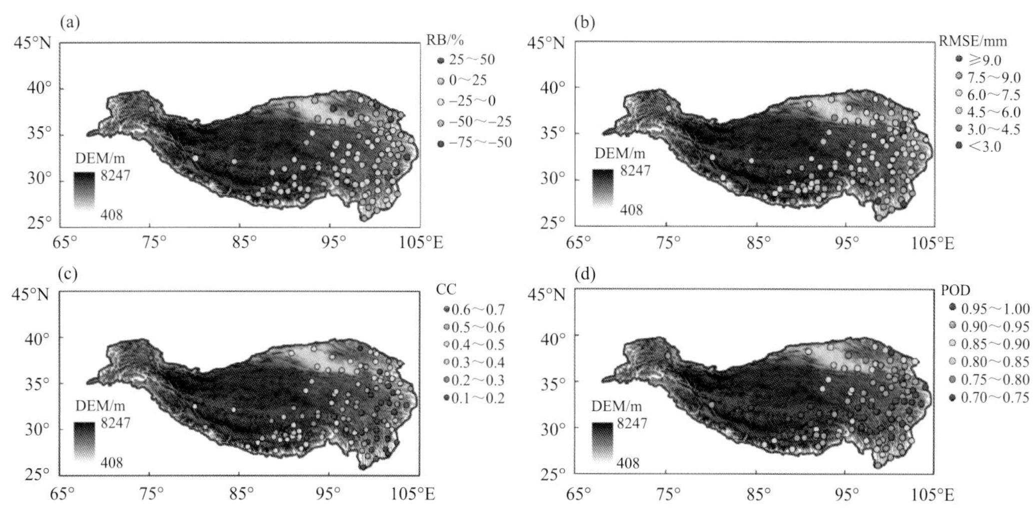

图 5.29　EMSPD-DBMA 在青藏高原地区与地面台站资料比较后的多个误差统计指标的空间分布

(a)相对误差 RB；(b)均方根误差 RMSE；(c)相关系数 CC；(d)命中率 POD

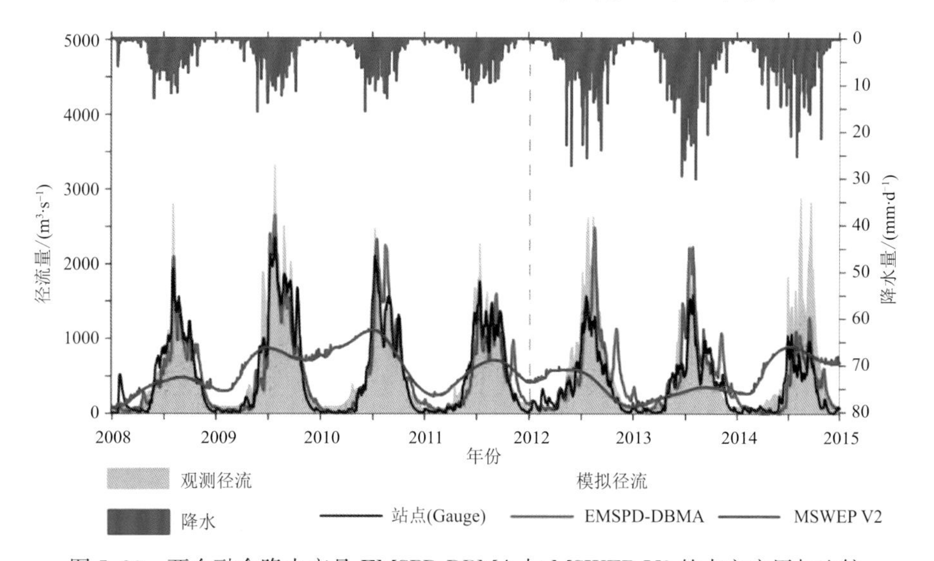

图 5.30　两个融合降水产品 EMSPD-DBMA 与 MSWEP V2 的水文应用与比较

③全国 1 km 站点-雷达-卫星融合降水数据集开发

基于高密度规划降水观测/高分辨率天气雷达定量降水估算（QPE）和无缝卫星降水估算，利用局部规范校正（LGC）和最优插值（OI）方法，开发了 1 km 站点-雷达-卫星融合降水数据集。首先，使用大约40000个自动气象站的数据评估并校正中国气象局(CMA)和CMORPH降水产品开发的雷达QPE组系统(QPEGS)在0.01°和1 h分辨率下进行偏差校正。由于降水事件在小时和0.01°分辨率下往往具有更局部的分布，因此，研究使用OI方法改善了三个核心参数，包括在中国的6个子区域解释了雷达QPE的误差方差的空间依赖性，并展示为站点降水的非线性函数；雷达QPE的误差相关性的空间依赖性随距离呈指数下降；将基于小时计量的降水分析的误差量化为降水量和站点网络密度的函数，使用蒙特卡罗方法在密集站点网络上随机抽样测量观测值。使用来自208个独立水文站的降水观测，以6 h时间分辨率和0.03°×0.03°空间分辨率评估1 km站点-雷达-卫星融合降水数据集(命名为中国融合降水分析：CMPA_1km)。与雷达QPE和CMORPH相比，CMPA-1km在所有子区域和所有季节都表现出明显更好的准确性。相比之下，站点数据和CMPA-1km具有相似的准确度，但后者可以比前者更准确地估算强降水，同时后者具有无缝空间覆盖的优势。然而，CMPA-1km在寒冷季节表现出更大的不确定性，这将需要在未来的工作中进一步改进。降尺度后的0.01°分辨率CMORPH数据被用来填补区域的空白，主要是在中国西部和青藏高原，那里的雨量站和雷达覆盖有限。受高空槽和低空切变线的影响，2015年6月广西中北部地区、湖南中南部、江西中北部和中国浙江省大部分地区出现暴雨。

(3)青藏高原重力卫星总储水量变化的校正和回推GRACE-QZ

①重力卫星总储水量变化监测校正研究

在传统的水储量计算中，陆地水储量变化经常在多年尺度的研究中被忽略，认为长时序水储量变化是稳定的。然而对于时间尺度较短(如月尺度和季节尺度)来说，陆地总水储量具有明显的变化，这对于水量平衡及水文应用都具有重要意义。GRACE重力卫星监测的月尺度总水储量变化在水文研究领域应用广泛。但现有GRACE数据处理方法在不同区域存在不同的误差。青藏高原地区陆地总水储量变化对于该区域水文研究意义重大，高精度高分辨率的GRACE监测数据能够更精确分析和评估青藏高原总水储量变化。因此，改进现有GRACE数据处理算法，建立更适合青藏高原的GRACE总水储量变化监测数据具有科学和实际意义。

下面分析使用两种尺度因子恢复后的长江流域及流域上游和下游的陆面水储量(GRACETWSA)时间序列。在整个流域来说，使用由全球水文模型(PCR-GLOBWB)尺度因子(1.00)恢复的GRACETWSA与经过滤波的GRACETWSA基本一致，由CLM4.0尺度因子(1.37)恢复的GRACETWSA的振幅比基于PCR-GLOBWB尺度因子恢复的GRACETWSA振幅大37%。这两种尺度因子恢复的GRACETWSA在每年的湿润期(7—9月)和干旱期(12月—次年4月)有较大的差异，其平均绝对误差分别为17.7 mm和11.2 mm。在流域上游，两者尺度因子相似(PCR-GLOBWB为1.22，CLM4.0为1.19)，由此恢复的GRACETWSA也基本一致。在流域下游，两者的差异较大，平均绝对误差分别为33.1 mm(PCR-GLOBWBH)和21.1 mm(CLM4.0)。总体上，GRACETWSA的相对不确定性随着面积的增大而增大，对于整个流域、上游和下游分别为20%、28%和31%。基于尺度因子的GRACE信号恢复能够减小GRACE数据处理过程中的偏差和遗漏误差，得到更精确的GRACE总水储量变化信息，更准确地获取并分析青藏高原的总水储量变化情况。目前基于该方法已建立青藏高原优化后的GRACE总水储量变化数据库，空间分辨率为1°和25 km，数据覆盖时间范围为2002年4月—2017年1月，数据单位为mm，数值意义为总水储量相对量。

②GRACE重力信号重建回推研究

GRACE卫星自2002年成功发射以来一直为水文领域应用提供重要支撑，然而短时序的GRACE数据限制了其在长时间尺度研究中的应用，而长时间序列的水储量变化对于区域历史水文情况的研究有重要意义。青藏高原地区水储量变化对于区域水文状况的研究十分重要，长时序的陆地水储量变化研究能够对该区域总水储量变化情况有更详细和准确的认识，而目前GRACE总水储量数据的时间范围为2002年1月—2017年1月，限制了对青藏高原长时序水文状况的研究。因此，Long等（2014）旨在扩展GRACE总水储量变化的时间序列，结合GLDAS陆面模型和多源降水数据，回推GRACE卫星发射之前、重建GRACE卫星降落之后的水储量变化，重建青藏高原1979—2018年的陆地总水储量数据。具体来说，Long等（2014）基于人工神经网络（artificial neural network，ANN）网络原理，使用GLDAS陆面模型、站点及遥感多源降雨数据以及气温数据，对GRACE重力信号进行回推及重建。ANN方法能够模拟高维非线性的数据关系，由从输入到输出的单向信息流组成，适用于模拟较难校正、缺少物理机制的模型。使用的ANN包括1个输入层、1个隐藏层和1个输出层。其中输入层数据为降雨（P）、气温（T_a）和土壤水储量（soil moisture storage，SMS），降雨和气温数据来自于气象观测站点，土壤水储量数据来自于GLDAS-1Noah模型数据。输出层为GRACETWSA数据。土壤水储量与GRACETWSA有较强的相关性（相关性约为0.9），降雨数据能够快速响应土壤水和地下水储量的变化，气温能够间接反映蒸散的影响。研究分为3个情景：第一种情景输入数据为NoahSMS和站点月平均值降雨数据；第二种情景包括Noah和站点月平均气温；第三种情景包括NoahSMS、站点降雨和月平均值气温。

由ANN方法模拟的GRACETWSA与现有数据有较好的相关性，其中决定系数达到0.91，偏差为−21 mm，RMSD为28 mm。图5.31为根据ANN回推的云贵高原1979年2月—2012年9月的GRACETWSA。通过不同的滤波方法消除了季节和TWSA高频噪声的影响，最后获得的趋势整体上保持一致。在1980年左右，TWSA整体保持平稳，从1990年开始，TWSA以（5.9±0.5）mm·a^{-1}的速度上升，2000年之后TWSA以（−31.2±0.8）mm·a^{-1}的速度下降，在2004年春季达到最低值，之后以（22.2±1.8）mm·a^{-1}的速度上升，在经历2008年夏季的严重洪水事件之后，TWSA以（−15.6±3.2）mm·a^{-1}的速度下降，期间在2010年春季发生干旱。另外，土壤湿度参数的振幅相比于TWSA更低，尤其是每年TWSA峰值期间。整体上，TWSA和SMS的相位变化比较一致。

（4）高原长期稳定数据集陆面过程同化及区域水交换变化分析Water-QZ

①青藏高原地表水量的时空变化趋势及成因

全球变暖背景下，青藏高原地表径流变化对我国水资源战略储备具有重要意义。本节选取青藏高原外流区六大流域作为研究对象，基于流域内24个水文站（1956—2013年）的径流

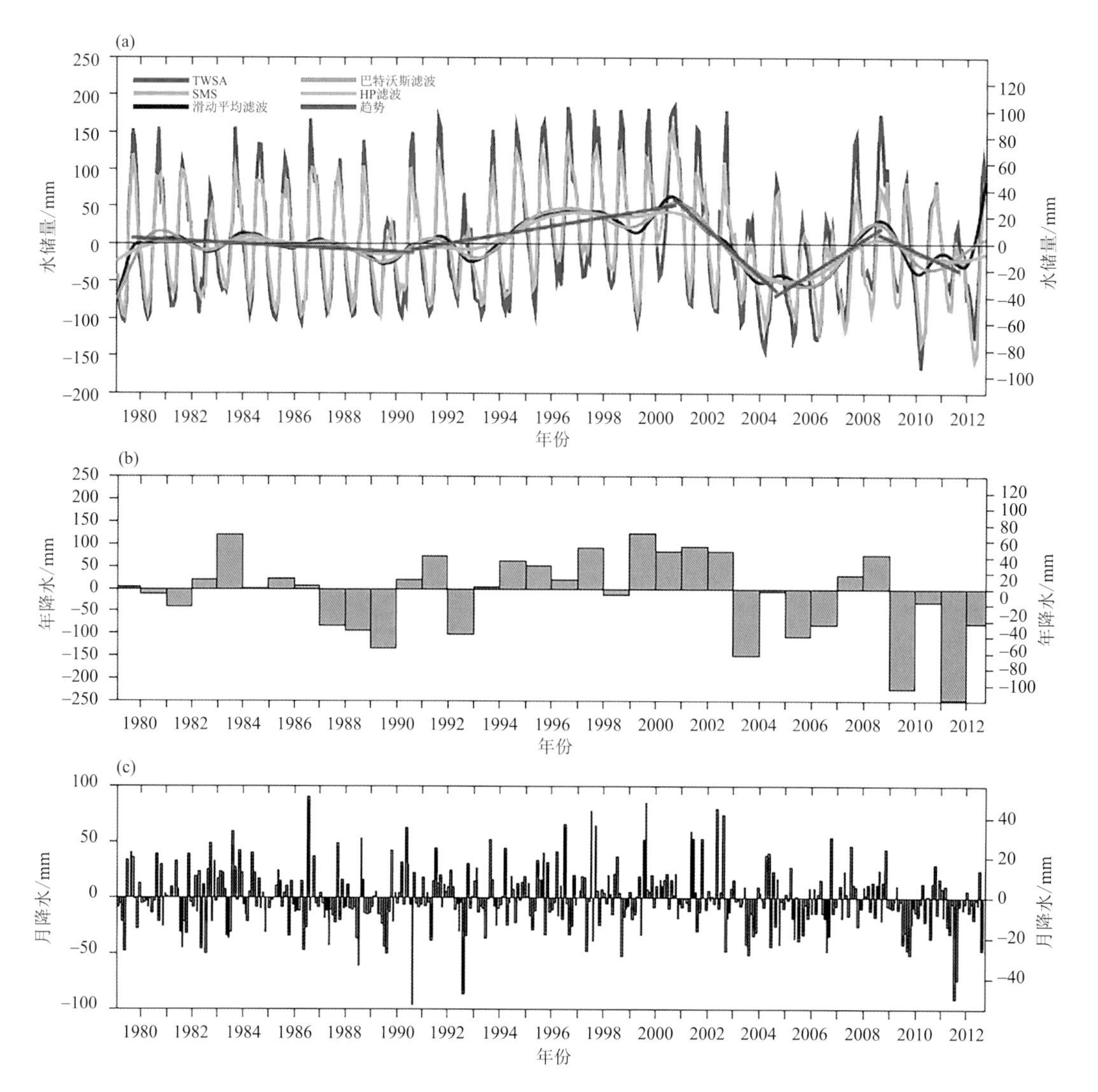

图 5.31　由 ANN 重建的 1979 年 2 月—2012 年 9 月云贵高原的 GRACETWSA，红色线条为由滑动平均滤波建立的 5 段线性趋势，灰色线条为使用巴特沃斯(Butterworth)滤波的 TWSA 趋势，绿色线条为经 Hodrick-Prescoot(HP)滤波获得的 TWSA 趋势。左侧坐标轴为未滤波前的距平值，右侧坐标轴为滤波后的值

(a)水储量；(b)年降水；(c)月降水

资料揭示青藏高原水量的时空变化及成因。如图 5.32 所示，总体上，过去半个世纪以来，青藏高原径流在增加(17/24 增加，7/24 减少)，特别是中部站点的径流大多在增加，而青藏高原的东部局部站点径流有减少趋势，但大多不显著；两个水文站的径流呈现明显的变化趋势，位于金沙江上游的沱沱河水文站径流呈明显上升趋势，位于澜沧江下游的允景洪水文站径流呈明显下降趋势；而其他的水文站则未发现明显的径流上升或下降趋势。另一方面，从径流年际变化来看，除了黄河流域，青藏高原多数径流站的径流在 2000 年后呈现上升趋势，而在 2000 年

之前,径流变化不是特别明显。近几十年,青藏高原的气温不断升高,同时降水呈现增加的趋势,不断增加的降水引起了径流上升,此外青藏高原的风速、日照时长、相对湿度呈现下降的趋势,进而导致蒸发皿蒸发下降。研究还发现,在2000年左右青藏高原气候开始转型,降水、蒸发皿蒸发、风速、日照时长、相对湿度在2000之后的变化趋势和2000年之前的变化趋势相反,转型前的青藏高原朝着暖湿化发展,转型后的青藏高原则出现暖干化的趋势。

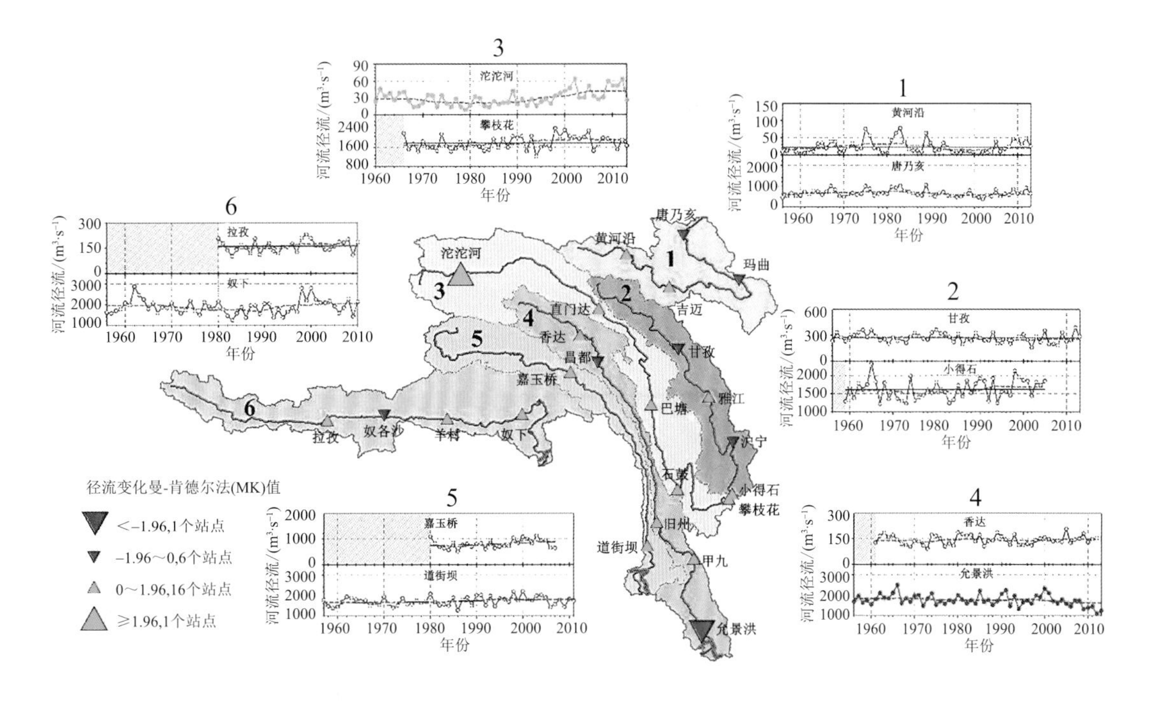

图5.32 青藏高原六大流域(用数字1~6表示)主要河流径流变化

②卫星降水反演在青藏高原的误差溯源

在青藏高原高精度地面观测验证的支撑下,通过构建传感器反演信息与网格化降水数据的关联,从而追溯多卫星反演降水数据中不同传感器误差的特性,这对于揭示卫星降水误差的产生机理、开展基于传感器源误差的高寒山区卫星降水数据地面订正工作具有重要意义。图5.33在青藏高原对GPM时代主流降水产品GPM-GSMaP的7种成像器(imager)微波、4种探测仪(sounder)微波和1种融合全球红外观测的CPC变形技术(morph)进行误差的解剖与分解:(a)定义了新的表征传感器数据对降水事件探测能力的评价框架:真实命中/漏报率可以表征传感器对降雨事件的捕捉能力,真实误报率可以表征传感器对非降雨事件的误报程度。(b)剖析了不同数据源在不同降水事件的总体误差:imager优于sounder;不同卫星上的同种传感器之间也可能出现较大差异。(c)探究了不同传感器源误差随降雨强度的分布:总体表现为低雨强高估、高雨强低估;TMI和GMI在强降雨的监测上具有明显优势;在缺乏微波观测的时空域,morph降水反演并不适于中、高雨强。(d)讨论了传感器在稳态与非稳态下误差特性的变化:在卫星燃料耗尽、轨道高度不断降低的情况下,传感器的命中、误报误差将急剧增大。

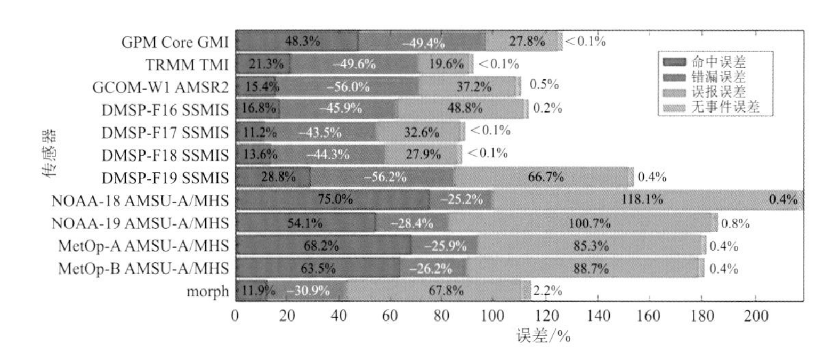

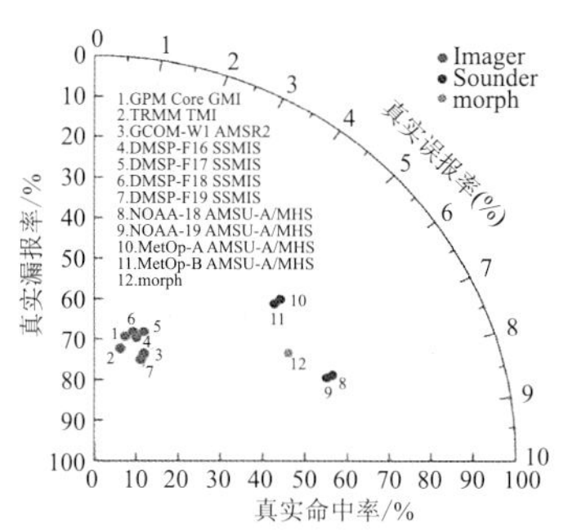

图 5.33　GPM 的误差溯源及误差组分分析

(5)星载雷达对地形雨监测研究及高原降水对地形的依赖

星载雷达可以提供高精度、高分辨率的三维降雨回波，是 TRMM/GPM 主卫星被动微波的校正基准。星载雷达的测雨误差主要来源于雷达测得的回波强度与实际降雨转化关系的不确定性，这种不确定性是由于不同地区、降雨类型、季节产生不同的雨滴谱所致。图 5.34 比较了 TRMM PR 和 GPM DPR 在不同降雨类型中的差异：①TRMM PR 和 GPM DPR 降雨在类型判定上存在差异，对流雨事件约占 40%，层状雨事件约占 10%。②TRMM PR 和 GPM DPR 在陆地上的降水反演差异大，主要体现在对流雨事件中；海洋上差异小，主要体现在层状雨事件中；此外，由于雷达降水反演对降雨类型的依赖性，当两种雷达对降雨类型的判定不一致时反演差异最大。③两种雷达在深对流中一致性较好，而在浅对流中 TRMM PR 整体比 GPM DPR 高 50%。星载雷达测雨的地形效应有如下结论：①在全球尺度的相互对比中，TRMM PR 和 GPM DPR 对层状雨的观测并没有随地形起伏体现出明显差异，而对于对流雨的观测受地形影响很大。整体上，TRMM PR 在对流雨中的观测值偏高，这种偏差随着地面

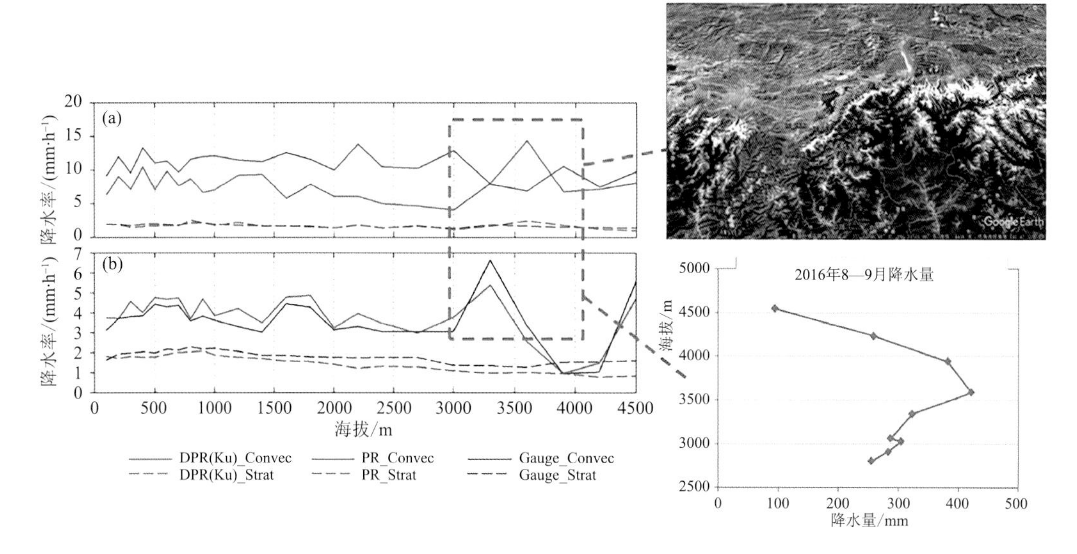

图 5.34　星载雷达的地形雨监测特性(Convec 代表对流雨事件，Strat 代表层状雨事件)
(a)全球尺度 DPR 和测雨雷达(PR)对比；(b)亚东河谷降水观测网 DPR 评估

地形高度的增加而增大。值得注意的是，当海拔为3000～3500 m之间时，GPM DPR的观测中存在一个降水峰值，TRMM PR并没有捕捉到该降水特征。②中国科学院青藏高原研究所在亚东河谷布设了从海拔2800～4500 m的降水观测网，对该观测数据进行了分析，研究发现：受地形影响，在2800 m地形高度以上降水量随地形高度增加而增大，且在3500 m左右达到峰值。在中国气象局地面观测数据的验证下，证实了TRMM PR在对流雨监测中的整体性高估，而GPM DPR与实测数据非常吻合，且捕捉到了青藏高原海拔3000～3500 m的降水峰值。综上所述，GPM DPR相对TRMM PR不但在数据质量上有整体性的提升，特别是在青藏高原地形雨的监测上具有显著优势。

(6)取得的主要结果

过去50 a来青藏高原地表径流呈现不显著的增加趋势，降水的增加是青藏高原水量增多的主要原因；青藏高原羌塘内流区年均降水量在200 mm左右，存在水量不平衡现象，部分水量渗漏到羌塘外部。卫星降水反演存在低雨强高估、高雨强低估的特性；TMI和GMI传感器在强降雨的监测上具有明显优势；卫星降水反演误差的大小和时空尺度有关；GPM DPR在青藏高原地形雨的监测上展示出一定的优势；固态降水和微量降水是卫星降水反演未来需要改进的方向。当遥感降水资料驱动水文模型时，水文模型具有一定阈值增益器的作用，卫星降水输入的系统误差低于一定阈值，则输出径流误差增幅不大、甚至有可能衰减，否则输出误差倍增，这种卫星降水误差的水文传递特征可为水文决策者提供更多的过程信息及模拟结果的可信度。

5.3.2 基于FY-3卫星多源遥感资料融合的青藏高原积雪分布技术

获取青藏高原积雪覆盖的高精度时空特性信息，对研究青藏高原地-气耦合系统变化及全球气候效应具有重要意义。目前国内外主流遥感积雪产品在青藏高原地区的判识精度显著偏低，针对这一问题，Zhang等(2017a，2017b)在项目“基于FY-3卫星多源遥感资料融合的青藏高原积雪分布研究”中，综合多种卫星遥感观测优势，在现有高原积雪遥感监测技术基础上，以FY-3卫星多源观测资料为研究对象，实现多源观测资料联合反演青藏高原区域高时空分辨率积雪参数算法并进行地面验证，以满足对历史资料批量处理和后续实时产品延续的需求。本节所介绍的积雪判识算法可有效提高青藏高原地区的积雪判识精度，并优于国际主流积雪产品。此外，在使用开发系统获取长时间序列青藏高原积雪覆盖数据集的基础上，深入分析了长时间序列青藏高原积雪覆盖的时空变化特征，并取得了大量重要科学结论。

(1)基于FY-3/VIRR(可见光辐射扫描计)与FY-3/MERSI(中分辨率光谱成像仪)遥感资料的积雪判识算法

利用卫星遥感监测积雪分布相比地面观测具有明显优势，目前基于FY-3卫星数据在积雪监测方面的研究较少。Zhang等(2017a)借鉴现有积雪卫星遥感监测算法，研究出适用于FY-3/VIRR与FY-3/MERSI资料的积雪判识方法，利用归一化积雪指数和多波段综合阈值实现积雪判识，提取积雪信息生成区域二值化积雪分布图。通过实例分析验证算法有效可行，并与MODIS积雪产品判识结果进行对比，结果表明，FY-3卫星数据可作为积雪遥测的可靠资料来源，可延用于积雪监测与灾害预警业务系统中，促进了国产卫星数据的应用与推广。

①多阈值积雪判别模型

首先，对遥感数据进行人工目视选择不同地物种类的样本进行光谱分析。根据林芝地区和阿里地区八景图像中积雪、裸地、水体和四种类型的云的特点，分别在青藏高原不同时间、不同区域选取样本点，选取的每类样本点数目不少于1500个。选取FY-3B/VIRR L1B的2013年2月2日和7月4日作为试验数据，分别属于积雪的积累期和消融期，研究区域分别选择地势相对平坦的阿里地区和积雪频繁的林芝地区，属于青藏高原内代表性区域。如图5.35所示，左列均选择通道6、通道2、通道1进行R、G、B合成显示，遥感图像中各种地物特征明显，云主要表现出亮白色或灰色，裸地为暗红色，水体及暗色目标表现为蓝黑色，而积雪表现为蓝绿色。由于积雪和部分云的波谱特性极为相似，为了更好地区别积雪和云，根据积雪和云在亮温波段的亮温差来进行区分，如图5.35右列选择通道1、通道6以及热红外通道5进行R、G、B彩色合成显示，发现积雪表现为红紫色，而云主要表现为橙色、黄色、偏红色和绿色，并将这四种颜色的云分别定义为Cloud T1、Cloud T2、Cloud T3、Cloud T4。

将预处理后的青藏高原FY-3B/VIRR数据进行归一化差分积雪指数(NDSI)计算，结合前面选取的七种类型的样本点，获取所有样本点的NDSI值和在通道2上的反射率值，裸地和部分类型的云(Cloud T2和Cloud T4)NDSI值明显小于积雪的NDSI值，设定NDSI阈值为0.38，即可基本去除裸地和部分类型的云对积雪的影响；同时，水体在通道2反射率很低，设定通道2阈值为0.2，就可以排除水体对积雪的影响；但是积雪和另外一部分类型的云(Cloud T1和Cloud T3)不仅NDSI值接近，而且在通道2上的反射率值也接近，这样仅通过通道2的反射率值和NDSI值无法进行区分，给积雪提取带来困难。考虑到积雪和云在红外波段亮温的差异特性，同理获取所有样本点在通道4与通道3上的亮温差值以及在通道5的亮温值，可以发现设定通道4和通道3的亮温差为−40，就可以区分积雪和另外一部分类型的云(Cloud T1和Cloud T3)。

同理，考虑针对FY-3A/VIRR、FY-3A/MERSI以及FY-3B/MERSI数据的积雪信息提取，在进行MERSI数据积雪提取过程中将MERSI通道4取代VIRR通道2，由于MERSI数据没有通道3和通道4，因此仅通过MERSI通道5的亮温来区别积雪和部分云。同样，基于FY-3A/VIRR、FY-3A/MERSI以及FY-3B/MERSI数据采用同样的规则选取合适的样本点并绘制散点图。

②精度评价方法

为了验证积雪的判识精度，说明算法的可行性和合理性，证明数据的可靠性。采用的验证方法主要包括两个方面：基于地面气象站数据的验证和基于高分辨率Landsat 8遥感数据的验证。其中基于地面气象站的验证主要是利用青藏高原区域内106个有效地面站点的雪深数据，分别对基于FY-3A/VIRR、FY-3A/MERSI、FY-3B/VIRR和FY-3B/MERSI遥感数据提

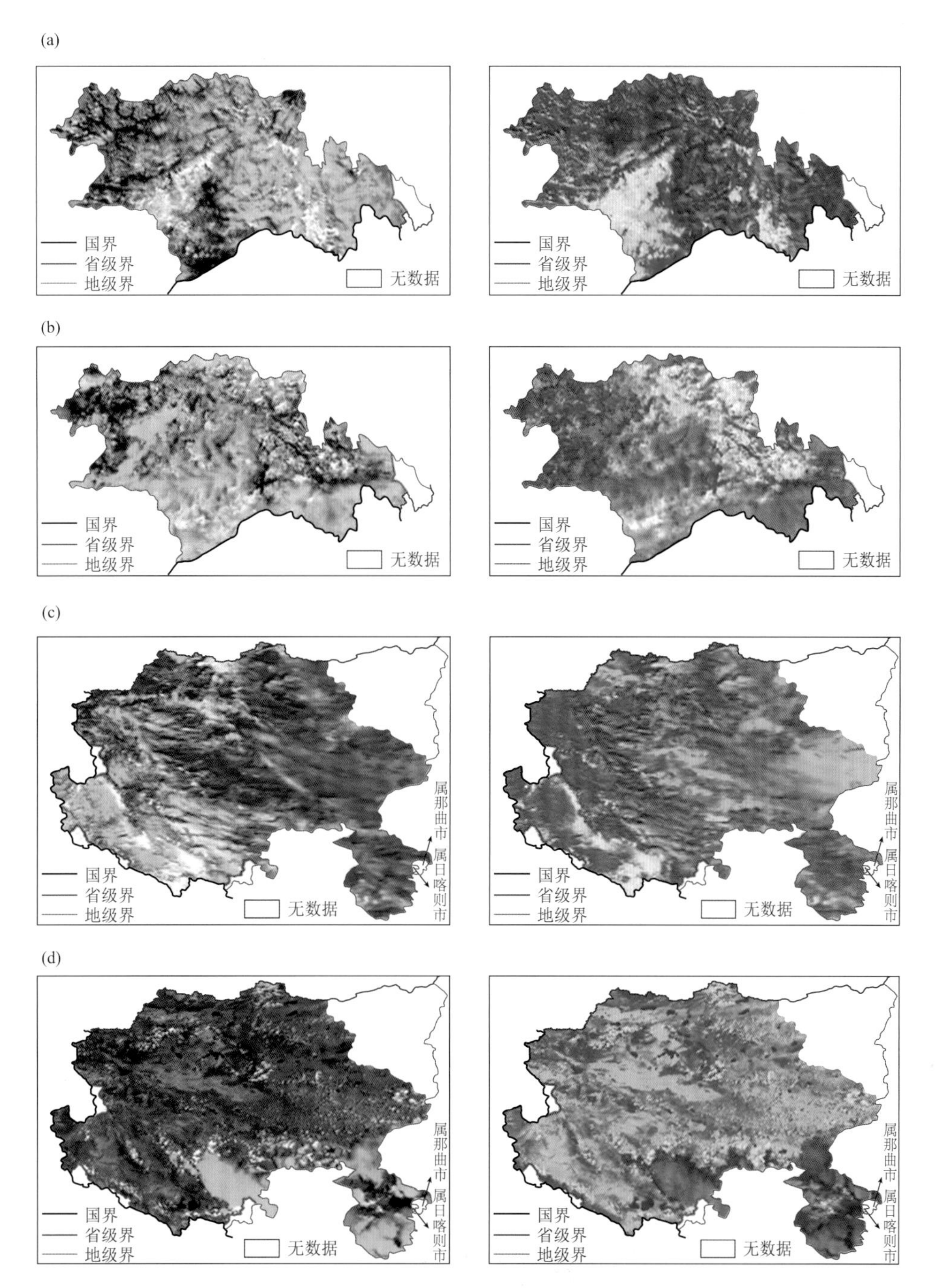

图 5.35　林芝、阿里地区 2013 年 2 月 2 日和 7 月 4 日彩色合成图。左列：选择通道 6、通道 2、通道 1 进行 R、G、B 合成图像显示；右列：选择通道 1、通道 6 以及热红外通道 5 进行 R、G、B 合成图像显示

(a)2013 年 2 月 2 日林芝地区 FY-3B/VIRR；(b)2013 年 7 月 4 日林芝地区 FY-3B/VIRR；(c)2013 年 2 月 2 日阿里地区 FY-3B/VIRR；(d)2013 年 7 月 4 日阿里地区 FY-3B/VIRR

取的积雪结果以及 MODIS 每日积雪产品进行精度评价，判识指标主要有晴天的积雪判识精度、所有天的积雪判识精度、晴天的总精度、所有天的总精度。

基于高分辨率 Landsat 8 遥感数据的验证，首先选取当日无云的 Landsat 8 遥感图像数据，然后对其第 4、3、2 波段进行真彩色合成显示，采用最大似然监督分类法进行分类：有雪像元赋值为 1，无雪像元赋值为 0，分类结束后将结果重采样到 0.01°等经纬度分辨率。最后利用分类后的 Landsat 8 二值图像作为真值图像与所得积雪图像进行逐像元的验证，评价指标包括总体精度、错分率、漏分率，其中总体精度表示有雪和无雪分类都正确的像元比例；错分率表示真值图像无雪但被误分为有雪的像元比例；漏分率表示真值图像有雪但没有被识别出来的像元比例，并且以上三者之和为 1。

③结果分析

针对 2011—2013 年每年 1—4 月、10—12 月的 FY-3A/VIRR、FY-3A/MERSI、FY-3B/VIRR、FY-3B/MERSI 得到积雪二值图像以及 MODIS 每日积雪产品 MOD10A1 数据，结合青藏高原的 106 个地面站点雪深数据进行积雪分类精度和总精度的评价，并统计月平均积雪分类精度和月平均总精度的变化。FY-3A/VIRR、FY-3A/MERSI、FY-3B/VIRR 和 FY-3B/MERSI 的月平均积雪分类精度分别为 31.32%、29.18%、33.78%、28.40%，明显高于 MOD10A1 的月平均积雪分类精度 12.57%。FY-3A/VIRR、FY-3A/MERSI、FY-3B/VIRR 和 FY-3B/MERSI 数据月平均总精度分别为 90.32%、88.38%、92.11%、90.62%，略低于 MOD10A1 的月平均总精度 92.60%。

如图 5.36 所示，选取 2013 年 11 月 1 日的无云 Landsat 8、FY-3B/VIRR 以及 MOD10A1 数据，以青藏高原东北部青海湖附近为研究区；该区域为降雪频繁地带，在青藏高原区域内具有代表性。利用 Landsat 8 数据通过监督分类法提取得到的积雪二值图像分别对 FY-3B/VIRR 积雪二值图像和 MOD10A1 积雪产品进行逐像元验证。计算得到 FY-3B/VIRR 的总体精度为 85.09%，错分率为 3.01%，漏分率为 11.90%；MOD10A1 的总体精度为 80.64%，错分率为 3.45%，漏分率为 15.91%。

根据以上分析发现，基于地面气象站数据的验证和基于高分辨率 Landsat 8 遥感数据的验证均证实了基于 FY-3A/VIRR、FY-3A/MERSI、FY-3B/VIRR 和 FY-3B/MERSI 遥感数据的多通道阈值判别法具有可行性，得到的结果具有可靠性，可作为后期处理的输入数据。

(2)基于 FY-3/VIRR 数据上下午星融合的青藏高原积雪遥感监测方法

Zhang 等(2017b)融合使用 FY-3A、FY-3B 星上可见光扫描辐射计(VIRR)多通道数据，利用归一化差分积雪指数(NDSI)与红外通道亮温差的多通道综合阈值方法，提取了青藏高原地区的积雪覆盖信息。利用 MODIS 积雪产品对所提取的雪盖信息作空间分布的一致性检验，进一步利用地面站点实测雪深数据验证上述方法的准确性。结果表明，年均分类总精度比 MODIS 积雪产品高近 1%，年均云覆盖率比 MODIS 积雪产品低 2.64%。研究工作表明 FY-3/VIRR 可作为积雪遥感监测的可靠数据来源，可为研究青藏高原地-气耦合系统变化及其全球气候效应、揭示青藏高原影响区域与全球能量和水分交换的机制提供科学依据。

①研究方法

以青藏高原作为研究区，首先，根据 VIRR 数据通道特征计算 NDSI，设定适合青藏高原

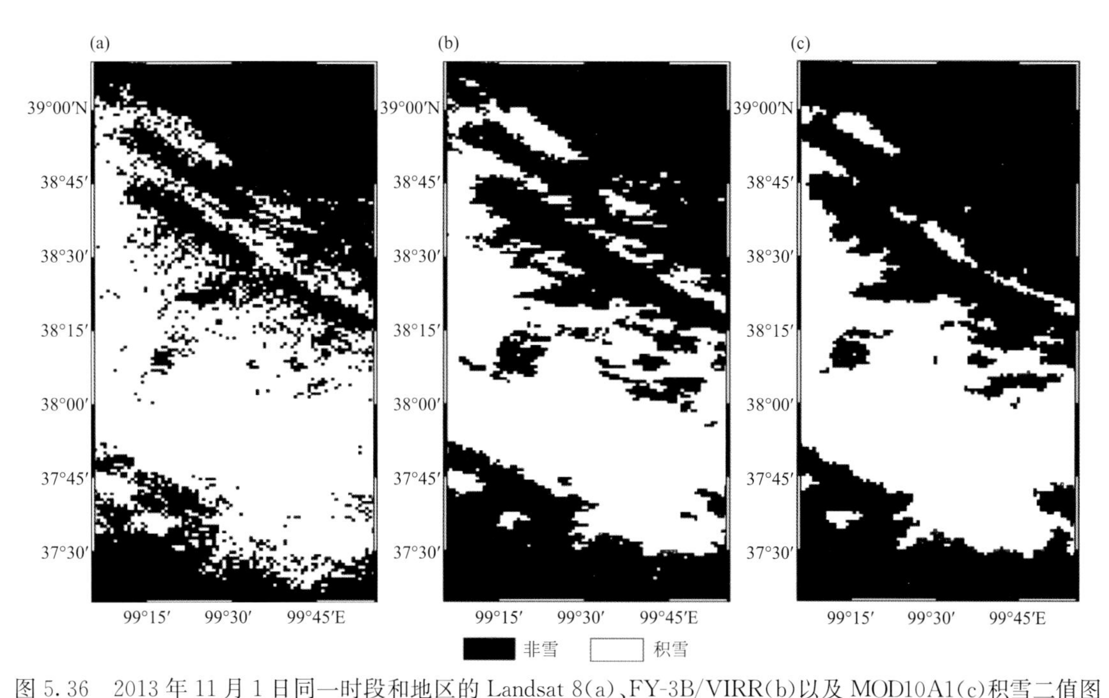

图 5.36　2013 年 11 月 1 日同一时段和地区的 Landsat 8(a)、FY-3B/VIRR(b)以及 MOD10A1(c)积雪二值图

区域的 NDSI 判识阈值，将积雪从大量的积云和其他地物中区分出来。为有效提取积雪信息，利用云和雪之间的亮度温度差异进一步降低云层干扰。然后，合成同日上下午星 FY-3A 和 FY-3B VIRR 积雪监测结果，从而获取逐日青藏高原最大雪盖信息。方法主要包括数据预处理、雪盖识别、逐日雪盖产品合成，方法流程图如图 5.37 所示。

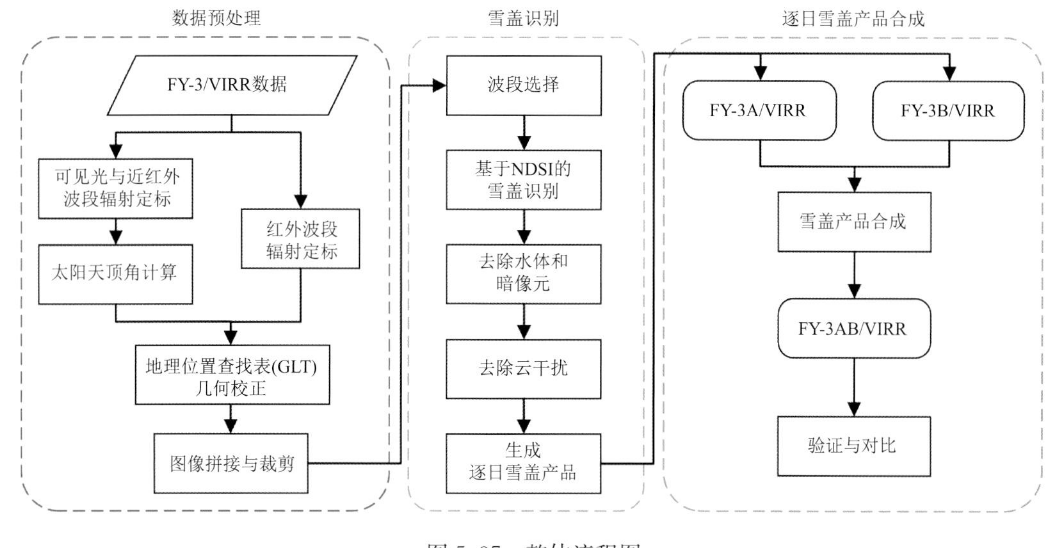

图 5.37　整体流程图

②结果分析

融合后所得积雪产品命名为 FY-3AB/VIRR，主要选用 MODIS 每日雪盖图像作为参照

对比，反映青藏高原区域 FY-3AB/VIRR 雪盖监测效果。将 MODIS 每日积雪产品 MOD10A1、MYD10A1，采用与 FY-3AB/VIRR 相同的合成规则进行合成，得到每日 MODIS 合成雪盖结果，命名为 MODIS_DC。如图 5.38 所示，以 2012 年 11 月 25 日为例，给出当日 FY-3A/VIRR、FY-3B/VIRR、FY-3AB/VIRR、MODIS_DC 共四幅青藏高原区域雪盖监测图。FY-3AB/VIRR 由 FY-3A/VIRR 和 FY-3B/VIRR 雪盖结果合成而得，重点比较 FY-3AB/VIRR 与 MODIS_DC 可发现，FY-3AB/VIRR 所获取的雪盖信息比 MODIS_DC 多。对监测结果进一步验证：利用青藏高原区域内地面观测站的实测雪深分别对每日 FY-3A/VIRR、FY-3B/VIRR、FY-3AB/VIRR、MODIS_DC 雪盖监测结果进行验证评价，计算积雪漏测误差、多测误差和判识总精度。

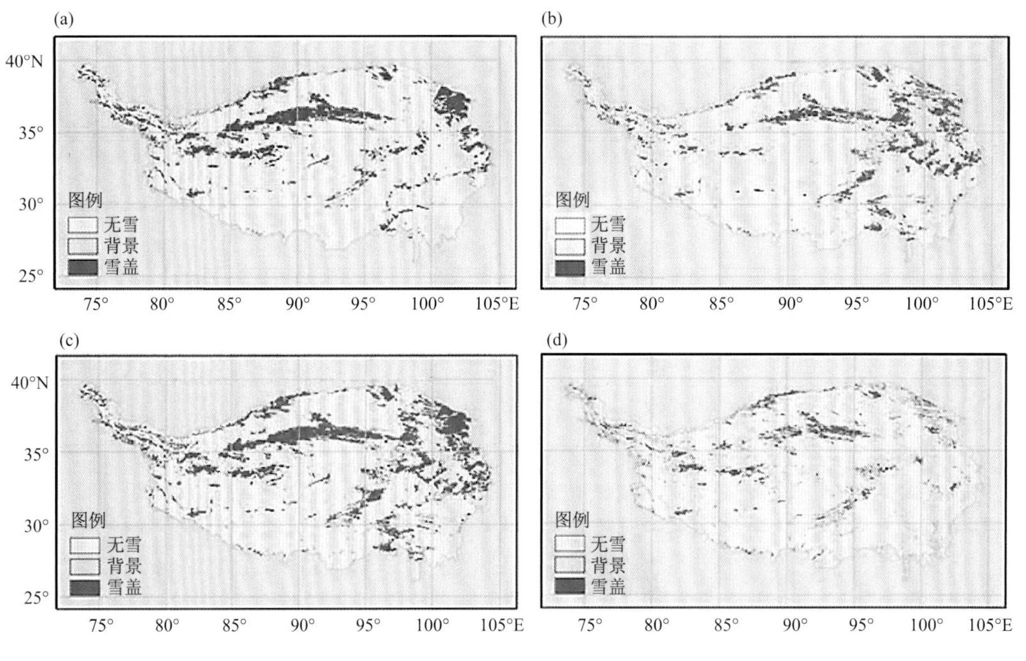

图 5.38　2012 年 11 月 25 日 FY-3A/VIRR(a)、FY-3B/VIRR(b)、FY-3AB/VIRR(c)和 MODIS_DC(d)青藏高原积雪检测效果对比

如图 5.39 所示，选取积雪期(2012 年 10 月 1 日—2013 年 4 月 30 日)青藏高原各类每日雪盖监测图的判识总精度进行评价，包括对 FY-3A/VIRR、FY-3B/VIRR、FY-3AB/VIRR、MODIS_DC 各雪盖监测结果的验证以及 FY-3AB/VIRR 和 MODIS_DC 判识总精度偏差。可以发现，在所选积雪期内它们的判识总精度变化趋势基本一致，FY-3A/VIRR、FY-3B/VIRR 在所选积雪期的平均判识总精度分别为 93.32%、91.89%，两者的差异可能来源于上下星所监测的云层覆盖量和位置不同的影响。两者合成后的 FY-3AB/VIRR 的平均判识总精度为 92.16%，介于两者之间，相对于 FY-3B/VIRR 有所提高，合成后能获取每日最大雪盖信息，但仍存在一些被误判为积雪的云层，对监测结果有一定的影响。MODIS_DC 的平均判识总精度为 91.16%，与 FY-3AB/VIRR 雪盖监测结果相差约 1%，这也说明针对青藏高原区域适当调整 NDSI 阈值，进一步显示 FY-3AB/VIRR 具有良好的监测效果。

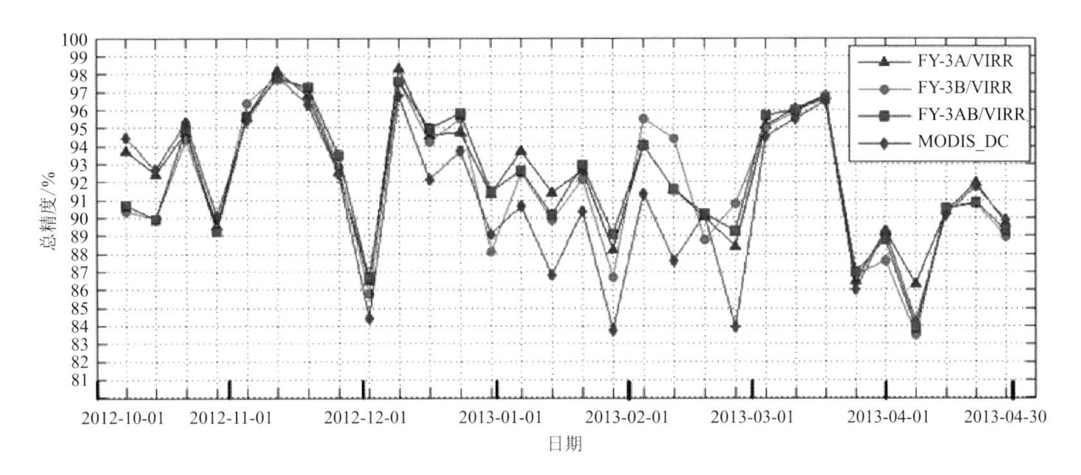

图 5.39　周均分类总精度曲线比较

图 5.40 是青藏高原各类每日雪盖监测图的漏测误差曲线，说明 FY-3A/VIRR、FY-3B/VIRR、FY-3AB/VIRR、MODIS_DC 各雪盖监测结果漏测情况以及 FY-3AB/VIRR 和 MODIS_DC 漏测误差偏差。在所选积雪期它们的平均漏测误差变化趋势基本相似，FY-3A/VIRR、FY-3B/VIRR、FY-3AB/VIRR、MODIS_DC 的平均漏测误差分别为 7.13%、7.23%、6.80%、7.85%。合成后的 FY-3AB/VIRR 在四者中最低，比 MODIS_DC 低 1.05%，说明 FY-3AB/VIRR 能最大限度准确获取积雪能减少漏测情况，进而提高总体判识精度。

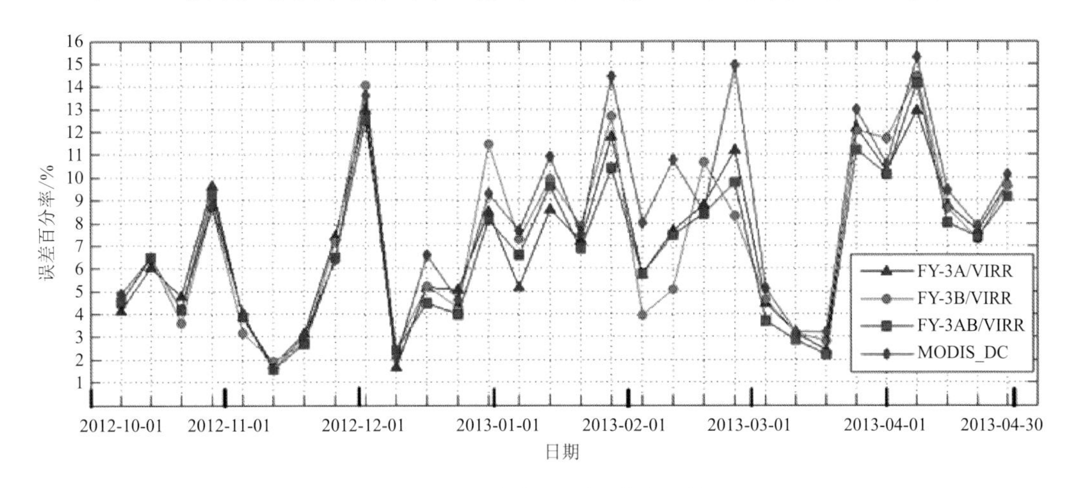

图 5.40　周均漏测误差曲线比较

图 5.41 是青藏高原各类每日雪盖监测图的多测误差曲线，说明 FY-3A/VIRR、FY-3B/VIRR、FY-3AB/VIRR、MODIS_DC 各雪盖监测结果多测情况，这四种监测结果的平均多测误差分别为 0.55%、0.88%、1.04%、0.99%。合成后 FY-3AB/VIRR 的多测误差保留了原来 FY-3A/VIRR、FY-3B/VIRR 的多测情况，自然也比它们高，但与 MODIS_DC 情况相近，表明 FY-3AB/VIRR 的监测结果仍比较可靠。

基于 FY-3/VIRR 数据监测青藏高原区域雪盖，利用 NDSI 指数、红外通道亮温差和多通

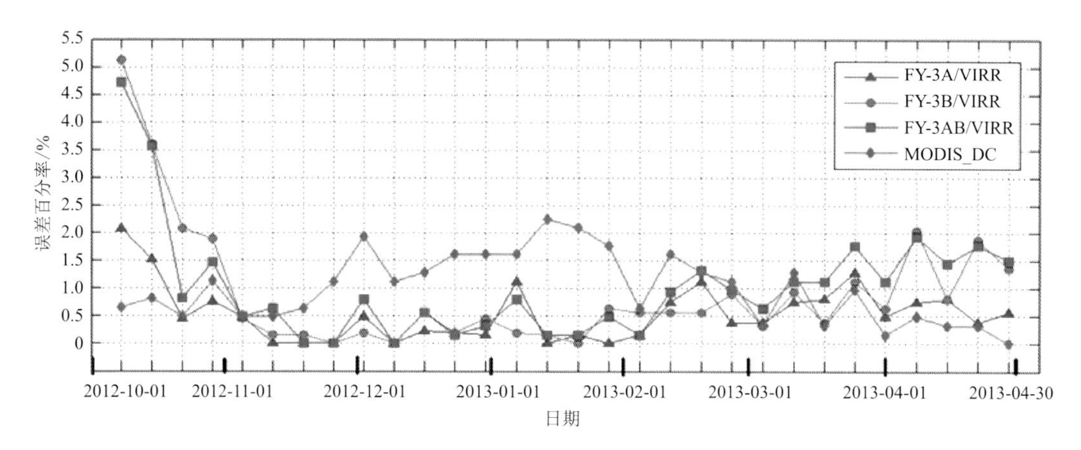

图 5.41　周均多测误差曲线比较

道综合阈值有效提取积雪信息，合成同日 FY-3A 和 FY-3B 卫星积雪监测结果，生成青藏高原逐日最大雪盖监测结果 FY-3AB/VIRR。对比 FY-3AB/VIRR 与 MODIS 逐日雪盖合成结果 MODIS_DC 积雪分布情况，并利用地面站点实测雪深数据分别验证。各项性能指标结果显示 FY-3AB/VIRR 与 MODIS_DC 积雪分布基本一致，前者平均判识总精度略高于后者，分别为 92.162%、91.163%，表明 FY-3/VIRR 数据可作为积雪遥感监测的可靠数据来源，基于 FY-3/VIRR数据监测青藏高原雪盖监测方法可行、效果良好，可为青藏高原雪情监测、雪灾预警、气候变化分析等提供科学数据集和决策指导。

(3)2003—2014 年青藏高原积雪时空变化分析

MODIS 每日积雪产品在国内外已经被广泛用于长时间序列的积雪时空变化分析，但因其云量高使之受到了极大的限制。Zhang 等（2016)针对每日积雪产品采用 7 日滚动合成算法将产品整体云量降至 7%以下，并经地面站验证整体精度均在 80%以上，远高于 MOD10A1 和 MYD10A1 数据，同时也保证了空间分辨率和时间分辨率不受影响。最后利用改进后的 MODIS 每日积雪数据集分析了 2003—2014 年青藏高原地区积雪面积变化，同时结合 DEM 数据分析了积雪日数的变化特征。结果表明：青藏高原积雪面积整体上呈现波动减少的趋势，而秋季呈明显增加趋势；年周期性不稳定积雪在各海拔带的分布比例与各海拔带的面积相关性最高。

青藏高原区域的积雪变化对全球变暖的响应是气候研究的一个重要课题，如何准确、及时地监测青藏高原的积雪空间分布变化、积雪面积变化、积雪日数变化以及积雪深度变化等对于探测该区域的气候异常变化、诊断积雪与该区域气候相互作用机理具有重要意义，也是阐明积雪与气候效应关系、理解气候波动和气候变化关系不可缺少的依据。相关科学数据以及分析结论对于研究青藏高原区域气候异常变化、理解气候变化与气候波动的关系具有重要意义。

①积雪面积变化特征

年内变化特征：研究表明，2005 年、2008 年、2011 年以及 2014 年月均积雪面积变化曲线和 2003—2014 年月平均积雪面积变化曲线基本吻合。2005 年、2008 年月均积雪面积基本高于平均水平，2011 年、2014 年低于平均水平，由此可见，积雪面积呈现逐年减少的趋势。2008

年积雪面积波动性最大，最大积雪面积出现在2月，符合2008年全国雪灾实情。

年际变化特征：研究表明，最大积雪面积出现在2008年2月，约占青藏高原总面积的26.18%，当年11月积雪面积约占青藏高原总面积的25.32%，仅次于2月；最小积雪面积出现在2006年7月，约占青藏高原总面积的2.73%。近12 a来，青藏高原地区的积雪面积总体上呈现波动下降的趋势，尤其是2008年开始下降得最明显，主要原因是雪灾的影响以及与近年来平均气温上升较快有关，资料显示21世纪以来西藏的气象站点的年平均气温都是正距平。

季节变化特征：研究表明，青藏高原积雪面积的季节变化明显，自2003年以来，在春季、夏季和冬季积雪面积呈现下降的趋势，夏季变化最为明显，主要受全球变暖的影响；秋季积雪面积呈现增加的趋势，而且年振荡幅度最大；春季和冬季积雪面积变化不大，变化幅度基本相同，而夏季和秋季积雪面积变化显著，变化幅度也基本相同。春季和夏季平均雪盖比最大值出现在2005年，秋季和冬季平均雪盖比最大值出现在2008年。

坡向变化特征：积雪得以形成的必要条件是能够有持续的低温条件和水汽来源。迎风坡的水汽来源比背风坡丰富，积雪面积大于背风坡；阴坡较阳坡而言接收到的太阳辐射少，温度更低，积雪面积大于阳坡。青藏高原区域内不同坡向的积雪面积年际变化率有明显的差异。西坡、西南坡、南坡、东南坡和东坡的积雪面积年际变化率均在1%附近，而西北坡、北坡和东北坡的积雪面积年际变化率均在0.5%左右，主要受到水汽和热量的共同作用。受到冷空气南下的影响，西坡、西南坡和东南坡迎来强降雪，使得积雪面积年际变化显著。

②积雪日数变化特征

Zhang等(2016)将像元内一半被积雪覆盖定为一个积雪日，并利用去云之后的青藏高原长时间序列雪盖数据集，统计图像中逐个像元在一年中的积雪日数。

海拔变化特征：积雪分永久性积雪和季节性积雪两类，季节性积雪又分为稳定积雪和不稳定积雪，以积雪日数60 d为界；不稳定积雪又分为年周期性不稳定积雪(平均积雪日数10～60 d)和非年周期性不稳定积雪(平均积雪日数0～10 d)。通过计算去云后的青藏高原每个像元的积雪日数，判断所属积雪类型，进而统计所有积雪类型在各海拔的分布比例，分析随海拔变化的关系，发现年周期性不稳定积雪在各海拔带的分布比例曲线与各海拔带占青藏高原面积比例曲线最为吻合，进行相关性分析，相关性约为0.975，其次是稳定积雪在各海拔带的分布比例曲线与海拔比例曲线，其相关性约为0.895，相关性最弱的是非年周期性不稳定积雪在各海拔带的分布比例曲线与海拔比例曲线，其相关性仅约为0.692。青藏高原非年周期性不稳定积雪区主要分布在海拔4400～5000 m以及2600～2800 m范围内；年周期性不稳定积雪区和稳定积雪区在各海拔带的分布主要与各海拔带在青藏高原内的面积相关。

区域变化特征：按照青藏高原积雪分布规律以及行政区划，将青藏高原划分为八个区域，分别为阿里地区、那曲地区、阿坝藏族羌族自治州、昌都地区、甘孜藏族自治州、山南地区、林芝地区以及青海省，其中阿里地区和那曲地区位于青藏高原西部，平均海拔4500 m，地形较为简单；林芝地区和山南地区地形复杂，平均海拔3500 m左右，最低900 m左右，为主要积雪区；阿坝藏族羌族自治州、昌都地区和甘孜藏族自治州位于青藏高原东南部，积雪年际变化明显。

针对青藏高原不同区域，分析2003—2014年每年积雪日数分布情况（图略）。研究表明，积雪日数区域分布显著，呈现四周多雪、腹地少雪的特征，西风区、喜马拉雅和藏东南积雪日数较高，多为稳定积雪区，而柴达木流域以及藏北高原显示了较少的积雪日数，多为非年周期性不稳定积雪区。在八大区域中，稳定积雪区主要集中在阿里地区西南部、林芝地区以及青海省南部，不稳定积雪区主要集中在阿里地区中部、那曲地区南部和青海省北部。为了分析青藏高原不同区域平均积雪日数和海拔的关系，在每个地区随机生成7000个点，并提取这些点对应的积雪日数和海拔，进行相关性分析，发现平均积雪日数和海拔之间存在着显著的正相关关系，由于阿里地区和那曲地区地势相对平坦，相关性最高，约为0.562；而山南地区地形复杂，相关性最低，仅约为0.185。

③雪深变化特征

年际变化特征：为了弥补2003—2014年青藏高原长时间序列积雪数据集在时间上的延续性以及积雪信息的单一性（仅提供积雪面积信息）的缺点，Zhang 等（2016）利用处理后的1979—2011年雪深数据集生成青藏高原1979—2011年逐年平均积雪深度分布图。整体上看，逐年青藏高原积雪深度图像颜色由深变浅，即青藏高原积雪深度呈现逐年减少的趋势。青藏高原在1988年以前积雪主要分布在西北和东南两个区域，1998年之后积雪主要集中在西北、中部东西条带以及东南三个区域，在1997年和1998年表现得尤为突出，直到2011年，中部东西条带方向的积雪区开始消失，恢复到1988年以前状态。在青藏高原积雪集中的三个区域中，西北区域雪深年际变化不明显，可能是由于高海拔气温低所致；中部东西条带方向在三个区域中表现出雪深最小；东南部区域是雪深最大值地带，同时也是雪深年际变化最为显著的区域，整体上基本表现逐年减少的趋势，但是也有异常年份的出现，如1986年、1997年、1998年等，而长江中下游地区在这些年份均出现天气异常的现象。由此可见，青藏高原地区积雪年际的异常变化对长江中下游地区的天气具有影响。对比分析青藏高原2003—2014年逐年积雪日数分布图发现，两者基本吻合，在雪深出现异常的年份积雪日数也出现突变异常现象。

季节变化特征：青藏高原积雪深度有着明显的季节变化特征，春季、夏季、秋季和冬季积雪空间分布差异明显，如图5.42所示。冬季积雪达到最深，雪深平均达到3.27 cm，雪深分布同积雪日数分布基本吻合。东南部、东部以及西部边缘是积雪最深的地方，和积雪日数分布具有较强的一致性。春季积雪开始融化，积雪面积大幅度减少，平均雪深约为1.25 cm。东南部和西部边缘依旧是雪深最大值区。在夏季，随着气温的升高，降水的增加，青藏高原积雪面积出现最低值，只在西北角高海拔地区存在少量积雪，平均雪深约为0.18 cm。秋季开始进入积雪积累期，雪深的分布特征与春季类似，平均雪深约为0.98 cm。整体而言，东南部和东部地区雪深季节变化差异大，而西北角区域雪深季节变化差异不明显。

④结论

本节主要基于生成的2003—2014年青藏高原长时间序列无云雪盖数据集，分析积雪面积的年内变化特征、年际变化特征、季节变化特征和坡向变化特征，积雪日数随海拔的变化特征、随区域的变化特征，同时基于1979—2011年雪深数据集分析青藏高原雪深的年际变化特征和

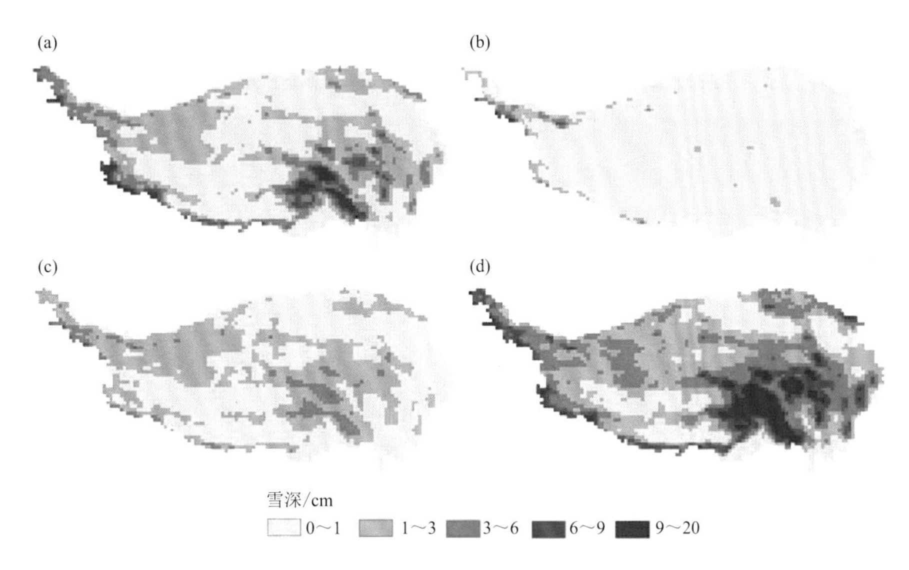

图 5.42 青藏高原 1979—2011 年四季平均积雪深度分布图
(a)春季;(b)夏季;(c)秋季;(d)冬季

季节变化特征。结果发现,青藏高原积雪面积整体上呈现波动减少的趋势,但是秋季积雪面积呈现明显增加的趋势;年周期性不稳定积雪区在各海拔带的分布情况与海拔带的面积相关性最高,阿里和那曲地区的平均积雪日数与海拔之间相关程度最高;青藏高原雪深随季节变化明显,夏季积雪开始消融,秋季积雪开始累积,同时雪深的年际变化与积雪日数的年际变化基本吻合。

(4)小结

在基于 FY-3 卫星多源遥感资料融合的青藏高原积雪分布方面开展了一系列探索性研究,取得了一定的研究成果,但同时也发现了更多需要开展进一步深入研究的问题,如在微波遥感数据处理、微波定量遥感反演机理、研究区域自然地理详尽调查等方面存在不足。目前只能依据较易获得且理论研究基础较成熟的可见光与红外遥感资料来研究青藏高原地区高时空分辨率遥感积雪分布,其中仍存在许多可供后续深入研究和提高的内容。存在部分问题如下所示。

①国产微波遥感数据获取与质量有待进一步改善。使用的 FY-3/MWRI 微波遥感数据在青藏高原地区常存在部分区域数据缺失与数据质量不稳定的情况,导致无法形成连续性有保障的每日青藏高原地区完整遥感资料,需要进一步开展基于数据质量更稳定、时空分辨率更高的微波遥感资料的积雪参数反演研究,如 2016 年下半年发射的中国首颗高分辨率微波遥感卫星高分三号卫星,该卫星是中国首颗分辨率达到 1 m 的 C 频段多极化合成孔径雷达(SAR)成像卫星,可全天候、全天时监视监测全球海洋和陆地资源。

②雪深数据在青藏高原地区缺乏空间代表性,且各站点数据质量一致性较差。青藏高原地区总共 106 个地面气象站提供每日积雪雪深实测数据,然而这些气象站数量相对广袤的青藏高原地区显得非常稀少,且空间分布严重不均,呈现西北部稀少、东南部较密集的不均衡态

势。此外，地面站在不同海拔带上的分布也不具备代表性，受恶劣的自然地理与经济条件限制，无法在海拔较高的山顶建立地面气象站并维持日常运行，因此，迄今为止没有海拔 5600 m 以上区域的积雪连续逐日雪深观测记录，然而绝大多数常年积雪都分布在海拔 5000 m 以上的雪山山顶。这对青藏高原的积雪参数反演造成非常不利影响。因此，在后续的研究工作中，开展青藏高原野外科学试验，实地采集积雪雪深数据，也是积雪遥感领域全体同仁必须大力协同推进的未来工作重点。

③青藏高原复杂地形使得通过混合像元分解对微波遥感数据进行超分辨率重建非常困难。目前难以通过空间分辨率较高的可见光与红外遥感数据来对分辨率较低的被动微波遥感资料进行混合像元分解。在已有研究中，对较低分辨率图像像元的端元提取、丰度求解通常在地势起伏较平缓的地区效果良好，而青藏高原地区地形复杂多变，微波遥感图像每一像元的实际面积可达上百平方千米，因此，单一像元内常包含大面积起伏不定的山川，同一像元内海拔落差最高可达上千米，同时积雪又是一个与地形、海拔高度相关的地表覆盖因子，因此，青藏高原的微波遥感图像混合像元分解问题与地形地理环境高度耦合，如果不能很好解决这一问题，单纯靠高分辨率光学遥感图像来提高分辨率极易造成失真。

5.3.3 青藏高原地-气感热和潜热通量的气象观测和卫星遥感技术

地-气感热和潜热通量是青藏高原地-气耦合系统的核心参量，要弄清青藏高原对区域和全球气候变化的影响，必须首先清楚地认识青藏高原的热状况。然而目前仍然缺乏对青藏高原复杂地形和地表特征的地-气感热和潜热通量长期时空变化的有效估计。2014 年，在项目“青藏高原地-气感热和潜热通量的气象观测和卫星遥感研究”研究中，开发了适合青藏高原的地-气感热和潜热通量的计算方法，发展卫星遥感-地面观测系统综合分析技术，结合常规气象观测和易获取的卫星资料估计青藏高原日平均地-气感热和潜热通量的时空变化，理解青藏高原区域地-气耦合过程，为研究青藏高原热力作用对区域和全球大气环流和气候变化的影响提供基础数据。

(1)感热和潜热通量估计方法发展

青藏高原中西部地区，地表干燥，植被覆盖率低，地-气湍流交换以感热通量为主。感热通量直接加热近地面空气，准确估计地-气感热通量及其变化对于准确理解青藏高原区域增温趋势有重要意义。

由于通量站观测感热和潜热通量存在很大的能量不闭合问题，尤其是青藏高原中西部干旱半干旱地区，因此，直接参数化蒸发比能更为精确获取全球感热和潜热通量数据。Zhou 等(2016)研发了适用于全球尺度的蒸发比算法，如图 5.43 所示，利用蒸发比对可利用能量(净辐射减去土壤热通量)进行分配，来估计感热和潜热通量。该方法的主要优点是：①仅仅需要常规的气象和卫星数据，②蒸发比不受感热通量和潜热通量观测误差影响，可以较好地移植到其他应用中去。

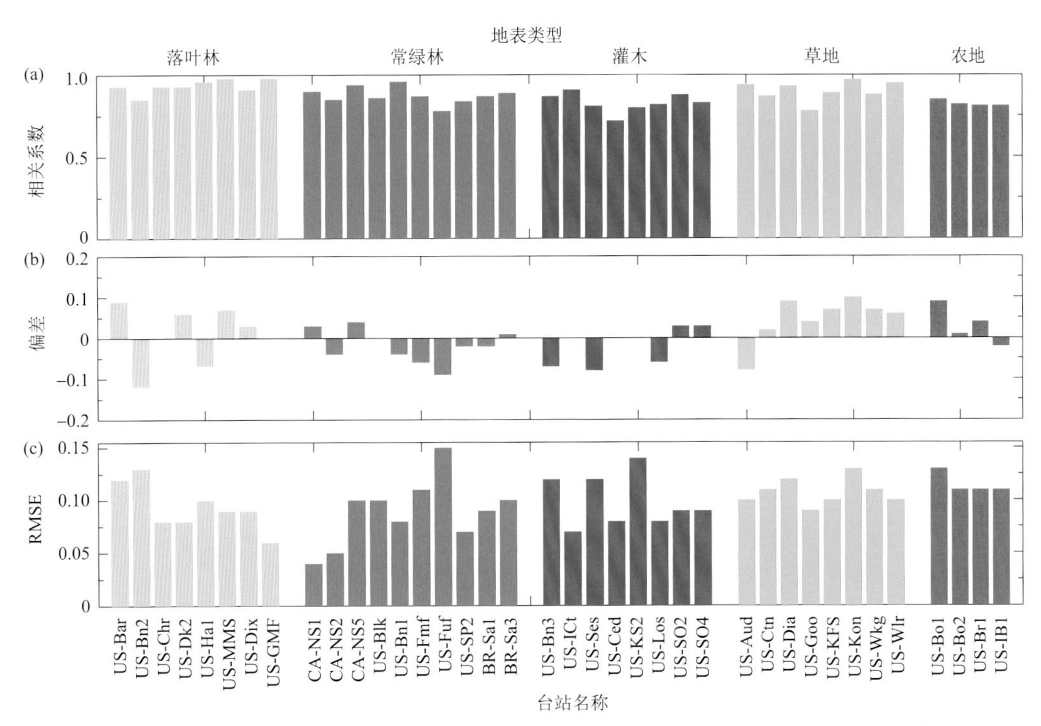

图5.43 开发的蒸发比模型(EF)在落叶林、常绿林、灌木、草地、农地五类地表类型38个台站验证的统计结果。x轴的英文字母和数字代表美国通量网台站名称缩写

(2)输入数据精度检验和重建

地表太阳辐射是计算感热和潜热通量重要的输入数据。Wang等(2015)发现观测散射辐射的总辐射计存在严重的灵敏度漂移问题,使得1958—1990年间中国地区散射辐射的降低趋势明显偏大,进而导致了中国地区的太阳总辐射降低趋势被明显高估(图5.44)。而国外科学家发现目前所有地球系统模式均无法重现中国这一时期明显降低的趋势,所有模式模拟结果明显偏低,并把模式与观测之间的差异归咎于中国压低了地球系统模式使用的空气污染物排放源清单对中国地区气溶胶增速的影响。

利用日照时数可以更为准确地估计中国地区的地表太阳辐射的年代际变化及其趋势。但是要计算网格点上地-气感热和潜热通量,必须依赖卫星遥感和再分析地表太阳辐射资料,Wang等(2015)利用日照时数计算的地表太阳辐射资料对现有卫星遥感反演和再分析地表太阳辐射产品进行了检验。如图5.45所示,对现有卫星遥感资料和再分析资料的验证分析表明,ERA-Interim、MERRA等再分析资料和CERES、GEWEX SRB等卫星遥感反演数据可以较好地估计月和年际变化,但它们的年代际变化仍然有较大误差。ERA-Interim和MERRA等数据由于没有包含大气气溶胶的年际变化,对中国地区太阳辐射的变化趋势存在高估现象。GEWEX SRB由于不合理地应用静止卫星和极轨卫星云数据,导致得到的中国地区20世纪90年代以后太阳辐射呈现明显降低的趋势,而这一趋势是不可信的。实际上,中国地区20世纪90年代以后太阳辐射基本保持不变。很多CMIP5气候模式可以重现地表太阳辐射的年代际及其趋势,但气候模式不能很好地重现太阳辐射年、月等时间尺度的变化。

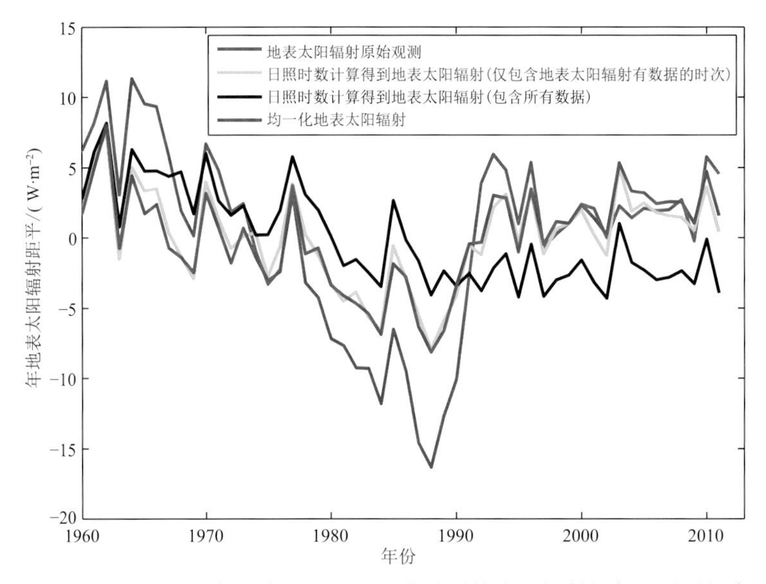

图 5.44　1960—2012 年间中国地区 105 个站平均太阳辐射的年距平时间序列

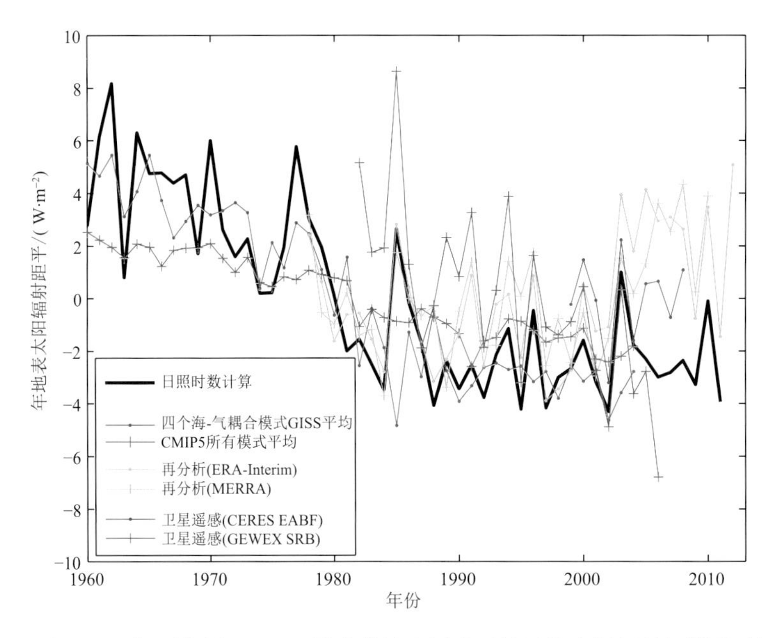

图 5.45　地面、卫星、再分析、CMIP5 模式估计中国地区的平均太阳辐射年距平时间序列，包括日照时数估计太阳辐射(黑线)

(3)中国和青藏高原陆表蒸散长期变化趋势

基于课题组发展和改进的彭曼-蒙蒂斯(MPM)模型，利用由日照时数计算的地表太阳辐射、卫星植被指数以及气温、相对湿度和风速等气象数据，可以计算得到陆表蒸散，见图 5.46。陆表气象观测数据因为观测环境和观测仪器的改变，往往会产生非均一性，这些问题也会影响到陆表蒸散计算结果。课题组提出了中国陆表气候观测数据渐变型不均一性的检测和订正方法，实现了气温和风速等数据的不均一性检测和订正。与国际公认的荷兰阿姆斯特丹陆表蒸散模型

(GLEAM)以及水量平衡计算的结果更为一致。我们的计算结果显示,中国陆表蒸散 1982—2015 年间的趋势为每 10 a 增加 6.4 mm·a⁻¹,青藏陆表蒸散 1982—2015 年间的趋势为每 10 a 增加 9.9 mm·a⁻¹。荷兰阿姆斯特丹陆表蒸散模型显示中国陆表蒸散 1982—2015 年间的趋势为每 10 a 增加 11.5 mm·a⁻¹,青藏陆表蒸散 1982—2015 年间的趋势为每 10 a 增加 13.1 mm·a⁻¹。

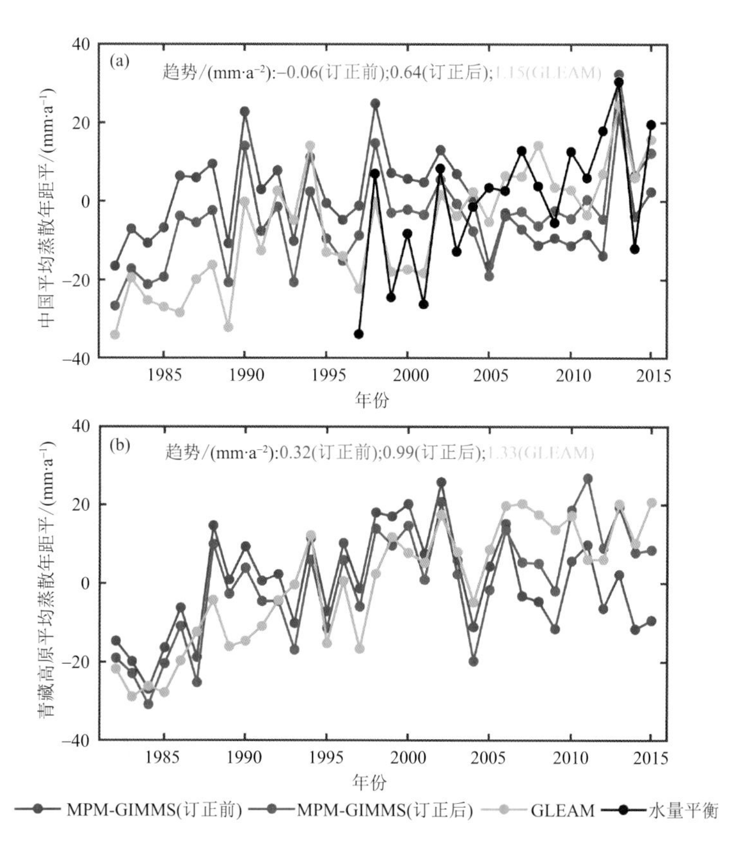

图 5.46 不同方法估计得到的中国(a)和青藏高原(b)地区陆地蒸散的年距平时间序列。1982—2015 年的趋势同时标注在图中。MPM-GIMMS(订正前)为基于课题组发展的改进的彭曼-蒙蒂斯(MPM)模型,使用原始气象数据与 GIMMS 植被指数计算得到的陆表蒸散,MPM-GIMMS(订正后)为使用均一化后气象数据计算得到的陆表蒸散

5.4 青藏高原地-气系统多源信息综合数据共享平台

5.4.1 总体概况

青藏高原作为“地球第三极”,其复杂的动力和热力效应对中国、东亚乃至全球天气气候和环境变化的影响起着至关重要的作用。青藏高原观测资料不足已成为深入认识天气气候异常

成因的瓶颈。2017—2019 年，国家气象信息中心、中国气象科学研究院、中国科学院青藏高原研究所、中国科学院西北生态环境资源研究院在集成项目“青藏高原地-气系统多源信息综合数据共享平台”(91637313)支持下，通过整合集成各类青藏高原科学数据资源，建立了青藏高原地-气系统多源信息数据库群，研发了青藏高原地-气系统多源信息综合数据共享平台(熊安元 等,2021)，研究并建立了支持多源数据整合、数据管理、共享服务所需的多源气象数据标准和规范体系；整合集成了青藏高原地区气象业务长期观测资料、三次青藏高原大气科学试验资料、部分青藏高原地区野外科学试验站长期观测资料、国家自然科学基金委员会重大研究计划五个重点项目研发的数据产品等多观测平台的地-气系统多源数据；研制了青藏高原积雪、冻土、土壤水分、太阳辐射等基础数据产品；建立了青藏高原地-气系统多源信息综合数据库群，共计 4 个气象资料数据库和 1 个元数据库，数据文件近 10 万个，数据量达 6.3 TB；研发并建立了青藏高原地-气系统多源信息综合数据共享平台，平台面向科研用户免费提供青藏高原地-气系统各类数据的检索、下载和数据可视化服务，为我国科学家研究青藏高原地球科学问题提供基础科学数据支持。

5.4.2 青藏高原多源数据的整合集成

(1)多源气象数据标准研究和规范化处理

研究建立支持多源数据整合、数据管理、共享服务所需的数据信息标准规范，主要研制完成了 8 个标准，建立了多源气象数据标准和规范体系。其中，支持数据管理的标准有 5 个，支持共享服务的标准有 3 个，该标准体系在整个高原区域气象数据管理流程上，为气象数据收集、处理、存储、归档和服务提供了依据。标准和规范为《青藏高原多源气象科学数据分类和编码标准》《青藏高原观测试验数据集说明文档格式规范》《青藏高原多源气象科学数据元数据标准》《青藏高原产品数据集说明文档规范》《数据文件命名和结构标准》《数据服务接口标准》《青藏高原数据产品在线发布规范》和《青藏高原数据共享服务管理办法》。

①多源数据的规范化处理

青藏高原区域的各类观测资料和产品由于数据源的多样性以及数据的多样性，导致不同类型数据的数据格式、文件命名、数据表示方法等方面存在巨大的差异。科学数据共享首先需要解决的问题是数据共享政策、法规、机制与标准体系的研究与建立(诸云强 等,2006)，其中标准体系的建设是关键。数据整合集成的目标是使得平台面向用户数据的标准化，包括对多源数据的科学分类和编码、统一的元数据标准、标准格式的数据说明文档。

中国气象局长期业务观测数据集采用的是以“气象资料分类与编码”(熊安元 等,2009)为依据的文件命名方式，以特定的元数据和数据集说明文档规范给出数据集元数据和说明文档。历次青藏高原大气科学试验数据没有固定的文件命名，也没有元数据和数据说明文档，纳入本次集成的中国科学院野外台站长期观测试验数据也没有固定的文件命名、元数据和数据说明文档。规范化处理就是通过制定数据分类和编码规范规定数据集代码，统一文件命名；通过制定元数据标准和数据集说明文档规范给出统一的元数据和数据说明文档，便于数据的统一管理，方便用户理解数据和使用数据。

②多源数据的分类与编码

青藏高原多源气象科学数据按照其来源或产生方法分为六个大类，作为一级分类，为气象常规观测业务数据、科学试验数据、青藏高原长期野外观测数据、青藏高原计划项目分析产品、再分析数据和卫星遥感气候产品。

采用面分类法分别对六大类数据通过选取数据类别属性、区域属性、要素属性、时间属性、科学试验名称属性、观测设备属性等进行了分类和编码。数据类别分为10类：地面气象资料、高空气象资料、气象辐射资料、地基遥感资料、雷达观测资料、飞机试验观测资料、卫星校验地面观测资料、边界层观测资料、大气成分观测资料和土壤观测资料。

数据集包含文件的命名可依据该分类和编码体系选取若干属性进行组合，方便地生成符合标准的数据文件名。例如：阿里野外科学试验观测站（FILD）的边界层通量2015年的逐30分钟观测数据文件命名依据数据类型属性（边界层，BOUD）、要素属性（FLUX）、时间属性（MIN30）、区域属性（AL）的组合，补充观测数据年份（2015），形成如下文件名：FILD_BOUD_FLUX_MIN30_AL_2015.csv。

③数据集元数据标准和文档格式标准

青藏高原多源气象科学数据元数据标准包括数据观测场地信息、仪器设备信息、数据描述信息、数据应用信息、知识产权信息、数据负责单位和人员信息等。提供基于关键词或科学问题或研究领域的综合信息关联检索，提高发现和使用信息资源的能力。

平台提供共享的所有数据集均具有统一的说明文档格式，对数据来源、观测设备、数据质量、数据处理技术、数据时空属性、数据文件信息、文件读取方法等进行详细说明。

（2）观测数据的质量控制

数据质量控制主要根据气象学原理，以气象要素的时间、空间变化规律和各要素间相互联系的规律为线索分析气象资料是否合理。其方法包括：范围检查、极值检查、内部一致性检查、空间一致性检查、气象学公式检查、统计学检查、均一性检查。

针对青藏高原特色数据冻土和积雪，参考现有业务数据的质量控制算法，并考虑到极端异常值的处理，对冻土的上下限、积雪的雪深和雪压进行了严格的数据质量控制，质量控制内容包括：缺测检查、允许值范围检查、主要变化范围检查、内部一致性检查、人工核查与更正；其中允许值范围检查，主要参考了冻土和积雪的业务变化范围值，对于积雪雪深和雪压，其范围分别为0～300 cm和0～500 $g \cdot cm^{-2}$，第一冻土层和第二冻土层下界允许范围值为0～450 cm，第二冻土层上界范围为0～400 cm；主要变化范围检查考虑了极端异常值的处理，主要是逐站逐要素逐日的距平值介于3倍标准差与5倍标准差之间则判识为可疑，若距平值大于5倍标准差则判识为错误。

针对青藏高原辐射量大的特点，辐射数据进行了气候界限值或允许值检查、内部一致性检查、时间一致性检查等。其中，气候界限值检查主要基于各站历史数据统计逐月的气候均值、最高值和最低值，作为辐射要素的月值气候界限值；内部一致性检查主要是检查了向下短波辐射与散射辐射、向上短波辐射之间的逻辑关系；辐射的时间一致性检查主要是检查数据在连续时间段内出现的异常现象，主要包括辐射要素项连续超过给定界限值、连续低于给定界限值以及连续出现无变化非零值的异常数据。

土壤水分数据质量控制，主要为：数据缺测检查、与地温关系检查、界限值检查、与降水关系检查、逐小时变率及其内部关系检查、僵值检查、土壤相对湿度等三要素界限值检查。土壤水分数据质量控制最大的特点是考虑了要素间的一致性检查，主要是土壤水分与地温关系检查以及土壤水分与降水关系检查。

对于通量数据，数据的代表性受到仪器类型、架设方法、主风向、地形等因素的影响，处理流程包括异常值检验、坐标旋转、超声虚温校正、时间滞后剔除、频率响应修正、WPL（Webb-Pearman-Leuning）修正以及稳定度检验等（Thomas et al.，1996；Vickers et al.，1997；王介民等，2007）。

（3）积雪、冻土、辐射和土壤水分观测数据的整合集成

青藏高原区域的各类观测资料和产品数据格式、文件命名、数据表示方法等存在巨大的差异。数据整合集成的目标是使得平台面向用户数据的标准化。

对于积雪和冻土数据主要是在数据质量控制的基础上，将青藏高原区域的数据进行整合集成，并对数据实体进行评估，形成标准的青藏高原积雪和冻土数据产品。积雪与冻土的数据质量如下：雪深度和雪压的逐年实有率如图 5.47 所示，自 1960 年后雪深和雪压的实有率都分别在 99%和 98%以上，雪深的实有率一直大于雪压的实有率，积雪数据集的完整性较好；积雪深度和雪压的缺测、可疑以及错误率都较低（1.2%以下），积雪数据质量较好。第一层冻土的非缺测且有观测任务的记录数在 1.6 万～2.5 万条的站约占 64%，即 64%的站有 50 a 以上的冻土观测记录；1960 年前第一层冻土记录较少，这与建站数据较少有关。第二层冻土的非缺测且有观测任务的记录数在 0～3600 条之间，且有半年、1 a、2 a、5 a 和 10 a 记录的站各占约 20%，这与第二层冻土无观测任务的记录数较多有关。整体上冻土数据的质量较好，数据的可疑率和错误率都较低；第一冻土层的数据完整性较好，第二冻土层无观测任务记录数较多（具体见表 5.6）。

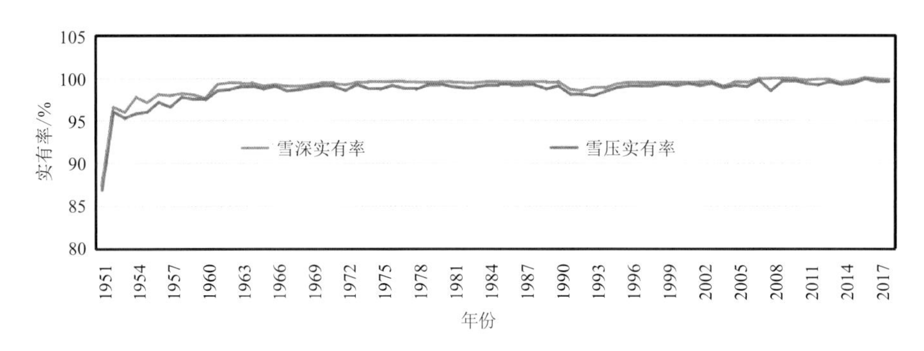

图 5.47　1951—2018 年雪深和雪压的逐年实有率

表 5.6　冻土各层界值数据质量情况一览表

要素	缺测记录数/条	缺测率/%	可疑记录数/条	可疑率/%	错误记录数/条	错误率/%
第一冻土层上界值	4521823	18.24	1993	0.056	902	0.025
第一冻土层下界值	4521823	18.24	13939	0.391	5231	0.147
第二冻土层上界值	4518983	18.16	681	0.020	10	0.000
第二冻土层下界值	4518983	18.16	538	0.015	46	0.001

对于辐射和土壤水分，高原区域有多种观测来源，为了向用户呈现统一易用的数据产品，我们整合了不同来源的数据，努力提高数据产品的时间密度和空间密度，延长序列长度，提高数据质量。数据整合包括规范各类不同来源的同种数据的数据单位、数据时制、数据精度、数据表示方法、缺测数据表达以及不同要素间的转换等，对不同来源同种数据的差异进行科学评估。

①辐射数据的整合集成

高原区域的辐射观测数据来源于四个不同的观测网(图 5.48)，不同来源的观测要素、数据表示、物理表达、格式、时制等均不同。为保证数据的统一性，我们对多种来源的数据进行了整合，将辐射观测量统一处理成逐小时和逐日的辐射总量(即曝辐量)，小时曝辐量 H_h 的计算见式(5.7)，日曝辐量是逐小时曝辐量的累加。将不同的时制统一转换成地方平均太阳时，日界为 24:00，对数据格式进行了标准化处理(刘娜 等，2023)，形成了站点数量尽可能多，资料时间尽可能长、高质量的青藏高原区域 1993 年以来的气象辐射整合数据集。

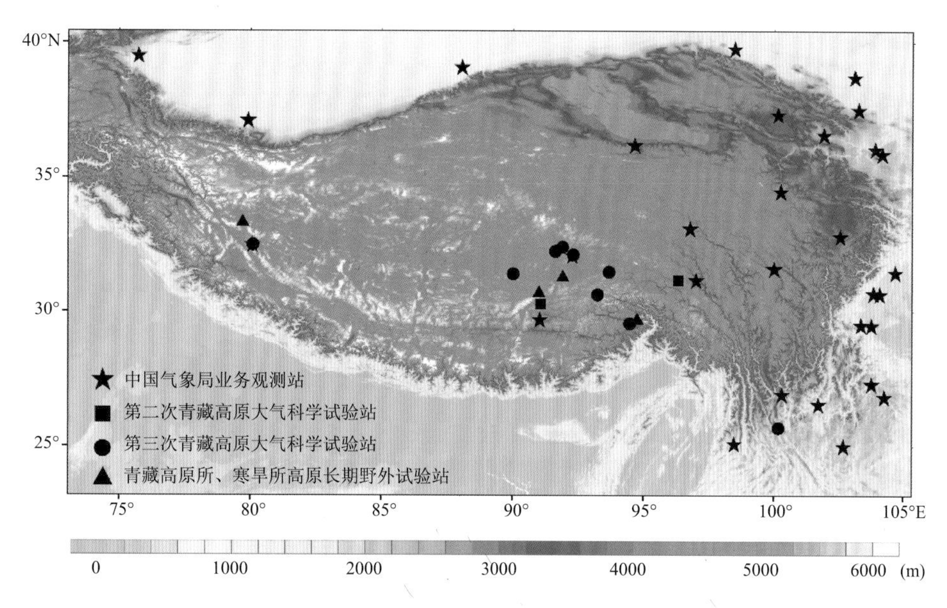

图 5.48　多来源辐射观测数据集站点分布

(中国科学院青藏高原研究所和中国科学院寒区旱区与环境工程研究所(现中国科学院西北生态环境资源研究院)分别简称为青藏高原所和寒旱所)

$$H_h = \begin{cases} \dfrac{(0 + I_{\text{sunrise}}) \times (60 - \text{Min}_{\text{sunrise}}) \times 60}{2} \times \dfrac{1}{10^6} & (h:\text{日出第 1 小时}) \\ \sum_{i=1}^{n} \dfrac{(I_{i+1} + I_i) \times (h_{i+1} - h_i) \times 3600}{2} \times \dfrac{1}{10^6} & (h:\text{日出、日落之间}) \\ \dfrac{(I_{\text{sunset}} + 0) \times \text{Min}_{\text{sunset}} \times 60}{2} \times \dfrac{1}{10^6} & (h:\text{日落第 1 小时}) \end{cases} \tag{5.7}$$

式中，H_h 是第 h 小时时段的曝辐量(单位：$\text{MJ} \cdot \text{m}^{-2} \cdot \text{h}^{-1}$)；$I_{\text{sunrise}}$ 和 I_{sunset} 分别是日出和日落所在小时整点时刻的辐照度(单位：$\text{W} \cdot \text{m}^{-2}$)；$\text{Min}_{\text{sunrise}}$ 和 $\text{Min}_{\text{sunset}}$ 分别是日出和日落时刻的分钟时间；n 为第 h 小时时段的观测次数(观测频次为逐 60 min 时，$n=1$，观测频次为逐 30 min 时，$n=2$，…)；I_i 为第 h 小时时段内第 i 次观测时刻的辐照度(单位：$\text{W} \cdot \text{m}^{-2}$，$i=1,2,\cdots,n$)，$h_{i+1} - h_i$ 为第 h 小时时段内第 $i+1$ 次和第 i 次观测的间隔分钟数。

为了评估不同来源同种数据的差异，选取业务观测与科学试验观测位于同一站址的阿里站，进行了两种来源向下短波辐射逐小时曝辐量的对比偏差、偏差频率分布以及相关性分析，结果表明两种来源数据 99.8%分布在 $\pm 1.0\ \text{MJ} \cdot \text{m}^{-2} \cdot \text{h}^{-1}$ 之间，相关系数为 0.99，通过了置信度为 95%的显著性检验(图 5.49)。

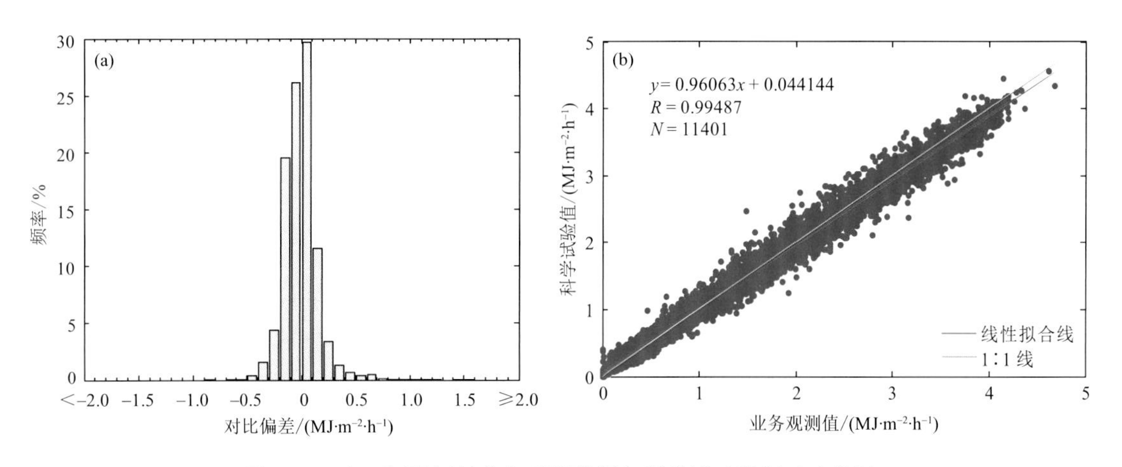

图 5.49　向下短波辐射业务观测数据与科学试验数据对比分析

(a)对比偏差的频率分布；(b)相关性分析

整合以后的数据集包含青藏高原区域自 1993 年 1 月以来的共 41 站辐射基本要素每日逐小时曝辐量和每日累计曝辐量数据，要素涵盖向下短波辐射、净全辐射、散射辐射、直接辐射、向上短波辐射(太阳反射辐射)、大气长波辐射、地面长波辐射、光合有效辐射，数据质量良好。整合集成后的辐射数据集在青藏高原区域具有更高的空间覆盖率(图 5.48)和更高的时间分辨率(小时和日尺度)。

②土壤水分数据的整合集成

青藏高原区域土壤水分观测数据包含了三个不同来源的资料(表 5.7)：中国气象局业务观测站 290 个(数据源 A)、第三次青藏高原大气科学试验站 44 个(数据源 B)以及青藏高原所和寒旱所高原长期野外试验站 5 个(数据源 C)。

表 5.7 多来源土壤水分数据的基本信息

来源	时间属性	站数/个	土壤观测要素	垂直层数/层
中国气象局业务观测站(A)	2010—2019 年;逐小时	290	体积含水量、相对湿度、重量含水率、有效水分贮存量	8
第三次青藏高原大气科学试验站(B)	2014—2019 年;逐小时	44	体积含水量、相对湿度、重量含水率、有效水分贮存量	8
青藏高原所、寒旱所高原长期野外试验站(C)	2010—2015 年;逐小时	5	体积含水量	2~6

其观测要素、土壤层数、数据精度、单位和数据表示方法均有差异。平台整合了共计 338 个台站(台站分布见图 5.50)的土壤水分观测数据,统一了时制、数据单位、数据格式、特征值,保留了不同来源数据的最高数据精度和观测深度等特性,按照统一的质量控制方案对整合后的数据集进行质量控制。最终将不同来源的土壤水分数据整合、形成了高原地区 10 a(2010—2019 年)的逐小时观测的土壤水分数据集。

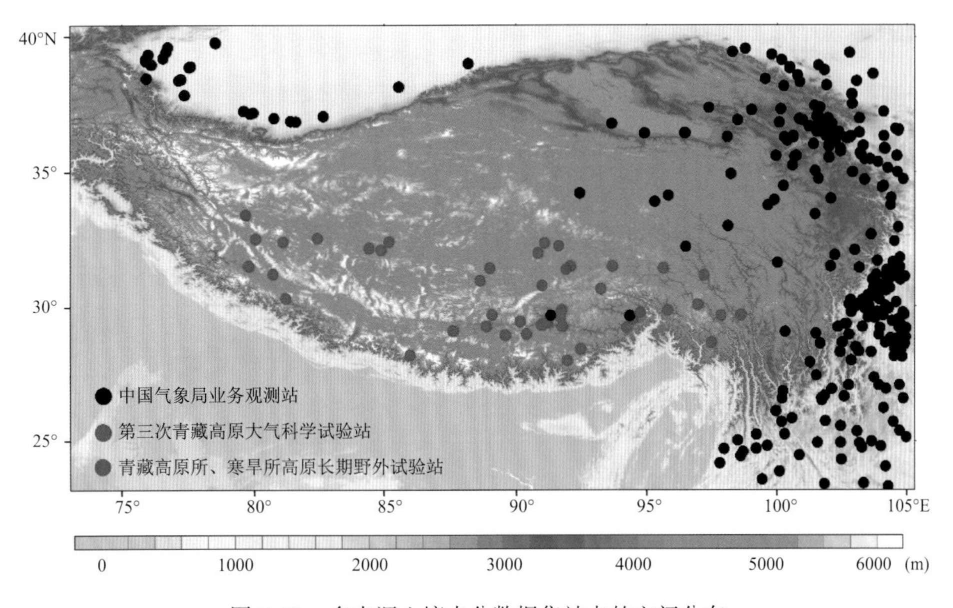

图 5.50 多来源土壤水分数据集站点的空间分布

(4)青藏高原历次大气科学试验数据的整合集成

第三次青藏高原大气科学试验数据涉及站点观测、地基遥感、空基遥感、边界层观测、飞机观测等多种观测数据,观测任务由中国气象局系统、中国科学院系统、高校等数十个机构完成,不同机构获得的数据格式和数据表达各异、分辨率不同、要素属性差异巨大、数据质量高低不同,大量的数据没有说明信息。为了实现对历次青藏高原大气科学试验数据的规范化、标准化整合,构建便于共享的标准数据集产品,我们在项目建立的各类数据标准基础上对数据进行了规范化整合集成。

数据整合处理的基本框架如图 5.51 所示。

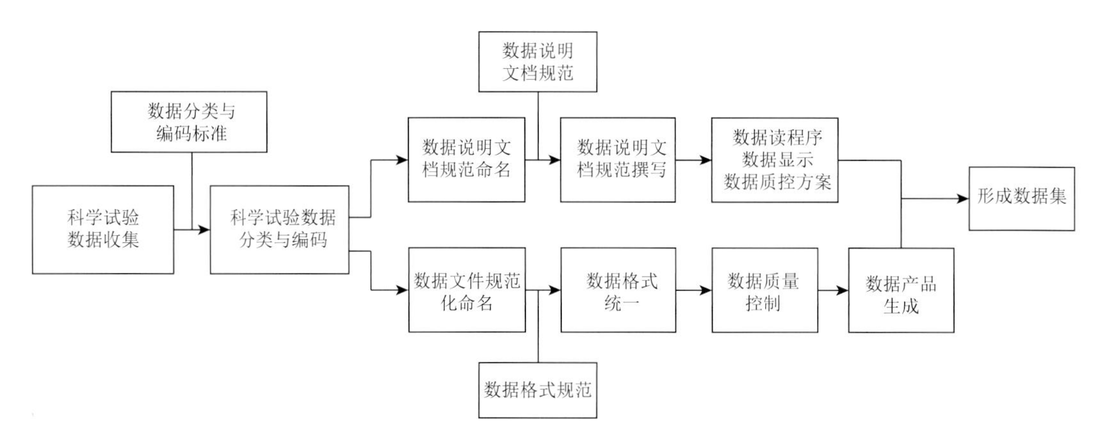

图 5.51　第三次青藏高原大气科学试验数据整合处理框图

对收集的青藏高原科学试验数据进行预处理和规范化,依照数据分类编码规范、数据文件命名规范和存储目录规范,形成了包括地面、探空、辐射、地基遥感、雷达观测、飞机试验、卫星校验地面观测、边界层、大气成分和土壤 10 类数据集。按照科研人员的使用习惯,也为方便下载和管理,按照适度的颗粒度对数据进行了打包压缩处理,形成规范的数据包。整理前的数据文件约 263 万个,数据量约 1.6 TB。整理后的数据集包括 17 大类,44 子类,7429 个文件,压缩后数据量约 377.5 GB。

(5)相关研究数据产品的集成

本平台集成了国家自然科学基金委员会重大研究计划"青藏高原地-气耦合系统变化及其全球气候效应"支持的五个重点项目研究产生的数据产品。这些产品是基于青藏高原地区多种观测数据,经同化、融合、分析获得的包含了高原区域地球表面和上层大气的多种科学数据,对高原区域地球科学问题的研究具有重要价值。具体见表 5.8。

表 5.8　五个重点项目研究产生的数据产品概况

数据产品名称	产品内容	时间属性	空间属性	生产单位
基于多源陆面数据同化的青藏高原积雪数据集(Zhang et al., 2014)	积雪覆盖度、雪深、雪水当量等	2003—2009 年;逐日	0.9°×1.25°	中国科学院大气物理研究所
青藏高原长时间序列日尺度多卫星融合降水数据集(Ma et al., 2018)	降水	1999—2015 年;逐日	0.25°×0.25°	清华大学
青藏高原重力卫星总水储量变化多尺度因子校正产品(Chen et al., 2017)	总储水量	2003—2014 年;逐日	0.0625°×0.0625°	清华大学
青藏高原湖泊面积数据集(Wan et al., 2016)	湖泊位置、周长、面积	20 世纪 60 年代,2005 年,2014 年;逐日		清华大学

续表

数据产品名称	产品内容	时间属性	空间属性	生产单位
青藏高原卫星云雷达探测的云廓线数据集	云回波强度、云水含量	2007—2010年；逐月	2.5°×2.5°	中国科技大学
高原试验区物理协调大气分析数据集(庞紫豪 等,2019)	地面的气压、温度、风速等;大气层顶净辐射;高空温度场、湿度场、风场、垂直速度、散度、平流项、视热源、视水汽汇等	2013—2017年；逐6 h	以那曲为中心的单柱数据	中山大学
青藏高原土壤水分陆面再分析数据集(Shi et al.,2011)	土壤体积含水量	2008—2016年；逐小时	0.0625°×0.0625°	国家气象信息中心
青藏高原大气驱动数据集(张涛,2013)	2 m气温、2 m比湿、10 m风速、地面气压、降水、向下短波辐射	2008—2016年；逐小时	0.0625°×0.0625°	国家气象信息中心

5.4.3 青藏高原综合数据共享平台

(1)数据库研发

建立了青藏高原多源数据库群和构建了基于公有云的数据库管理系统。其中,数据库群由青藏高原气象基础数据库、青藏高原试验专题数据库、青藏高原数据分析产品库、基础地理信息库4个气象资料数据库和1个元数据库构成。对于数据库管理系统,基于公有云、分布式数据库技术,以统一的存储结构规范和目录体系对数据进行管理。主要完成以下工作:①完成青藏高原数据库逻辑结构设计分册建设,建立青藏高原地区多源气象信息数据库管理系统及青藏高原数据服务接口规范。②分析整理多源、海量和异构的青藏高原的气象科学数据,形成标准的青藏高原数据元数据和格式说明文档,建立青藏高原数据库逻辑结构设计分册。建立专有云和公有云数据库,并完成所有数据入库,以及形成标准的数据接口服务。实现对数据统一、高效、有机的组织和管理,并对外提供便捷的访问。

(2)共享平台研发

研发了青藏高原地-气系统多源信息综合数据共享平台,重点建设面向科研用户的数据服务、试验场景化可视服务,以及通过挖掘分析的知识化服务。该平台首次整合和集成了包括气象业务长期观测资料、三次科学试验数据、野外观测数据、分析产品和再分析资料等,构建了青藏高原大气科学数据中心,为科学家提供青藏高原地-气系统综合观测和分析数据。为了将青藏高原区域的观测数据和产品为我国广大科技工作者提供共享服务,在公有云上建立了青藏高原地-气系统多源信息综合数据共享平台(图5.52)。国内科研用户可经实名注册后获得免费的数据服务。中国气象局气象数据共享网(http://data.cma.cn)科研注册用户均可访问和免费下载该平台数据。

图 5.52　青藏高原地-气系统多源信息综合数据共享平台网站主页
(http://data.cma.cn:8888/tipexn/index.html)

青藏高原地-气系统多源信息综合数据共享平台提供的服务包括:

①平台门户功能提供统一数据和产品搜索与多维度目录导航、专业科学的高原数据服务、最新研究动态以及内容丰富的用户支持,通过门户系统,用户可以通过注册登录和认证,对平台的数据资源和应用服务进行一站式访问。

②数据服务功能将青藏高原区域常规气象站点观测、科学试验、野外观测、再分析产品以及卫星遥感气候产品进行整理与分析,提供便利的数据检索、查询与下载,针对不同类型数据定制化开发数据服务页面,科研人员可通过仪器设备、观测日期、观测站点和区域选择等个性化浏览和操作数据,保证数据的精准、高效检索和获取。

③数据贡献栏目建立起数据提供者和平台间的联系,通过规范化的数据汇交流程,为数据提供者提供方便数据上传功能,通过 DOI 唯一标识认证对数据资源进行永久保存和有效管理,授予每个数据集 DOI 标识,给出了标准的文件名称和产品说明文档,既保障数据提供者或数据集制作者的知识产权,也为平台的资源不断丰富和更充分研究青藏高原地区科学问题提供数据源支撑。

④高原观测介绍栏目包括高原业务常规气象观测、野外长期观测、第三次青藏高原大气科学试验的基本信息和站、场布局信息,同时利用 3D 建模技术真实再现野外长期观测研究站(寒旱所、青藏高原所和青藏高原大气环境科学研究所)的地基试验场地环境、设备地形信息,为科研人员从事高原研究工作提供详尽、直观的参考借鉴。

⑤数据可视化功能融合观测数据、网格化产品等更多种类气象资料，基于地理信息系统(GIS)技术进行可视化在线展示，同时实现青藏高原区域的气温、降水等近70 a长序列历史统计与在线分析，为青藏高原区域气候变化及其差异性研究提供权威数据依据。

5.5 本章小结

2015年，师春香等在青藏高原陆面再分析关键技术及数据集研究中取得了一系列成果。发展了利用多重网格变分技术、多卫星集成技术、辐射估算融合技术、贝叶斯模型平均等的数据融合分析技术，形成了CLDAS多源融合同化技术体系；对历史地面观测进行大量质量控制处理与时间降尺度处理，拯救与挖掘了宝贵的历史观测数据信息，发挥了历史观测资料的应用价值；对卫星反演数据进行质量控制及偏差订正处理；对青藏高原及周边地区多源陆面观测信息进行再分析，开展了青藏高原及周边区域陆面再分析关键技术研发和长序列的数据集(包括气温、气压、湿度、风速、降水、太阳辐射、土壤温度、土壤湿度、径流、感热通量、潜热通量、蒸散发等)研制，建成时间序列较长(超过20 a)、时空分辨率较高(逐小时，6.25 km)、数据质量可靠的青藏高原地区陆面驱动数据集以及陆面变量再分析数据集；评估表明，CLDAS长序列数据集从时空分辨率、历史实时一体化、质量等指标方面对比都优于国际国内同类产品。发展的一系列技术已应用到中国气象局多源融合实况业务体系建设中，实时业务产品支撑了中国气象局天气预报业务的改革；长序列数据集提供给了多个国家自然科学基金项目、国家重点研发计划项目、行业专项项目等开展技术方法研究。面对存在的一些问题，下一步可从以下方面改进：①进一步处理更长历史数据，延长CLDAS再分析数据集长度；②进一步提高CLDAS数据空间分辨率，更细致刻画青藏高原地区物理过程；③发展陆面数据同化技术，引进卫星观测以及其他新型观测资料，进一步提升再分析数据产品质量。

2015年，王东海等发展的“青藏高原地区热动力协调大气分析数据集”长度为5 a，后续可以继续开展高原观测资料的收集，延长大气分析数据集长度。王东海等发展的物理协调大气分析技术模型可以推广应用到典型气候区域的大气分析数据集的生成，特别地，可以应用于国家气候观象台观测资料的处理。气候观象台一般建立在我国气候系统各圈层相互作用、能量和物质交换比较敏感的气候系统关键区，以国家气候观象台为基础的综合气候观测系统是研究气候问题、改进数值天气模式和气候模式的重要手段。挑选典型区域作为气候系统观测网络的建设地点，在开展国家气候观象台基本观测的基础上，进一步加强完善其他观测要素，为分析气候和气候变化、解决气候模式难点问题提供研究数据基础。

2015年，洪阳等在青藏高原地-空多源降水和总储水量反演及其在区域水交换研究中取得了一系列成果。但有些问题仍需后续改进：①过去50 a来青藏高原地表径流呈现不显著的增加趋势，降水的增加是青藏高原水量增多的主要原因；青藏高原羌塘内流区年均降水量在

200 mm 左右，存在水量不平衡现象，部分水量渗漏到羌塘外部。②卫星降水反演存在低雨强高估、高雨强低估的特性；TMI 和 GMI 传感器在强降雨的监测上具有明显优势；卫星降水反演误差的大小和时空尺度有关；GPM DPR 在青藏高原地形雨的监测上展示出一定的优势；固态降水和微量降水是卫星降水反演未来需要改进的方向。③当遥感降水资料驱动水文模型时，水文模型具有一定阈值增益器的作用，卫星降水输入的系统误差低于一定阈值则输出径流误差增幅不大、甚至有可能衰减，否则输出误差倍增，这种卫星降水误差的水文传递特征可为水文决策者提供更多的过程信息及模拟结果的可信度。

2016 年，张永宏等在基于 FY-3 卫星多源遥感资料融合的青藏高原积雪分布方面开展了一系列探索性研究，取得了一定的研究成果，但同时也发现了更多需要开展进一步深入研究的问题，如在微波遥感数据处理、微波定量遥感反演机理、研究区域自然地理详尽调查等方面存在不足。目前只能依据较易获得且理论研究基础较成熟的可见光与红外遥感资料来研究青藏高原地区高时空分辨率遥感积雪分布，其中仍存在许多可供后续深入研究和提高的内容。

2021 年，熊安元等(2021)在青藏高原地-气系统多源信息综合数据共享平台建设中取得了一系列成果。青藏高原地-气系统多源信息综合数据共享平台整合集成了中国气象局 1951 年以来青藏高原区域的常规气象观测资料和积雪、冻土、辐射、土壤水分观测资料；第一次青藏高原气象科学试验、第二次和第三次青藏高原大气科学试验资料；中日合作青藏高原大气科学试验 JICA 项目资料；中国科学院部分野外试验站长期观测资料；国家自然科学基金委员会支持的部分研究项目产生的高原区域数据分析产品。

对多源数据的标准化整合和集成是数据共享的核心，多部门多机构合作是数据共享中心建设的关键。本平台是国家自然科学基金委员会支持下多机构协作共建数据共享平台的示范性研究成果，随着平台数据被越来越多的科学家广泛使用，相信这些数据必将在我国地学基础研究和高原地区国民经济建设中发挥越来越大的作用和效益。未来，希望长期维持本平台的运行，进一步拓展和整合青藏高原各类观测的产品数据，对平台共享的数据产品进行进一步的科学评估，融合多种观测数据和产品，研发更多的科学数据产品，提升平台的科学水平和国际影响力。

参考文献

葛骏，余晔，李振朝，等，2016. 青藏高原多年冻土区土壤冻融过程对地表能量通量的影响研究[J]. 高原气象，35(3)：608-620.

韩帅，师春香，姜志伟，等，2018. CMA 高分辨率陆面数据同化系统（HRCLDAS-V1.0）研发及进展[J]. 气象科技进展，8(1)：102-108，116.

李积宏，贡觉顿珠，李茂善，等，2014. 那曲地区 30 年日照时数及蒸发量变化特征和相关分析[J]. 西藏科技(12)：61-64.

刘凑华，曹勇，符娇兰，2013. 基于变分法的客观分析算法及应用[J]. 气象学报，71(6)：1172-1182.

刘军建，师春香，韩帅，等，2018a. 多源地面短波辐射数据融合与评估[J]. 遥感技术与应用，33(5)：850-856.

刘军建，师春香，贾炳浩，等，2018b. FY-2E 地面太阳辐射反演及数据集评估[J]. 遥感信息，33(1)：104-110.

刘娜，熊安元，张强，等，2023. 青藏高原多源气象辐射数据整合与评估[J]. 高原气象，42(1)：35-48.

满子豪，翁白莎，杨裕恒，等，2020. 青藏高原冻融过程期划分及发展趋势研究[J]. 水电能源科学，38(7)：16-19，29.

庞紫豪，王东海，姜晓玲，等，2019. 基于变分客观分析方法的青藏高原试验区夏季对流降水过程热动力特征分析[J]. 大气科学，43(3)：511-524.

尚大成，王澄海，2006. 高原地表过程中冻融过程在东亚夏季风中的作用[J]. 干旱气象，24(3)：19-22.

沈润平，郭倩，陈萍萍，等，2019. 高分辨率大气强迫和植被功能型数据对青藏高原土壤温度模拟影响[J]. 高原气象，38(6)：1129-1139.

师春香，姜立鹏，朱智，等，2018. 基于CLDAS2.0驱动数据的中国区域土壤湿度模拟与评估[J]. 江苏农业科学，46(4)：231-236.

师春香，潘旸，谷军霞，等，2019. 多源气象数据融合格点实况产品研制进展[J]. 气象学报，77(4)：774-783.

孙帅，师春香，梁晓，等，2017. 不同陆面模式对我国地表温度模拟的适用性评估[J]. 应用气象学报，28(6)：737-749.

王澄海，尚大成，2007. 藏北高原土壤温、湿度变化在高原干湿季转换中的作用[J]. 高原气象，26(4)：677-685.

王东海，姜晓玲，张春燕，等，2022. 物理协调大气变分客观分析模型及其在青藏高原的应用(Ⅰ)：方法与评估[J]. 大气科学，46(3)：621-644.

王介民，王维真，奥银焕，等，2007. 复杂条件下湍流通量的观测与分析[J]. 地球科学进展，22(8)：791-797.

王绍武，沈润平，陈萍萍，等，2019. 基于马尔可夫链模型的华中地区土壤质地空间分布模拟研究[J]. 河南农业大学学报，53(2)：282-288.

王跃山，2001a. 客观分析和四维同化——站在新世纪的回望（Ⅱ）客观分析的主要方法(1)[J]. 气象科技，29(1)：1-9.

王跃山，2001b. 客观分析和四维同化——站在新世纪的回望（Ⅱ）客观分析的主要方法(2)[J]. 气象科技，29(3；)1-11.

熊安元，王伯民，王颖等，2009. 气象资料分类与编码：QX/T 102—2009[S]. 北京：气象出版社.

熊安元，冯爱霞，高梅，等，2021. 青藏高原地气系统气象科学数据集成和共享[J]. 高原气象，40(4)：724-736.

徐宾，师春香，姜立鹏，等，2015. 东亚多卫星集成降水业务系统[J]. 气象科技，43(6)：1007-1014，1069.

杨凯，2020. 青藏高原冻融过程与地表非绝热加热异常对东亚气候影响的研究[D]. 兰州：兰州大学.

叶笃正，罗四维，朱抱真，1957. 西藏高原及其附近的流场结构和对流层大气的热量平衡[J]. 气象学报，28(2)：108-121.

张春燕，王东海，庞紫豪，等，2022. 物理协调大气变分客观分析模型及其在青藏高原的应用(Ⅱ)：那曲试验区云-降水、热量和水汽的变化特征[J]. 大气科学，46(4)：936-952.

张帅，师春香，梁晓，等，2018. 风云三号积雪覆盖产品评估[J]. 遥感技术与应用，33(1)：35-46.

张涛，2013. 基于LAPS/STMAS的多源资料融合及应用研究[D]. 南京：南京信息工程大学.

赵平，陈隆勋，2001. 35年来青藏高原大气热源气候特征及其与中国降水的关系[J]. 中国科学D辑：地球科学，31(4)：327-332.

钟珊珊，2011. 青藏高原大气热源结构特征及其对中国降水的影响[D]. 南京：南京信息工程大学.

周旻悦，沈润平，陈俊，等，2019. 基于像元质量分析和异常值检测的LAI时序数据S-G滤波重建研究[J]. 遥感技术与应用，34(2)：323-330.

诸云强，孙九林，2006. 面向 e-Geo Science 的地学数据共享研究进展[J]. 地球科学进展，21(3)：286-290.

朱智，师春香，唐果星，2016. 一种基于变分分析的气温数据估算方法[J]. 科学技术与工程，16(21)：157-165.

BAO H Y, YANG K, WANG C H, 2017. Characteristics of GLDAS soil-moisture data on the Tibet Plateau [J]. Sciences in Cold and Arid Regions, 9(2): 127-141.

BARNETT T P, DÜMENIL L, SCHLESE U, et al, 1989. The effect of Eurasian snow cover on regional and global climate variations[J]. J Atmos Sci, 46(5): 661-686.

CHEN J, WU X, YIN Y, et al, 2015. Characteristics of heat sources and clouds over eastern China and the Tibetan Plateau in boreal summer[J]. J Climate, 28(18): 7279-7296.

CHEN X, LONG D, HONG Y, et al, 2017. Improved modeling of snow and glacier melting by a progressive two-stage calibration strategy with GRACE and multisource data: How snow and glacier meltwater contributes to the runoff of the Upper Brahmaputra River basin? [J]. Water Resour Res, 53:2431-2466.

CRESSMAN G P, 1959. An operational objective analysis system[J]. Mon Wea Rev, 87(10): 367-374.

GHAN S, RANDALL D, XU K M, et al, 2000. A comparison of single column model simulations of summertime midlatitude continental convection[J]. J Geophys Res: Atmos, 105(2): 2091-2124.

HAN S, SHI C X, XU B, et al, 2019. Development and evaluation of hourly and kilometer resolution retrospective and real-time surface meteorological blended forcing dataset (SMBFD) in China[J]. J Meteorol Res, 33(6): 1168-1181.

KENNEDY A D, DONG X, XI B, et al, 2011. A comparison of MERRA and NARR reanalyses with the DOE ARM SGP continuous forcing data[J]. J Climate, 24(17): 4541-4557.

LIU J G, JIA B H, XIE Z H, et al, 2016. Ensemble simulation of land evapotranspiration in China based on a multi-forcing and multi-model approach[J]. Adv Atmos Sci, 33(6): 673-684.

LIU J G, JIA B H, XIE Z H, et al, 2018. Improving the simulation of terrestrial water storage anomalies over China using a Bayesian model averaging ensemble approach[J]. Atmos Oceanic Sci Lett, 11(4): 322-329.

LIU J G, SHI C X, SUN S, et al, 2019. Improving land surface hydrological simulations in China using CLDAS meteorological forcing data[J]. J Meteorol Res, 33(6): 1194-1206.

LONG D, SHEN Y, SUN A, et al, 2014. Drought and flood monitoring for a large karst plateau in southwest China using extended GRACE data[J]. Rem Sen Environ, 155: 145-160.

LUO H B, YANAI M, 1984. The large-scale circulation and heat sources over the Tibetan Plateau and surrounding areas during the early summer of 1979. Part Ⅱ: Heat and moisture budgets[J]. Mon Wea Rev, 112(5): 966-989.

LUO Y, XU K M, MORRISON H, et al, 2008. Multi-layer arctic mixed-phase clouds simulated by a cloud-resolving model: Comparison with ARM observations and sensitivity experiments[J]. J Geophys Res: Atmos, 113(12): D12208.

MA Y Z, TANG G Q, LONG D, et al, 2016. Similarity and error intercomparison of the GPM and its predecessor-TRMM multisatellite precipitation analysis using the best available hourly gauge network over the Tibetan Plateau[J]. Remote Sensing, 8(7): 569-585.

MA Y Z, YANG Y, HAN Z Y, et al, 2018. Comprehensive evaluation of ensemble multi-satellite precipitation dataset using the dynamic bayesian model averaging scheme over the Tibetan Plateau[J]. J Hydrometeorol，556：634-644.

PANOFSKY R A，1949. Objective weather map analysis[J]. J Atmos Sci，6(6)：386-392.

SCHUMACHER C，ZHANG M H，CIESIELSKI P，et al，2007. Heating structures of the TRMM field campaigns[J]. J Atmos Sci，64(7)：2593-2610.

SHI C X，XIE Z H，QIAN H，et al，2011. China land soil moisture EnKF data assimilation based on satellite remote sensing data[J]. Sci China：Earth Sci，54(9)：1430-1440.

SUN S，SHI C X，PAN Y，et al，2020. Applicability assessment of the 1998—2018 CLDAS multi-source precipitation fusion dataset over China[J]. J Meteorol Res，34(4)：879-892.

TANG G Q，LONG D，HONG Y，et al，2018. Documentation of multifactorial relationships between precipitation and topography of the Tibetan Plateau using spaceborne precipitation radars[J]. Rem Sen Environ，208：82-96.

TANG S Q，XIE S C，ZHANG Y Y，et al，2016. Large-scale vertical velocity，diabatic heating and drying profiles associated with seasonal and diurnal variations of convective systems observed in the GoAmazon2014/5 experiment[J]. Atmos Chem Phys，16：14249-14264.

THOMAS F，BODO W，1996. Tools for quality assessment of surface-based flux measurements [J]. Agr Forest Meteorol，78(1-2)：83-105.

VICKERS D，MAHRT L，1997. Quality control and flux sampling problems for tower and aircraft data [J]. J Atmos Ocean Tech，14(3)：512-526.

WALISER D E，RIDOUT J A，XIE S，et al，2002. Variational objective analysis for atmospheric field programs：A model assessment[J]. J Atmos Sci，59(24)：3436-3456.

WAN W，LONG D，HONG Y，et al，2016. A lake data set for the Tibetan Plateau from the 1960s，2005，and 2014[J]. Sci Data，3：160039.

WANG C H，DONG W J，WEI Z G，2003. A study on relationship between freezing-thawing processes of the Qinghai-Tibet Plateau and the atmospheric circulation over East Asia[J]. Chinese Journal of Geophysics，46(3)：309-316.

WANG K C，MA Q，LI Z J，et al，2015. Decadal variability of surface incident solar radiation over China：Observations，satellite retrievals，and reanalyses[J]. J Geophys Res：Atmos，120(13)：6500-6514.

WIELICKI B，BARKSTROM B R，HARRISON E F，et al，1996. Clouds and the Earth's Radiant Energy System (CERES)：An earth observing system experiment[J]. B Am Meteorol Soc，77(5)：853-868.

XIE S C，XU K M，CEDERWALL R T，et al，2002. Intercomparion and evaluation of cumulus parametrizations under summertime midlatitude continental conditions[J]. Q J Roy Meteor Soc，128：1095-1135.

XIE S C，CEDERWALL R T，ZHANG M H，et al，2003. Comparison of SCM and CSRM forcing data derived from the ECMWF model and from objective analysis at the ARM SGP site[J]. J Geophys Res：Atmos，108(D16)：4499.

XIE S C，KLEIN S A，YIO J J，et al，2006a. An assessment of ECMWF analyses and model forecasts over the north slope of Alaska using observations from the ARM Mixed-Phase Arctic Cloud Experiment[J]. J Geophys Res：Atmos，111：D05117.

XIE S C，KLEIN S A，ZHANG M H，et al，2006b. Developing large scale forcing data for single column and cloud-resolving models from the Mixed-Phase Arctic Cloud Experiment [J]. J Geophys Res：Atmos，

111：D19104.

XIE S C，HUME T，JAKOB C，et al，2010. Observed large-scale structures and diabatic heating and drying profiles during TWP-ICE[J]. J Climate，23(1)：57-79.

XIE S C，ZHANG Y Y，GIANGRANDE S E，et al，2014. Interactions between cumulus convection and its environment as revealed by the MC3E sounding array[J]. J Geophys Res：Atmos，119(20)：11784-11808.

XIE Y，KOCH S，MCGINLEY J，et al，2011. A space-time multiscale analysis system：A sequential variational analysis approach[J]. Mon Wea Rev，139：1224-1240.

YANAI M H，LI C F，SONG Z S，1992. Seasonal heating of the Tibetan Plateau and its effects on the evolution of the Asian summer monsoon[J]. J Meteorol Soc Jpn，70(1)：419-434.

YANG K，HUANG G W，TAMAI N，2001. A hybrid model for estimating global solar radiation[J]. Solar Energy，70(1)：13-22.

YANG K，WU H，QIN J，et al，2014. Recent climate changes over the Tibetan Plateau and their impacts on energy and water cycle：A review[J]. Global and Planetary Change，112：79-91.

ZENG X P，TAO W K，ZHANG M H，et al，2007. Evaluating clouds in long-term cloud-resolving model simulations with observational data[J]. J Atmos Sci，64(12)：4153-4177.

ZHANG M H，LIN J L，1997. Constrained variational analysis of sounding data based on column-integrated budgets of mass，heat，moisture，and momentum：Approach and application to ARM measurements[J]. J Atmos Sci，54(11)：1503-1524.

ZHANG M H，LIN J L，CEDERWALL R T，et al，2001. Objective analysis of ARM IOP data：Method and sensitivity[J]. Mon Wea Rev，129(2)：295-311.

ZHANG M H，SOMERVILLE R，XIE S C，2016. The SCM concept and creation of ARM forcing datasets [J]. Meteorological Monographs，57(1)：24. 1-24. 12.

ZHANG S，SHI C X，SHEN R P，et al，2019. Improved assimilation of Fengyun-3 satellite-based snow cover fraction in northeastern China[J]. J Meteorol Res，33(5)：960-975.

ZHANG Y F，HOAR T J，YANG Z L，et al，2014. Assimilation of MODIS snow cover through the Data Assimilaton Research Testbed and the Community Land Model version 4[J]. J Geophys Res：Atmos，119：7091-7103.

ZHANG Y H，CAO T，KAN X，et al，2017a. Spatial and temporal variation analysis of snow cover using MODIS over Qinghai-Tibetan Plateau during 2003—2014[J]. J Indian Soc Remote，45(5)：887-897.

ZHANG Y H，KAN X，REN W，et al，2017b. Snow cover monitoring in Qinghai-Tibetan Plateau based on Chinese Fengyun-3/VIRR data[J]. J Indian Soc Remote，45(2)：271-283.

ZHONG L Z，YANG R F，LIN C，et al，2017. Combined space and ground radars for improving quantitative precipitation estimations in the eastern downstream region of the Tibetan Plateau. Part I：Variability in the vertical structure of precipitation in Chuan-Yu analyzed from long-term spaceborne observations by TRMM PR[J]. J Appl Meteorol Climatol，56(8)：2259-2274.

ZHOU C L，WANG K C，2016. Biological and environmental controls on evaporative fractions at AmeriFlux sites[J]. J Appl Meteorol Climatol，55(1)：145-161.

后 记

国家自然科学基金委员会从 2014 年开始实施了为期 10 年的重大研究计划“青藏高原地-气耦合系统变化及其全球气候效应”。本专辑在概述早期相关研究进展的基础上，重点阐述了上述重大研究计划开展以来有关气候系统模式、再分析资料和数据同化关键技术的研究成果。

青藏高原冰川纵横、群山层叠起伏、湖泊星罗棋布、高寒植被物种丰富，呈现出多圈层特征。能够准确再现多圈层复杂过程的气候系统模式已成为青藏高原天气气候效应研究中的不可或缺的重要工具。早期用于数值试验的气候系统模式水平分辨率普遍较低，多集中在 200 km 左右，严重制约青藏高原数值模拟工作的顺利开展。因此，开展高分辨率地-气耦合气候系统模式的研制，提高青藏高原区域和亚洲季风模拟与预测性能，有助于解决国际热点科学争论，具有重要的科学价值和实际意义。其中显式对流降水、宏观云、云微物理和云辐射等方案对于青藏高原数值模式参数化方案研究至关重要，例如气候模式中云与辐射、气候变化之间的反馈存在很大的不确定性，需要对青藏高原地区云中的夹卷混合机制和液相降水过程进行深入研究，并建立参数化方案，改进模式微物理方案中夹卷混合机制和液相降水过程的参数化；针对具有复杂下垫面和大量湖泊的青藏高原地区，利用陆面模式、湖泊模式以及区域气候耦合模式等探讨高原地-气、湖-气间的相互作用，改进陆面模式在高原地区的模拟，发展参数优化、湖水混合和湖冰变化机理合理的湖泊模式，构建湖泊与高分辨率气候耦合模式，可量化湖泊过程在高原地-气系统中的作用及对下游地区气候的影响。随着高性能超级计算机的迅速发展，全球多个模式研发机构已相继开展了全球高分辨率数值模拟试验，其中降水是高原水循环的重要组成部分，而当前的气候模式对高原降水存在系统性高估，评估了不同分辨率模式对青藏高原地区降水的模拟能力，有助于增进对复杂地形区降水模拟偏差特性的认识，了解模式水平分辨率对模拟结果的影响。

与此同时，由于青藏高原区域地形复杂、观测资料匮乏、再分析资料质量差等，因此，青藏高原地区的资料同化研究尤为重要。通过先进的耦合资料同化，分别耦合同化全球海洋、大气和陆面再分析资料，可以有效利用高原区域外资料提高高原气候预测技巧，弥补高原区域本身观测资料匮乏和质量差等问题。以此为基础，充分利用不同历史时期观测数据，开展质量控制、数据融合、数据同化等研究，建成青藏高原及周边地区陆面再分析数据集，可为青藏高原模式参数化研究提供依据，为青藏高原大气再分析研究提供下边界条件，为青藏高原数值模式结果验证与评估、青藏高原陆地水交换和地-气相互作用等相关的基础研究提供数据支撑。建设青藏高原地-气系统多源信息综合数据共享平台，实现多源数据整合、数据管理、共享服务所需的多源气象数据标准和规范体系，拓展和整合青藏高原各类科学数据产品，为我国科学家研究青藏高原地球科学问题提供基础科学数据支持。

师春香　徐祥德

2022 年 8 月